全国职业院校技能大赛现代制造技术赛项系列丛书

现代制造技术——数控车铣技术
案例·分析·点评

主　编　金福吉
副主编　李永君　卫建平　乔向东
参　编　谢小星　舒荣辉　袁万宏　高文光
　　　　陈智勇　王宝山　郭卫国　宋力春
　　　　王展超　唐春瑞　高殿利　张金元
　　　　康西英　周维泉
主　审　周维泉

机 械 工 业 出 版 社

本书以培养、提升参加技能大赛选手和中等职业学校现代制造技术方面的学生及企业中从事数控技术应用岗位的青年职工的专业技能、综合素质、参赛能力为主线，以促进技能人才快速成长为目标编写而成。全书内容包括数控车加工技术案例，数控铣加工技术案例，2008 年至 2011 年全国职业院校技能大赛中职组数控车、数控铣比赛试题分析与点评，以及数控技能大赛辅助管理软件应用。附录中收集了数控车、数控铣四届比赛的第二套试题。本书以通俗易懂的语言，将数控车、铣加工操作技能，成熟的数控加工工艺技术，典型部位的加工程序，展现给读者。

本书适合于职业院校数控技术和数控设备应用与维护等专业使用，可供全国职业院校技能大赛中职组现代制造技术赛项参赛选手和指导教师训练、参赛使用，也可供相关企业数控加工岗位职工使用，还可供高职院校机械设计、机电技术等机械类相关专业选用及从事数控加工、制造的工程技术人员参考。

图书在版编目（CIP）数据

现代制造技术：数控车铣技术案例·分析·点评/金福吉主编．—北京：机械工业出版社，2012.6

（全国职业院校技能大赛现代制造技术赛项系列丛书）

ISBN 978-7-111-38566-0

Ⅰ.①现…　Ⅱ.①金…　Ⅲ.①数控机床－车床－高等职业教育－教学参考资料②数控机床－铣床－高等职业教育－教学参考资料　Ⅳ.①TG519.1②TG547

中国版本图书馆 CIP 数据核字（2012）第 113318 号

机械工业出版社（北京市百万庄大街 22 号　邮政编码 100037）
策划编辑：汪光灿　责任编辑：汪光灿　张云鹏　齐志刚
版式设计：张世琴　责任校对：张　媛
封面设计：张　静　责任印制：乔　宇
保定市中画美凯印刷有限公司印刷
2012 年 6 月第 1 版第 1 次印刷
184mm×260mm·25 印张·4 插页·640 千字
0 001—3 000 册
标准书号：ISBN 978-7-111-38566-0
定价：68.00 元

凡购本书，如有缺页、倒页、脱页，由本社发行部调换

电话服务
社服务中心：(010) 88361066
销售一部：(010) 68326294
销售二部：(010) 88379649
读者购书热线：(010) 88379203

网络服务
门户网：http://www.cmpbook.com
教材网：http://www.cmpedu.com
封面无防伪标均为盗版

全国职业院校技能大赛现代制造技术赛项系列丛书

序

新世纪以来，随着科学技术的日新月异与国际经济形势的复杂多变，发展实体经济、提升文化力、增强软实力，越来越为各国所重视。我国连续出台了加快振兴装备制造业、汽车产业等政策规划，将建设机械强国目标上升为国家意志。与此同时，国家相继颁布了科技、教育、人才三个中长期发展规划纲要，提出了科教兴国、人才强国以及强国必先强教的发展战略。这是国家发展的顶层设计和系统规划，是指导我们做好一切工作的总纲领。无论是产业振兴还是教育发展，都面临着难得的历史机遇。

机械工业作为国民经济的基础性、战略性产业，经过半个多世纪的发展，如今已位居世界制造业大国前列。“十二五”时期，机械工业将在加快转型升级、为实现由大到强的历史跨越中有所建树。而实现任务目标，科技先导、人才支撑是必备条件。职业教育是面向人人、面向社会的终身教育，肩负着为产业培养输送数以亿计具有一定职业道德和职业技能劳动者的历史任务。这使得产业与职教之间，具有了密不可分的天然联系，具有了志同道合的责任使命。

近年来，随着我国国民经济和职业教育的快速发展，构筑产教结合、校企结合、产学研用结合的思想共识和工作机制，开展形式多样、联合共促的各种活动方兴未艾，为解决缓解机械工业高技能人才短缺的矛盾，为推动促进职业教育的改革发展，发挥了积极作用。其中，以教育部和行业组织等多家部门单位联合举办的全国职业院校技能大赛就是一个很好的模式。目前，技能大赛已成为整合发挥双方优势资源、交流展示技术技能、加速高技能人才成长的平台，成为产教双方信息技术沟通融合、促进协同发展的桥梁。

新的历史时期，建设创新型国家、发展好中国特色的职业教育、培养数以亿计的高技能人才、实现制造业强国理想，将成为我们共同的价值追求。有幸参与这一宏图伟业的建设，并能尽自己的微薄之力为其添砖加瓦，是我们每个大赛工作人员的责任和骄傲。积多年的工作体会和大赛成果，惜个人的工余闲暇，不辞辛苦编辑此书，即为此。

我们相信，有了大赛务实、创新、超越理念的发扬光大，有了全体参与者劳动智慧的投入奉献，全国职业院校技能大赛会越办越好，工学结合、产教合作的前景会越来越广阔。经过我们持之以恒的不懈努力，机械工业振兴与职业教育发展也一定会迎来更加美好的明天！

中国机械工业联合会执行副会长
全国职业院校中职组现代制造技术大赛执委会主任

2012 年 5 月 16 日

前　言

为贯彻落实党中央、国务院大力发展职业教育的战略方针，推动深化职业教育教学改革，自2008年6月起，教育部等多部委和行业组织，按照国务院关于“定期开展全国性的职业技能竞赛活动”要求，创办了全国职业院校技能大赛，至今已成功举办了四届。大赛作为展示职业教育教学成果和院校学生技能风采的平台，在促进专业技术知识与专业技能的传播，推动职业教育教学改革与成果经验的交流，推行工学结合、校企合作、顶岗实习的职业教育人才培养模式的创新，营造尊重知识、尊重劳动、崇尚技能与关心支持职业教育的社会氛围中，发挥了积极作用。

现代制造技术大赛（中职组）于第一届开始设立，本着贴近实际、创新跨越的原则理念，从普通数控车工、铣工等项目起步，并随着制造业技术发展趋势与职业教育教学发展的要求，相继进行了项目的增加、改进和调整。数控车、铣赛项目2008年设立至今，已连续举办了四届，取得了积极效果，受到了主办单位及广大职业院校的欢迎和认同。

为全面总结技能大赛经验，创新技能大赛的内容方式，促进技能大赛成果转化为教学资源，推动职业教育不断深入，特编写本书。

本书主要面对广大中等职业学校现代制造技术方面学生及企业从事数控应用岗位的青年职工，以提升专业技能、动手能力和综合素质为主线，以促进技能人才快速成长为目标；同时适用于高等、成人职业院校数控技术、数控设备应用与维护、机电设备维修与管理等机械类相关专业，也可供从事相关专业的教师、数控加工制造岗位职工及工程技术人员参考。本书共五章，内容包括：数控车、铣加工技术中的基础技能和企业典型零件加工案例，2008年至2011年四届全国职业院校技能大赛中职组数控车、铣试题分析与点评，以及数控技能大赛辅助管理软件应用。附录中收集了2008年至2011年四届全国职业院校技能大赛中职组数控车、铣第二套试题。本书由全国职业院校技能大赛中职组现代制造技术赛项专家组组织编写，金福吉任主编，李永君、卫建平、乔向东任副主编，周维泉任主审。编写人员及具体分工如下：第1章第1.1节由王宝山编写，第1.2节由王展超编写，第1.3、1.7节由陈智勇编写，第1.4、1.6节由卫建平编写，第1.5节由乔向东编写，第1.8节由周维泉编写；第2章第2.1节由宋力春编写，第2.2节由唐春瑞、康西英编写，第2.3节由张金元、袁万宏编写，第2.4节由郭卫国编写，第2.5节由舒荣辉编写，第2.6节由高文光编写，第2.7节由金福吉编写；第3章第3.1、3.3节由卫建平编写，第3.2、3.4节由周维泉编写；第4章由李永君编写；第5章由谢小星编写。北京第一机床厂高殿利同志对本书提出了许多宝贵意见和建议。全书以通俗易懂的语言，将数控车、铣加工操作技能、成熟的数控加工工艺技术、典型部位的加工程序，展现给读者。

由于时间仓促和编者水平有限，书中错误和不足在所难免，恳请广大读者批评指正。

编　者

2012年4月30日

目　录

第1章 数控车加工技术案例

1.1 压力机主轴的加工

压力机主轴如图1-1所示，是一个典型的轴类零件，其材料是12Cr钢。轴类零件是旋转体，其轴向长度大于直径，在机械设备中主要用于支承传动件和传递转矩。主要加工表面有内、外圆柱面，内、外圆锥面，螺纹面和键槽等。轴类零件的加工方法和技巧取决于零件的形状、大小、材料以及难易程度。精度要求较高的轴类零件都在粗加工后先作调质或淬

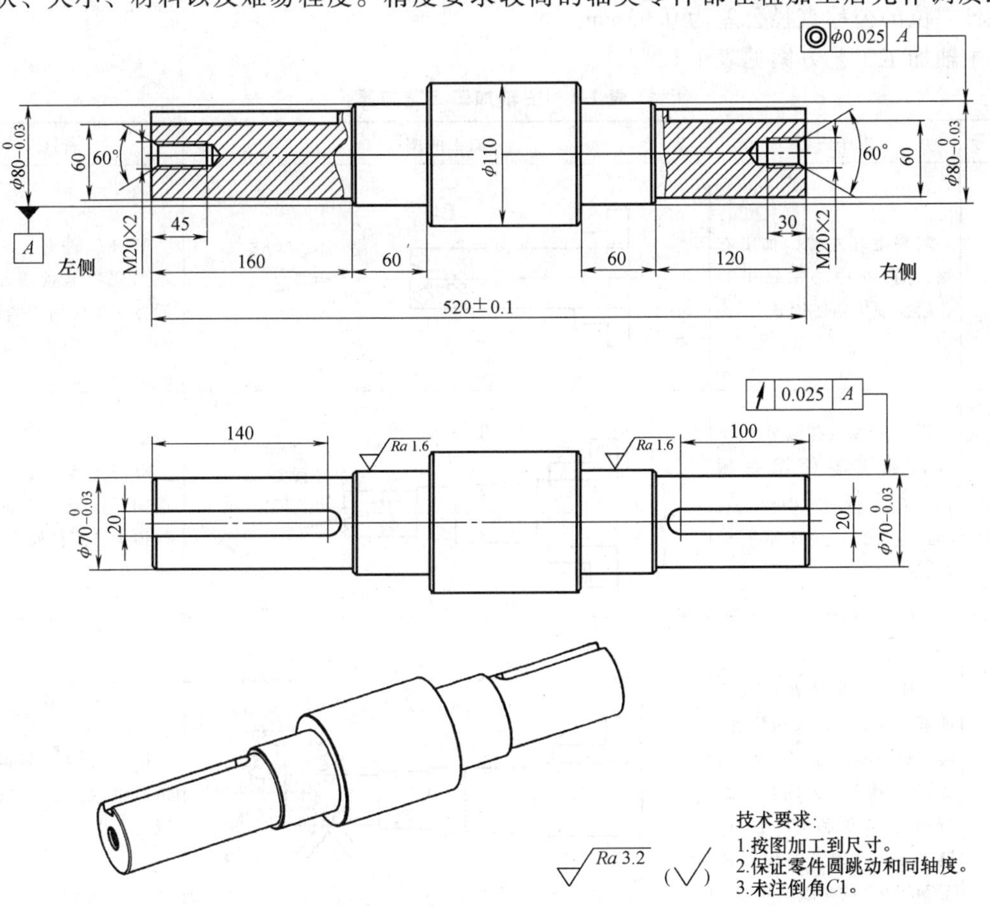

图1-1 压力机主轴零件图

火，再作磨削加工来达到尺寸要求。

1.1.1 零件分析

1）零件材料为12Cr钢毛坯是锻压出来的。锻压后钢密度增加，内部组织发生变化，外形不规则等对加工工艺、切削用量以及其他相关因素在工艺及加工上增加了难度。

2）针对零件图进行程序编制。此零件为轴类零件，在零件图中所示外轮廓由直线组成。

3）对刀时要先返回数控车床的参考点。要以零件加工工艺需要制定对刀点和安全换刀点，使用机床坐标系确定工件原点，进行数控加工程序编制，最后校验程序并且加工。

1.1.2 工艺分析

1）零件左右两侧均有$\phi70^{-0.025}_{-0.050}$mm的外圆、20mm的键槽和M20×2的螺纹，右侧安装带轮，左侧安装压力机主轮，左右两侧$\phi80^{-0.015}_{-0.035}$mm处安装轴承。其工作原理是带轮带动主轴、轴承和主轮，也就是说两处轴承位置和主轮位置要一次加工到尺寸才能保证同轴度，关键位置是两侧$\phi80^{-0.015}_{-0.035}$mm装轴承处和左侧$\phi70^{-0.025}_{-0.050}$mm装主轮处。

2）零件图技术要求和零件图图样上标注的同轴度、圆跳动整体公差为0.025mm，而且零件各部位的公称直径公差为0.03mm。

主轴加工工艺方案见表1-1。

表1-1 主轴加工工艺方案

工序号	工序内容	加工简图	备注
1	装夹毛坯左侧，加工右侧，用A5中心钻钻中心孔后换顶尖顶住锁紧	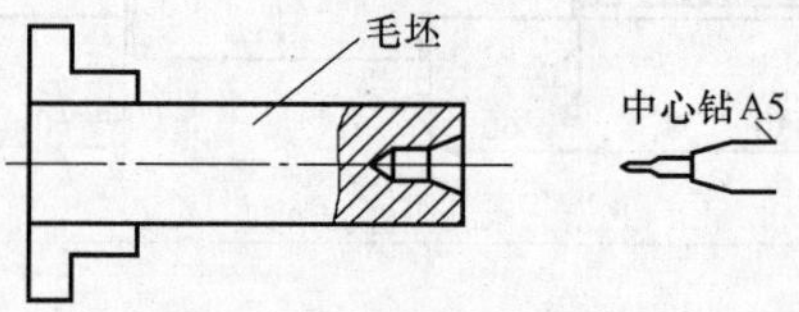	装夹工件时，工件的端面要和卡盘端面靠紧后找正工件后锁紧卡爪
2	用1号95°右偏外圆车刀粗加工零件图右侧$\phi70^{-0.025}_{-0.050}$mm、$\phi80^{-0.015}_{-0.035}$mm、$\phi110$mm，留加工余量2mm	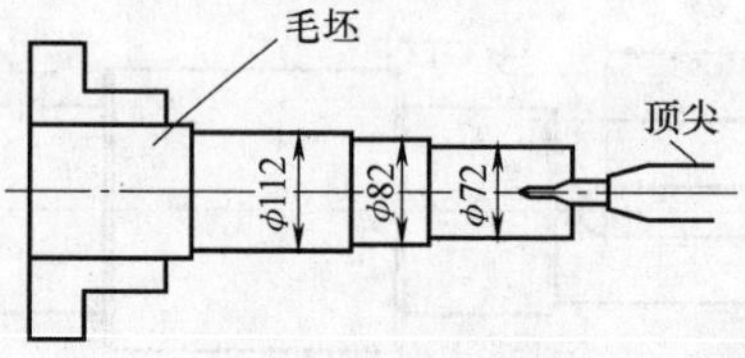	对刀零点应在零件右端面，注意换刀时不要与顶尖、工件发生干涉
3	将中心架安装在机床上锁紧，顶尖撤回安全位置，换$\phi16$mm钻头钻孔40mm，换2号刀内孔右偏刀加工M20和60°锥面，换3号内孔螺纹右偏刀加工M20×2的螺纹至尺寸	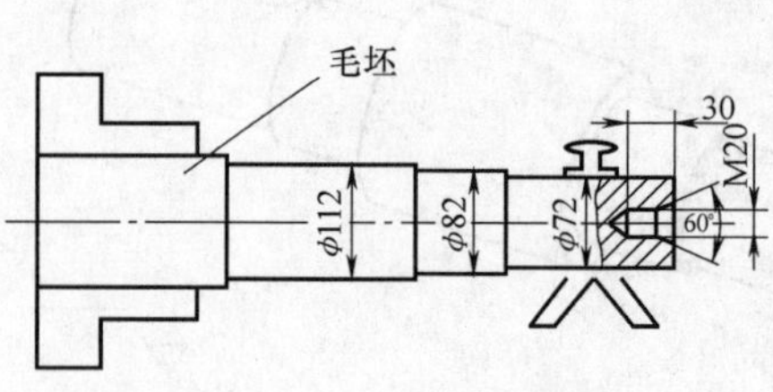	把中心架安装调试合格后将顶尖撤回安全位置

（续）

工序号	工序内容	加工简图	备注
4	撤掉中心架，用顶尖顶住 60°锥面锁紧，换 3 号 95°右偏外圆车刀精加工零件右侧 $\phi 70_{-0.050}^{-0.025}$ mm、$\phi 110$mm 及倒角 $C2$，留加工余量 0.5mm，主轴停止。等工件冷却后再次加工到尺寸。其他不加工	毛坯 30 顶尖 $\phi 112$ $\phi 82$ $\phi 72$ 60° M20×2	精加工 $\phi 70_{-0.050}^{-0.025}$ mm 时，留 0.5mm 余量把机床主轴停止，测量工件温度，如果温度过高，一定要等工件冷却后再加工。因为如果温度过高时加工所得尺寸等工件冷却后会缩小
5	掉头垫铜皮装夹零件右侧 $\phi 70_{-0.050}^{-0.025}$ mm 处，同时把中心架安装到机床上并锁紧，调试中心架时用千分表测量 $\phi 70_{-0.050}^{-0.025}$ mm 和 $\phi 110$mm 处的圆跳动，保证其误差 < 0.01mm 后将卡盘锁紧。用 A5 中心钻钻中心孔，然后用顶尖顶住锁紧	用千分表测量两处圆跳动误差 <0.01mm 30 M20×2 $\phi 72$ $\phi 82$ $\phi 112$ 毛坯 顶尖 60°	顶尖顶住锁紧后把中心架撤掉
6	换 1 号 95°右偏外圆车刀粗加工零件左侧 $\phi 70_{-0.050}^{-0.025}$ mm、$\phi 80_{-0.035}^{-0.015}$ mm 处，留加工余量 2mm	30 M20×2 $\phi 70_{-0.050}^{-0.025}$ $\phi 82$ $\phi 110$ $\phi 82$ $\phi 72$ 顶尖 60°	
7	将中心架安装在机床上并调试锁紧，将顶尖撤回机床安全位置，换 2 号内孔右偏刀加工 M20 处和 60°锥面，换 3 号内孔右偏螺纹车刀加工 M20 × 2 的螺纹至尺寸	30 M20×2 $\phi 70_{-0.050}^{-0.025}$ $\phi 82$ $\phi 110$ $\phi 82$ $\phi 72$ 45 60° M20×2	中心架安装调试合格后，将顶尖撤到安全位置
8	撤掉中心架，用顶尖顶 60°锥面并锁紧，换 3 号 95°右偏外圆车刀精加工 $\phi 70_{-0.050}^{-0.025}$ mm、$\phi 80_{-0.035}^{-0.015}$ mm 处，留加工余量 0.5mm，再换 4 号 95°左偏外圆车刀精加工零件右侧 $\phi 80_{-0.035}^{-0.015}$ mm 处，留加工余量 0.5mm	30 M20×2 $70_{-0.050}^{-0.025}$ 82 110 82 72 顶尖 45 60° M20×2	留 0.5mm 的余量不加工，是为了保证工件整体温度平衡，防止在温度不平衡的情况下加工到尺寸时工件因热胀冷缩尺寸发生变化

（续）

工序号	工序内容	加工简图	备注
9	冷却后，换3号95°右偏外圆车刀精加工零件右侧 $\phi70_{-0.050}^{-0.025}$mm、$\phi80_{-0.035}^{-0.015}$mm及倒角C2至尺寸，再换4号95°左偏外圆车刀精加工零件右侧$\phi80_{-0.035}^{-0.015}$mm及倒角C1至尺寸	30　M20×2　$\phi70_{-0.050}^{-0.025}$　$\phi82$　$\phi110$　$\phi82$　$\phi72$　45　60°　顶尖　M20×2	

1.1.3 零件加工准备

1. 选择毛坯

轴类零件的毛坯通常为棒料，其材料可选锻件和铸件。其中，锻件适用于零件强度较高、形状较简单的零件，尺寸大的零件因受设备限制，一般用自由锻，中、小型零件可选模锻，形状复杂的钢质零件不宜用自由锻；铸件适用于形状复杂的毛坯。

钢质零件的锻造毛坯，其力学性能高于钢质棒料和铸钢件。根据图1-1所示轴的结构形状和外轮廓尺寸，所以采用锻件，模锻毛坯至尺寸$\phi125\text{mm}\times522\text{mm}$。

2. 选择机床

数控车床能对轴类或盘类等回转体零件自动完成内外圆柱面、圆锥面、圆弧面和螺纹等的切削加工。根据零件的工艺要求及主轴的配置要求，可以选用HTC4596卧式数控车床。该车床最大车削直径450mm，最大车削长度960mm。此车床配有普通尾座或数控液压尾座，适合车削较长的轴类零件。

3. 选择切削参数

编制数控程序时，编程人员必须确定每道工序的切削参数，并以指令的形式写入程序。切削参数包括主轴转速、背吃刀量及进给速度等。对于不同的加工方法，需要选用不同的切削参数。切削参数的选择原则是：保证零件加工精度和表面粗糙度，充分发挥刀具的切削性能，保证刀具合理的使用寿命；并充分发挥机床的性能，最大限度提高生产率，降低成本。

1）确定主轴转速。主轴转速应根据工艺系统允许的切削速度和工件（或刀具）直径来选择。根据本零件的加工要求，并结合工件材料，刀具材料选择涂层硬质合金刀具。车削外圆时粗加工转速选择800r/min，精加工转速选择1200r/min。因加工内孔螺纹时使用中心架，切削力不大，故转速采用600r/min，加工内孔时也使用中心架，所以采用600 r/min，比较容易达到加工要求。

2）选择进给速度v_f（进给量f）。进给速度是数控机床切削用量中的重要参数，主要根据零件的加工精度和表面粗糙度要求以及刀具、工件的材料性质来选取。最大进给速度受机床刚度和进给系统性能的限制。一般粗车选用较高的进给速度，以便快速去除毛坯余量，精车时进给速度的选择以能达到表面粗糙度和零件精度要求为原则。

粗加工时，由于对工件的表面质量没有太高的要求，这时主要根据机床进给机构的强度和刚性、刀杆的强度和刚性、刀具材料、刀杆和工件尺寸以及已选定的背吃刀量等因素来选取进给速度。精加工时，则按表面粗糙度要求、刀具及工件材料等因素来选取进给速度。进

给速度 v_f 可按公式计算，即

$$v_f = fn$$

式中，f 为进给量，单位为 mm/r；n 为主轴转速，单位为 r/min。粗车时，进给速度一般取 100～120mm/min；精车时，进给速度一般取 80～100mm/min。

本主轴加工时进给速度的选取见表1-2。

表1-2　进给速度的选取　　（单位：mm/r）

	进给速度	
	粗加工	精加工
外圆	0.2	0.1

4. 选择夹具

夹具的选择不仅要满足加工细长阶梯轴各部分的需要，同时还要和所选用的机床配套。本主轴加工时夹具的选择需要考虑以下几方面：

1）粗、精车时选用通用夹具，即自定心卡盘。

2）机床中心架是加工长轴类零件的辅助工具。

3）钻卡头。加工零件时用于钻中心孔。

夹具卡片见表1-3。

表1-3　夹具卡片

工序内容	夹具名称	连接方式	机床型号
粗车	自定心卡盘	机床标配	HTC4596
	尾座顶尖	Morse No. 5	
半精车，精车	自定心卡盘	标准	HTC4596
	尾座顶尖	Morse No. 5	
	中心架	机床标配	
	钻卡头	机床标配	

5. 选择刀具

根据零件的轮廓特点确定需用7把刀、刀具，分别为95°右偏外圆粗车刀、95°右偏外圆精车刀、95°左偏外圆精车刀、内孔右偏刀、内螺纹车刀、ϕ5mm 中心钻和 ϕ16mm 钻头。刀具卡片见表1-4。

表1-4　刀具卡片

序号	加工内容及精度要求	加工方法与刀具选择				
		加工方法	刀具内容			
			刀具名称	类型	规格	刀具号
1	钻中心孔	手动钻削	ϕ5mm 中心钻	数控专用刀具	A-5	
2	$\phi70^{-0.025}_{-0.050}$ mm，$\phi80^{-0.015}_{-0.035}$ mm，ϕ110 ±0.100mm 留加工余量2mm	粗车	95°右偏外圆车刀		25×25	T01
3	钻孔	手动钻削	ϕ16mm 钻头			
4	加工 M20×2 内螺纹	精车	内孔右偏刀、内螺纹车刀 螺距2mm		25×25	T02、T03
5	精加工 $\phi70^{-0.025}_{-0.050}$ mm，ϕ110 ±0.100mm	精车	95°右偏外圆车刀		25×25	T04
6	右侧 $\phi80^{-0.015}_{-0.035}$mm	精车	95°左偏外圆车刀		25×25	T05

6. 选择量具（表 1-5）

1）粗车时采用测量规格为 0～200mm 的游标卡尺。

2）半精车和精车时，不仅需要用游标卡尺测量，还需要外径千分尺，规格为 50～75mm、75～100mm、100～125mm，分度值为 0.01mm。

表 1-5　轴加工量具卡片

序号	测量工序内容	量具名称	规格	分度值
1	粗车	游标卡尺	0～200mm	0.02mm
2	半精车	游标卡尺	0～200mm	0.02mm
		外径千分尺	50～75mm 75～100mm 100～125mm	0.01mm
3	精车	游标卡尺	0～200mm	0.02mm
		外径千分尺	50～75mm 75～100mm 100～125mm	0.01mm

1.1.4　编制加工程序

程序的编制应符合加工工艺方案。

1）零件右侧的数控加工程序。

O0001；（1 号 95°右偏外圆车刀，粗车外圆 $\phi70^{-0.025}_{-0.050}$ mm、$\phi80^{-0.015}_{-0.035}$ mm 和 $\phi110\pm0.100$mm，留加工余量 2mm）

```
G94   G54   M03   S800   F120;
T01   M08;
G00   X135   Z2;（因锻件毛坯不规则，下刀点要大于毛坯直径）
G71   U2   R1;
G71   P1   Q2   U1   W0.1   F120;
N1   G00   X68;
G01   Z0;
X72   Z-2;
Z-120;
X80;
X82   W-1;
W-59;
X110;
X112   W-1;
Z-460;
N2   X135;
G70   P1   Q2
G00   X200;
Z2;
```

```
M09;
M30;
```

加工 M20×2 内螺纹。因工件较长，选用中心架进行加工，ϕ16mm 钻头钻孔 45mm。

```
O0002;
G94   G55   M03   S600   F100;
T02   M08;（加工内孔、60°锥面）
G00   X15.5   Z2;
G71   U1   R1;
G71   P1   Q2   U-0.5   W0.2   F100;
N1   G00   X23.57   F80;
G01   Z0;
X17.8   Z-5;
Z-40;
N2   X15.5;
G70   P1   Q2;
G00   Z100;
X100;
T03   G56;（螺纹加工）
G00   X17   Z2;
G76   P010060   Q100   R200;
G76   X20   Z-38   P1100   Q500   F2;
G00   Z100;
X100;
M09;
M30;
%
```

用 3 号外圆 95°右偏车刀精加工零件右侧 $\phi 70_{-0.050}^{-0.025}$mm 和 ϕ110±0.100mm。加工前要先用顶尖顶住锁紧，再撤掉中心架。最重要的是在 G57 坐标系更改刀具补偿，数值为 0.5mm，等程序运行完毕，所有加工过的外圆尺寸会增大 0.5mm。这时等待工件冷却后用千分尺测量尺寸，无论增大多少，只需更改 G57 坐标系以补偿所测增大尺寸后，再次运行加工。

```
O0003;
G94   G57   M03   S800   F120;
T04   M08;
G00   X120   Z2;
G71   U1   R1;
G71   P1   Q2   U0.5   W0.1   F120;
N1   G00   X66   S1200   F80;
G01   Z0;
X70   Z-2;
Z-120;
```

```
X108;
Z-180;
X110   W-2;
Z-460;
N2   X120;
G70   P1   Q2;
G00   X200;
Z2;
M09;
M30;
```

2）零件左侧的数控加工程序。

掉头，用 1 号 95°右偏外圆车刀粗加工外圆 $\phi70^{-0.025}_{-0.050}$ mm、$\phi80^{-0.015}_{-0.035}$ mm，留加工余量 2mm。

```
O0004;
G94   G54   M03   S800   F120;
T01   M08;
G00   X135   Z2;（因锻件毛坯不规则，下刀点要大于毛坯直径）
G71   U2   R1;
G71   P1   Q2   U1   W0.1   F120;
N1   G00   X68;
G01   Z0;
X72   Z-2;
Z-160;
X80;
X82   W-1;
W-59;
N2   X135;
G70   P1   Q2;
G00   X200;
Z2;
M09;
M30;
```

加工 M20×2 内螺纹。因工件较长，选用中心架进行加工，$\phi16$mm 钻头钻孔 55mm。

```
O0005;
G94   G55   M03   S600   F100;
T02   M08;（加工内孔、60°锥面）
G00   X15.5   Z2;
G71   U1   R1;
G71   P1   Q2   U-0.5   W0.2   F100;
N1   G00   X23.57   F80;
```

```
G01  Z0;
X17.8  Z-5;
Z-50;
N2  X15.5;
G70  P1  Q2;
G00  Z100;
X100;
T03  G56;
G00  X17  Z2;
G76  P010060  Q100  R200;
G76  X20  Z-48  P1100  Q500  F2;
G00  Z100;
X100;
M09;
M30;
```

用 3 号 95°外圆右偏车刀精加工零件左侧 $\phi70_{-0.050}^{-0.025}$mm 和 $\phi80_{-0.035}^{-0.015}$mm。用 4 号 95°左偏外圆车刀精加工右侧 $\phi80_{-0.035}^{-0.015}$mm 处前，要先把顶尖顶住锁紧，再撤掉中心架。最重要的是，在 G57 坐标系更改刀具补偿，数值为 0.5mm，等程序运行完毕，所有加工过的外圆尺寸会增大 0.5mm。这时等待工件冷却后用千分尺测量尺寸，无论增大多少，只需更改 G57 坐标系以补所测增大尺寸后，再次运行加工。

```
O0006;
G94  G57  M03  S800  F120;
T0  M08;
G00  X120  Z2;
G71  U1  R1;
G71  P1  Q2  U0.5  W0.1  F120;
N1  G00  X66  S1200  F80;
G01  Z0;
X70  Z-2;
Z-160;
X78;
X80  W-1;
W-59;
X108;
X110  W-1;
N2  X120;
G70  P1  Q2;
G00  X200;
Z2;
```

T05　G58；（用 5 号 95°左偏外圆车刀精加工零件右侧 $\phi80_{-0.035}^{-0.015}$mm）

```
G0 X120 Z-2;（下刀点在零件左侧 φ80-0.015/-0.035mm 处）
X81;
G01 Z60;
X82;
G00 Z-2;
X80;
G01 Z60;
X108;
X110 Z61;
G00 X200;
M09;
M30;
```

1.1.5 零件加工过程

1. 加工前准备

1）准备刀具、量具、铜皮。

2）将程序输入数控车床，进行空运行。

3）把刀具装夹到机床刀架上并对刀。（注意：95°左偏外圆车刀最后对刀）

2. 零件试加工

1）首件试加工时应选择单段运行加工程序，防止在加工过程中出现意外，并可以随时解决所出现的问题，而且主轴转数和进给速度可以根据实际情况及时处理。

2）按照加工工序完成粗加工。精加工时要考虑机床自身的反向间隙、刀具的让刀量。

1.1.6 检测零件

切削结束后，不要急于取下零件，而应在机床上对其进行检测。按图样及技术要求进行测量。

1）用外径千分尺测量各部位外径尺寸是否符合图样要求。

2）用磁性表测量零件的圆跳动和同轴度。

1.1.7 保证零件精度提高加工效率的措施

为了保证和提高加工精度，必须根据产生加工误差的主要原因，采取相应的预防或误差补偿等有效的工艺途径措施来直接控制原始误差，或控制其对零件加工精度的影响。

（1）采用合适的切削液　压力机主轴加工时采用水溶液作为切削液。因为其水溶性切削液（如水溶液、乳化液等）有良好的冷却作用和清洗作用。

（2）零件试加工　零件试加工的方法很多，实际应用时，应根据加工工艺方案、零件的材料及所使用的刀具来拟定最终精加工时的方案。试加工是在未正式加工之前确认精加工参数，使用精加工程序对加工部位进行留有余量的精加工，经检测各部位尺寸后，最后确定精加工参数。

1.2　叶轮的加工（图 1-2）

飞机叶轮如图 1-2 所示，属于深槽类零件，零件材料为铝。该零件的加工对槽与孔之间的精度要求较高。

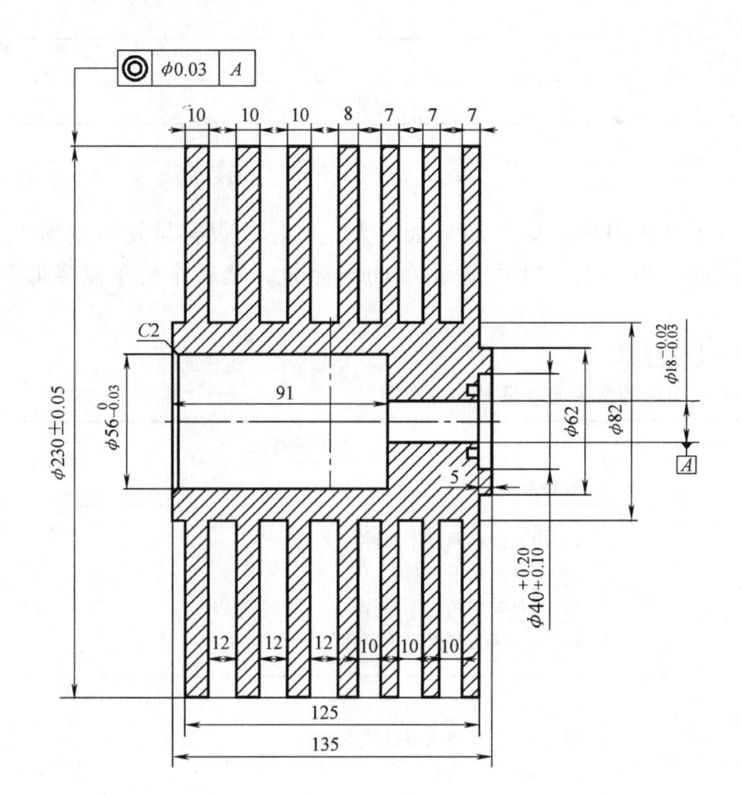

图 1-2　叶轮

随着工业技术水平的不断提高和发展，利用铝及其合金制造的产品日益增多，因而了解铝及其常用合金的切削性能日显重要。铝是一种易于切削的金属材料，具有重量轻，硬度、强度较低，可加工性好，导热系数和线膨胀系数大等特点。在加工中，其切屑形状、刀具磨损、切削力、表面质量的特性及规律与钢件有很大区别。

基于铝及其合金的上述特点，此叶轮的加工在工艺、夹具、刀具及切削参数上必须安排得非常合理，否则将很难完成此零件的加工。

1.2.1　零件分析

通过图 1-2 的分析发现，现有刀具无法满足其加工条件，因此应自制一些刀具。该叶轮叶片的宽度有 10mm、8mm、7mm 三个尺寸，深度为 74mm，此外还有一个 ϕ18mm 的孔和一个 $\phi 40^{+0.20}_{+0.10}$的端面槽。所以根据图样要求并考虑成本，应自制一把高速钢外圆车槽刀和一把高速钢端面车槽刀。对于 ϕ18mm 孔，可选择一把 ϕ12mm 的内孔车刀来满足加工要求。

初期定制的刀具见表 1-6。

表1-6 初期定制的刀具

刀具名称	材料	备注
93°外圆车刀	高速钢	机夹刀片
外圆车槽刀	高速钢	需要修改手磨
ϕ12mm 内孔车刀	高速钢	机夹刀片
高速钢端面车槽刀	高速钢	手磨
ϕ20mm 钻头	高速钢	
ϕ30mm 钻头	高速钢	手磨成平刃

1.2.2 关键加工部位分析

此零件的关键部位是深槽。由于叶片很薄，如果加工余量大，叶轮片很容易发生变形，侧面的表面粗糙度也很难保证。因此，粗加工时叶片侧面留1mm余量，然后作精车以降低叶片壁的表面粗糙度值。

车槽的常见问题及其产生原因见表1-7。

表1-7 车槽的常见问题及其产生原因

车槽的常见问题	产生原因
槽底倾斜	刀具安装不正确
槽的侧面呈现凹凸面	1）刀具刃磨角度不对称 2）刀具刃磨前小后大 3）刀具安装角度不对称 4）刀具两刀尖磨损不对称
槽底出现振动，有振纹	1）工件安装不正确 2）刀具刚性差或刀具伸出太长 3）切削用量选择不当 4）刀具刃磨参数不正确 5）在槽底的程序延时时间太长
切削过程中出现扎刀现象	1）进给量过大 2）切屑阻塞
槽直径或槽宽尺寸不正确	1）对刀不正确 2）刀具磨损或修改刀具磨损参数不当

1.2.3 编制工艺方案

此零件槽的精度要求较高，深槽宽度为10mm和12mm。考虑到叶片之间的尺寸关系，应选择穿轴的方法，先完成内孔加工，再车削心轴，然后将工件穿在心轴上，用顶尖顶住，最后将所有待加工槽在一次装夹下全部加工完成，以此来保证槽与槽之间的位置精度。

1.2.4 零件加工准备

1. 选择毛坯

零件毛坯尺寸ϕ235mm×140mm，如图1-3所示。

2. 选择机床

由于此零件外形较大，因此选择 DMG 的 XT410 车削中心，其各项参数如下：

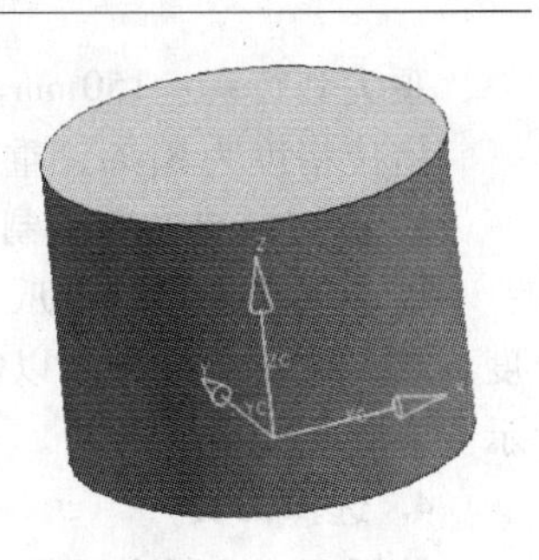

图 1-3　毛坯

1）工作范围。

最大车削直径：320mm。

最大车削长度：600mm。

2）主轴。

棒料直径/最大：65mm/75mm。

卡盘直径/最大：200mm/250mm。

转速范围：5000r/min。

3）尾座。

尾座行程：580mm。

尾座力：8kN。

尾座顶尖：M4K。

快速移动速度：最大 8m/min。

顶尖套直径：120mm。

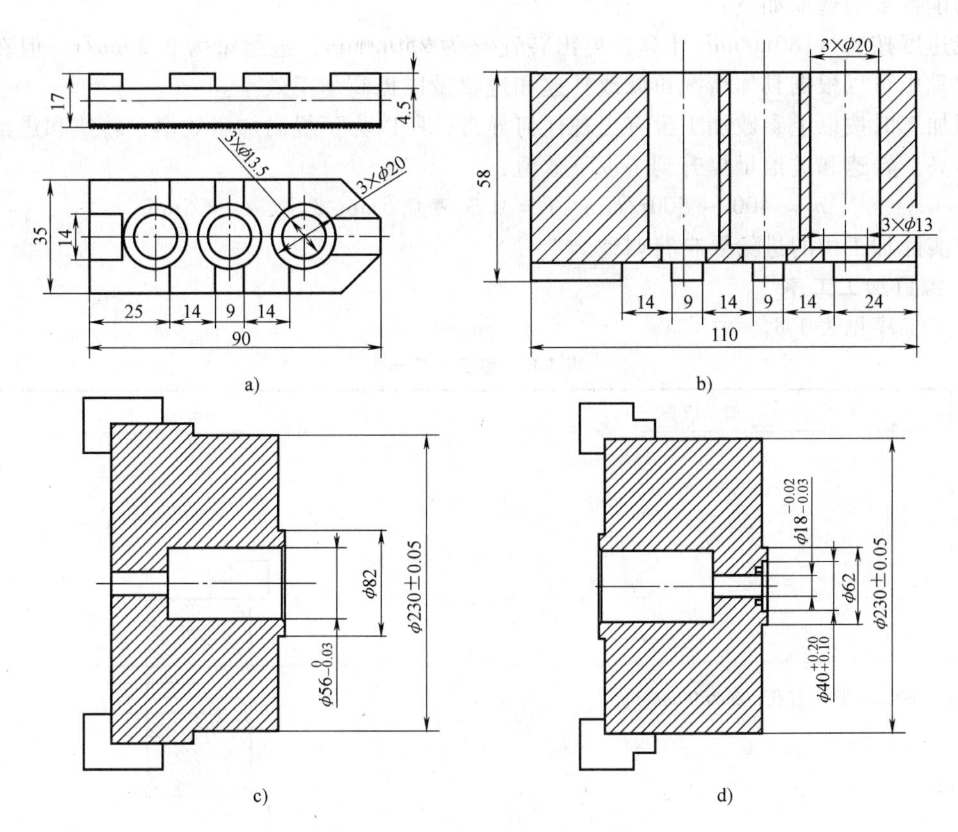

图 1-4　初步工艺及装夹示意图

a）爪座　b）子爪　c）卡端　d）掉头卡

顶尖套行程：150mm。

定位精度为 8μm，重复定位精度为 4μm。

3. 拟订装夹方案，制作夹具

由于现有机床的卡爪不能满足装夹，如果用反夹工件的办法只能限制工件的两个自由度，加工非常危险，所以需要自制卡爪来满足加工要求。初步工艺及装夹示意图如图 1-4 所示。

4. 选择刀具

除了表 1-6 所列刀具外，由于铝的塑性较高，切削性能较好，所以外圆车刀选择了专门切铝的刀片。硬质合金刀具虽然可以提高刀具的使用寿命，但它不如高速钢刀具锋利，所以选择型号为 CCMG120408-NF 的刀片，此刀片的后角是 7°，前角为 93°；手磨车槽刀也要刃磨出断屑槽，这样有利于排屑和减小切削力。

5. 选择切削参数

首件调试的加工参数可根据公式确定，即

$$n = \frac{1000v_c}{\pi D}$$

式中，n 为主轴转速；v_c 为线速度；D 为工件直径。

切削参数的选取如下：

线速度按 $v_c = 180\text{m/min}$ 计算，得出转速 n 为 250r/min，进给量为 0.2mm/r。但在实际加工过程中可以根据具体情况再修改转速和进给量以提高加工效率。

粗加工时按以上参数加工没有出现任何异常，所以为了提高加工效率，转速和进给量都相对提高。转速和进给量提升到了以下数值：

$$n = 400 \sim 500\text{r/min} \quad f = 0.3 \sim 0.5\text{mm/r} \quad a_p = 5\text{mm}$$

在实际加工中的进给要自行调整。

6. 拟订加工工序

加工工序见表 1-8。

表 1-8 加工工序卡

工序	加工内容	图示
1	ϕ20mm 钻头打孔，深为 90mm	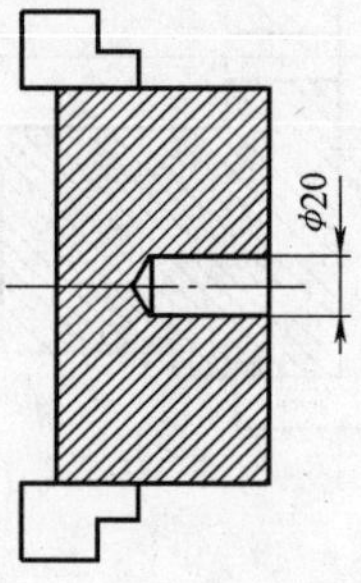 ϕ20

（续）

工序	加工内容	图示
2	ϕ30mm 平钻头扩孔，将底面锪平，深为 90.7mm	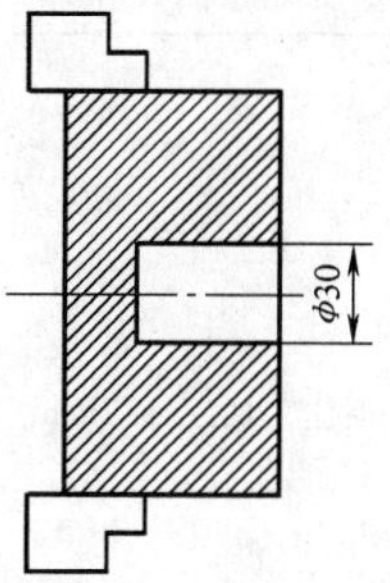 $\phi30$
3	内孔车刀车孔 ϕ56mm 至尺寸，深为 91mm	91 $\phi56_{-0.03}^{0}$
4	外圆车刀车 ϕ230mm 外圆，长为 79mm	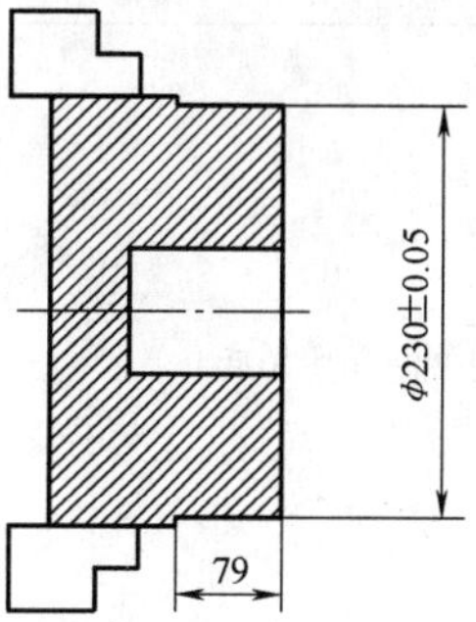 $\phi230\pm0.05$ 79
5	车 12mm 宽的槽，侧面留 1mm 的加工余量	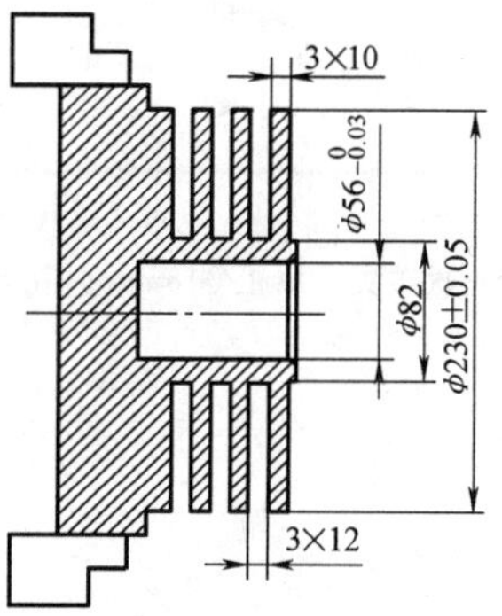 3×10 $\phi56_{-0.03}^{0}$ $\phi82$ $\phi230\pm0.05$ 3×12

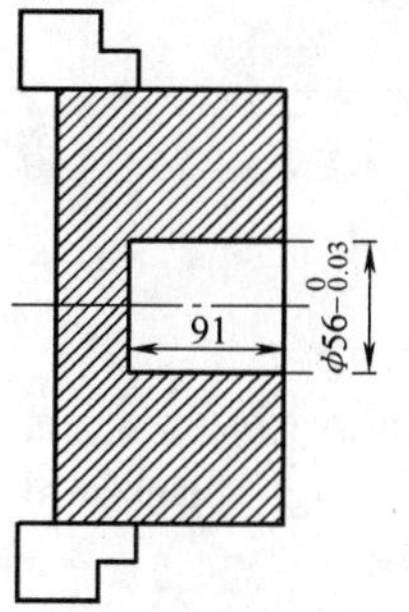

（续）

工序	加工内容	图示
6	掉头，保证总长 135mm	
7	顶尖顶住，加工 ϕ82mm、ϕ230mm 的外圆	$\phi62$ $\phi230\pm0.05$
8	车 10mm 宽的槽，侧面留 1mm 的加工余量	10　7
9	ϕ16mm 钻头钻底孔	$\phi14$
10	再次装夹，加工 ϕ18mm 内孔和 $\phi40^{+0.20}_{+0.10}$mm 的端面	$\phi18^{0}_{-0.02}$ $\phi40^{+0.20}_{+0.10}$

（续）

工序	加工内容	图示
11	整体粗加工完后，将叶轮放置一段时间，再将所留的 1mm 余量精加工，用此方法来保证叶片不变形	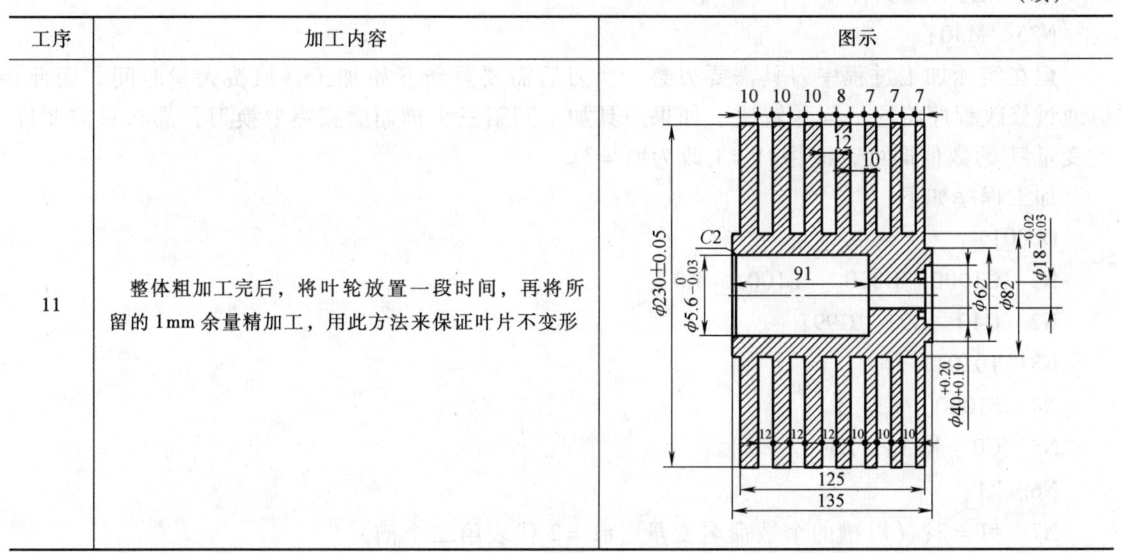

1.2.5　编制加工程序

开始加工时没有考虑到刀具磨损、换刀等问题，所以编制的程序如下：

```
O0001;
N2   G40   G97   G99;
N3   T0101;
N4   S1000   M3;
N5   G0   X235   Z5;
N6   Z1;
N7   #1 = -20;（定义第一个槽的起始位置）
N8   WHILE [#1LE-80]   DO1;（定义槽 Z 方向最终距离）
N9   Z#1;（Z 方向的实际坐标）
N10   #2 =232;（X 的起点）
N11   WHILE [#2GE82]   DO2;（定义槽的最终深度）
N12   G01   X [#2]   F0.2;（X 的实际坐标）
N13   G0   X [#2 +5.5];（X 方向退刀）
N14   W4;（Z 方向的正向偏移）
N15   G01   X [#2];（Z 方向偏移后的 X 方向实际坐标）
N16   G0   X [#2 +0.5];（X 方向退刀）
N17   W -4;（Z 方向的负向偏移）
N18   #2 =#2 -5;（X 方向每次进给 5mm）
N19   END2;
N20   G0   X235;
N21   #1 =#1 -20;
N22   END1;
N23   G0   X235;
```

```
N24  G0  Z200;
N25  M30;
```

但在实际加工过程中刀具需要刃磨，换刀后需要重新开始加工，浪费大量时间。因此，应通过修改程序将这一问题解决。如果刀具加工到第三个槽而磨损需要换刀，那么只需要修改变量#1 的数值即可，即将#1 =1 改为#1 =3。

加工程序如下：

```
O0001;
N1  G1900  D230.  L100.  K0.;
N2  G40  G97  G99;
N3  T0101;
N4  S1000  M3  P1;
N5  G0  X235  Z5;
N6  Z1;
N7  #1 =2;（以槽的个数命名变量，#1 =2 代表第二个槽）
N8  WHILE[#1LE4]  DO1;（约束条件，当加工完第四个槽时结束加工）
N9  Z -[20 * #1];（Z 向的实际坐标值）
N10  #2 =232;（X 向的起刀点）
N11  WHILE[#2GE82]  DO2;（约束 X 向的值，切到 X82 结束加工）
N12  G01  X[#2]  F0.2;（X 向进给）
N13  G0  X[#2 +5.5];（X 向退刀）
N14  W4;（Z 向的偏移）
N15  G01  X[#2];（X 向进给）
N16  G0  X[#2 +0.5];（X 向退刀）
N17  W -4;（Z 向的偏移）
N18  #2 =#2-5;（X 向每次进给 5mm）
N19  END2;
N20  G0  X235;
N21  #1 =#1 +1;
N22  END1;
N23  G0  X235;
N24  G0  Z200;
N25  M30;
```

1.2.6 零件加工过程

1. 零件试加工

按照图 1-4 所示方案、夹住毛坯加工 ϕ56mm 内孔和 ϕ230mm 外圆。

车软爪，掉头加工 ϕ18mm 内孔，端面槽及 ϕ230mm 的外圆（卡爪的根部一定要清根）。

当内孔及端面槽都加工完毕后，将工件穿上心轴紧固，并用顶尖顶住，将所有槽再一次装夹下全部加工完成，如图 1-5 所示。

在加工过程中出现很多问题，自制的高速钢车槽刀不能满足加工条件，在加工时叶片出现锥度问题，使得尺寸、精度都不能达到图样要求，在穿轴加工过程中工件与心轴有间隙误差致使跳动厉害而无法保证槽与孔之间的精度要求，等等。

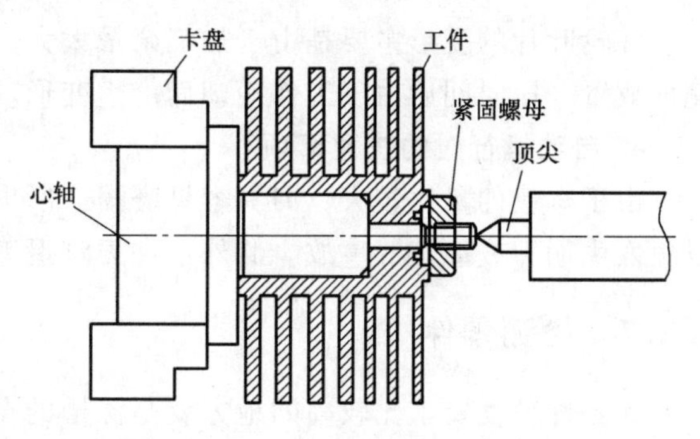

图1-5　加工所有的槽

槽与孔的同轴度要求为 $\phi0.03$mm，要求较高。采用穿轴的方法在车槽过程中会发生跳动，不能保证槽与孔之间的精度要求。采用软爪装夹，孔和槽一起加工完成，因此能够保证槽和孔之间的位置精度，再加上软爪的刚性比较好，所以最终选择了软爪作为夹具。

检验时发现叶轮因发生跳动导致叶片不直，呈现锥形。初步怀疑是外圆车槽刀产生的，因为选用的是高速钢刀具，而高速钢刀具的韧性较好但刚性较差。由于槽深，刀具外露太长等都是导致深槽车成锥形的原因，所以需要更换刀具。首件加工完成后隔一段时间再次测量，发现尺寸发生变化，叶片产生严重变形，所以在粗加工完毕后要进行时效处理。

针对刀具刚性不足、心轴夹具跳动和切削参数上的诸多问题，应在工艺、刀具和切削参数上进行改动，以来满足加工要求。

2. 改进后的工艺

1）夹住毛坯加工 $\phi56$mm 内孔、$\phi230$mm 外圆及宽 12mm 的深槽，侧面留有 1mm 的加工余量，如图1-6所示。

2）车软爪，如图1-7所示，掉头加工保证总长，车 $\phi82$mm、$\phi230$mm 的外圆，最后加工宽 10mm 的槽，侧面留有 1mm 的加工余量。

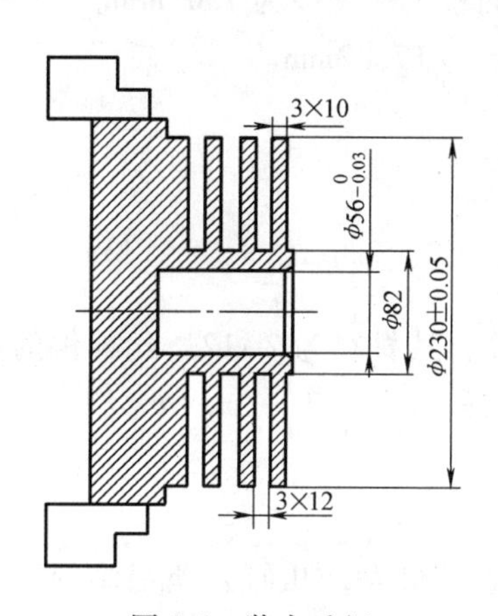

图1-6　装夹毛坯

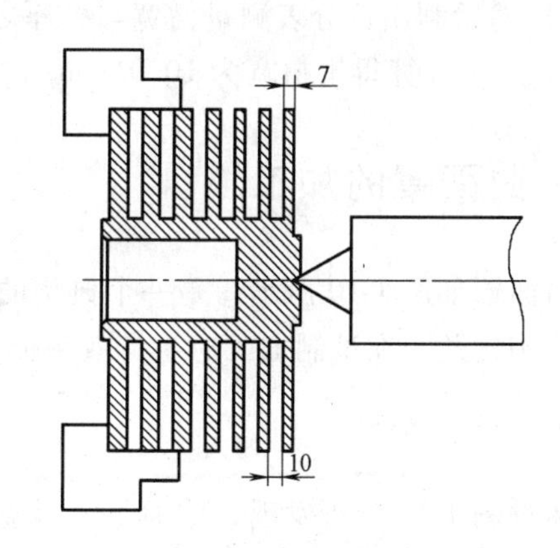

图1-7　车软爪

3）加工 $\phi18$mm 内孔和 $\phi40^{+0.20}_{+0.10}$mm 的端面槽，如图1-8所示。

4）粗加工完后要经过时效处理后再进行精加工，将留有的 1mm 余量再分粗精加工完成，避免面再次发生变形。

3. 分析和判断加工误差产生的原因

叶轮叶片的变形主要是由于加工余量太大，在切削的过程中产生了大量的切削热，加工完成放置一段时间后由于工件冷却而产生变形。

4. 自动运行时的注意事项

由于车槽的量比较大，刀具容易磨损，所以在自动加工运行时应注意车槽刀是否磨损，以免发生崩刀或撞车等事故。此外，在刀具退刀和换刀时应避免与顶尖发生碰撞。

1.2.7 检测零件

此零件精度要求比较高的地方就是深槽的宽度和叶片的厚度，由于一般的外径千分尺与内径千分尺不能准确测量出数值，因此使用公法线千分尺来测量叶片的厚度，再利用百分表检测从而间接保证深槽宽度。具体方法如图 1-9 所示。

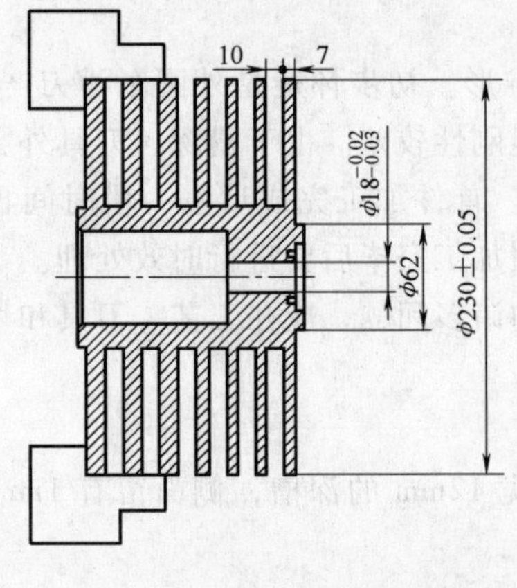

图 1-8 加工内孔和端面槽

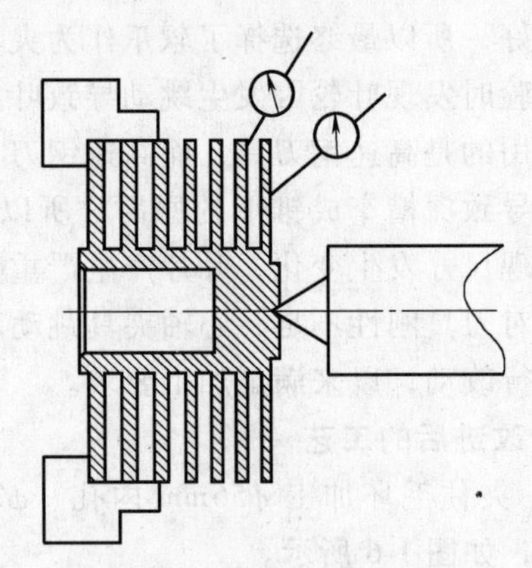

图 1-9 零件的检测

1）先用公法线千分尺测量一个叶片的厚度，假设测量出的壁厚为 7.01mm。

2）然后利用百分表测量槽宽与壁厚之和。假设显示为 17.02mm。

3）通过计算得出槽宽为 10.01mm。

1.3 曲面罩的加工

曲面罩如图 1-10 所示，是一个典型的异形薄壁零件，其材料为 2A12。此零件的特点是壁薄，刚性差，在试制加工时生产效率低，质量不易保证。

1.3.1 零件分析

通过图 1-10 分析发现，曲面罩零件壁很薄，加工变形很大，几何公差很难保证；加工时，切削参数或刀具一旦选择不当则容易产生共振，很难保证零件的表面粗糙度值；零件内外表面均为抛物线曲面，给程序的编制带来一定困难；选择合理的加工路线和装夹方式是加工该零件的关键。

1.3.2 编制工艺方案

加工工艺路线见表 1-9。

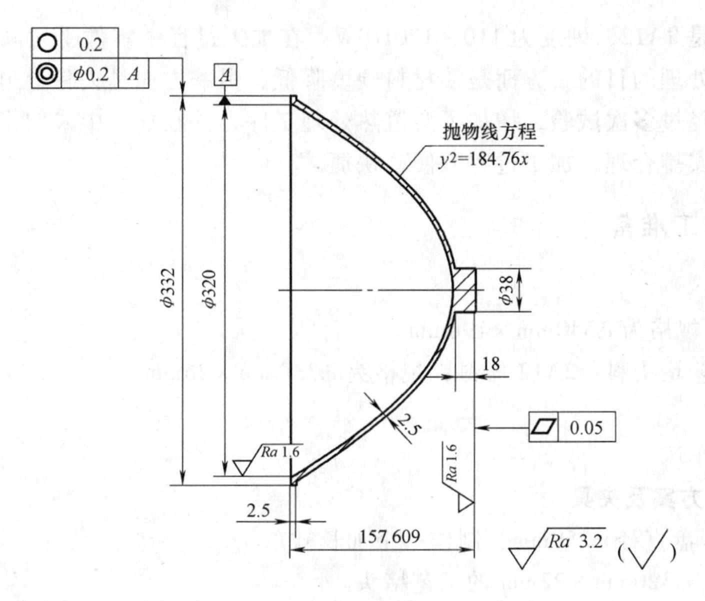

图 1-10　曲面罩

表 1-9　加工工艺路线

工序号	工序名称	工序内容
1	粗加工	按图 1-11 所示尺寸加工
2	热处理	加热至（220±5）℃，保温 6h 随炉冷却
3	半精加工	按图 1-12 所示尺寸加工
4	热处理	加热至（190±5）℃，保温 6h 随炉冷却
5	检验	硬度值为 90～100HBW
6	精车	按图 1-10 所示尺寸加工
7	车断	按图 1-10 所示尺寸加工
8	加工中心	加工 4 个 M4 螺孔，图 1-10 中未绘出
9	化学抛光	外协加工

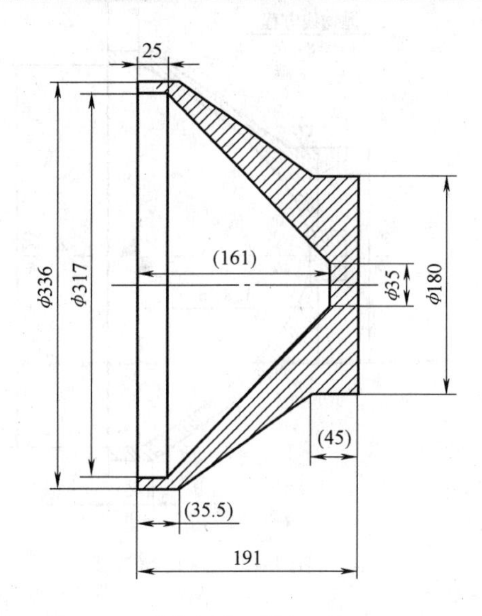

图 1-11　粗加工

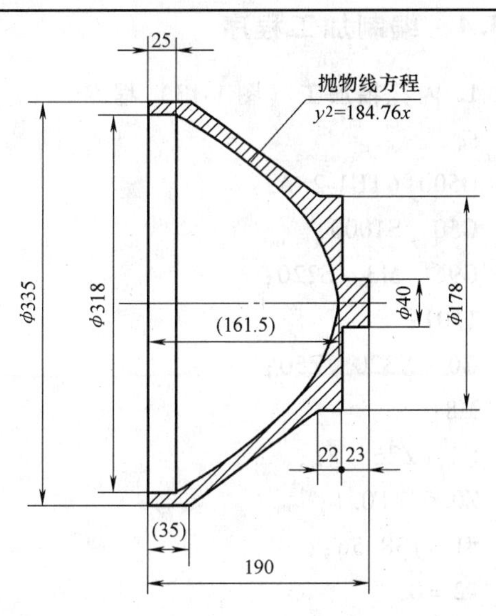

图 1-12　半精加工

本零件材料是2A12，硬度为110～120HBW。在加工过程中零件受切削力影响很容易变形，安排两次热处理的目的一方面是使材料硬度降低，另一方面是去除上道加工时由残余应力产生的变形。经过多次试验，增加了两道热处理工序，并在加工中采取了相应的措施，使零件的加工工艺安排合理，加工过程方便、快捷。

1.3.3 零件加工准备

1. 选择毛坯

2A12棒料，规格为ϕ340mm×196mm。

另备一件工艺堵头料：2A12棒料，规格为ϕ330mm×26mm。

2. 选择机床

经济型数控车床。

3. 选择装夹方案及夹具

1）自定心卡盘直径ϕ250mm，制作一个加长软爪。

2）制作一个ϕ320mm×22mm的工艺堵头。

4. 选择刀具

1）25mm×25mm　90°外圆车刀。

2）ϕ32mm或ϕ40mm内孔车刀（若用ϕ40mm内孔车刀加工，则需制作一个专用刀套）。

3）2mm车断刀。

5. 切削参数选择

1）切削速度（v_c）120m/min，主轴最高转速800r/min（根据实际情况调整切削速度）。

2）进给量（f）0.1mm/r。

3）背吃刀量（a_p）0.5～2mm（根据实际情况调整）。

1.3.4 编制加工程序

1. 内孔精加工（图1-13）程序

```
%
O5001(TU1-2.AJ)
G50  S1000;
G96  M3  S220;
T101;
G0  X320  Z50;
M8;
G1  Z26  F1;
Z0.5  F0.1;
#1 =138.56;
#2 =0;
#3 =0;
#4 =0;
```

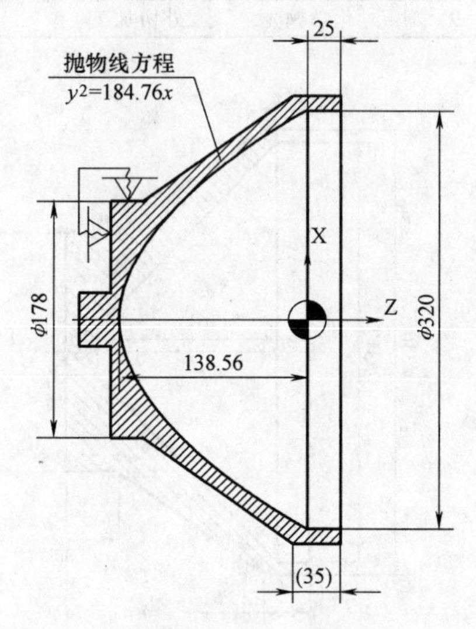

图1-13　内孔精加工

```
WHILE[#1GE0]  DO1;
#2 = SQRT[184.76 * [#1]];
#3 = 2 * #2;
#4 = #1 - 138.56;
G1X[#3]Z[#4]F0.1;
#1 = #1 - 0.5;
END1;
G1  X0  Z-138.56  F0.1;
G0  Z100;
M5;
M30;
%
```

2. 外形精加工（图 1-14）程序

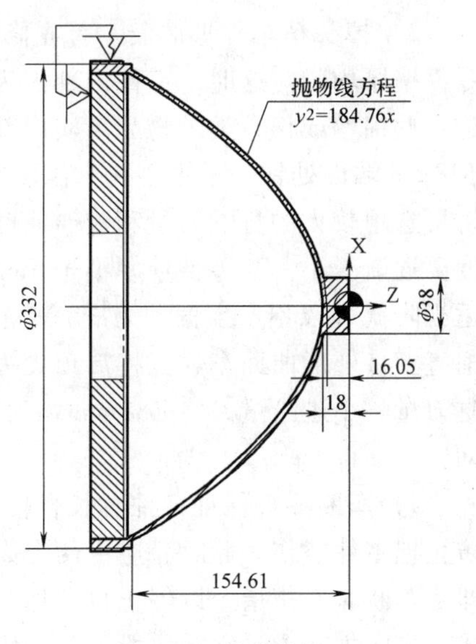

图 1-14　外形精加工

```
%
O5006(TU1-2.B)
G50  S1000;
G96  M3  S220;
T101;
G0  X38  Z10;
M8;
G1  Z2  F2;
G1  Z-18  F0.12;
#1 = -1.95;
#2 = 0;
#3 = 0;
#4 = 0;
WHILE[#1GE-138.56]  DO1;
#2 = #1 - 16.05;
#3 = SQRT[-187.76 * [#1]];
#4 = 2 * #3;
G1  X[#4]  Z[#2]  F0.12;
#1 = #1 - 0.5;
END1;
G1  X322.59  Z-154.61  F0.12;
X331.4;
X332  W-0.3;
Z-161;
G0  X340  Z200;
M5;
```

M30;
%

1.3.5 零件加工过程

1. 零件试加工

1）精车内孔曲面。用自定心卡盘夹持 ϕ178mm 外圆精车内孔曲面。首先车出 25mm 深度做工艺夹头，其直径应与抛物线大口尺寸一致。外圆和端面也要精车，以保证有良好的工艺基准，为后面的加工打下良好基础。精车内孔曲面时，由于工件强度较好，一般不会产生振动，但因工件直径较大所以主轴转速不宜太快。

2）制作工艺堵头。制作一个工艺堵头与工艺夹头的 ϕ320mm 内孔配合，配合间隙要尽量小。由于工艺夹头较薄，加上一个工艺堵头可起增加工艺夹头强度的作用，减少装夹时工件的变形，以获得较好的几何公差。制作工艺堵头时，堵头的长度应略小于工艺夹头的长度。

3）掉头精车外形曲面。首先修镗软爪，用软爪装夹工艺夹头外圆精车零件外形，保证零件壁厚均匀。这时，零件内部因为已经掏空容易产生共振现象，可在装夹前在工件内部塞进一些棉丝或棉布类的物品填实内部，以消除共振，然后再塞入工艺堵头。零件装夹后先在 ϕ38mm 端面处钻一个中心孔，深度小于 5mm，用活顶尖进行辅助支承精车外形曲面。开始时可选用较大的背吃刀量和进给速度以节省时间。随着零件壁越车越薄，背吃刀量和进给速度要逐渐减小。当零件壁厚小于 5mm 时，每次背吃刀量要小于 0.5mm，此时主轴转速也要适当降低（以不产生振动为准）。同时，活顶尖对工件右端的辅助支承力也要减小，反复车削直至将外形曲面车成。将活顶尖去掉，此时零件没有辅助支承，刚性很差，要低速、小背吃刀量、小进给量，将 ϕ38mm 端面的中心孔车掉并保证 18mm 尺寸（注：此时极易产生振动）。

4）车断零件保证零件总长合格。用 2mm 车断刀把零件车下。由于零件较大，车断时要防止把零件磕伤。此时，应由两个人配合完成零件的车断工作。首先，程序的编制应在零件即将车断时安排指令以停止自动加工，机床主轴转动也停止，将机床的工作方式置于手轮方式，机床主轴置于空挡位置，一人用左手搬动卡盘使机床主轴转动，右手扶住零件，另一个人缓慢摇动手轮使车断刀一点一点进给，将零件车下。最后用刮刀去除切口处的毛刺。

2. 加工误差原因分析和判断

1）若同轴度和圆度误差较大，则可能是以下原因。

① 精车内孔时没有精车零件工艺夹头的端面和外圆。

② 工艺堵头外圆与零件工艺夹头的内孔配合间隙偏大。

③ 软爪的修镗不到位。

④ 精车外圆时自定心卡盘的夹紧力过大。如果是液压卡盘，其夹紧力调至 8～10MPa 较合适。

2）若零件出现厚度不均匀，则可能是以下原因。

① 同轴度和圆度误差。

② 加工外圆时抛物线方程 $y^2=187.76x$ 的系数 187.76 设置不合理导致其误差，可适当调整系数值使其更合理。

3. 自动运行时的注意事项

1）在精加工过程中尽量保持刀具的刃口锋利，以减小加工中零件受切削力影响带来的变形。

2）加工中如果出现振动或较大的噪声，应降低主轴转速或马上停止，找出原因，及时改正。

3）加工中防止出现撞车的现象。

1.4　卷筒的加工

卷筒如图 1-15 所示，是冶金设备上的一个大型零件，此零件的特点是外形和重量大，是一个典型的无进刀槽的双头变螺距螺纹零件。工作时，钢丝绳要缠绕在其圆弧螺旋槽中。

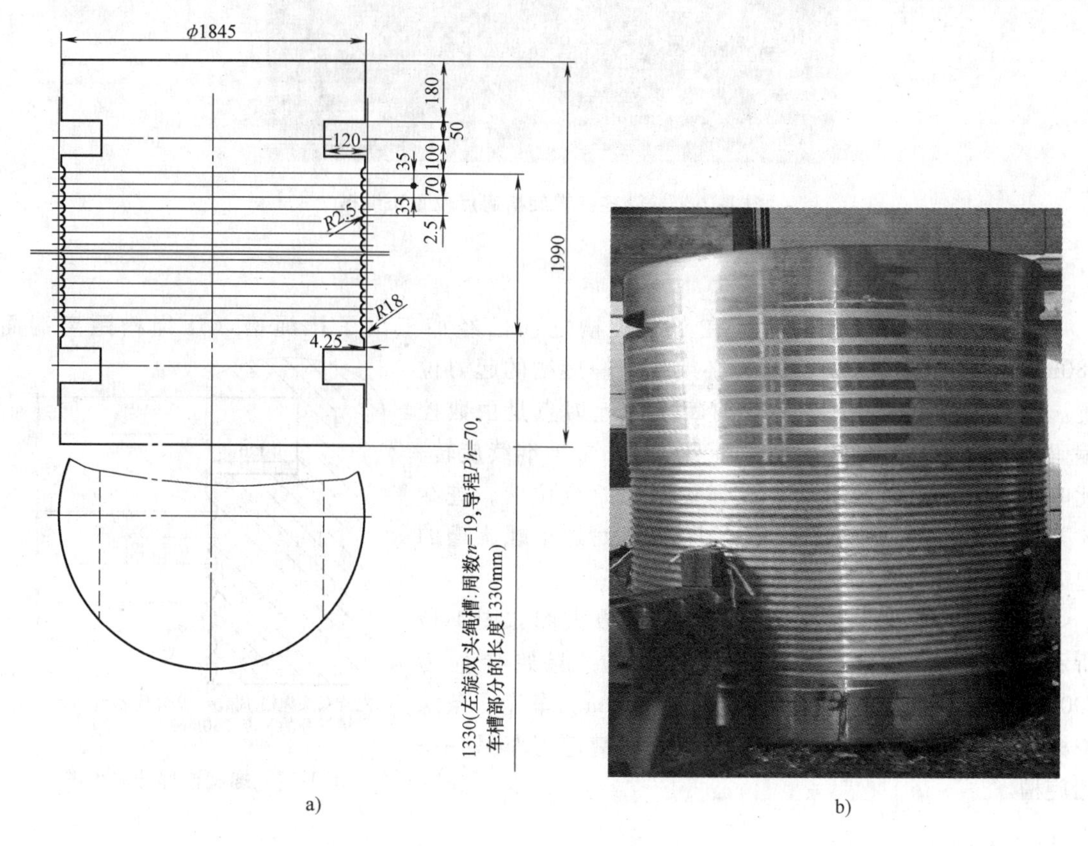

图 1-15　卷筒

a）零件图　b）外形图

1.4.1　设备选用

因为卷筒零件外形大（ϕ1845mm × 1990mm），重量大，在一般的设备上难以加工，故安排在立式车床上加工。

在普通立式车床上加工螺纹是通过调整交换齿轮来得到所需要的螺距的。对于变螺距螺纹，若通过不同的交换齿轮分段加工，则每段螺纹之间不容易光滑连接，其解决方法是在车床上增加一套机构来加工变螺距螺纹。手工加工此种螺纹的劳动强度大，对操作工的操作水平要求高。而采用数控车床加工螺纹，则不需要交换齿轮且不用增加任何机构就能够实现变螺距螺纹的加工。

普通车床加工大导程螺纹一般需要有进刀槽和退刀槽，卷筒零件既没有进刀槽，仅有一段被称为压绳槽的横槽（见图 1-16），也没有退刀槽。因此，加工该零件的设备选用 CH5240×40 型号的立式数控车床，数控系统配置的是 SINUMERIK 3T。

图 1-16 卷筒零件螺旋槽起点位置压绳槽

1.4.2 零件分析

由于卷筒零件外形较大，在车螺旋槽之前已经加工出了压绳槽（压绳槽距离端面 180mm），所以在加工螺纹时，必须找准螺旋槽的起刀位置。立式数控车床在加工螺纹时每次的起刀点是由数控编码器来控制的。在没有找到起刀点时，主轴继续旋转，此时没有进给方向的运动，直到找到起刀点位置，进给才开始运动，因此该卷筒零件的压绳槽就是车螺旋槽的起刀位置。

该螺旋槽为双头左旋。螺旋槽部分放大图如图 1-17 所示，一条线起点在压绳槽中间部位，起始导程为 200mm，在工件上转一周后导程变为 70mm。车完一条螺旋槽后再旋转零件 180°在另一侧的压绳槽起刀车另一条螺旋槽。

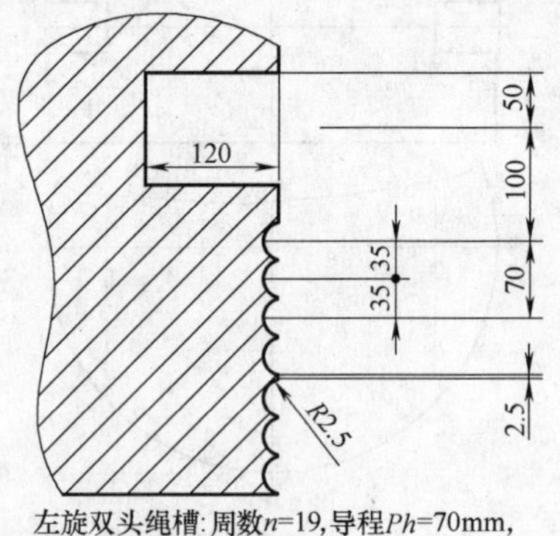

左旋双头绳槽：周数n=19，导程Ph=70mm，车槽部分的长度1330mm

图 1-17 螺旋槽部分放大图

1.4.3 确定加工过程

目前对于这种大导程变螺距螺纹的加工还没有好的编程软件来编制数控加工程序。编程人员可用 QBASIC 语言编制程序，用于卷筒零件的精加工。

粗加工绳槽时，使用宽度 9mm 的车刀，加工 R17.5mm 圆的内接六边形，最小处留加工余量 0.5mm，这样可以简化粗加工的数控加工程序，用反复调用子程序的方法进行粗加工，如图 1-18 所示。精加工绳槽时，用 R4.5mm 的球头车刀分 150 次包络 R18mm 的圆弧，如图 1-19 所示。

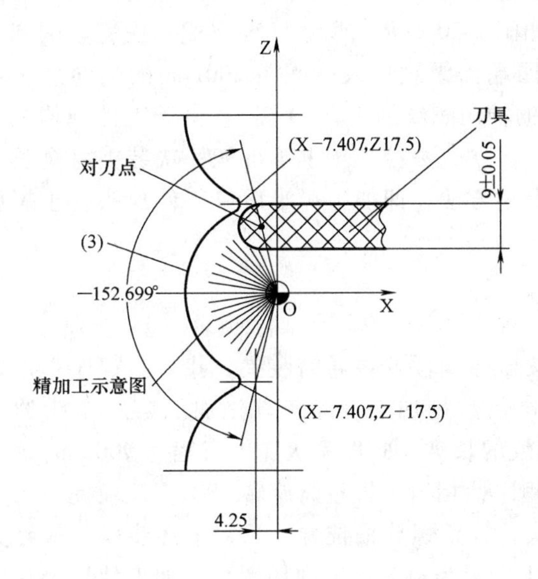

图 1-18　粗加工示意图

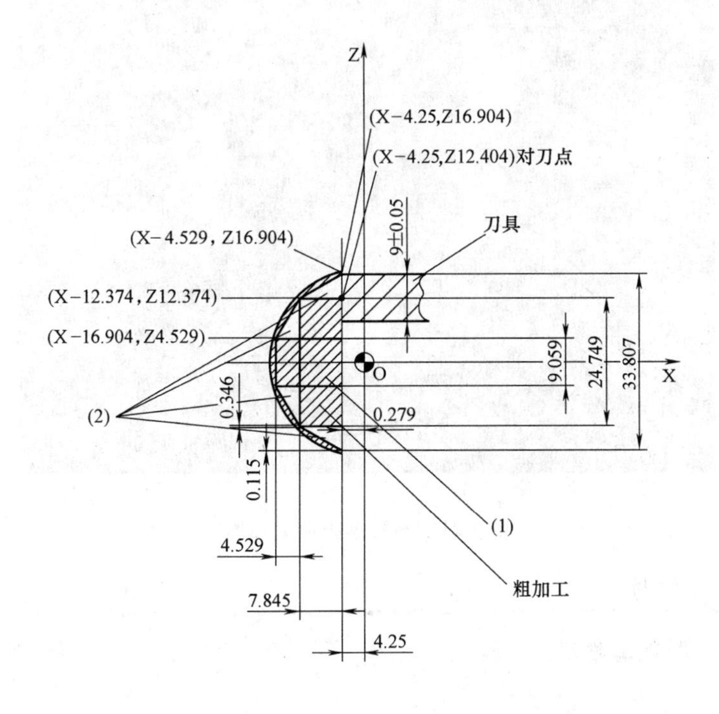

图 1-19　精加工示意图

1.4.4　编程要点

由于此卷筒不允许有进刀槽，只有压绳槽位置可以起刀。加工时采用 1/4 圈径向端面螺纹切入的方法起刀，进给至压绳槽位置时再进行轴向螺纹的切削。其间进行两次螺距的变化，如图 1-20 所示。所以，要完成一次完整的螺纹加工动作，需要进行 1/4 圈端面螺纹切入→螺距 200mm 的轴向螺纹加工（1/2 圈）→螺距 70mm 的轴向螺纹加工（10 圈）。由于工件结构和立式数控车床滑板行程限制，在立式数控车床上不可能一次装夹将全长的螺旋槽加工完，所以需按上述方法，即加工一半后将工件掉头找正螺旋槽后再加工另一半。

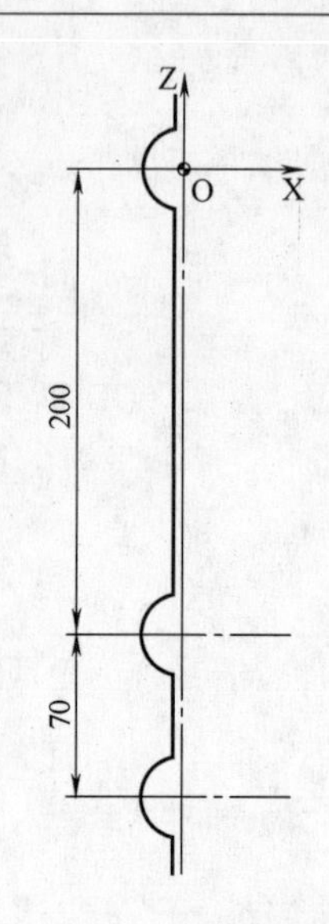

图 1-20 单线螺旋槽车削示意图

1.4.5 零件加工过程

在立式数控车床上按压绳槽位置将卷筒装夹、找正。程序中设定两个定刀点，用“跳步”执行数控加工程序，首先加工第一个头的螺纹（由滑板行程决定加工螺纹的长度，此件一次加工行程为 900mm）。完成后，打开“跳步”运行程序，相当于将卷筒旋转 180°，从而完成第二个头的螺纹加工。之后掉头，找正螺旋槽位置，重复上述步骤，最终完成整个卷筒的加工。图 1-21 所示为掉头加工现场图片。加工使用干切削方式。

图 1-21 卷筒掉头加工现场

1.4.6 编制加工程序

1. 绳槽圆弧的粗加工程序

```
%MPF100;
N010   G54   G90   G00   X100.000   Z0;
N020   M04   S10;
N030   G00   X19.000 Z0;
N040   L50041;（理论 8.124mm 实际 8.2mm，加工图 1-18 中部位 1）
N045   L60023;（理论 4.529mm 实际 4.6mm，加工图 1-18 中部位 1）
```

```
N050　G90　G00　X19.000;
N055　　　　　Z12.404;
N060　L50141;（理论8.124mm实际8.2mm，加工图1-18中部位2）
N070　L60123;（理论4.529mm实际4.6mm，加工图1-18中部位2）
N080　G90　G00　X19.000;
N085　　　　　Z-12.404;
N090　L50241;（理论8.124mm实际8.2mm，加工图1-18中部位2）
N100　L60223;（理论4.529mm实际4.6mm，加工图1-18中部位2）
N110　G90　G00　X100.000;
N120　Z0;
N130　M05　S0;
N140　M30;

%SPF1;
N010　G90　G00　Z7.800;
N020　M17;

%SPF2;
N010　G90　G00　Z0;
N020　M17;

%SPF3;
N010　G90　G00　Z-7.800;
N020　M17;
%SPF100
/N002　G91　X1.000;
/N004　G33　X-1.000　I2.000;
N010　G91　G33　X-13.750　I55.000;
N020　G33　Z-100.000　K200.000;
N030　G3　Z-800.000　K70.000;
N040　G00　X13.750;（精加工圆弧时，此句改为G00　X18.000）
N050　G01　Z900.000　F150;
N060　M17;

%SPF200;
N010　G91　G00　X-0.2;
N020　M17;

%SPF50;
```

```
N010  G91  G01  X-0.2  Z-0.115  F50;
N020  M17;

%SPF51;
N010  G91  G01  X-0.2  Z0.115  F50;
N020  M17;

%SPF500;
N010  L200;
N020  L1;
N030  L100;
N040  L2;
N050  L100;
N060  L3;
N070  L100;
N080  M17;

%SPF501;
N010  L50;
N020  L100;
N030  M17;

%SPF502;
N010  L51;
N020  L100;
N030  M17;

%SPF60;
N010  G91  G01  X-0.2  Z-0.346  F50;
N020  M17;

%SPF61;
N010  G91  G01  X-0.2  Z0.346  F50;
N020  M17;

%SPF601;
N010  L60;
N020  L100;
N030  M17;
```

```
%SPF602;
N010   L61;
N020   L100;
N030   M17;

%SPF71;
N010   G90   G00   Z0;
N020   M17;

%SPF600;
N010   L200;
N020   L71;
N030   L100;
N060   M17;
```

2. 绳槽圆弧的精加工程序

```
%MPF200;
N10   G54   G00   X100.000   Z0;
N15   M04   S10;
N20   G00   Z0;
N25   G90   G00   X21.128   Z13.119   L100;（加工图 1-19 中部位 3）
N30   G90   G00   X20.663   Z13.060   L100;
N35   G90   G00   X20.200   Z12.997   L100;
N40   G90   G00   X19.739   Z12.930   L100;
N45   G90   G00   X19.281   Z12.859   L100;
N50   G90   G00   X18.825   Z12.784   L100;
N55   G90   G00   X18.373   Z12.705   L100;
N60   G90   G00   X17.922   Z12.622   L100;
N65   G90   G00   X17.476   Z12.535   L100;
N70   G90   G00   X17.032   Z12.444   L100;
N75   G90   G00   X16.591   Z2.349   L100;
N80   G90   G00   X16.154   Z12.250   L100;
N85   G90   G00   X15.721   Z12.147   L100;
N90   G90   G00   X15.291   Z12.041   L100;
N95   G90   G00   X14.865   Z11.931   L100;
N100   G90   G00   X14.443   Z11.816   L100;
N105   G90   G00   X14.025   Z11.699   L100;
N110   G90   G00   X13.612   Z11.577   L100;
```

```
N115  G90  G00  X13.202  Z11.452  L100;
N120  G90  G00  X12.798  Z11.323  L100;
N125  G90  G00  X12.398  Z11.191  L100;
N130  G90  G00  X12.003  Z11.055  L100;
N135  G90  G00  X11.612  Z10.915  L100;
N140  G90  G00  X11.227  Z10.772  L100;
N145  G90  G00  X10.847  Z10.626  L100;
N150  G90  G00  X10.472  Z10.477  L100;
N155  G90  G00  X10.102  Z10.324  L100;
N160  G90  G00  X9.738  Z10.167  L100;
N165  G90  G00  X9.380  Z10.008  L100;
N170  G90  G00  X9.027  Z9.846  L100;
N175  G90  G00  X8.680  Z9.680  L100;
N180  G90  G00  X8.339  Z9.511  L100;
N185  G90  G00  X8.004  Z9.339  L100;
N190  G90  G00  X7.675  Z9.165  L100;
N195  G90  G00  X7.353  Z8.987  L100;
N200  G90  G00  X7.036  Z8.807  L100;
N205  G90  G00  X6.727  Z8.624  L100;
N210  G90  G00  X6.424  Z8.438  L100;
N215  G90  G00  X6.127  Z8.249  L100;
N220  G90  G00  X5.837  Z8.058  L100;
N225  G90  G00  X5.554  Z7.864  L100;
N230  G90  G00  X5.279  Z7.668  L100;
N235  G90  G00  X5.010  Z7.470  L100;
N240  G90  G00  X4.748  Z7.269  L100;
N245  G90  G00  X4.493  Z7.065  L100;
N250  G90  G00  X4.246  Z6.860  L100;
N255  G90  G00  X4.005  Z6.652  L100;
N260  G90  G00  X3.773  Z6.442  L100;
N265  G90  G00  X3.548  Z6.231  L100;
N270  G90  G00  X3.330  Z6.017  L100;
N275  G90  G00  X3.120  Z5.801  L100;
N280  G90  G00  X2.918  Z5.584  L100;
N285  G90  G00  X2.723  Z5.365  L100;
N290  G90  G00  X2.537  Z5.144  L100;
N295  G90  G00  X2.358  Z4.921  L100;
N300  G90  G00  X2.187  Z4.697  L100;
N305  G90  G00  X2.024  Z4.471  L100;
```

```
N310  G90  G00  X1.869  Z4.244  L100;
N315  G90  G00  X1.722  Z4.016  L100;
N320  G90  G00  X1.584  Z3.786  L100;
N325  G90  G00  X1.453  Z3.555  L100;
N330  G90  G00  X1.331  Z3.324  L100;
N335  G90  G00  X1.217  Z3.091  L100;
N340  G90  G00  X1.111  Z2.857  L100;
N345  G90  G00  X1.014  Z2.622  L100;
N350  G90  G00  X0.925  Z2.386  L100;
N355  G90  G00  X0.844  Z2.150  L100;
N360  G90  G00  X0.772  Z1.912  L100;
N365  G90  G00  X0.709  Z1.675  L100;
N370  G90  G00  X0.653  Z1.436  L100;
N375  G90  G00  X0.606  Z1.198  L100;
N380  G90  G00  X0.568  Z0.959  L100;
N385  G90  G00  X0.538  Z0.719  L100;
N390  G90  G00  X0.517  Z0.480  L100;
N395  G90  G00  X0.504  Z0.240  L100;
N400  G90  G00  X0.500  Z0.000  L100;
N405  G90  G00  X0.504  Z-0.240  L100;
N410  G90  G00  X0.517  Z-0.480  L100;
N415  G90  G00  X0.538  Z-0.719  L100;
N420  G90  G00  X0.568  Z-0.959  L100;
N425  G90  G00  X0.606  Z-1.198  L100;
N430  G90  G00  X0.653  Z-1.436  L100;
N435  G90  G00  X0.709  Z-1.675  L100;
N440  G90  G00  X0.772  Z-1.912  L100;
N445  G90  G00  X0.844  Z-2.149  L100;
N450  G90  G00  X0.925  Z-2.386  L100;
N455  G90  G00  X1.014  Z-2.622  L100;
N460  G90  G00  X1.111  Z-2.856  L100;
N465  G90  G00  X1.217  Z-3.090  L100;
N470  G90  G00  X1.331  Z-3.323  L100;
N475  G90  G00  X1.453  Z-3.555  L100;
N480  G90  G00  X1.584  Z-3.786  L100;
N485  G90  G00  X1.722  Z-4.016  L100;
N490  G90  G00  X1.869  Z-4.244  L100;
N495  G90  G00  X2.024  Z-4.471  L100;
N500  G90  G00  X2.187  Z-4.697  L100;
```

```
N505  G90  G00  X2.358  Z-4.921  L100;
N510  G90  G00  X2.536  Z-5.143  L100;
N515  G90  G00  X2.723  Z-5.364  L100;
N520  G90  G00  X2.918  Z-5.584  L100;
N525  G90  G00  X3.120  Z-5.801  L100;
N530  G90  G00  X3.330  Z-6.017  L100;
N535  G90  G00  X3.548  Z-6.231  L100;
N540  G90  G00  X3.773  Z-6.442  L100;
N545  G90  G00  X4.005  Z-6.652  L100;
N550  G90  G00  X4.245  Z-6.860  L100;
N555  G90  G00  X4.493  Z-7.065  L100;
N560  G90  G00  X4.748  Z-7.269  L100;
N565  G90  G00  X5.009  Z-7.469  L100;
N570  G90  G00  X5.278  Z-7.668  L100;
N575  G90  G00  X5.554  Z-7.864  L100;
N580  G90  G00  X5.837  Z-8.058  L100;
N585  G90  G00  X6.127  Z-8.249  L100;
N590  G90  G00  X6.423  Z-8.438  L100;
N595  G90  G00  X6.727  Z-8.624  L100;
N600  G90  G00  X7.036  Z-8.807  L100;
N605  G90  G00  X7.352  Z-8.987  L100;
N610  G90  G00  X7.675  Z-9.165  L100;
N615  G90  G00  X8.004  Z-9.339  L100;
N620  G90  G00  X8.339  Z-9.511  L100;
N625  G90  G00  X8.680  Z-9.680  L100;
N630  G90  G00  X9.027  Z-9.845  L100;
N635  G90  G00  X9.379  Z-10.008  L100;
N640  G90  G00  X9.738  Z-10.167  L100;
N645  G90  G00  X10.102  Z-10.324  L100;
N650  G90  G00  X10.471  Z-10.477  L100;
N655  G90  G00  X10.846  Z-10.626  L100;
N660  G90  G00  X11.227  Z-10.772  L100;
N665  G90  G00  X11.612  Z-10.915  L100;
N670  G90  G00  X12.002  Z-11.055  L100;
N675  G90  G00  X12.398  Z-11.191  L100;
N680  G90  G00  X12.798  Z-11.323  L100;
N685  G90  G00  X13.202  Z-11.452  L100;
N690  G90  G00  X13.611  Z-11.577  L100;
N695  G90  G00  X14.025  Z-11.699  L100;
```

```
N700 G90 G00 X14.443 Z-11.816 L100;
N705 G90 G00 X14.865 Z-11.931 L100;
N710 G90 G00 X15.291 Z-12.041 L100;
N715 G90 G00 X15.720 Z-12.147 L100;
N720 G90 G00 X16.154 Z-12.250 L100;
N725 G90 G00 X16.591 Z-12.349 L100;
N730 G90 G00 X17.031 Z-12.444 L100;
N735 G90 G00 X17.475 Z-12.535 L100;
N740 G90 G00 X17.922 Z-12.622 L100;
N745 G90 G00 X18.372 Z-12.705 L100;
N750 G90 G00 X18.825 Z-12.784 L100;
N755 G90 G00 X19.281 Z-12.859 L100;
N760 G90 G00 X19.739 Z-12.930 L100;
N765 G90 G00 X20.200 Z-12.997 L100;
N770 G90 G00 X20.663 Z-13.060 L100;
N775 G90 G00 X21.128 Z-13.119 L100;
N780 G90 G00 X100.000 Z0;
N785 M05 S0;
N790 M30;
```

3. 用于编制数控加工程序的 BASIC 源程序

```
REM FILE: WWW.BAS
REM 绳槽圆弧精加工源程序
10 CLEAR
  SCREEN 0, 1
  COLOR 7, 1
  CLS
  CLOSE
  SCREEN 0, 1
  COLOR 7, 4
  LOCATE 6, 32
20 PRINT "精加工绳槽"
  LOCATE 10, 10
  INPUT "请输入文件名[盘符\路径\文件名]:C:\SKGL\OTHER\BAS\M_FILE\", AB$
  ABC$ = "C:\SKGL\OTHER\BAS\M_FILE\"
  AB$ = ABC$ + AB$
  LOCATE 12, 26
  INPUT "请输入绳槽半径:", R1
  LOCATE 14, 26
  INPUT "请输入刀具半径:", R2
```

```
   LOCATE 16, 26
   INPUT "请输入绳槽包角：", AAA
   LOCATE 18, 26
   INPUT "请输入等分数：", N
   COLOR 7, 1
30 OPEN AB $ FOR OUTPUT AS #1
   PRINT #1, "绳槽圆弧精加工"
   PRINT #1,
   PRINT #1, "% MPF200 "
   PRINT #1, " N 10 G54 G00 X100. 000 Z0 "
   PRINT #1, " N 15 M04 S10 "
   PRINT #1, " N 20 G00 Z0 "
40 PI = 3. 1415926#
   T1 = 90 + (180 - AAA) / 2
   T2 = 270 - (180 - AAA) / 2
   R = R1 - R2
   DDD = 25
   FOR T = T1 TO T2 STEP AAA / N
     X = R * COS(T * PI / 180)
     Z = R * SIN(T * PI / 180)
      PRINT #1, " N ";
      PRINT #1, DDD;
      PRINT #1, " G90 G00 ";
      PRINT #1, "   X ";
PRINT #1, USING "###. ###"; (X + 13. 75) * 2;
PRINT #1, "   Z ";
      PRINT #1, USING "###. ###"; Z;
      PRINT #1, "   L100 "
      DDD = DDD + 5
   NEXT T
   PRINT #1, " N ";
   PRINT #1, DDD;
   PRINT #1, " G90 G00 X100. 000 Z0 "
   PRINT #1, " N ";
   PRINT #1, DDD + 5;
   PRINT #1, " M05 S0 "
   PRINT #1, " N ";
   PRINT #1, DDD + 10;
   PRINT #1, " M30 "
```

```
   PRINT #1,
   CLS
90 CLOSE #1
   END
```

4. 一般小型圆弧螺旋线参考程序

在卧式数控车床上加工一般小螺距的螺旋槽时，可通过使用宏程序编写一段圆弧槽轮廓后进行精加工，如图 1-22 所示。图 1-23 为圆弧槽基点位置。

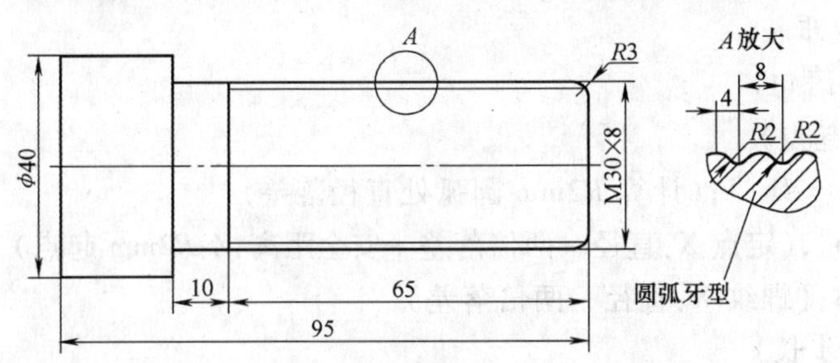

图 1-22　螺旋槽工件示例

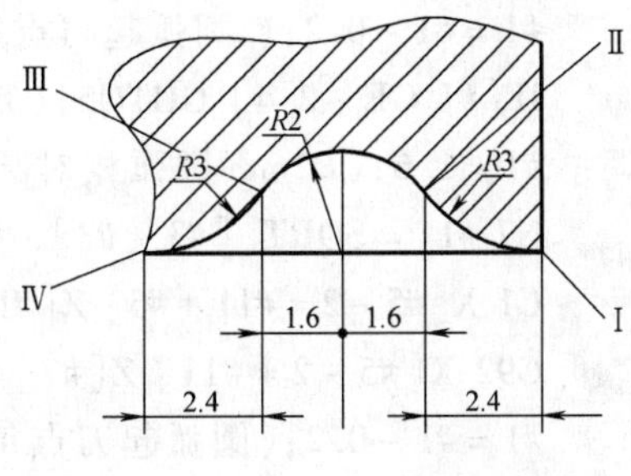

图 1-23　基点位置

刀具：35°刀尖角的偏刀。

数控车床系统：FANUC 0i

圆弧槽精加工路径：Ⅰ→Ⅱ→Ⅲ→Ⅳ

参考程序如下：

```
O0001;(程序名)
G99   G40   G21;
M3   S800;
T0101;
G0   X42   Z2;
G71   U2   R0.5;
G71   P1   Q3   U0.5   W0   F0.2;
N1   G0   X24;
G1   Z0   F0.1;
G3   X30   Z-3   R3;
G1   X30.2   Z-3.1;
G1   Z-75;
G1   X40;
N3   G0   X42;
G70   P1   Q3;
#1 =0;(R3mm 圆弧相对圆心起点)
#2 =3;(外连接圆弧半径)
#3 =2;(内圆弧半径)
#4 =24;(外连接圆弧圆心直径)
#5 =30;(内圆弧圆心直径)
```

```
#6 = 10;(螺纹起刀安全距离)
#7 = -60;(螺纹长度)
#8 = 8;(螺距)
N5 #10 = SQRT[[#2 * #2] - [#1 * #1]];(计算 R3mm 圆弧处直径落差)
G1 X[#4 +2 * #10 + #6] Z[#1 + #6];(定点 X:直径 + 两倍落差 + 安全距离,Z:起点 + 安全距离)
G92 X[#4 +2 * #10] Z[#7] F#8;(螺纹 X:直径 + 两倍落差)
#1 = #1 - 0.2;( 圆弧起刀点每次步长)
IF[#1 GE -2.4] GOTO5;(判断语句)
#1 = 1.6;(R2mm 圆弧相对圆心起点)
N7 #11 = SQRT[[#3 * #3] - [#1 * #1]];(计算 R2mm 圆弧处直径落差)
G1 X[#5 -2 * #11 + #6] Z[#1 +6];(定点 X:直径 - 两倍落差 + 安全距离,Z:R2mm 起点)
G92 X[#5 -2 * #11] Z[#7] F#8;(螺纹 X:直径 - 两倍落差)
#1 = #1 - 0.2;(圆弧起刀点每次步长)
IF[#1 GE -1.6] GOTO7;(判断语句)
#1 = 2.4;(R3mm 圆弧相对圆心起点)
N9 #12 =  SQRT[[#2 * #2] - [#1 * #1]];(计算 R3mm 圆弧处直径落差)
G1   X[#4 +2 * #12 + #6]    Z[#1 +2];(定点 X:直径 + 两倍落差 + 安全距离 Z:R3 起点)
G92 X[#4 +2 * #12] Z[#7] F#8;(螺纹 X:直径 + 两倍落差)
#1 = #1 - 0.2;(圆弧起刀点每次步长)
IF[#1 GE0] GOTO9;(判断语句)
G0 X100;
G0 Z100;
M5;
M30;
```

1.5 上盖的加工

上盖如图 1-24 所示，是埋地灯上的一个零件，其材料为铝合金，经铸造成形，铸造质量较好，产批量较大。它的三个固定爪在车削工序后还要钻一个小孔，用于安装小卡子扣在地灯上。

1.5.1 关键加工部位分析

此零件铸造成型，大部分位置不需要加工。从图 1-25 可看出，关键加工部位就是三个固定爪的高度 $27_{-0.2}^{\ 0}$mm 和爪上的小孔，加工要素单一、公差要求不严格。其中需要车削的就是三个固定爪高度，此尺寸的基准是该零件的环形沟槽底。

1.5.2 编制工艺方案

通过对零件毛坯的抽检测量，发现固定爪高度相比要求的尺寸 $27_{-0.2}^{\ 0}$mm，余量为 0.5 ~

图1-24　上盖外形图

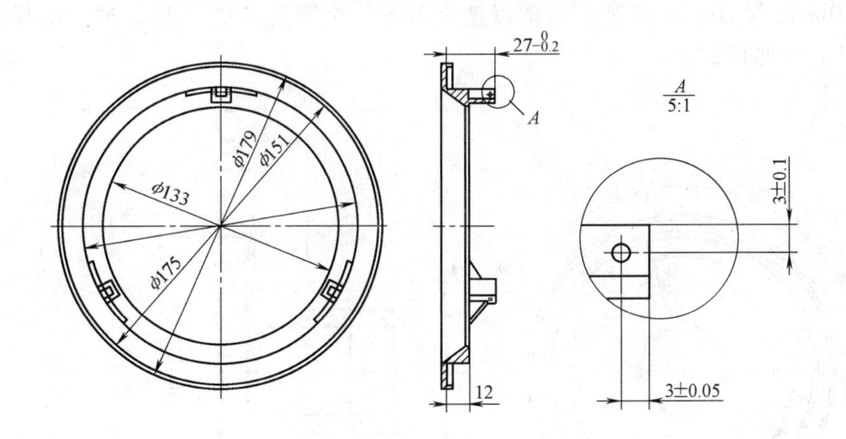

图1-25　上盖零件图

0.7mm，一刀就能够达到要求。据此，选择在数控车床上加工，只需安装一把偏刀，编制一段程序车端面即可完成加工。

1.5.3　零件加工准备

1. 选择机床

由于此零件生产批量大，且加工精度不高，故选择经济型数控车床CKA6150。

2. 拟订装夹方案，制作夹具

最初加工此固定爪高度是在数控车床上使用软爪装夹零件最大外圆，通过试加工定好尺寸，固定车床的床鞍后批量加工的。全部加工完毕后经过检验，发现一些零件三个固定爪到槽底面的高度不能达到尺寸要求。经测量分析，产生问题的原因是铸造毛坯大外圆和沟槽底面由于铸造分型不垂直造成的。

由于此零件的加工部位 $27_{-0.2}^{0}$mm 尺寸的引出基准为沟槽底，根据定位基准与设计基准统一原则设计了如图 1-26 所示的车用夹具，采用车断刀背切的方法来加工。采用车断刀而不用左偏刀的原因有两方面：一是铝合金材料较软，切削力小，对车刀强度要求不是很高；另一方面是用车断刀能使夹具伸出长度减少，如图 1-26 所示。

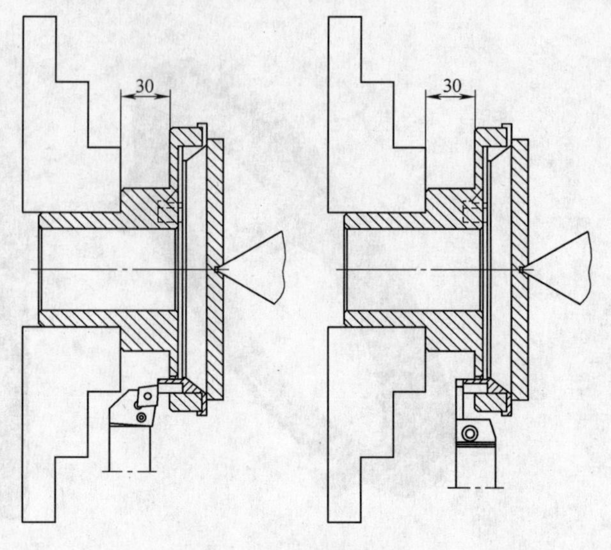

图 1-26　背切位置

图 1-27 是上盖夹具体的零件图。夹具体材料是 45 钢，车一个阶梯轴，大端外径 $\phi175_{-0.5}^{-0.2}$mm（稍小于上盖零件的沟槽大径 ϕ175mm）；内孔长 15mm，直径 $\phi151_{+0.2}^{+0.5}$mm（稍大于沟槽小径 ϕ151mm）。孔口倒角 $C2$ 用以避开毛坯槽底铸造圆角。在 ϕ151mm 孔根处铣三个呈 120°分布的长 40mm、宽 10mm 的圆弧通槽以使上盖的三个固定爪能顺利通过。阶梯轴中间设有减重孔，以减少夹具重量。

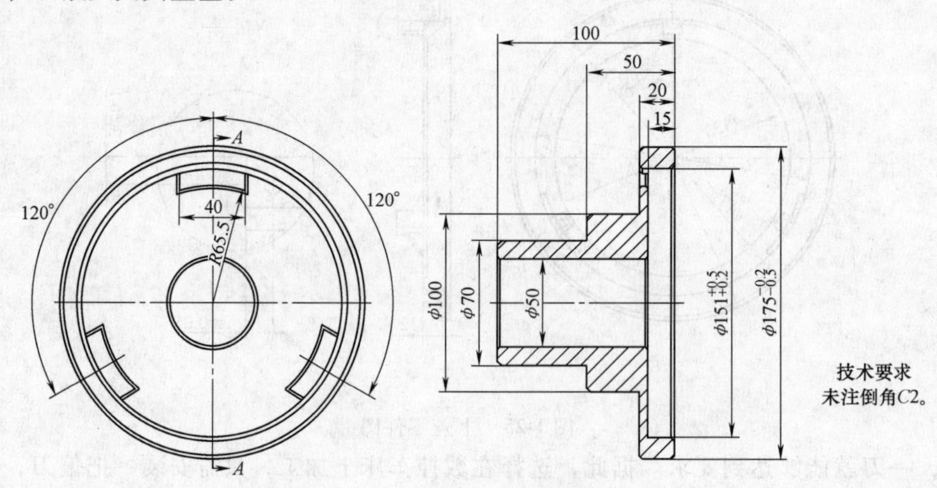

图 1-27　夹具体零件图

1.5.4　零件加工过程

1. 零件试加工

如图 1-26 和图 1-28 所示，加工时用一个 ϕ160mm、厚 10mm 的垫片做顶板，使用后顶尖顶紧。车削时，车槽刀让过夹具到背面，试切后调整好床鞍位置即可批量车削。

2. 加工误差原因分析

使用上盖夹具车削后，零件的成品率大幅度提高，但是还有个别零件超差。通过观察加工过程发现，问题出在夹具后顶板的中心孔上。由于后顶尖顶紧时，顶板面与工件大端接触面大产生过定位，致使当顶紧力大时工件歪斜。将顶板的中心孔改为 R 型中心孔后，使顶

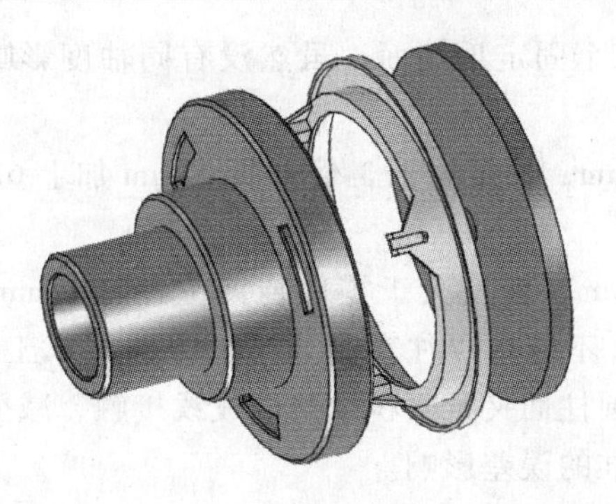

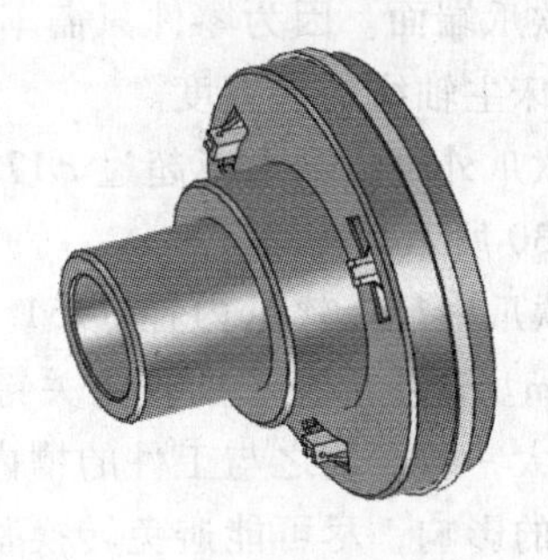

图 1-28 夹具使用效果图

板成为浮动压紧方式后问题得到解决，如图 1-29 所示。

3. 改进后的工艺方法

首批零件加工完毕后发现，加工所用时间很少，大量时间用在了装夹、顶紧工件等辅助工序上。加之制作夹具的材料较大，若多做几个则费时费力又增加成本。经过对所用的夹具和零件反复对照研究，兼顾了公差要求，并考虑到沟槽底和沟槽侧壁的铸造垂直度较高，决定将这种夹具装夹方式和软爪夹紧方式结合起来，通过一次简单装夹就能保证 27mm 的高度尺寸。

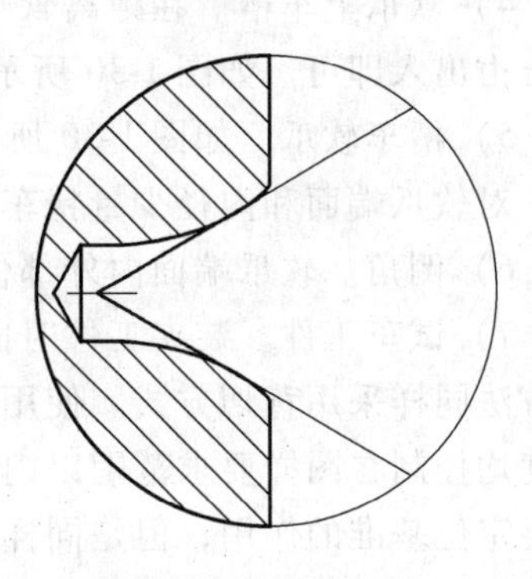

图 1-29 R 型中心孔

如图 1-30 所示，用现有的钢制软爪改进。

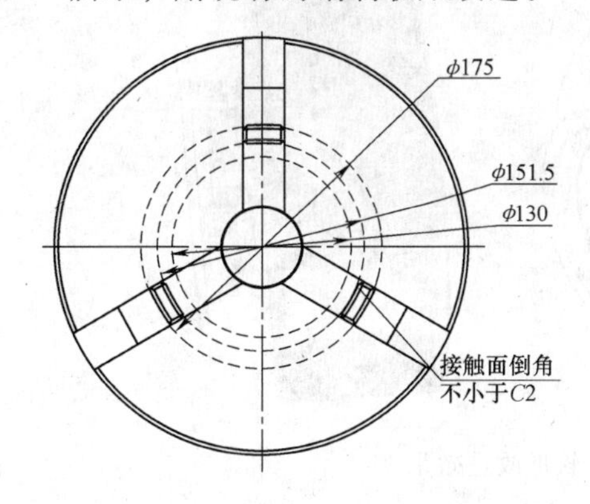

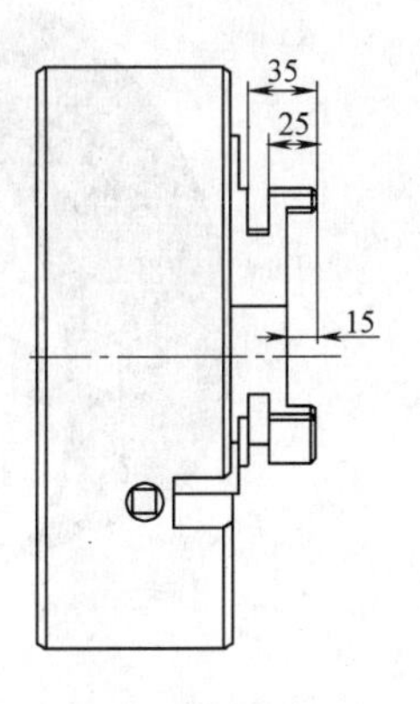

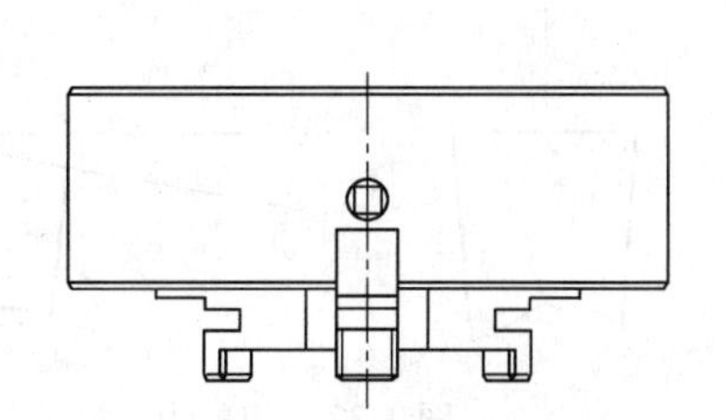

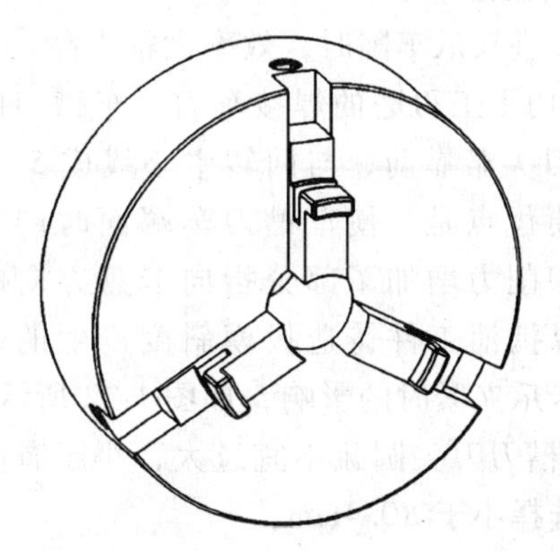

图 1-30 卡盘软爪改进图

1）车削软爪端面。因为零件只需车三个固定爪端面，虽然没有同轴度影响，但须保证软爪端面对机床主轴线的垂直度。

2）车削软爪外径。最大不超过 ϕ175mm，长度大于工件爪高 27mm 加上 6mm 的车断刀宽度。如图 1-30 所示。

3）车削软爪内径。软爪内径 ϕ151.5mm，长度大于零件装夹位置的 12mm 即可。如图 1-30 中的 15mm。这步内径车削较为关键，不能用以往车削软爪的方法配车工件外圆直径，车削时要稍车大一些，使之与工件的槽内圆柱面夹紧面积少些而成线接触，减少对软爪端面与槽底面定位的影响，尽可能避免转换基准的误差影响。

4）软爪上车槽。在距离软爪端面小于 27mm 长的位置车槽至 ϕ130mm，槽宽足够车断刀自由出入即可。如图 1-30 所示在距软爪端面 25mm 处切至 35mm 处。

5）精车软爪。如图 1-30 所示软爪车成后，松开软爪夹芯，依照装夹工件的力度再次夹紧，对软爪端面和内径少量精车一刀，修正粗车时可能产生的软爪几何误差。

6）倒角。软爪端面内外部位倒角 $C2$，用以装夹工件时避让铸造圆角。

7）试车工件。装夹工件时固定爪位置尽量靠近卡盘爪以提高装夹刚性（图 1-31），车削方法同样采用背切方式。使用这种改进过的软爪试切了一小批，仔细测量每个爪的尺寸，长度均控制在图样要求范围以内。与之前所用夹具上的加工对比，这种加工方法虽然减弱了主要定位基准的作用，但是同样达到了零件图样的精度要求，而且还省去了制作夹具和反复使用后顶尖的时间，批量车削综合效益明显高于利用试加工所用夹具的 3 倍以上。

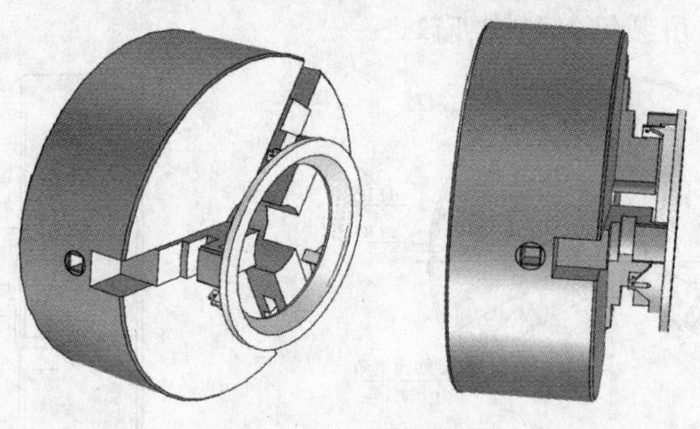

图 1-31　软爪改进效果

4. 车削注意事项

采用改进软爪车削时，效率大幅提高，但是还有一些需要注意的事项。

1）采用手工刃磨的焊接车刀，车槽刀的右刀尖比左刀尖略靠前，与回转中心线成 5°~8° 夹角，主要优点是：使车槽刀车端面时产生的单一径向切削力增加了部分指向卡盘方向的轴向力，用以抵消工件铸造拔模斜度产生的微小圆柱度对卡爪夹紧时的影响，如图 1-32 所示。

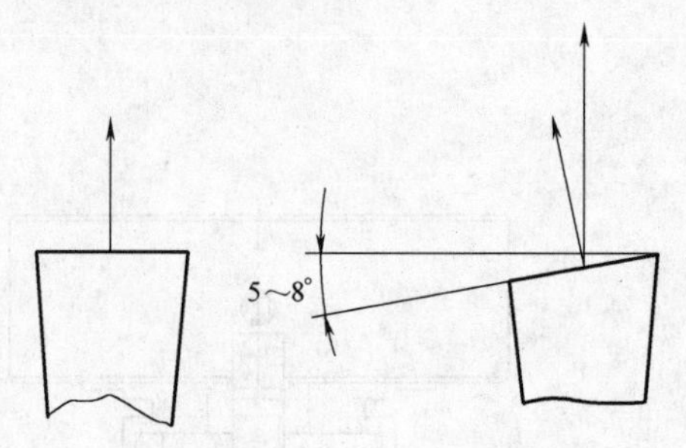

图 1-32　切削力改变

2）车槽刀刀尖圆弧不宜过大，小于背吃刀量。此处选择小于 R0.4mm。

3）编制程序注意事项。

```
O0001
M3  S350;
T0101;
G0  X180;
G0  X152;（为防止毛坯飞边与车槽刀产生撞击，快速定位在 X152 后改为工进）
G1  X132  F0.08;
G0  X180;
M5;
M30;
```

1.6 半体零件的加工

半体零件如图 1-33 所示，是一种瓦盖类半体零件，其材料为 45 钢。它在设备上成对使用，要求每两件对合后的孔和内沟槽有一定的精度要求，其生产批量较大。

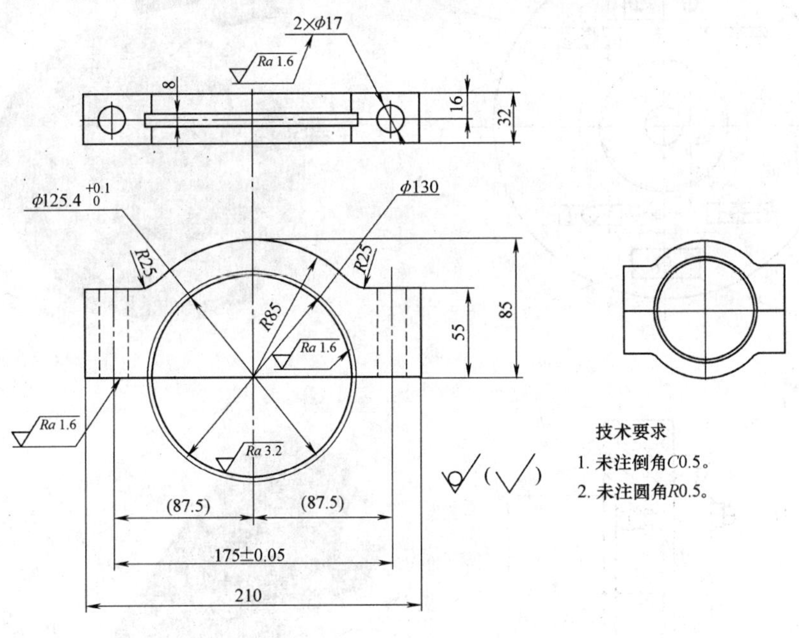

图 1-33　半体零件

1.6.1 零件分析

半体零件的材料是 45 钢。外形已加工成形，接合面处留有加工余量 2～3mm。

因为除接合面外，周边不需要加工，所以先在铣床上加工接合面（控制尺寸 55mm），保证表面粗糙度 *Ra*1.6μm。之后安排在数控车床上加工 $\phi125.4^{+0.1}_{0}$mm 孔和 ϕ130mm×8mm 槽。

1.6.2 工艺分析

这类半体零件以往的加工方法是：将两个半体毛坯点焊成一个整体，在车床上利用四爪单动卡盘装夹，并严格按接合面找正，再对孔进行加工；加工完成后用砂轮将焊点磨掉，拆开成两个半体。这种加工方法存在以下问题：

1）装夹找正费时费力，对操作工技术要求较高。小批量加工还可以，但不适合大批量生产。

2）受点焊工序影响较大。若接合面点焊不严、有间隙，车削时刀具断续切削振动大，对机床的精度和刀具寿命不利；若接合面点焊时前后错位，将来成对使用时会出现内沟槽错位的现象。

3）焊接接合面间隙对 $\phi125.4^{+0.1}_{0}$mm 和 $\phi130$mm ×8mm 槽的加工影响很大，尺寸不易保证。

1.6.3 制作夹具

借鉴成对点焊加工的理念，设计一种能安装在数控车床上、适合大量加工该零件的夹具，以达到装夹快速，定位准确，提高效率，一般技术水平的工人都能简单操作使用的目的。

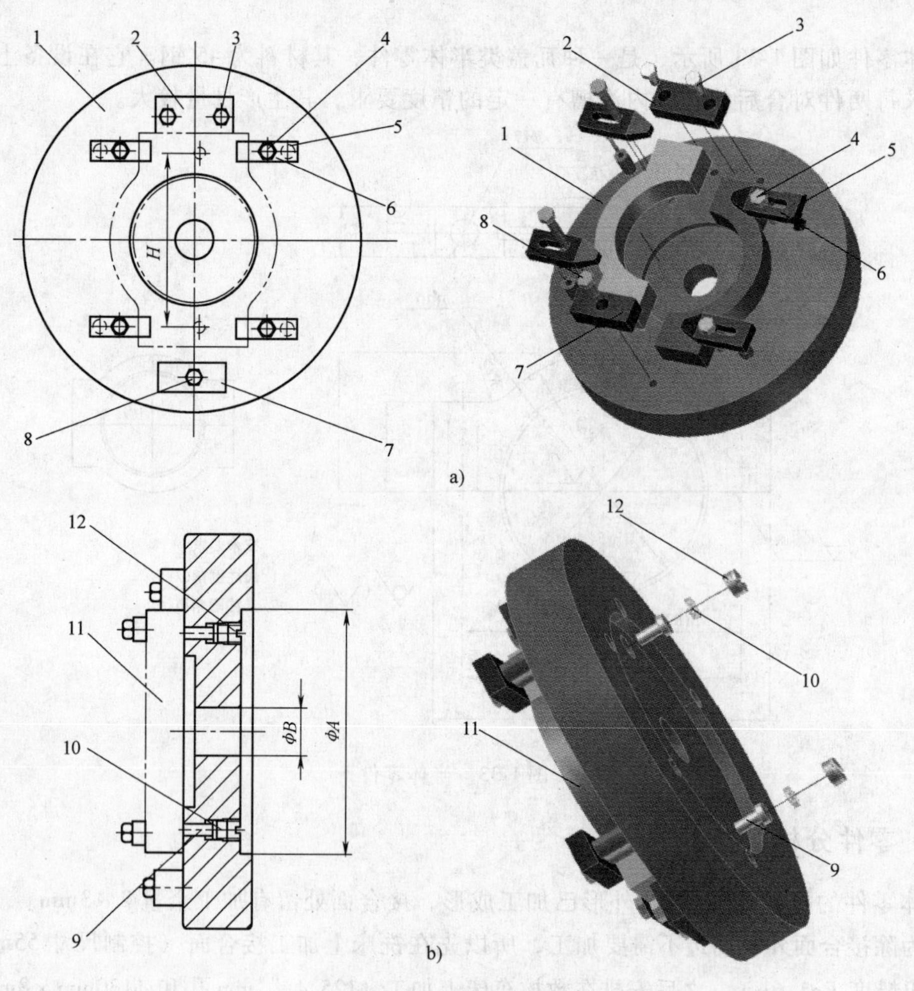

图 1-34 半体零件夹具

a）工作面 b）剖视图

1—圆盘本体 2—定位档块 3—定位块紧固螺栓 4—压板紧固螺栓 5—压板支承块 6—压板 7—配重 8—配重紧固螺栓 9—定位销 10—弹簧 11—待加工件 12—螺钉

半体零件夹具的结构如图1-34所示。夹具的圆盘本体一侧是短台阶孔（ϕA）止口，如图1-34所示，它和大端面与车床主轴部位定位，再通过螺栓连接（图中未标识，根据使用设备连接的具体螺孔位置确定）。

夹具的另一侧是定位挡块和两个由另一侧贯穿过来的定位销。

定位销和定位挡块是保证半体零件在夹具中定位的关键所在，在制作时要注意以下因素：

1）圆盘本体上孔 ϕA、孔 ϕB 与大端面要求在一次装夹方式下加工完成，这样保证圆盘本体回转中心与机床主轴轴线重合。

2）定位销的侧面素线要与圆盘中心线共面，销孔间距取决于待加工零件大小，加工时调整 H 间距。因此，制作圆盘本体上的这两个台阶销孔时，以孔 ϕA 或孔 ϕB 找正中心，使用加工中心来加工并保证其位置。

3）定位销是台阶定位销，后部装有弹簧，通过两个螺钉压紧，如图1-34所示，装夹前处于弹起状态。销与销孔配合精度选用间隙配合 $\frac{G7}{h6}$，最大间隙0.029mm，最小间隙0.005mm。能满足加工要求且配合良好、滑动自如。

1.6.4　零件加工

1. 零件的定位

零件在夹具中的定位过程见表1-10。

表1-10　零件的定位过程

装夹工件定位顺序	装夹工件定位图示
安装定位挡块及配重块，清理夹具表面，使销弹出并伸缩自如	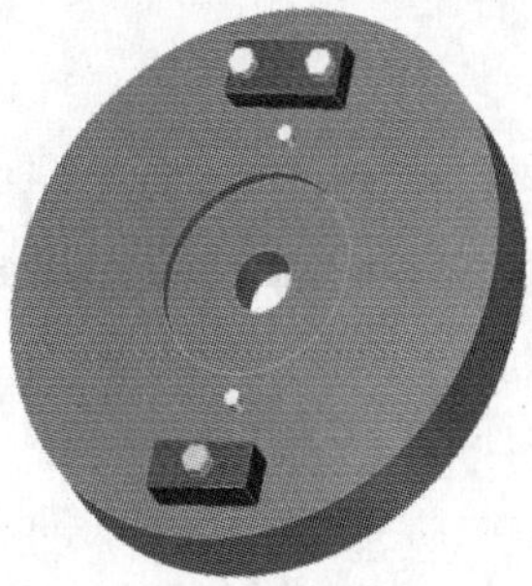
夹具使用时先将第一个待加工半体零件的分型面部位贴靠在两个定位销轴的侧素线上，其侧面贴实定位挡块	

（续）

装夹工件定位顺序	装夹工件定位图示
使用压板和螺栓（螺栓长度尽量短）将待加工半体零件压紧	
将第二个半体零件分型面部位贴紧第一个半体零件的分型面后沿轴向压下两个定位销，侧面同样贴实定位挡块	
同样再将第二个半体零件通过压板和螺栓紧固压紧	

这样，通过上述步骤装夹两个待加工半体零件，分型面和主轴中心是重合的，不需要向过去那样通过多次找正、调整来保证分型面和主轴中心重合。

2. 加工注意事项

1）使用夹具在车床上加工，要仔细平衡，避免离心力对加工的影响。

2）镗孔刀及车槽刀刀杆直径应大于 ϕ30mm 以确保足够的刚性，刀杆伸出长度要参照夹具压板螺栓最大高度选取。

3）装夹工件前要清理圆盘本体表面，避免存留铁屑影响下一个工件定位。

4）程序原点设在圆盘本体外平面上，保证尺寸一致性。

1.7　钛板的加工

钛板如图 1-35 所示，它是一个典型的薄板形零件，其材料是钛（Ti）。此零件的特点是薄、面积大，加工时如何保证平面度是关键。

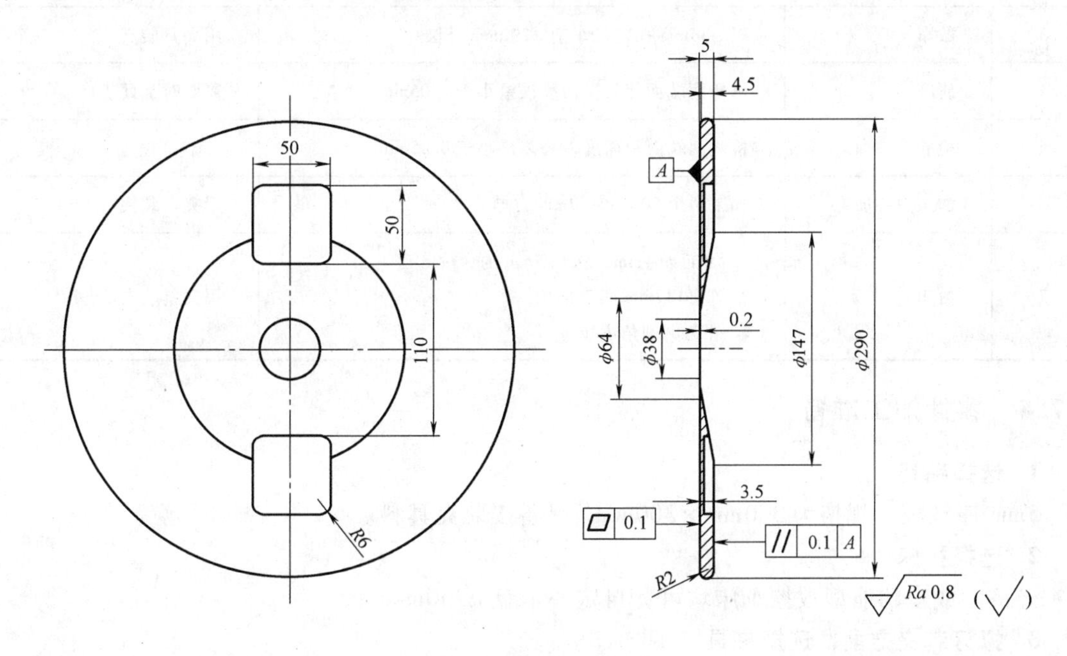

图 1-35　钛板

1.7.1　零件分析

由于平面度要求较高，因此实际加工时平面度很容易超差。在加工前根据此零件的特点，选择两端面平整光滑且平面度公差小于 0.05mm 的板料。如果平面度相差太多则必须更换板料，相差不多时可以采用研磨的方法提高两端面的平面度。为了获得最终的较高精度，加工前选择的零件的毛坯就要有好的精度基础。

1.7.2　关键加工部位分析

1）两个 50mm×50mm 方槽一定要前期加工完成，以免后期加工时影响精度。加工时进给量一定要小并加注充足的切削液，防止零件加工完成后背面变形凸起（钛材在加工过程中会产生很大的切削热）。

2）加工 φ64mm、深 0.5mm 的台阶，保证平面度公差 0.05mm。

3）加工右侧 φ147mm 斜面时注意装夹方式，防止零件的加工变形，这一步是整个加工过程中最关键的一步，在夹具的制作和加工方法上均存在一定的技巧。

1.7.3　编制工艺方案

加工工艺路线见表 1-11。

表 1-11　加工工艺路线

工序号	工序名称	工序内容	备注
1	选料	两端面平整光滑，平面度公差小于 0.05mm	
2	加工中心加工	加工 ϕ38mm 孔	
3	数车	以 ϕ38mm 孔定位车削 ϕ290mm 外圆	用夹具装夹
4	研磨	修研两端面使其平面度误差小于 0.05mm	需要时加此工序
5	检验	检验两端面平面度，公差应小于 0.05mm	
6	加工中心加工	加工两个 50mm×50mm 方槽	用夹具装夹
7	数车	1. 加工 ϕ64mm、深 0.5mm 的台阶 2. 车 ϕ147mm 凹面部位 3. 外圆倒圆角 R2mm	用夹具装夹

1.7.4　零件加工准备

1. 选择毛坯

5mm 厚钛板，规格为 300mm×300mm。另备工装夹具料。

2. 选择机床

经济型或全功能型数控车床均可，自定心卡盘 ϕ250mm。

3. 拟订装夹方案，选择夹具

加工 ϕ147mm 斜面时用图 1-36a 图上的夹具 A，压板夹具用 45 钢经调质处理硬度达 240～280HBW，总厚大于 16mm 并要具有足够强度，磨削工作端面使其平面度误差小于 0.02mm。加工 2 个外圆 R2mm 圆角时用图 1-36b 图上的夹具 B。

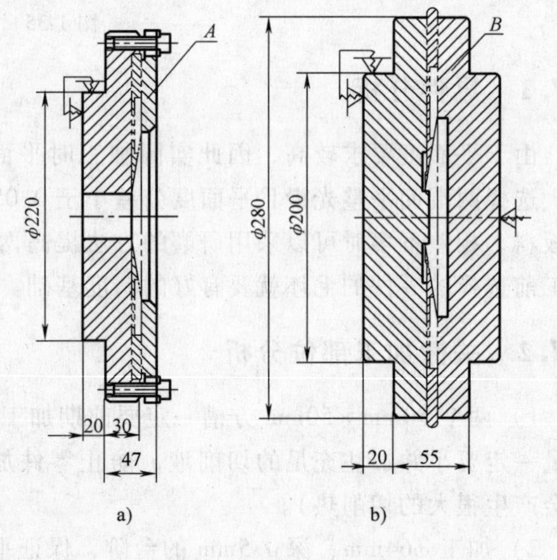

图 1-36　使用夹具的加工图

4. 选择刀具

1）90°外圆车刀。

2）ϕ32mm 镗孔刀。

3）3mm 车槽刀。（加工外圆圆角 R2mm 用）

5. 选择切削参数

1）切削速度（v_c）60～100m/min，主轴最高转速 800r/min（根据实际情况调整切削速度）。

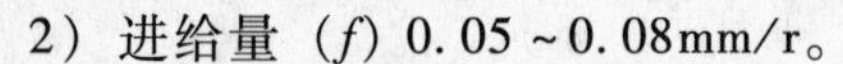

2）进给量（f）0.05～0.08mm/r。

3）背吃刀量（a_p）0.5mm（根据实际情况调整）。

1.7.5 零件加工过程

1. 试加工

1）加工ϕ64mm、深0.5mm的台阶。加工前先检测机床的平面度精度，机床的平面度误差必须小于0.025mm（机床出厂时只允许平面度下凹）。用扇形软爪轻轻夹持外圆（夹紧力很小），用尾顶尖顶住零件的端面，接触范围稍小于ϕ63mm，扇形软爪传递的动力很小，主要靠尾顶尖顶住端面产生的摩擦力传递动力。扇形软爪的中心孔直径应小于ϕ38mm，以使零件端面全部贴在扇形软爪的内端面上。修镗扇形软爪要有技巧，如果机床的平面度是下凹0.02mm，则在修爪时要使扇形软爪的内端面外凸0.03～0.05mm，以防止零件受力产生变形。加工时主轴转速不能太大，要用锋利的刀具并加注充足的切削液，达到降温作用以防止其热变形（用G94端面加工循环命令加工端面）。

2）车削ϕ147mm凹面部位。采用专用夹具装夹（见图1-36b），修正夹具时要注意ϕ64mm端面与ϕ290mm端面的0.5mm距离要与零件距离一致，使零件的大小两端面尽量同时贴住夹具的端面，ϕ290与ϕ64端面的中心处要外凸0.03～0.05mm，保证零件中心贴实夹具以减少加工变形。夹紧时要求8个M10螺钉循环夹紧以保证零件受力均匀，螺钉拧紧力可以大一些。加工时主轴转速不能太大，要用锋利的刀具并加注充足的切削液，以防止零件热变形。用G72复合端面加工循环命令加工端面，尽量减小零件受轴向力。加工完成后如果条件允许，零件可在夹具上放置一段时间后再取下，会获得更好的效果。

3）车外圆及2个R2mm圆角。用夹具装夹（见图1-36b），用尾顶尖顶住端面产生的摩擦力传递动力加工两圆弧，加工时主轴转速不能太大，要用锋利的刀具并加注充足的切削液，防止零件热变形。

2. 加工误差原因判断和分析

零件加工完后基准面A的平面度公差0.1mm可能超差，可能有以下原因：

1）切削力过大导致零件变形。可选择锋利的刀具加工以降低切削力。

2）加工中切削参数选择不合理导致零件变形。可适当调整进给量（如降低主轴转速、减小背吃刀量）以减小切削力。

3）进给方向选择不合理导致零件变形。加工中尽量使零件不受轴向力，编程时采用G94或G72端面加工循环指令加工。

4）加工中产生过多切削热导致零件变形。应加大冷却或降低切削速度。

3. 自动运行时的注意事项

1）由于加工中采用的工装夹具较多，因此必须注意防止刀具与夹具之间产生碰撞。

2）加工中防止机床中滑板与夹具或零件之间产生碰撞。

1.7.6 检测零件

此零件基准面A的平面度公差0.1mm要求较高，加工中最容易超差，建议在精加工时每完成一个工步都要进行平面度检测并记录，便于以后分析原因和提高产品质量。

1.8 铁路货车轴承密封环的加工

铁路货车轴承密封环如图1-37所示，是一个典型的环类零件，其材料是GCr15轴承钢。把轴承密封环连同轴承装到轴头上后，其左端面与轴承内圈端面贴合，右端面与前盖或后挡的端面贴合；小内圈与车轴紧配合；外圆柱面与橡胶密封圈配合。车辆行驶时，橡胶密封圈与它的外圆柱面高速摩擦。这种零件已生产了数百万件，属于特大批量生产。图1-38所示是此零件的锻造毛坯图。

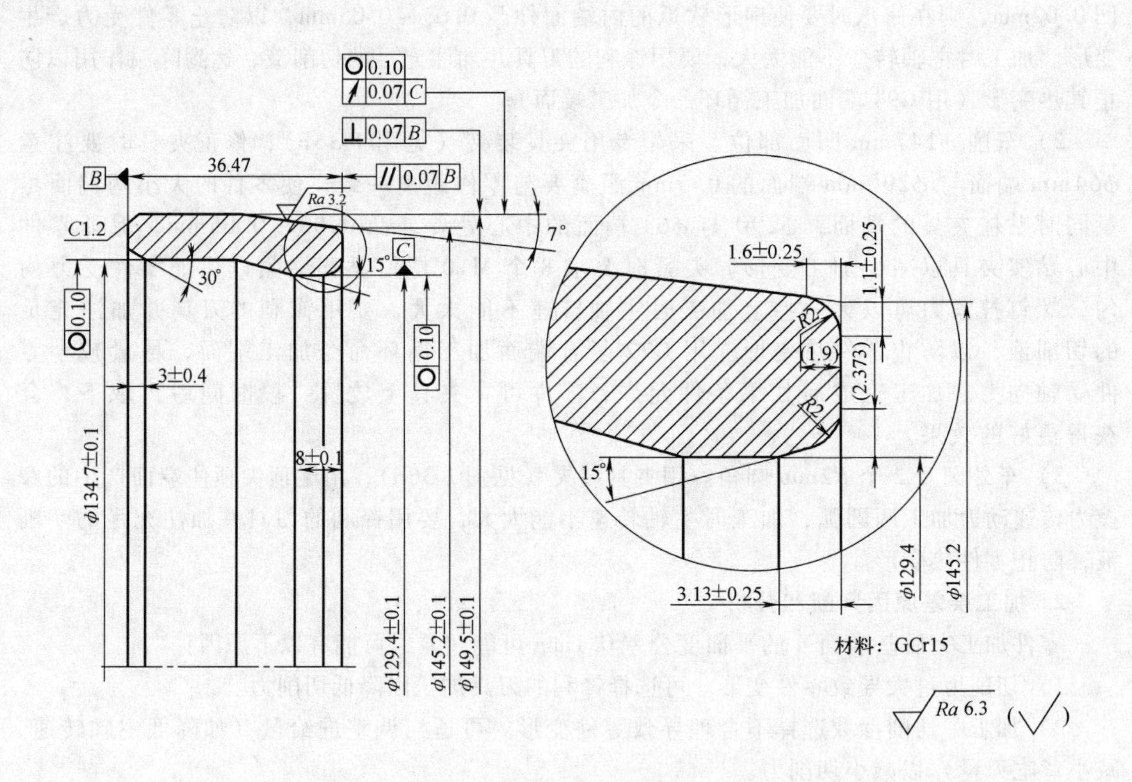

图1-37 铁路货车轴承密封环

1.8.1 零件分析

该零件是一个典型的环类零件。其特点是长径比小，壁薄，内外形上都有锥面，几何精度要求较高。

此零件的材料是GCr15轴承钢。车削前已用喷砂的方法去除了表面氧化皮。未经过退火处理。内、外形和端面单向车削留加工余量约2mm。零件车出后还要经过后续的热处理（淬火）和磨削后才能提交装配使用。

鉴于它的用途，外圆和小内圆要有较高的圆度精度，而且这两者之间要有较高的同轴度精度；两端面之间要有较高的平行度精度；内、外圆柱面与两端面要有较高的垂直度精度。这四个面虽然还有后续的磨削加工，但车削阶段就应对它们的几何精度提出一定的要求。这

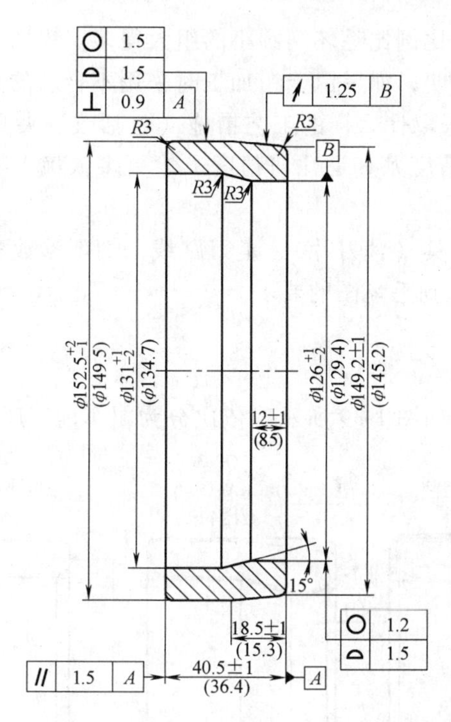

技术要求

1.端面凹心深不大于1mm。

2.表面凹坑深不大于0.9mm。

3.毛刺不大于1.2mm。

4.折叠深不大于1.2mm。

5.球化处理后抛丸清除氧化皮。

6.硬度179～217HBW。

图 1-38　铁路货车轴承密封环毛坯

是因为车削阶段留下的几何误差会部分反映到磨削结果中去，即误差复映现象，就是指前道工序产生的几何误差或多或少地带进下道工序的同一个几何误差中去。

为了防止装配时损伤密封圈，此零件小头的外倒角要求圆滑，特别是倒角圆弧与外锥面之间应相切过渡。为了防止装配时拉伤车轴，小端面与小内圆过渡处的倒角设计得比较复杂。由于过渡部分没有后续的磨削加工，所以车削时就应达到图样要求。除了相切过渡外，与端面的相切位置要正确。

1.8.2　工艺分析

1. 加工难点

此零件比较薄，并且有 6 个几何公差要求。车削结果除要达到各个尺寸精度和表面粗糙度要求外，还要确保达到这 6 个几何精度要求，这就有一定的难度。

这里面难度较大的是要保证 3 个圆度误差不超差。圆度测量特别是现场测量比较困难，所以在轴承行业改用控制椭圆和三棱圆来替代。这两项要用不同的方法来控制，其中在批量生产时以控制椭圆尤为困难。

2. 工艺思路和解决加工难点的办法

首先要考虑的是分几道工序加工，每道工序用什么机床。要保证椭圆不超差，就应将粗、精加工分开，用四道工序来完成。4 道工序都用数控车床不经济，所以两道粗车工序可使用其他种类车床，为适应大批量生产的需要可用一台液压仿形车床和一台液压半自动车床来进行粗车。只有两道精车工序才使用数控车床。

然后要考虑的是 4 道工序分别使用什么样的夹具。在工艺试验过程中，曾试验了多套方案（在此不作详细的介绍）。试验中发现，椭圆的复映现象非常明显。分组试验表明，毛坯椭圆大的组，经粗、精车后椭圆超差的比例比毛坯椭圆小的组大得多。粗加工采用不同的夹具会有不同的椭圆误差。分组试验还表明，如果由于粗加工时采用不合理的夹具产生椭圆误差超过 0.3mm 后，那么精加工时无论采取什么样的工艺措施（包括改进夹具）都无法把椭圆误差控制到 0.1mm 之内，因此控制精度尤其是几何精度虽然更多依赖于精车阶段，但决不能忽视粗加工阶段的精度控制。

当然，每道工序还要选择合理的刀具（含刀片）、走刀路线、切削参数和夹紧力。此外还要经常检查毛坯（锻件毛坯）是否达到毛坯图的要求。

1.8.3 零件加工过程

该零件安排分 4 道工序车削加工，如图 1-39 所示。依次分为粗车前工序、粗车后工序

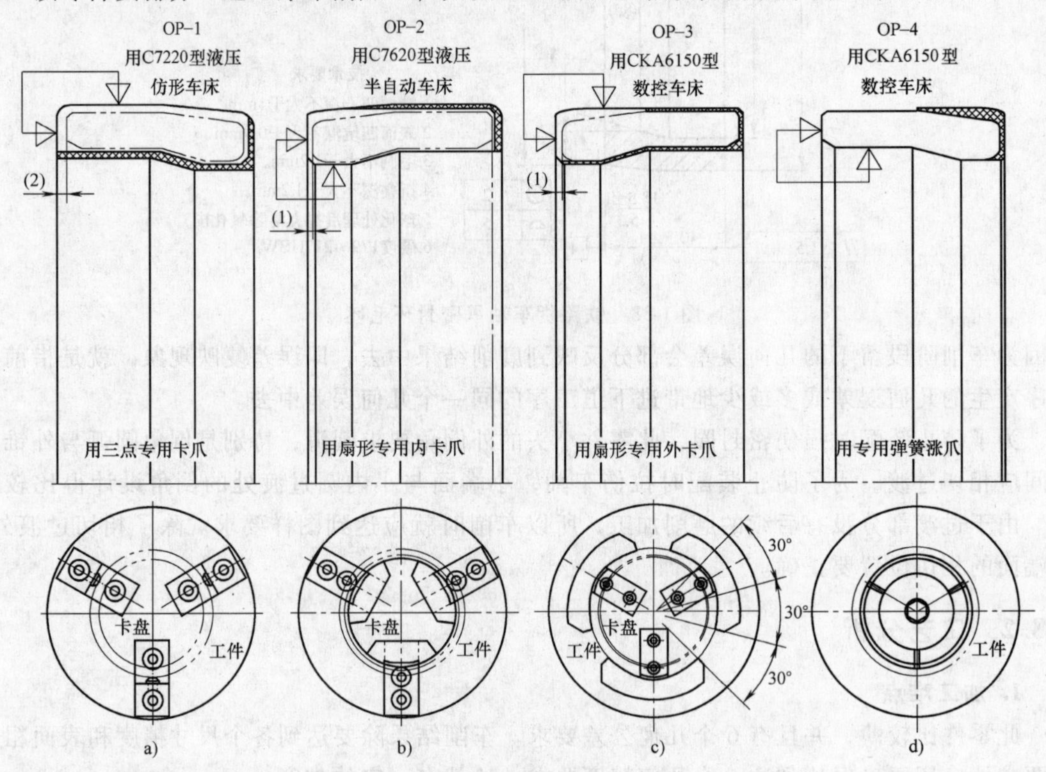

图 1-39 加工过程

a）工序 1 b）工序 2 c）工序 3 d）工序 4

和精车前工序、精车后工序，分别采用液压仿形车床、液压半自动车床和两台经济型数控车床。本例加工中，数控车床配的是 FANUC 0i mate TC 系统。

加工步骤如下：

1）夹持外圆柱面，粗车小端面和内形面，粗倒相交处角。

2）掉头，反撑内圆柱面，粗车大端面和外圆柱面，粗倒相交处角。

3）夹持一端外圆柱面，精车大端面和另一端外圆柱面，精倒相交处角。

4）掉头，撑大内圆柱面，精车小端面和外锥面，精倒相交处角。

1. 加工工序

（1）工序 1（OP-1）

工序名称：粗车前工序。工序简图如图 1-40 所示，加工实景如图 1-41 所示。

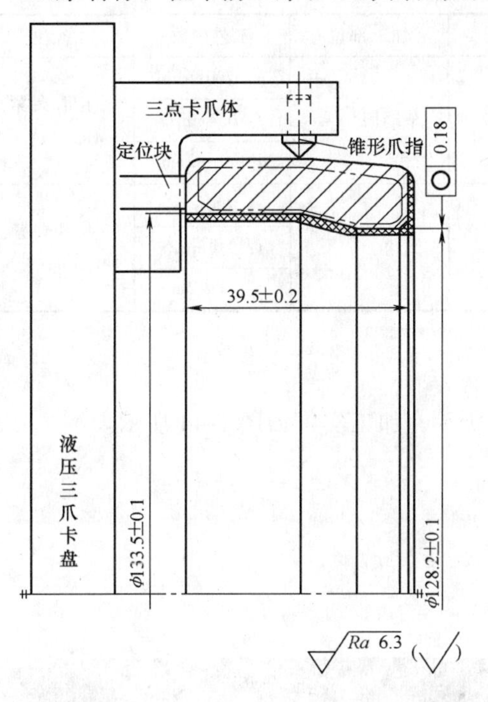

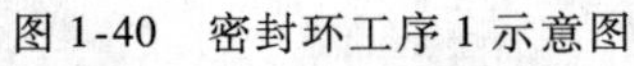

图 1-40　密封环工序 1 示意图

图 1-41　密封环工序 1 加工实景

设备名称及型号：液压仿形车床 C7220，如图 1-42 所示。C7220 液压仿形车床有上下两个刀架。上刀架为仿形刀架，可用它仿形车出与仿形样板一侧外形线相同的剖面轮廓的回转体零件。下刀架在加工前固紧在机床的下导轨上，刀架只能作上、下移动，可用它切削端面。

图 1-42　液压仿形车床 C7220

工装名称：

① ϕ250mm 液压三爪卡盘（卸除原配三爪）。

② 三点卡爪体。

③ 锥形爪指。

④ 定位块。

刀具名称、规格及其加工部位，见表 1-12。

表 1-12　工序 1（OP-1）刀体名称、规格及其加工部位

序号	刀具名称	规格	刀片型号	加工部位	工艺参数	备注
1	45°杠杆式机夹车刀	25mm × 25mm ×95mm	41610E	车内径	n：200r/min	卡爪夹紧力 1MPa
					f：0.4mm/r	
					a_p：1.5～2mm	

（续）

序号	刀具名称	规格	刀片型号	加工部位	工艺参数	备注
2	60°机夹车刀	25mm×25mm×130mm	31320H	车端面	n：200r/min f：0.4mm/r a_p：1～2mm	卡爪夹紧力1MPa
3	45°侧压式机夹车刀	20mm×24mm×130mm	41605H	倒角	n：200r/min f：0.4mm/r a_p：1～2mm	卡爪夹紧力1MPa

循环时间：90s。

（2）工序2（OP-2）

工序名称：粗车后工序。工序简图如图1-43所示，加工实景如图1-44所示。

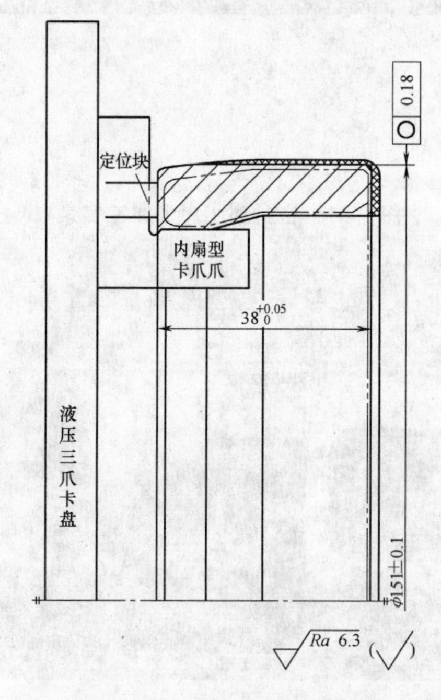

图1-43　密封环工序2示意图

图1-44　密封环工序2加工实景

设备名称及型号：液压半自动车床C7620，如图1-45所示。C7620液压半自动车床有上下两个滑板。上下两个滑板上各有一个可径向移动的小滑板。加工时，可让一个刀架作纵向移动（车削内或外圆柱面），另一个刀架作横向移动（车削端平面）。倒角只能用在一个刀架上加装一把成形刀或45°刀、在行程终点处靠车出来。由于同时可用两个刀架进行车削，所以此机床的加工效率较高。

工装名称：

① ϕ250mm液压三爪卡盘（卸除原配三爪）。

② 扇形内卡爪。

③ 定位块。

图 1-45　液压半自动车床 C7620

4）刀具名称、规格及其加工部位，见表 1-13。

表 1-13　工序 2（OP-2）刀体名称、规格及其加工部位

序号	刀具名称	规格	刀片型号	加工部位	工艺参数	备注
1	60°机夹车刀	25mm × 25mm ×130mm	31320H	车外圆	n：200r/min	卡爪夹紧力 1MPa
					f：0.4mm/r	
					a_p：1.5～2mm	
2	75°上压式机夹车刀	25mm × 30mm ×140mm	41610E	车端面	n：200r/min	卡爪夹紧力 1MPa
					f：0.4mm/r	
					a_p：1～2mm	
3	45°侧压式机夹车刀	20mm × 24mm ×130mm	41605H	倒角	n：200r/min	卡爪夹紧力 1MPa
					f：0.4mm/r	

循环时间：45s。

（3）工序 3（OP-3）

工序名称：精车前工序。工序简图如图 1-46 所示。

设备名称及型号：经济型数控车床 CKA6150，如图 1-47 所示。

工装名称：

① ϕ250mm 液压三爪卡盘（卸除原配三爪）。

② 扇形外卡爪。

③ 定位块。

刀具名称、规格及其加工部位，见表 1-14。

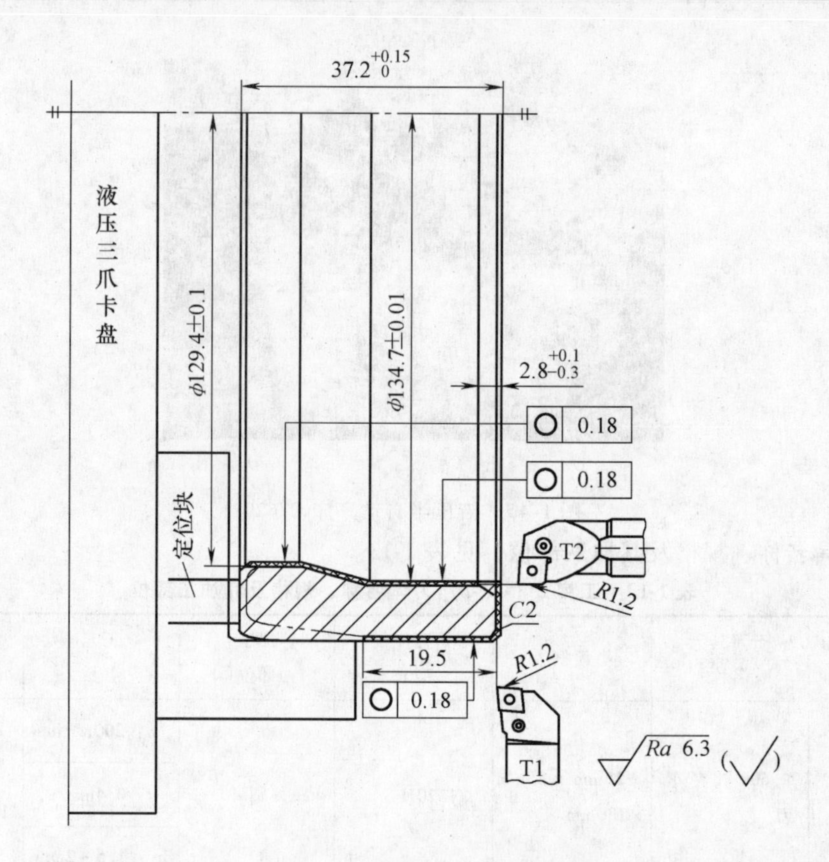

图 1-46　密封环工序 3 示意图

图 1-47　精车用的数控车床 CKA6150

表 1-14　工序 3（OP-3）刀具名称、规格及其加工部位

序号	刀具名称	刀片型号	加工部位	工艺参数	备注
1	外圆车刀 PCLNR2525M12	CNMG120412-PM YB435	大端面和外圆柱面 内形面各部	$n=277\sim307\text{r/min}$	线速度 130m/min 左右 卡爪夹紧力 0.9MPa
				$f=0.25\sim0.35\text{mm/r}$	
				端面：$a_p=0.5\sim0.7\text{mm}$ 外圆：$a_p=0.6\sim1\text{mm}$	
2	内孔车刀 S32S-MCLNR12	CNMG120412-PM YB435	内形面各部	$n=277\sim307\text{r/min}$	
				$f=0.25\sim0.35\text{mm/r}$	
				端面：$a_p=0.5\sim0.7\text{mm}$ 内圆：$a_p=0.6\sim1\text{mm}$	

循环时间：55s。

（4）工序 4（OP-4）

工序名称：精车后工序。工序简图如图 1-48 所示。

设备名称及型号：经济型数控车床 CKA6150。

工装名称：

① 弹性涨力夹具（一套），如图 1-49 所示。

② 定位环。

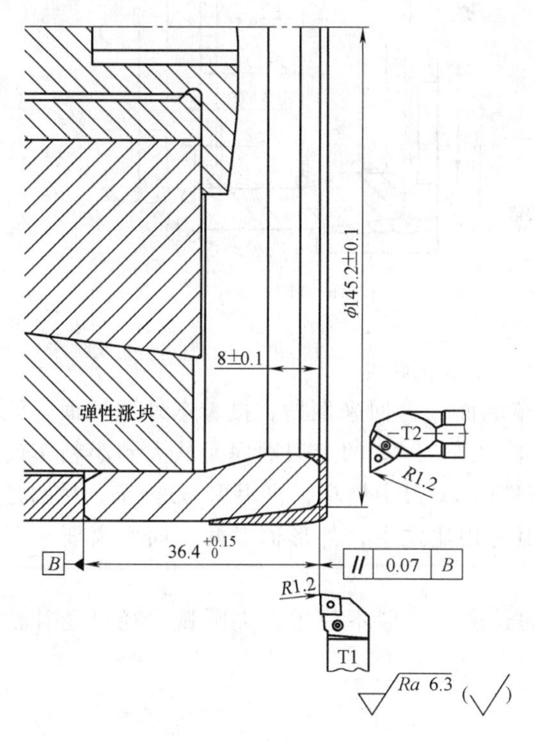

图 1-48　密封环工序 4 示意图

图 1-49　弹性涨力夹具

刀具名称、规格及其加工部位，见表 1-15。

表 1-15　工序 4（OP-4）刀具名称、规格及其加工部位

序号	刀具名称	刀片型号	加工部位	工艺参数	备注
1	外圆车刀 PCLNR2525M12	CNMG120412-PM YB435	小端面、外圆锥面、倒角	$n=280\sim300$r/min	卡爪夹紧力 0.9MPa
				$f=0.25\sim0.3$mm/r	
				端面：$a_p=0.4\sim0.6$mm 外圆：$a_p=0.5\sim2$mm	
2	内孔车刀 S32U-PTFNR16	TNMG160412-PM YB435	内倒角	$n=280\sim300$r/min	
				$f=0.25\sim0.3$mm/r	

循环时间：35s。

2. 走刀路线和加工程序

（1）工序 3（OP-3）

工序 3（OP-3）的走刀路线如图 1-50 所示。

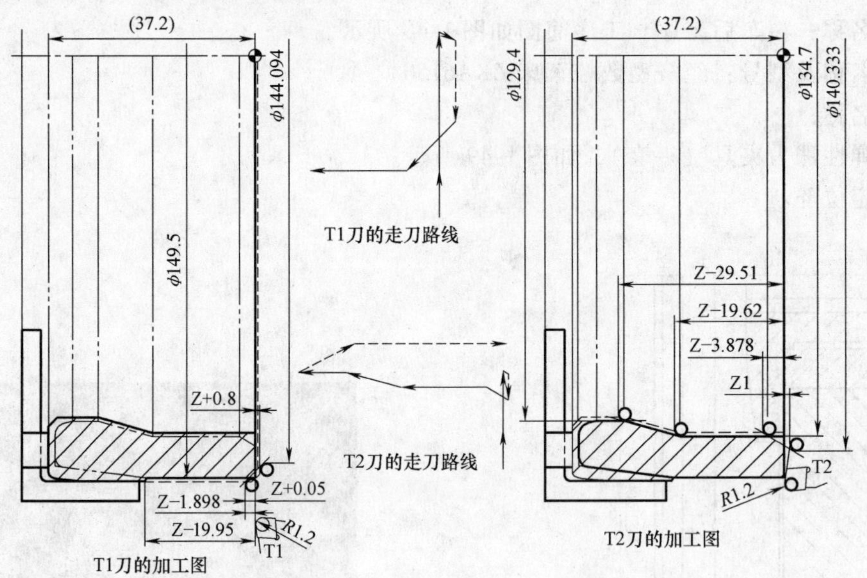

图 1-50　工序 3（OP-3）的走刀路线

外圆车刀 T1 的走刀顺序是先从大到小半精车端面，再回来倒角，接着车外圆柱面。注意此刀车端面时给内孔车刀留 0.05mm 的余量。内孔车刀 T2 的走刀顺序是从大到小精车端面，再车倒角，接着车内形面。此工序中，端面先由 T1 刀半精车，再用 T2 刀精车，目的是为了更好地保证内形面到大端面的位置精度，因为相比之下，外形面对两端面距离要求不高。

在特大批量生产场合，为了减少走刀路线的长度，一般不使用刀尖圆弧半径自动补偿（G41/G42）来编程。

工序 3（OP-3）的加工程序如下：

```
O0101;
N01    G54    G00    T0101;
N02    S280    M03;
```

N03　X170　Z0.05　M08；

N04　X153；

N05　G01　X130　F0.35；（车端面）

N06　G00　X144.094　Z0.8；

N07　G01　X149.5　Z-1.898　F0.25；（倒角）

N08　Z-19.95　F0.3；（车外圆）

N09　G00　X200　Z200；

N10　T0202　S307；

N11　X153　Z10；

N12　Z1；

N13　G01　Z0　F0.35；

N14　X140.333　F0.3；（精车端面）

N15　X134.7　Z-3.878；（倒角）

N16　Z-19.62；（车大内圆）

N17　X129.4　Z-29.51；（车内锥面）

N18　Z-39；（车小内圆）

N19　G00　X250　Z250　M09；

N20　M30；

（2）工序 4（OP-4）

工序 4（OP-4）的走刀路线如图 1-51 所示。

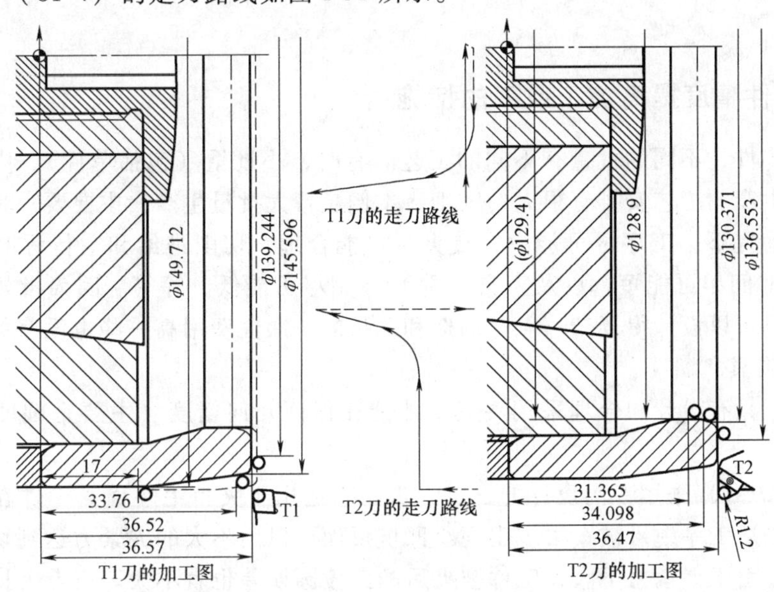

图 1-51　工序 4（OP-4）的走刀路线

外圆车刀 T1 的走刀顺序是先从大到小半精车端面，再回来倒角，接着车外锥面。注意此刀车端面时需给内孔车刀 T2 留 0.05mm 的余量。内孔车刀 T2 的走刀顺序是从大到小精车端面，再倒内圆角和车小锥面。此工序中端面先由 T1 刀半精车，再用 T2 刀精车，目的是为了保证组合倒角的精度，因为组合圆角在以后的装配中至关重要。

工序4（OP-4）的加工程序如下：

```
O102;
N01  G54  G00  T0101;
N02  S280  M03;
N03  X150  Z47  M08;
N04  Z36.52;
N05  G01  X125  F0.35;（车端面）
N06  G00  X139.244  Z36.57;
N07  G03  X145.596  Z33.67  R3.2  F0.25;
N08  G01  X149.712  Z17;（车外锥面）
N09  G00  X200  Z200;
N10  T0202  S300  M03;
N11  X150  Z47;
N12  Z37;
N13  G01  Z0  F0.5;
N14  X136.553  F0.25;（精车端面）
N15  G02  X130.371  Z34.098  R3.2  F0.2;（车圆角）
N16  G01  X128.9  Z31.365;（车小锥面）
N17  G00  Z40;
N18  X250  Z250  M09;
N19  M30;
```

1.8.4 保证零件精度提高加工效率的措施

对于同一种零件，不同的批量有不同的工艺。有时，小批量（包括单件）、中批量、大批量及特大批量生产的工艺安排有很大的区别。本例是特大批量生产，主要要求是在保证安全和零件质量的前提下，工序尽可能少，装夹尽可能合理，切削进给和空行程时间尽可能短，换刀（位）时间尽可能短，以及刀具（片）费用尽可能低，等等。因为批量大，所以工艺装备和量检具可以设计得复杂一点，制造和购买的一次性费用高一些也没有关系。

1. 设计专用夹具

对于此零件，只有设计和合理采用夹具，才能在保证几何精度（主要是圆度）的前提下缩短工序。

1）工序1（OP-1）采用专门设计的三点卡爪。它适用于夹持毛坯面。工件在夹持后出现三个小坑，但在后工序中可被车去。出现小凹坑反而可以用不大的夹紧力达到切削时让工件不转动的目的。由于夹紧力不大，工件被夹后的三棱圆误差也就不大。三点夹持不会产生加工中最担心的椭圆误差。

2）工序2（OP-2）采用专门设计的扇形内卡爪。它适用于夹持已加工的内孔。由于装夹时接触面积大且六个接触面沿圆周均布，所以工件不易产生圆度（包含椭圆）误差。

3）工序3（OP-3）采用专门设计的扇形外卡爪，其适用场合和优点同扇形内卡爪。

以上三道工序均使用标准液压三爪卡盘，需要设计和制造的只是卡爪部分。

4）工序 4（OP-4）夹紧的部位比较薄，不能再用扇形内卡爪来夹持。于是制作了一套专用的弹性涨力夹具。此夹具直接固紧在主轴轴头上，夹具上的可移动锥件通过拉杆与机床后端卡紧液压缸的活塞连接。此夹具适用于已精加工、几何精度较好的内孔。这种夹具的接触面积更大，所以工件不易产生新的圆度误差。

试验和实践表明，只有上述四种夹具配合使用，才能做到用四道工序车出后的工件的圆度不超差。

2. 用缩短空行程和缩短切削进给时间来提高加工效率

在工序 1（OP-1）用的 O101 程序中，在车端面 N05 段时头、尾各有一小段空行程，在 N14 段和 N18 段的尾部也有一小段空行程。在上段快速到达加工起始位置时，空行程距离尽可能短些，1mm 左右即可。

应根据各加工面的要求选择不同的进给量。例如，工序 1（OP-1）中的端面是半精车，所以进给量可以选得大些。而工序 2（OP-2）中的内倒角是最终成形（不再磨削），且此处比较重要，所以进给量应选得小些。各部分的进给量选得合理可明显地缩短加工时间。

3. 用缩短 G00 的执行时间和换刀（位）时间来缩短程序执行时间

缩短 G00 执行时间有两种途径，一种是缩短 G00 段的长度，如 O101 中的 N09 段和 O102 中的 N09 段指令的换刀位置不要离开工件太远，只要留一点（转刀位时的）安全距离就可以了，具体指令值可在现场从大到小试切后决定，程序结束时刀架不必回到参考点，只要不影响装卸就可以了，具体位置也通过试切后决定；第二种是通过改变相应的参数来提高 G00 的执行速度，此项工作应在稳定加工后再做。

在特大批量生产场合，还可以用非常规方法来缩短加工时间。此工件的前后精车工序各用一把外圆车刀和一把内孔车刀。在四方刀架上的常规装夹为：外圆车刀垂直于机床主轴安装，内孔车刀平行于机床主轴安装，且各占一个刀位。

将 T1 刀改成丁字形，并把它与内孔车刀同装在 1 号刀位，如图 1-52 所示，并分别用 01 号和 02 号刀补。这样加工时就可以省一次换刀时间，包括退出、转刀位和接近工件三步所用的时间。由于经济型数控车床的 G00 执行速度和转刀位速度都比较慢，再加上工序中的切削时间不长，所以程序运行时间的节省率很可观。

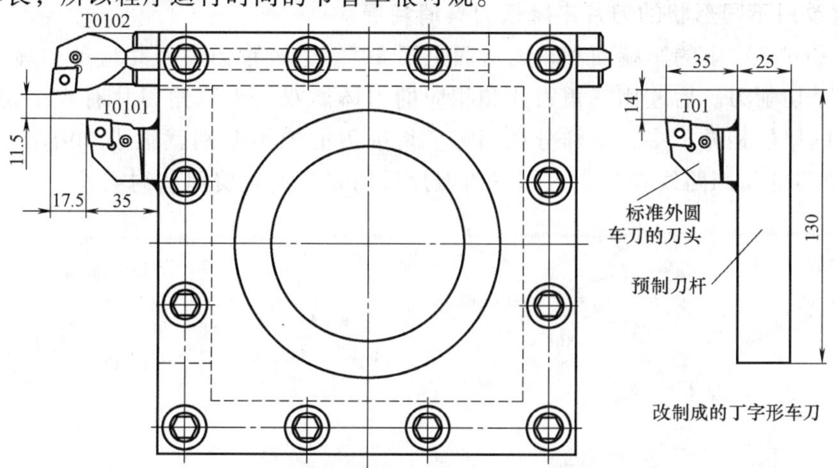

图 1-52　密封环工序 3 非常规装刀示意图

丁字形车刀的制作有窍门。首先，其头部的标准外圆车刀应该选用左偏刀，而不是常规装夹时所用的右偏刀。其次，预制刀杆预做时的剖面尺寸不应是25mm×25mm，而应做成28mm×25mm，焊接时应尽力让预制刀杆的上平面与刀头杆上平面在同一个平面内。焊完并冷却后，这两个面必定既有错位又不平行。所以还应进行如下加工：铣预制刀杆的底面（包括焊缝），使之与刀头的底面在同一平面内。只有按照此法制作，才能保证装上（不用垫片）后刀头的高度和角度准确。

这种丁字形车刀在工序3（OP-3）和工序4（OP-4）通用。图1-55中是工序3（OP-3）工序的安装尺寸。此尺寸是为了保证用外圆车刀时，内孔车刀与工件及夹具不干涉，而在用内孔车刀时，外圆车刀与工件及夹具不干涉，所以确定和在安装时保证图1-55中11.5mm和17.5mm这两个尺寸非常重要。对于工序4（OP-4），丁字形车刀的安装位置与工序3（OP-3）中相同，而内孔车刀应比在工序3（OP-3）中少伸出17.5mm，即让两把刀的刀尖在Z向基本对齐。当然，无论是工序3（OP-3）或工序4（OP-4），在改用丁字形车刀后程序要作相应的调整。

图1-53所示是丁字形车刀安装在四方刀架上的使用，图1-54所示是丁字形车刀安装在六工位刀架上的使用。

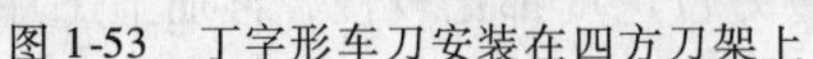

图1-53　丁字形车刀安装在四方刀架上

图1-54　丁字形车刀安装在六工位刀架上

4. 通过改用不同形状的刀片来降低刀具消耗费

工序3（OP-3）中的车端面和车内形面是用80°等边棱形刀片及相应的刀体。此种刀片双面可用4个切削刃。后改用三角刀片和相应的刀体。双面刃三角刀片有6个切削刃可用。这两种刀片的单价相差不多，这样分摊到每个切削刃的成本差别就很小。由于工序3（OP-3）中内孔车刀的切削路线较长，改用三角刀片后的刀具消耗费用节约明显。

第2章 数控铣加工技术案例

2.1 换刀机械手的加工

换刀机械手零件图如图 2-1 所示，是数控机床盘式刀库或链式刀库应用最广泛的换刀装置。换刀时，由机械手从刀库和主轴上取出刀具，然后进行位置交换，把新刀插入主轴，旧刀放回刀库。

2.1.1 零件分析

如图 2-1 所示，机械手体两端牙形圆弧相对于 $\phi40^{+0.025}_{0}$mm 孔的对称度公差为 0.005mm；$\phi40^{+0.025}_{0}$mm 孔相对于基准 B 的位置度公差为 0.05mm；两端牙形圆弧的大径为 $\phi63.6^{+0.05}_{0}$mm，小径为 $\phi57.5^{+0.05}_{0}$mm，$\phi40^{+0.025}_{0}$mm 孔对于基准 A 的垂直度公差为 0.01mm；工件上下两面的平行度公差为 0.01mm，表面粗糙度值为 $Ra1.6\mu m$，所以在加工过程中要采用合理的加工工艺方法。

2.1.2 关键加工部位分析

机械手属于复杂零件，所以要求在加工工序中期要安排合理的热处理工艺。$\phi40^{+0.025}_{0}$mm 孔在加工时要保证与底面的垂直度要求，所以在加工前要安排磨削工序，并且保证 $\phi57.5^{+0.05}_{0}$mm、$\phi63.6^{+0.05}_{0}$mm 两端圆弧的对称度公差为 0.05mm，以及 18mm 槽对 108mm 两侧面的对称度公差为 0.02mm。换刀机械手用来固定刀体，并保证在从刀库中取刀和往主轴上送刀旋转时不得掉落，所以在加工过程中要采用合理的加工工艺。

2.1.3 编制工艺方案

此零件采用普通机床与加工中心配合加工，这样有利于保证工件的尺寸和位置精度，以及热处理工序的安排。利用普通机床进行粗加工，快速去除工件的大部分加工余量。在粗加工之后安排调质处理，使材料的晶粒细化，组织均匀，改善工件的切削加工性能，去除工件的残余应力。在加工孔和两端圆弧面之前安排磨削加工工序，保证工件两大面的平行度公差和与中心孔的垂直度公差。立式加工工序采用两次装夹，并选择 $\phi40^{+0.025}_{0}$mm 孔中心为工件坐标系的 X0Y0 原点，选择面 A 为 Z0 表面。工件第一次装夹采用精密机用平口钳，钳口须垫铜皮以防止夹伤工件，铣削两处宽 18mm、深 6mm 的槽，$10^{+0.02}_{0}$mm、72mm 尺寸的两面，

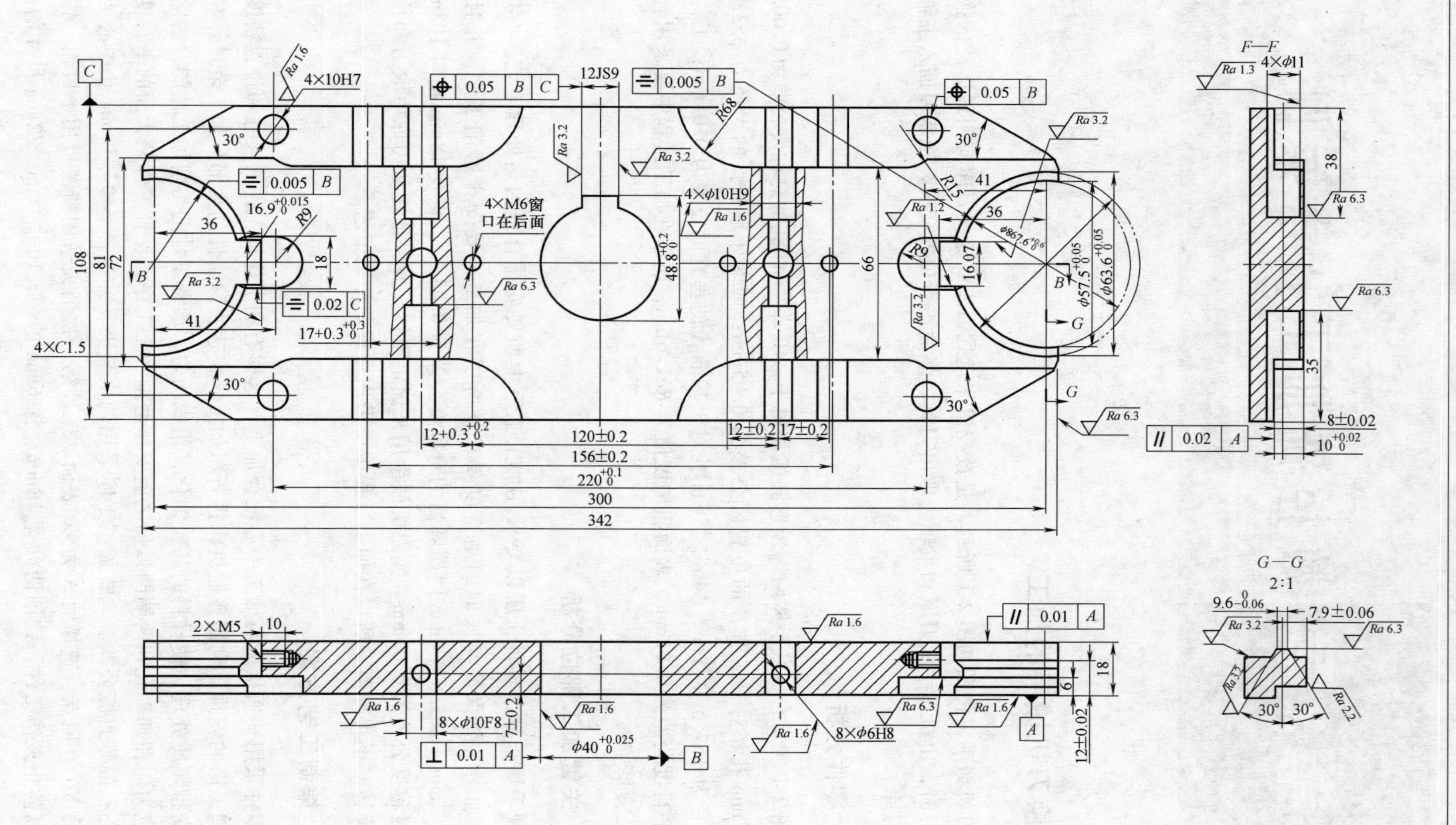
4×10H7
12JS9
4×M6窗
口在后面
4×ϕ10H9
4×C1.5
120±0.2
156±0.2
300
342
108
81
72
66
F—F
4×ϕ11
G—G
2:1
2×M5
8×ϕ10F8
8×ϕ6H8

图 2-1 机械手零件图

66mm 尺寸的两面及圆弧面和 $\phi40^{+0.025}_{0}$mm 孔。第二次装夹采用四块等高垫铁配合压板装夹工件，来加工齿形圆弧部分。4 个 M6 和两个 M5 螺纹采用钳工手工攻螺纹，因为 M6 和 M5 丝锥刚性较差，避免在数控机床上加工时丝锥折断。工件在机加工完毕后还要安排发蓝处理工序，使工件表层包裹一层以 Fe_3O_4 为主的多孔氧化膜以达到防锈的目的。

2.1.4　零件加工准备

1. 选择毛坯

换刀机械手的材料选用 45 钢，其硬度不大于 229HBW，抗拉强度 $\sigma_b \geqslant 600$MPa，断后伸长率 $\delta \geqslant 16\%$，冲击韧度值 $a_k \geqslant 39$J/cm^2，热导率 $\lambda = 48$W/（m · K），是最常用的优质碳素结构钢，综合力学性能良好，且切削加工性较好。毛坯采用锻压方法成形。

2. 选择机床

根据生产车间设备情况，粗加工采用普通机床，精加工采用配有 FANUC 0i-MC 系统的日立精机 VM40 立式加工中心。

3. 装夹方案及夹具选择

（1）第一次装夹　采用精密机用平口钳装夹，要求固定钳口要与机床 X 向、Z 向垂直，所以固定钳子与工作台固定前必须找正。装夹工件时利用两块等高垫铁使工件上表面至少高于钳口 6mm，以便工件阶台处远离钳口。

（2）第二次装夹　如图 2-1 所示，换刀机械手的对称度公差要求很高，只有 0.05mm，所以加工起来比较困难。$\phi40^{+0.025}_{0}$mm 孔的轴线是换刀机械手的回转中心线。$\phi40^{+0.025}_{0}$mm 孔壁素线与基准 A 的垂直度公差为 0.01mm，必须先采用平面磨床加工换刀机械手采用机用平口钳装夹很容易产生夹紧变形，所以采用压板和等高块的方法进行装夹。装夹时注意使工件的支承点与工件的夹紧点垂直，防止工件产生夹紧变形。第二次装夹方法如图 2-2 所示。

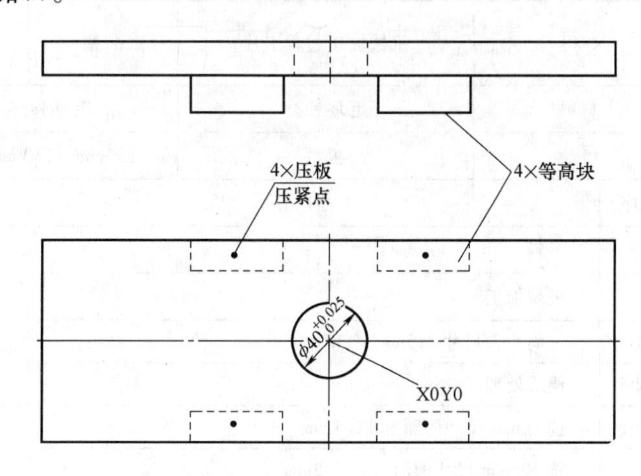

图 2-2　机械手第二次装夹示意图

4. 选择刀具

加工时除采用通用刀具外，还要使用一把组合刀具来完成换刀机械手牙形部位的加工。牙形部位尺寸计算如图 2-3 所示。

根据计算所得尺寸进行组合刀具的装夹和调整。组合刀具采用两把直径为 $\phi63$mm 带有 30°斜面的三面刃铣刀组合在一起，两把刀具中间采用合适的垫片隔开，垫片厚度为 $3.58^{0}_{-0.05}$mm，要略小于牙形尺寸来保证工件的形状，两把 30°三面刃铣刀中间用调整垫调节，夹紧调节后要采用机外对刀仪进行找正。组合刀具的组装如图 2-4 所示。

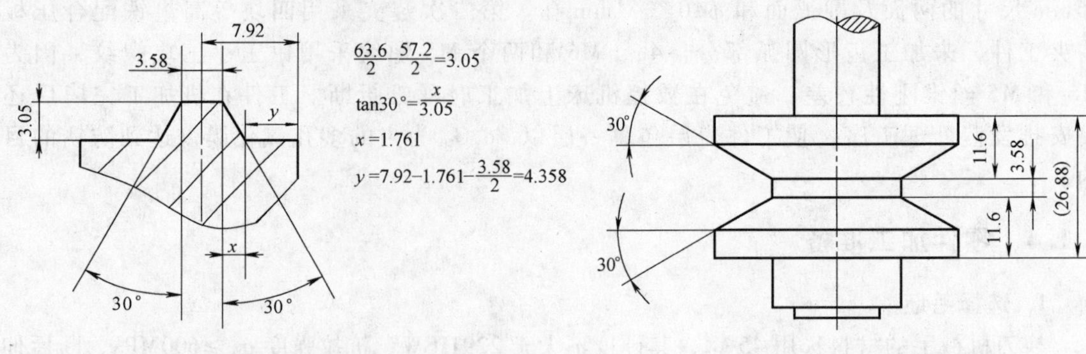

图 2-3　牙形部位计算尺寸图　　　　图 2-4　组合刀具组装尺寸图

5. 选择切削参数

通用刀具的切削参数在这里不再叙述。组合刀具是一种密齿刀具，所以在选择切削用量时要充分注意，保证切削速度合理。两把三面刃铣刀直径为 ϕ63mm，加工时主轴转速采用 120r/min，进给速度 40mm/min。在铣削过程中，冷却一定要充足，以减少刀具的磨损，使切屑及时排出。

6. 加工工序卡和刀具卡

机械手提机械加工过程卡见表 2-1。

表 2-1　机械手提机械加工过程卡

××厂	机械加工过程卡片	产品型号	零件图号	零件名称	第　页
				换刀机械手	共　页
材料	毛坯种类	毛坯外形尺寸		每件毛坯制造数	每台件数
45 钢	板料	330mm × 130mm × 24mm		1	1
工序	工序内容		设备	刀具	量具
一	下料		锻压		
二	机械加工				
1	铣周边，尺寸 315mm × 115mm		卧式铣床		
2	调质处理				
3	铣 18mm 尺寸两面至 18.5mm		立式铣床		
4	铣 108mm 尺寸两面至 108.5mm		卧式铣床		
	铣 308mm 尺寸两端面至尺寸				
5	划线				
6	铣四处 30°倒角至尺寸		卧式铣床		
	铣四处 C1.5 倒角至尺寸				
7	铣两个 ϕ57.5mm 圆弧，留加工余量 2 ~ 3mm		立式铣床		
	铣 72mm 尺寸两面、66mm 尺寸两台阶面及圆弧面各留加工余量 0.5 ~ 1mm，深度铣至 9mm				
8	钻 $\phi40^{+0.025}_{0}$ mm 孔至 ϕ34mm		钻床		
9	磨 18mm 尺寸两面至尺寸，磨 108mm 尺两面至 108.03mm		平面磨床		

（续）

××厂	机械加工过程卡片	产品型号	零件图号	零件名称	第 页
				换刀机械手	共 页
材料	毛坯种类	毛坯外形尺寸		每件毛坯制造数	每台件数
45 钢	板料	330mm×130mm×24mm		1	1
工序	工序内容		设备	刀具	量具
10	镗、铰 $\phi40^{+0.025}_{0}$ mm 孔至尺寸，铣 $\phi57.5$mm、$\phi63.6$mm 圆弧至尺寸（两处）		立式加工中心	成形铣刀	JT40 刀柄
	铣两处宽 18mm、深 6mm 槽至尺寸				
	铣 $10^{+0.02}_{0}$ mm 尺寸左面至尺寸				
	铣 72mm 尺寸两面、66mm 尺寸两面及圆弧面至尺寸				
	一处平行度公差 0.02mm				
	两处对称度公差 0.005mm，两处对称度公差 0.02mm				
	一处垂直度公差 0.01mm				
11	钻、镗 4 个 $\phi10$H7 孔至尺寸		立式加工中心	专用铰刀	量规
	钻、铰 8 个 $\phi10$F8 孔至尺寸				
	钻 4 个 M6 螺纹底孔、坡口至尺寸				
	镗、钻、铰 4 个 $\phi10$H9 孔至尺寸				
	钻、铰两个 $\phi6$H8 孔至尺寸				
	钻 4 个 $\phi11$mm 孔至尺寸				
12	划线		划线台		
13	钻两个 M5 螺纹底孔		钻床		
14	攻 4 个 M6 螺纹至尺寸，攻两个 M5 螺纹至尺寸，去毛刺		钳工台		
15	发蓝处理		热处理		

机械手数控加工刀具卡，见表 2-2。

表 2-2 机械手数控加工刀具卡

产品名称或代号			零件名称	换刀机械手	零件图号
序号	刀具编号	刀具规格名称	数量	加工要素	备注
1	T11	$\phi38$mm 钻头	1	钻 $\phi40^{+0.025}_{0}$ mm 孔	
2	T12	$\phi39.8$mm 钻头	1	钻 $\phi40^{+0.025}_{0}$ mm 孔	
3	T13	$\phi40$mm 铰刀	1	铰 $\phi40^{+0.025}_{0}$ mm 孔	
4	T14	$\phi28$mm 硬质合金立铣刀	1	铣 18mm 尺寸槽两个圆弧表面	
5	T15	$\phi18$mm 硬质合金立铣刀	1	铣两个圆弧表面、铣 72mm 尺寸两面、66mm 尺寸两面及圆弧面	
6	T16	$\phi18$mm 硬质合金立铣刀	1	铣 18mm 尺寸槽	
7	T17	$\phi32$mm 铣刀	1	精铣两个圆弧表面	
8	T18	组合成形铣刀	1	铣牙形至尺寸	
编制	审核	批准	年 月 日	共 页	第 页

2.1.5 编制加工程序

典型组合刀具铣削牙形的加工程序：

```
%
O0078;
N266  G00  G91  G28  Z0  T18;
N267  M06;
N268  G00  G90  G54  X160.  Y0;
N269  G43  H18  Z60.;
N270  M03  S120  F40;
N271  G00  Z-7.92;
N272  G01  G42  D49  Y-31.5;
N273  G01  X150.;
N274  G02  Y31.5  R31.5;
N275  G01  X160.;
N276  G00  G40  Y0;
N277  G01  G42  D49  Y-31.8;
N278  G01  X150.;
N279  G02  Y31.8  R31.8;
N280  G01  X160.;
N281  G00  G40  Y0;
N282  Z60.;
N283  X-160.  Y0;
N284  G00  Z-7.92;
N285  G01  G42  D49  Y31.5;
N286  G01  X-150.;
N287  G02  Y-31.5  R31.5;
N288  G01  X-160.;
N289  G00  G40  Y0;
N290  G01  G42  D49  Y31.8;
N291  G01  X-150.;
N292  G02  Y-31.8  R31.8;
N293  G01  X-160.;
N294  G00  G40  Y0;
N295  Z60.;
N296  M09;
N297  M05;
N298  G00  G91  G28  Z0;
N299  G28  Y0;
```

N300　M30；

%

2.1.6　零件加工过程

1. 加工前准备（夹具、刀具、程序）

加工前准备好精密机用平口钳、等高精密平行垫铁（4 块）、螺栓压板等夹具，组合刀具与通用刀具。根据加工图样编写数控加工程序。

2. 零件试加工

1）在数控机床上找正 108mm 尺寸前平面，底面垫 4 块等高垫铁，用杠杆百分表找正到 0.01mm，使其与机床 X 轴平行。在中心孔的 4 个临近位置处用四块压板将工件压紧，使夹紧点和支承点重合，避免工件产生加紧变形。压板与工件的接触位置垫铜皮，以防工件被压伤。压板的支承块要略高于工件，不要太高或太低，否则工件不容易夹紧。

2）换刀机械手属于回转体零件，所以工件原点设在回转中心，用环表法将工件 X 向、Y 向取中，对称度公差为 0.01mm。确定工件的中心 X0，Y0，以基准面 *A* 为 Z0，两次装夹都要以此点为工件坐标系原点，这样采用基准重合的原则，以减少工件的加工误差。编制完加工程序，把 T11、T12、T13 刀尖接触工件的上表面，在绝对坐标系上显示的 Z0 分别为 T11、T12、T13 的刀长。把刀长数据输入到刀长参数中，然后将工件坐标系减去 100mm，然后进行试运行，检查程序是否有误。

加工 $\phi40^{+0.025}_{0}$mm 孔采用定心→钻→扩→倒角→铰的工艺方法加工。

①　钻 $\phi40^{+0.025}_{0}$mm 孔至 ϕ38mm。用 ϕ38mm 钻头，主轴转速为 200r/min，指令为 G98　G83　X0　Y0　Z－30.　Q2.　R5.　F30　M13；。

②　钻 $\phi40^{+0.025}_{0}$mm 孔至 ϕ39.8mm。用 ϕ39.8mm 钻头，主轴转速为 200r/min，指令为 G98　G83　X0　Y0　Z－30.　Q2.　R5.　F40　M13；。

③　$\phi40^{+0.025}_{0}$mm 孔孔口倒角。采用一把 ϕ45mm 的 45°镗刀，主轴转速为 200r/min，指令为 G98　G82　X0　Y0　Z－5　R5.　P500　F40　M13；。

④　铰 $\phi40^{+0.025}_{0}$mm 孔。用 ϕ40mm 铰刀，主轴转速为 50r/min，指令为 G98　G86　X0　Y0　Z－23.　R10.　F40　M13；。

3）加工 $\phi57.5^{+0.05}_{0}$mm、$\phi63.6^{+0.05}_{0}$mm 牙形圆弧，2 处宽 18mm、深 6mm 槽，$10^{+0.02}_{0}$mm 尺寸的左面成，72mm 尺寸两面，66mm 尺寸面及圆弧面。

检验加工程序：将工件平移坐标系 Z 轴向上平移 100mm，然后进行加工试运行，观看走刀路径，检查程序是否有误。

加工时先用一把普通的 ϕ28mm 立铣刀粗铣 $\phi57.5^{+0.05}_{0}$mm 圆弧、$\phi63.6^{+0.05}_{0}$mm 圆弧深度经图 2-3 计算得 4.358mm，主轴转速 200r/min，进给速度 70mm/min。再用一把普通的 ϕ28mm 立铣刀精铣 $\phi57.5^{+0.05}_{0}$mm 圆弧，$\phi63.6^{+0.05}_{0}$圆弧，深度经计算为 6mm，主轴转速 300r/min，进给速度 60mm/min 铣去牙形上边的余量，减少成形铣刀的加工余量，牙形下边的余量直接用成形铣刀加工，保证一次装夹加工完成。两个圆弧中心和 $\phi40^{+0.025}_{0}$mm 孔中心的位置度和对称度无法手工测量，而采用机床自动测量的方法，用杠杆百分表测两个圆弧中心，检查相对 $\phi40^{+0.025}_{0}$mm 孔中心的误差，即为工件对称度误差。留 0.15mm 精铣余量用成形铣刀直接加工，采用直线、圆弧插补方式，通过更改刀具半径获得。$\phi63.6^{+0.05}_{0}$mm圆弧，加工完后用机床通用检棒测量外圆，使检棒进去能够旋转，但不能松动，$\phi57.5+0.05$mm圆弧加工完后用卡尺测量。

在加工中牙形的Z向深度为7.9mm尺寸，与2×30°三面刃刀具的中心吻合，采用直线→圆弧→直线的插补方式，用一把成形组合铣刀加工。成形组合铣刀因为刀齿较密，切削时组合刀具三面同时切削，切削面积较大，故主轴转速120r/min，进给速度40mm/min。通过更改刀具半径的大小和Z轴的微量偏移的方法获得合适的牙形尺寸。

加工完牙形后再一次装夹完成2处宽18mm，深6mm尺寸槽的加工和10mm尺寸的左面、72mm尺寸、66mm尺寸轮廓成。

本工序采用数控机床加工，通过机床的精度，保证了108mm尺寸两侧面的对称度公差0.03mm，使加工完的机械手体在旋转180°后，保证换刀位置一致。

3. 自动加工运行时的注意事项

1）在自动加工过程中，采用粗精加工分开的原则，保证工件的尺寸和位置精度。

2）装夹时，要保证工件装夹牢固，以免在切削时工件移位造成废品。

3）加工时保证切削液的冷却充分和排屑顺畅，以免刀具损坏。

2.1.7 检测零件

要求换刀机械手必须有一定的回转复位性，牙形在刀体安装后不要松动，太松动容易在刀具交换过程中掉刀；也不要太紧，太紧在换刀过程不容易松刀，只要能够卡住刀体并且能够在机械手换刀旋转时不掉下为最佳状态，使机械手体的两个30°斜面与刀体两个30°斜面充分吻合，来加大机械手和刀柄的接触面积；保证机械手在刀具交换时不易掉刀。

2.2 床身五面体的加工

2.2.1 选择机床

1. 机床简介

M-VR33/39D龙门式五面体加工中心如图2-5所示，属于大型精密型机床，配装FANUC-18i-MB数控系统，机床通过更换附件加工头，可以实现立式加工和卧式加工的转换。不仅可以实现X、Y、Z三轴联动加工，还可以实现W、Z轴的联动加工。更换卧式附件加工头后，卧式加工头可以水平方向5°分度，实现多种角度多方位加工。相对来说，该机床适应加工对象比较广泛，可以加工体积大、工序复杂、精度要求高的大型工件，如KT-1500床身、立柱μ1000/630H床身、立柱μ1000/800h床身等。更主要的是，该机床可以一次装夹工件，实现对工件多方位多角度的加工，加工工序集中，减少了因为工件多次装夹带来的重复定位误差。

图2-5 M-VR33/39D龙门式五面体加工中心

2. 机床的主要技术参数

龙门式五面体加工中心的主要技术参数见表 2-3。

表 2-3　M-VR33/39D 龙门式五面体加工中心的主要技术参数

	X	Y	Z	W	其他数据
机床行程/mm	5000	3900	1000	1200	—
机床定位速度/（mm/min）	24000	24000	15000	5000	—
切削进给速度/（mm/min）	8000	8000	8000	5000	—
工作台尺寸/mm	5000	2500	—	—	—
刀库容量/把	—	—	—	—	60
附件加工头库（图 2-6）	T1000	T1100	T1200		

3. 数控系统

图 2-6　M-VR33/39D 附件加工头库

（1）程序代码　M-VR33/39D 龙门式五面体加工中心配置 FANUC-18i-MB 数控系统。

（2）立式卧式转换程序格式

G65　P9710　C54

用于指定基准工件坐标系，并初始化五面加工软件。

G65　P9711　X__　Y__　Z__　B__

X、Y、Z 为指定相对于基准坐标系原点转换的坐标补偿值，B 为转换旋转角度值。

……（指定编制正常的加工程序）；

……（固定循环程序等）；

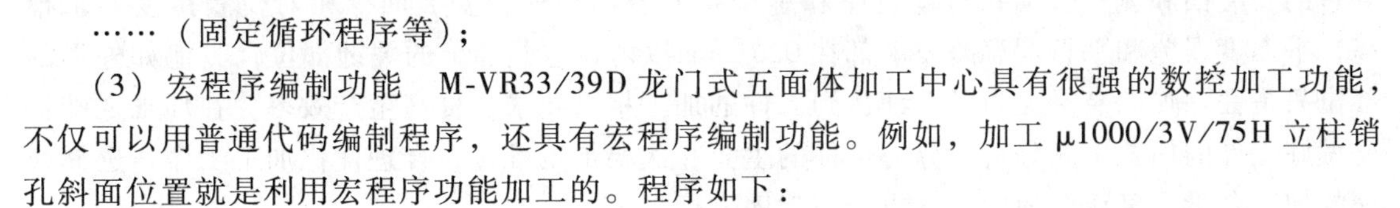

（3）宏程序编制功能　M-VR33/39D 龙门式五面体加工中心具有很强的数控加工功能，不仅可以用普通代码编制程序，还具有宏程序编制功能。例如，加工 μ1000/3V/75H 立柱销孔斜面位置就是利用宏程序功能加工的。程序如下：

```
S2000
M3
#1 =0                                ；设定初始值
#3 =20                               ；斜面角度 20°
WHILE[#1GE -42]  DO1                 ；循环格式
G1  G90  X20.  Y -40.  F8000
#2 =TAN[#3] * #1                     ；宏程序运算
Z -#1F1000
G1  G90  L12  P51  R12.5
G42  D51  X -15.  F1500
Y#2
X55.
```

```
Y -40.
G40
#1 = #1 +0.2                          ; 每次步进深度
END1
G0   Z200.
M0
(4) W、Z 轴联动加工
M28                                   ; 横梁松开
G01   G90   W -300.   Z -280.   F400  ; W、Z 轴联动加工
M27                                   ; 横梁夹紧
M00
```

2.2.2 零件加工过程

KT-1500VA 床身加工图如图 2-7、图 2-8 所示（见书后插页）。

1. 毛坯分析

KT-1500VA 的铸造材料是 HT250，相对来说比较容易加工切削，且加工中变形量小，尺寸精度保持性好，适合比较大的切削用量加工。但由于是铸造件，铸造加工余量不太均匀，所以，实际加工中要适时地调整切削用量，保证加工质量。

2. 工艺分析

加工之前，首先认真分析图样，解读零件的加工要求，特别是各个位置的精度要求。

KT-1500VA 床身的加工精度是决定机床装配精度的基础，所以床身加工精度的高低直接影响该产品的装配精度。从图 2-7 和图 2-8 可以看出，该工件床身和立柱的安装结合面，导轨的安装面和侧定位面，电动机座和螺母座安装面，光栅安装面等相对位置精度要求很高，平面度误差和平行度误差要求都在 0.01mm 以内，这是加工的关键部位，其他如外形的部位只是去除加工余量。为了保证达到工件的加工精度要求，提高生产效率，在加工之前就要做好工件的加工工艺分析，分清工件的主要和次要加工部位，合理优化加工工序，选择合理的加工余量，确认合理后，分粗、精工序进行加工。

3. 加工工序

工件装夹→ 粗加工→人工时效→精加工底面→半精加工→精加工。

（1）工件装夹和坐标系设置（工件坐标系 G54）　工艺分析和加工顺序确定好以后，就要开始合理地装夹工件。按照验证工件的尺寸线找正装夹，因为龙门式五面体加工中心可以一次装夹完成多个面的加工，所以一定注意选择合理可靠的定位夹紧位置，避免加工时对刀具产生干涉。粗加工时，采用以床身底面定位，用 4 块等高垫铁支承床身底面的搭子，4 点夹紧地脚安装面，这样既能保证装夹安全可靠，加工中又不会对刀具产生干涉。装夹结束后，根据加工基准重合、基准统一的原则，选择床身和立柱安装面的外沿作为工件坐标系的 X 值，导轨中心作为工件坐标系的 Y 值，立柱安装面作为 Z 值。

（2）粗加工　准备工作结束后，根据图样尺寸要求，编制加工程序，进行粗加工。观察毛坯的铸造质量，根据刀具的切削性能，选择合理的刀具和切削用量。因为毛坯铸造加工余量不均匀，所以要分层分序地对工件进行切削。切削时一次尽可能多地去除加工余量，这

样，既可以减少毛坯铸造时产生的硬皮对刀具的磨损，还可以缩短切削加工时间，提高生产率。加工床身和立柱安装面时，加工上表面要选择直径尽可能大的刀具（如 ϕ160mm 面铣刀），保证有足够的切削宽度。加工导轨安装面时，既有加工宽度要求，又有加工深度要求，因此选择面铣刀就不太适合。选择既能端铣又能周铣的玉米铣刀具更合理，这样可以在去除端面加工余量的同时，还能利用周铣，去除侧面的加工余量。玉米铣刀还有足够的刀具长度，可以加工到工件尺寸落差比较大的位置。粗加工各个加工面时留 3mm 加工余量。待粗加工结束后，请检查人员对工件进行首件检验，确认合格后，继续加工以后的工件。

（3）精加工　粗加工结束后，对工件进行合理的工艺时效，然后进行精加工。首先对工件的定位基准进行精加工，加工定位基准是保证零件加工精度的基础，这样可以更高的加工精度。

精加工时，也要对工件的加工精度要求进行认真合理的分析，分清工件加工精度要求的主次，以便更合理地安排加工工序。对于只要求去除加工余量的、精度要求不高的位置，要以较快的切削速度，适合的背吃刀量一次去除加工余量，如导轨安装位置的外形尺寸、床身的外形尺寸、螺母座和电动机座的刀具验证位置等。对于精度要求很高的位置，就要选择半精和精加工，如床身和立柱的安装面、导轨安装面和侧面、电动机座、螺母座、光栅安装面等。依据生产经验总结，精加工留 0.1 ~ 0.15mm 的加工余量比较合理。待其他面、孔加工结束后，按顺序松开装夹压板，释放加工中产生的弹性变形后，再用较小的夹压力夹紧工件，对精度要求高的位置逐次进行精加工，以达到零件的精度要求，获得合格的产品。加工结束后清洁工件，去除毛刺，请检查人员对工件进行全面检验。最后对加工工艺和加工程序进行完善、总结，并进行备份保存。

在生产实践中，对于工件加工位置和加工精度正确进行分析以后，合理利用刀具的切削性能，优化使用刀具，在一次换刀时尽可能多地对加工位置进行切削，以减少换刀次数和时间。工艺分析、程序编制时，还要注意合理优化加工顺序，按照工件的高低位置，从上到下，合理安排刀具加工路径，充分利用发挥机床数控系统的功能。

由于工件铸造余量比较大，生产加工时，可以利用机床数控系统的宏程序循环功能，模块化编制程序，简化程序编制，提高生产率。表 2-4 是 KT-1500VA 床身导轨粗加工工序卡，其加工程序如下：

表 2-4　KT-1500VA 床身导轨粗加工工序卡

刀具名称	刀具地址	长度偏置 /mm	切削速度 /（m/min）	转速 /（r/min）	背吃刀量 /mm	进给量 /（mm/min）
ϕ50mm 面铣刀	T7	199.8	95	600	4 ~ 6	600

```
N700;
#11007 = 190.;
G10  G90  L12  P7  R25.23;（刀具半径补偿值）
G43  H7  Z50.  S460;
M3;
#2 = 114.3;（初始加工深度）
```

```
WHILE[#2LE117.8]   DO1；（循环指令格式）
G1  Z-#2  F5000；
G41  D7  Y-548.5；
X870.  F400；
Y-617.98；
X2450.；
G40  Y-584.  F2000；
#2=#2+3.5；（每次循环加工深度）
END1；
G1  G90  Z50.  F8000；
M0；
G0  G90  G54  X2450.  Y-584.；
N701；
G00  G90  G54  X2450.  Y584.；
G43  H7  Z50.  S460；
M3；
#2=114.3；（初始加工深度）
WHILE[#2LE117.8]   DO1；（循环指令格式）
G1  Z-#2  F5000；
G42  D7  Y548.5；
X870.  F400；
Y617.98；
X2450.；
G40  Y584.  F2000；
#2=#2+3.5；（每次循环加工深度）
END1；
G1  G90  Z50.  F8000；
G28  G91  Z0；
M5；
G49；
G28  G91  X0；
M00；
```

4. 实际生产加工时工艺调整实例

实际生产过程中，发现加工导轨安装面和侧定位面的加工精度不稳定，原来的工艺是用一把铣刀既端铣又周铣，同时加工完成导轨底面和侧面。经过实践生产总结，改进了加工工艺方法：先用一把 ϕ12mm 的立铣刀加工导轨侧定位面，同时去除一部分底面的加工余量，保证安装面侧定位面清根，然后用 ϕ66mm 的面铣刀精加工导轨安装面。实践证明，这样获得的工件加工精度满足图样的精度要求，而且稳定。KT-1500VA 床身导轨、螺母座、光栅精加工工艺卡见表 2-5。

表 2-5　KT-1500VA 床身导轨、螺母座、光栅精加工工艺卡

刀具名称	长度偏置 /mm	地址	线速度 /（m/min）	转速 /（r/min）	进给速度 /（mm/min）	刀具半径 /mm
T54	186. 28	H54	57	1500	700	6
T3	154. 2	H3	150	300	400	80
T24	234. 67	H24	124	600	400	33

KT-1500VA 床身螺母座加工图如图 2-7 所示。

KT-1500VA 床身导轨螺母座精加工程序如下：

```
O1500；
G28　G91　X0　Y0　Z0；
M28；（横梁松开）
G10　G90　L2　P1　W－800. ；
G0　G90　G54　W0；
M27；（横梁夹紧）
T54；（φ12mm 立铣刀）
M6；
T24；（φ66mm 面铣刀）
M0；
N540；
#11054＝186. 28；（程序输入刀具长度）
G0　G90　G54　X2400.　Y－568. ；
G43　H54　Z50.　S1500；
M3；
G1　Z－118.　F3000；
G10　G90　L12　P54　R6. ；（指令刀具半径）
G1　G41　D54　Y－548. 5　F1000；
X910.　F700；
Z50.　F8000；
Y548. 5；
Z－118.　F3000；
X2400.　F700；
G40；
Z50.　F8000；
M0；
G00　G90　G54　X2130.　Y0；
G1　Z－140. 5　F5000；
G41　Y101.　D54；
```

```
X1810.   F700;
G40;
G41   Y-99.   D54   F8000;
X2130.   F700;
G40   Y0   F8000;
M0;
G0   G90   G54   X1020.   Y0;
G1   Z-140.5   F2000;
G41   Y101.   D54;
G1   X790.   F700;
G40;
G41   Y-99.   D54   F2000;
X1020.   F700;
G40   Y0   F5000;
G1   G90   Z50.   F8000;
M0;
G28   G91   Z0   M5;
G49;
G28   G91   X0;
M0;

M6;
T56;（找正用钻夹头）
M0;
N2400;
G0   G90   G54   X860.   Y-590.;
#11024=234.67;
G43   H24   Z50.   S900;
M3;
G1   Z-118.   F5000;
#1=33.1;
G90   G10   L12   P24   R#1;
G1   G42   D24   Y-548.5   F1000;
X2450.   F600;
Y548.5   F8000;
X860.   F600;
G40   Y590.;
G0   G90   Z50.;
M0;
```

```
N2401;
G00  G90  G54  X2130.  Y0;
G1  Z-140.5  F5000;
G1  G41  Y101.  D24  F5000;
X1810.  F600;
G40;
G41  Y-99.  D24  F5000;
X2130.  F600;
G40  Y0  F5000;
N2402;
G0  G90  G54  X1020.  Y0;
G1  G41  Y101.  D24  F5000;
G1  X790.  F600;
G40;
G1  G41  Y-99.  D24  F5000;
X1020.  F600;
G40  Y0  F5000;
G00  G90  Z50.;
M0;
G28  G91  Z0;
M5;
G49;
G28  G91  X0;
M6;
T0;
M30;
```

5. 合理使用刀具

加工过程中，应选择合理的切削参数，适时调整切削用量，提高生产效率，延长刀具使用寿命，也应该考虑刀片的互换性和通用性，如既可以安装在面铣刀上进行端铣，又可以安装在立铣刀上进行周铣。刀片有较长的切削刃、更大的背吃刀量。

2.2.3 保证零件精度提高加工效率的措施

随着现代制造业的快速发展，许多加工设备和加工工艺已经不能适应生产的需要。M-VR33/39D龙门式五面体加工中心具有机械结构先进、刚性好、数控功能齐全等特点。充分、有效地发挥机床的功能，采用先进的工艺方法，选用优质刀具，探讨提高导轨加工部位、立柱、电动机安装部位加工精度，是当务之急。数控机床大件、基础件加工部位多，工作量大，因此提高加工效率也十分紧迫，要充分发挥机床刚性好的优势，合理选择切削参数，争取在提高加工效率上有所突破。

2.3　变速箱体的加工

变速箱是龙门数控铣镗机床的重要功能部件，用于传递转矩，实现主轴转速由低速到高速或由高速到低速的转换。变速箱属于箱体类零件。箱体类零件一般都具有结构复杂，加工部位多，精度要求高等特点。

变速箱由箱体、箱盖和支承板组成，如图 2-9、图 2-10（见书后插页）所示。箱体和箱盖的材料为 HT300，支承板的材料为 45 钢。

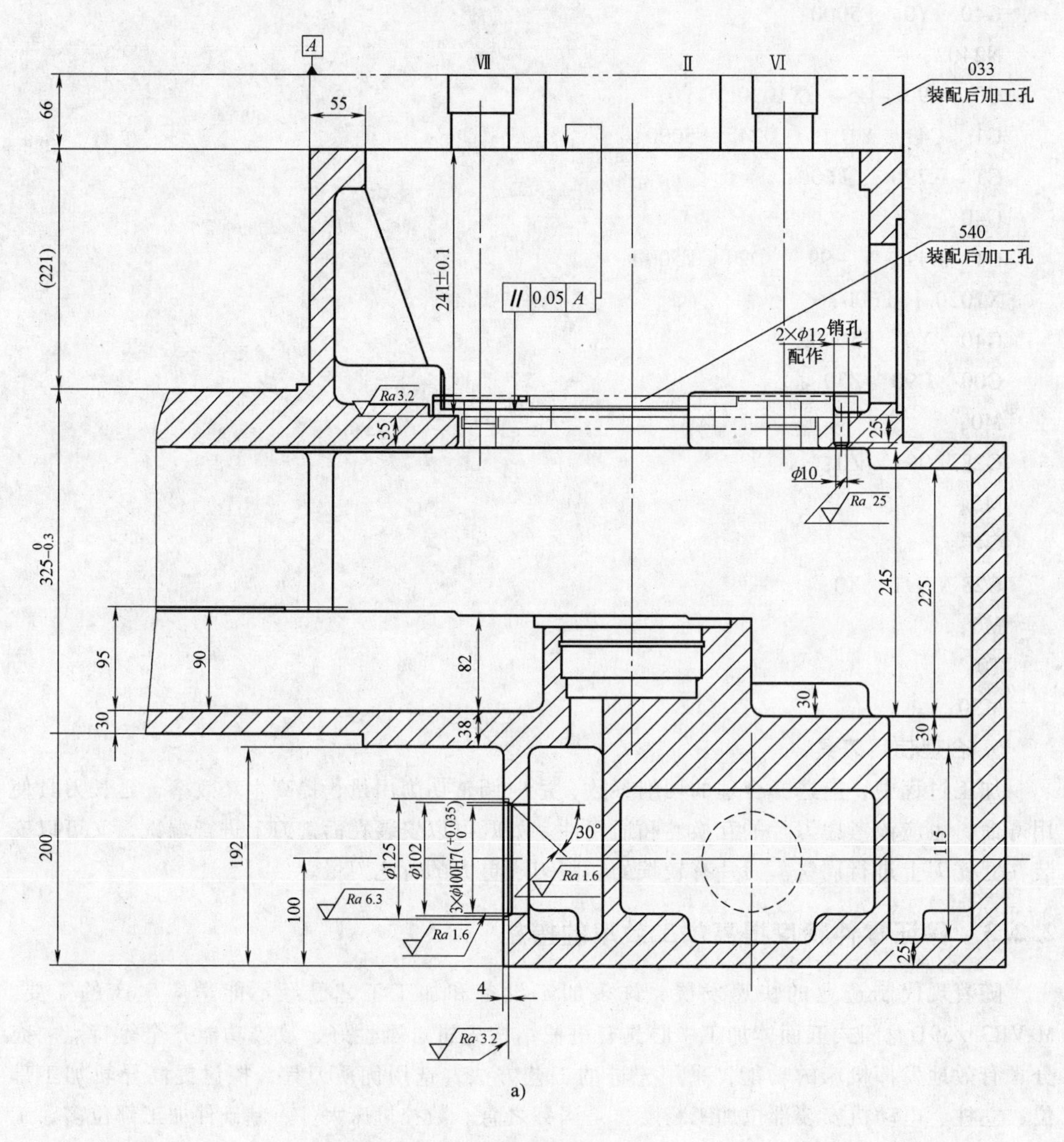

图 2-9　变速箱（一）

a）R—R 剖视图

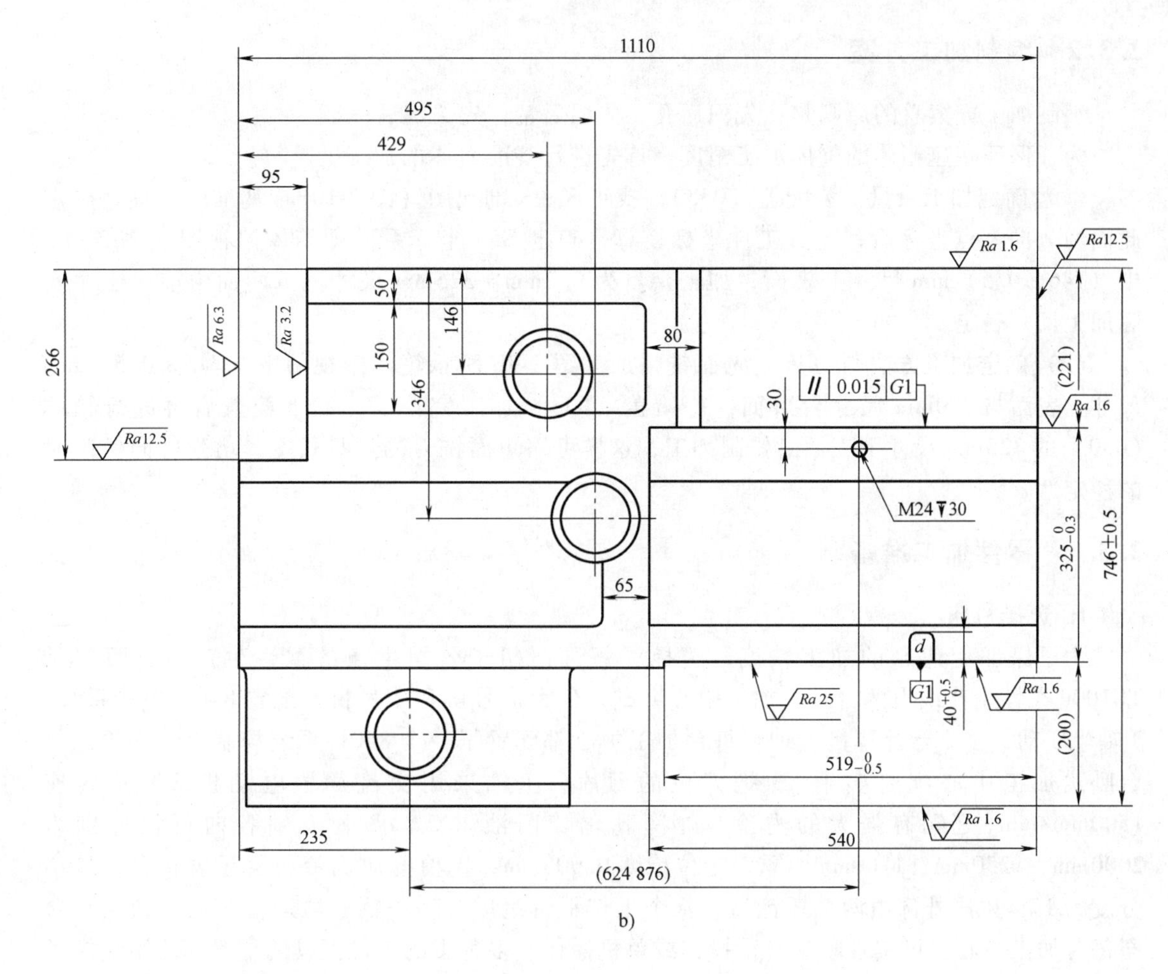

图 2-9　变速箱（一）（续）

b）俯视图

2.3.1　零件分析

变速箱由箱体（030）、箱盖（033）和支承板（054）装配组成。装配后的箱体外形尺寸为 1110mm×812mm×746mm。变速箱体具有以下特点：外形尺寸大且不规则，壁薄厚不均匀，结构复杂；内部呈空腔形，腔内多孔系加工，加工部位多且精度要求高。技术要求规定孔系Ⅰ、Ⅱ、Ⅵ、Ⅶ在三件装配后一起加工。

从图 2-10b（见书后插页）所示箱体 *K—K* 剖视图可知，ϕ325H11 孔径 *D*1、*D*2 面表面粗糙度要求为 *Ra*1.6μm，*D*1、*D*2 轴线与 *A* 面垂直度为 0.01mm，ϕ325H11 孔的圆柱度与同轴度应控制在 0.01mm 以内。

从图 2-9b 所示箱体俯视图可知，尺寸（746±0.5）mm 上面表面粗糙度要求为 *Ra*1.6μm，325mm 尺寸两端面表面粗糙度要求为 *Ra*1.6 μm，且平行度公差为 0.015mm。这些精度要求在一般箱体加工中都是不多见的。

为减少刀具使用数量，加工中应尽量使用同一尺寸规格刀具兼顾加工多项内容，这无形中增加了刀具长度，刀具刚性也因此受到限制，因此大大增加了加工难度。

2.3.2 编制加工方案

编制加工方案总的原则是：先面后孔，先粗后精，先关键后一般。

为了保证变速箱体的整体加工精度，首先进行基准面 *A* 的加工。

（1）确定加工余量 装配盖（033），找正 *K*—*K* 剖视图（图 2-10b）基准面 *A* 面，确定此面为 Z 向零点坐标后，经过工件坐标换算，确定 G54 坐标系面即箱体俯视图（图 2-9b）中（746 ±0.5）mm 尺寸上表面，加工余量为 0.2mm。325mm 尺寸上下两面由前一工序实际加工尺寸确定。

（2）确定加工方法与刀具 先面铣精加工图 2-9b 所示箱体俯视图中（746 ±0.5）mm 尺寸上表面与 200mm 尺寸台阶面，待箱盖（033）加工完毕后，卸下箱盖后再进行箱体（030）的 325mm 尺寸下表面的铣削加工，这样可缩短面铣刀的刀具长度，增强轴向铣削时的稳定性。

2.3.3 零件加工准备

1. 选择机床

为了保证变速箱的加工精度，选择了德国西门子公司生产的柔性生产线。西门子 TC1000 柔性生产线由两台卧式加工中心组成，分为 1 号机和 2 号机，配置 840D 操作系统，3 轴半联动，由一台计算机管理。每台加工中心都配置了一个 840D 系统控制操作面板。每台卧式加工中心配有实纳 86 把刀位的刀库。主轴采用交流伺服电动机，恒定转速 1500mm/min，还配有强大的内冷、外冷乳化切削液。X、Y、Z 三轴各向行程分别为 2000mm、1250mm、1100mm，重复定位精度 0.005mm，B 轴电动机带动鼠牙盘转台，最小分度为 1°，机床外部由两个托盘站、八个工作平台组成。用一辆有轨运输车运送加工平台至每台加工中心，可实现联动自动操作或单机操作。多种类的工件夹具的配置和使用缩短了多品种零件的加工准备时间，有效地提高了机床利用率。

2. 装夹方案

箱体是典型的腔壁形工件，各面都是台阶面，没有整体基准面。箱体装夹方案如图 2-11 所示，具体做法如下：在图 2-10a 所示 *L*—*L* 剖视图（见书后插页）V 侧面的尺寸 $250_{-0.1}^{\ 0}$mm 尺寸下面，105mm 尺寸右边底面上配装梯形工艺脐为辅助支承点及压点，确保工艺脐底面与主视图底面共面，工艺基准面因此确定；将箱体工件放至加工平台上的四个 150mm × 150mm × 170mm 标准等高块上进行压点分配，以图 2-9b 所示箱体俯视图 95mm 尺寸左面即主视图上面为第一压点，俯视图右上面的肋面为第二压点，工艺脐两端台阶上面配阶梯形压板为第三及第四压点。阶梯形压板的使用，避免了加工时压板对刀具的干涉限制。

从图 2-11 可以看出，工艺脐的配装组合，增强了工件整体性。第一压点至第四压点的组合在加工时有效控制了位置自由度的变化，使工件更具稳定性。

3. 选择刀具

面铣精加工刀具选用瑞典山特维克可乐满公司生产的 ϕ160mm 密齿方肩铣刀，刀盘齿数为 12，刀片为 4 个切削刃的 90°硬质合金镀层刀片，利用模块刀杆组合使整体刀具长度控制在 240mm 左右。如果刀具过短，精铣 325mm 尺寸上面 221mm 尺寸面时，就会发生与箱体碰撞的危险。

图 2-11　装夹方案

4. 加工准备

1）变速箱体加工基准面的找正。将工件用运输车送入加工单元进行拉直找正夹紧。按图样技术要求，工件是箱体（030）、端盖（033）、支承板（540）装配后一起加工。在找正夹紧前，将箱盖与箱体合装，两个 ϕ16H7 定位，插入直圆柱销，销孔和销为过渡配合。如配合精度不好或组装时有误差，将产生箱体、箱盖的相对位移，从而影响箱体内部各轴孔加工位置精度和整体加工精度。

2）从图 2-10b 所示 *K—K* 剖视图看，各轴孔都与箱盖的 *A* 面有较高的平行度和垂直度要求，确定以箱盖的 *A* 面为基准面拉直找正，将百分表固定在磁力表座上，并吸在主轴端面上进行工件 X 轴、Y 轴方向上下左右移动测量，确保主轴端面与盖的表面的平行度、垂直度控制在 0.01mm 以内。调整到精度要求后，将工件夹紧固定。

3）变速箱体坐标系的建立及程序编制。工作台 B 轴旋转 180°，在图 2-9b 所示俯视图（746 ±0.5）mm 尺寸上面，确定 180°位置时为工件坐标系 G54，图 2-10a 所示 *L—L* 剖视图左面 250mm 尺寸与底面 250mm 尺寸测定，以 B180°，V 轴 *D*1、*D*2（*K—K*）中心线为 G54，X0、Y0 的工件坐标系零点，测量方法如下：

X 零点坐标：把 ϕ60mm ×400mm 专用测量轴装入主轴，手动 Z 向移动至 V 轴 250mm 尺寸外端面，通过 X 轴向移动，直到使用厚度 0.05mm 塞尺，无法插入测量轴外径和端面的间隙时停止，用此时机床 X 坐标数值减去 250mm 及测量轴半径数值，所得数值输入到工件坐标系 X 值中。

Y 零点坐标：手动将标准轴移至 V 轴 250mm 尺寸下端面，通过 Y 向移动，使用 0.05mm 塞尺不能塞入测量轴外径与下端面的间隙处，用此时机床 Y 轴的数值加上 250mm 尺寸及测量轴半径尺寸，所得数值输入到工件坐标系 Y 值中。

Z 零点坐标：B 轴旋转 180°返回 0°，MDI 方式调用机床刀库中的雷尼绍公司生产的高精度测头，以拉直找正平面进行自动程序测定，所得数值通过工件加工平台的回转中心数值进行换算，得出 G54、B180°面的 Z 向零点数值，分别输入 G54、B180°与 G56、B0°的工件坐标系中。

G56 所在平面的 X 零点坐标通过 X 轴机床零点坐标与加工平台的回转中心数值进行换算，得出数值输入 G56 的 X 坐标系中，Y 向数值不变。

4）建立工件坐标系的程序。

%_N_2010K24030_MPF；(主程序程序号)

N10 G0 G54 G17(390 G40(}94；(加工前机床状态准备)

N20 T410020；(机械手准备工件加工刀具)

N30 $P_UIFR[1]=CTRANS(X，1352.19，Y，328.16，Z，112.66)；(启动进入G54机床工件坐标系存储器)

N40 $P_UIFR[3]=CTRANS(X，647.81，Y，328.166，Z，119.34)；(启动进入G56机床工件坐标系存储器)

N50 M6；(换刀)

N60 T320001；(进行下端程序刀具加工准备)

⋮

工件坐标系建立完成后，通过操作面板，手动将控制开关扳至自动运行方式，按程序键，调出所用程序，然后按自动运行键，执行程序。将工件G54与G56坐标零点X、Y、Z所测数值通过自动运行方式，输入到机床G54与G56坐标系的存储器中。随后机械手换刀，即可开始加工箱体。

5. 加工工序卡和刀具卡（表2-6）

表2-6 V、II轴孔系的刀具清单

刀 号	刀具名称	刀具直径/mm	刀具长度 L/mm	备 注
T525324	双刃半精镗刀	ϕ324.8	400	
T535325	精镗刀	ϕ325H11	400	
T515148	双刃粗镗刀	ϕ148	300	
T525149	单刃半精镗刀	ϕ149.8	300	
T535150	精镗刀	ϕ150	300	
T515128	双刃粗镗刀	ϕ128	490	
T525129	单刃半精镗刀	ϕ129.8	490	
T535130	防震精镗刀	ϕ130JS6	490	
T210080	清根镗铣刀	ϕ80	490	注意半径补偿值
T210032	切槽刀	ϕ63×3.2	460	注意半径补偿值

2.3.4 零件加工过程

1. 铣面程序

;(T320004PAN XI DAO D=160)

N140 G0 G90 G54 B180 X-305 Y140；

N150 S200 M03 F180 M08 D1；

N160 Z-200；

N170 G01 X-175；

N180 Y340；

N190 G0 X340；

N200 Y40；

```
N210  G01  X-175;
N220  Y340;
N230  G0  X340;
N240  Y-100;
N250  G01  X-175;
N260  Y340;
N270  G0  X340;
N280  Y-171;
N290  G01  X-175;
N300  Y-260;
N310  Y340;
N320  G00  Z50;
N330  X340  Y180;
N340  Z—200;
N350  G01  X-175;
N360  Y340;
N370  G0  X340;
N380  Y40;
N390  G01  X-175;
N400  Y340;
N410  G0  X340;
N420  Y-100;
N430  G01  X-175;
N440  Y340;
N450  G0  X340;
N460  Y-171;
N470  G01  X-175;
N480  Y-260;
N490  Y340;
N500  G00  Z500  M05  M9;
M30;
```

从图 2-12 所示刀具加工轨迹可以看出，程序编写采用顺铣方式切削，通过中心线 X0、Y0 算出Ⅰ轴大面与 325mm 尺寸上面的入刀点及出刀点数据铣削大平面，按照 0.2mm 的加工余量，计算匹配的刀具转速和进给值，顺铣方式使刀具平稳地切入工件表面，良好的主轴刚性及 ϕ160mm 方肩铣刀组合的整体稳定性，使刀具切削时的扭矩值非常小。在 Z 轴没有微量移动的情况下，平稳的接刀切削，使加工表面的平面度和表面粗糙度得到了良好的保证，同时各孔系的基准面得到了精确确定。

2. Ⅰ、Ⅱ、Ⅲ、Ⅳ、Ⅴ轴孔的加工分析

从图 2-10a 所示箱体 *L—L* 剖视图看出，箱体 G54 面Ⅰ、Ⅳ、Ⅴ轴与 G56 面箱盖的Ⅱ、

图 2-12 刀具加工轨迹

Ⅲ轴全部以Ⅴ轴为基准，图样标注了各轴之间尺寸链及各轴之间的间距，因此 G54、G56 面的加工程序也是各轴相对Ⅴ轴展开的粗、半精、精镗加工工序编程。所以各轴的加工分析通过Ⅴ轴展开，以下仅分析箱体Ⅴ轴与Ⅱ轴粗、半精、精镗加工。

（1）Ⅴ轴孔半精加工分析　前面已经提到，图 2-10b 所示 *K*—*K* 剖视图 ϕ325H11 孔径 *D*1、*D*2 的表面粗糙度要求为 *Ra*1.6μm，*D*1、*D*2 中心线与 *A* 面垂直度 0.01mm，ϕ325H11 孔的圆柱度与同轴度应控制在 0.01mm 以内。

根据图样和工艺要求准备半精镗刀具，如图 2-13 所示。

刀具选用德国瓦尔特公司生产的直径 290～360mm 双刃粗镗头和 $\phi80\times100$、$\phi80\times120$、$\phi80\times160$ 等长度的模块接长杆进行组装。

在确保机床 Z 轴安全运行前提下，尽量使整体刀具长度短一些，以增强刀具镗削时的稳定性。

刀片采用瓦尔特公司生产的镀层硬质合金 80°可转位刀片，刀尖圆弧角为 *R*1.6mm。此刀片具有硬度高、耐磨性好且耐高温等特性。

根据孔径留量调整两刀片的径向切削量，配合强大的内冷喷淋，尽可能保证两切削刃在镗削孔壁时产生的轴向力与径向力的平稳性，减小孔壁产生热变形及扭转变形。

加工中刀具运行路径为：G0 快速定位→G01 直线进给进行 *D*1 孔加工→G0 快速定位到 *D*2 孔外端面→G01 直线进给进行 *D*2 孔加工。这种方式节省了 *D*1 与 *D*2 孔之间空行程时间，程序如下：

```
N010  G0  G90  G54  B180  X0Y0;
N020  S80  M03  F15  M50  M52  D1;
N030  G0  Z0 -210;
N040  G01  Z -330;
```

图 2-13　半精镗刀具

N050　G0　Z0 – 460；

N060　G01　Z0 – 527；

N070　G0　Z400　M05　M51；

M30；

加工时注意：当粗镗刀的两个切削刃与 $D1$、$D2$ 孔端面开始接触并切削时，刀具轴向力与径向力会瞬间加大，主轴扭矩陡增，切削时噪声加大，建议在此时通过调整操作面板上的转速与进给倍率开关，降低主轴转速，并适当调整进给量，使刀片平稳缓慢切入箱体孔后，再提高转速和进给量进行加工。

（2）V 轴孔精镗加工分析　V 轴孔径为 ϕ325H11，孔径较大，G54 面精镗刀具悬臂较长，重量大，易使刀具前端下垂，并且刀具切削时易产生振动，较难实现 ϕ325H11 孔的直线度、圆柱度及表面粗糙度要求。因此刀具选用非常重要，采用德国瓦尔特公司生产的专用大孔镗刀可解决了上述难题。如图 2-14 所示为刀具组合加工图。

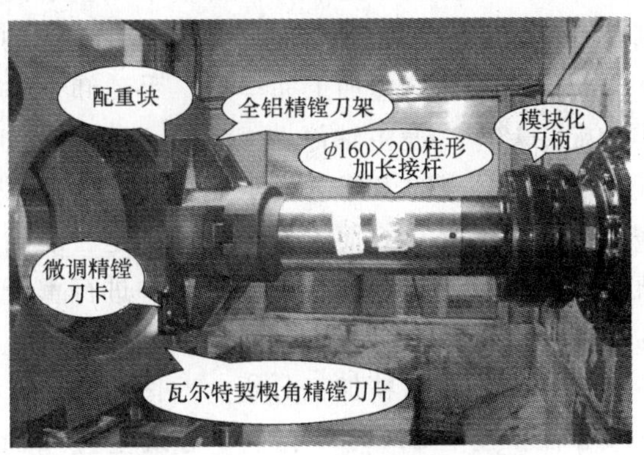

图 2-14　刀具组合加工图

从图 2-14 看出，因 ϕ325H11 大孔前后加工壁较长，选用刀具悬臂较长，必须加大连接杆、镗杆直径，以提高镗刀整体刚度，如图中 $\phi160 \times 200$ 圆柱形加长接杆与模块化刀柄连接。

全铝精镗刀架可以减轻整体刀具重量，进一步增强刀具的轴向力与径向力，避免了刀具加工过程中产生的低头现象。

全铝精镗刀架上的配重块与精镗微调刀卡及全铝刀架内部的平衡杆使刀具旋转切削更加稳定，避免了加工过程中因刀具颤动而引发的工艺系统振动，降低了加工中孔变形、孔壁粗糙的现象。

模块化刀柄与圆柱形加长接杆及全铝刀架、配重块的组合，使刀具加工时的跳动量值变得最小。合调整主轴转速与进给量，确保镗削加工时轴向力与径向力的稳定性。

加工程序如下：

```
N010  G0  G90  G54  B180  X0  Y0;
N020  S96  M03  F8  D1;
N030  G0  Z0-210;
N040  G01  Z-330;
N050  G0  Z0-460;
N060  G01  Z0-527;
N070  M05;
N080  SPOS=0;
N090  X0.1;
N100  G0  Z300;
M30;
```

精镗加工程序同半精镗加工程序基本一致，只是在转速与进给量上进行调整。主轴转速选择96r/min，按0.08~0.09mm/r进给加工。镗削后孔壁表面非常光滑，完成加工后，主轴停转、定向，箱体正向偏移即X轴向移动0.1mm，刀具退出，避免刀尖划伤孔壁影响孔的表面粗糙度。

建议将ϕ325H11孔的精镗加工工序分两次进行。第一次精镗加工将微调精镗刀直径调至ϕ325mm尺寸，针对由于半精镗刀加工过程中产生的孔的变形进行修复，增强新刀片刀尖第一次加工磨损的稳定性。加工完毕后，用内径表测量，确定孔径尺寸，再进行第二次微调调整精镗加工。加工完毕后，测量结果显示两个ϕ325H11孔圆度公差一致，圆柱度误差控制在0~0.005mm之间，确保了ϕ325H11孔的精度要求。

ϕ325H11孔精镗加工完毕后，手动卸下主轴刀具，装上盘表镗杆，通过MDI方式使工作台旋转180°，使主轴停在G56面X0、Y0、B0°位置，即ϕ325H11孔中心位置。再盘表镗杆上通过千分表的表杆连接使千分表头接触孔壁，慢速转动主轴的同时，查看千分表的表针摆动，以此确定G56面工件零点坐标是否准确。如果产生X向偏移0.03mm，可将偏移量数值输入到G56工件坐标系精确坐标中进行重新计算，确保G54与G56两面的ϕ325H11孔作为基准零点坐标的准确性。

（3）Ⅱ轴孔粗精加工分析　对图2-10b所示*K—K*剖视图进行分析。

Ⅱ轴箱盖上ϕ160JS6孔，中心线垂直*A*面0.01mm，孔的表面粗糙度值*Ra*1.6μm。540支承板上ϕ150孔与ϕ160JS6孔面跳动0.01mm，表面粗糙度*Ra*1.6μm。030箱体ϕ130JS6孔与ϕ160JS6孔，面跳动0.01mm，孔的表面粗糙度*Ra*1.6μm，且底面平行*A*面0.01mm。Ⅱ轴ϕ160JS6、ϕ150与ϕ130JS6各孔为轴承孔，三孔中心线同轴度图样要求不能大于0.01mm

精度等级 IT6，为过渡配合。

刀具选择原则：从图 2-10b 看出 ϕ130JS6 孔底面距箱体端面 490mm，如果加上盖的厚度，加工 ϕ130JS6 孔的刀具长度会受到机床行程限制，在机械手换刀时会与工件发生碰撞的危险，刀具悬臂过长，也不利于孔的加工，无法保证孔的加工精度，孔孔同轴度精度也难于难于保证。

通过对机床、刀具、图样、工艺各方面分析，确定如下加工方案。先进行箱盖Ⅱ、Ⅲ轴孔系与支承板的粗、半精、精镗加工。在盖加工完毕后，卸下盖，再进行 ϕ130JS6 孔的粗、半精、精镗加工，这样可使刀具长度缩短，有利于加工精度保证。

（4）粗、半精加工分析　增加瓦尔特公司的双刃粗镗刀，刀具组合后总长度控制在 480～490mm 之间，进行镗削加工 ϕ130JS6 的底孔直线校正。半精镗采用瓦尔特公司的单刃镗刀，刀具长度与粗镗刀一致，进行孔留量镗削。

半精镗加工程序如下：

G0　G90　G56　B0　X528.358　Y－140；（快速确定工艺数值）

S80　M03　F15　D1　M50　M52；（转速、进给、读入刀具数据、启动内冷喷淋）

CYCLE85（10，－442，　5，　－489.95）；（镗孔）

G0　Z100　M51　M05；（快速退出距离工件 300mm、取消内冷、主轴停转）

其中镗孔程序段的解释如下：

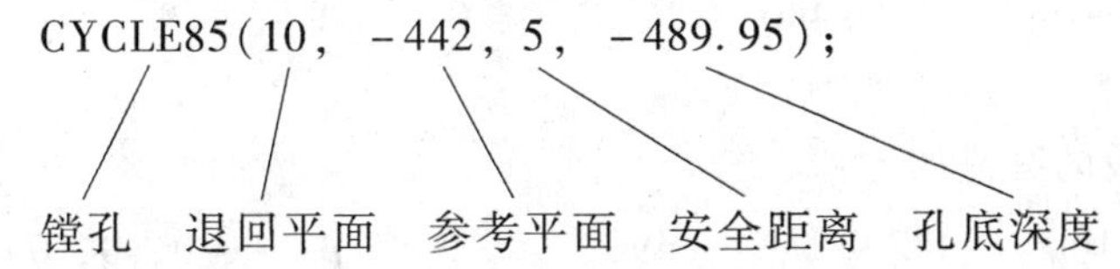

在粗镗、半精镗 ϕ130JS6 孔时一定要注意，由于刀具长度增加，主轴无法平稳传动切削力，镗刀镗削时容易产生振摆，使刀具无法正常平稳切削。因此在运行加工程序前尽量把主轴转速与进给量调整到最佳状态。必要时也可进行手动转速倍率与进给倍率调整，把振摆降到最小，使刀具平稳镗削，半精镗序加工完毕后，调用其他的刀具清根与切槽加工。加工程序采用 G01　G42　X…直线插补与 G02　X…Y…I…J. 的圆弧插补方法进行加工。

（5）精镗加工分析　因为 ϕ130JS6 孔底位于箱体里面，使刀具悬臂加长。技术要求其孔圆柱度、圆跳动公差为 0.01mm，表面粗糙度 $Ra1.6\mu m$，且对Ⅱ轴 ϕ160JS6 与 ϕ150mm 两孔的同轴度不能大于 0.01mm，所以在刀具选用上非常重要。经过对各个公司生产的精镗刀性能分析，最后确定刀具选用瑞典山特维克生产的加长防震刀杆，其内部结构能有效控制因刀具过长所导致镗削加工时产生的振摆。如图 2-15 所示为防震镗杆的内部结构图。防震镗杆的优点在于加工镗削时，如果出现了振动的趋向，减振系统会立即发挥作用，刀柄的振摆能量被减振系统抵消，使振动最小化，保证了加工性能。ϕ130JS6 精镗刀具组合图如图 2-16 所示。

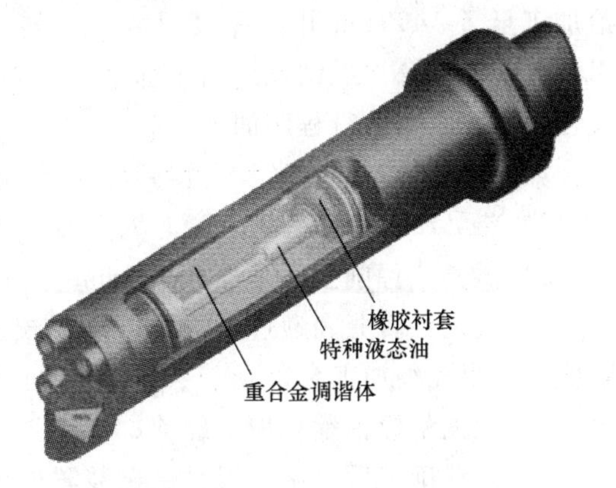

图 2-15　加长防震镗杆

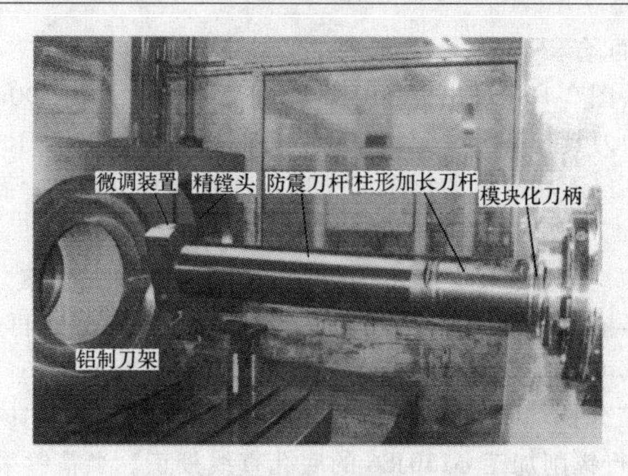

图 2-16　ϕ130 精镗刀整体组合图

从刀具组合图看出，精镗头与防震镗杆为整体，镗头上配有微调装置，微调精度可达每小格的直径调整量为 0.005mm，三角形刀卡配三刃可转位镀层硬质合金精镗刀片。刀尖角为 R0.4mm。刀体与防震镗杆的自对中连接，使刀具更具稳定性。

精镗孔的加工程序如下：

```
G0　G90　G56　B0　X528.358　Y-140；
S200　M03　F20　D1；
CYCLE86(10，-442，5，-490，，2，3，0，0，0，0)；
GO　Z100　M05；
```

其中精镗程序段的解释如下：

CYCLE86(10，　-442，5，　-490，　，2，　3，0，0，0，0)；

镗孔　退回平面　参考平面　安全距离　孔底深度　暂停时间　主轴正转

从加工程序看出，程序 G0 快速进给到确定Ⅱ轴工艺数值的位置，刀具快速至 Z-442mm 尺寸孔基准面减去安全距离 5mm 的位置，即 Z-337mm 尺寸位置，进行 G01 直线进给加工至 Z-490mm 孔底深度尺寸，停转、暂停、退出至 Z 向零点坐标外 10mm 处，CYCLE86 精镗循环加工结束。当确保加工刀具的直径尺寸精度在 ϕ130JS6(±0.0125) 孔公差尺寸内时，自动执行程序加工。

如果当精镗刀具直径没有得到确认的情况下，须按照以下步骤进行。

1）将 ϕ130JS6 精镗刀具通过对刀仪将刀具直径调整到 ϕ129.95mm。

2）试镗，镗削至孔基准面里 3mm 左右，退刀。

3）用内径百分表通过 ϕ130mm 环规校正后，进行孔径数值确定，测量镗削后孔径实际数值，确定孔径加工余量。

4）根据精镗轴承孔加工经验，加工至下极限偏差，不加工上极限偏差。

5）余量确定后，调整刀具微调装置确定直径数值在 0～-0.0125 下极限偏差之内，避免孔径超出上极限偏差而无法挽救局面。

6）再次试镗、测量，确定孔径尺寸在 0 至下极限偏差之间后，将孔加工完毕。精镗加工完毕后，内径百分表再次经过 ϕ130mm 环规校正后，再进行孔的轴向三个不同位置（孔口、中间、孔底）测量，测量结果若在 ϕ130J6 公差之内，就能确保孔的精度要求。

3. 变速箱体加工工序（表 2-7）

表 2-7　变速箱体加工工序

加工工序卡		零件图号	030
		零件名称	变速箱体
		编制人及日期	
序号	工序内容	设备	刀、量、辅具名称及编号
1	机械加工		
1	外协单位将 030 箱体外形尺寸进行粗、半精、精铣及配装工艺脐	外协	
	完成，各轴孔深度尺寸及孔壁单边留量 2mm		
	要求：各孔及端面单边留加工余量：$2^{+0.5}_{0}$mm		
2	自然时效（不少于 48h）		
3	精铣基准面		
	以 560mm 尺寸右侧面为基准（右视），按 746 ±0.5mm 尺寸上面找正（后视）	五面体	
	进行配装工艺脐下面与 560mm 尺寸左侧面精铣加工确保表面粗糙度 *Ra*1.6μm		
	精铣 746 ±0.5mm 尺寸下面（基准面）		
4	镗铣	镗床	
	以 560 尺寸左侧面为基准面（右视），按 746 ±0.5mm 尺寸上面找正（后视）		
	Ⅰ轴：镗 ϕ160mm 孔深 488 尺寸，完成		
	Ⅱ轴：镗 ϕ180mm/ϕ120mm 孔及深度，完成		
	Ⅲ轴：镗 ϕ180mm/ϕ150mm 孔及深度，完成		
	Ⅳ轴：ϕ68H6 孔及深度，完成，反划 1 × ϕ140 面		
	镗铣 412mm × 185mm × 241 ± 0.1mm 尺寸凹槽，40° 缺口（*N*－*N*）		
5	钻		
	领取 20LK－033　盖　1 件 20LK－24540　支撑板　1 件 M12 × 80　GB/T 70.1—2000　螺栓　19 件 ϕ16 × 80　GB/T 120.1—2000　直销　2 件 M12 × 45　GB/T 70.1—2000　螺栓　8 件 ϕ12 × 40　GB/T 120.1—2000　直销　2 件		
	按盖和支撑板尺寸与图样尺寸要求钻孔、套螺纹及配作销孔并装配圆柱销 要求：盖和箱体的外形尺寸四周应尽量保持均匀对齐		
6	精加工	Tc1000	标准等高块 4 个 150mm × 150mm × 170mm

（续）

加工工序卡		零件图号	030
		零件名称	变速箱体
		编制人及日期	
序号	工序内容	设备	刀、量、辅具名称及编号
	以右视图560尺寸左侧面及工艺脐面为基准；按盖033（*E-E*）视图上面及030（*K—K*）视图*A*面拉直找正，找正精度0.01mm，夹紧后加工		百分表及磁性表座
			2个Z形压板和2个平压板
	030 -（*K* - Ⅴ—Ⅳ—Ⅲ—Ⅱ - Ⅰ - *K*）		
	Ⅰ轴　（坐标：X624.817，Y -20）		0~500mm游标卡尺
	半精铣，精铣ϕ350H7孔及底面深12 +0.1mm尺寸面至尺寸		环规ϕ150mm、ϕ180mm
	半精镗，精镗ϕ200mm/ϕ185H7/ϕ150H7/ϕ80JS6各孔及端面、倒角、及两个ϕ83.5mm×2.7mm尺寸弹簧槽至尺寸		千分尺175~200mm
			内径百分表50~160mm
	钻攻8个M16深35mm螺纹至尺寸　（W向）		
	钻攻6个M6深38mm螺纹至尺寸		
	Ⅳ轴　（坐标：X253.293，Y -65）		
	半精铣，精铣ϕ157mm深33mm尺寸面至尺寸，清根		0~300mm游标卡尺
	半精镗，精镗ϕ112mm/ϕ110H7/ϕ68H6各孔、倒角至尺寸		0~300mm游标深度尺、环规ϕ110mm、ϕ68mm
	钻攻12个M8深20mm螺纹至尺寸　（*K* - *K*）		
	Ⅴ轴　（坐标：X 0，Y0）		
	精铣746±0.5mm至尺寸，保证表面粗糙度*Ra*1.6μm（俯视）；精铣200mm上面至尺寸		
	325$_{-0.3}^{0}$mm至尺寸，保证表面粗糙度*Ra*1.6μm（卸盖加工）		环规ϕ325mm
	技术要求：325$_{-0.3}^{0}$mm下面对G1面平行度公差0.015mm		
	半精铣，精铣ϕ363$^{+0.5}_{0}$mm孔深21$^{-0.1}_{-0.2}$mm尺寸面至尺寸，清根		
	半精镗，精镗ϕ325H11（D1~D2）孔至尺寸，倒角		
	技术要求：确保*D*1、*D*2孔表面粗糙度*Ra*1.6μm面及*D*1、*D*2孔轴线跳动公差0.01mm		
	钻6个M8底孔深38mm、ϕ9mm深10mm孔至尺寸		
	钻攻6个M8深32mm螺纹至尺寸		
	钻攻6个M8深22mm螺纹至尺寸　（W向）		
	钻攻4个M8深20mm螺纹、ϕ9mm深3mm孔至尺寸（*N—N*）		
	钻攻8个M10深26mm螺纹、ϕ11mm深3mm孔至尺寸		

（续）

加工工序卡		零件图号	030
		零件名称	变速箱体
		编制人及日期	
序号	工序内容	设备	刀、量、辅具名称及编号
	工作台 B 轴旋转 180°，进行盖加工 33 -（Ⅱ - Ⅲ — Ⅵ - Ⅶ）		
	Ⅱ轴：　　（坐标：X - 528. 358，Y - 140）		环规 $\phi160$mm
	半精镗，精镗 $\phi160$JS6 孔至尺寸		
	技术要求：$\phi160$JS6 孔与 *A* 面垂直度公差 0. 01mm，表面粗糙度 *Ra*1. 6μm		
	钻透 6 个 M8 底孔至尺寸，攻 M25 螺纹至尺寸		
	Ⅲ轴：　　（坐标：X - 431. 565，Y20）		环规 $\phi170$mm
	半精镗，精镗 $\phi170$JS6 孔至尺寸		
	钻透 6 个 M8 底孔，9mm 深 12mm 孔至尺寸，攻 M46 螺纹至尺寸（*E*—*E*）		
	Ⅵ、Ⅶ轴　　（Ⅵ坐标：X - 647. 998，Y - 212）		
	（Ⅶ坐标：X - 388. 718，Y - 130）		$\phi50$mm × 50mm 三面刃铣刀
	半精镗，精镗 $\phi56/\phi60$H7 孔至尺寸，倒角		
	铣 $\phi62$mm × 5mm 深 32mm 环形槽至尺寸　　（*F*—*F*）		
	钻攻两处 4 个 M6 深 18mm 螺纹至尺寸		
	卸盖，进行图样 540 - 支撑板与 030 - 箱体内部加工		$\phi125$mm × 20mm 三面刃铣刀
	Ⅱ轴：　　（坐标：X - 528. 358，Y - 140）		
	半精铣，精铣一个 $\phi191^{+0.5}_{0}$mm 孔及深 8mm 尺寸面至尺寸（540）		
	一个 $\phi191^{+0.5}_{0}$mm 孔及深 1mm 面至尺寸，确保 $20^{+0.4}_{-0.1}$mm 壁厚		
	半精镗，精镗 $\phi150^{-0.002}_{-0.013}$mm/$\phi130$JS6 孔至尺寸（540、030）		环规 $\phi150$mm
	技术要求：$\phi150^{-0.002}_{-0.013}$mm、$\phi130$JS6 与 $\phi160$JS6 孔同轴度公差为 0. 01mm		
	车 $\phi134^{+0.63}_{0}$mm × 3. 2mm 弹簧槽至尺寸　　（540、030）		
	钻攻 4 个 M6 透螺纹至尺寸，4 个 M6 透螺纹至尺寸，$\phi7$mm 深 5mm 孔至尺寸　　（540）		
	Ⅲ轴　　（坐标：X - 431. 565，Y200）		
	半精镗，精镗 $\phi170$JS6 孔至尺寸　　（540）		

（续）

加工工序卡		零件图号	030
		零件名称	变速箱体
		编制人及日期	
序号	工序内容	设备	刀、量、辅具名称及编号
	车 $\phi175^{+0.63}_{0}$mm×3.2mm 弹簧槽至尺寸		
	Ⅵ轴　　（坐标：X-647.998，Y-212）		塞规 ϕ85mm
	半精铣，精铣 ϕ85H7 孔至 ϕ84.8mm 至尺寸　　（540）		千分尺 25~50mm
	半精镗，精镗 ϕ32mm/ϕ35H7/ϕ85H7 各孔至尺寸，车 2mm×1mm 槽至尺寸		内径百分表 30~50mm
	钻攻 4 个 M6 透螺纹至尺寸		
	Ⅶ轴　　（坐标：X-388.718，Y-130）		
	半精铣，精铣 ϕ85H7 孔至 ϕ84.8mm 至尺寸　　（540）		
	半精镗，精镗 ϕ27mm/ϕ30H7/ϕ85H7 各孔至尺寸，车 2mm×1mm 槽至尺寸		
	钻攻 4 个 M6 透螺纹至尺寸		
	钻一个 ϕ13.5mm 深 545mm 透孔至尺寸，ϕ22mm 深 453mm 孔至尺寸，ϕ30mm 深 445mm 孔至尺寸（左视）		
	钻 9 个 ϕ13.5mm 深 325mm 透孔至尺寸，ϕ22mm 深 225mm 孔至尺寸		
	030-箱体、033-盖、540-支撑板各轴孔、面必须满足图样的精度要求		
7	钳工		
	拆 033 盖、540 支撑板		
	去刺、清理干净		
	转下序		

2.3.5 检测零件

箱体加工完毕后，由有轨运输车将工件运至装卸站，进行检测。

Ⅱ、Ⅲ轴的自检过程为：将各轴孔去毛刺、打磨、擦拭干净，卸下压板，待压板对工件的夹紧力完全释放，配装Ⅱ轴 ϕ130JS6 标准套和 ϕ150 标准套，合盖配装 ϕ160JS6 标准套，Ⅲ轴配装两个 ϕ170JS6 标准套。准备完毕后，将两根标准轴穿入Ⅱ、Ⅲ轴套，并转动，测量内、外轴孔同轴度是否符合技术要求。

自检的方法并不能满足加工工件各轴孔、面的整体、全面的精度检验，最后将加工工件转入恒温车间用三坐标高精度测量机进行整体综合检测，利用三坐标测量机的直角坐标系为参考系，测量变速箱体的各被测点的坐标值，进行数据群处理，得出箱体加工的各项几何元素精度，并打印出整体工件的各项精度尺寸数据清单进行逐一验证。

数控机床高刚性、高稳定性与数控系统定位的高精确性和高质量刀具的有效组合，使变速箱箱体的加工由普通机床加工的 8 ~ 10 天提高到数控加工 3 天左右，大大地提高了加工效率，增加了经济效益。

2.4　泵体的加工

泵体属于箱体类零件，其外形图如图 2-17 所示，零件图如图 2-18 所示，材料为 HT200。

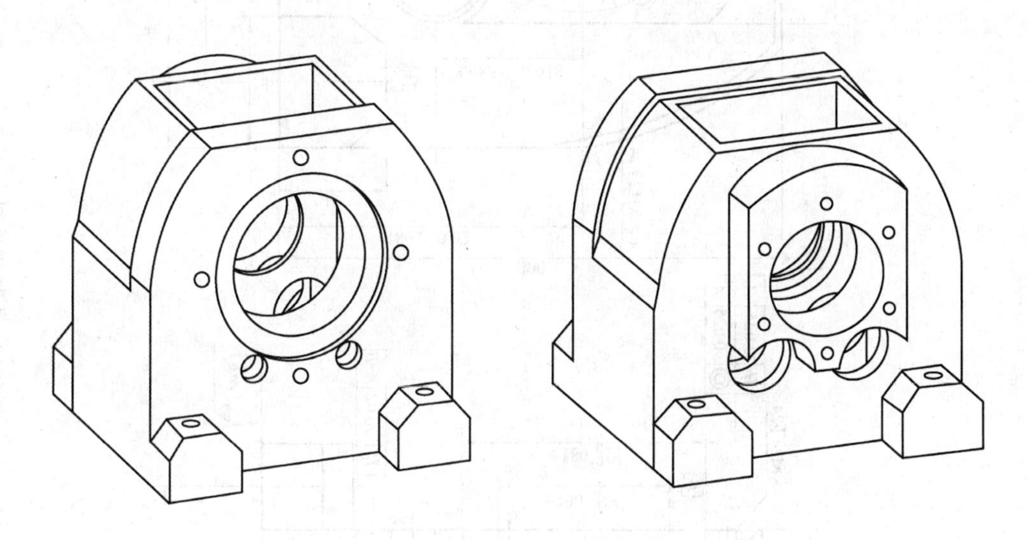

图 2-17　泵体外形图

2.4.1　零件分析

此箱体是典型铸造型箱体，毛坯加工余量 5mm 且不均匀，结构形状比较复杂；内部为空腔，某些部位有“隔墙”；箱体壁薄且厚度不均，加工余量较大，在粗加工中需要切除的金属较多，因而夹紧力、切削力都较大，切削热也较多。因为粗加工后，工件内应力重新分布也会引起工件变形，对加工精度影响较大。为了保证加工质量，加工时要粗、精分开，精加工前要进行时效处理。

2.4.2　关键加工部位分析

加工难点是保证 $\phi110^{+0.010}_{-0.005}$mm 孔和 $\phi180^{+0.020}_{0}$mm 孔的同轴度公差 $\phi0.025$mm，加工中要时刻注意保证工件加工精度并符合图样要求，保证 $\phi52^{+0.018}_{-0.012}$mm 孔深孔加工时孔径精度和加工表面粗糙度。

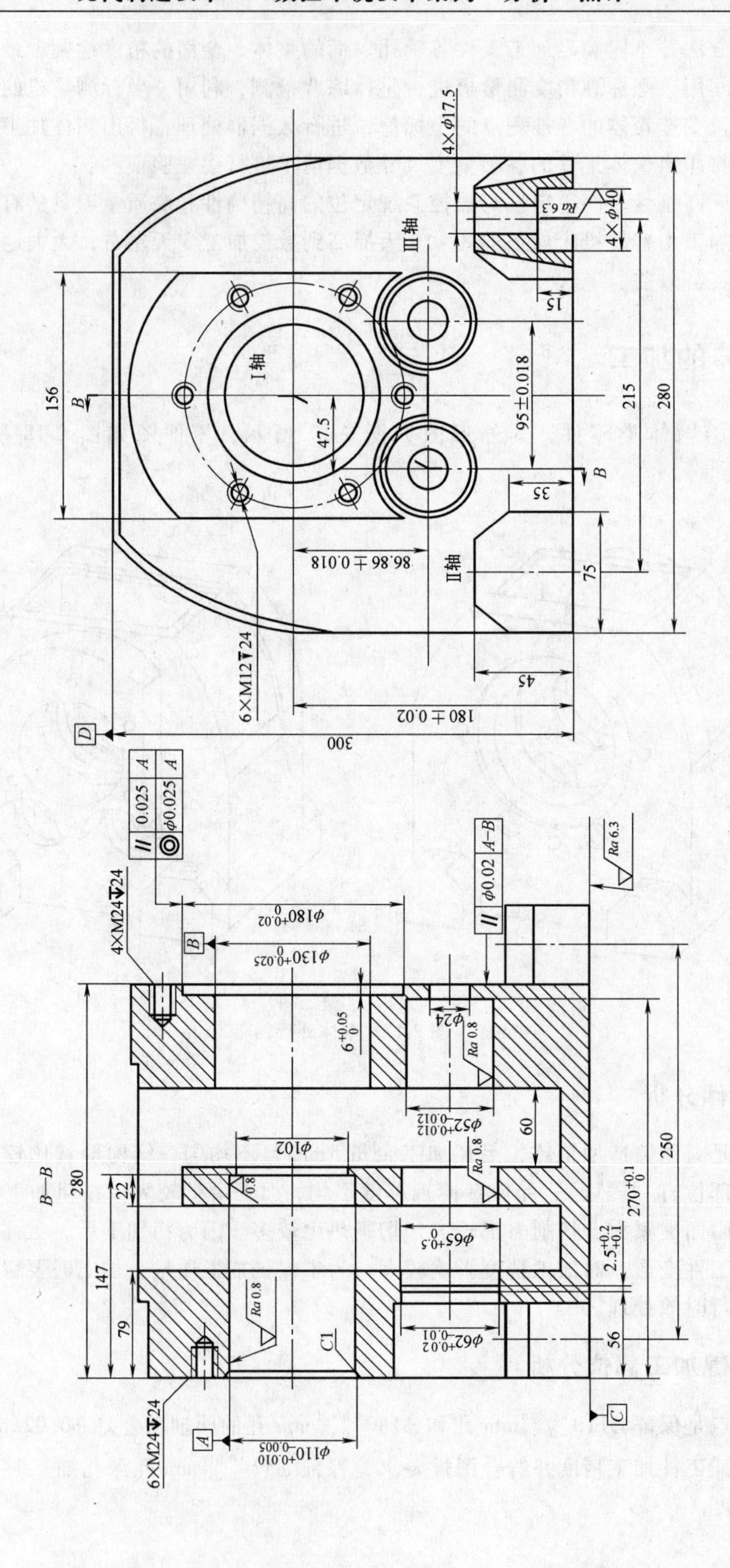
4×ϕ17.5
4×ϕ40
Ra 6.3
Ⅲ轴
15
Ⅰ轴
156
B
47.5
95±0.018
215
280
B
35
6×M12▼24
86.86±0.018
Ⅱ轴
75
45
180±0.02
300
D
B—B
4×M24▼24
0.025 A
ϕ0.025 A
ϕ180+0.02 0
B
ϕ130+0.025 0
6+0.05 0
ϕ24
Ra 0.8
ϕ0.02 A—B
Ra 6.3
ϕ52−0.012 +0.012
60
ϕ102
280
22
Ra 0.8
250
270+0.1 0
ϕ65+0.5 0
2.5+0.2 +0.1
147
79
Ra 0.8
C1
ϕ62+0.02 −0.01
56
6×M24▼24
A
ϕ110+0.010 −0.005
C

图 2-18 泵体零件图

2.4.3　编制工艺方案

箱体生产工艺卡见表 2-8。

表 2-8　箱体生产工艺卡

序号		工序内容	加工设备
1	划线	根据图样要求划出各加工面的加工尺寸线，各组孔有加工余量线，并尽量均匀	划线平台
2	铣	按线找正加工 *C* 面，留加工量 1mm	TH6363
3	镗	以 *C* 面为基面粗镗各孔，直径留加工量 2mm，底面留量 1mm，加工表面留加工量 1mm	TH6363
4	热处理	时效处理	
5	铣	以 *D* 面为基准面，精铣 *C* 面及 4 × ϕ40mm 的沉孔	TH6363
6	镗	精镗各孔	TH6363

2.4.4　零件加工

1. 选择毛坯

此箱体材料为灰铸铁 HT200，材料的抗拉强度、塑性和韧性均比碳钢低。但由于石墨的存在，铸铁具有许多为钢所不及的性能，如良好的耐磨性、高消振性、低缺口敏感性，良好的铸造性能和切削加工性能，且价格低廉，制造方便，因而应用比较广泛。箱体的结构一般比较复杂，常用铸造的方法制造箱体毛坯。

2. 选择机床

根据零件孔距精度并结合车间设备状况选用北京机床研究所生产的 TH6363 卧式加工中心加工，机床有双工位交换工作台，并配有日本生产的 ATC 设备。此设备由刀库和 ATC 换刀单元组成，由液压系统和伺服系统驱动。刀库采用固定换刀方式，刀库容量 38 把（当刀具直径小于 125mm 时），刀柄型号为 MASBT50，刀具最大直径 125mm（有相邻刀具时）/250mm（无相邻刀具时）。刀具最大长度 320mm，最大质量 25kg，使用日本原装进口的数控转台，X、Y、Z、B 轴是全闭环数控控制系统，X 轴行程 800mm，Y 轴行程 630mm，Z 轴行程 700mm，主轴最高转速 6000r/min，工作台最大承载 2t，X 轴定位精度 0.007mm，重复定位精度 0.003mm，Y 轴定位精度 0.008mm，重复定位精度 0.005mm，Z 轴定位精度 0.007mm，重复定位精度 0.004mm，B 轴定位精度 17″，重复定位精度 6″。该机床配备 FANUC18i-MB 操作系统，且 4 轴联动，并可实现联动自动操作。

3. 加工

（1）划线　箱体零件上一般有一个（或多个）主要的大孔，因此，常以毛坯孔为粗基准，如箱体上的主轴孔。限制四个自由度，而辅之以内腔或其他孔为次要基准，可达到完全定位的目的。

在实际生产中确定箱体毛坯尺寸或加工尺寸位置时，通常采用对毛坯进行划线的方法。

划线的目的为：①检查毛坯尺寸有无超差、铸件涨箱或错箱产生的形状有无偏差、局部实体有无错位；②画出需要加工的位置尺寸及加工余量，以避免因毛坯尺寸误差较大而造成的损失。

根据对此箱体的分析需要对零件加工部位进行划线。用三个千斤顶支平工件，以中心孔为基准划线。检测中心孔到底面的尺寸是否大于180mm，确定加工余量。

经划线得出中心孔与底面的高度是185mm，有5mm余量。划出水平方向Ⅰ轴、Ⅱ轴、Ⅲ轴孔中心线和孔的Y轴方向加工余量线，划出C面加工余量线。工件左右翻转90°，用已划的水平方向线和毛坯外形调整支撑点找正，用同样方法划出三条孔X轴方向加工余量线，工件再次向同一方向左右翻转90°，用已划的水平方向线和毛坯外形找正，用同样方法划出三组孔Z轴方向加工余量线。

（2）铣　工序卡见表2-9。

表2-9　铣削加工工序卡

刀具名称	规格/mm	主轴转速/（r/min）	进给速度/（mm/min）
端铣刀	ϕ100	500	200

以D面为基面，用薄铁片、砂布等垫实毛坯按线找正，保证X、Y、Z轴三个方向的相互垂直压紧（压点必须垫实）。按线加工C面，留1.5mm加工余量。为了消除装夹对工件产生的变形，应放松压板，此时夹紧力在保证工件不发生位移的前提下应尽量小。再次加工C面，留1mm加工余量。

（3）镗　Ⅰ轴、Ⅱ轴、Ⅲ轴孔粗加工，加工原则是：先面后孔，由上到下，由里到外。由于没有合适的粗镗刀，需自制刀具进行加工。因Ⅰ轴孔为同轴孔加工，故在加工前应先测量X轴回转中心，如图2-19所示。

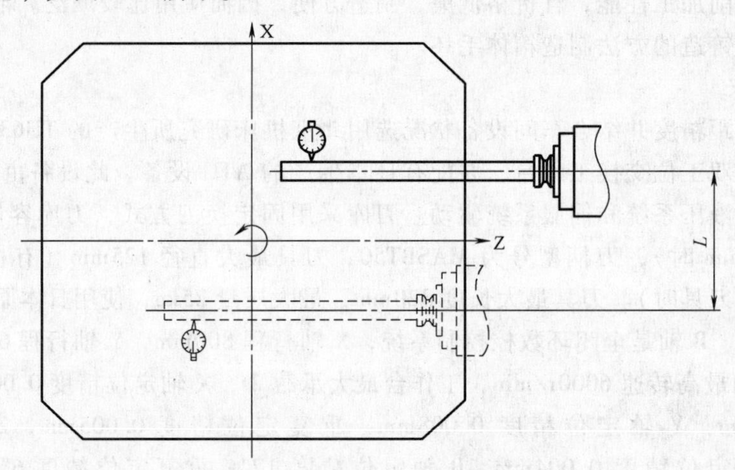

图2-19　找正卧式加工中心X轴回转中心

在MDI方式下输入启动程序G00　G90　G53　B0;。工作台移动至机床坐标零点。将机床检棒（机床自带）安装于机床主轴上，在机床工作台面上用磁性表座固定一块百分表，如图2-19所示，移动机床X轴、Y轴用百分表寻找检棒最高点，让百分表压表0.1~0.2mm，用手转动检棒找到主轴径向跳动的最高点，将百分表调零，将机床相对坐标“清零”，将机床Y轴正向移动到工作台旋转不发生干涉的位置，在机床MDI方式下输入程序G00　G90　G53　B180;。使机床工作台旋转180°，移动机床X轴、Y轴用同样方法寻找检棒最高点，并记下当前机床相对坐标下工作台移动的距离，即L。主轴图形实线图为工作台

0°X轴位置，主轴虚线图为工作台旋转180°X轴位置，看相对坐标系X坐标值，假设为185.23。此时185.23就是图2-19中所示L的长度。在相对坐标下将X轴移动至$L/2$，现在机床主轴轴线和X轴的回转中心重合，此时机床坐标系的X轴坐标值-386.725就是机床工作台X轴回转中心。

图2-20　自制粗镗刀

粗镗可自制粗镗刀，如图2-20所示。

工序卡见表2-10。

表2-10　镗削加工工序卡

序号	刀具名称	规格/mm	转速/(r/min)	进给速度/(mm/min)
1	端铣刀	ϕ100	500	200
2	镗刀	ϕ100	200	30
3	镗刀	ϕ108	200	30
4	镗刀	ϕ50	300	40
5	镗刀	ϕ60	300	40
6	镗刀	ϕ128	180	30

工件装夹建立坐标系，将工件装夹在工作台找正压紧（粗加工时加工余量较大且分布不均匀，装夹力要大）后工件坐标系G54建立在ϕ110mm孔中心；其余两组孔坐标(-47.5，-86.86)，(47.5，-86.86)。工作台旋转180°建立工件坐标系G55在ϕ180mm孔中心，X轴坐标系数值等于X轴回转中心坐标乘以2减去当前G54坐标系X轴坐标值，Y轴坐标和G54坐标相同。

1）刀具准备。分别用对刀仪调整刀具清单中粗镗刀具。

2）加工程序。

```
O1000;
N1  G30  G91  Z0  Y0;
T1  M6;
G00  G90  G54  X40  Y180;
G43  H01  Z20  S500  M3;
G01  Z1  F200;
Y-70;
X-40
Y180;
G0  Z20;
G30  G91  Z0  Y0;
G0  G90  G55  B0;
G00  G90  G55  X200  Y80;
G43  H02  Z20  S500  M03;
G01  Z1  F200;
```

```
X-145;
Y0;
X145;
Y-80;
X-200;
G00  Z20;
G30  G91  Z0  Y0;
N2  T2  M6;
G00  G90  G54  B0;
X0  Y0;
G43  H03  Z20  S200  M3;
G01  Z5  F200;
Z-82  F30;
Z-120  F500;
Z-155  F30;
M5;
G00  Z20;
G30  G91  Z0;
G49;
N3  T3  M6;
G00  G90  G54  X0  Y0;
G43  H04  Z20  S200  M3;
G01  Z5  F200;
Z-82  F30;
Z-120  F500;
Z-146  F30;
M5;
G00  Z20;
G30  G91  Z0;
G49;
N4  T4  M6;
G00  G90  G54  X-47.5  Y-86.86;
G43  H05  Z20  S300  M3;
G01  Z5  F200;
Z-82  F40;
Z-120  F500;
Z-155  F40;
Z-205  F500;
Z-269  F40;
```

```
M5;
G00  Z20;
M3;
X47.5  Y-86.86;
G01  Z5  F200;
Z-82  F40;
Z-120  F500;
Z-155  F40;
Z-205  F500;
Z-269  F40;
M5;
G00  Z20;
G30  G91  Z0;
G49;
N5  T5;
M6;
G00  G90  G54  X-47.5  Y-86.86;
G43  H06  Z20  S300;
M3;
G01  Z5  F200;
Z-82  F40;
Z-120  F500;
Z-155  F40;
M5;
G00  Z20;
M3;
X47.5  Y-86.86;
G01  Z5  F200;
Z-82  F40;
Z-120  F500;
Z-155  F40;
M5;
G00  Z20;
G30  G91  Z0;
G49;
N6  T6;
M6;
G00  G90  G55  X0  Y0;
G43  H07  Z20  S200;
```

```
M3;
G01   Z5   F200;
Z-70   F30;
M5;
G00   Z20;
G30   G91   Z0;
G49;
T0;
M6;
M30;
```

（4）时效处理　为了消除铸造时形成的内应力，减少变形，保证其加工精度的稳定性，毛坯铸造后要安排人工时效处理。箱体人工时效的方法，除加热保温外，也可采用振动时效。精度要求高或形状复杂的箱体还应在粗加工后多加一次人工时效处理，以消除粗加工造成的内应力，进一步提高加工精度的稳定性。

（5）铣　以 *D* 面为基面，找正 *C* 面的平面度误差在 0.05mm 以内，压紧工件，精加工 *C* 面。加工底面 $4\times\phi40$mm 沉孔至尺寸要求。工序卡见表 2-11。

表 2-11　铣削刀工序卡

序号	刀具名称	规格/mm	转速/（r/min）	进给速度/（mm/min）
1	端铣刀	ϕ100	500	200
2	中心钻	ϕ3	1000	40
3	钻头	ϕ17.5	300	60
4	铣刀	ϕ16	500	150

（6）镗

1）加工内容：精镗Ⅰ轴、Ⅱ轴、Ⅲ轴各孔。

2）刀具选择。从图 2-18 中可以看出本箱体需要镗削加工的三组孔。由于孔的形状精度、位置精度要求较高，因此精镗时使用山特维克可乐满 K 类刀片，K 类刀片加工铸铁类零件，牌号 TCMX09 02 04-WF，此刀片特点耐磨性好，加工尺寸比较稳定。工序卡见表 2-12。

表 2-12　镗削加工工序卡

序号	刀具名称	规格/mm	转速/（r/min）	进给速度/（mm/min）
1	端铣刀	ϕ100	500	200
2	镗刀	ϕ102.1	200	30
3	镗刀	ϕ109.8	200	30
4	镗刀	ϕ51.2	300	40
5	镗刀	ϕ61.2	300	40
6	镗刀	ϕ129.2	180	30
7	镗刀	ϕ179.2	180	30
8	镗刀	ϕ110.01	400	40

（续）

序号	刀具名称	规格/mm	转速/（r/min）	进给速度（mm/min）
9	镗刀	$\phi130.01$	400	40
10	镗刀	$\phi180.01$	300	30
11	镗刀	$\phi52.01$	150	25
12	镗刀	$\phi62.01$	300	30

3）难点分析。箱体 I 轴 $\phi110^{+0.010}_{-0.005}$mm 孔、$\phi180^{+0.020}_{0}$mm 孔为加工重点。这是一组同轴孔，由三个截面孔组成，两孔外端面距离为 46mm，第一截面孔长度为 79mm，第二截面孔长度为 22mm，孔的表面粗糙度为 $Ra3.2\mu m$。加工特点是保证孔深 147mm，而不镗透；工作台旋转 180° 镗 $\phi180^{+0.020}_{0}$ mm 孔，难点是 $\phi110^{+0.010}_{-0.005}$ mm 孔、$\phi180^{+0.020}_{0}$ mm 同轴度公差 $\phi0.025$mm，在保证同轴度的同时必须保证孔中心到底面距离 180 ± 0.02mm，如图 2-21 所示。

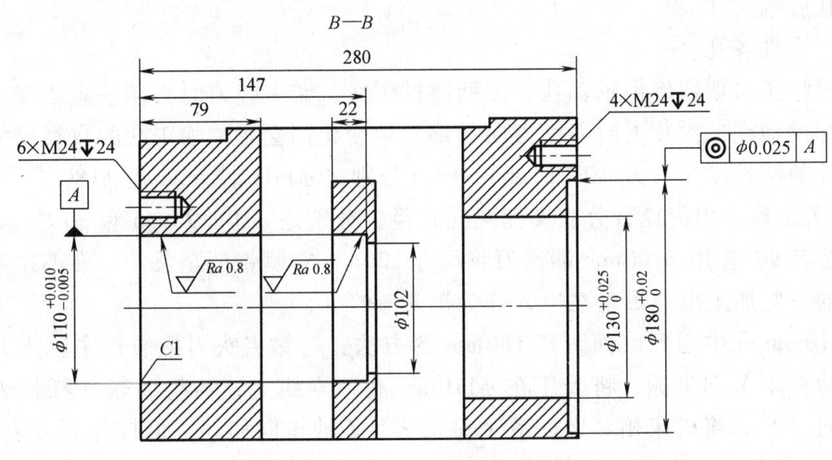

图 2-21　I 轴孔局部视图

加工 $\phi52^{+0.018}_{-0.012}$mm 孔，分析 $\phi52^{+0.018}_{-0.012}$mm × 270mm 孔的特点，如图 2-22 所示。

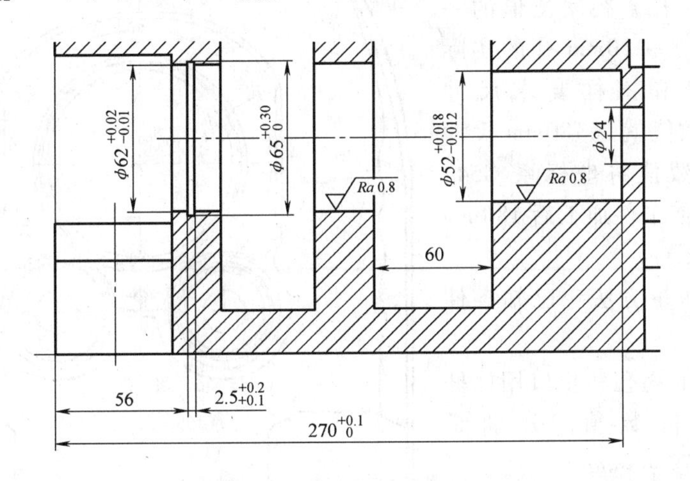

图 2-22　Ⅱ轴、Ⅲ轴孔局部图

图 2-22 中表达的孔尺寸标注数据。根据其技术要求，此三个孔应进行粗镗和精镗孔加

工。$\phi52^{+0.018}_{-0.012}$mm孔为加工难点。这是一组深孔，由三个截面孔组成，第一孔外端面与基面的距离为79mm，第一和第二截孔外端面距离为46mm，第一截面孔长度为29mm，第二截面孔长度为27mm，第二和第三孔外端面距离为74mm，第三截面孔长度为15mm，孔的表面粗糙度为Ra 3.2μm。加工特点是保证孔深、孔表面质量，并且保证孔径尺寸。

工件装夹建立坐标系，以C面为基面将工件装夹在工作台上，找正压紧，工件坐标系G54建立在$\phi110^{+0.005}_{-0.010}$ mm孔中心；其余两组孔坐标（-47.5，-86.86），（47.5，-86.86）。工作台旋转180°建立工件坐标系G55在$\phi180^{+0.020}_{0}$ mm孔中心，X轴坐标系数值等于X轴回转中心坐标乘以2减去当前G54坐标系X轴坐标值，Y轴坐标和G54坐标相同。

分别用机外对刀仪调整刀具清单中粗镗刀具到尺寸，因对刀仪主轴回转精度和机床主轴回转精度存在误差等原因，精镗刀在首次调整时要小于刀具表中所示尺寸。

用ϕ100mm端铣刀精铣Ⅰ轴孔两端面，保证尺寸270mm达到图样要求。

分别粗加工Ⅰ轴$\phi110^{+0.005}_{-0.010}$mm、$\phi130^{+0.025}_{0}$ mm和$\phi180^{+0.020}_{0}$ mm孔，孔径留0.5～0.8mm加工余量，孔底到尺寸。

精镗加工Ⅰ轴各孔。

精镗孔时注意事项：将主轴轴孔、刀柄擦拭干净，装夹镗刀时必须注意装夹方向。由于主轴的径向圆跳动在二次装夹时刀柄方向如果发生变化则会影响加工孔的直径尺寸。

Ⅰ轴两孔的同轴度要求为ϕ0.025mm，所以分别将$\phi110^{+0.010}_{-0.005}$mm孔$\phi180^{+0.020}_{0}$ mm孔精镗留0.1mm加工余量，用内径百分表实测两孔直径，分别是ϕ109.92mm和ϕ179.88mm。

工作台旋转90°，用ϕ100mm端铣刀将尺寸120mm右侧铣削至尺寸，在不影响装配的情况下在箱体的一侧加工出一块基准边A作为测量基准。

测量ϕ110mm孔中心到底面距离180mm的方法：将钻夹头刀柄装在主轴上并装好杠杆百分表，移动机床Y向坐标，将表压在ϕ110mm孔下素线上，移动X轴使杠杆表压到最低点，表针指向“0”，将机床相对坐标系Y轴清零，Z轴正向移动，但杠杆百分表离开工件，移动Y轴压表到夹具上表面，表针指向“0”，此时机床相对坐标系Y显示数值加上ϕ110mm孔直径实测值的一半就是工件底面到ϕ110mm孔的实际距离。将此距离和图样要求尺寸180mm相减得到数值就是180mm尺寸的相差值，根据数值将坐标系G54、G55Y坐标更改，使工件加工后180mm尺寸达到图样要求。

（7）同轴度测量方法　已知条件如下：

1）将加工完的内孔和止口用杠杆百分表测出实际数值，分别是ϕ109.92mm和ϕ179.88mm。

2）两孔的同轴基准为ϕ110mm孔。ϕ110mm孔设为G54坐标系，

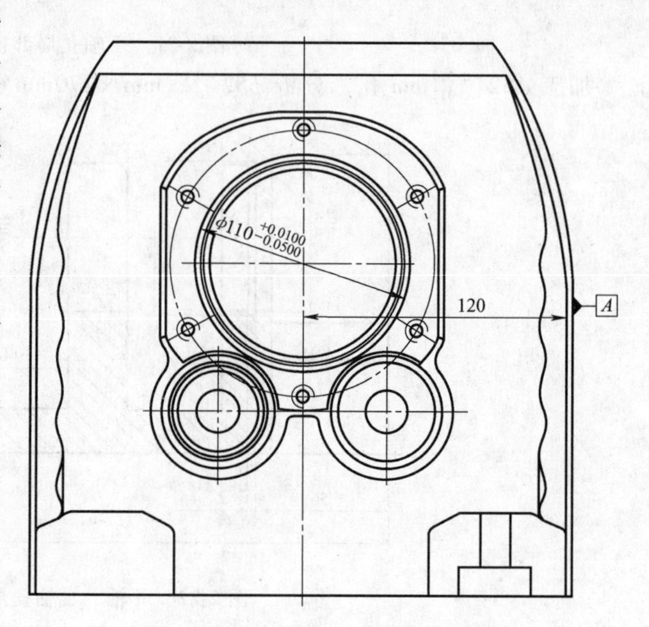

图2-23　G54中心孔与基准边距离

$\phi180^{+0.020}_{0}$mm 孔设为 G55 坐标系。根据要求，G54 和 G55 孔中心距基准 A 120mm，如图 2-23 所示。

用杠杆百分表测量基准边与 $\phi110^{+0.010}_{-0.005}$孔边距是 121.01mm，工作台旋转 180°用杠杆百分表测量基准边与 $\phi180^{+0.02}_{0}$ mm 孔边距是 121.025mm。

由以上数据可以看出工件同轴度偏差为 0.015mm。由于用检棒测量机床回转中心时存在误差，为了保证工件加工精度，随机测量时同轴度最好为“0”。为使 $\phi110^{+0.010}_{-0.005}$mm 和 $\phi180^{+0.020}_{0}$mm 孔同轴，将 G55 坐标系 X 值负向移动 0.015mm。调整完进行第二次加工，加工完进行测量两孔同轴度误差小于 $\phi0.004$mm，将坐标系再次调整，精加工 $\phi110^{+0.010}_{-0.005}$mm 和 $\phi180^{+0.020}_{0}$mm、$\phi130^{+0.025}_{0}$mm，同轴度达到图样要求。

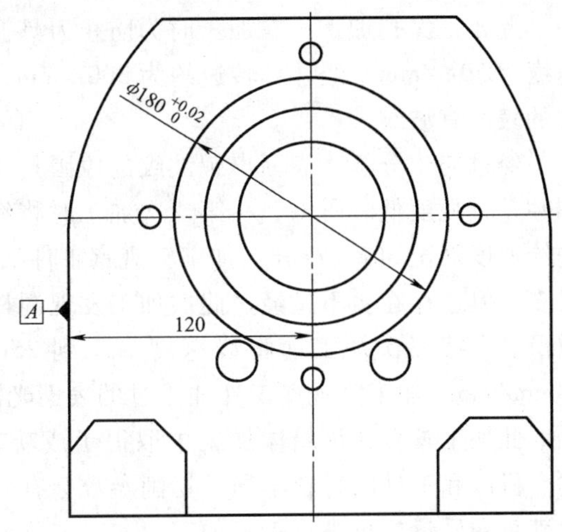

图 2-24　G55 中心孔与基准边距离

（8）Ⅱ轴、Ⅲ轴深孔加工工艺条件分析　在孔加工中，一般认为当 L（深度）/D（直径）>5 的孔即为深孔。此孔的深度 L 与直径 D 之比，即 270/52 = 5.2 倍大于 5，此孔为深孔。深孔加工的工艺特点是：加工工艺性很不好，主要表现在冷却和排屑，特别是孔径加工精度要求较高，表面粗糙度值要求较小时，加工就更加困难。在深孔的加工过程中，不能直接观察刀具切削情况，只能凭工作经验听切削时的声音，看切屑，手摸振动与工件温度，判断切削过程是否正常。

（9）粗加工 $\phi52^{+0.018}_{-0.012}$mm × 270mm 孔　该孔尺寸粗加工至 $\phi51.2$mm，粗加工留 0.8mm 加工余量。因为没有合适的粗镗刀，又根据现有条件及工件的成本核算，所以利用车刀改制了一把粗镗刀。

（10）镗孔切削参数的计算　因为此孔是深孔加工，所以要用加长镗刀进行加工。因为刀杆受孔径的限制，直径小，长度大，造成刚性差，强度低，切削时易产生振动、波纹，影响深孔的直线度和表面粗糙度。使用的镗刀片是山特维克可乐满，刀杆是普通加长刀杆。

工件镗削速度的计算方法：

进给量指工件相对镗刀移动的距离，分别用三种方法表示，即 f、f_z 和 v_f。

1）每转进给量 f。指镗刀每转动一周，工件与镗刀的相对位移量，单位为 mm/r。

2）每齿进给量 f_z。指镗刀每转过一个刀齿，工件与镗刀沿进给方向的相对位移量，单位为 mm/z。

3）进给速度 v_f。指单位时间内工件与镗刀沿进给方向的相对位移量，单位为 mm/min。通常情况下，镗床加工时的进给量均指进给速度 v_f。

三者之间的关系为

$$v_f = fn = f_z zn$$

式中，z 为镗刀齿数；n 为镗刀转数（r/min）。

镗削速度镗刀旋转时的切削速度为

$$v_c = \pi d_0 n/1000$$

式中，v_c 为镗削速度（m/min）；d_0 为镗刀直径（mm）；n 为镗刀转速（r/min）。

此孔是深孔加工，在加工时为防止刀具振动应降低切削三要素，加工第一个孔的时候线速度为50m/min，经计算转速约为300r/min，进给速度为60mm/min，加工完观察工件加工过的表面有波纹。

经过初步分析，表面出现波纹的原因是受孔径和孔深的限制，镗刀杆直径小且刀杆长，刚性差，强度低。所以，在第二次加工时将线速度降低到36m/min，转速降低至200r/min，进给速度降至30mm/min，加工完观察工件加工过的表面较第一次加工过的表面波纹减少了很多，但还存在。不过经过此次加工发现调整刀具的切削速度可以减少振动，提高工件表面质量。在第三次加工前将线速度降低到25m/min，转速降低至150r/min，进给速度仍为30mm/min，加工完观察工件加工过的表面光滑，没有波纹。

此加工参数在该箱体加工中取得了成功，可以作为以后镗削加工的参考，因为根据刀具、机床和工件的材料不同，切削参数会有变化，所以在加工时一定要先进行试切，取得较为满意的质量后再进行正式加工。

（11）加工 $\phi62^{+0.018}_{-0.012}$mm 孔　加工 $\phi62^{+0.018}_{-0.012}$mm 孔的加工方法与加工 $\phi52^{+0.018}_{-0.012}$mm 孔的加工方法相同，加工时注意深孔加工中主轴的径向跳动，粗加工留量和对切削参数进行调整，ϕ62mm 刀杆比 ϕ52mm 刀杆粗，所以刚性要好转速和进给可以提高，转速为200r/min，进给速度为30mm/min。

2.4.5　保证零件精度提高加工效率的措施

通过此箱体零件加工，想要保证产品质量和提高生产效率，批量生产时要粗精分开，合理使用刀具切削参数，装卸刀具时保证刀柄干净无异物，加工时根据需要制作简易工装，减少装夹工件时间提高生产效率。

卧式加工中心主要加工主轴箱、齿轮箱、泵体等箱体类零件，利用X轴和Z轴的回转中心可以加工零件的向心孔、同轴孔，实现复杂孔系零件的加工，从而扩大卧式加工中心的应用范围。

2.5　转盘的加工

下转盘的结构如图2-25所示（上转盘的结构与下转盘的主体结构类似，上转盘和下转盘配套使用），该零件的年需求量为500～600个，每批零件的结构均有所变化，一样的零件状态每批只有10～20件，其生产特点为小批量多品种。

图2-25　下转盘外形图

2.5.1　零件分析

转盘材料为QT800—2，抗拉强度 $\sigma_b \geqslant$ 800MPa，屈服强度 $\sigma_s \geqslant$ 480MPa，伸长率 $\delta \geqslant 2\%$，硬度为245～335HBW，主要金相组织为珠光体或

回火组织。下转盘零件图如图 2-26（见书后插页）所示。

零件的主体结构为圆盘状态，每批零件结构要素大致相同，部分尺寸有变化，主要变化为：零件的直径在 $\phi800 \sim \phi900$mm 范围内变化，零件厚度在 70 ~ 80mm 范围内变化，零件端面上的几何要素（孔、键槽）的数量、布局及尺寸（有的零件端面没有槽子）。零件的尺寸每批（10 ~ 20 件为一组）均有一定的变化，零件的尺寸公差为 0.02mm，位置精度要求 0.02mm，表面粗糙度值为 $Ra1.6 \sim Ra3.2\mu m$。

2.5.2 关键加工部位分析

径向孔：32 个 $\phi38^{+0.025}_{0}$mm 孔，深 30mm。轴向孔：18 个 $\phi25^{+0.02}_{0}$mm 孔，深 20mm；8 个 $\phi38^{+0.02}_{0}$mm 孔；2 个 $\phi97^{+0.02}_{0}$mm 孔；2 个 $\phi57^{+0.02}_{0}$mm 孔；2 个 $\phi133.34^{+0.02}_{0}$mm，深为 70mm 通孔。

有的下转盘还有键槽，例如 26 个 $14^{+0.018}_{0}$mm 键槽，6 个 $20^{+0.021}_{0}$mm 键槽、深度均为 20mm，长度分别为 38mm 和 48mm。

2.5.3 零件加工准备

1. 选择毛坯

该零件在铣削加工前其外形尺寸及中心孔（即所有车加工内容）已加工，并达到图样尺寸要求。端面上直径大于 $\phi50$mm 孔的也已经粗加工并留 3 ~ 4mm 单边余量。本次加工主要完成下转盘上所有大于等于 $\phi25$mm 的孔及键槽的加工。

2. 选择机床

一台立式加工中心，一台卧式加工中心（四轴）及一台可进行立卧转换的五轴加工中心。设备技术参数见表 2-13。

表 2-13 三种具体设备参数

设备名称	项目	主要技术参数
立式加工中心	数控系统	FANUC 18MB
	主轴功率/kW	15
	主轴锥孔	ISO 50
	工作台面尺寸/mm	1600 × 1100
	结构形式	立式
	X 轴行程/mm	1600
	Y 轴行程/mm	1100
	Z 轴行程/mm	800
	X 定位精度/mm	0.02
	Y 定位精度/mm	0.015
	Z 定位精度/mm	0.012
	X、Y、Z 重复定位精度	0.007
	X、Y、Z 快速进给速度/（m/min）	15
	X、Y、Z 切削进给速度/（m/min）	12
	刀库容量/把	12

（续）

设备名称	项目	主要技术参数
卧式加工中心	数控系统	FANUC 18MB
	主轴功率/kW	15
	主轴锥孔	ISO 50
	工作台面尺寸/mm	630×630
	结构形式	卧式
	X轴行程/mm	1000
	Y轴行程/mm	1000
	Z轴行程/mm	800
	B轴行程	±360°
	X、Y、Z定位精度/mm	0.015
	X、Y、Z重复定位精度/mm	0.007
	B轴的定位精度	20″
	B轴的重复定位精度	10″
	X、Y、Z快速进给速度/（m/min）	15
	X、Y、Z切削进给速度/（m/min）	12
	B快速进给速度/（r/min）	8
	B切削进给速度/（r/min）	8
	刀库容量/把	24
五轴加工中心	数控系统	Heidenhain iTNC 530
	主轴功率/kW	52
	主轴锥孔	ISO 50
	工作台面尺寸/mm	ϕ1250×1100
	结构形式	可立卧转换
	立式主轴端面到工作台面的距离/mm	1000
	卧式主轴中心线到工作台面的距离/mm	150
	X轴行程/mm	1250
	Y轴行程/mm	1000
	Z轴行程/mm	1000
	B轴行程	-30°～+180°
	C轴行程	±360°
	X、Y、Z定位精度/mm	0.01
	X、Y、Z重复定位精度/mm	0.005
	B、C轴的定位精度	12″
	B、C轴的重复定位精度	8″
	X、Y、Z快速进给速度/（m/min）	60
	X、Y、Z切削进给速度/（m/min）	60
	C、B快速进给速度/（r/min）	30
	C、B切削进给速度/（r/min）	30
	屑对屑时间/s	9.5
	刀库容量/把	40

实际生产中利用立式加工中心和卧式加工中心两台机床加工能够满足生产要求。

3. 选择刀具

麻花钻选用的是 ϕ20mm 整体硬质合金麻花钻。铣刀为机夹式硬质合金铣刀，为了保证不通孔底部的加工，选用 ϕ20mm 的二刃键槽铣刀，加工通孔时，选用 ϕ32mm 机夹式硬质合金四刃铣刀。镗头调整精度范围为 0.005mm，镗刀选用硬质合金刀片。

2.5.4　零件加工工艺流程

1. 工序安排（图 2-27）

2. 工步安排

针对没有进行过粗加工的孔，其工步如图 2-28 所示。

针对进行过粗加工的孔，其工步如图 2-29 所示。

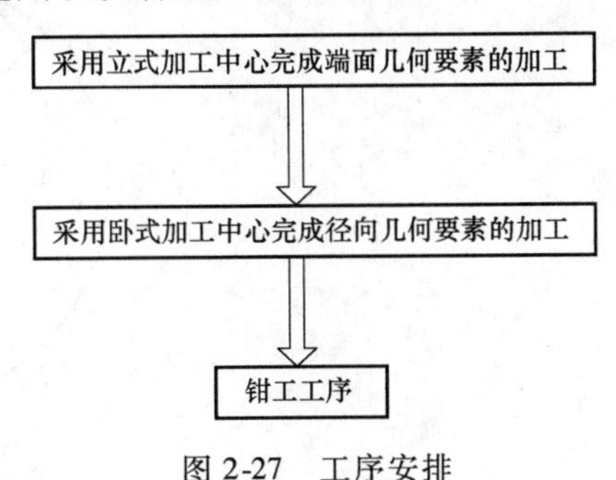

图 2-27　工序安排

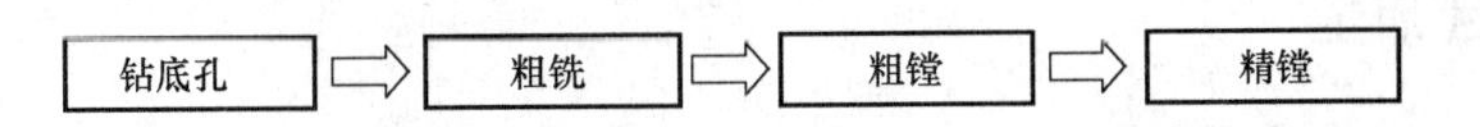

图 2-28　没有进行过粗加工的孔的工步安排

图 2-29　进行过粗加工的孔的工步安排

2.5.5　刀具轨迹设计

1. 钻削轨迹

为了有效地排屑和冷却钻头，应采用啄钻方式，每次钻 10mm 深后退刀。钻削轨迹如图 2-30 所示。

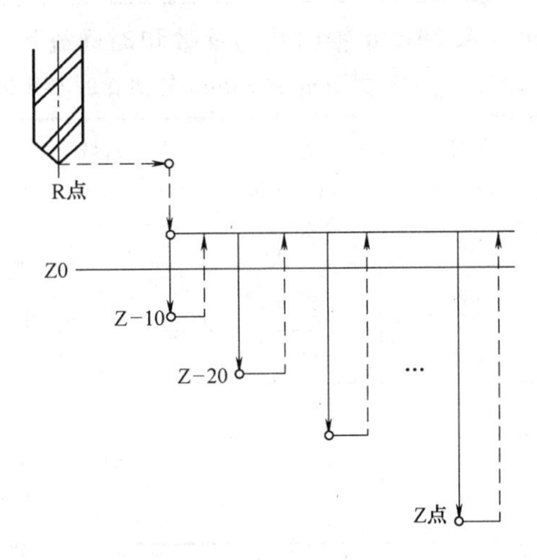

图 2-30　钻削轨迹示意图

2. 铣削轨迹

采用分层铣削方式，每层铣削深度为5mm，圆弧切向进刀及圆弧切向出刀，如图2-31所示。孔壁上也留有进出刀痕迹（比采用径向进刀痕迹小一些），其痕迹的大小与余量有关。

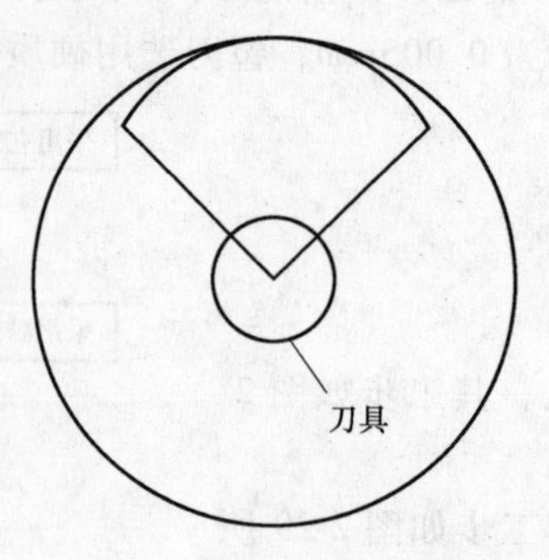

图2-31 铣削轨迹示意图

2.5.6 零件试加工

1. 加工32个 $\phi38^{+0.025}_{0}$ mm 深30mm 径向孔的参数和时间统计（见表2-14）

表2-14 加工32个 $\phi38^{+0.025}_{0}$ mm 深30mm 径向孔的参数和时间统计

工步	进给量/(mm/min)	转速/(r/min)	切削速度/(m/min)	进给量/(mm/r)	时间/min	备注
钻	45	550	34.54	0.04	21.4	
铣	115	700	43.96	0.08×2	99.5	
粗镗	60	500	59.66	0.12	16.0	
精镗	40	500	59.66	0.08	24.0	
装夹					40	
加工合计时间					201.1	

2. 加工18个 $\phi25^{+0.02}_{0}$ mm 深20mm 轴向孔的参数和时间统计（见表2-15）

表2-15 加工18个 $\phi25^{+0.02}_{0}$ mm 深20mm 轴向孔的参数和时间统计

工步	进给量/(mm/min)	转速/(r/min)	切削速度/(m/min)	进给量/(mm/r)	时间/min	备注
钻	50	500	31.40	0.05	7.2	
铣	180	700	43.96	0.13 ×2	9.5	
粗镗	50	700	54.95	0.07	10.8	
精镗	35	700	54.95	0.05	15.4	
装夹					40	
加工合计时间					82.9	

3. 加工8个 $\phi38^{+0.02}_{0}$ mm 深70mm 轴向孔的参数和时间统计（见表2-16）

表 2-16　加工 8 个 $\phi 38^{+0.02}_{0}$mm 深 70mm 轴向孔的参数和时间统计

工步	进给量 /(mm/min)	转速 /(r/min)	切削速度 /(m/min)	进给量 /(mm/r)	时间 /min	备注
钻	35	190	11.93	0.09	16.2	
铣	150	600	60.29	0.08×3	16.5	
粗镗	50	700	83.52	0.07	4.8	
精镗	35	700	83.52	0.05	6.9	
加工合计时间					44.4	

4. 加工 2 个 $\phi 97^{+0.02}_{0}$mm 深 70mm 轴向孔的参数和时间统计（见表 2-17）

表 2-17　加工 2 个 $\phi 97^{+0.02}_{0}$mm 深 70mm 轴向孔的参数和时间统计

工步	进给量 /(mm/min)	转速 /(r/min)	切削速度 /(m/min)	进给量 /(mm/r)	时间 /min	备注
铣	150	600	60.29	0.06×4	38.7	
粗镗	30	270	82.24	0.11	4.7	
精镗	20	290	88.33	0.07	7.0	
加工合计时间					50.4	

5. 加工 2 个 $\phi 57^{+0.02}_{0}$mm 深 70mm 轴向孔的参数和时间统计（见表 2-18）

表 2-18　加工 2 个 $\phi 57^{+0.02}_{0}$mm 深 70mm 轴向孔的参数和时间统计

工步	进给量 /(mm/min)	转速 /(r/min)	切削速度 /(m/min)	进给量 /(mm/r)	时间 /min	备注
铣	150	600	60.29	0.06×4	15.3	
粗镗	50	450	80.54	0.11	2.8	
精镗	25	450	80.54	0.06	5.6	
加工合计时间					23.7	

6. 加工 2 个 $\phi 133.34^{+0.02}_{0}$mm 深 70mm 轴向孔的参数和时间统计（见表 2-19）

表 2-19　加工 2 个 $\phi 133.34^{+0.02}_{0}$mm 深 70mm 轴向孔的参数和时间统计

工步	进给量 /(mm/min)	转速 /(r/min)	切削速度 /(m/min)	进给量 /(mm/r)	时间 /min	备注
铣	150	600	60.29	0.06×4	60.2	
粗镗	20	170	71.00	0.12	7.0	
精镗	12	180	75.40	0.07	11.7	
加工合计时间					78.8	

7. 加工效率分析和判断

单件加工时间合计为 481.2min，加上工序间更换设备，导致零件等待的时间约 60min，合计完成一个零件的加工时间约为 9h。

2.5.7　改进工艺流程提高加工效率的措施

1. 工艺流程的改进

遵循零件在生产过程中有在等待、周转、装夹、检测的时间而实际加工时间只占其中很小的一部分，综合考虑到零件的产量及企业现有的工艺条件，确定工艺流程改进方案。原则上，如果产量较大，采用工序分散的设计原则，形成流水线式生产工艺模式，使工序并行，可提升零件的加工效率，降低零件加工成本，压缩其生产周期。如果年产量较小，采用工序集中设计原则，可减少各种协调环节，缩短生产管理链条，提高应变速度。

考虑本次任务最大年产量为600个零件，同时零件的加工状态较多，故选用了立卧转换式五轴加工中心进行生产，其工艺流程如图2-32所示。

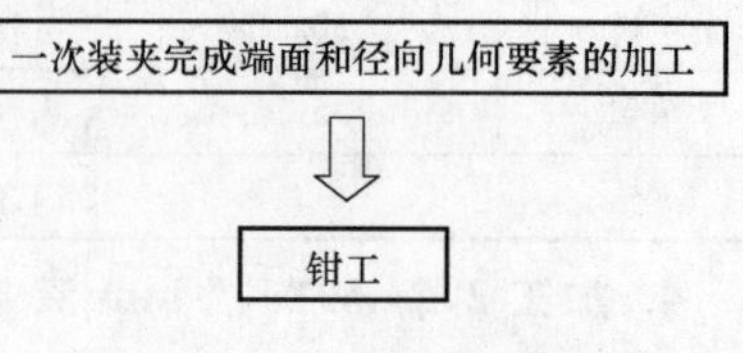

图2-32　工艺流程框图

2. 工艺方法优化

体现工艺方法优劣的主要要素有以下几点：①零件装夹定位是否高效简捷；②刀具轨迹路径是否优化，空行程时间是否最少；③刀具选择是否满足高效工艺需求；④粗精加工工艺余量在满足工艺需求的同时，是否对提高加工效率有利；⑤工艺参数是否优化，切削用量是否合理，等等。

（1）零件的定位装夹改进　从理论上讲，在零件加工过程中，装夹操作越少，辅助时间就越少，操作环节也就越少，零件生产时间会相对压缩，工艺稳定性也会得到提升。具体到本转盘所用夹具，还必须保证能够充分发挥立卧转换式五轴加工中心的优势，即通过一次装夹定位，可以完成零件所有加工内容。按照现有工艺设备行程范围，夹具设计的约束条件如下：

1）为了保证机床在卧式状态能加工该零件，要求夹具高度不小于150mm。

2）保证机床在立式状态时不发生干涉，需满足：夹具高度+零件厚度+刀柄+刀具长度不大于1000mm。

3）可快速完成零件的定位。

4）可适应各种不同状态零件的定位（即定位基准孔径尺寸不一致的零件）。

根据上述的要求，制作改进的夹具结构如图2-33所示。零件在夹具上位置如图2-34所示。

零件的装夹采用中心压紧，约束零件上下移动和翻转自由度；其径向位移采用限位销方式，约束零件回转自由度，如图2-35所示。采用这种装夹定位方式，可通过一次装夹定位操作完成零件所有加工内容，避免了零件加工过程中的多次装夹操作，如倒压板，零件装夹定位时间可控制在15min左右。

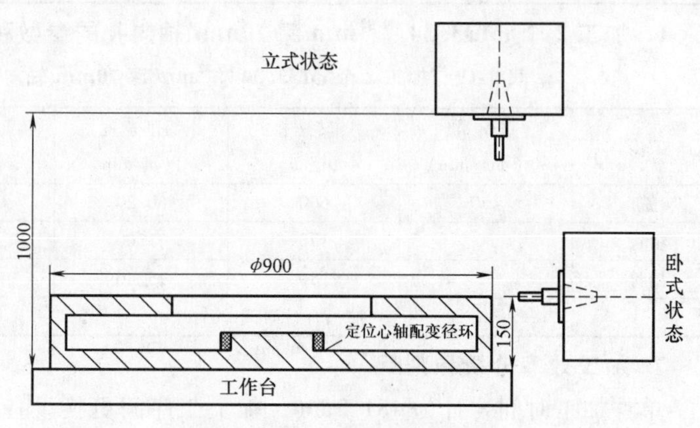

图2-33　夹具结构示意图

（2）夹具工艺性改进　夹具设计的工艺性包括零件装夹的稳定性、定位的准确性及装夹操作的快捷性，还要根据零件的加工方式，保证加工过程中工艺性强。例如，刀具在快速移动面上，避免装夹物与刀具干涉。再例如，采取必要的措施及时排除加工切屑，避免切屑在加工部分堆积导致切削热不能及时传散而影响零件的加工精

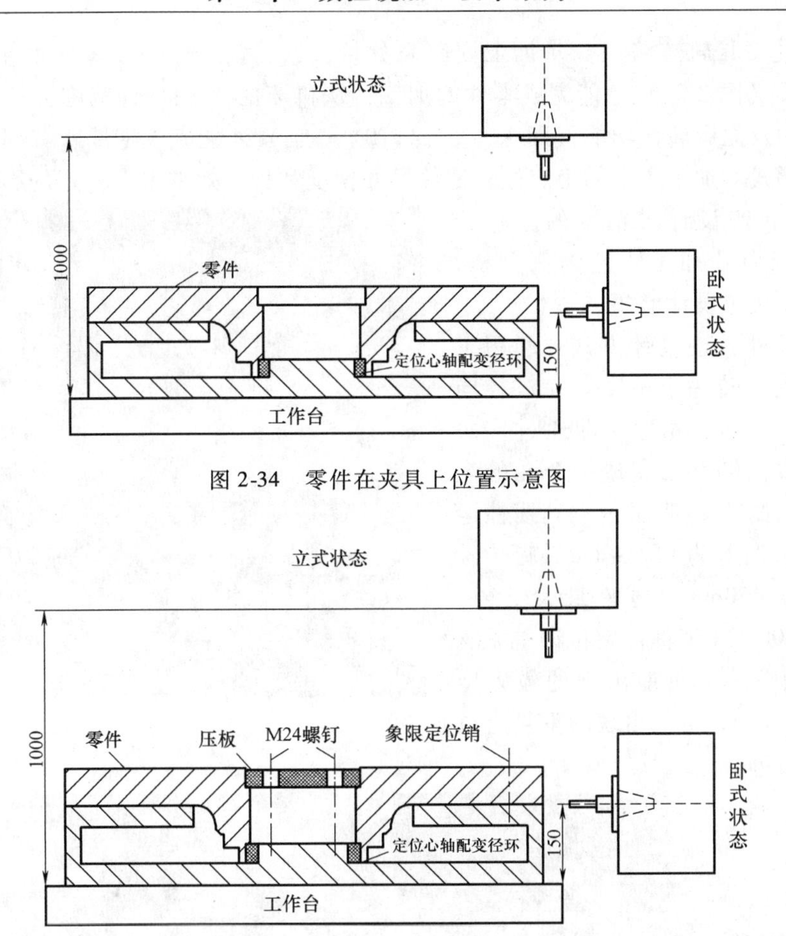

图 2-34　零件在夹具上位置示意图

图 2-35　零件装夹方法示意图

度，如图 2-36 所示。具体做法如下：

1）在夹具顶面增加排屑孔，其孔的直径大于被加工孔直径 2 ~ 3mm。

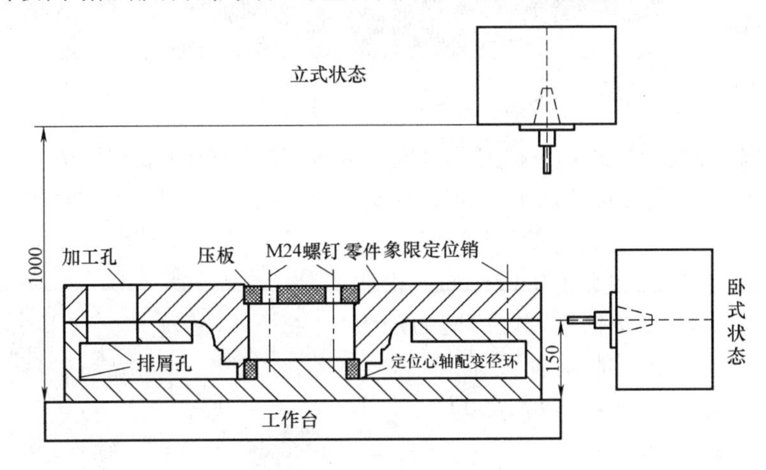

图 2-36　夹具上的排屑孔

2）在夹具侧面增加排屑孔，其位置尽量与被加工孔的位置相对应，在保证夹具整体刚度的情况下，尽量开大一些以便于排出切屑顺利。

（3）优化刀具轨迹路径　从加工内容来分析，钻、铣、镗是该零件的主要加工方式，需要多种刀具（图2-37）才能完成零件的加工，从机床的Y轴行程范围分析，必须利用线性轴、旋转轴及立卧转换功能（即X、Y、Z、B、C轴）才能完成零件所有部位的加工。刀具轨迹设计形式对加工质量的稳定性、零件尺寸精度和加工效率也有一定的影响。

1）刀具轨迹设计对精度的影响分析。以完成径向孔加工轨迹为例分析，其有两种刀具轨迹设计形式。

① 第一种轨迹设计方式：利用工作台旋转一次（转一个角度）完成径向孔的钻、铣、粗镗、精镗，即通过多次换刀和多次线性轴移动完成一个孔的全部加工内容，如图2-38所示，其线性运动轴最大定位误差为0.014mm，旋转轴的定位误差＝450mm（零件最大半径）×sin（12/3600）（工作台定位误差）＝0.026mm，简单估算可能出现的最大定位偏差为0.04mm，可能出现的重复定位偏差为0.007mm。

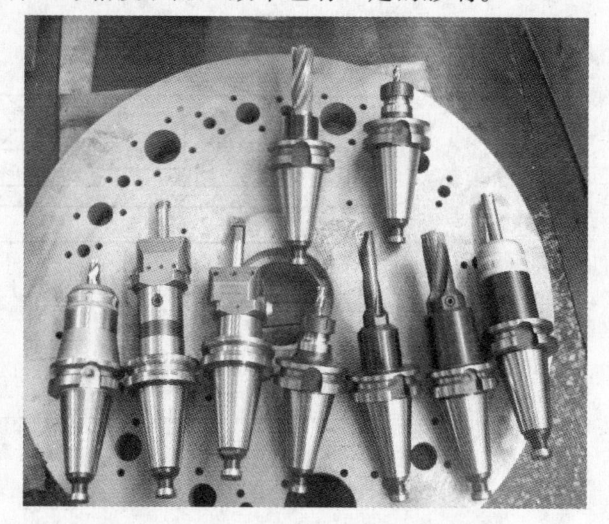

图2-37　加工所用刀具

图2-38　按照加工位置换刀具加工

② 第二种轨迹设计方式：一把刀具一次完成该刀具所有的加工内容，即通过工作台的n次旋转完成径向n次定位钻孔加工，如图2-39所示，转盘转一圈换一次刀。其运动轴最大的角度定位误差＝450mm（零件最大半径）×sin（12/3600）（工作台定位误差＝0.026mm，线性定位误差为0.014mm，简单估算可能出现的最大定位偏差为0.04mm，可能重复定位误差＝450mm（零件最大半径）×sin（8/3600）（工作台定位误差）＝0.017mm。

2）刀具轨迹对效率影响分析。

① 采用第一种轨迹设计加工径向孔：换刀时间为n（孔数最大为32）×4（钻、铣、粗镗、

图2-39　按照加工刀具换位置加工

精镗）×9.5s（屑对屑时间的换刀时间）=1216s≈20.3min。以数控转盘最快的转速（30r/min）作为计算依据，转盘转一圈最少用时为 900×3.14（零件最大周长）/（30×900×3.14）不考虑转盘启动、停止时的加、减速造成的时间损耗 =2s，所以采用第一种轨迹设计用时，运行时间至少为 20.3min。

② 采用第二种轨迹设计：换刀时间为 4（钻、铣、粗镗、精镗）×9.5s（屑对屑时间的换刀时间）=38s≈0.63min。以数控转盘最快约转速（30r/min）作为计算依据，转盘转 4 圈最少用时为 4（总共转 4 圈）×900×3.14（零件最大周长）/（30×900×3.14）不考虑转盘启动、停止时的加、减速造成的时间损耗 =8s，所以采用第二种轨迹设计，轨迹运行时间会减。

3）切削路径改进。将铣加工轨迹由分层下刀、圆弧切入、切出，改为螺旋铣削方式，合理留镗加工余量，省掉粗镗工步，提高铣加工和镗加工效率，如图 2-40 所示。

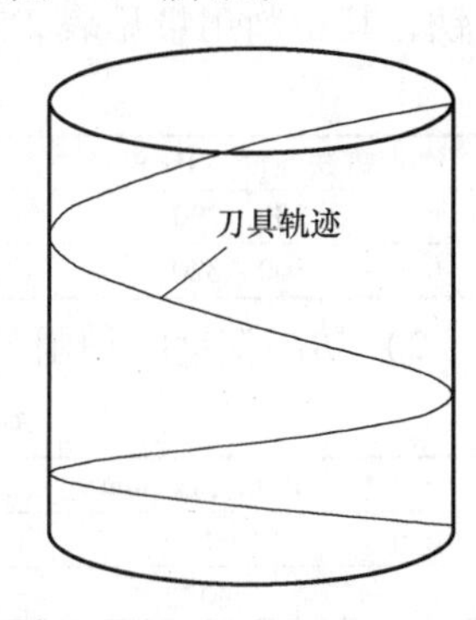

图 2-40　改进后的刀具轨迹

按照被加工转盘的要素状态（通孔和不通孔），设计两种轨迹形式，针对通孔采用两圈螺旋插补刀具轨迹方式。针对不通孔采用两圈螺旋插补加一圈平面圆弧插补刀具轨迹方式，其目的是通过最后一圈平面圆弧插补完成不通孔底面钻尖剩余余量的铣切。保证孔深尺寸精度 0.1mm。

4）优化刀具轨迹路径设计后综合分析。据统计数控机床切削时间一般占零件加工时间的 35% 左右，其辅助运动和辅助工作时间一般占零件加工时间 60% 以上，那么，优化辅助运动轨迹，是提升加工效率方法之一。

从以上两种轨迹在实际应用的效果分析，其对加工精度的影响不大，均可以满足零件加工精度的需要，但在加工效率方面，第二种轨迹方式比第一种轨迹方式要高，其切削进给速度提高了 3～4 倍，同时孔上没有留下任何进刀痕迹。

（4）刀具的改进　刀具材质和几何形状的选择，跟被加工材料有关，铸铁切屑为崩碎性屑，密齿型刀具对提升使用寿命有利，机夹刀对提高刀具更换速度有利。对比在立式和卧式加工中心所用刀具，在五轴上的刀具的主要变化为，将 ϕ20mm 的二刃键槽铣刀改为四刃铣刀，采用可换刀片式的 U 钻代替整体硬质合金麻花钻头，如图 2-41 所示。为提升去除率，钻头尺寸规格改为 ϕ37mm、ϕ24mm 两种。

图 2-41　刀具使用的刀片

（5）合理选取工艺余量　从首零件工艺试验情况分析，导致铣加工效率低下的原因之一，工艺留量选取不合理，如针对 $\phi38^{+0.025}_{0}$ mm 单边工艺余量为 9mm；针对 $\phi25^{+0.02}_{0}$ mm 单边工艺余量为 2.5mm。工艺余量留得过大，直接影响了切削用量的选取，综合考虑钻孔误差（垂直度误差、孔径误差），单边留量0.5mm较为合理。

（6）工步设计改进　通过刀具系统改进和切削路径改进，减少了孔在镗加工之前的余量，并改善了孔壁的状态（孔壁上没有进出刀留下的痕迹），避免直接精镗在孔壁上留下的痕迹（复映原理），可将图2-42所示（指没有进行粗加工的孔）加工工步省掉一个粗镗工步，如图2-43所示。

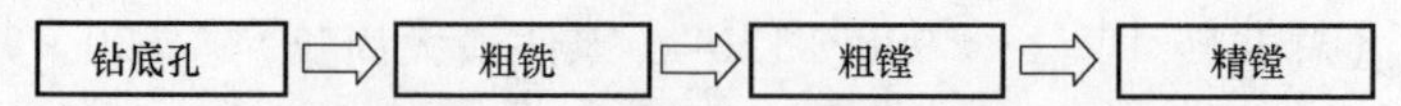

图2-42　没有进行粗加工的孔的加工工步

（7）优化工艺参数

粗铣 ⇒ 粗镗 ⇒ 精镗

图2-43　改进后的加工工步

1）常规情况下，采用硬质合金刀具加工铸铁，其切削用量见表2-20。

表2-20　切削用量

铸铁硬度（HBW）	硬质合金刀具切削速度/（m/min）	高速钢刀具切削速度/（m/min）
230～290	45～90	9～18
300～320	21～30	5～10

2）切削深度、切削刀具与进给量之间的关系见表2-21。

表2-21　切削深度、切削刀具与进给量之间的关系

背吃刀量/mm	立铣刀直径/mm	进给量/（mm/r）
5	ϕ20	0.07～0.04
5	ϕ32	0.14～0.08
10	ϕ32	0.12～0.07

从实际切削试验情况上分析，切削用量的选择与机床刚性、主轴的功率、刀具的状态（材料、几何角度、悬长等）、切削方式、工艺系统刚性（包括零件装夹系统刚性）、冷却情况等多种因素有关，需要在实际试切过程中摸索。

经过工艺调整后，各项加工内容，所用参数及加工时间统计见表2-22至表2-27。

表2-22　改进后加工32个$\phi38^{+0.025}_{0}$mm深30mm径向孔的参数和时间统计

工步	进给量/（mm/min）	转速/（r/min）	切削速度/（m/min）	进给量/（mm/r）	时间/min	备注
钻	37	90	81.33	0.13	10.7	
铣	20	600	81.64	0.12×2	8.7	
铣	20	180	62.80	0.05×2	10.3	
精镗	37	65	89.52	0.09	14.8	
装夹					12.0	
合计时间					56.4	

表2-23　改进后加工18个$\phi25^{+0.02}_{0}$mm深20mm轴向孔的参数和时间统计

工步	进给量/（mm/min）	转速/（r/min）	切削速度/（m/min）	进给量/（mm/r）	时间/min	备注
钻	100	1000	75.36	0.10	3.6	
铣	750	1200	75.36	0.16×4	1.4	
铣	150	1200	75.36	0.03×4	1.5	
精镗	40	700	54.95	0.06	9.0	
合计时间					15.5	

表 2-24　改进后加工 8 个 $\phi 38^{+0.02}_{0}$ mm 深 70mm 轴向孔的参数和时间统计

工步	进给量 /（mm/min）	转速 /（r/min）	切削速度 /（m/min）	进给量 /（mm/r）	时间 /min	备注
钻	90	800	92.94	0.11	6.5	
铣	600	900	90.43	0.17×4	1.4	
精镗	35	700	83.52	0.05	6.9	
合计时间					14.7	

表 2-25　改进后加工 2 个 $\phi 97^{+0.02}_{0}$ mm 深 70mm 轴向孔的参数和时间统计

工步	进给量 /（mm/min）	转速 /（r/min）	切削速度 /（m/min）	进给量 /（mm/r）	时间 /min	备注
铣	300	800	80.38	0.13×3	3.2	
精镗	35	700	83.52	0.05	4.0	
合计时间					7.2	

表 2-26　改进后加工 2 个 $\phi 57^{+0.02}_{0}$ mm 深 70mm 轴向孔的参数和时间统计

工步	进给量 /（mm/min）	转速 /（r/min）	切削速度 /（m/min）	进给量 /（mm/r）	时间 /min	备注
铣	300	800	80.38	0.13×3	1.5	
精镗	25	450	80.54	0.06	5.6	
合计时间					7.1	

表 2-27　改进后加工 2 个 $\phi 133.34^{+0.02}_{0}$ mm 深 70mm 轴向孔的参数和时间统计

工步	进给量 /（mm/min）	转速 /（r/min）	切削速度 /（m/min）	进给量 /（mm/r）	时间 /min	备注
铣	300	800	80.38	0.13×3	4.7	
精镗	12	180	75.40	0.07	11.7	
合计时间					16.4	

使用以上的工艺改进后，单件加工时间合计为 117.3min，没有因为设备配合上的协调，导致工艺等待等问题。合计完成一个零件的加工时间为 1.95h，加工效率明显提升。

3. 提高工艺稳定性改进

影响加工质量稳定性因素非常多，如机床稳定性、工艺参数、切削方式、工具质量的稳定性、被加工材料状态的稳定性、测量等。

（1）改进切削方式提升切削的稳定性　在实际切削试验中，发现采用分层加工，不管是采取直线进刀，还是采用圆弧切向进刀，切入处瞬间的功率比正常切削的功率升高 1～2 倍，同时伴随着较大噪声，并在孔壁上或多或少留下进刀痕迹（和切削余量有关），采用螺旋插补切削方式，切削过程非常平稳，功率随着背吃刀量平稳增加，且孔壁上没有明显的痕迹，切削余量分析如图 2-44

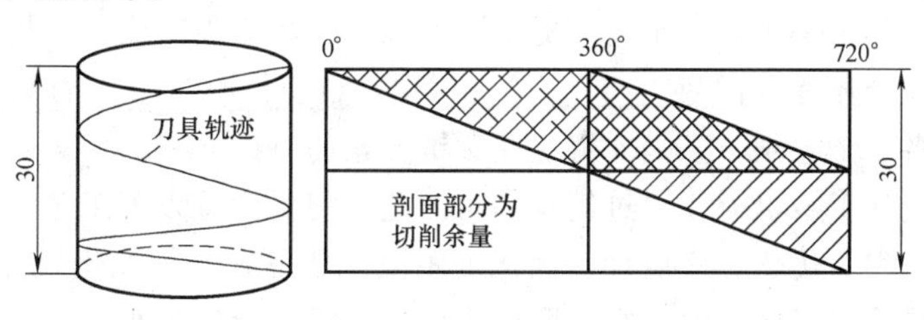

图 2-44　切削余量分析

所示。

（2）采取自适应控制提升切削过程中的稳定性　从实际情况分析，被加工材料的状态并不稳定，主要表现在每批材料硬度的偏差量较大，材料内部缺陷较多，如夹渣及硬质点较多，导致在加工过程中，对刀具的磨损量无法把握，造成无法量化控制各个工艺环节，致使加工过程中容易出现刀具崩碎等现象，引发加工质量问题，甚至损坏机床设备。为了应对这一问题，工艺上采用在数控机床上加装自适应控制系统，如图2-45所示。

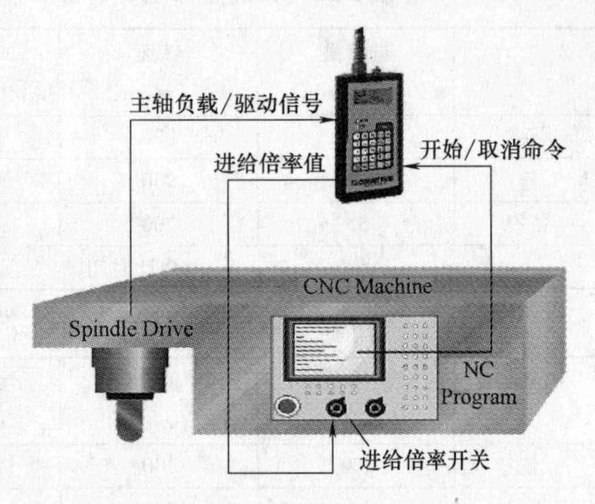

图2-45　自适应控制系统

可以根据刀具情况实时的调整工艺用量。图2-46、图2-47为铣削加工过程中的进给速度优化控制和钻削加工过程中的进给速度优化控制。

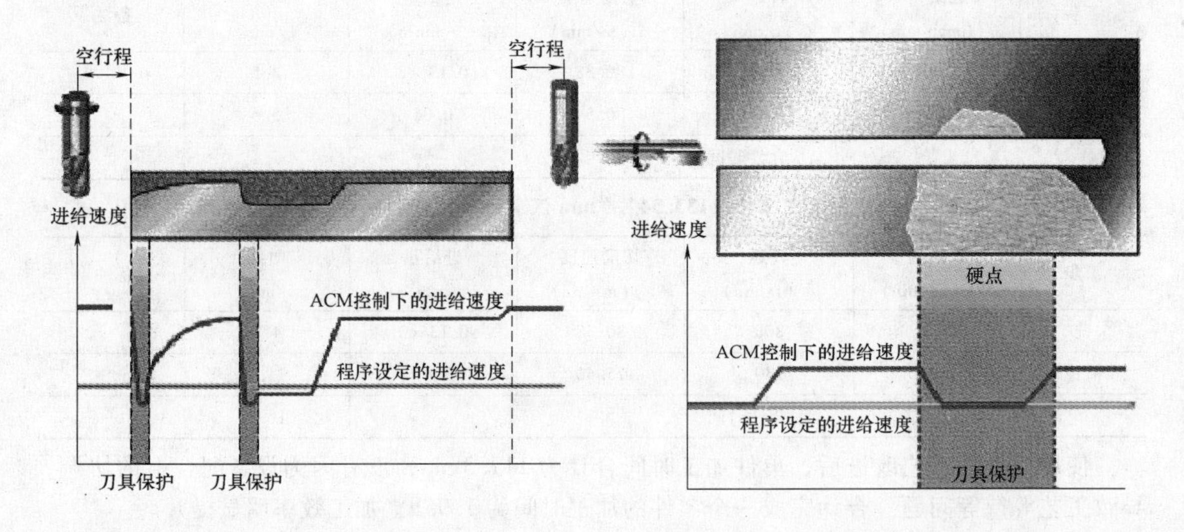

图2-46　铣削加工过程中的进给速度优化控制　　图2-47　钻削加工过程中的进给速度优化控制

4. 提高零件加工效率注意事项

作为一个制造企业，提高生产效率，减低生产成本，提升市场适应能力，保证生产过程的安全环保（绿色生产），是支撑制造企业核心竞争力的关键要素。而不断改进生产过程中的各个工艺细节又是支持这些关键要素的基础之一。

加工转盘时，通过优化加工工艺关键要注意以下工艺细节：

（1）优化工序设计　优化工序设计是完成工艺优化设计的第一步，采用工序集中原则，还是采用工序分散原则，取决于生产模式，针对于小批量多品种的生产方式，更适合于工序集中原则。

（2）优化工艺方法　优化工艺的方法有以下几种：①解决零件快速装夹定位；②优化选择加工刀具；③优化刀具轨迹设计；④优化加工工艺参数；⑤简化操作步骤。

除此之外，还应采取有效措施提升工艺的稳定性。

2.6　磨床床头箱体的加工

2.6.1　零件分析

图 2-48 所示是一个高精度外圆磨床的床头箱体，精度要求高，加工内容比较复杂。

该箱体零件设计基准是箱体底部圆盘平面 A 和盘面中心深 18mm 的 ϕ90H7 孔，与该孔同轴的有环状 14mm 宽 T 形槽，ϕ238 ±0.03mm 的外圆。还有放油孔 G3/8 管螺纹及肩面、ϕ5mm 放水孔，ϕ30mmT 形槽螺栓帽的平底圆窝。在装配阶段调整床头零件的圆盘平面与尾架等高，因此，应在圆盘底面预留刮研调整量。主轴孔中心到圆盘端面距离尺寸 $123^{+0.10}_{+0.05}$ mm。在 C—C 旋转剖视图中，主轴孔系的同轴度公差为 0.01mm，其他两个孔系除本身的同轴度要求以外还要求与主轴孔的平行度公差为 0.02mm，孔的前端面有垂直度要求和深度要求，后端面要求与孔轴线的垂直度公差为 0.02mm 等。

2.6.2　工艺分析

床头箱体是近似方形的箱体，具有良好的稳固性。铸件清砂后采用人工时效，以消除铸造内应力，并在箱体内外非加工面喷砂、涂装，作为毛坯投入零件加工。

如果所有加工工序都在普通机床上完成，则应按照工序集中的原则制定，其加工工艺见表 2-28。

如果使用加工中心加工，则可将表 2-28 中的车工序，除合装箱体箱盖以外的钻工序、镗工序合并成为在卧式加工中心加工的一道工序。

在钻工序中合好箱盖，余下内容在卧式加工中心 FHN80T 上一次装夹完成。包括粗、精铣底盘端面、外圆，铣 ϕ30mm 装入螺栓帽的平底圆窝，铣环状 14mm 宽 T 形槽，铣镗圆盘中心定位不通孔，粗、精镗同轴孔系及前后端面，倒角。由于工件较大而且还要加工后端面，需要采用掉头方式从两面镗孔和铣端面，这样可以使用长径比小且刚性好的镗杆，有利于发挥加工中心的高效率。

在零件的加工工艺过程中，除将原来相关工序内容合并以外，还要为卧式加工中心的工序准备装夹定位平面。卧式加工中心加工的工艺方案见表 2-29。

2.6.3　零件加工

1. 工件的装夹

为了数控加工工序能顺利完成，需要设计一个新的专用夹具，既能准确定位，又能可靠夹紧；既能够保证图样尺寸和技术要求，又能便于提高加工效率，还能够在中途适当的时候安装合装零件——箱盖。经过分析图样，采用专用弯板装夹零件，将按钮盒外端面用垫块支承，顶面贴住弯板立面，框面靠两个定位块，形成完全定位，如图 2-49 所示。弯板的立面和底面要求进行刮研，平面度误差和垂直度误差均小于 0.02mm。这样装夹虽然没有采用设计基准作为定位基准，但是不会产生基准不重合误差，这是因为在一次装夹中，将设计基准（箱体底面）、底面中心的 ϕ90H7 孔和三个平行同轴孔系同时加工完成，能保证它们之间的

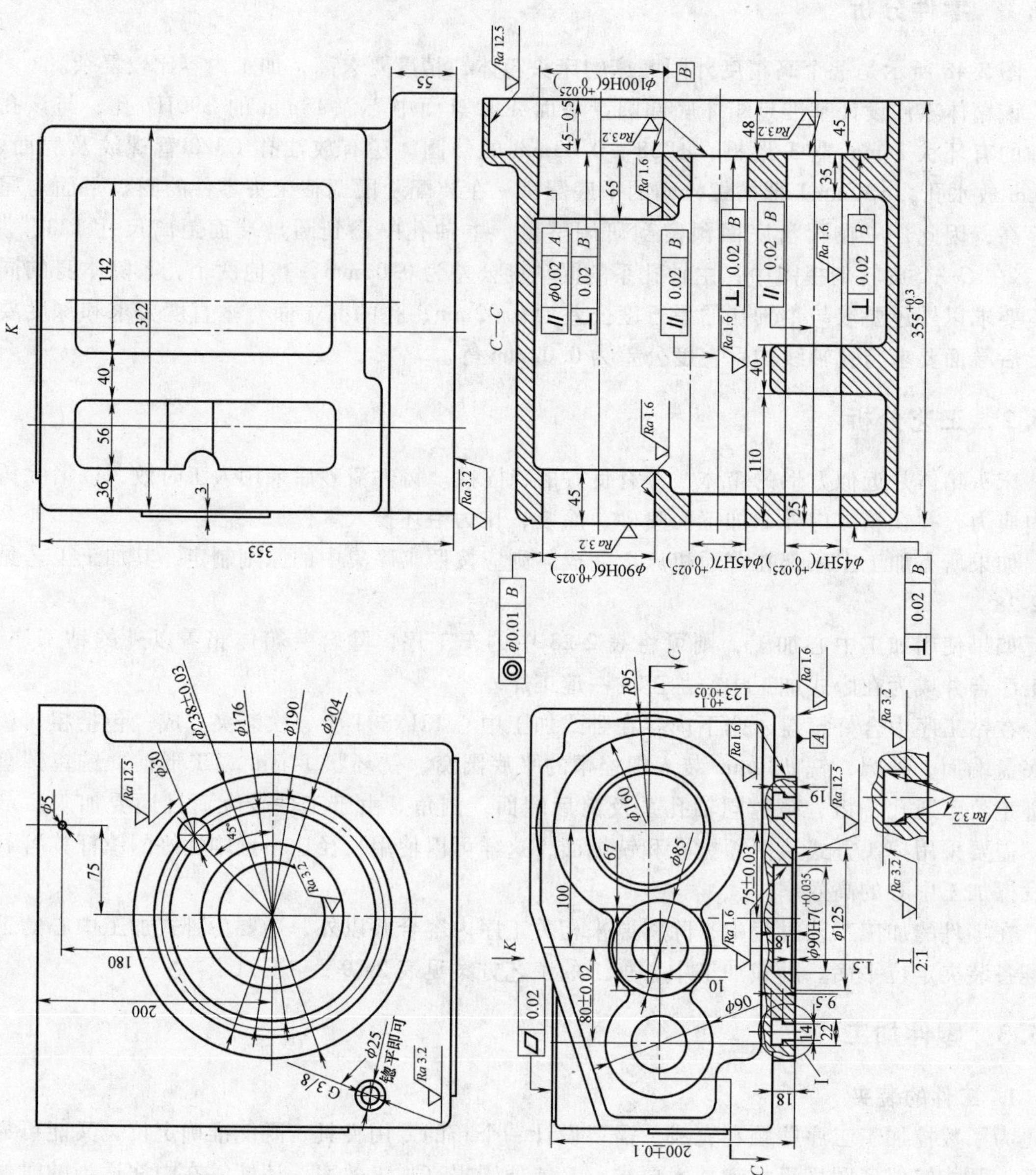

图 2-48 磨床床头箱体零件图

表 2-28 普通机床加工的工艺方案

××厂	机械加工工艺卡片	产品型号	产品名称	零件号	零件名称	共1页
				2A101B	床头箱体	第1页

毛坯种类	材料	毛坯尺寸	每坯制作件	本部件数	零件分类
铸件	HT200		1	1	

工序号	工序内容	协作单位	设备或工种	工具名称和编号			
				夹具	刃具	量具	辅助工具
1	考虑主孔壁厚及工艺凸台外形,划箱体外形尺寸线		划线				
2	按线铣削箱体框面、顶面及按钮盒端面，底面、后端面均按线留 3mm 加工余量	卧式铣床					
3	考虑主孔壁厚及工艺凸台外形,划箱体底面及中心孔线		划线				
4	用专用夹具装夹,车底面 ϕ90H7 深 18mm 孔、T 形槽及外圆至尺寸,检查		立式车床	专用车胎	左、右勾刀	塞规 ϕ90H7,T 形槽样板	
5	钻 T 形槽 ϕ30mm 不通孔,将箱体与 2A109 箱盖组装后,钻铰销孔,清理并装销		单臂钻床				
6	找正专用夹具,按找正模板找正,镗 ϕ100H6 孔、ϕ90H6 孔、5 个 ϕ45H7 孔至尺寸,R95 刀具修整,刮前后端面并倒角,装箱盖,镗箱盖上 ϕ180 + 1.5mm 通孔,检查		卧式镗床	专用镗胎		塞规 ϕ90H6、ϕ100H6、ϕ45H7 主轴同轴检具检棒 ϕ45mm	找正模板
7	划钻孔线		划线				
8	钻、攻 G3/8 通孔,ϕ25mm 锪平,ϕ5mm 通孔		单臂钻床				
9	钳修毛刺,打箱体、箱盖配对编号		钳工		3#钢字头		

										制定(日期)	审核(日期)		会签(日期)	批准(日期)
标记	处数	通知单号	签字	日期	标记	处数	通知单号	签字	日期	——	——		——	——

表 2-29 加工中心加工的工艺方案

××厂	机械加工工艺卡片	产品型号	产品名称	零件号	零件名称	共1页 第1页
				2A101B	床头箱体	

毛坯种类	材料	毛坯尺寸	每坯制作件	本部件数	零件分类
铸件	HT200		1	1	

工序号	工序内容	协作单位	设备或工种	工具名称和编号			
				夹具	刃具	量具	辅助工具
1	考虑主孔壁厚及工艺凸台外形，划箱体外形尺寸线及圆盘中心线		划线				
2	按线铣削箱体框面、顶面及按钮盒端面，底面、后端面均按线留 3mm 加工余量工艺要求：箱体顶面平面度公差 0.02mm，顶面与框面垂直度公差 0.1mm，检查		卧式铣床				
3	将箱体与 2A109 箱盖组装后，钻铰销孔，清理并装销		单臂钻床				
4	找正专用夹具，铣成底面、T 形槽及外圆，铣镗 $\phi 90H7$ 深 18mm 孔至尺寸，钻、攻 G3/8 通孔，$\phi 25$mm 锪平，钻 $\phi 5$mm 通孔，铣镗 $R95$mm 圆弧并用刀具修正，镗 $\phi 100H6$mm 孔，$\phi 90H6$mm 孔，5 个 $\phi 45H7$ 通孔至尺寸，铣前后各孔端面，倒角，装箱盖，镗铣箱盖上 $\phi 180+1.5$mm 通孔，检查		卧式加工中心	专用弯板	T 形槽铣刀	塞规 $\phi 90H7$，$\phi 90H6$、$\phi 100H6$、$\phi 45H7$，主轴孔同轴检具，检棒 $\phi 45$mm	
5	钳修毛刺，打箱体、箱盖配对编号		钳工		3#钢字头		

										制定（日期）	审核（日期）	会签（日期）	批准（日期）
标记	处数	通知单号	签字	日期	标记	处数	通知单号	签字	日期	—	—	—	—

相互位置精度，不会、也没有产生基准不重合误差，这与已经完成了基准面的加工而不用基准定位加工其他部位是不同的。虽然可能由于精铣底平面的铣刀刀尖磨损会使主轴孔中心到底平面的距离尺寸 $123^{+0.10}_{+0.05}$mm 有微小变动，但这不会使底面 *A* 与主轴孔平行度及尺寸（75 ±0.03）mm 发生任何变化，况且铣刀盘刀尖磨损可以通过修改刀具的长度补偿值加以修正。以上分析证明，这种装夹方式是可行的，效果也是最好的。

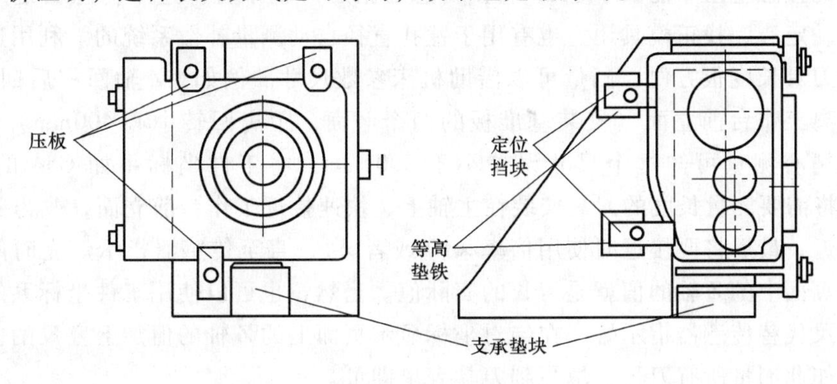

图 2-49　夹具图

2. 刀具准备

镗 ϕ100H6 的时候，箱体零件框面内的两个 ϕ45H7 孔与 ϕ100H6 在同一侧加工，其余三个 ϕ45H7 孔与 ϕ90H6 在一侧加工，专用夹具在工作台上是不能随便摆放的。如图 2-50 所示，在工件坐标系 G55 的 Z 轴原点（框面）距离工作台左立面（图中尺寸 *A*）不少于 230mm，则从 G56 方向镗孔保证镗通中间 ϕ45H7 孔，镗杆的刀具长度应不少于 200mm，否则，很可能因 Z 轴运动到达极限使镗孔出不了刀。这是选择镗 ϕ45mm 孔镗杆时必须注意的，其余刀具所加工的部位基本上都在零件外表面，刀具长度都应大于 120 ~ 150mm。

为了保证所有轴承孔与轴承都有良好的接触，除底面 ϕ90H7 采用精镗以外，其余各轴承孔均采用半精镗、精镗、浮动刀铰孔加工完成。

将数控加工工序之内的加工内容按照先粗后精、先面后孔、先外后内、先主要后一般的原则整理出加工顺序，并将每一个加工内容所选择的刀具按照所整理出的加工顺序填写刀具号、刀具名称和规格，作为编写加工程序的依据。由于加工中心换刀时间远大于快速定位时间，因此在选择刀具时，可用刀具顺序作为加工顺序。例如，有的刀具可加工不同的部位，那就将同一把刀加工完不同部位后再回参考点换刀，以减少非加工的辅助时间。

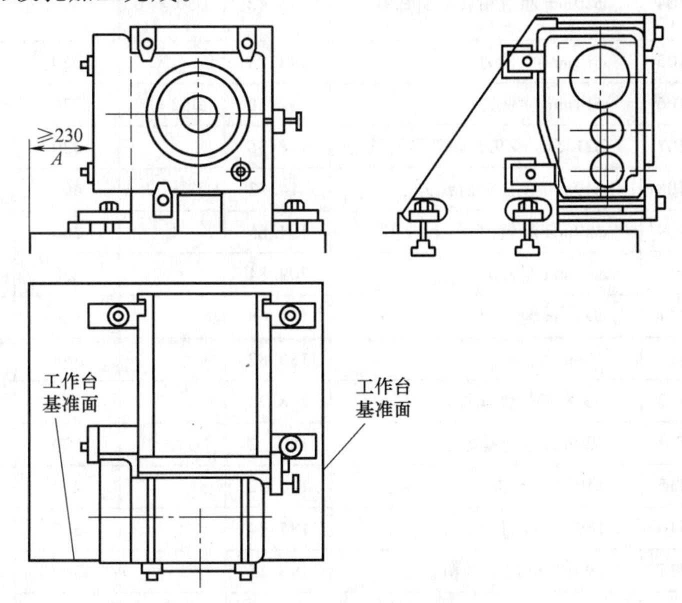

图 2-50　刀具、夹具在工作台上的位置

刀具准备好后还要测量出刀

具的实际长度，有的刀具还要将其半径补偿值储存地址记在刀具表中，以便在编写加工程序时使用。刀具表中还要有主轴转速、进给量和加工部位等信息。

卧式加工中心 FHN80T 有接触传感器功能，机床带有两个接触传感器，只要安装在主轴上的传感器与在加工的零件或工作台接触，面板上的黄色传感器指示灯就会点亮。传感器与被加工零件的接触电阻不能大于4Ω，否则传感器指示灯就不亮。这个传感器是用来找正预加工孔作自动定心、找正模具用，也有用于镗孔直径自动测量补偿系统的。利用这个传感器指示灯测量刀具长度很方便，测量可以借助机床参数尺寸。例如，Z 轴回零后回零灯亮时，主轴端面距离工作台前立面（安装基准板的两个磨面，距离回转中心 400mm）为 630mm，经过用块规精心测量可知这个尺寸误差小于 0.01mm，将工件坐标系如 G54 的 Z 设定为 -630.000,将需要测量长度的刀具安装在主轴上，快速接近工作台前立面，改为手摇脉冲发生器慢慢接近，最后将要接近时使用倍率 ×10 或者 ×1，直至传感器指示灯亮时停止，在绝对坐标显示页面上的 Z 轴的值就是刀长的实际值。当然，也可以使用工件坐标系的 Z 轴原点表面，用塞尺代替传感器指示灯，在绝对坐标显示页面上的 Z 轴的值加上塞尺的值就是刀长的实际值。如此测量所有刀长，填写到刀具表里即可。

所用刀具见表 2-30。

表 2-30　刀具表

刀号	刀具名称、规格	刀具长度/mm	半径地址	转速/(r/min)	进给速度(mm/min)	加工部位
T01	ϕ15mm 钻头	228.56		420	80	钻 G3/8、ϕ90mm、ϕ30mm 底孔
T02	ϕ125mm 粗铣刀	146.28		300	260	粗铣底盘端面
T03	ϕ22mm 双刃划钻	182.62		600	80	平钻头尖顶，为铣外圆准备深度
T04	ϕ20mm 粗铣用合金面铣刀	155.42	D50 = 10	480	120	铣外圆，铣窝，铣、扩孔至 ϕ88mm
T05	ϕ12mm 立铣刀	148.83		320	100	底盘环形直槽粗铣
T06	ϕ14mm 立铣刀	152.38	D52 = 7	320	100	底盘环形直槽精铣
T07	ϕ21.5mm × 9.5mmT 形槽铣刀	188.36		320	60	铣底盘 T 形槽
T08	ϕ40mm 合金粗面铣刀	114.93	D53 = 22.6	400	220	*R*95mm 空刀及前端端面
T09	ϕ89mm 粗镗刀	194.65		260	20	ϕ90H6 粗镗
T10	ϕ44mm 粗镗刀	209.84		230	40	ϕ45H7 粗镗
T11	ϕ99mm 粗镗刀	184.68		320	40	ϕ100H6 粗镗
T12	ϕ5mm 钻头	186.82		1000	120	钻漏水孔
T13	G3/8 管螺纹丝锥	208.28		100	133.6	攻管螺纹
T14	ϕ20mm 合金螺旋立铣刀	180.22	D54 = 10	500	200	精铣底盘外圆
T15	ϕ100mm 精铣刀	120.32		300	80	精铣底盘端面
T16	ϕ89.9mm 斜刃方镗刀	185.74		300	40	ϕ90H7 半精镗
T17	ϕ90H7 倾斜微调精镗刀	198.25		300	40	ϕ90H7 精镗
T18	ϕ22mm × 90°锥度划钻	149.82	D55 = 5	600	450	各孔倒角（外端）

（续）

刀号	刀具名称、规格	刀具长度/mm	半径地址	转速/(r/min)	进给速度/(mm/min)	加工部位
T19	φ99.9mm 镗刀	184.97		300	36	φ100H6 半精镗
T20	φ44.9mm 镗刀	209.98		250	40	φ45H7 半精镗
T21	φ89.9mm 镗刀	194.73		300	36	φ90H6 半精镗
T22	φ90H6 浮动镗刀	180.92		30	20	φ90H6 铰孔
T23	φ45H7 浮动镗刀	220.32		30	25	φ45H7 铰孔
T24	φ100H6 浮动镗刀	190.36		30	20	φ100H6 铰孔
T25	φ40mm 长型钻头	210.48		160	25	φ45H7 钻孔

2.6.4 编写加工程序

1. 编写加工程序时需要注意的问题

每把刀具安装到主轴上使用之前要准备好需要的状态。例如，坐标定位是 G90 还是 G91，工件坐标系是 G54、G55 还是 G56，刀具接近零件时是否带有刀长地址，进给之前要准备好转速 S、进给 F，主轴转向是 M03 还是 M04，镗孔循环是顺铣还是逆铣，需要停止程序运行的时候要确保停止（如合装箱盖的时候），等等。

2. 此加工程序应具备的特点

1）装夹基准的选择在箱体的顶面、框面和按钮盒端面。装夹牢固可靠，设计基准与工艺基准重合，没有基准不重合误差。

2）因铸件毛坯尺寸误差较大，作支承面的按钮盒端面到圆盘中心的尺寸受此影响，也会有一定变动量，各孔中心都需要全部上移或下移。可以不用修改工件坐标系 Y 值，而用高度尺测出需要升高或降低多少，再通过工件坐标系页面中的 00 组 Y 轴作调整，调用工件坐标系时系统会将 0 组的值与调用工件坐标系 Y 轴作代数和，使 G54、G55、G56 全部升高或降低相同的值，所以同轴度和孔距尺寸仍然能得到保证。当不需要调整时，00 组 Y 就设为 0。

3）铣放油孔肩面时，由于毛坯尺寸误差较大，若没铣平，可以手动进给 Z 轴后，重新运行程序，直到铣平放油孔肩面为止。

4）铣底盘和 T 形槽的时候，会产生大量切削热。编写程序的时候，应有意识地把这类刀具集中在粗加工阶段。例如，应先进行钻小孔、倒角、攻螺纹、精铣端面等，最后再半精镗、精镗，以减少热变形对零件加工精度的影响。

5）刀具合并。有时一把刀具能加工多个部位，这就可以采用刀具合并，既能省掉刀具，也省掉了几次返回机械原点进行刀具交换，提高了效率。

6）用面铣刀铣各孔端面，以确保孔端面对孔轴线的垂直度误差小于 0.02。

7）空间尺寸不宽裕的地方，换刀之前作 X 轴回零，避免干涉，确保安全。

8）镗完孔以后，如果刀杆还在孔内，注意 Z 轴退刀先撤到安全位置再回换刀点，避免发生干涉。

9）铣 φ238mm 外圆时，采用了切向入刀、切向出刀，避免了刀具挠曲变形和进给换向造成刀痕。另外，铣 T 形槽前须先开深 18.5mm 的直槽。为避免 φ14mm 铣刀切削时挠曲变形使环形槽直径铣大，先用 φ12mm 铣刀开槽，再用 φ14mm 铣刀扩至尺寸。

10）程序运行中，使用无条件停止指令 M00 以确保安全，用圆柱光滑塞规检查孔大小或者安装箱体端盖，安装完了再继续运行直到加工完成。

3. 参数设定

通常情况下，机床参数是不需要修改的。必须要修改的时候，也要认真查阅生产厂家的系统参数说明书，找出需要调整的参数地址。修改前必须记录下原值，修改后立即验证，如果验证发现不正确说明参数地址有误，必须立即恢复原值，以免留下隐患。

这个箱体零件多数孔位坐标都在 0.04～0.05mm，主轴孔的同轴度公差 0.01mm，是一个很高的要求，其余孔的同轴度误差也在 0.02mm 以内。前面分析过，零件的同轴孔需要采用掉头镗孔来加工完成，这就要求机床要有非常精确的坐标定位和重复定位精度。影响定位和重复定位精度的主要参数有螺距误差补偿和丝杠反向间隙补偿。影响掉头镗孔同轴度的参数是机床原点位置补偿。与加工程序有关的还有固定循环中让刀方向的调整。下面分别予以简要说明。

（1）螺距误差补偿　螺距误差补偿是系统提供的一个重要功能，由于制造原因，丝杠精度受加工设备的限制，在全长范围内各处的螺距会或多或少有些误差，而这种误差在半闭环数控机床中又直接影响坐标定位精度。螺距误差补偿能够提高定位精度。通常螺距误差是分段记忆的。例如，每 20mm 进行一次补偿，首先测量每一段上的螺距变化值，用参数设定的方法把需要补偿的脉冲值输入储存器，在机床移动的时候，每路过一个补偿点，就把储存器中的脉冲值一并执行，这样丝杠的误差得到了修正，从而提高了定位精度。使用双频激光干涉仪测量机床丝杠误差，测量精度很高，每次增量运行一段距离（如 50mm），测量实际移动值并认真记录，再从系统使用手册中查出某个移动轴每一个补偿点的地址，把需要补偿的值与原值作代数和输入到各地址中去。最后要断电写入，机床回零后立即验证，如正确则结束；如不正确则重来，直至正确为止。

（2）丝杠反向间隙补偿　丝杠反向间隙过大会使得坐标定位不准确，特别是在正、负两个方向上定位不正确。举例来说，如果怀疑 X 轴丝杠反向间隙过大，可以先检测一下，在工作台 X＋方向的立面上压上千分表 0.05～0.1mm，令指针指零，编个简单的小程序：

```
O0001;
G91    G01    X-0.05    F100.;
G04    X2.;
X0.05;
G04    X2;
M99;
```

让 X 轴增量移动－0.05mm，再移动＋0.05mm，如此反复几次。如果千分表反复显示的是 0、－0.05，说明 X 轴的反向间隙为 0；如果反复显示的是 0、－0.04，说明 X 轴的反向间隙为 0.01mm，需要设定参数修改反向间隙的补偿值。先按照参数说明书找到相关参数地址，要用原补偿值加或减测量出的反向间隙值，加还是减是由方向来确定的。先找到 X 轴修改反向间隙的参数地址，记录下原值，打开系统板上的参数写入开关，机床报警，按下复位键，输入新值，关上写入开关，拉闸断电，新值才被写入。重新通电开机，机床回零后立即验证。如果改动不正确，则重复上述操作，直至正确为止。对于 Y 轴和 Z 轴的反向间隙，也可以用这种方法来修改补偿值，使 Y 轴和 Z 轴的反向间隙为零。

（3）原点位置补偿　机床原点位置的准确性对加工零件的质量有直接的影响。以FHN80T 为例，X 轴机床原点在 X 轴负端工作台托盘交换的位置，X 轴的全长 1000mm 在 X －500mm 的位置上主轴中心应该正好对准工作台的回转中心。显然，X 轴的原点如果偏离了正确位置，那么在－500mm 的位置上主轴中心就不能对准工作台的回转中心，掉头镗孔就不容易保证精度了。这就需要调整 X 轴原点位置，使 X－500mm 的主轴中心对准工作台回转中心。首先要测量 X 轴的机床原点位置偏离了多少，先作一次 X 轴回零，再定位 X－500mm，主轴上装上一个带 7∶24 锥柄的检验棒，工作台上吸上一个磁性表座，用工作台转 180°的方法检测检验棒两侧差多少（要消除检验棒径向跳动的影响），差值的一半就是 X 轴原点偏离的值，需要进行参数设定。修改原点补偿值，要在原补偿值的基础上加或减新的偏离的值，加还是减是由方向来确定的，先找到参数地址，记录下原值，打开系统板上的写入开关，机床报警，按下复位键，输入新值，关上写入开关，拉闸断电，新值才被写入。重新通电开机，机床回零后立即验证。如果改动不正确，则重复上述操作，直至正确为止。

Y 轴的原点由厂家设定在移动范围 900mm 的中点，这也是刀具交换点。主轴中心距工作台面 400mm，工作台面以下有 50mm 的 Y 轴行程。如果偏离了正确位置，工件 Y 方向对基面的尺寸就难以精确控制，需要精细调整 Y 轴原点位置，也要先对机床进行测量。先用油石打磨工作台面的毛刺，主轴安装一个带 7∶24 锥柄的检验棒，移动 Y 轴用塞规检测与台面间的距离，比较与计算出的数值是否一样，如果不一样，此即 Y 轴原点位置偏离的值，要用参数设定的方法来调整。一般修改的量值仅为 0.01mm 或 0.02mm 以内，不会影响换刀定位。修改的方法与修改 X 轴的补偿值的方法相同。

Z 轴回零，主轴前端面距工作台近 Z 轴端的定位基准立面为 630mm。如果 Z 轴的机床原点位置不正确，数值 630mm 就不准确，会使零件的 Z 轴方向尺寸难以精确控制。检测方法如下：Z 轴前进到－600mm 的位置，主轴前端面与工作台定位立面之间塞 30mm 量规，将 Z 轴显示清零，然后手动调整使塞规塞入，此时显示的值就是 Z 轴的机床原点位置偏离的值，要用参数设定的方法来调整。其修改步骤与修改 X 轴的补偿值相同。

4. 让刀方向调整

在加工程序中使用 G76 精镗循环进行精镗。当进给到孔底时主轴准停，刀尖向离开零件的方向移动指令值，快速退回，程序运行前要作一次“空切试验”以确认刀尖朝向是否符合需要。如果刀尖朝向让刀方向，则把精镗刀杆转过 180°再安装。如果朝向其他方向就需要设定参数。通过参数设定可以在 X 轴正、负和 Y 轴正、负四个方向上进行选择，参数地址在 FANUC 0i 系统中为 No. 5101 的#4（RD1）和#5（RD2），设置 0 0 为 X“＋”方向让刀，0 1 为 X“－”方向让刀，1 0 为 Y“＋”方向让刀，1 1 为 Y“－”方向让刀。

5. 为保证同轴度对机床有关精度的检测

要想掉头镗孔达到高同轴度的要求，则必须满足三个条件：①有良好的坐标定位和重复定位精度；②回转工作台具有良好的回转精度，否则在水平平面内，两端的孔的各自中心线有交角而不是 180°；③Z 轴进给轴线与工作台回转平面有良好的平行度，否则在竖直平面内，两端的孔的各自中心线有交角而不是 180°。

这台机床是日本丰田工机生产的 FHN80T 卧式加工中心，其工作台回转是端齿盘的定位转台，端齿盘 72 齿，可转 5°的整倍数角度。经过用光学正多面体棱镜和光学准直仪测量其回转精度为四个 90°误差不到 3″，其余不到 6″。

在前面叙述的三个必要条件中，只有第③项需要再进行检测。具体的检测方法是：在安装专用夹具之前，在主轴上安装带锥柄的表杆（可以用 ϕ12mm 带导向杆的加长机铰刀代用，千万不能在主轴端面上吸磁性表座，那样主轴很容易带磁，而消磁很难），用万能表座卡子夹好表杆，安装好千分表，移动 Z 轴使千分表进入工作台范围。降 Y 轴压上表约 0.05 ~0.1mm，移动 Z 轴检测工作台上平面，注意记录接近工作台外边千分表的读数和 Z 轴前进接近极限时千分表的读数。Z 轴退到安全位置，然后工作台每次转 90°重复前面所述测量步骤。如果工作台每 90°在边缘处读数相同或不超过 0.005mm，说明回转平面与工作台上平面之间等高，如果 Z 轴每次从工作台边缘向前移动到 Z 轴极限的读数相同或不超过 0.005mm，说明 Z 轴进给轴线与工作台回转平面有良好的平行度。这是保证掉头镗孔同轴的第③项条件。否则，尽管前面作了测量和调整，仍然不能保证掉头镗孔同轴度。

6. 工件坐标系的测量与设定

床头箱体零件的装夹与工件坐标系的设定如图 2-51 所示。编写加工程序之前准备设定三个工件坐标系，将底盘 ϕ90H7 孔的中心和圆盘平面（零件图中的基准面 A）分别设定为 G54 的 X 轴、Y 轴、Z 轴的原点；将主轴孔 ϕ100H6 中心和框面分别设定为 G55 的 X 轴、Y 轴、Z 轴的原点；将主轴孔 ϕ90H6 中心和 ϕ90H6 孔外端面分别设定为 G56 的 X 轴、Y 轴、Z 轴的原点，如图 2-51 所示。

三个工件坐标系的设定可以采用计算法，也可以采用实测法。借助加工中心的基本参数，如图 2-52 所示，采用计算法方便快捷，准确迅速。例如，G54 的 X 轴，主轴上安装表杆和百分表，在工作台侧基准面（安装侧基准板的立面）上压表约 0.5mm，令表针指零，增量屏幕 X 轴清零，升起 Y 轴到零件框面挡板（挡板应压紧）立面，增量屏幕 X 轴的值（如 -570.12）。

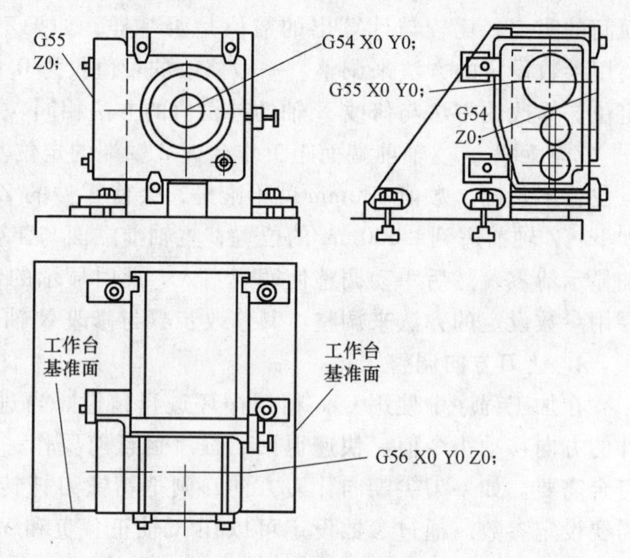

图 2-51　工件坐标系的设定

先加一个“200”到圆盘中心，再加一个“-100”得到“-470.12”就是 G54 的 X 轴原点。那个“-100”是 X 轴回零后主轴中心到工作台侧基准板 X 方向的距离。如果用高度尺测量圆盘中心到工作台面距离为 300，那么 G54 工件坐标系 Y 轴原点就是 -400 +300 = -100。G54 的 Z 轴设定也很简单，用主轴上的百分表压在工作台安装前基准板的前立面上，压表约 0.5mm，令表针指零，增量屏幕 Z 轴清零，升起 Y 轴到弯板立面将表压上指零，增量屏幕显示 Z 轴的值（如 -168.56）加上零件图中尺寸“200”再加一个“-630”，为 -168.56 +200 -630 = -598.56 就是 G54 的 Z 轴原点。其他的工件坐标系用同样方法设定。

加工前的最后一件最重要的事就是验证掉头镗孔的同轴度。主轴上安装一个斜方镗刀杆，夹好表杆，安装好千分表，工作台转到镗 ϕ100H6 的方向，定位 G55 X0 Y0;，Z 轴前

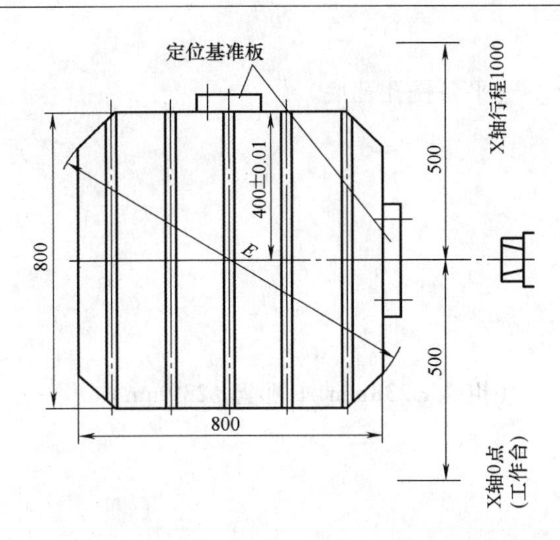

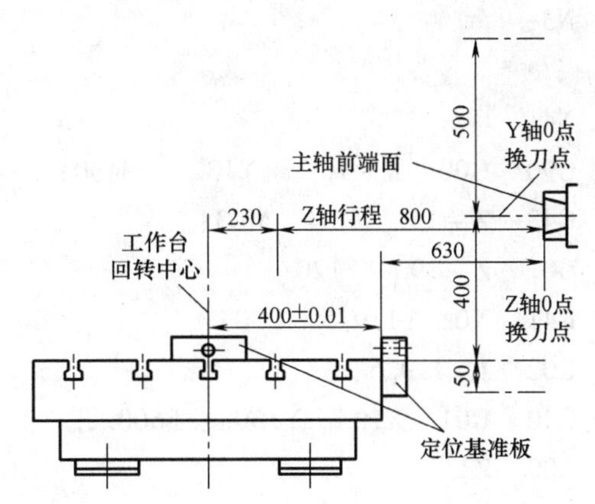

图 2-52　FHN80T 卧式加工中心各轴行程尺寸

进，将千分表水平位置顶在弯板立面上，反复调整使甩表最高点压表 0.05～0.1mm，如图 2-53 所示。令压表最高点指针指在零位上，轻轻弹一下表杆，检验微小振动是否影响千分表的读数，手摇 Z 轴回退至安全位置，千分表千万不要碰，工作台转 180°，定位 G56 X0 Y0;，Z 轴前进进入弯板位置，检测弯板立面，看是否还能到零位，至少不能超过 0.005mm，如果做到了，说明掉头镗孔的同轴度公差能达到 0.01mm，反复测量几次，可排除偶然性。经过这样验证，做到心中有数，掉头镗孔的同轴度就能得到可靠保证，确保首件合格。

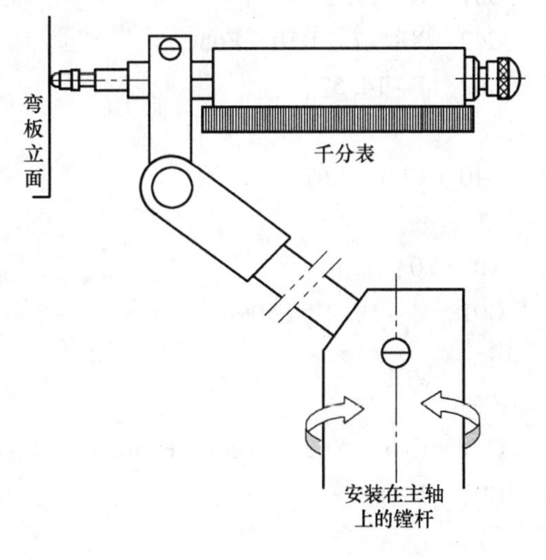

图 2-53　用千分表甩弯板

7. 加工程序

```
O2101;
G40  G49  G80  S300  T01  M70;          (M70 为 B 轴回零，换刀机械手抓起 01 号刀准备)
T02  M06;                                (换刀循环，换完刀后，换刀机械手抓起 02 号刀准备)
N1;
G90  G54  G00  X0  Y0  S420  M70;
G43  Z10.  H01  M03;
G81  Z-19.  F80.;                        (用 G81 固定循环钻中心备铣孔)
X67.18  Y67.18  Z-20.5;                  (改变深度 Z 点，钻 T 形槽备铣孔)
X85.  Y-150.  Z-45.  R-12.;              (改变 Z 点、R 点钻放油孔底孔)
G80  G91  G28  Y0  Z0  T03  M06;
N2;                                      (粗铣底盘端面)
```

```
⋮
N3;                                      (平备铣孔孔底)
⋮
N4;
G90  G00  X-10.  Y132.  S480;
G43  Z-15.  H04  M03;
G01  Z-19.  F120.;
G41  X0  Y119.5  D50;
G02  J-119.5;                            (粗铣φ238mm外圆至φ239mm)
G40  G01  X10.  Y130.  F600.;
G00  Z3.;
X67.18  Y67.18;
G01  Z-19.;
G42  X81.7  D50  F65.;
G02  I-14.52;                            (铣φ30mm不通孔，为卧T形槽铣刀做准
                                          备，以后装底盘螺钉)
G40  G00  X67.18;
Z3.;
X0  Y0;
G01  Z-18.2  F500.;                      (粗铣φ90H7不通孔窝至φ89mm)
⋮
Z-1.;
G41  G01  X62.  D50  F250.;
G03  I-62.;                              (铣φ125mm孔，深1mm，表面粗糙度值
                                          较低)
G40  G00  X0;
⋮
G91  G28  Y0  Z80.  T06  M06;            (Z轴先后退80mm，Y轴再回零换刀)
N5;                                      (铣环形直槽口至12mm宽)
⋮
N6;
G90  G00  X67.18  Y67.18  S320;
G43  Z-18.  H06  M03;
G02  I-67.18  J-67.18  F100.;            (铣环形直槽口至14mm宽)
G00  Z3.;
X85.  Y-150.;
Z-19.;
N66  M03;
G42  G01  X97.2  D52;                    (铣放油孔口台阶平面)
```

```
G02  I-12.2;
G40  G00  X85.  M01;                  (选择停止，若没铣平，则手动进刀后从
                                       N66 再走一次)
G91  G28  Y0  Z80.  T25  M06;
N7;
G90  G00  X67.18  Y67.18;             (从卧螺钉不通孔中心入刀)
G43  Z-18.  H07  M03;
G01  Z-19.35;
G02  I-67.18  J-67.18  F60.;          (铣圆环 T 形槽，到卧螺钉不通孔中心出
                                       刀)
G91  G28  Y0  Z80.;
G28  X0  T08  M06;                    (工件圆盘端面在工作台以外，换长刀，X
                                       轴须避让)
N112;                                 (钻 φ45H7 至 φ40mm，从两面钻)
⋮
N8;
M81  B180;
G90  G55  G00  X50.  Y-50.  F220.;
G43  Z-20.  H08  S400  M03;
G41  G01  X69.  Y-69.  D53;
G03  X-86.6  Y-45.  R-97.6  M28;      (铣框面空刀，M28 是空行程加快进刀)
G40  G00  X9.4  Y-17.;
G01  Z-44.7;                          (铣 φ100mm 孔端面)
⋮
G01  Z-48.;                           (铣 φ45mm 孔端面)
⋮
G01  Z-47.9;                          (Z 轴退 0.1mm，铣掉飞边)
⋮
G00  X30.  Z-45.;                     (快速移动到 X30，Z 轴从-47.9 到-45.，
                                       不会干涉，铣 φ45mm 孔端面)
⋮
G00  Z360.  M80  B180;                (快速退回安全位置，工作台转 180°)
G90  G56  G00  X-10.  Y-100.;         (铣后面 φ45mm 孔端面)
⋮
N9;                                   (粗镗 φ90mm 孔至 φ89mm)
⋮
N10;                                  (粗镗 φ45mm 孔至 φ44mm)
⋮
N11;                                  (粗镗 φ100mm 孔至 φ99mm)
```

```
⋮
N12;                                  (钻 φ5mm 漏水孔)
⋮
N13;                                  (攻螺纹 G3/8)
⋮
N14;
G90  G00  X-10.  Y132.  S500;         (切向入刀避免出现停留刀痕)
G43  Z-15.  H14  M03;
G01  Z-19.  F200.;                    (精铣圆盘外圆至尺寸)
G41  X0  Y119.  D54;
G02  J-119.;
G40  G01  X10.  Y130.  F1000.;        (切向出刀避免出现停留刀痕)
G91  G28  Y0  Z80.  T16  M06;
N15;                                  (精铣圆盘端面至尺寸)
⋮
N16;                                  (半精镗 φ90mm 孔至 φ89.9mm)
⋮
N17;                                  (共 7 处倒角)
⋮
N18;                                  (半精镗 φ100mm 孔至 φ99.9mm)
⋮
N19;                                  (半精镗 φ45mm 孔至 φ44.9mm)
⋮
N21;                                  (半精镗 φ90mm 孔至 φ89.9mm)
⋮
N22;                                  (浮动镗 φ90mm 孔)
⋮
N23;                                  (浮动镗 φ45mm 孔)
⋮
N24;
G90  G55  G00  X0  Y0  S30  F20.;
G43  Z-40.  H24  M03;
G01  Z-100.  M05;                     (浮动镗 φ100mm 孔)
G91  G28  Z0  M00;                    (停下来试一下主孔光面塞规)
G28  Y0  T08  M06;
N025;
G90  G54  G00  X0  Y0  M70;
G43  Z80.  H17  M03  S400  F30.;
G76  Z-18.  R0  Q0.5;                 (精镗 φ90mm 孔，避免留下划刀痕)
```

```
G91   G80   G28   Y0   Z0   M00;
M06;                                 (倒数第二把刀收回刀库，不再抓刀)
M81   B90;
M00;                                 (停止运行，安装箱盖)
N25;
G90   G55   G00   X0   Y50.   S400;
G43   Z0   H08   M03   F200.;
G42   G01   Y90.5   D53;             (铣箱盖上的φ180 +1.5/0 mm 通孔至φ181mm)
G02   J-90.5   F240.;
G40   G00   Y0;
G91   G28   Y0   Z80.   M06;         (最后一把刀收回刀库)
M30;                                 (程序运行结束，系统复位，返回程序开始处)
```

2.7　表业夹板类零件的加工

钟表行业是具有百年历史的传统行业。其中，手表以外形美观、零件尺寸密集著称，其零件的精度也居各类零件之首。手表由机芯、表壳、表带组成，其中，机芯是手表的主要部件，一般由 300~400 个零件装配而成。机芯是由夹板类零件和动类零件组成。夹板类零件是机芯基础件和功能部件，也是表类主要加工零件。表类零件具有尺寸小、结构复杂、加工精度高等特点，在加工制造行业属特殊微细精密加工。

2.7.1　零件分析

各类夹板都是薄型或超薄型零件，加工层面多，微细加工部位多，多为重叠和交叉加工部位，具有如下其特点：①加工材料易变形。夹板类零件材料多为铜基材料，硬度低，加工中容易产生变形。为了保证加工精度，材料从板材到完成最后加工，先后进行四次时效处理，用以消除材料和粗加工应力变形。②加工部位密集。由于夹板类零件形状复杂、尺寸细微，铣削层面多，而且多为重叠部位，微孔数量多，导致加工过程复杂。③加工精度高。为了保证手表走时精确和使用功能的实现，夹板类零件精度要求非常高，平面、台阶面、特型面高度公差为 0.02mm。由于加工部位细微，使用刀具微小，刀具刚性有限，加工过程中容易出现误差，保证加工精度是关键。

表盘面如图 2-54 所示，装配面如图 2-55 所示。表盘面图样如图 2-56 所示（见书后插页），装配面图样如图 2-57 所示（见书后插页）。

各种夹板都是薄形零件，主夹板厚度一般为 1.9~3mm，最厚仅为 4.36mm，同一块夹板加工后，各部位厚度不等。以某款手表夹板为例，局部厚处达 4.36mm，最薄处仅为 0.39mm，很多关连部位都是通透的。为了增加手表内部结构可视性，高档手表大都采用雕刻和镂空工艺，即把夹板平面雕刻成各类精美图案或加工成各种肋类结构，这样加工后夹板类零件刚性更低，加工难度更大，对加工工艺的要求更高。

夹板类零件由于尺寸规格小，同样精度等级零件尺寸小公差带小。例如，孔径从 $\phi0.35$

图 2-54　表盘面

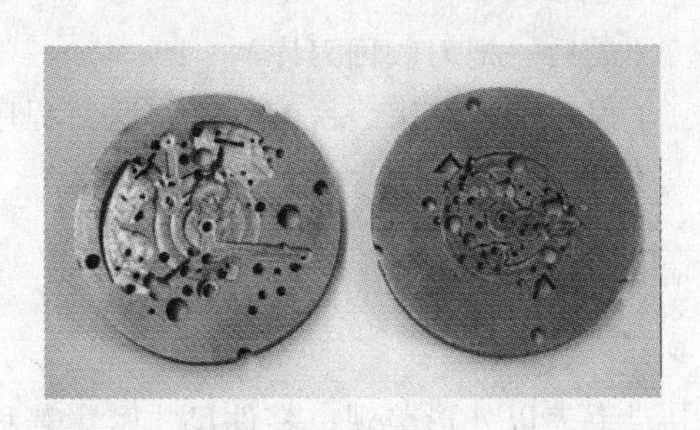
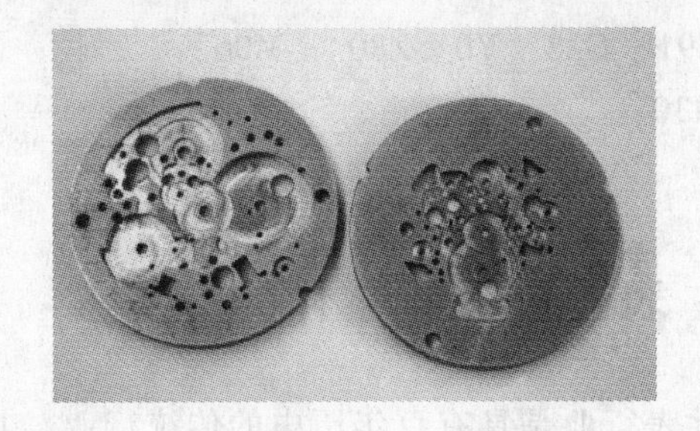

图 2-55　装配面

~ϕ2mm 孔，一般公差带为 0.006 ~ 0.01mm，位置精度公差为 0.016mm（双基准），表面粗糙度公差 Ra0.4μm。因此夹板类零件属于细微零件加工。由于尺寸规格小，加工有很大的局限性，只有钻、铣、镗等加工手段，加工难度大。一般夹板类零件加工要经过 5 ~ 9 道工序才能完成。中间还要有 3 ~ 4 次时效处理，用以消除材料和加工应力。零件要多次装夹，基准要重复使用，多次装夹增加了误差的概率，最终影响了夹板类零件加工精度。

2.7.2　关键加工部位分析

夹板类零件加工部位主要有面、孔、槽、肋、柱。

轮廓分为槽形、孔形、柱状和特殊形面。

槽形有圆弧槽形和异形槽形。加工方式主要以铣和镗为主。使用刀具有铣刀和扁钻。

孔形有通孔和台阶孔，台阶孔在表类零件中称为减轻窝。加工方式有钻、镗、铣等。

夹板零件孔形按其功能大致分类如下：

A 类孔：基准孔，加工定位、检测基准，孔径尺寸精度高，位置精度高。

B 类孔：传动孔（镶钻石孔）、配合孔，传递动力，孔径尺寸精度高，位置精度高。

C 类孔：配合孔，位钉孔和位钉管孔，孔径尺寸精度高，位置精度高。

D 类孔：螺孔，规格 M0.5 ~ M1（有不通孔），位置精度要求一般。

E 类孔：定位孔，装配定位，精度要求相对较低，可翻面加工。

F 类孔：柱和异形孔，“柱”位置精度要求高，异形孔位置精度要求较低。

G 类孔：观察孔，精度要求较低。

T 类孔：离合轮（躺轮）孔，水平位置孔，需用夹具或其他机床加工。

一般夹板类零件平面、孔、槽、肋、柱加工部位有 150 ~ 300 个，各类孔有 60 ~ 95 个，其中 A、B、C、F 类孔约占 2/3。孔径公差为 0.006 ~ 0.01mm，位置精度公差为 0.016mm（双基准），表面粗糙度值 $Ra0.4\mu m$。加工部位之多，精度之高在其他类零件加工中不多见。

2.7.3　编制工艺方案

零件加工部位确定
可行性研讨
现有设备加工能力分析
工艺方案准备
加工件数量预测
夹具形式
成本估算（夹具、刀具、工时、程序等）

夹具方案设计
手动装夹或自动装夹选择
夹具与机床连接形式
对夹具与刀具、机床以及工件之间可能存在的干涉检查

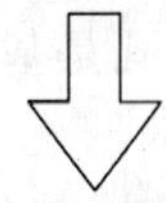

刀具选择与设计
刀具设计与制造要能体现高速、高效、复合等特点
尽可能地利用现有刀具
最大限度地减少刀具数量

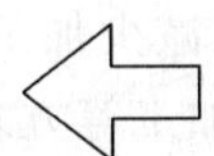

零件加工程序编制
软件自动编程
多轴、复杂程序的编制
程序要具备通用和兼容功能
宏指令的应用和刀具路径要合理
程序应有注释和说明

刀具准备包括：刀具分布图，
刀具安装和调整说明
夹具准备包括：夹具布置图，
夹具安装和调整说明
零件装夹与找正要点
加工时间和加工成本测算

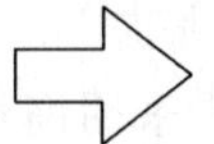

夹具、刀具交付使用
安装和调试夹具
安装和调试刀具
加工程序传输和调试
零件单段状态下试加工
检查分析零件加工精度，是否达到设定目标
确定实际加工时间
调整机床、夹具、刀具、切削参数至理想状态，进行正式自动状态下加工

按照要求完善工艺文件
将项目移交给生产部门或用户

编制加工工艺总的原则如下：

1）先粗后精。粗加工使用刚性压紧方式，以钻削、铣削为主，以提高加工效率为主。精加工使用弹性压紧方式，以钻削、铣削、镗削为主，要确保加工精度实现。

2）先面后孔。各平面高度尺寸精度是夹板类零件加工中的重点。由于各类夹板高度尺寸较多，加工时间较长，机床极易产生热变形，应在机床精度相对平稳阶段内进行高度尺寸加工。

3）先槽形后孔形。由于槽形加工部位多，精度相对要求较低，加工时间长，机床热变形对加工精度影响不大，可先加工。孔形精度要求高，加工时间较短，应在机床相对稳定的状态下加工，保证加工精度是第一位的。影响孔形加工精度的因素较多，包括热处理对镗孔精度都有影响。孔壁薄厚不均、机床主轴转速、进给量、加工余量、冷却等都对孔的加工精度有影响。

4）先关键后一般。从孔的功能看，B类和C类孔是关键孔，是保证加工精度的重点。A类孔是基准孔，仅起定位和测量作用，有些工艺最后采取修正方法，保证A类孔加工精度。在测量中A类孔是基准，加工中最好安排在工序中间，这样可以保证位置精度高的孔在公差范围内。

5）套铣“柱”一般做法。套铣“柱”时，由于柱周围加工量大，刀具在加工过程中可能产生振动，影响“柱”的圆度。为了避免圆度超差，应先用铣刀粗加工“柱”的底面，再用套铣刀精加工。

6）加工顺序从外向内、自上而下，以减少加工过程中工件的变形。加工中应采用粗精加工分开、分层加工、分散加工、非对称加工等方式。在薄壁部位铣削加工中，应采用等深层铣削方法。

7）由于镗刀尺寸小，刚性不足容易出现让刀，镗孔中进、出刀部位不应有台阶面，进、出刀部位不能有断续切削，否则会影响位置精度保证。正确做法是：先镗孔，后铣孔口台阶面。

8）“柱”尺寸修正。由于加工部位细微和刀具等原因，套铣“柱”尺寸，可以采用圆弧插补方式修正。

2.7.4 零件加工准备

夹板类零件加工，要选择高精度机床，采用高精度夹具，合理分配粗精加工余量。制订消除材料和加工应力的工序，增加加工过程中测量，控制环境温度，实施热补偿功能，减少机床热变形对加工精度的影响。这样才能保证夹板类零件加工精度。

1. 毛坯选择

夹板类零件毛坯大多数是板材，也有采用圆料。板料成形时，薄的采用冲压，厚的采用切割。圆料采用车削成形。

具体的加工步骤是：毛坯→下料→时效→粗加工上下表面→时效→精磨上下表面（双面磨）→冲定位孔。

毛坯如图2-58所示。

2. 机床选择

根据夹板类零件的加工特征，选择数控机床的原则如下：

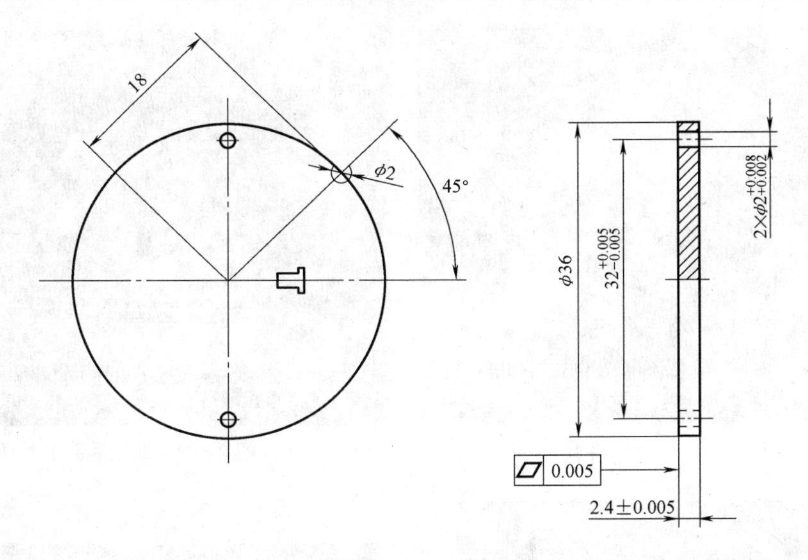

图 2-58　毛坯

（1）小型化　由于表类零件尺寸小、尺寸密集等特点，选用机床以小型为主。

（2）全功能数控化　由于夹板类零件的特殊性，为保证夹板类零件孔形、槽形、特形面尺寸精度、位置精度和高品质表面加工质量，应优选数控系统中高精度轮廓控制、多段预读、纳米插补等高新数控功能。

（3）高速、高精化　为了减少加工中夹板类零件变形，加工机床一定具备高速功能。为了保证加工精度，机床定位精度和重复定位精度要高。夹板类零件加工部位多，实现高效加工也是追求的指标之一，因此选择加工夹板零件机床应具备高速、高精和高效等特点。

（4）具备热补偿功能　数控机床在加工过程中由于坐标轴快速移动和主轴高速运转，丝杠和主轴不可避免出现热变形现象。对于高精度的表类零件来说，机床高速运行产生的热变形会影响机床的加工精度。动态热变形控制功能可以对主轴温度和环境温度进行补偿，保证夹板类零件加工精度。

3. 装夹方案

在夹板类零件加工中，加工数量从几十件到几十万件不等，为了保证加工精度，提高加工效率，采用夹具装夹工件是必需的。根据机床加工特点，夹具有以下几种形式：

（1）专用机床用夹具　目前国内手表夹板类零件加工大部分在专用机床进行，工件定位采用一面两销。定位销按位置分为内定位和外定位两种。其中，内定位适用于钟巴哈等专机用。内定位具有压紧部位灵活，定位效果好等优点，适用于专机加工。

（2）单件手动夹具　单件手动夹具如图 2-59 所示，一般用于数控机床加工，工件手动装夹，定位采用外定位，在单件和小批加工中应用较为广泛。

（3）多工件手动夹具　多工件手动夹具如图 2-60 所示，用于数控机床加工，一次装夹 16 件。工件手动安装，手动压紧，夹具托盘自动夹紧，定位采用外定位，在中小批量加工中应用较为广泛。

（4）多工件自动夹具　多工件自动夹具如图 2-61 所示，用于数控机床加工，一次装夹 8 件，工件手动安装，自动压紧，夹具托盘自动夹紧，定位采用外定位，在中小批量加工中应用较为广泛。

图 2-59　单件手动夹具

图 2-60　多工件手动夹具

a)

b)

c)

图 2-61　多工件自动夹具

4. 夹具选择

（1）标准夹具　瑞典 3R 系统夹具如图 2-62 所示，属于标准夹具。该夹具主要特点是精度高、自动化程度高，互换性好，但价格较高。工件定位、装夹方式需要自行解决。

（2）自制夹具　自制夹具如图 2-63 所示。其优点是更能适合机床使用，调整更加便捷，并能节省成本。

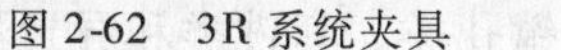

图 2-62　3R 系统夹具

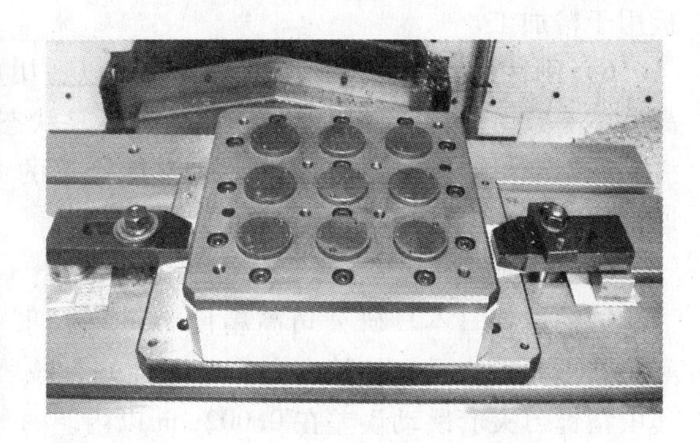

图 2-63　自制夹具

由于自制夹具采用了多工位同时压紧的方式，为保证每个工件所受到的压紧力大致均匀，就要使每个工位的 O 形圈变形量尽量一致。这就要求所有工件的上表面尽量在一个水平面内，否则就会对压紧的效果产生不利的影响；要求所有零件的定位面在同一平面内，要有较高的平面度。因此，夹具在装配后的平面度及与工作台的平行度的要求非常高，这给夹具的加工与装配提出了更高要求。

5. 夹具制造

高精度夹具是加工夹板类零件的重要条件。数控机床使用的夹具应具备以下特点：

1）夹具定位精度和重复定位精度高。

2）装夹合理，压板在压紧零件时压紧力均匀，在加工过程中，零件变形量最小。

3）采用一面两圆柱销外定位方式。零件定位基准在加工部位外，称为外定位。外定位具有以下优点：压紧部位固定，可以最大限度减少工件变形。同一种毛坯可以加工不同规格零件。

4）组合压板特点：压板具有多个压紧部位，可同时压紧多个工件，如图 2-64 所示，一般压紧 9～16 个工件，有的多达 30 件。压板压紧形式有弹性压紧和刚性压紧两种。

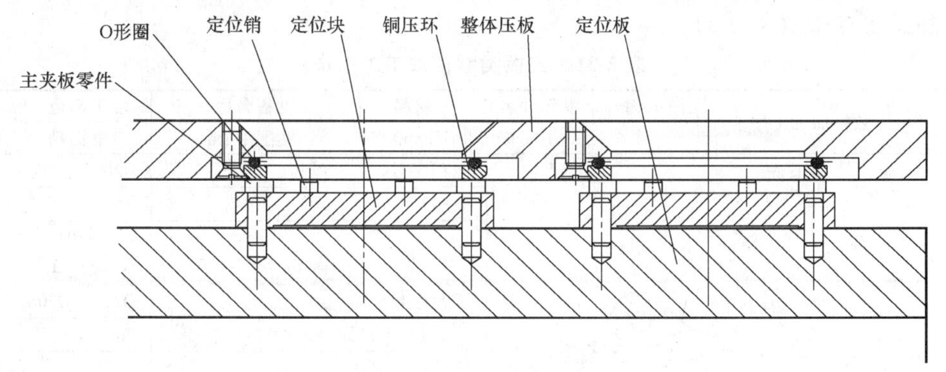

图 2-64　压紧工件的局部视图

5）弹性压紧的优点：压紧力均匀，能保证压紧部位和工件充分接触。由于夹板类零件材料多为铜基材料，加工部位多为微细加工，因此切削性能好，压紧力不需要太大。加工中两圆柱销可以克服加工中特别是铣加工中的剪力。弹性压紧主要作用是克服加工中特别是铣加工中 Z 轴方向工件上下振动，保证工件下基准始终和夹具基面接触。弹性压紧力调整是用压紧螺栓下的调整垫厚度来实现的。压紧力调整方法为：夹具不装定位销，压紧工件后手推工件确认压紧力。弹性压紧的缺点是压紧力不大，不能用于加工余量较大的粗加工。弹性压板用于精加工。

6）刚性压紧的优点：压紧力大，可以适用加工余量较大的粗加工。其缺点是如果工件高度不一致，较低工件可能处于压紧力不足状态，由于压板压紧面受力不均匀等原因，压板极易产生变形。两种压板压紧力通过螺栓下的调整垫厚度来调整，一般为0.05～0.07mm。通常情况下，刚性压板用于粗加工。

6. 刀具选择

刀柄选择日本日研公司高精度BT30刀柄。为了适应高速加工需要，刀柄都做了动平衡。其主要特点是夹持精度高，稳定性好，减震性能好。弹簧夹套选择了高精度ER夹套，其中精镗刀夹套跳动误差在0.002mm以内。

夹板类零件加工刀具有五种，即钻孔类、铣削类、镗孔类、套铣类和异形类刀具。为了降低加工成本，粗加工可选择自制或普通刀具，精加工要选择优质刀具。为了保持加工中刀具刚性，可选用图2-65所示变颈式刀具，其夹持部分直径大于切削直径。

7. 切削参数选择

1）钻孔留量：ϕ0.8H7以下孔钻孔留0.08mm加工余量；ϕ0.35H7以下孔钻孔留0.05mm加工余量。

2）镗孔采用G85循环。

3）加工参数设定：钻孔 v_C = 15～25m/min；镗孔 v_C = 20～25m/min；铣槽 v_C = 15～25m/min；铣柱 v_C = 10～15m/min。

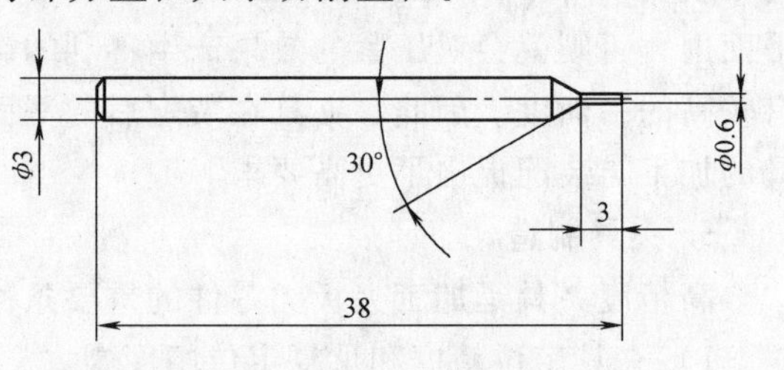

图2-65　变颈式刀具

8. 切削液的选择

由于加工材料为铜类零件，选择壳牌M—5油质切削液。该切削液具有粘度低、冷却效果好、不易挥发、冲洗性能好等特点。

9. 加工工序卡（表2-31）

表2-31　夹板类零件加工工序卡

××××厂	数控加工工序卡片	图纸编号	零部件名称	材料	设备名称	加工部位	共　页
			主夹板	HPb60-2	钻削中心	表盘面精	第　页

主程序号		O2000
顺序号		N6
加工内容		24-D2-B1（R4.5）—19—H1.4
子程序号		O206　O2062
刀具	刀号	T6
	名称	铣刀
	直径	ϕ1.5mm
补偿	长度	
	半径	D10 = 0.74
切削参数	主轴转速	S9000
	每分钟进给	F200

（续）

对应加工程序	程序说明	对应加工程序	程序说明
O0206； G40； #102 = 0.79； #103 = 0.74； #2 = #102； #3 = #103； N2 (24-D2-B1)； G0　G90　X6.672 Y-1.； G01　Z3.0　F800； #1 = 1.65； #2 = #102； #3 = #103； WHILE [#2GE#3]　DO2； WHILE [#1GE1.4]　DO1； G01　Z#1　F60； G10　L12　P10　R [#2-0.01]； M98　P2062； G01　G40　X6.672； #1 = #1 - 0.2； #1 = ROUND [#1 * 100] /100； IF [#1EQ1.25] THEN #1 = 1.4； END1； #2 = #2-0.05； #1 = 1.4； END2； G0　G80　Z20.； M30；		O2062； G40； (PROGRAM NAME - ST4100-0501-24-D2-B1----)； (DATE = DD-MM-YY-05-03-09 TIME = HHOMM-14O18)； (N46 Re TOOL-1 DIA.　OFF.　- 1 LEN.　- 1 DIA.　- 1.5)； G0　G90　X7.0　Y - 1.； N106　G01　G90　X7.0　Y - 2.303 F200； N114　G01　G42　D10　X4.077； N116　X1.638　Y.246； N118　G3　X5.413　Y1.855 R4.5； N120　G2　X6.73　Y1.726 R.8； N122　G1　X7.671　Y - 1.； N124　G40　X6.672； X7.0； N136　M99；	

2.7.5　编制加工程序

夹板类零件加工编程要求是模块化、个性化、简单易操作。

编程中加工顺序：刀具直径从大到小，加工高度从高到低，轮廓从外向里。

入刀点尽可能从孔中心和孔、槽中心入刀。出刀点尽可能和入刀点重合。

外轮廓入、出刀点尽可能选在里侧，加工中要注意防止刀具和压板发生干涉。

刀具路径确定：尽可能执行图样要素，较大加工部位可以找出两个加工部位连接基点，较小加工部位或基点不太明确的，刀具只作圆弧、直线等运动，但要防止加工中发生干涉。

1. 程序开始部分初始化程序段——G17G49G40G80G54

刀具准备：一般立式加工中心刀库形式有两种，一种是斗笠式刀库（无机械手），另一种是盘式或链式刀库（有机械手）。斗笠式刀库换刀刀具在刀库的位置是固定的，利用机械手换刀的盘式或链式刀库刀具在刀库的位置是随机的。在一些特定条件下，特殊刀具或检测工具在刀库位置需要固定，可编制下面程序实现。

2. 换刀中固定换刀程序

T1；（特定刀具）

M6；（换刀程序段）

；（特定刀具加工程序段）

T0；M6；（特定刀具返回）

T3；（常规刀具）

M6；

；

；（常规刀具加工程序段）；

；

T0；

M6；（结束程序段）

M30；

注：①主轴刀具号设为00；②00号在主轴上时不允许装刀；③程序结束时00号在主轴上。

3. 程序中坐标系应用

1）选择坐标系 G54　X0　Y0；或 G54.1　P1　X0　Y0；程序段。

2）设定坐标系 G92　X0　Y0；，也可以用 G92 移动坐标系。

3）改变坐标系 G10　L2　P（0~6）X_Y_程序段指定。P=0 外部工件零点偏移值，P=1~6 工件零点偏移在 G90 状态时是每组坐标系偏移值。在 G91 状态时是每组坐标系偏移值加到原工件零点偏移值上。

4）宏变量参数设定方式#7001~#7004 设定值为 G54　P1　X0　Y0　Z0　A0；（FANUC 系统）。

5）Z 轴 0 点设定：与机床零点重合，固定位置，标准刀具长度，工件上表面，工件底面。

5）坐标系（00）组外部坐标系偏移使用：测量补偿，工件坐标系移动，机床热补偿值设定。

4. 附加坐标系应用案例

```
O001;                                  (DIYIBU BIAOPANMIANJIAGONG)
G0  G17  G40  G80  G90;
G0  G53  Z0.;
G0  G53  X0.  Y0.;
#600=1;                                (选择附加坐标系数量开始序号)
#601=16;                               (选择附加坐标系数量结束序号)
#602=#600;                             (选择附加坐标系初始赋值)
T1  M06;
N1  G54.1  P#602;                      (选择附加坐标系 G54.1P1)
(MECHE DIA. 0.48);                     (加工刀具尺寸注释)
```

G90　G0　G0　X11.67　Y2.82　S14000　M03；　（定位）
G43　H1　Z10.　M08；
G98　G81　Z-2.144　R1　F145；　（加工程序段）
X6.217　Y3.195；
X-2.801　Y-6.845；
X-5.446　Y0.252；
X-7.111　Y1.904；
X-11.67　Y-2.82；
X7.906　Y-1.125；
G80；
G0　Z20；
#602=#602+1；　（对变量602重新赋值，附加坐标系序号递增，每次增加1）
IF [#602LE#601]　GOTO1；　（条件转移指令，#602小于等于#601时返回（转移）到被指定的顺序号上N1　G54.1　P#602，执行和N1之间程序。IF语句中#602大于601时，执行下面程序段）
#602=#600；　（对变量602重新赋值，恢复初始#600=1赋值）

利用此种格式程序循环，可以在十六工位夹具上，分别加工1~16以内的不同数量的工件。

5. 宏指令程序循环

Z轴分步（层）进给，如图2-66所示。

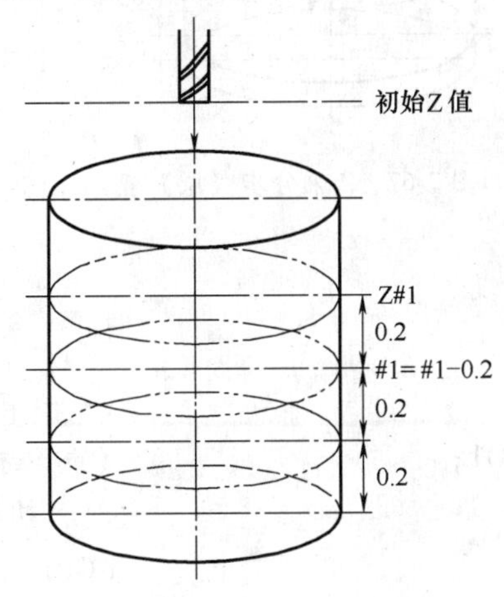

图2-66　Z轴分步（层）进给

O002；
G00　G55　X0　Y5；
G01　Z3　F200；

```
#1 =2.39;                              (Z轴第一次进给深度#1 赋值)
WHILE [#1GE2.17] DO1;                  (循环指令满足 [#1GE2.17] 条件
                                       时，执行 END1 之间程序)
Z#1  F30;                              (G01 方式 Z 轴第一次进给)
G42  D30  X0.75  Y5.0;                 (加工程序段)
G02  I0.75  J0  F171;
G01  G40  X0  Y5.0;
#1 =#1 -0.1;                           (对变量 1 重新赋值，Z 轴进给每次
                                       增加 0.1mm)
#1 =ROUND [#1 * 100] /100;             (四舍五入消除数控系统计算误差)
END1;                                  (循环结束指令)
Z10.0  F2000;
```

利用此种格式程序循环，可以对内腔槽平面进行加工。

6. 宏指令程序循环

Z 轴分步（层）进给最后一次为精加工，如图 2-67 所示。

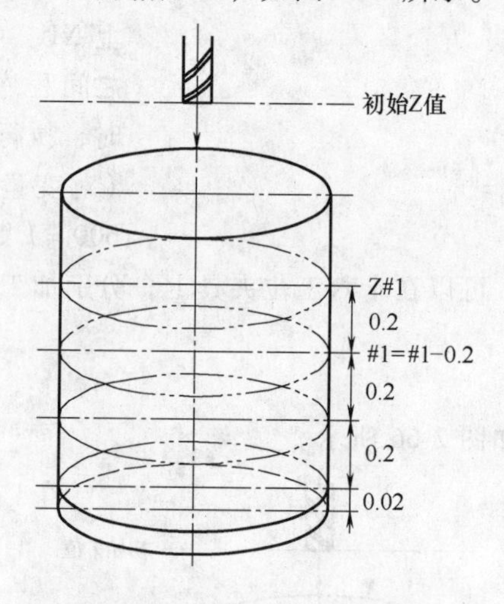

图 2-67　Z 轴分步（层）精加工

```
O003;
G00  G55  X0  Y5;
G01  Z3  F200;
#1 =2.39;                              (Z轴第一次进给深度#1 赋值)
WHILE [#1GE2.17]   DO1;                (循环指令满足 [#1GE2.17] 条件
                                       时，执行 END1 之间程序)
Z#1F30;                                (G01 方式 Z 轴第一次进给)
G42  D30  X0.75  Y5.0;                 (加工程序段)
G02  I0.75  J0  F171;
G01  G40  X0  Y5.0;
#1 =#1 -0.1;                           (对变量 1 重新赋值，Z 轴进给每次
```

```
                                        增加 0.1mm)
#1 = ROUND [#1 * 100] /100;             (四舍五入消除数控系统计算误差。)
IF [#1EQ2.09] THEN#1 = 2.17;            (Z 轴进给循环等于 2.09 时限制尺寸
                                        2.17 结束循环)
END1;                                   (循环结束指令)
Z10.0   F2000;
```

利用此种格式程序循环，可以对内腔槽平面进行精加工。

7. 宏指令程序循环

Z 轴分步（层）进给，轮廓形面留 0.05mm 加工余量，最后一次为深度和轮廓形面精加工，如图 2-68 所示。

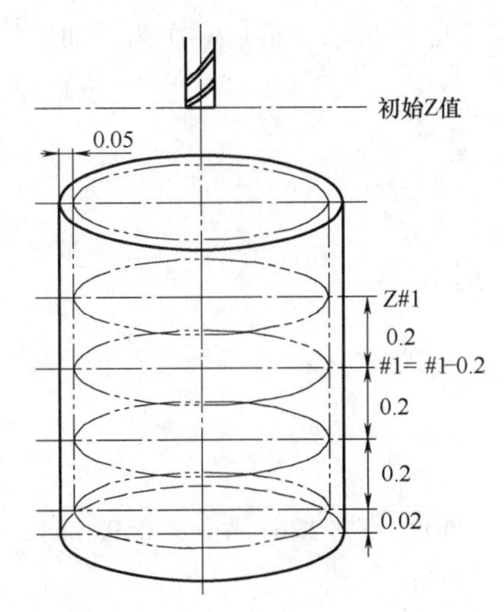

图 2-68　Z 轴分步（层）进给，深度和轮廓形面精加工

```
O004;
G00   G55   X0   Y0;
G01   Z3   F200;
#1 = 2.34;                              (Z 轴第一次进给深度#1 赋值)
#2 = 22;                                (刀补号赋值)
G10   G91   L12   P [#2]   R + 0.05;    (刀补号偏置设定，刀补号增量赋值
                                        精加工 0.05mm 加工余量)
WHILE [#1GE1.52]   DO1;                 (循环指令 Z 轴终点坐标值 1.52mm)
G90   Z#1   F30;                        (G90 方式 Z 轴第一次进给)
G42   D#2   X0.75   Y5.0;               (加工程序段)
G02   I0.75   J0   F171;
G01   G40   X0   Y5.0;
#1 = #1 - 0.2;                          (Z 轴进给每次进给 0.2mm)
#1 = ROUND [#1 * 100] /100;             (四舍五入消除数控系统计算误差)
IF [#1NE1.34] GOTO1;                    (Z 轴进给循环条件转移设定，等于
```

```
                                              1.34 转到 N1 程序段）
G10  G91  L12  P［#2］R－0.05；               （刀补号偏置设定，恢复刀半径补
                                              值，精加工量 0.05mm）
#1 = 1.52；                                   （Z 轴进给终点坐标值精加工
                                              0.02mm）
N1  END1；                                    （有顺序号循环结束指令）
G90  Z10  F2000；
M30；
```

利用此种格式程序循环，可以分别对内腔槽和平面进行半精加工和精加工。

8. 程序实例

精铣孔形、槽形 Z 轴分步（层）进给，最后一次为精加工。

```
O2000；                                       （主程序）
#600 = 1；
#601 = 16；
#602 = #600；
G28  G91  G80  Z0  M05；
G40  G49  G69；
G80；
T6  M06；
（XIDAO）（1.5）；
N6  G00  G90  G54.1  P#602  X2.126  Y－3.059（a）；
G43  H6  Z20.  S9000  M03；
M98  P206；                                   （调用子程序）
#602 = #602 + 1；
IF［#602LE#601］  GOTO6；
#602 = #600；
G00  G90  Z100.  M05；
M01；

O0206；                                       （子程序）
G40；
#102 = 0.79；                                 （半径补偿留量 0.04mm 赋值）
#103 = 0.74；                                 （半径补偿精加工赋值）
#2 = #102；
#3 = #103；
N1  （D6－11－14）；
G0  G90  X2.126  Y－3.059；
G01  Z3.0  F800；
#1 = 1.65；                                   （Z 轴第一次进给深度#1 赋值）
```

```
#2 = #102;
#3 = #103;
WHILE [#2GE#3]  DO2;          (循环指令满足 [#2GE#3] 条件时，执行 END2 之间程序)
WHILE [#1GE1.4]  DO1;         (循环指令满足 [#1GE1.4] 条件时，执行 END1 之间程序)
G01 Z#1 F60;                  (G01 方式 Z 轴第一次进给)
G10 L12 P10 R#2;
M98 P2061;
G01 G40 X2.126;
#1 = #1 - 0.2;                (对变量 1 重新赋值，Z 轴进给每次增加 0.2mm)
#1 = ROUND [#1 * 100] /100;   (四舍五入消除数控系统计算误差)
IF [#1EQ1.25]  THEN#1 = 1.4;  (Z 轴进给循环等于 1.25mm 时限制尺寸 1.4mm 结束循环)
END1;                         (循环结束指令)
#2 = #2 - 0.05;               (深度至尺寸槽形精加工)
#1 = 1.4;
END2;                         (循环结束指令)
G0 G80 Z20.;
O2061;
(ST4100 - 0501 - D6 - 11 - 14);
(DATE = DD - MM - YY - 04 - 03 - 09 TIME = HHOMM - 15O10);
(N46 Re TOOL - 1 DIA. OFF. - 1 LEN. - 1 DIA. - 1.5);
N1 G01 G90 X2.126 Y - 3.059 F500;
N2 G01 G42 D10 X3.771 Y - 3.094 F200;
N3 G3 X2.915 Y - 5.295 R5.9 F200;
N4 G2 X.944 Y - 4.959 R1.;
N5 X.965 Y - 4.863 R1.;
N6 G3 X.481 Y - 3.024 R1.9;
N7 G1 X2.126 Y - 3.059;
N8 M99;
```

利用此种格式程序循环，可以对内腔槽平面进行精加工。

9. 加工程序验证

(1) 程序验证操作　刀具轨迹摸拟和仿真静态图显功能操作：编辑方式→图显→刀具轨迹→回转选平面) →OK→改尺寸 (选全屏) →起动→放大→移动。

(2) 随机加工图形功能操作　自动运行方式→图显→加工图→改尺寸选全屏或综合显示 (放大、缩小、移动同静态图显方式相同)。

2.7.6 零件加工过程

1. 加工前准备（夹具、刀具、程序）

（1）夹具找正　夹板类零件在夹具定位夹紧有两种形式，一种是在夹具底板上直接定位夹紧，另一种是在夹具底板“定位块”上定位夹紧。找正面一定是和夹板类零件的接触面，X方向和Y方向找正精度应在0.005mm以内。误差大概影响整体压板均匀压紧工件，又影响加工夹板类零件台阶面高度尺寸此项精度是夹板类零件的主要精度），还影响加工夹板类零件加工一致性。

在专用夹具上用一面两圆柱销定位，用外侧的R定向（防错），夹具一次要装夹16个工件。工件需多次装夹，才能完成加工定位，基准要反复使用，装夹误差应减少到最低程度。

（2）零点确定　超过6个工件零点的设定是利用附加坐标系功能实现的。工件零点确定是在手动方式下设定，最终在空运转精加工程序后确定。

（3）刀具准备　由于夹板类零件细微刀具内冷技术难以实现，刀具夹持悬伸长度要考虑喷淋冷却因素，一般掌握在刀具到达终点刀柄下端面距整体压板3～5mm。刀具直径大可适当增加悬伸长度以利加工中冷却。

2. 零件试加工

由于夹板类零件加工部位多，主轴长时间高速运转，机床热变形不可避免。数控机床热变形成因主要有机床运动产生的摩擦热、周围环境热和加工过程中切削热。零件结构形状和尺寸不一也是产生变形的重要原因。掌握机床热变形规律，减小机床热变形造成的加工误差，是夹板类零件零件加工前必须做的工作。通过空运转试验，总结机床热变形规律，寻找机床最佳的热稳定性时机，适时修正，是保证夹板类加工精度的有效措施。

夹板类零件试加工过程：每次加工数量采用递增，即加工一件→两件→4件→16件，依次进行。通过试件加工，检测夹具不同位置加工精度状况，以此种方式验证、确认夹板加工精度最终能否达到图样要求。

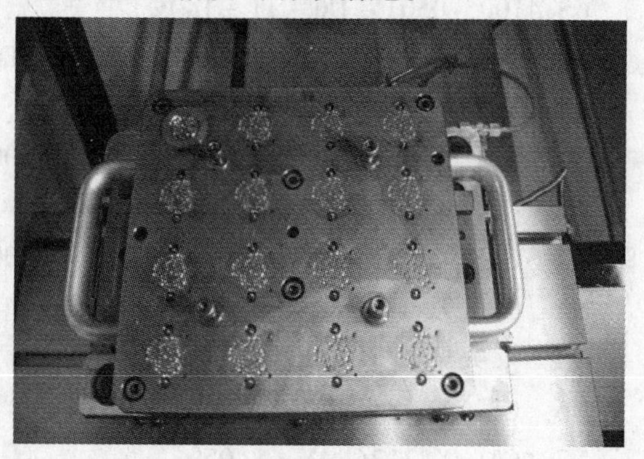

图2-69　一件试加工

（1）一件试加工　一件试加工如图2-69所示，采用单工步加工法，加工中注意刀具加工状态、冷却状态。加工过程和切削参数的过程。一件试加工结束后检测零件和图样是否相符，刀具是否有干涉现象。和图样不符的加工部位要重新加工，发生刀具干涉的部位要查找原因，在重复刀具路径部位检测接刀处精度，如误差大可适当调整刀具直径。

（2）两件试加工　两件试加工如图2-70所示，验证自动运行中刀具有无干涉现象，检验刀具路径是否合理，观察加工中刀具磨损情况。检测零件加工精度一致性。

（3）4件试加工　4件加工有两种加工形式：一种是连续4件试加工，如图2-71a所示，考核首件和尾件尺寸一致性和刀具磨损状况。另一种是零件安装在夹具4个角上，如图2-

71b 所示，其余位置空运转，整体加工状态和 16 件加工接近。

（4）16 件试加工　16 件试加工如图 2-72 所示，在 4 件试加工基础上进行 16 件试加工，通过对零件检测分析，判断夹具工作状态，机床加工精度现状，Z 轴和主轴热伸长趋势，最终确定补偿方案。

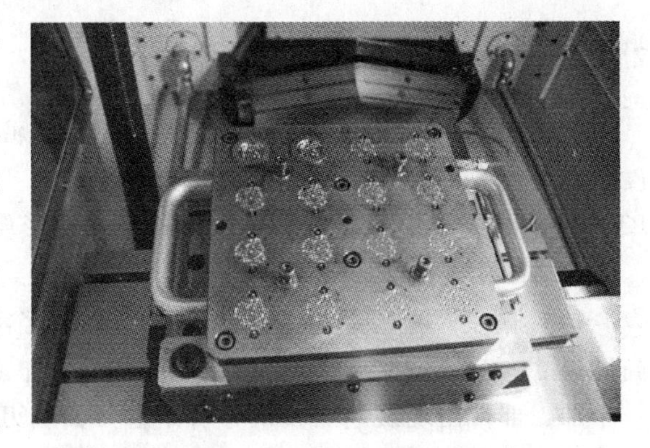

图 2-70　两件试加工

3. 加工过程

1）机床空运转方式有两种：一种是选用加工程序中较多使用的转速主轴空运转；另一种是运行模拟加工的空运转程序。两种空运转结束后，检测主轴伸长规律（Z 轴变化是通过检测标准刀具 Z 轴位置变化采集的）

a)

b)

图 2-71　4 件试加工

2）空运转结束后，通过对基准孔位置的检测，经过分析、判断机床在高速运转后座标轴变化当量。

3）模拟实际运行，按加工程序正常运行，检测 Z 轴变化，检测对基准孔变化。最终确定补偿值。注意观察其开机和运行结果后主轴和伺服温度变化规律。

4）自动运行前采集标准刀具 Z 轴位置变化，确定修正值，正式加工。自动运行结束后，采集标准刀具 Z 轴位置变化，可以推算出零件实际高度尺寸。

图 2-72　16 件试加工

5）钻、铣、镗加工部位，可能出现位置偏差，自动运行前，根据工件检测误差。分析后做适当调整，调整范围一般控制在偏差的 1/3。

2.7.7 检测零件

检测前应清理夹板零件孔口毛刺，用清洗液清洗检测零件。首先检测孔形和槽形位置精度。在检测孔的尺寸精度时，要防止塞规造成孔局部变形。用立式千分表检测高度尺寸，用P324座标测量仪检测坐标尺寸，用投影仪或影像仪检测槽形尺寸。

1. 加工误差原因分析和判断

（1）高度尺寸局部超差　经常发生在减轻窝底平面（台阶孔内平面）部位，直接影响高度尺寸。一般情况下高度尺寸 -0.02mm，加工误差控制在 -0.01 ~ -0.025. 如果出现同一个加工部件出现误差加大，分析是否刀具底刃凹心造成的。如何情况相符，改用直径较小刀具可以减少 0.005mm 误差。如果大部分部位都在公差范围内，只是个别部位出现误差，有可能是工件（毛坯）平面度有误差造成的。

（2）孔径误差　加工夹板类零件的镗刀是固定式镗刀，加工尺寸完全靠刀具尺寸保证。由于刀具刚性低，加工可能出现让刀现象。因此镗孔余量不能太大。镗孔留量 ϕ2mm 加工余量，精镗量 0.08mm，ϕ2.5mm 以上留量 0.10mm。ϕ0.5mm 精镗留量 0.03mm。

（3）位置误差　夹板类零件中 A、B、C 三种类型孔中，位置精度公差在 0.016mm（双基准）。由于镗刀刚性差，遇到不完整孔时或孔的入口和出口有不完整部位，很容易产生位置超差，因此镗孔时要防止这种情况出现。如果有孔的入口和出口有不完整部位时，应先镗孔后加工孔口部位。

（4）镗孔中应注意的问题　夹板零件由于孔类尺寸精度、位置精度和表面粗糙度要求高，孔径最终尺寸精度和表面粗糙度与刀具和切削参数有关。如选用 G81 或 G85 镗孔时孔径尺寸有差异；镗孔时进给快和进给慢孔径尺寸有差异；孔径壁厚壁薄镗孔时孔径尺寸有差异。

（5）检测可能出现误差　夹板类零件孔径尺寸检测一般都使用塞规。由于工件硬度较低，检测孔径时很容易造成孔径出现变形。一旦出现这种情况，在影像仪检测时就会出现不正确位置形状。结论很可能确定为孔位置度超差，因此在检测此类项目中，应先检测位置度，最后检测孔径。

2. 自动运行中的注意事项

1）操作者必须熟悉加工夹板类零件机床的性能，特别注意前门与夹具夹紧的互锁关系。

2）夹具气动夹紧压力为 4.5 ~6kg。

3）经常检查本机床使用的气、液的压力，液面标志是否处于正常状态。使用的压缩空气必须干燥，按说明书要求补充润滑油。

4）自动运行前必须检查工件是否夹紧，各种防护装置、控制开关是否在正确位置上。

5）操作者应严格按照工艺文件规定操作机床。

6）操作者严格按照工艺文件规定装夹工件，注意粗、精加工时按照规定，使用不同的压板。工件上平面找正后，压板才能压紧工件，方可执行程序。

7）操作者应能熟练测定工件零点、刀具偏置，并能进行正确设定操作。

8）更换刃具时，应认真检查刃具的尺寸公差，必须满足工艺文件中的刀具尺寸公差要求。

9）操作者不许擅自修改加工程序或参数。

10）在自动运行中，注意观察下列现象：①刀具有无破损；②冷却是否正常；③特别是钻、镗小孔加工时冷却是否充分。

11）机床通电后不允许打开控制柜。

12）断电前将工作台移动到中间位置。

13）自动换刀过程严禁开门或做其他操作。

14）定期验证夹具基准孔，发现误差应找出原因并及时调整夹具。

15）熟悉运用高度仪进行对刀，并能正确进行刀具更换。

用立式千分表检测高度尺寸，用 P234 座标测量仪检测坐标尺寸，用投影仪或影像仪检测槽形尺寸。

2.7.8　保证零件精度，提高加工效率的措施

夹板类零件既是手表的基础零件又是关键零件，因此保证夹板类零件精度是首要的。为了降低加工成本需要提高加工效率。当今手表新款式、新功能不断推出，夹板类零件加工更加精细，装饰性、图像性加工越来越多，零件加工趋于复杂。为了满足市场需求，要加快改变夹板类零件加工方式，可选用数控机床代替传统的专机，选用高精度快捷夹具代替手工装夹，选用优质刀具保证加工精度，提高加工效率。根据夹板类零件结构和精度可采取不同的工艺方式。

1. 工序集中方法

即在一次装夹中尽可能多地完成铣、钻、镗、攻螺纹等加工内容，其特点是加工精度高，消除了在加工过程中多次装夹造成的误差，可以缩短零件加工周期，最能体现数控机床特点。由于夹板类零件外形尺寸小，每次加工 9 ~ 16 件，为了减少夹紧变形，压紧力有限，再加上槽形内转角仅为 $R0.3 \sim R0.5$mm，铣刀直径仅有 $\phi0.3 \sim \phi1$mm，加工中背吃刀量只有 0.1 ~ 0.2mm，影响加工效率。机床需高速长时间运行，突显机床热变形对加工件精度的影响。

2. 工序分散

针对夹板类零件不同部位精度要求有区别现状，本着精度优先原则，把加工部位分解，针对不同加工部位，设计最优夹具，选择最佳刀具，实现高速、高效加工。

3. 粗精分开

由于夹板类零件各部位加工余量不等，产生加工变形不均，为了减少粗加工中变形对零件精度影响，要粗精加工分开。根据上述三种工艺方法，针对夹板类零件加工部位，可采用以下工艺流程。

1）粗加工（刚性压板）孔、槽、柱、减轻窝、肋粗加工。

刀具：NC 点钻、钻头、铣刀、锪刀和专用刀具等。

加工方式：钻、直铣、锪。

加工余量：孔为 0.05 ~ 0.10mm，槽、柱、减轻窝、筋底面为 0.05mm，径向单面为 0.05mm。

2）人工时效处理。

3）研修两平面。

4）精加工装配面槽形、孔形，精铣特形面，采用直线插补和圆弧插补方式进行。

5）精加工表盘面槽形、孔形，采用直线插补和圆弧插补方式进行。

6）精镗孔、精铣柱。采用镗孔循环或专用程序方式进行。

4. 夹板类零件加工工艺技术展望

伴随着数控加工技术的进步，很多表业企业的加工方式都已完成了数控加工的普及，并因此诞生了一批专为该领域零件加工而研发的高精密数控机床。高速加工适用于薄壁、微孔、槽型零件，如米克朗的HSM系列高速铣削柔性单元可加工厚度至0.04mm的薄壁件，加工微孔最小直径可达0.08mm。国外有些厂家采用加工单元或柔性加工系统加工夹板类零件，加工效率有了大幅度的攀升。

数控加工过程由于机床、夹具、刀具、工件等诸多因素，加工中可能出现误差，当代数控机床配置了，各种型号精度检测装置，可以对工件坐标系和刀偏刀补等各种参数进行补偿，对加工过程中零件尺寸精度和位置精度，随时进行自动测量。当今此项技术已日渐成熟，并应用到单件和批量加工中。为了确保加工精度，检测数值还可以通过数控系统对运行中的参数进行补偿，有效地提高了零件的合格率。为预防刀具意外破损，数控机床配置刀具破损检测装置，适时进行加工过程中的监控，并能做各种形式的处理，有效保证了夹板类零件加工精度和加工效率的提升。

第3章 全国职业院校技能大赛中职组数控车比赛试题分析与点评（2008—2011年）㊀

3.1　2008 年数控车试题分析与点评

2008 年全国职业院校技能大赛中职组数控车工比赛的实操试题有两套，每套都是由 4 个零件组合而成的组合套件。两套试题在结构、难度和工作量上差别不大，因此，本书只对第一套试题进行点评。

3.1.1　工艺条件

1. 机床

采用型号为 CKA6150 的经济型数控卧式车床，其规格为：床身上最大加工回转直径为 ϕ500mm，床鞍上最大加工回转直径为 ϕ350mm，最大加工长度 750mm；配有手动尾座，机床导轨为水平布置，刀架配置为前置四方刀架。

2. 数控系统

采用华中世纪星 T21/22。

3. 毛坯

两套试题的毛坯相同，材料均采用 45 钢。其中零件 1、零件 2、零件 4 共用一块毛坯（见图 3-1），零件 3 单独一块毛坯（见图 3-2）。试件所用毛坯是经过预加工的，这样可以减轻选手的工作量，在试件工艺制订上也为选手提供了一定的思路。

4. 夹具

采用 ϕ250mm 标准三爪自定心卡盘。

5. 刀具

比赛所用刀具要求选手自带，而且没有规定是机夹可转位刀具还是整体焊接刀具，只是在刀具推荐表中根据试题需要，提出了对比赛所用刀具的要求，见表 3-1。表中推荐的刀具在两套试题中是通用的。

6. 量具

比赛用量具、检具要求选手自带，推荐表见表 3-2。两套试题使用的量具相同。

㊀ 为了忠实原题，方便读者真正了解大赛，本书未完全按标准规范大赛试题用图的画法和标注，特此说明。——编者注

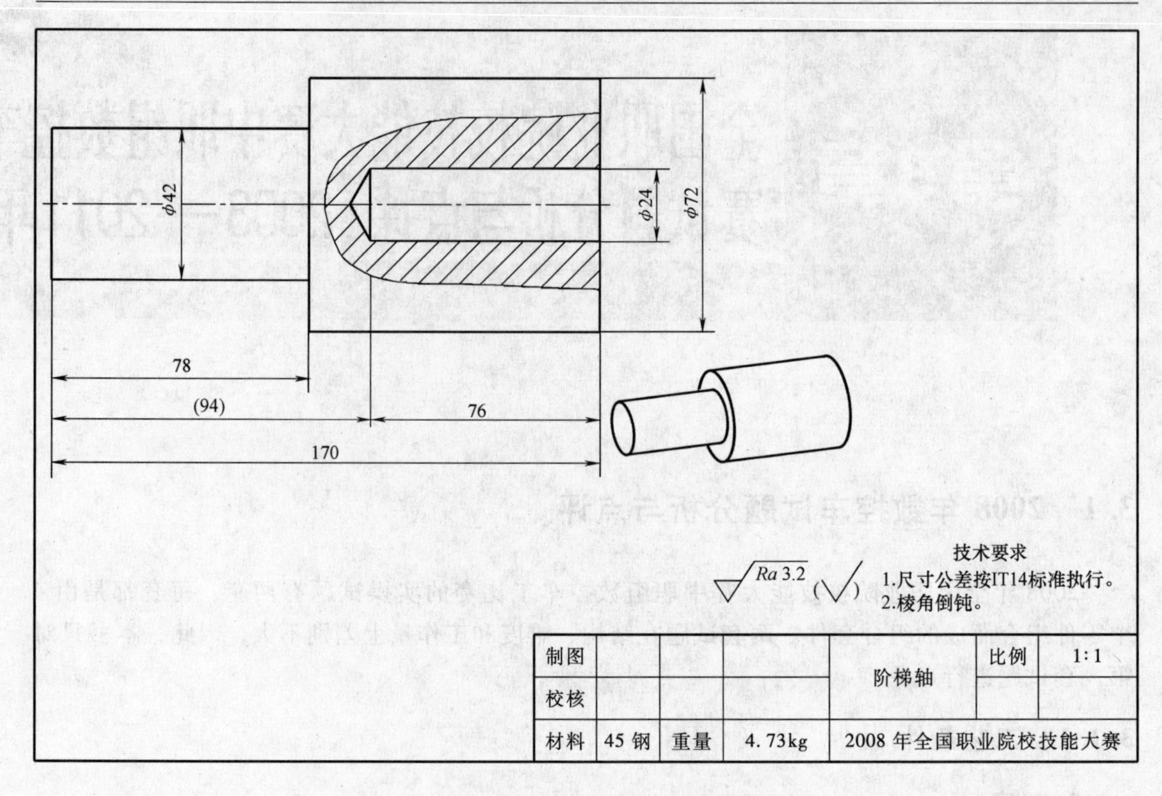

制图				阶梯轴	比例	1∶1
校核						
材料	45 钢	重量	4.73kg	2008 年全国职业院校技能大赛		

图 3-1　零件 1、零件 2、零件 4 共用的毛坯

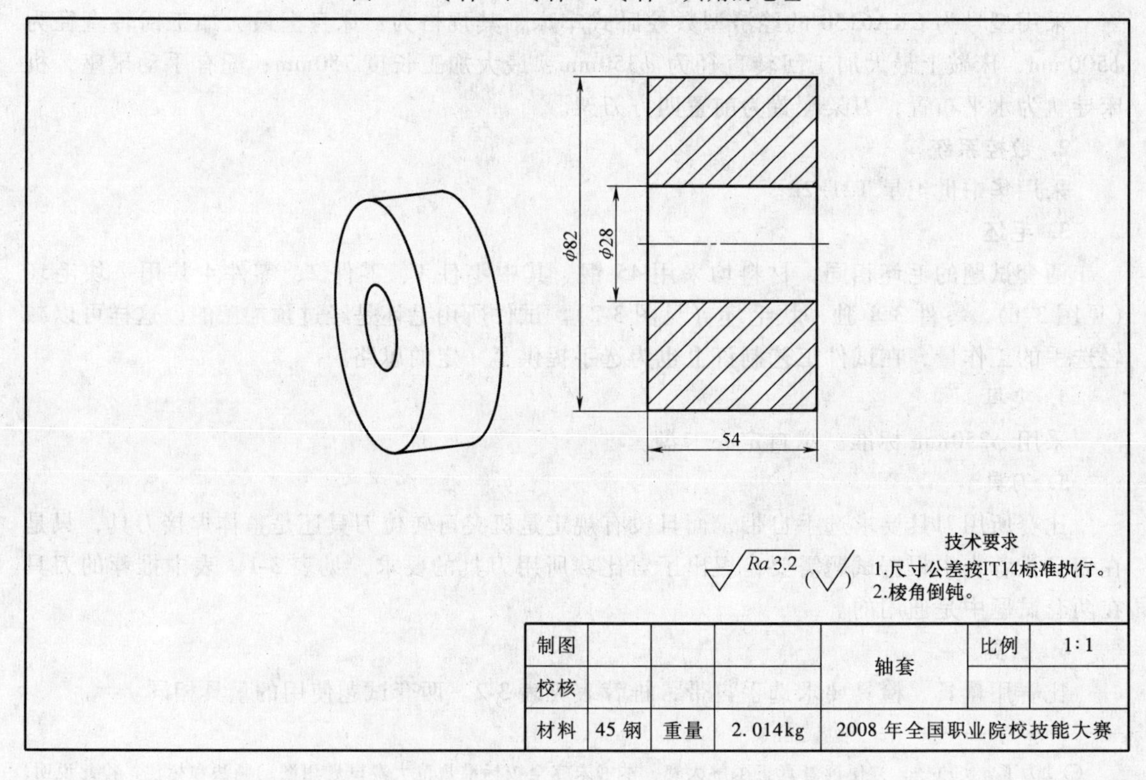

制图				轴套	比例	1∶1
校核						
材料	45 钢	重量	2.014kg	2008 年全国职业院校技能大赛		

图 3-2　零件 3 的毛坯

7. 工具、辅具、辅料

数控车赛场为比赛提供的工具、辅具和辅料见表 3-3。

表 3-1　选手自带刀具推荐表

序号	刀　具　要　求	数量	备　　注
1	装 80°等边菱形刀片的车外圆、端面正偏刀	1	刀尖圆弧 $R0.8$mm
2	能加工台阶孔的内孔车刀，加工范围≥$\phi25$mm	1	刀尖圆弧 $R0.8$mm
3	内/外螺纹（60°三角形螺纹）车刀，内螺纹刀杆直径 $\phi16$mm	1	1～3mm 螺距的螺纹刀片
4	装 $\phi6$mm 圆刀片的外圆对称车刀	1	
5	装 35°等边菱形刀片的正、反外圆车刀	1	刀尖圆弧 $R0.4$mm
6	4mm 宽的外圆车断刀	1	最大背吃刀量 20mm
7	端面槽车刀，加工范围 $\phi55$～$\phi80$mm	1	刀片宽 4mm
8	外梯形螺纹车刀	1	螺距 4～6mm
9	$\phi3$mm 中心钻	1	
10	（莫氏 4 号锥度）锥柄钻夹头，装夹范围 1～13mm	1	

表 3-2　自带量具推荐表

序　号	工（量）具名称	规格/mm	数　量	分度值/mm	备　注
1	外径千分尺	0～25	1	0.01	选手自带
2	外径千分尺	25～50	1	0.01	选手自带
3	外径千分尺	50～75	1	0.01	选手自带
4	外径千分尺	75～100	1	0.01	选手自带
5	内径百分表	18～35	1	0.01	选手自带
6	内径百分表	35～50	1	0.01	选手自带
7	游标卡尺	0～150	1	0.02	选手自带
8	深度游标卡尺	0～200	1	0.02	选手自带
9	钟面式百分表	0～5	1	0.01	选手自带
10	杠杆百分表	0～0.8	1	0.01	选手自带
11	磁性表座	自定	自定		选手自带

表 3-3　赛场提供的工具、辅具、辅料清单

序　号	名　　称	规　　格	数　量	备　注
1	三爪自定心卡盘、刀架扳手、铁屑钩	机床配套	24	赛场准备
2	回转顶尖（莫氏 5 号锥度）	机床配套	24	赛场准备
3	变径套（莫氏 4 号、5 号锥度）	机床配套	24	赛场准备
4	乳化液	机床配套	若干	赛场准备
5	脚踏板	机床配套	24	赛场准备
6	棉丝	自定	若干	赛场准备
7	铜皮	0.2～0.5mm	若干	赛场准备
9	梯形螺纹样板	Tr46×6-7e	10	赛场准备
10	顶尖过渡套		10	图 3-3
14	找正铜棒或木锤	自定	24	赛场准备
15	锤子	自定	6	赛场准备
16	毛刷	自定	24	赛场准备
17	去毛刺锉刀	自定	10	赛场准备

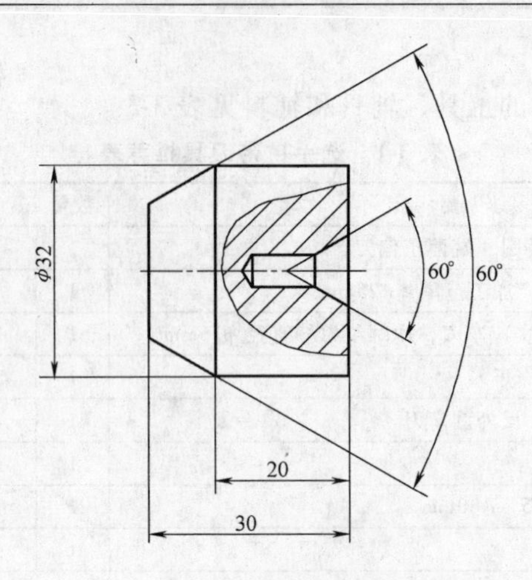

图 3-3　顶尖过渡套

3.1.2　图样、工艺与加工

1. 图样及技术要求

1）装配图及技术要求如图 3-4 所示。

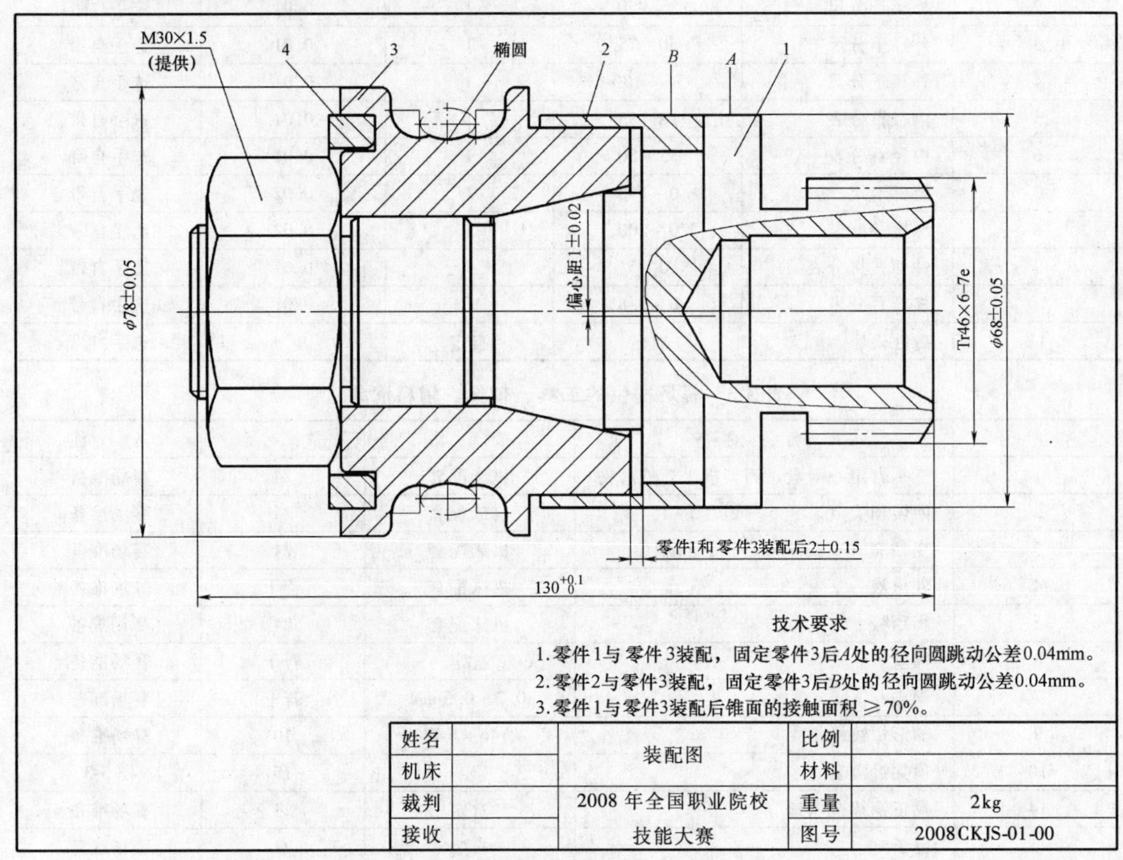

图 3-4　装配图

2）4 个单件的零件图及技术要求分别如图 3-5 至图 3-8 所示。

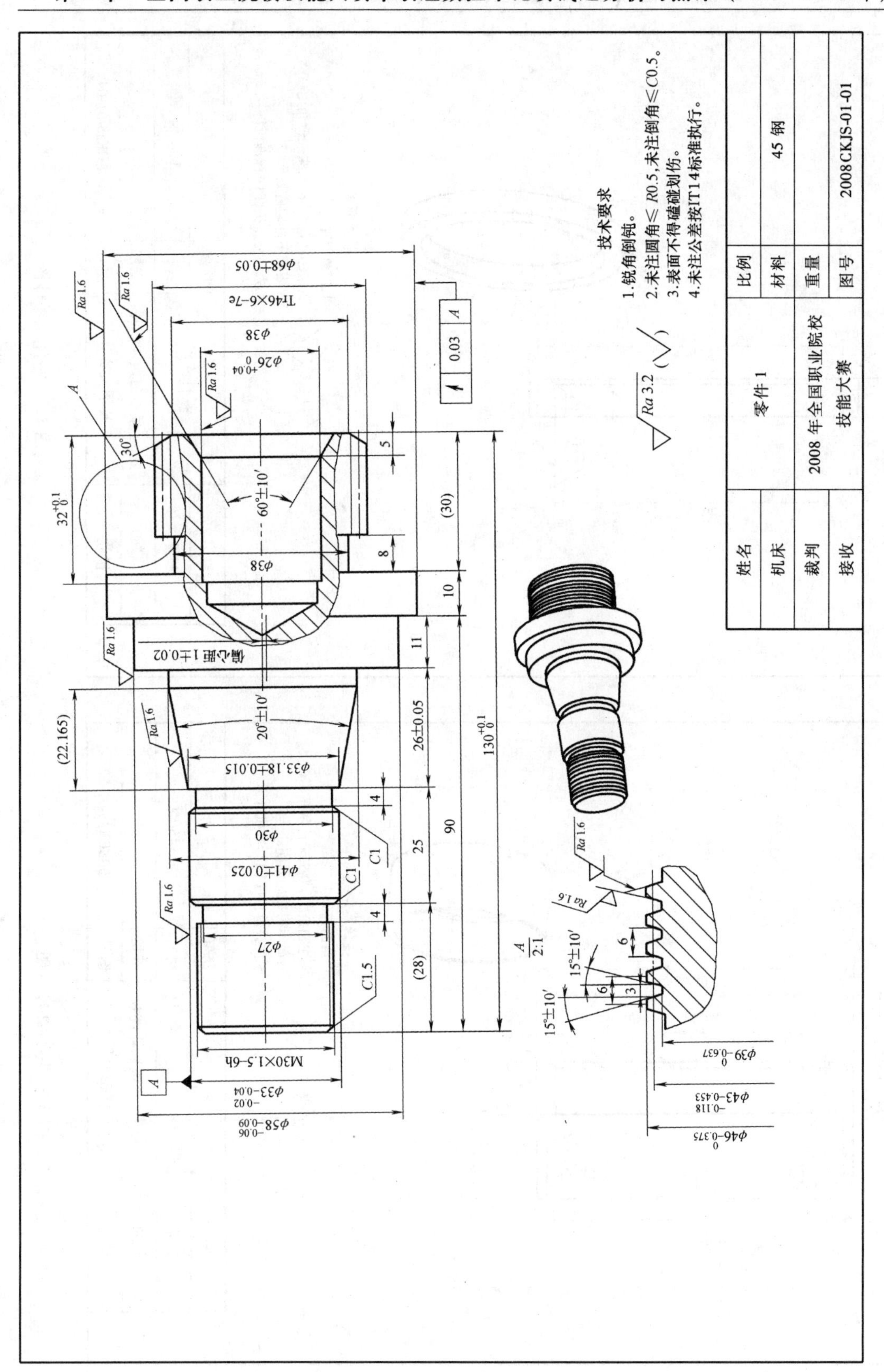
技术要求
1.锐角倒钝。
2.未注圆角≤R0.5,未注倒角≤C0.5。
3.表面不得磕碰划伤。
4.未注公差按IT14标准执行。
姓名
机床
裁判
接收
零件1
2008 年全国职业院校技能大赛
比例
材料
45 钢
重量
图号
2008CKJS-01-01

图 3-5　零件 1 零件图

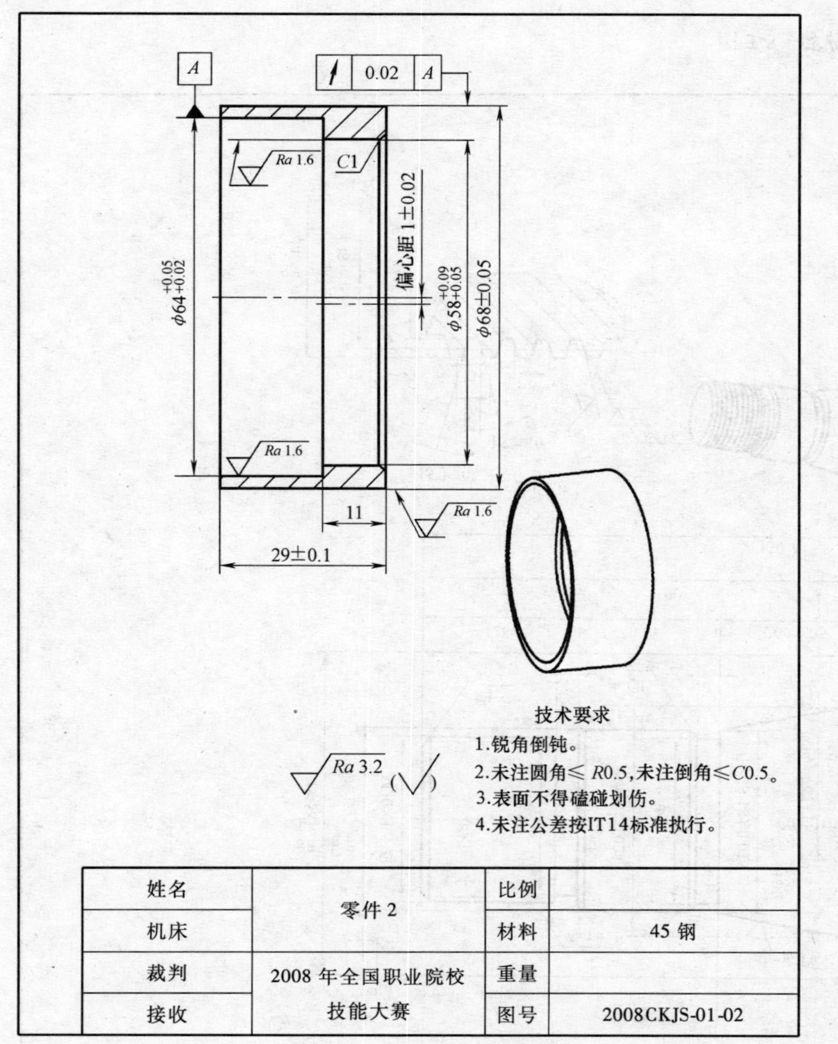

图 3-6 零件 2 零件图

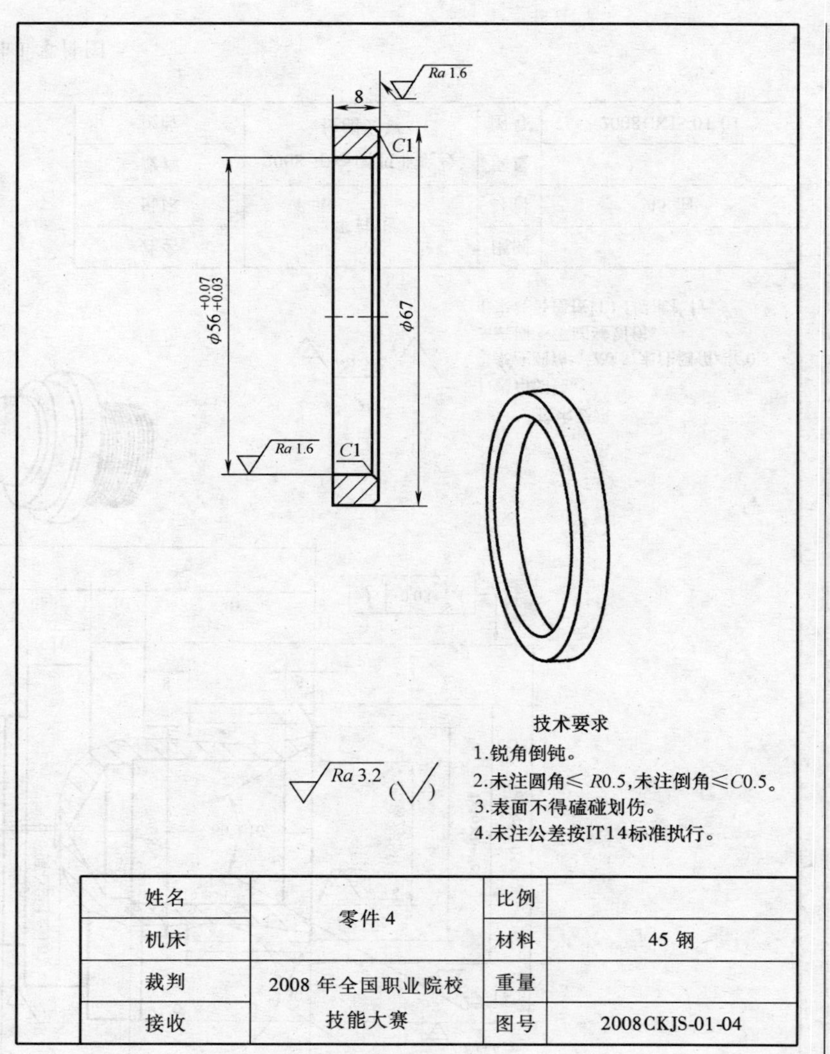

图 3-7 零件 4 零件图

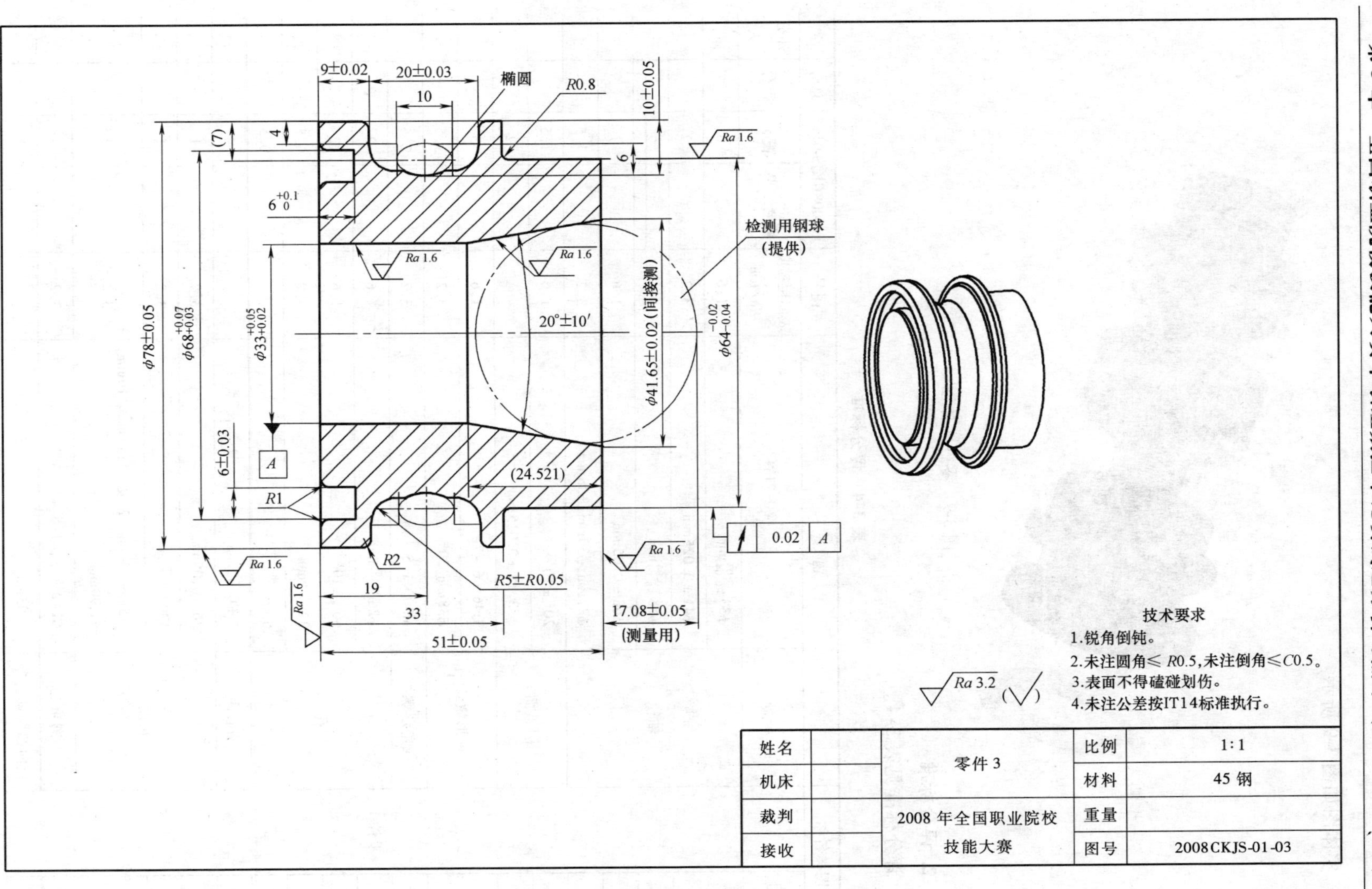
9±0.02
20±0.03
椭圆
R0.8
10±0.05
10
(7)
4
6
Ra 1.6
6+0.1 0
检测用钢球
(提供)
Ra 1.6
Ra 1.6
φ78±0.05
φ68+0.07+0.03
φ33+0.05+0.02
20°±10′
φ41.65±0.02 (间接测)
φ64-0.02-0.04
6±0.03
A
(24.521)
R1
0.02
A
Ra 1.6
Ra 1.6
R2
R5±R0.05
Ra 1.6
19
33
17.08±0.05
(测量用)
51±0.05
技术要求
1.锐角倒钝。
2.未注圆角≤R0.5,未注倒角≤C0.5。
3.表面不得磕碰划伤。
4.未注公差按IT14标准执行。
Ra 3.2
姓名
机床
裁判
接收
零件 3
2008 年全国职业院校
技能大赛
比例
1:1
材料
45 钢
重量
图号
2008CKJS-01-03

图 3-8　零件 3 零件图

实体图如图3-9所示。

图3-9　零件实体图

2. 评分标准

评分标准见表3-4。

表3-4　评分标准

图样名称		题1		图号	2008CKJS-01		总分	
序号		名称	检测内容	表面粗糙度 Ra/μm	检测结果	配分	得分	评分人
1	零件1	轴径	$\phi33^{-0.02}_{-0.04}$mm	1.6		3		
2			$\phi41\pm0.025$mm	3.2		2		
3			$\phi58^{-0.06}_{-0.09}$mm	1.6		2		
4			$\phi68\pm0.05$mm	1.6		1		
5			$\phi27$mm,$\phi30$mm,$\phi38$mm	3.2		1.5		
6		圆锥面	$20°\pm10'$	1.6		1.5		
7			$\phi33.18\pm0.015$mm			2		
8		梯形螺纹	Tr46×6－7e	1.6		5		
9			$\phi38$mm,30°	3.2		1.5		
10		三角形螺纹	M30×1.5－6h	3.2		2.5		
11		孔	$\phi26^{+0.04}_{0}$mm	1.6		2		
12			$60°\pm10'$	1.6		2		
13			$32^{+0.1}_{0}$mm	3.2		0.5		
14			5mm			0.5		
15		偏心距	1 ± 0.02mm			4		
16		长度	26 ± 0.05mm	3.2		1		
17			$130^{+0.1}_{0}$mm	3.2		1		
18			25mm、4mm（2处）、11mm、10mm、8mm、90mm	3.2		3		
19		倒角	$C1$（2处）、$C1.5$	3.2		1		
20		径向圆跳动公差	0.03mm			3		

（续）

图样名称		题1		图号	2008CKJS-01		总分	
序号		名称	检测内容	表面粗糙度 $Ra/\mu m$	检测结果	配分	得分	评分人
21	零件2	外径	$\phi68 \pm 0.05$mm	1.6		1		
22		孔	$\phi58^{+0.09}_{+0.05}$mm	1.6		1.5		
23			$\phi64^{+0.05}_{+0.02}$mm	1.6		2		
24		偏心距	1 ± 0.02mm			4		
25		长度	29 ± 0.1mm	3.2		1		
26			11mm	3.2		0.5		
27		倒角	$C1$	3.2		0.5		
28		径向圆跳动公差	0.02mm			3		
29	零件3	外形轮廓	2个$R5 \pm R0.05$mm，2个$R2$mm，椭圆轮廓	3.2		4		
30			20 ± 0.03mm	3.2		2		
31			10 ± 0.05mm	3.2		1		
32		端面环形槽	$\phi68^{+0.07}_{+0.03}$mm	3.2		3		
33			6 ± 0.03mm	3.2		2		
34			$6^{+0.1}_{0}$mm	3.2		1		
35			2个$R1$mm	3.2		1		
36		外径	$\phi78 \pm 0.05$mm	1.6		1		
37			$\phi64^{-0.02}_{-0.04}$mm	1.6		3		
38		孔	$\phi33^{+0.05}_{+0.02}$mm	1.6		2.5		
39		长度	9 ± 0.02mm	1.6		2		
40			51 ± 0.05mm	1.6		1		
41			33mm	3.2		0.5		
42		锥面	$20° \pm 10'$	1.6		2		
43			17.08 ± 0.05mm			1		
44		圆角	$R0.8$mm	3.2		0.5		
45		径向圆跳动公差	0.02mm			3		
46	零件4	外径	$\phi67$mm	1.6		2		
47		孔	$\phi56^{+0.07}_{+0.03}$mm	3.2		0.5		
48		长度	8mm	1.6		0.5		
49		倒角	$C1$（2处）	3.2		0.5		
50	零件1与零件3装配	间隙	2 ± 0.15mm			3		
51		径向圆跳动公差	0.04mm			2		
52		锥面接触面积	≥70%			3		

（续）

图样名称		题1		图号	2008CKJS-01		总分	
序号	名称		检测内容	表面粗糙度 $Ra/\mu m$	检测结果	配分	得分	评分人
53	零件2与零件3装配	配合	转动灵活			1.5		
54		径向圆跳动公差	0.04mm			2		
55	零件3与零件4装配	配合	转动灵活			1		
总体评价：								

3. 图样分析

1）图面分析。这套试题是由4个零件组成的组合体。零件1是这套零件的基础件，起着将零件2和零件3连接在一起的作用。环状的零件4单独与零件3的端面槽配合连接。

① 零件1是一个短轴结构的零件。作为整套零件的基础，零件2和零件3都与它有直接的关系。它有两个外圆和一个锥面是配合面。一侧的梯形螺纹没有配合要求，另一侧的三角螺纹与提供的螺母有配作关系。

② 零件2是一个偏心的薄壁套零件，它两个相互偏心1mm的内孔分别与零件1和零件3有配合关系。

③ 零件3是一个锥套类的零件，它的配合关系在这套零件中最为复杂，它与其他三个零件都有配合关系，是这套零件中配合面最多的一个。

④ 零件4是一个内、外形都非常简单的环类零件，但它难点在于要镶嵌在零件3的端面槽中，需要两个面配合，这就要求既要有尺寸精度还要保证一定的形状精度才行。

2）精度分析。

① 尺寸精度。4个零件的加工尺寸精度大多为IT7，最高的IT6，最低为IT14。

② 表面粗糙度。这套零件所有配合表面的表面质量要求较高，表面粗糙度值都是 $Ra1.6\mu m$，非配合面多数要求的是 $Ra3.2\mu m$，只有少数要求达到 $Ra1.6\mu m$。

③ 技术要求。装配图上有三个技术要求，都属于配合精度方面的要求。

零件1与零件3装配：固定零件3后，零件1最大轴颈处（A）的径向圆跳动误差不超过0.04mm。

零件2与零件3装配：固定零件3后，薄壁偏心套2的外圆处（B）的径向圆跳动误差不超过0.04mm。

零件1与零件3装配：内、外圆锥面的接触面积不少于70%。

4. 工艺分析与操作要点

工艺分析的目的是通过对图样的分析，制订合理的加工方案，最终又好又快地完成零件加工。它是加工中必不可少的重要分析环节，尤其是在技能比赛中，更需要比赛选手快速准确地读懂图样内容、评分标准和相关技术要求，尽快制订加工方案。

1）制订加工方案。加工方案关系着零件加工的成败。对于多数零件而言其加工方案是多种多样的，可也有一些零件，它的加工方案或许就是唯一的。尤其是比赛中的成套组合件，方案制订的错误会影响零件的加工进度，甚至导致全套零件加工的失败，如本套零件中零件 4 那个看似简单的环。

这套试题的加工路线不难制订。通过装配图可看出每一件都可以单独加工，只要能充分发挥装夹找正的能力，最后的装配精度是能保证的。

图 3-10 所示为第一套试题车削工艺流程简图。图 3-11 所示是较为直观的第一套试题车削流程实体图。

①　工艺流程顺序 1：顺序 1 是车削零件 3，分两次装夹进行。第一次装夹先将零件 3 毛坯一侧外圆、内孔、内锥孔加工完成。第二次装夹是掉头装夹车好的台阶，车削另一侧的外圆弧、端面槽至完成。

②　工艺流程顺序 2：顺序 2 是车削零件 2，分两次装夹进行。先是夹住零件 1、零件 3、零件 4 共用毛坯的台阶一端，在另一端车零件 2 的端面、外圆和内孔，偏心孔部分留至少 2mm 的加工余量。第二次装夹使用三爪垫片的方法用百分表找好偏心后车孔，最后切下零件 2。

③　工艺流程顺序 3：顺序 3 是车削件 4。夹住切下零件 2 余下的共用毛坯，车端面、外圆，车端面槽后按长度切下零件 4。

④　工艺流程顺序 4：顺序 4 是两次安装分别对零件 2 和零件 4 进行掉头车削并完成。

⑤　工艺流程顺序 5：顺序 5 是车削件 1。夹住切下零件 2 和零件 4 后余下的共用毛坯大头一端，车削除去梯形螺纹的全部尺寸。

⑥　工艺流程顺序 6：顺序 6 是车削零件 1 的梯形螺纹一端，一次装夹分两步进行。第一步是夹住零件 1 的中间直径部分，加工内孔和内倒角到完成。第二步使用顶尖支承车削外梯形螺纹到完成。

2）加工难点与解决方案。加工这套试题应注意以下 4 个方面。

①　在顺序 1 车削零件 3 时，不能先加工有外圆弧的一端。若先加工圆弧和端面槽部位，则掉头后由于端面槽部位刚性差容易变形且外圆部位装夹位置小，会造成装夹定位困难。

②　顺序 2 车削偏心套零件 2 时，保证偏心精度的方法有两种：一是找相距较远的两点都在公差之内；二是找外圆和与之垂直的端面。对于这个零件，由于长度较短，使用外圆和与之垂直的端面找偏心较好。

③　顺序 3 车削零件 4 时，要通过套料的方法加工。套料加工是机械加工中一种节省材料的好方法。套料的方法主要有两种：一种是使用套料钻来钻削尺寸较大的通孔，套料钻将孔钻通后，一段棒料被留在套料钻中；另一种是通过切端面槽后，在外圆上或内孔中切断来获得一个环形零件。此处加工零件 4 薄壁环时，只能用切端面槽后在外圆上切断的方法得到。因为试题毛坯（零件 1、零件 2、零件 4 共用）在长度方向上没有加工这个零件的余量，要求选手能在短时间内想到套料加工的方法，使用端面车槽刀在毛坯上挖出一个零件 4，但是又不能影响到其他零件的余量及尺寸要求。

④　顺序 6 中车削零件 1 的梯形螺纹时，若不使用顶尖顶住而是直接加工螺纹，则可能由于车螺纹的切削力较大，加工时工件产生位移；若用顶尖顶住则距离工件端面太近，螺纹

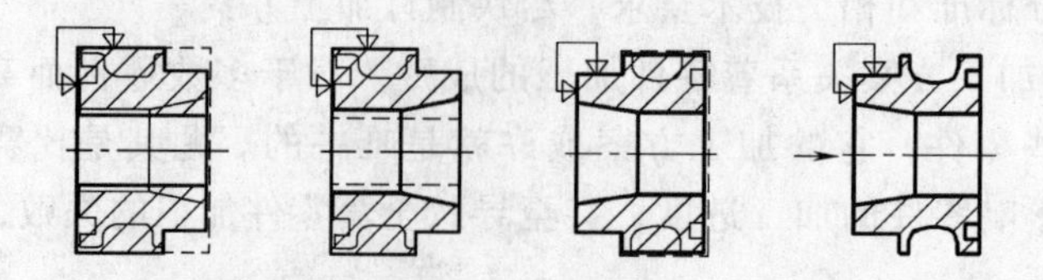

顺序1：分两次装夹，车削完成零件3

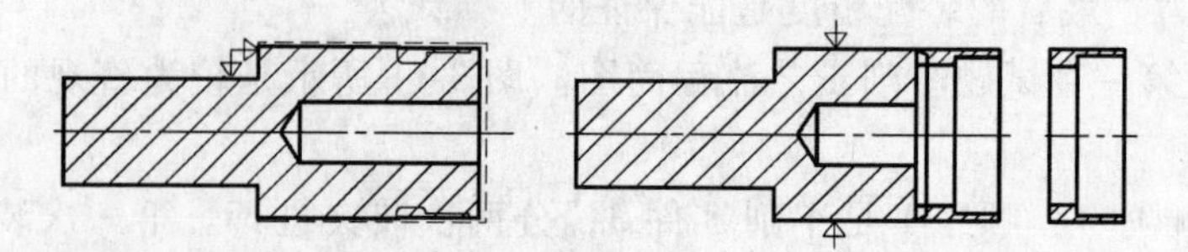

顺序2：两次装夹，车削完成零件2并车下

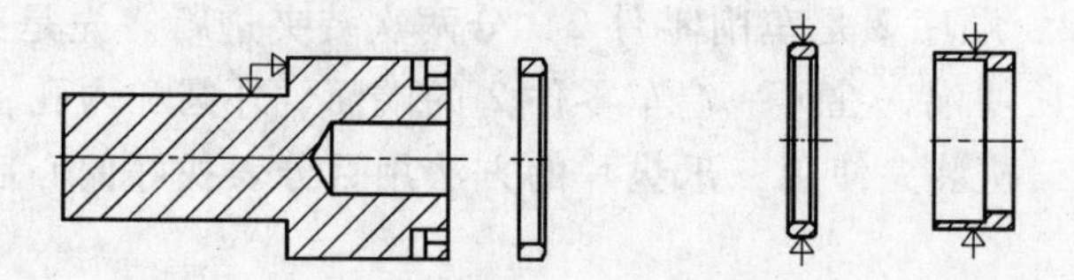

顺序3：一次装夹，套料车削完成零件4并车下　　顺序4：掉头车削完成零件2、零件4

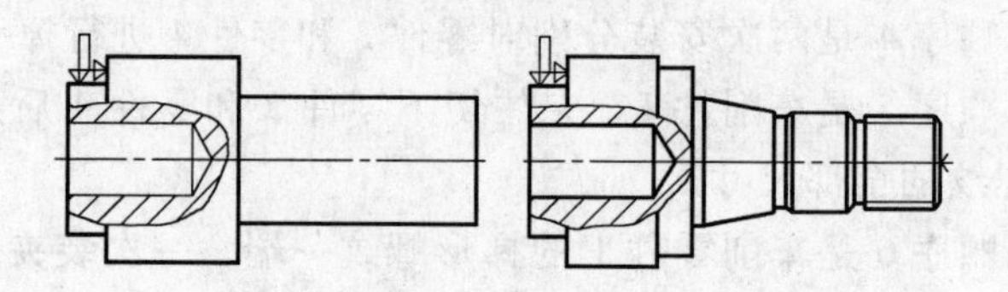

顺序5：一次装夹，车削完成零件1除梯形螺纹的其余部分

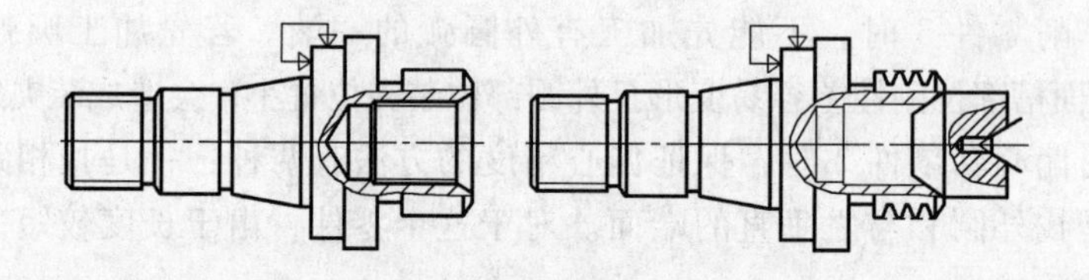

顺序6：一次装夹分两步进行，车削完成零件1梯形螺纹

图 3-10　第一套试题车削工艺流程

车刀定位空间较小。赛场提供的顶尖过渡套，如图 3-3 所示，可以在这里派上用场，起到过渡支承工件又不妨碍进刀的作用。

5. 加工工序卡片

1）零件 3 加工工序。

①　加工零件 3 工序 1 的主要内容见表 3-5，工序 1 简图如 3-12 所示。

②　加工零件 3 工序 2 的主要内容见表 3-6，工序 2 简图如 3-13 所示。

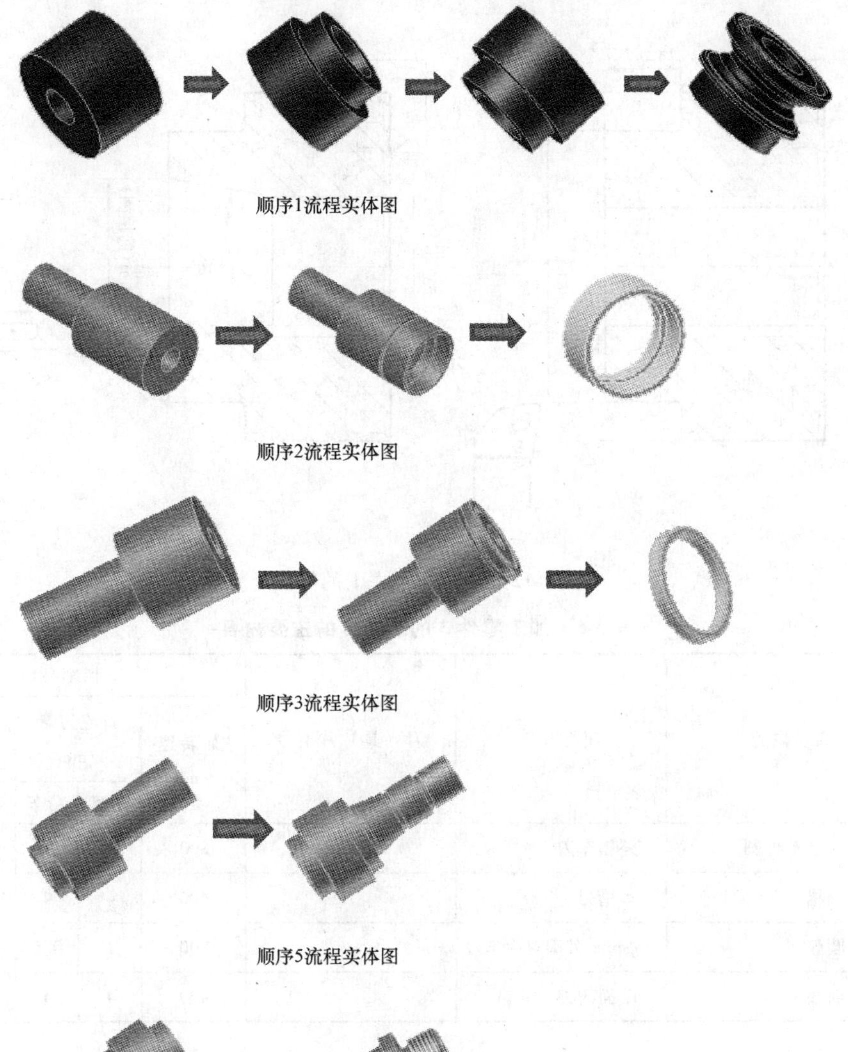

图 3-11　第一套试题车削流程实体图

表 3-5　加工零件 3 工序 1 的主要内容

<table>
<tr><th rowspan="3">序号</th><th rowspan="3">工步内容</th><th rowspan="3">使用刀具</th><th rowspan="3">刀（具）片型号</th><th colspan="5">切削参数</th></tr>
<tr><th rowspan="2">主轴转速/(r/min)</th><th colspan="2">背吃刀量/mm</th><th colspan="2">进给量/(mm/r)</th></tr>
<tr><th>粗车</th><th>精车</th><th>粗车</th><th>精车</th></tr>
<tr><td>1</td><td>平端面、车外圆</td><td>外圆车刀</td><td></td><td>800</td><td>2.5</td><td>1</td><td>0.3</td><td>0.15</td></tr>
<tr><td>2</td><td>车内孔、锥孔</td><td>内孔车刀</td><td></td><td>350</td><td>2</td><td>1</td><td>0.2</td><td>0.10</td></tr>
</table>

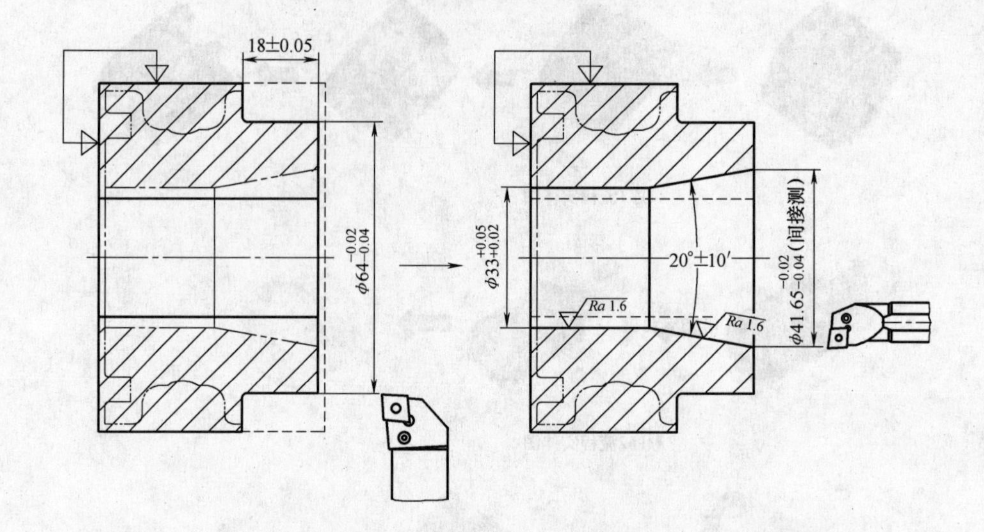

图 3-12　零件 3 工序 1 的简图

表 3-6　加工零件 3 的工序 2 的主要内容

序号	工步内容	使用刀具	刀（具）片型号	主轴转速/(r/min)	背吃刀量/mm		进给量/(mm/r)	
					粗车	精车	粗车	精车
1	平端面、车外圆	外圆车刀		800	2.5	1	0.3	0.15
2	切外圆槽	车槽刀		400	4	4		0.1
3	车外圆弧	ϕ6mm 外圆对称车刀		800	1	0.5	0.2	0.1
4	切端面槽	端面槽刀		400	4	4	0.1	0.05

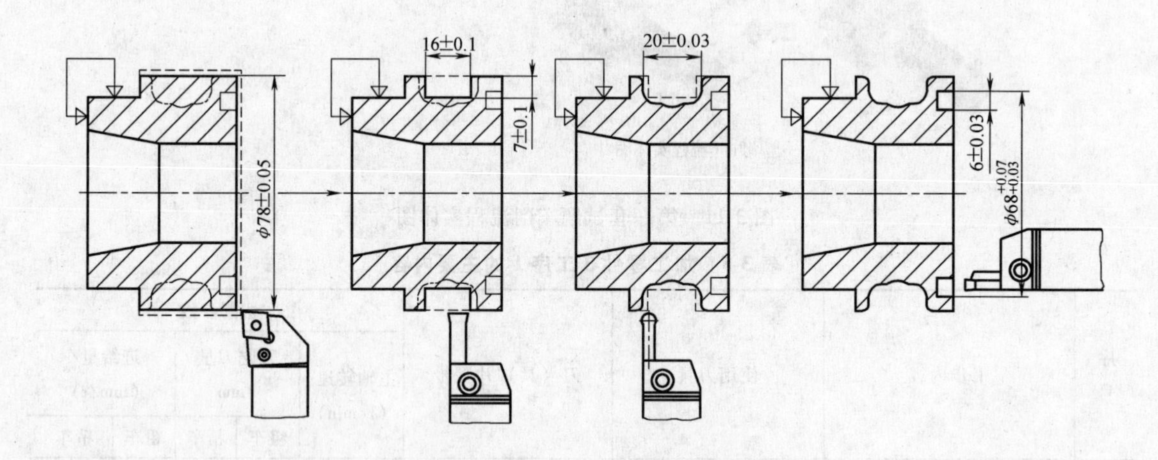

图 3-13　加工零件 3 工序 2 的简图

2）零件 2。加工零件 2 的工序 1 的主要内容见表 3-7，工序 1 工序简图如 3-14 所示。

表 3-7　加工零件 2 工序 1 的主要内容

序号	工步内容	使用刀具	刀（具）片型号	切削参数				
				主轴转速/(r/min)	背吃刀量/mm		进给量/(mm/r)	
					粗车	精车	粗车	精车
1	平端面、车外圆	外圆车刀		800	2.5	1	0.3	0.10
2	车阶台孔	内孔车刀		500	2	1	0.2	0.10
3	切断	车断刀		400	4	4		0.1

加工零件 2 后，余料如图 3-15 所示。

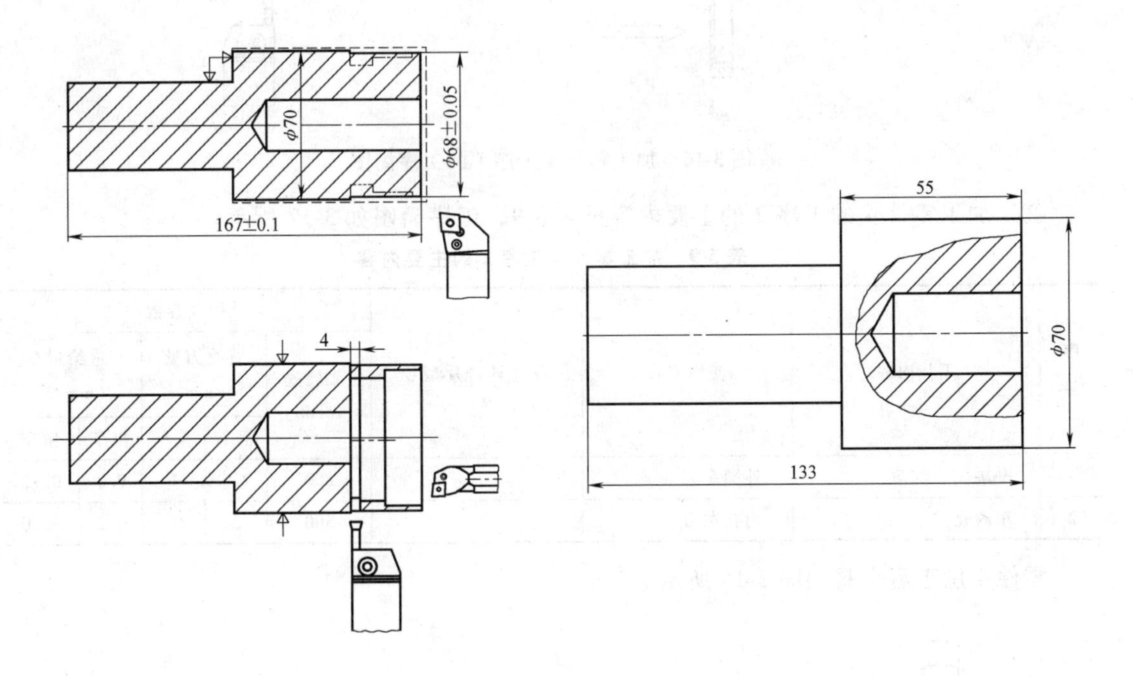

图 3-14　加工零件 2 工序 1 的工序简图

图 3-15　零件 2 加工后余料

3）零件 4。

① 加工零件 4 的工序 1 的主要内容见表 3-8，工序简图如图 3-16 所示。

表 3-8　加工零件 4 的工序 1 的主要内容

序号	工步内容	使用刀具	刀（具）片型号	切削参数				
				主轴转速/(r/min)	背吃刀量/mm		进给量/(mm/r)	
					粗车	精车	粗车	精车
1	平端面、车外圆	外圆车刀		800	2.5	1	0.3	0.15
2	切端面槽	端面车槽刀		400	4	4	0.1	0.1
3	切断	车断刀		400	4	4	0.1	0.1

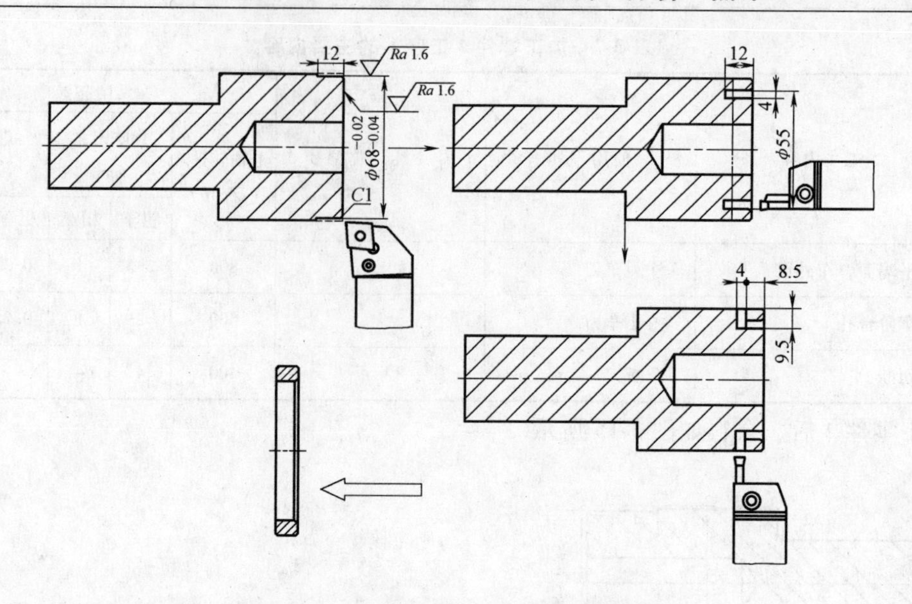

图 3-16　加工零件 4 工序 1 的工序简图

② 加工零件 4 的工序 2 的主要内容见表 3-9，工序简图如 3-17 所示。

表 3-9　加工零件 4 工序 2 的主要内容

序号	工步内容	使用刀具	刀（具）片型号	切削参数				
				主轴转速/(r/min)	背吃刀量/mm		进给量/(mm/r)	
					粗车	精车	粗车	精车
1	平端面、倒角	外圆车刀		800	2.5	1	0.3	0.15
2	车内孔	内孔车刀		500	2	1	0.2	0.10

零件 4 加工后余料如图 3-18 所示。

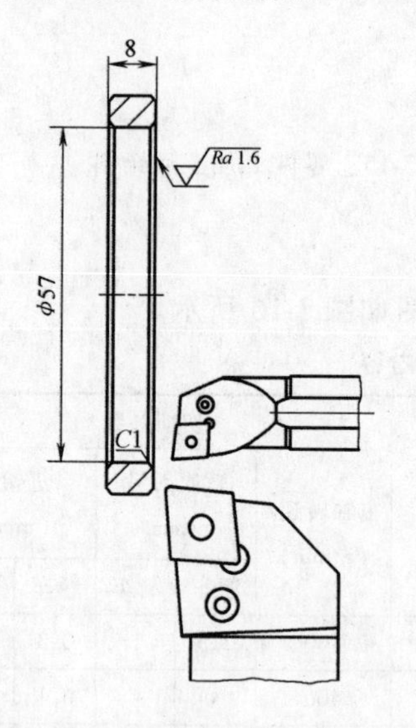

图 3-17　加工零件 4 工序 2 的工序简图

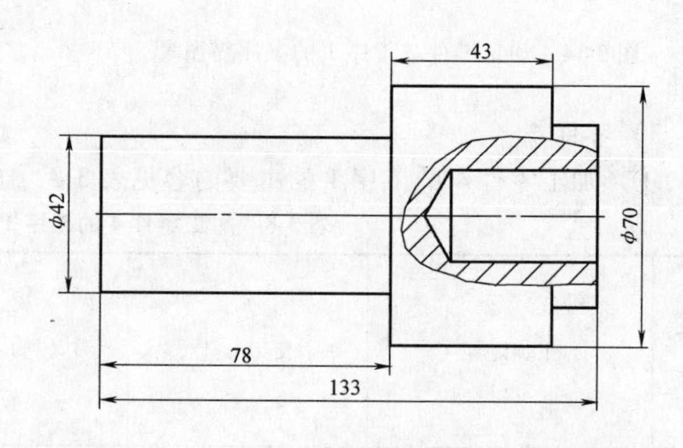

图 3-18　零件 4 加工后余料

4）零件 1。

①　加工零件 1 工序 1 的主要内容见表 3-10，加工零件 1 工序 1 的工序简图如 3-19 所示。

表 3-10　加工零件 1 工序 1 的主要内容

序号	工步内容	使用刀具	刀（具）片型号	切削参数				
				主轴转速/（r/min）	背吃刀量/mm		进给量/（mm/r）	
					粗车	精车	粗车	精车
1	平端面、车外圆	外圆车刀		800	2.5	1	0.3	0.15
2	切槽	车槽刀		500	4	0.5	0.13	0.1
3	车螺纹	外螺纹车刀		300	1.1	0.15	螺距 1.5	螺距 1.5

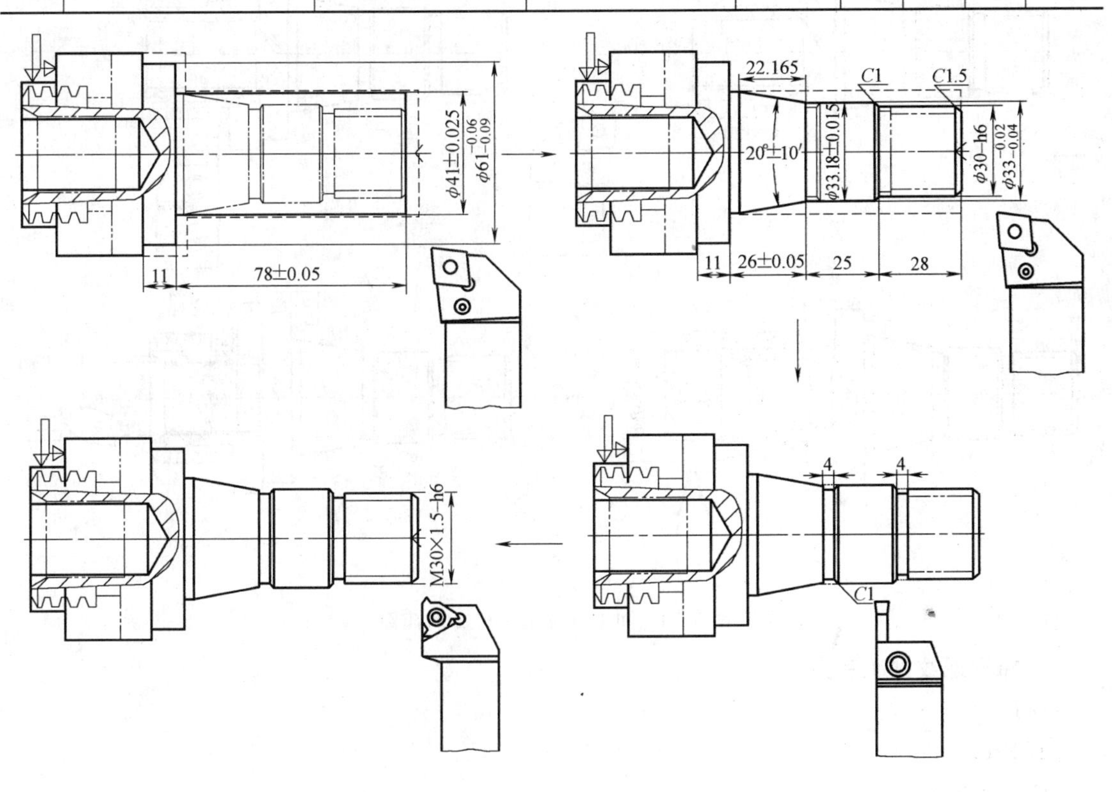

图 3-19　加工零件 1 工序 1 的简图

②　加工零件 1 的工序 2 的主要内容见表 3-11，加工零件 1 工序 2 的工序简图如 3-20 所示。

6. 典型程序

这届数控车比赛的组合件中，零件 1 有一段梯形螺纹。比赛中使用的华中世纪星 T21/22 系统提供了三种螺纹切削指令，即单行程螺纹切削指令 G32，单次循环切削螺纹指令 G82 和多次循环切削指令 G76。其中，大导程螺纹适合使用 G76 多次循环切削指令，也就是常说的复合循环切削螺纹指令。

表 3-11　加工零件 1 工序 2 的主要内容

序号	工步内容	使用刀具	刀（具）片型号	主轴转速/（r/min）	切削参数			
					背吃刀量/mm		进给量/（mm/r）	
					粗车	精车	粗车	精车
1	平端面、车外圆	外圆车刀		800	2.5	1	0.3	0.15
2	切槽	车槽刀		400	4	0.5	0.13	0.1
3	车梯形螺纹	梯形螺纹车刀		200	1.0	0.1	螺距 6	螺距 6
4	车内孔、锥孔	内孔车刀		500	2	1	0.2	0.10

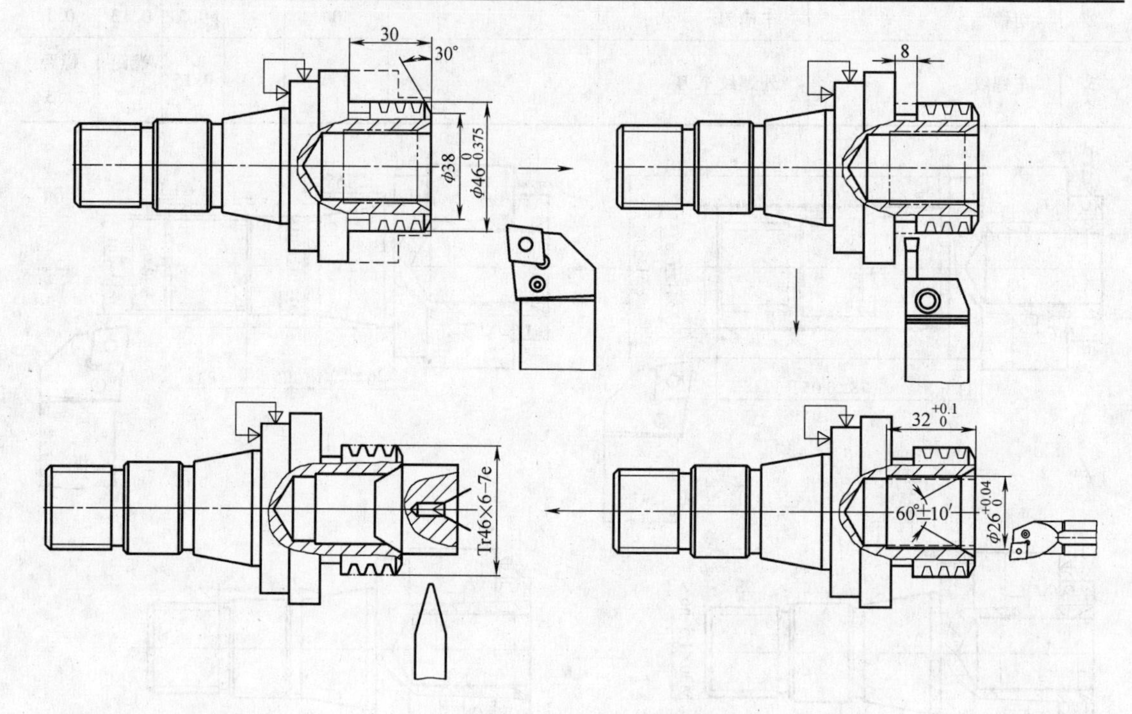

图 3-20　加工零件 1 工序 2 的简图

外梯形螺纹加工程序：

```
%1;
T0101;
G0  X200  Z200;
M3  S400;
G0  X5  0Z6;
G76  C1  A60  X39  Z-26  K3.5  Q0.3  V0.1  U0.1  F6;
G0  X200  Z200;
M05;
M30;
```

注释（指令格式）：

G76　C_　R_　E_　A_　X_　Z_　I_　K_　U_　V_　Q_　P_　F_；

C：精加工次数。

R：螺纹 Z 向退尾长度。

E：螺纹 X 向退尾长度。

A：刀尖角度。

X、Z：绝对值编程时，为螺纹终点坐标。

I：螺纹两端的半径差。

K：螺纹高度。

U：精加工余量。

V：最小背吃刀量。

Q：第一次背吃刀量。

P：起始角的主轴转角（多线螺纹）。

F：螺纹导程。

3.1.3　试题点评

1. 命题思路和试题特点

本次数控车工实操试题，是在对多所中职学校数控专业调研的基础上，本着体现中职学校学生的操作能力并结合企业生产实际的原则命题。

本次数控车试题要素选取有如下特点：

1）选取了零部件上比较常见的外圆、内孔、外沟槽、锥面、螺纹等元素，同时也包含了较为困难的端面槽要素。

2）配合部分选用了锥度配合、螺纹配作（螺母由赛场提供），也增加了端面槽和环类件配合要素。

3）设置了毛坯套料加工的考点，零件 1、零件 2、零件 4 共用毛坯故意设置成长度不够，一方面考查选手识图能力，另一方面考查选手有没有加工前验证毛坯的习惯，同时还考查选手临场发挥应变能力，考查选手能否想到套料加工的办法。

4）赛场提供了顶尖过渡套，考核选手对加工辅料、辅具的认知和应用情况。

5）薄壁偏心零件 2 考查选手对薄壁件加工和找偏心的操作熟练程度。

6）薄壁环零件 4 与零件 3 的端面槽有一定的配合要求，考核的是选手加工端面槽时径向尺寸控制的技能；另一个就是使用端面槽刀的能力。

7）较短和较薄零件掉头时夹紧力度要控制好，避免装夹变形。

2. 加工中应注意的问题

1）零件 3 掉头加工时，由于内孔和内锥孔已经加工完了，装夹刚性相对比较薄弱，夹紧力不能过大，以免内孔变形影响最后的装配和锥面接触面积。另外，加工外圆弧槽和端面槽时也要注意切削力的控制，也就是切削速度选择得高些，进给速度、背吃刀量选小一些，避免因切削力大造成工件定位产生变动甚至工件变形或飞出伤人。

2）加工零件 2 时，找偏心要在端面和外圆两个方向测量，避免偏心孔轴线与工件轴线不平行，最后影响装配和 0.04mm 的径向圆跳动公差要求。由于偏心套工件有薄有厚，所以切断时要特别注意进给速度，工件将要切断时用钩子接住，否则，高速情况下由于离心力的影响，工件容易甩出去。即使直接掉在油盘中也容易摔变形而影响配合。

3）零件4的加工是不能直接车削出来的。此处的工艺难点是要及时发现剩余毛坯的长度已经不足以满足零件4和零件1的长度要求了。要使用端面车槽刀车出端槽后再使用外圆车槽刀将零件4车下来。

4）加工零件1的6mm导程梯形螺纹时，较大切削力可能会破坏工件的装夹定位而产生晃动，甚至会使工件掉下或飞出。使用一夹一顶的装夹方式可解决这个问题，直接使用顶尖顶住内孔会使螺纹车刀与顶尖距离过近，螺纹车刀起刀位置设定不妥有可能造成撞刀。赛场提供的辅具中有一个顶尖过渡套，这可以让一夹一顶的方法较为安全地实现。

3. 比赛中选手存在的不足

从比赛过程和结果看，大部分选手具有一定的工艺分析能力和操作能力。但也有一些选手存在明显不足。

1）有些选手在比赛开始后没有认真研究图样，也忽略了毛坯检查的环节，一上来就采用切断的方法加工零件2和零件4，造成毛坯剩余长度尺寸不够零件1的长度。这种只追求效率而忽略质量，加工零件时急于求成的心态无论是在技能比赛中还是在企业工作中都不可取。

2）在加工梯形螺纹时，个别选手没有使用顶尖支承，比赛中背吃刀量较大造成工件晃动，使夹紧用的外径被破坏。

3）个别选手对设备和系统不熟悉，编程错误率高，耽误了比赛时间。

4）个别选手在使用端面车槽刀的时候，忽略了刀头宽度的影响，加工时没有及时检查，造成了车槽位置不对。

5）有些选手对工件的夹紧力度掌握得不好，本来尺寸合格的薄壁工件在掉头车削完后由于夹紧力过大造成变形，影响了装配，该得的分数没有得到。

6）在车断薄壁偏心套时，有的选手没有意识到磕碰对薄弱工件的影响，不采取保护措施而直接车下掉入油盘，致使工件变形。

3.2 2009年数控车试题分析与点评

2009年全国职业院校技能大赛中职组数控车工比赛的实操试题有两套，都是三件组合。由于两套题的结构大体相同，所以这里只介绍第一套题。

3.2.1 工艺条件

1. 机床

采用型号为CKA6150的经济型数控卧式车床，其规格为：床身上最大加工回转直径为ϕ500mm，在床鞍上最大加工回转直径为ϕ350mm，最大加工长度为750mm。导轨水平布置，四方刀架，刀架前置配置，配有手动尾座。

2. 数控系统

数控系统有两种，分别为FANUC 0i mate TC和FANUC 0i mate TB（已升级）系统。升级后的FANUC 0i mate TB系统的功能与FANUC 0i mate TC相同，只是操作面板未作改动。

3. 毛坯

两套试题用同一组毛坯，材料均为45钢，经过调质处理。图3-21所示为试题零件毛坯图。本体毛坯上有一个被铣削出来的平底槽，这是为本体零件上的一个重要考点准备的。为了不让选手在钻孔上花费很多时间，锥轴毛坯中心预钻了一个 ϕ21mm 的孔。曲面罩毛坯外圆上的一对 ϕ5mm 孔供组装后拆卸工件用。

4. 夹具

采用 ϕ250mm 标准三爪自定心卡盘。

5. 刀具

采用外圆车刀、内孔车刀、外槽车刀、端面槽车刀、外螺纹车刀、内螺纹车刀 6 种共 14 把车刀，由赛场提供。刀具清单见表 3-12，图 3-22 所示为赛场提供的刀具照片。

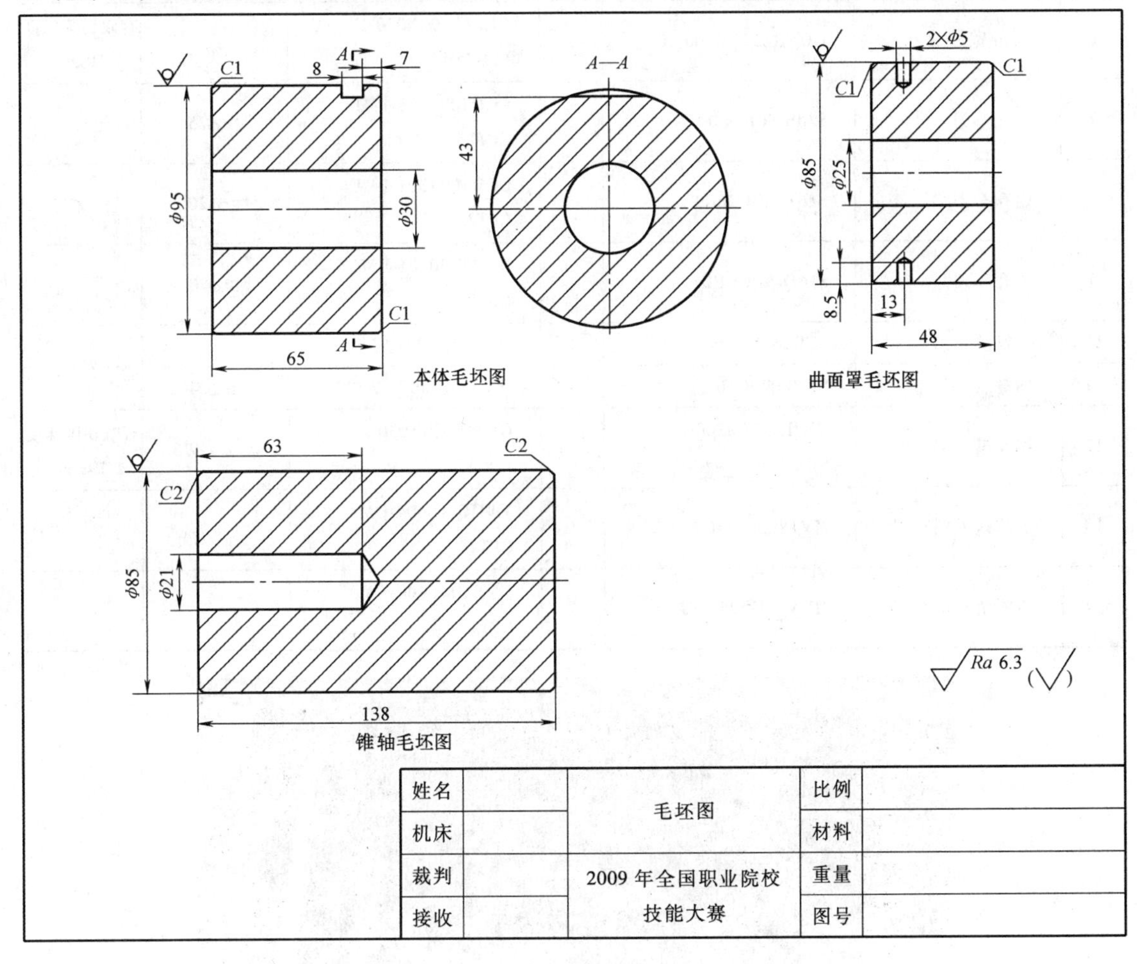

图 3-21　试题零件毛坯图

表 3-12　赛场提供的刀具清单

序号	名　　称	型　　号	数量	刀　　片	加工直径/mm	备　注
1	95°负前角外圆车刀	MCLNR2525M12	1	CNMG120408-KM CPT25		
2	93°负前角外圆车刀	MDJNR2525M11	1	DNMG110408-UM CPT25		粗加工

（续）

序号	名　称	型　号	数量	刀　片	加工直径/mm	备　注
3	93°负前角外圆车刀	MDJNR2525M11	1	DNMG110404-UM CPT25		精加工
4	正前角外圆车刀	SRDCN2525M06	1	RCMT0602MO-UM CPT25		
5	负前角外圆车刀	MVJNR2525M16	1	VNMG160408-UM CPT25		
6	3mm宽外槽刀	GDAR2525M300-10	1	GE22D300N030-F PPG35		有效切削深度10mm
7	内孔车刀	S20S-SCLCR09	1	CCMT09T308-PMF CPT25	≥ϕ25	粗加工
8	内孔车刀	S16R-SCLCR09	1	CCMT09T304-PMF CPT25	≥ϕ20	精加工
9	内孔车刀	S16Q-SDQCR07	1	DCMT070204-UM CPT25	≥ϕ20	
10	外螺纹车刀	SER2525M16	1	16ER 1.5ISO CPS20		
11	内螺纹车刀	SNR0020Q16	1	16NR 1.5ISO CPS20	≥ϕ24	
12	端面槽车刀	GDJL2525M3000 54-19	1	GE22D300N030-F PPG35	ϕ59～ϕ73	有效切削深度19mm
13	负前角外圆车刀	MVJNL2525M16	1	VNMG160404-UM CPT25		
14	负前角外圆车刀	MVVNN2525M16	1	VNMG160408-UM CPT25		

图3-22　赛场提供的刀具

6. 工具、量具

本次大赛用工具、量具要求选手自带。自带工具、量具推荐表（中心钻包括在内）见表3-13。

表 3-13 自带工具、量具推荐表

序号	工（量）具名称	规 格	数量	分度值	备 注
1	游标卡尺	0 ~ 150mm	1	0.02mm	
2	游标卡尺	0 ~ 200mm	1	0.02mm	
3	游标深度尺	0 ~ 200mm	1	0.02mm	
4	外径千分尺	25 ~ 50mm	1	0.01mm	
5	外径千分尺	50 ~ 75mm	1	0.01mm	
6	外径千分尺	75 ~ 100mm	1	0.01mm	
7	内径百分表	ϕ18 ~ ϕ35mm	1	0.01mm	
8	游标万能角度尺	0 ~ 320°	1	2′	
9	内径量表	ϕ35 ~ ϕ50mm	1	0.01mm	
10	钟面式百分表		1	0.01mm	
11	杠杆百分表		1	0.01mm	
12	磁力表座		1		
13	活顶尖	莫氏 5 号锥度	1		
14	中心钻	B2.5 或 B3.15	1		
15	莫氏 5 号锥度钻夹头	1 ~ 13mm	1		

3.2.2 图样、工艺与加工

1. 图样及技术要求

1）装配图及技术要求如图 3-23 所示。

2）三个零件的零件图及技术要求如图 3-24 至图 3-26 所示。

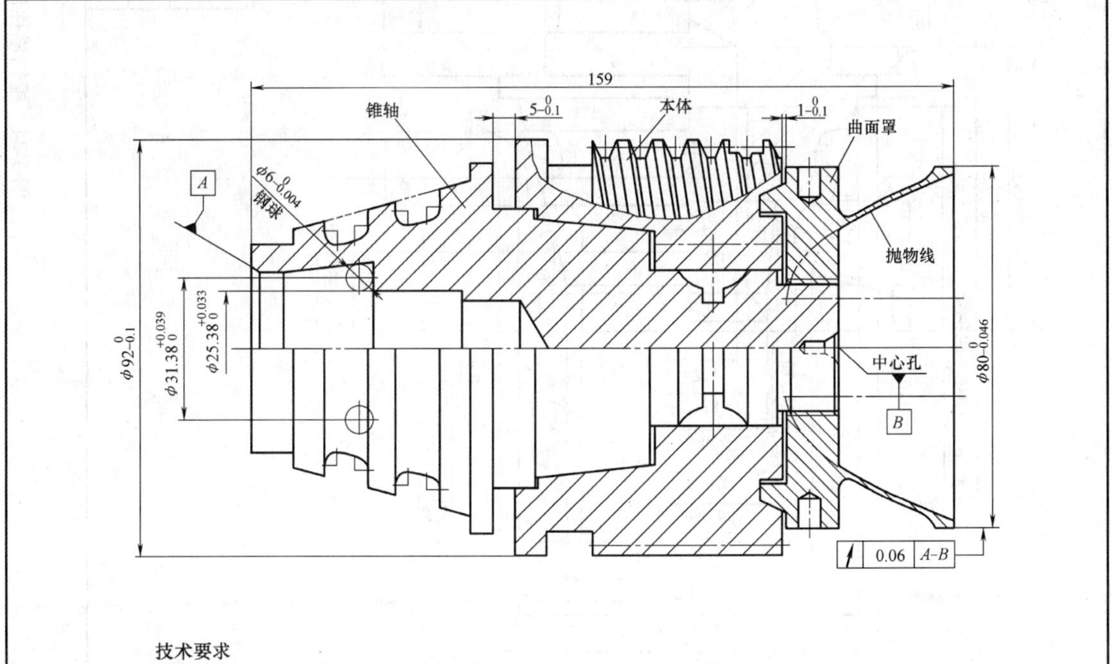

技术要求

1. 当锥轴与本体装配在一起后保证 $5^{\ 0}_{-0.1}$mm 间隙。
2. 当本体与曲面罩装配在一起后保证 $1^{\ 0}_{-0.1}$mm 间隙。
3. 当本体、曲面罩和锥轴装配在一起后保证 $\phi 80^{\ 0}_{-0.046}$mm 外圆对基准 A-B 的径向圆跳动误差不超过 0.06mm。
4. 用 $\phi 25.38^{\ 0}_{-0.008}$mm 量棒和钢球检测 $\phi 31.38^{+0.039}_{\ 0}$ mm 的尺寸。

姓名		装配图	比例	
机床			材料	
裁判		2009 年全国职业院校	重量	
接收		技能大赛	图号	2009CKJS-01-00

图 3-23 装配图

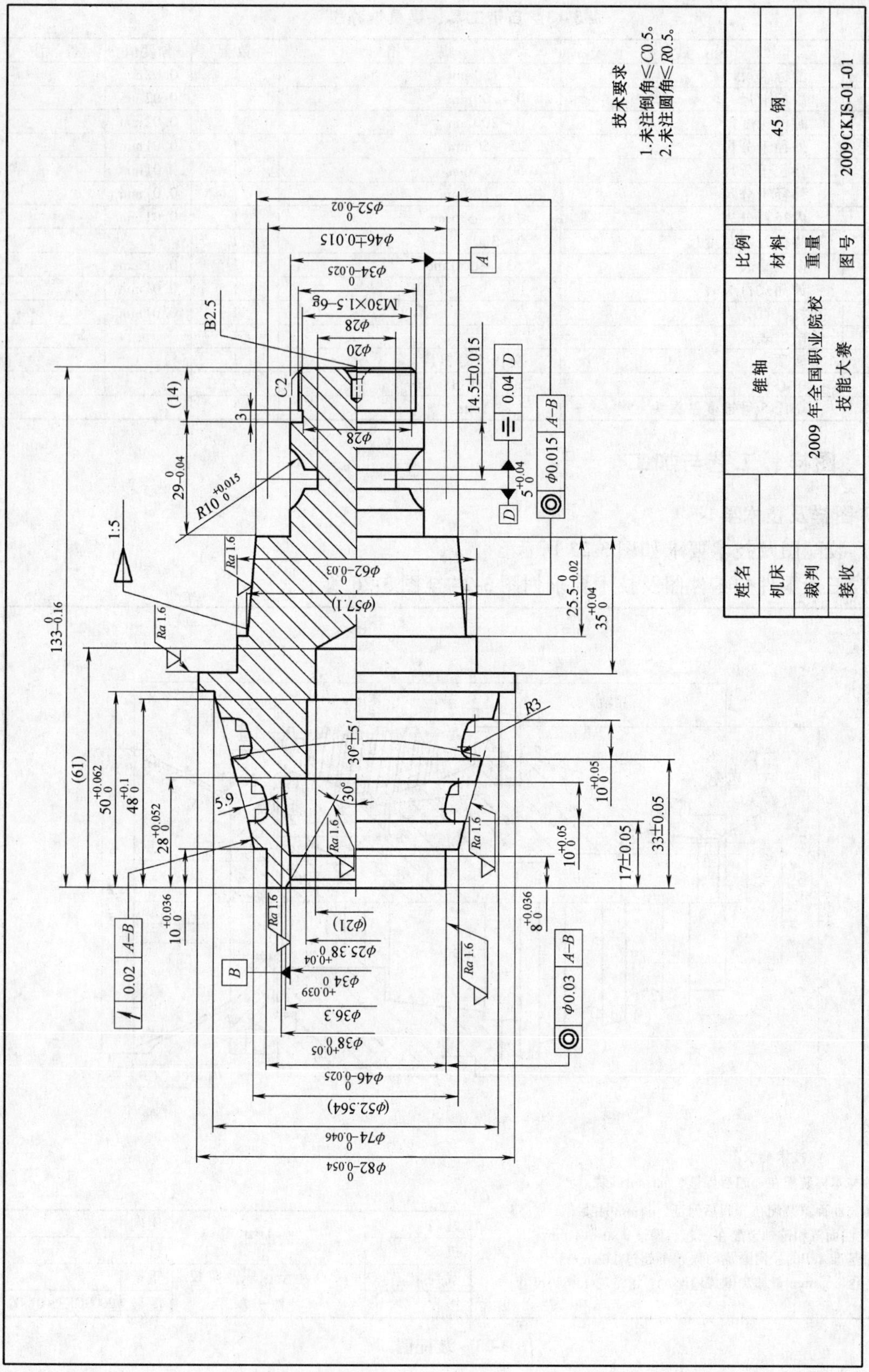

技术要求

1.未注倒角≤C0.5。

2.未注圆角≤R0.5。

姓名	锥轴		比例	
机床			材料	45 钢
裁判	2009 年全国职业院校		重量	
接收	技能大赛		图号	2009CKJS-01-01

图 3-24 锥轴零件图

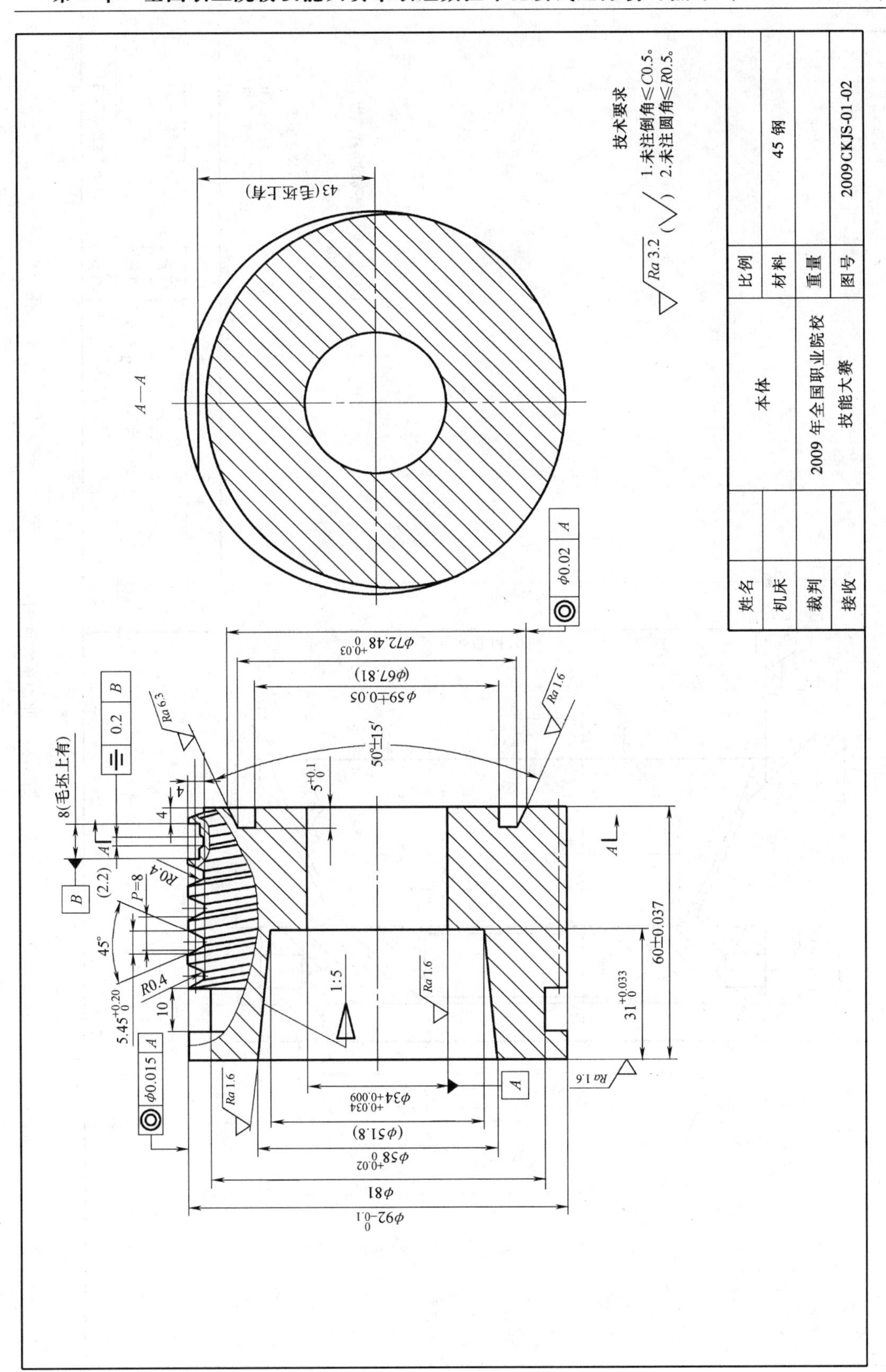
A—A
43(毛坯上有)
8(毛坯上有)
技术要求
1.未注倒角≤C0.5。
2.未注圆角≤R0.5。
Ra 3.2
45 钢
本体
2009 年全国职业院校
技能大赛
2009CKJS-01-02
比例
材料
重量
图号
姓名
机床
裁判
接收
φ72.48
φ59±0.05
(φ67.81)
50°±15′
P=8
R0.4
45°
1:5
60±0.037
φ34
(φ51.8)
φ81
φ92

图 3-25　本体零件图

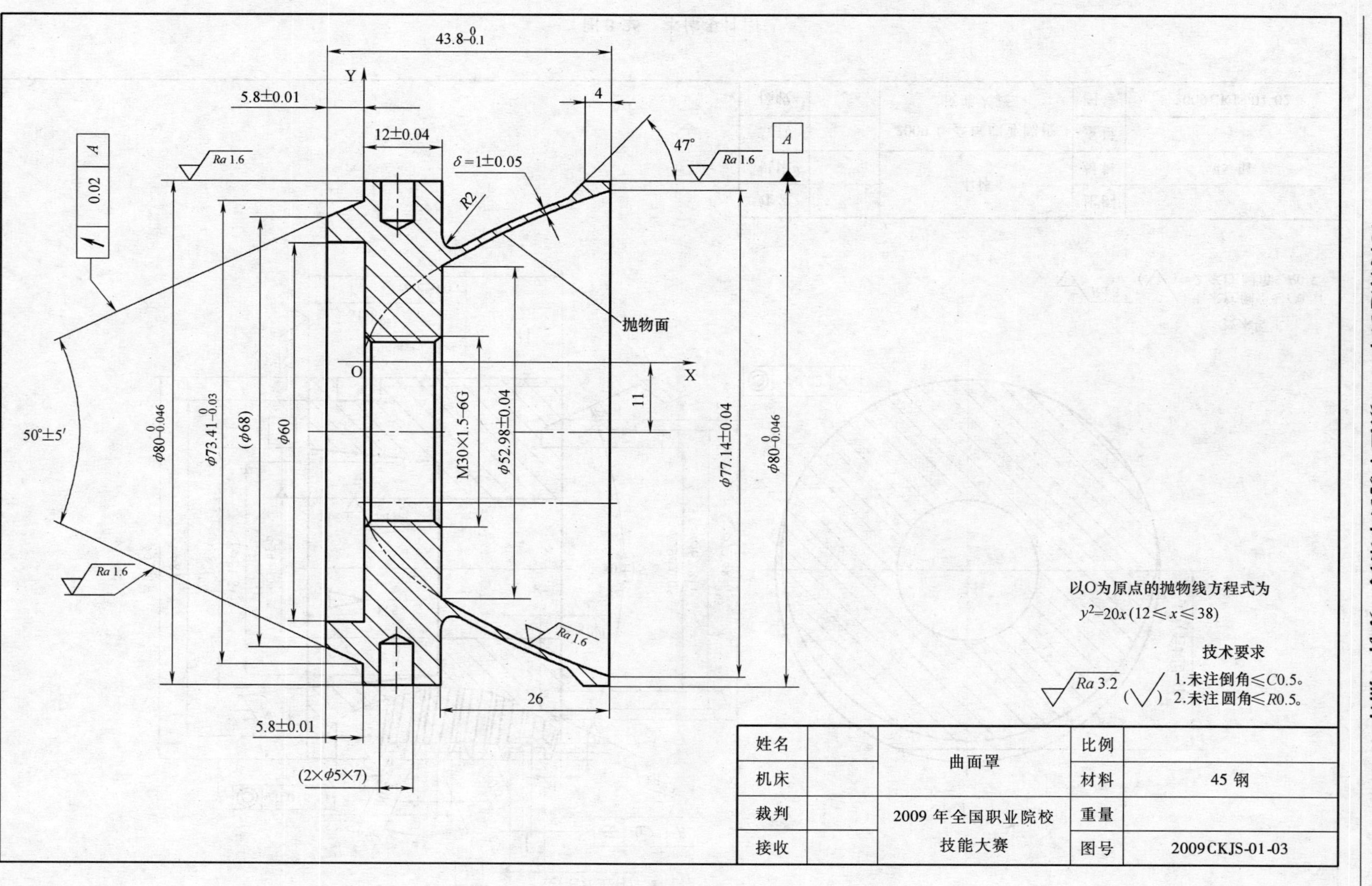

43.8
Y
5.8±0.01
4
12±0.04
47°
A
0.02
Ra 1.6
δ=1±0.05
R2
抛物面
O
X
11
50°±5′
φ80
φ73.41
(φ68)
φ60
M30×1.5-6G
φ52.98±0.04
φ77.14±0.04
26
(2×φ5×7)
以O为原点的抛物线方程式为
$y^2=20x\ (12 \leqslant x \leqslant 38)$
技术要求
Ra 3.2
1.未注倒角≤C0.5。
2.未注圆角≤R0.5。
姓名
机床
裁判
接收
曲面罩
2009 年全国职业院校
技能大赛
比例
材料
45 钢
重量
图号
2009CKJS-01-03

图 3-26 曲面罩零件图

2. 梯形螺旋槽的加工规定和提示

出于安全考虑，试题对本体上的梯形螺旋槽的加工作了规定和提示。此规定和提示详见图 3-27。这张图是与装配图和零件图一起发放的。

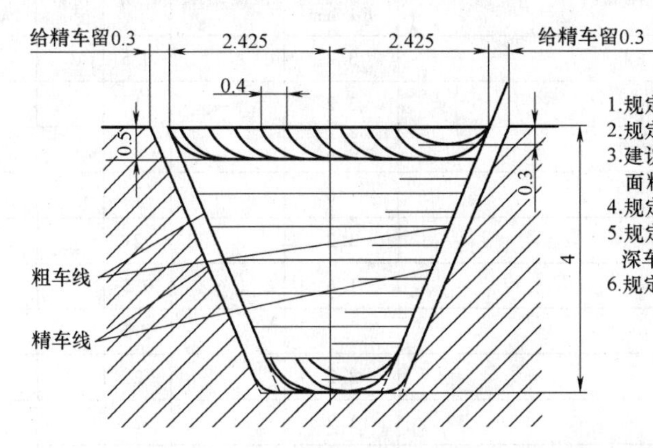

1.规定主轴转速用250r/min。
2.规定粗车用刀尖R0.8mm刀片，精车用刀尖R0.4mm刀片。
3.建议粗车时两侧各给精车留0.3mm加工余量，底面粗车到尺寸(不再精车)。
4.规定分8层车，即每层单向背吃刀量为0.5mm。
5.规定用两刀来达到层深：每层开始时先用0.3mm深车一刀，第二刀再车到0.5mm深。
6.规定横向每刀背吃刀量为0.4mm。

图 3-27 加工 45°梯形螺旋槽的规定和提示

三个零件的实体如图 3-28 所示。

图 3-28 三个零件的实体图

3. 评分标准

评分标准见表 3-14。

表 3-14 评分标准

图样名称		题 1		图号	2009CKJS-01		总分	
序号		名称	检测内容	表面粗糙度 Ra/μm	检测结果	配分	得分	评分人
1	锥轴	轴径	$\phi34_{-0.025}^{0}$ mm	3.2		1.5		
2			$\phi82_{-0.054}^{0}$ mm	3.2		1.5		
3			$\phi46_{-0.025}^{0}$ mm	1.6		1.5		
4			$\phi57.1$mm、$\phi62_{-0.03}^{0}$ mm、$\phi52.564$mm	3.2		1		
5		圆锥面	30° ±5′	1.6		1.5		
6			$\phi74_{-0.046}^{0}$ mm			1.5		
7			锥度 1:5	1.6		1.5		
8			$\phi52_{-0.02}^{0}$ mm			1.5		
9		三角形螺纹	M30 ×1.5 −6g	3.2		2		

（续）

图样名称		题1		图号	2009CKJS-01	总分		
序号		名称	检测内容	表面粗糙度 $Ra/\mu m$	检测结果	配分	得分	评分人
10	锥轴	中心孔	B2.5	3.2		0.5		
11		径向环槽	3mm×ϕ28mm	3.2		1		
12		孔	$\phi25.38^{+0.04}_{0}$mm	3.2		2		
13			$\phi34^{+0.039}_{0}$mm	1.6		2		
14			$\phi38^{+0.05}_{0}$mm	3.2		2		
15			30°倒角	1.6		0.5		
16			ϕ36.3mm			0.5		
17			$8^{+0.036}_{0}$mm	3.2		2		
18			$28^{+0.052}_{0}$mm	3.2		2		
19			$48^{+0.1}_{0}$mm	3.2		0.5		
20		长度	17±0.05mm、33±0.05mm	3.2		0.5		
21			$133^{0}_{-0.16}$mm	3.2		0.5		
22			$50^{+0.062}_{0}$mm	3.2		0.5		
23			$10^{+0.036}_{0}$mm	3.2		0.5		
24			$35^{+0.04}_{0}$mm	3.2		0.5		
25			$29^{0}_{-0.04}$mm	3.2		0.5		
26			2.5mm、10mm（2处）、30mm、14mm、5.9mm	3.2		2		
27		倒角	*C*2	3.2		0.5		
28		圆角	*R*3mm（4处）	3.2		1		
29		同轴度误差	≤0.03mm			2		
30		同轴度误差	≤0.015mm			2		
31		径向圆跳动误差	≤0.02mm			2		
32	曲面罩	外径	$\phi80^{0}_{-0.046}$mm	3.2		1.5		
33		端面环形凸槽	$\phi73.41^{0}_{-0.03}$mm	3.2		1.5		
34			ϕ60mm	3.2		0.5		
35			5.8±0.01mm	3.2		1.5		
36			50°±5′	1.6		1.5		
37		抛物面	δ=1±0.05mm			2		
38			$\phi80^{0}_{-0.046}$mm	1.6		2		
39			ϕ52.98±0.04mm	1.6		2		
40			ϕ77.14±0.04mm	1.6		2		
41			*R*2mm	3.2		1		
42		长度	$43.8^{0}_{-0.1}$mm	3.2		1		
43			5.8±0.01mm	3.2		1		

（续）

图样名称		题1		图号	2009CKJS-01		总分	
序号		名称	检测内容	表面粗糙度 $Ra/\mu m$	检测结果	配分	得分	评分人
44	曲面罩	长度	12 ±0.04mm	3.2		0.5		
45			26mm	3.2		0.5		
46		倒角	*C*1（2处）	3.2		0.5		
47		三角形螺纹	M30×1.5－6G	3.2		3		
48	本体	梯形螺纹	$5.45^{+0.20}_{0}$mm、45°、*R*0.4mm	3.2		6		
49			2.2mm			2		
50		端面环形凹槽	$\phi72.48^{+0.03}_{0}$mm	3.2		3		
51			$\phi59\pm0.05$mm	3.2		1		
52			$5^{+0.1}_{0}$mm	3.2		1		
53			50°±15′	3.2		1		
54		外径	$\phi92^{0}_{-0.1}$mm	1.6		1		
55			$\phi81$mm	1.6		0.5		
56		锥孔	$\phi58^{+0.02}_{0}$mm	1.6		2.5		
57			锥度1:5			0.5		
58		孔	$\phi34^{+0.034}_{+0.009}$mm	1.6		2		
59		长度	60 ±0.037mm	1.6		0.5		
60			$31^{+0.033}_{0}$mm	3.2		0.5		
61			10mm	3.2		0.5		
62		同轴度误差	≤0.02mm			2		
63		同轴度误差	≤0.015mm			2		
64		对称度误差	≤0.2mm			2		
65	锥轴与本体装配	间隙	$5^{0}_{-0.1}$mm			3		
66		锥面接触面积	≥70%			2		
67	本体与曲面罩装配	间隙	$1^{0}_{-0.1}$mm			3		
68	本体、曲面罩和锥轴装配	径向圆跳动误差	≤0.06mm			3		

总体评价：

4. 图样分析

1）图面分析。这是一套由三个零件组合而成的配合体。锥轴是基体，外径上有本体零件与它连接、一端有曲面罩与它连接。

锥轴是轴类零件，其外锥面和小外圆柱面是配合面，外螺纹是配合要素。本体是短圆筒类零件，其内锥面、内圆柱面和端面槽外壁是配合面，在其外径上有梯形螺旋槽。曲面罩上的端面凸台锥面是配合面，内螺纹是配合要素，其上有薄壁状喇叭口。

2）精度分析。

① 尺寸精度。零件的尺寸精度多为 IT7，部分重要处为 IT6。

② 单件位置精度。锥轴上有两个同轴度要求、一个圆跳动要求和一个位置度要求。本体上有两个同轴度要求和一个位置度要求。曲面罩上有一个圆跳动要求。

③ 表面粗糙度。表面粗糙度重要处为 $Ra1.6\mu m$，一般处为 $Ra3.2\mu m$，不重要处为 $Ra6.3\mu m$。

④ 装配精度。装配图上有 4 项技术要求。其中前两项是装配后的间隙精度要求，第三项是圆跳动精度的要求。

5. 工艺分析与操作要点

1）制订加工方案。锥轴、曲面罩可以分两道工序加工完成。由于本体零件的毛坯未留工艺头，因此其外径上的螺旋槽只能在与锥轴装在一起后加工（装上后用赛场提供的大螺母压紧）。除螺旋槽外的其他部分事先分两道工序加工好。

本体上的螺旋槽加工必定放在最后工序。由于本体与锥轴装配后的纵向 5mm 间隙有精度要求，所以本体的预加工应先于锥轴的加工，这样才能通过按本体的内锥面配（修）车锥轴的外锥面来达到 5mm 间隙的精度要求，又由于曲面罩与本体装配后的纵向 1mm 间隙有精度要求，所以本体的预加工应先于曲面罩的加工，这样才能通过按本体的端面槽外壁配（修）车曲面罩端面凸台外锥面来达到 1mm 间隙的精度要求。

综上所述，加工方案如图 3-29 所示，即先进行本体预车（两道工序），再依次进行曲面罩加工（两道工序）、锥轴加工，最后将本体装配在锥轴上加工本体上的梯形螺旋槽。

2）加工难点与解决方案。这套题的加工难点有两个，分别叙述如下。

① 曲面罩零件上喇叭口部位的加工。此处壁厚只有 1mm，内抛物面还要求表面粗糙度达到 $Ra1.6\mu m$。这就要求选对工序的先后次序。显然，应该先车内形，再车外形。车外形时精车量不能过大。内抛物面的编程并不难，只是此处要注意抛物线的原点在 O 点，而加工原点在右端面回转中心上，两点纵向差 38mm、横向差 11mm。由于抛物线的等距线不是抛物线（是高次方程曲线），所以外形编程用手工就比较困难。这里介绍一种针对本工件编程的替代方法。本工件喇叭口薄壁处有两个特点：一是壁厚的公差范围较大（0.1mm），二是薄壁处外形线不长，且纵向离开抛物线原点较远。这样，就可以内抛物线向上平移 1.1mm 来替代这段等距线。从计算机绘制出的图上可以查看出，替代误差远比壁厚公差小。为保证此线与 $R2$mm 连接处平滑过渡，替代后应重作 $R2$mm 圆弧线。这样，薄壁处外形线也可以用抛物线方程来编程。注意此抛物线的原点在 O 点之上 1.1mm，在以自身原点坐标系中的抛物线方程不变，只是纵向起点、终点有变化。

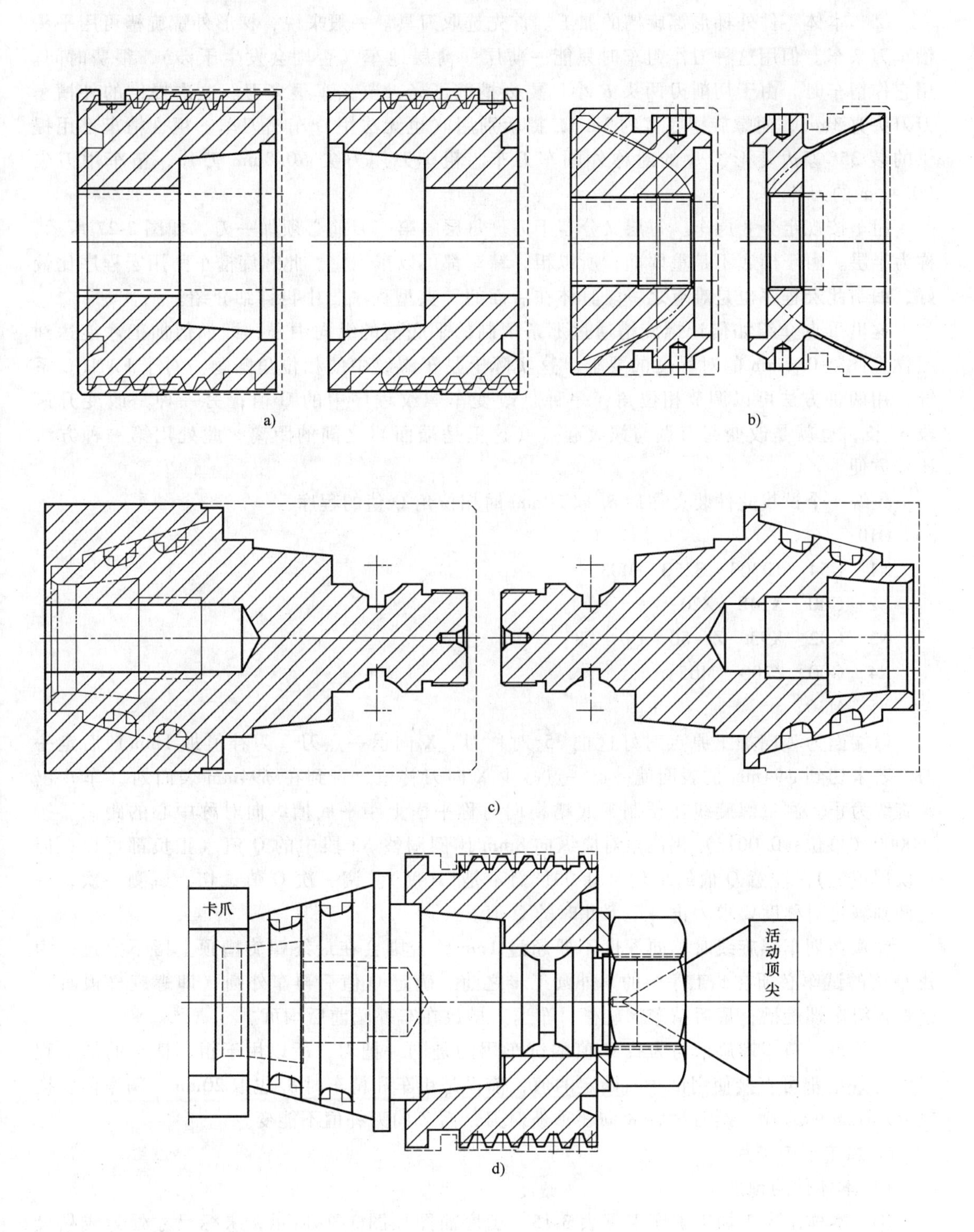

图 3-29　第一套试题的加工方案

a）本体的预加工　b）曲面罩的加工　c）锥轴的加工　d）装在一起加工

② 本体零件外梯形螺旋槽的加工。首先选取刀具。一般来说，梯形外螺旋槽可用平头槽车刀来车。但用这种刀作粗车时只能一薄层一薄层地车（否则会发生干涉），很费时间。用它作精车时，由于切削刃两头 R 小，要么槽壁不光，要么车很多刀。这次提供的外槽车刀刀头宽 3mm，而螺旋槽底宽约 2mm，提示别用（也无法用）车槽刀车。粗、精车都用提供的装 35°等边菱形刀片的对称外圆车刀车。粗车刀用刀尖 $R0.8$mm 刀片，精车用刀尖 $R0.4$mm 的刀片。

粗车按规定分 8 层车。每层又分若干刀。每层的第一刀前必须加一刀，如图 3-27 所示，称为半层。由于槽底不是重要面，所以粗、精车都可以车到它。此螺旋槽车削用宏程序比较好，编制此宏程序也是难点之一。具体在后面的“典型程序”中再详细介绍。

这里重点介绍如何让螺旋槽通过那条预制的平底槽的纵向中心，即如何加工才能达到图样上此处 0.2mm 的对称度的要求。这实际上是车螺纹中的相位角问题。对于 FANUC 系统，用两种方法可以调节相位角：一种是改变车螺纹程序中的 Q 值；另一种是改变升速段 δ_1 长，也就是改变起刀点与螺纹起点（这里是端面）之间的距离。此处用第一种方法比较方便。

先编一个试找此件装夹住后 δ_1 取 20mm 时相位角 Q 值的程序：

```
O10;
N1  G54  T0303  S250  M03;
N2  G00  X148  Z20;
N3  G92  X93  Z-50  Q0  F8;
N4  G00  Z200  M05;
N5  M30;
```

以端面为 Z 向加工原点对好这把 35°对称刀。X 向退一点刀（刀补值加 1mm）后走一刀。若未切到 ϕ94mm 的表面就一点一点减少 X 向刀补值，直到在 ϕ94mm 表面划（车）出螺旋线为止。测量螺旋线在预制平底槽横向对称平面上距平底槽纵向对称中心的距离。按 360000（单位：0.001°）相位角对应纵向 8mm 比例调整 N3 段中的 Q 值（正负都可以，但建议用正值）。注意 Q 值的单位是 0.001°而不是°（度）。调一次 Q 值试切、试测一次，一直调到满足对称度要求为止。记下此时的 Q 值。

注意：划车螺旋线时单向深度不要超过 1mm，否则会在最终螺旋槽顶上留下痕迹；为找 Q 值的试车必须在此工序中的车外圆工步之前。确定 Q 值后再车外圆（即螺旋槽顶面），接着再粗车螺旋槽，最后精车螺旋槽。车退刀槽放在车外圆前后均可。

由于粗、精车螺旋槽与为找 Q 值的试车用的是同一把刀，所以用于粗、精车的加工程序中的 Q 值都可直接使用试车时确定的值，前提是粗车和精车时 δ_1 也取 20mm。精车前要换成 $R0.4$mm 的刀片，换刀片后 X 向要重新对刀，而 Z 向刀补值不能变。

6. 加工程序卡片

1）本体件的预加工。

① 本体工序 1 加工工序卡见表 3-15，工序简图如图 3-30 所示，未标尺寸处为成品尺寸。

② 本体工序 2 加工工序卡见表 3-16，工序简图如图 3-31 所示，未标尺寸处为成品尺寸。

表 3-15　加工工序卡

序号	工步内容	使用刀具	刀（具）片型号	切削参数				
				主轴转速/（r/min）	背吃刀量/mm		进给量/（mm/r）	
					粗车	精车	粗车	精车
1	精车端面，粗车一段外圆	端面外圆车刀 MCLNR2525M12	CNMG120408-KM CPT25	450		1～2		0.15
2	粗车内台阶、内锥面和内孔	φ20mm 柄粗的内圆车刀 S20S-SCLCR09	CCMT09T308-PMF CPT25	500	2	0.3		
3	精车内台阶、内锥面和内孔	φ16mm 柄粗的内圆车刀 S16R-SCLCR09	CCMT09T304-PMF CPT25	750			1	0.1

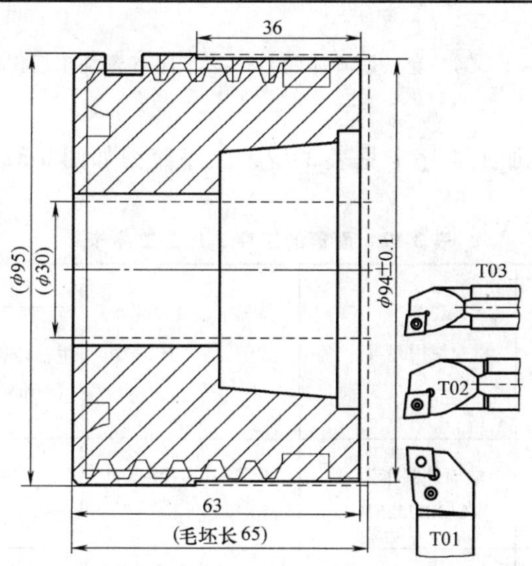

图 3-30　第一套试题本体的 OP-1 工序（预加工前工序）

表 3-16　工序 2 加工工序卡

序号	工步内容	使用刀具	刀（具）片型号	切削参数				
				主轴转速/（r/min）	背吃刀量/mm		进给量/（mm/r）	
					粗车	精车	粗车	精车
1	端面粗、精车	端面外圆车刀 MCLNR2525M12	CNMG120408-KM CPT25	450		1～2	0.2	0.1
2	切端面槽	端面切槽刀（左手刀） GDJL2525M300054-19	GE22D300N030-F PPG35	300				0.05

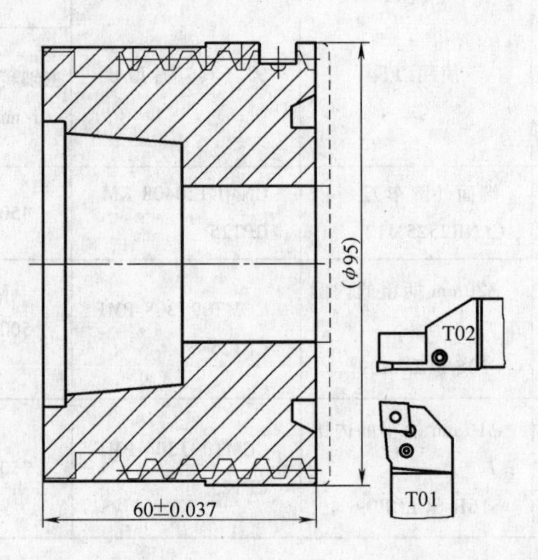

图 3-31　第一套试题本体的 OP－2 工序（预加工后工序）

2）曲面罩的加工。

①　曲面罩的工序 1 加工工序卡见表 3-17，工序简图如图 3-32 所示。未标尺寸处为成品尺寸。

表 3-17　面罩的工序 1 加工工序卡

序号	工步内容	使用刀具	刀（具）片型号	切削参数				
				主轴转速/（r/min）	背吃刀量/mm		进给量/（mm/r）	
					粗车	精车	粗车	精车
1	外形粗车和端面，外形精车	端面外圆车刀 MCLNR2525M12	CNMG120408-KM CPT25	450	2	1	0.25	0.15
2	车工艺用外槽	外槽车刀 GDAR2525M300-10	GE22D300N030-F PPG35	250				0.06
3	粗车台阶孔和精车台阶孔及内孔	ϕ20mm 柄粗的内圆车刀 S20S-SCLCR09	CCMT09T308-PMF CPT25	600	2	1	0.2	0.1
4	车内螺纹	内螺纹车刀 SNR0020Q16	16NR　1.5ISO CPS20	300				1.5 螺距

②　曲面罩的工序 2 加工工序卡见表 3-18，工序简图如图 3-33 所示。未标尺寸处为成品尺寸。

3）锥轴的加工。

①　锥轴工序 1 加工工序见表 3-19，工序简图如图 3-34 所示，未标尺寸处为成品尺寸。

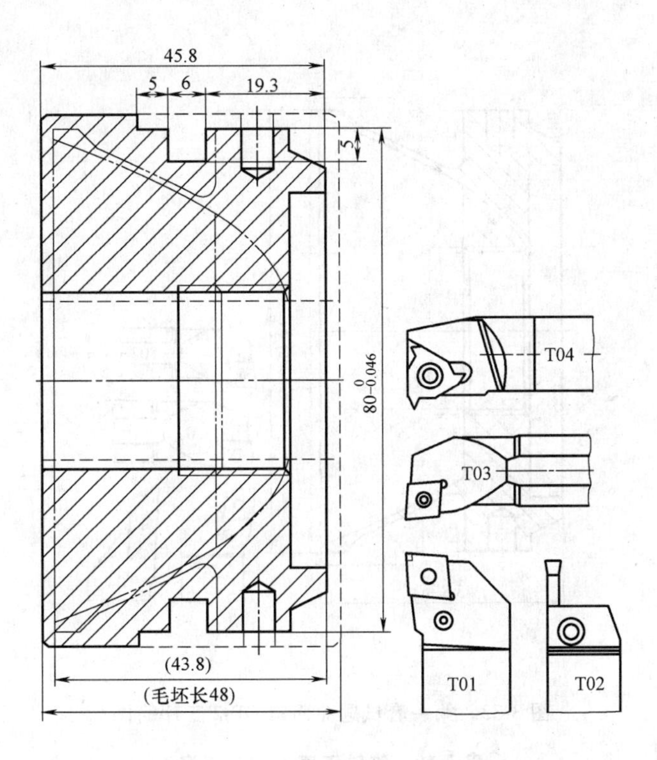

图 3-32　第一套试题曲面罩 OP-1 工序简图

表 3-18　曲面罩的工序 2 加工工序卡

序号	工步内容	使用刀具	刀（具）片型号	切削参数				
				主轴转速/(r/min)	背吃刀量/mm		进给量/(mm/r)	
					粗车	精车	粗车	精车
1	端面和外圆柱面粗、精车	端面外圆车刀 MCLNR2525M12	CNMG120408-KM CPT25	450	2	1	0. 25	0. 15
2	内形粗车	ϕ20mm 柄粗的内圆车刀 S20S-SCLCR09	CCMT09T308-PMF CPT25	400	2		0. 25	
3	内形精车	ϕ16mm 柄粗的内圆车刀 S16R-SCLCR09	CCMT09T308-PMF CPT25	600		1		0. 1
4	外形粗精车	装 35°刀片外圆车刀 MVJNR2525M16	VNMG160408-UM CPT25	450	1. 5	0. 8	0. 15	0. 08

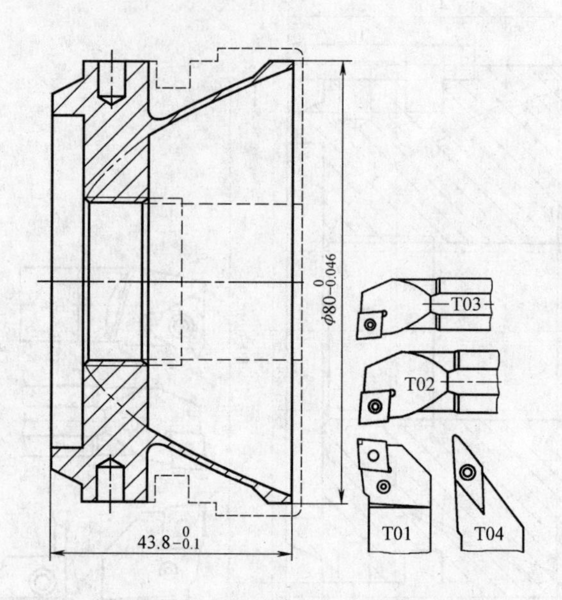

图 3-33　第一套试题曲面罩 OP-2 工序简图

表 3-19　锥轴工序 1 加工工序

序号	工步内容	使用刀具	刀（具）片型号	切削参数 主轴转速/（r/min）	背吃刀量/mm 粗车	背吃刀量/mm 精车	进给量/（mm/r） 粗车	进给量/（mm/r） 精车
1	钻中心孔	中心钻	B2.5 或 B3.15	800			手动	
2	端面和外形粗车	端面外圆车刀 MCLNR2525M12	CNMG120408-KM CPT25	350	2		0.3	
3	端面和外形精车	装 55°刀片外圆车刀 MDJNR2525M11	DNMG110404-UM CPT25	500		1		0.15
4	外圆弧面粗精车	装 35°刀片对称车刀 MVJNR2525M16	VNMG160408-UM CPT25	600	1.5	0.8	0.2	0.1
5	车两条外槽	外槽车刀 GDAR2525M300-10	GE22D300N030-F PPG35	300				0.06
6	车外螺纹	外螺纹车刀 SER2525M16	16ER 1.5ISO CPS20	300				1.5 螺距

②　锥轴工序 2。加工工序卡见表 3-20，工序简图如图 3-35 所示，未标尺寸处为成品尺寸。

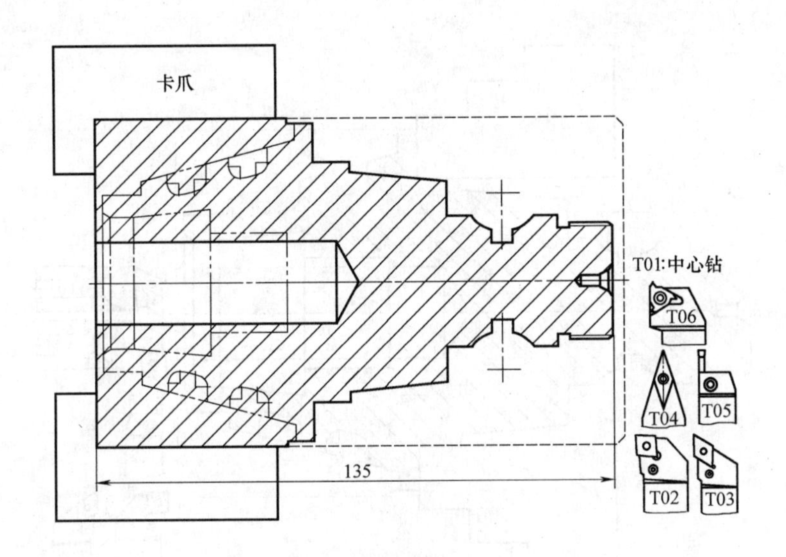

图 3-34　第一套试题锥轴 OP-1 工序简图

表 3-20　锥轴工序 2 加工工序卡

序号	工步内容	使用刀具	刀（具）片型号	切削参数				
				主轴转速/（r/min）	背吃刀量/mm		进给量/（mm/r）	
					粗车	精车	粗车	精车
1	端面和外形粗车	端面外圆车刀 MCLNR2525M12	CNMG120408-KM CPT25	350	2		0.3	
2	端面和外锥面精车	装 55°刀片外圆车刀 MDJNR2525M11	DNMG110404-UM CPT25	400		1		0.15 ~ 0.1
3	车外槽	外槽车刀 GDAR2525M300-10	GE22D300N030-F PPG35	250				0.06
4	粗车内形	ϕ20mm 柄粗的内圆车刀 S20S-SCLCR09	CCMT09T308-PMF CPT25	450	1.5 - 2		0.3	
5	精粗车内形	ϕ26mm 柄粗的内圆车刀 S16R-SCLCR09	CCMT09T304-PMF CPT25	550		0.8		0.1 ~ 0.2

4）本体件装在锥轴上加工梯形螺旋槽。本体工序 3 加工工序卡见表 3-21，工序简图如图 3-36 所示，未标尺寸处为成品尺寸。

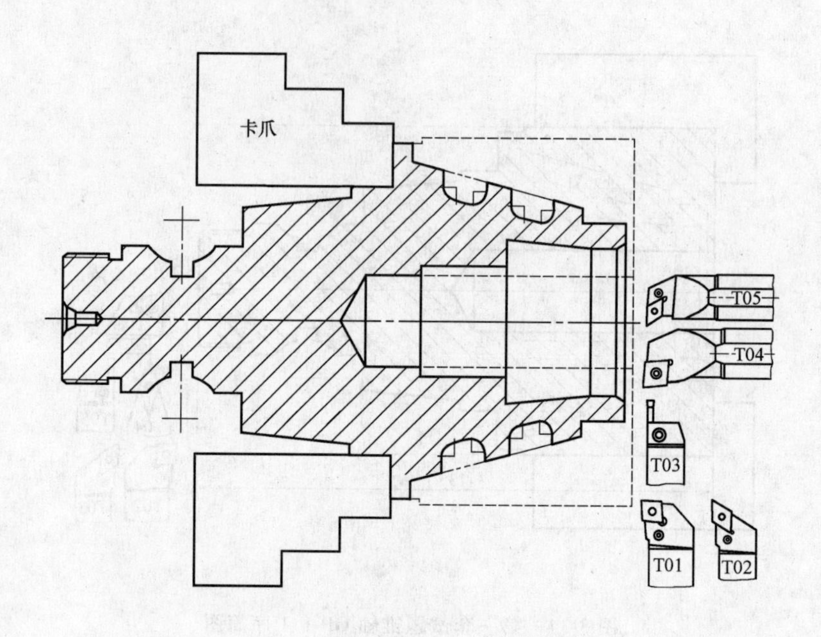

图 3-35　第一套试题锥轴 OP-2 工序简图

表 3-21　本体工序 3 加工工序卡

序号	工步内容	使用刀具	刀（具）片型号	主轴转速/(r/min)	背吃刀量/mm 粗车	背吃刀量/mm 精车	进给量/(mm/r) 粗车	进给量/(mm/r) 精车
1	精车外圆柱面	端面外圆车刀 MCLNR2525M12	CNMG120408-KM CPT25	400		1～1.5		0.12
2	车退刀槽	外槽车刀 GDAR2525M300-10	GE22D300N030-F PPG35	250				0.06
3	粗、精车梯形螺纹	用装 35°刀片对称车刀 MVJNL2525M16	VNMG160408-UM CPT25（粗车） VNMG160404-UM CPT25（精车）	250		0.3～0.5		0.3～0.4

7. 典型程序

这里介绍本体上梯形螺纹粗加工和精加工用程序的编制。

（1）粗加工用程序编制。按图 3-27 所示的规定和提示，确定升速段 δ_1 等于 20mm 后可在计算机上画出图 3-37 上的图形，并详细标注 4 组尺寸（每组 8 个）。可只编车第一层（包括这层开始前加工的那刀）的程序 O11。

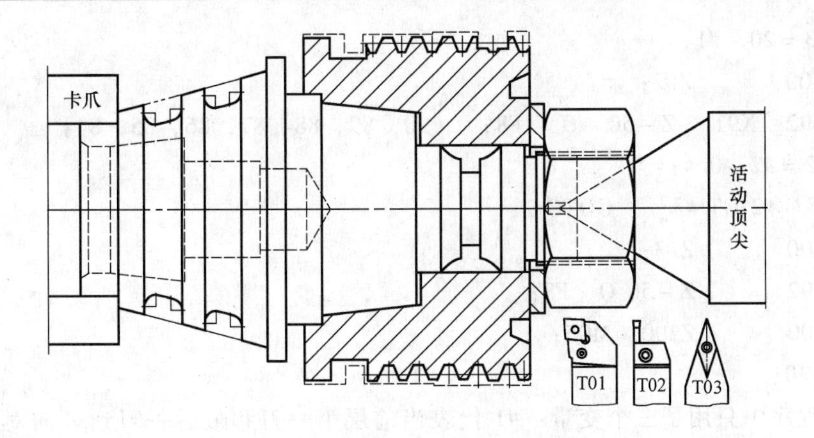

图 3-36　第一套试题锥轴 OP-3 工序简图

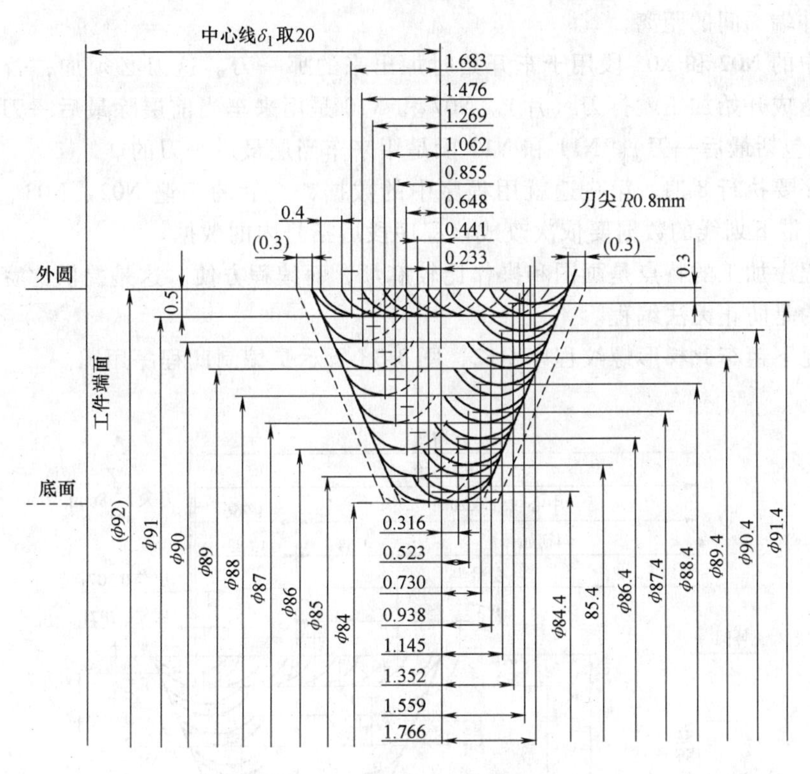

图 3-37　梯形螺旋槽粗车编程 1 用图

O11;　　　　　　　　　　（粗加工程序 1，Q 值来自 O10 程序）

N01　G54　T0303　S250　M03;

N02　G00　X148　Z21.766;　　（21.559，21.352，21.145，20.938，20.730，20.523，20.316）

N03　G92　X91.4　Z-50　Q　F8;（90.4，89.4，88.4，87.4，86.4，85.4，84.4）

N04　#1 = 1.683;　　　　　（1.476，1.269，1.062，0.855，0.648，0.441，0.233）

N05　#2 = 20 + #1;

```
N06  #3 = 20 - #1;
N07  G00       Z#2;
N08  G92  X91    Z - 50  Q   F8;  (90, 89, 88, 87, 86, 85, 84)
N09  #2 = #2 - 0.4;
N10  IF [#2 GT #3]   GOTO 7;
N11  G00       Z#3;
N12  G92       Z - 50 Q   F8;
N13  G00       Z200  M05;
N14  M30;
```

这个宏程序中只用了三个变量：#1 代表当前层第一刀和最后一刀到 Z 向对称中心的距离的绝对值；#2 代表当前层刀到工件端面间的距离，在本段中赋初始值；#3 代表当前层最后一刀到工件端面间的距离。

本程序中的 N02 和 N03 段用于车开始时加出来的那一刀。这刀必须加，否则第一刀会切得很多，造成开始加工就打刀（片）。N07 和 N10 是用来车当前层除最后一刀外的各刀的（特殊情况也包括最后一刀）。N11 和 N12 段是用来车当层最后一刀的。

这个程序要执行 8 遍。第一遍就用程序中的数据，之后的 7 遍 N02、N03、N04 和 N08 段中 X、Z 下带下划线的数据要依次改成该程序段后括号内的数据。

用这个程序加工的特点是画图和操作比较麻烦，而编程方便。这是提供比赛和考试时应急用的，目的是防止无法编程。

正常情况下粗车此梯形螺纹程序 O12，图 3-38 所示是编制此程序用图。

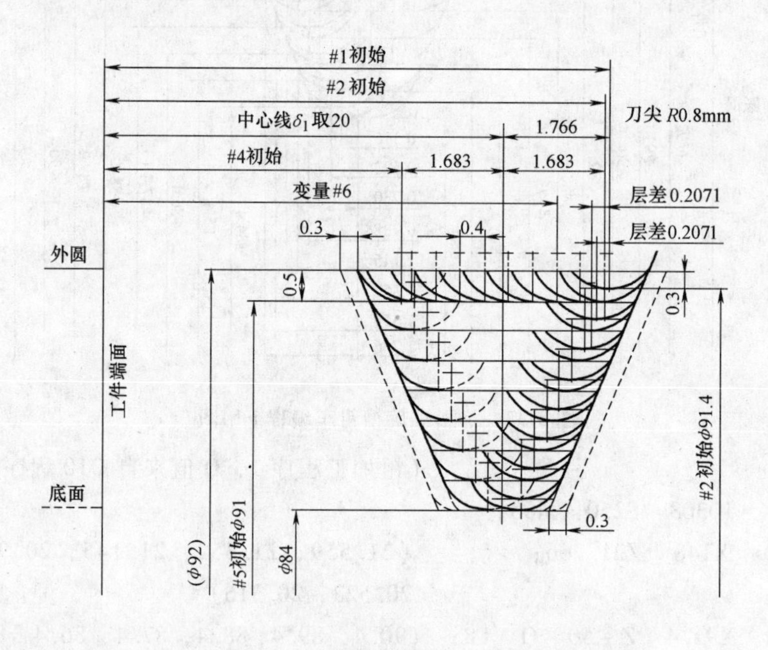

图 3-38　梯形螺旋槽粗车编程 2 用图

下面是这个 O12 宏程序：

O12;　　　　　　　　　　　　（粗加工程序 2，Q 值来自 O10 程序）

```
N01  G54  T0303  S250  M03;
N02  #1 =20 +1.766;
N03  #2 =91.4;
N04  #3 =20 +1.683;
N05  #4 =20 -1.683;
N06  #5 =91;
N07  #6 = #3;
N08  G00  X148  Z#1;
N09  G92  X#2  Z -50  Q    F8;
N10  G00       Z#6;
N11  G92  X#5  Z -50  Q    F8;
N12  #6 = #6 -0.4;
N13  IF [#6 GT #4]  GOTO10;
N14  G00       Z#4;
N15  G92  X#5  Z -50  Q    F8;
N16  #1 = #1 -0.2071;
N17  #2 = #2 -1;
N18  #3 = #3 -0.2071;
N19  #4 = #4 +0.2071;
N20  #5 = #5 -1;
N21  IF [#5 GE 84]  GOTO07;
N22  G00       Z200  M05;
N23  M30;
```

在这个程序中：

N2 段中的#1 代表零半层的 Z 值，在此段中赋初始值。

N3 段中的#2 代表零半层的 X 值，在此段中赋初始值。

N4 段中的#3 代表零层右边界的 Z 值，在此段中赋初始值。

N5 段中的#4 代表零层左边界的 Z 值，在此段中赋初始值。

N6 段中的#5 代表零层的 Z 值，在此段中赋初始值。

N7 段中的#1 代表下一个半层的 Z 值。

N8 段中的#2 代表下一个半层的 X 值。

N9 段中的#3 代表下一个整层右边界的 Z 值。

N10 段中的#4 代表下一个整层左边界的 Z 值。

N11 段中的#5 代表下一个整层的 Z 值。

N12 段中的#6 代表下一层的 Z 值，在此段中赋初始值。

N13 和 N14 段用于车当前层开始前增加的那一刀。

N15 到 N18 段用于车当前层（除最后一刀外）。

N19 和 N20 段用于车当前层最后一刀。

图 3-39 是用这个宏程序作仿真后的截屏图。

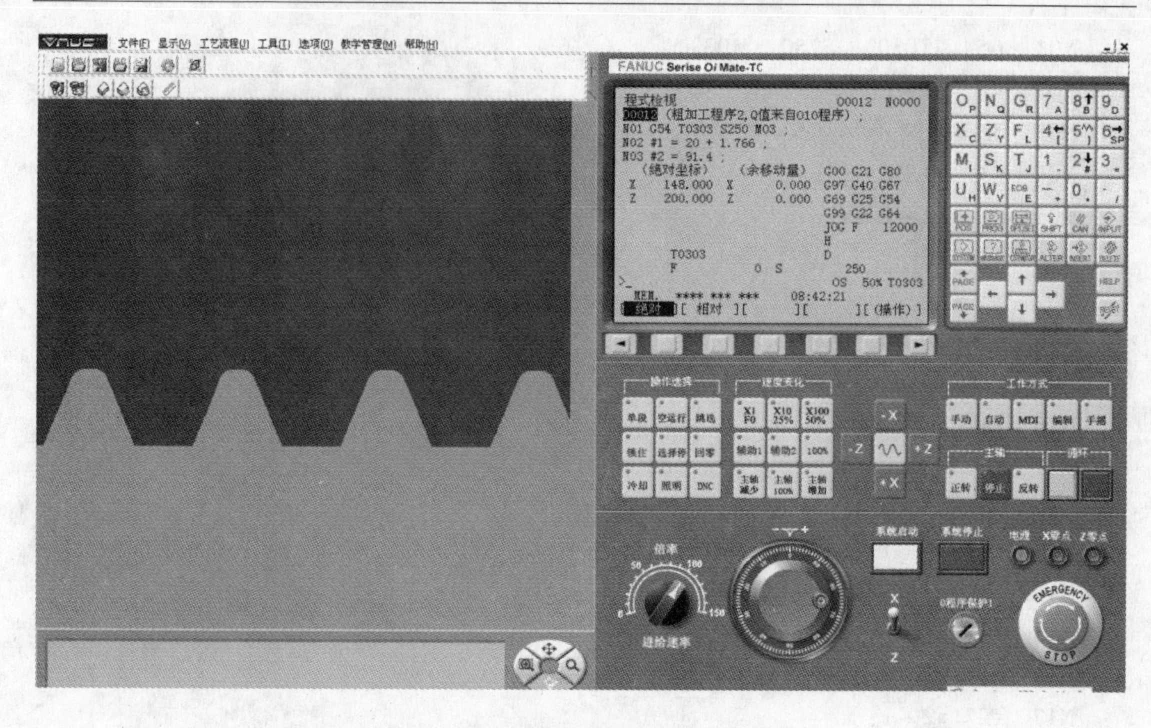

图 3-39 用粗加工程序作仿真后的截屏图

（2）精加工程序的编制 图 3-40 所示是编制此程序用图。

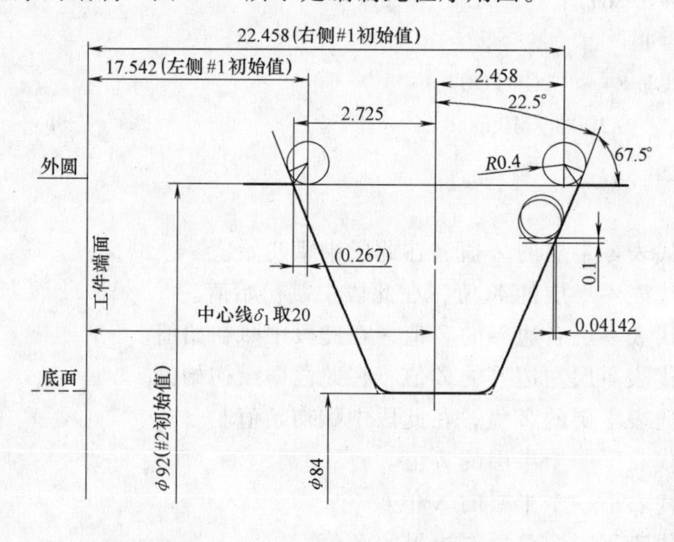

图 3-40 梯形螺旋槽精车编程用图

精车用宏程序 O13 如下。

O13 （精加工用，Q 值来自 O10 程序）

G54 T0303 S250 M04；

#1 = 20 + 2.458；

#2 = 92；

N1 G00 X148 Z#1；

```
G92   X#2   Z-50 Q      F8;
#1=#1-0.04142;
#2=#2-0.2;
IF   [#2 GE 84]    GOTO3;
#1=20-2.458;
#2=92;
N2   G00   X148   Z#1   T0313;
G92   X#2   Z-50   Q   F8;
#1=#1+0.04142;
#2=#2-0.2;
IF   [#2 GE 84]    GOTO2;
G00   X148   Z100   M05;
M30;
```

在此程序的前半（用于车右壁）中：

#1 代表起刀点的 Z 值，首次出现时赋初始值。

#2 代表起刀点的 X 值，首次出现时赋初始值。

从 N1 开始的五段用于精车螺旋槽的右壁。

在此程序的后半（用于车左壁）中：

#1 代表起刀点的 Z 值，首次出现时赋初始值。

#2 代表起刀点的 X 值，首次出现时赋初始值。

从 N2 开始的五段用于精车螺旋槽的左壁。

3.2.3　试题点评

1. 命题思路和试题特点

通过试题的实际加工来考核选手的工艺能力、加工知识和操作水平，因此采用三件配。工艺能力的重点是确定工艺流程。排错了工艺流程就很难挽回。有些场合有几种流程可供选择，本试题命题时就让其正确的工艺流程只有一条，因此决定曲面罩喇叭口车削内外形的次序就至关重要。如果先车外形后车内形，那么抛物线内形的精度就无法保证。

为了考核加工知识，本试题安排了抛物线内形和薄壁的加工，还安排了端面槽的加工。零件上安排梯形螺纹，是为了考核选手的选刀、用刀知识和编制宏程序的能力。螺纹加工有很多知识，其中相位角这个知识点非常重要。

机床上常用滚珠丝杠。外循环滚珠丝杠副的螺母上靠近两端处各有一个走滚珠的径向孔。为了滚珠能顺利流动，这两个径向孔必须对准螺旋槽。加工时是先加工出孔，后车、磨内螺旋槽。车削这类螺旋槽就要用到螺纹的相位角知识。本试题本体件毛坯外径上预制了一条平底槽，要求外梯形螺旋槽通过平底槽的纵向中心就是为考核螺纹的相位角知识。

安排本体上梯形螺旋槽通过平底槽中心的另一个目的是考核选手的操作能力。即使已掌握螺纹相位角知识，也会编制相应的宏程序，还要求选手具备必要的操作能力才能车好这个部位。这里的操作要领是利用外径方向的留量通过试车来找准装夹后的相位角（注意每次装夹有不同的相位角）。

2. 比赛情况

比赛结果反映选手的工艺能力、加工知识和操作水平等方面比上届普遍都有提高。有的选手还有较强的应变能力。获金奖前几名选手的工件加工得都很好。其中获第一名的选手不仅三个零件都加工得不错，装配精度也比较高。图3-41所示为获金奖第一名选手的作品，图3-42所示为七名获金奖选手加工的工件。

3. 比赛中选手存在的不足

比赛也反映出选手存在不足之处。有些问题普遍存在，有些问题只是部分或个别选手存在。存在的问题主要有：

1）排错工艺流程。有的选手先把锥轴车成，再车其他两件。等加工本体上的梯形螺纹前才发现要装夹在锥轴上才能车，于是再次装夹锥轴，不仅浪费了装夹和二次找正时间，还影响了精度。排错流程的选手没有一个得高分的。

2）不少选手不知道怎么找螺纹的相位角。本体上螺旋槽底与平底槽基本对上的只有5件，其中只有两件符合对称度要求。

3）在工序中排错工步顺序。在本体件装在锥轴上车梯形螺纹那道工序有5个工步，顺序应为：浅车螺纹线找相位角（用T3刀）、车外圆、车退刀槽、粗车螺纹（用 $R0.8$mm 刀片）和精车螺纹（用 $R0.4$mm 刀片）。有的选手一开始就把外圆车成，之后才发现再浅车螺纹线找相位角有可能破坏牙顶面。

图3-41 获金奖第一名选手的作品

图3-42 七名获金奖选手的作品

有两名选手该部位虽加工成了，但牙顶上有螺旋线的划痕。

4）对试件的加工精度不够重视。选手完成的试件的加工精度大多不高，只有少数选手的试件达到了精度要求。获金奖第四名的选手虽未加工螺旋槽，但是得分还比第五、六、七名高，说明这名选手把工件其他部位的精度加工得比较好。

5）操作不熟练。有的选手找正花很多时间，有的选手操作过程有点忙乱，有不少选手三件没能加工完，个别选手甚至只加工了一件。当然，这是由多种因素造成的，但操作不熟练是其中的一个重要原因。

3.3　2010年数控车试题分析与点评

2010年全国职业院校技能大赛中职组数控车工比赛的实操试题有两套，都是三件组合。两套试题结构大体相同，难度相当，本书只对第一套试题进行点评。试题中，夹具采用了四爪单动卡盘，除考核选手零件加工技能外，对选手在四爪上装夹找正的基本功有了更高的要求。

3.3.1　工艺条件

1. 机床

采用型号为CKA6150的经济型数控卧式车床，其规格为：床身上最大加工回转直径为ϕ500mm，床鞍上最大加工回转直径为ϕ350mm，最大加工长度750mm；配有手动尾座，机床导轨为水平布置，刀架配置为前置四方刀架。

2. 数控系统

数控系统有两种，分别为FANUC 0i mate TC和FANUC 0i mate TB。两种系统功能基本一致，只是在图形模拟方法上有略微差别，选手使用哪种系统在本质上没有太多区别。

每台数控车床配备了计算机，预装了CAD/CAM软件。选手可以自由选择手工编程或用计算机辅助编程。

3. 毛坯

两套实操试题所用的毛坯形状相同。毛坯材料全部采用的45钢。其中零件1本体的毛坯是一块经过部分预加工的成凸字形厚板料，如图3-43所示，其中两个侧立面在预加工时就保证了一定的平行度（0.05mm），这样安排是在工艺制定上为选手提供了一个较好的装

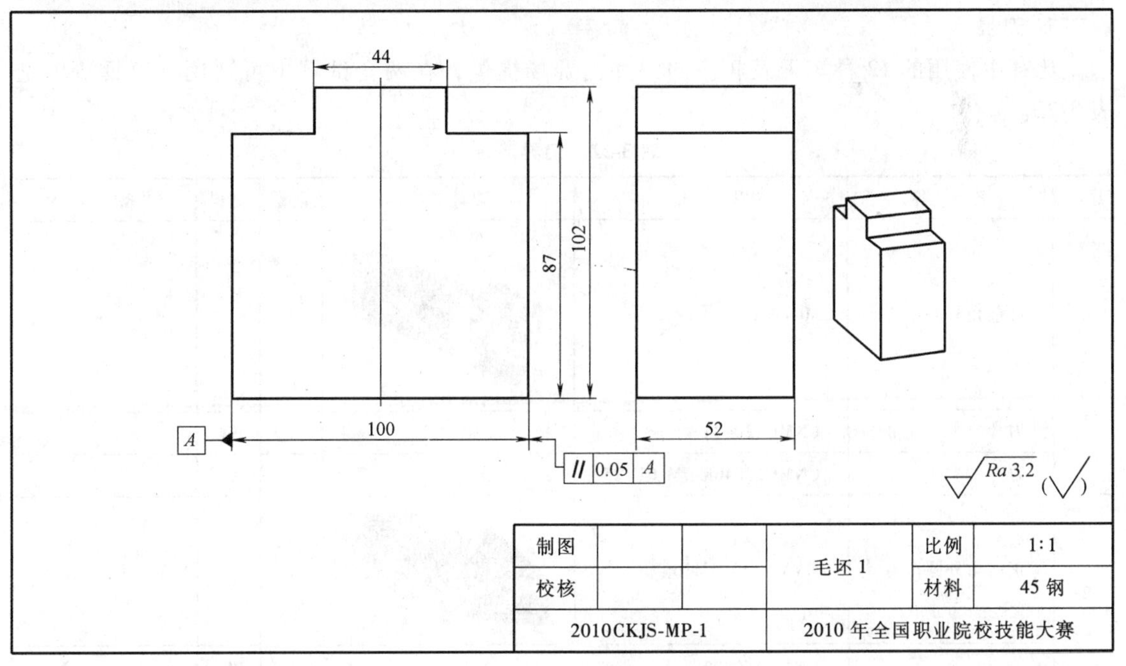

图3-43　零件1本体的毛坯

夹和测量基准。上部的铣削的凸台可以减轻选手加工的工作量。零件 2 曲面螺母、零件 3 导油管的坯料都是单独的棒料，如图 3-44 所示。

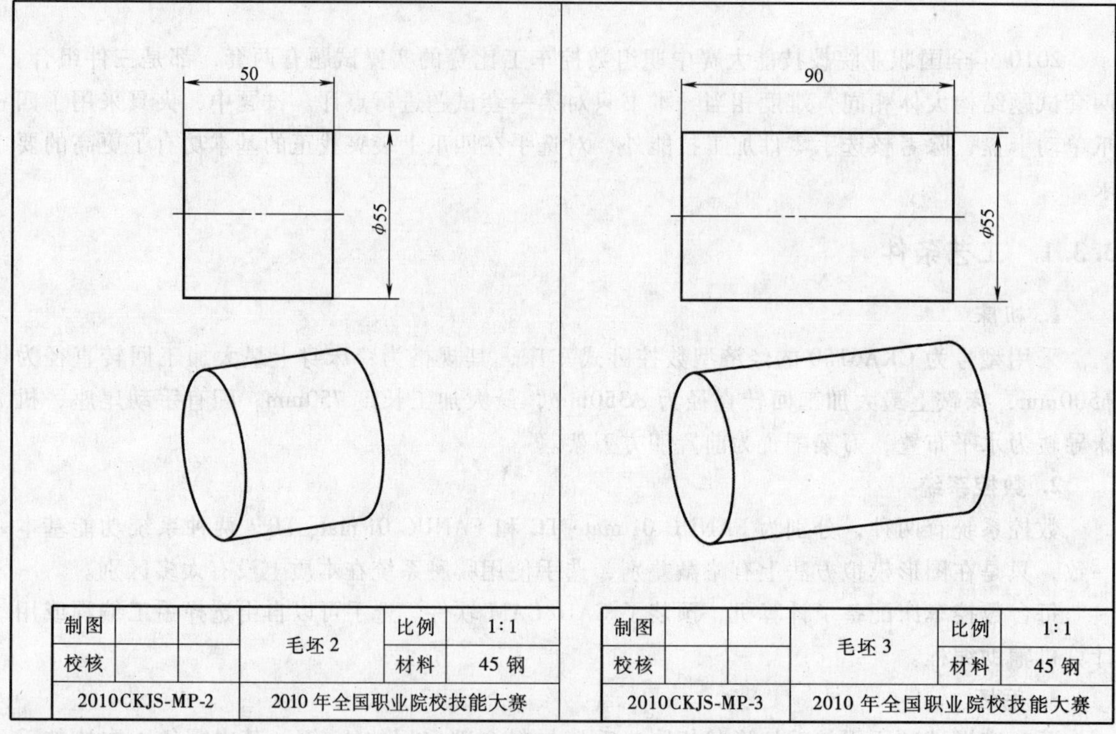

图 3-44 零件 2 曲面螺母、零件 3 导油管的毛坯

4. 夹具

采用 ϕ250mm 四爪单动卡盘。

5. 刀具

比赛中使用的 12 种车刀及相应的刀片由赛场提供，在两套试题中可通用。刀具清单见表 3-22。

表 3-22 刀具清单

序号	名　称	规　格	刀具图片	数量	材料	备　注
1	负前角外圆车刀	MCLNR2525M12	$\kappa_r = 95°$ 图示为右刀	1		
	刀片	CNMG120404		1	钢	
	刀片	CNMG120408-UM CPT25		1	钢	
2	正前角外圆车刀	MVVNN2525M16		1		
	刀片	VNMG160408		1	钢	

（续）

序号	名　称	规　格	刀具图片	数量	材料	备　注
3	正前角外圆车刀	SRDCN2525M06		1		
	刀片	RCMT0602MO-UM CPT25		1	钢	
4	正前角内孔车刀	S16M-SCFCR09	$\kappa_r=95°$  图示为右刀	1		
	刀片	CCMT09T304-UM CPT25		1	钢	
	刀片	CCGT09T308-UM CPT25		1	钢	
5	外螺纹车刀	SER2525M16	 图示为右刀	1		
	外螺纹刀片	16ER1.50ISO CPS20		1	钢	换螺距刀片（0.5～3.0mm）
6	内螺纹车刀	SNR1316M11	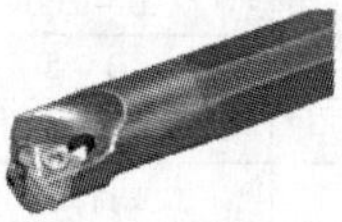 图示为右刀	1		最深加工 40mm
	内螺纹刀片	NPT3/4		1	钢	
	内螺纹刀片	16NRAG60		1	钢	换螺距刀片（0.5～3.0mm）
7	车槽刀	GDAR2525M300-22	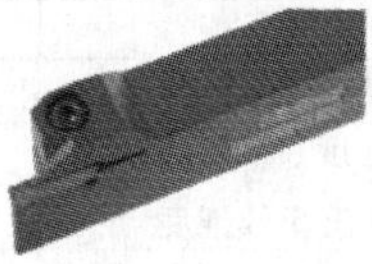 图示为右刀	1		
	刀片	GE22D300N030-F		1	钢	
8	端面槽车刀	GDJL2525M300067-20	 图示为右刀	1		加工范围 $\phi67$～$\phi100$mm
	刀片	GE22D300N030-F		1	钢	

（续）

序号	名　称	规　格	刀具图片	数量	材料	备　注
9	高速钢锥柄麻花钻头	$\phi20$		1		
10	高速钢直柄麻花钻头	$\phi10$		1		
11	中心钻	$\phi3$		1		
12	夹套	TS25－16		1		
13	车用夹持座	HS2525－25		1		

6. 量具

比赛中使用的量具由赛场提供，两套试题都适用的量、检具清单见表3-23。

表3-23　量具清单

序　号	工（量）具名称	规格/mm	数　量	分度值/mm	备　注
1	外径千分尺	0～25	1	0.01	
2	外径千分尺	25～50	1	0.01	
3	外径千分尺	50～75	1	0.01	
4	外径千分尺	75～100	1	0.01	
5	内径百分表	18～35	1	0.01	
6	内径百分表	35～50	1	0.01	
7	游标卡尺	0～200	1	0.02	
8	游标深度卡尺	0～200	1	0.02	
9	钟面式百分表	0～5	1	0.01	
10	杠杆百分表	0～0.8	1	0.01	
11	磁性表座	自定	自定		

7. 工具、辅具、辅料

赛场为比赛提供的工具、辅具和辅料清单见表3-24。

表3-24　赛场提供的工具、辅具、辅料清单

序　号	名　称	规　格	数　量	备　注
1	四爪单动卡盘、刀架扳手、铁屑钩	机床配套	24	
2	回转顶尖：莫氏5号锥度	机床配套	24	
3	莫氏5号锥度钻夹刀柄	机床配套	24	
4	变径套：莫氏2号锥度、莫氏3号锥度、莫氏4号锥度、莫氏5号锥度	机床配套	24	
5	乳化液	机床配套	若干	
6	脚踏板	机床配套	24	
7	螺纹塞规	M43×1.5mm	6	
8	螺纹塞规	NPT 3/4″	6	
9	半径规	$R15$～$R25$mm	6	
10	棉丝	自定	若干	
11	铜皮	0.2～0.5mm	若干	
12	找正铜棒或木锤	自定	24	
13	锤子	自定	6	
14	毛刷	自定	24	
15	去毛刺锉刀	自定	10	

3.3.2　图样、工艺与加工

1. 图样及技术要求

1）装配图及技术要求如图 3-45 所示。

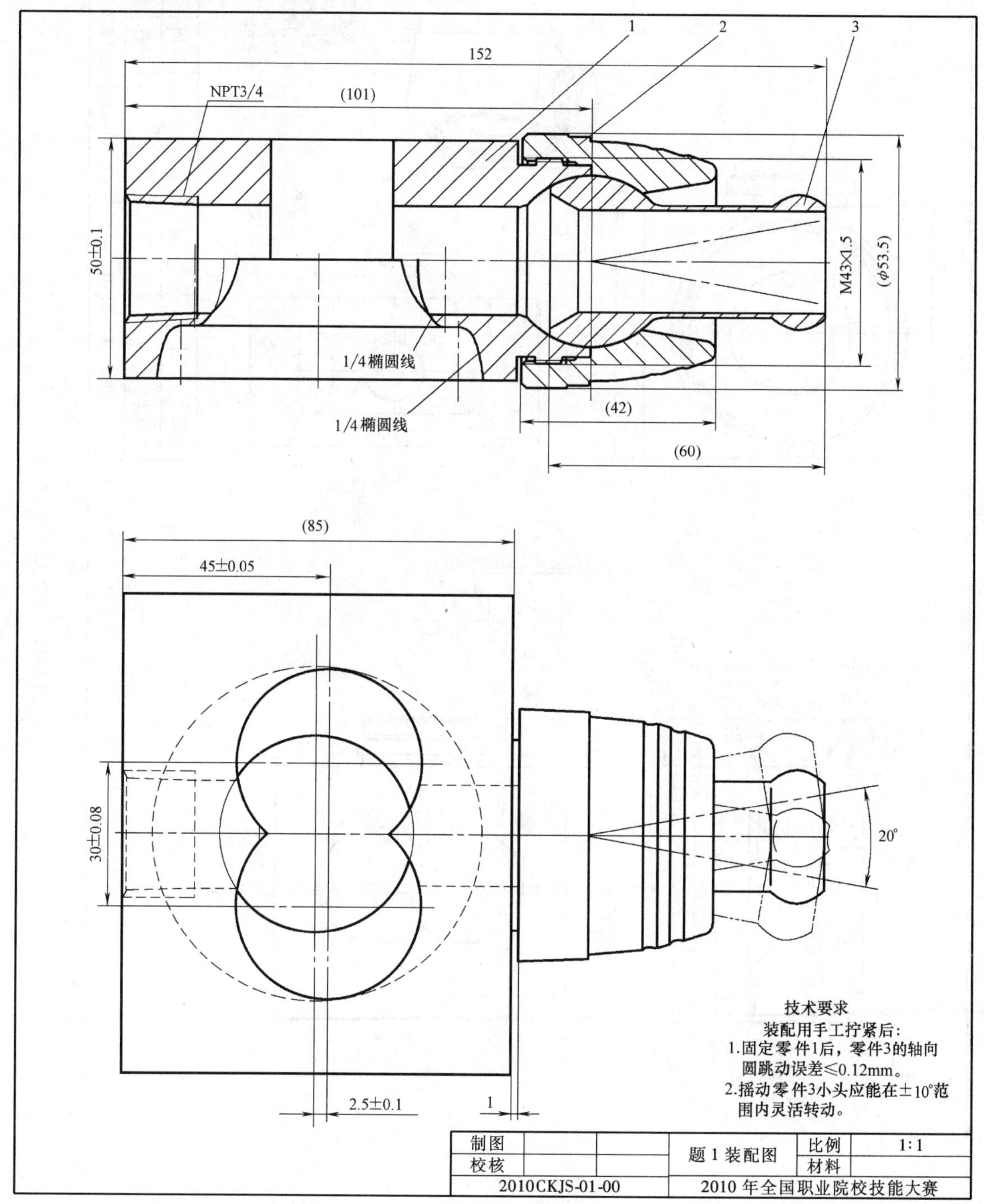

图 3-45　装配图

2）三个零件图及技术要求分别如图 3-46 至图 3-48 所示。

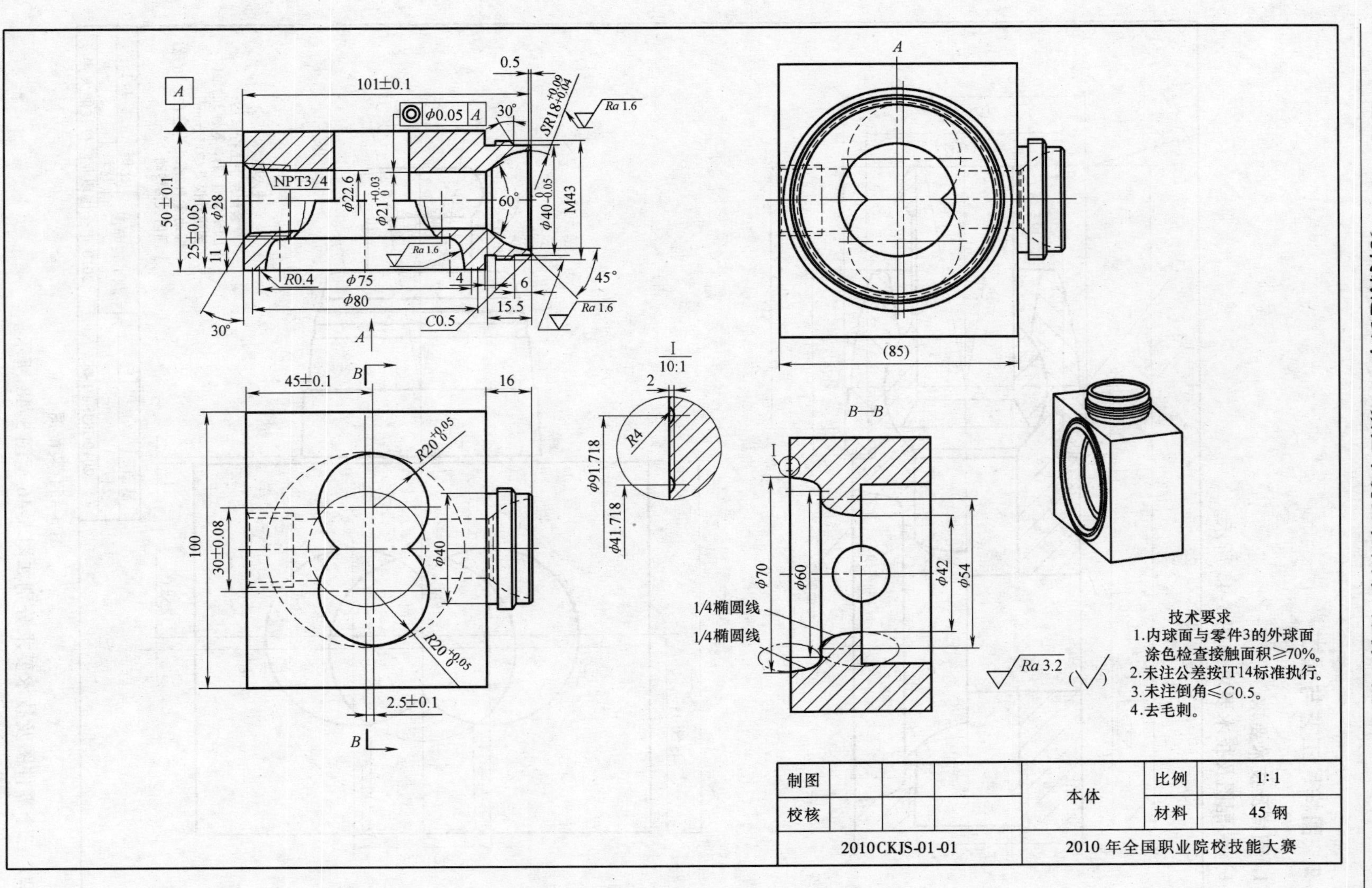

图3-46　零件1（本体）零件图

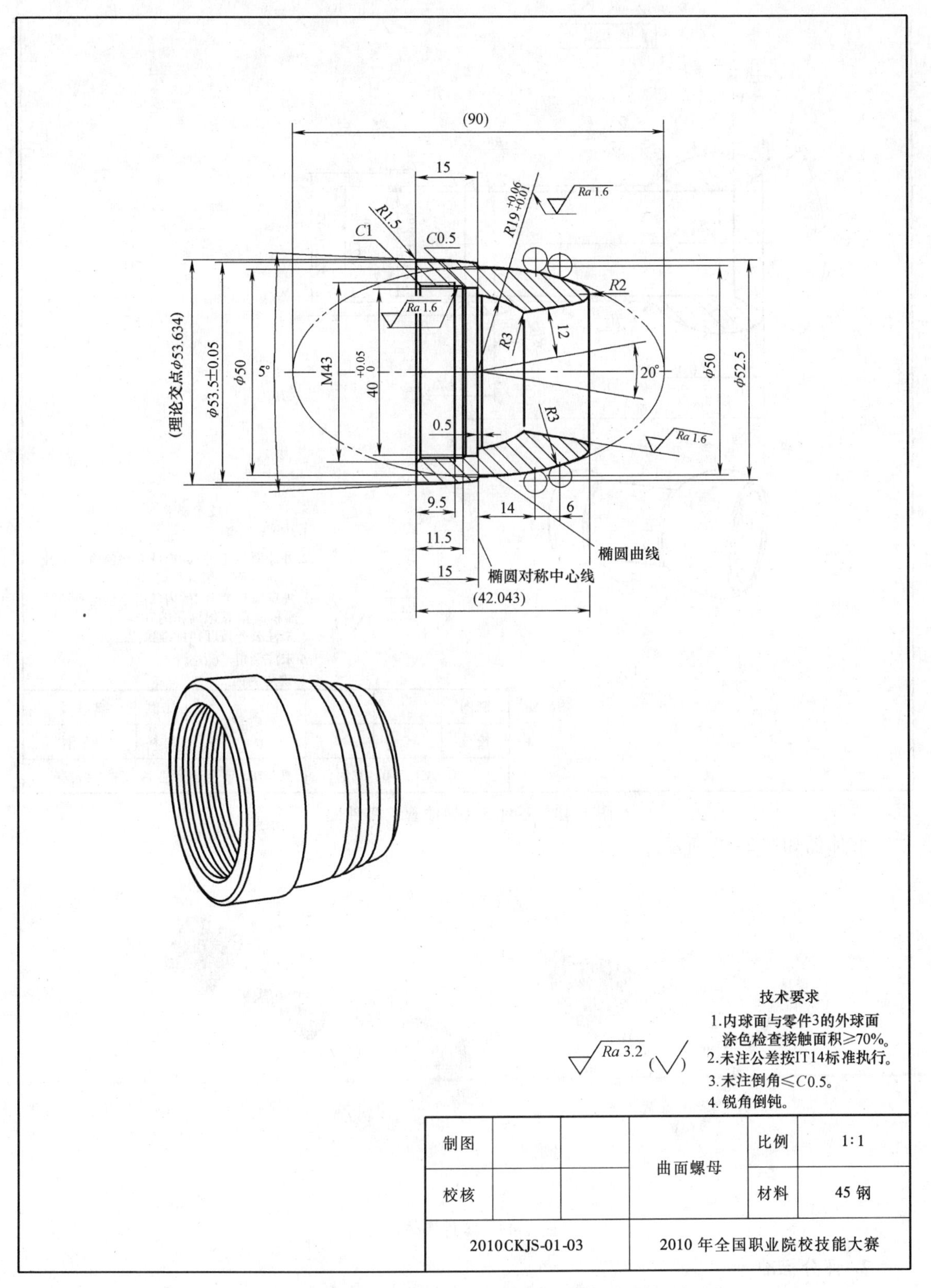

图 3-47　零件 2（曲面螺母）零件图

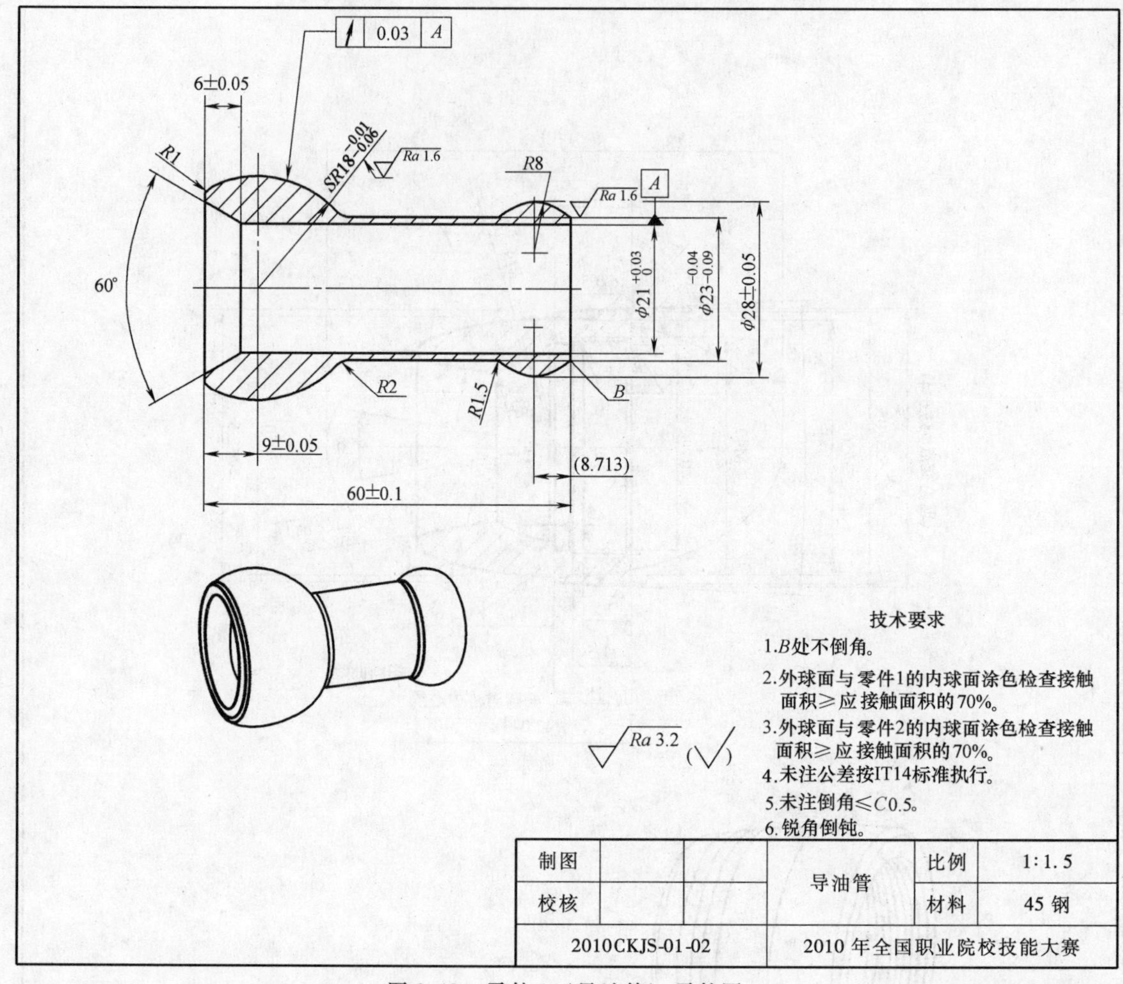

图3-48　零件3（导油管）零件图

实体图如图3-49所示。

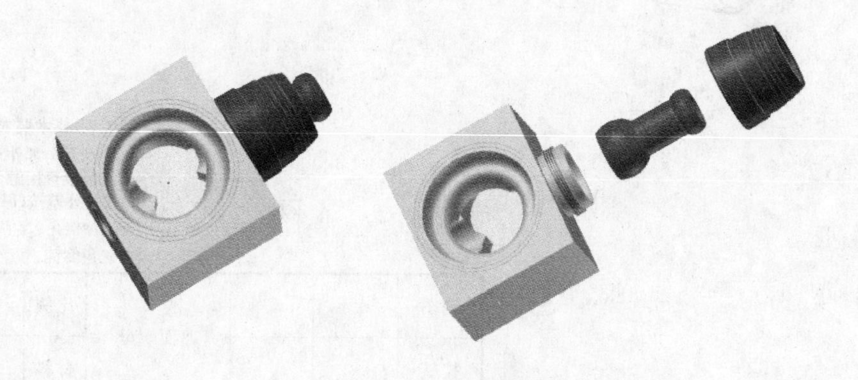

图3-49　零件实体图

2. 评分标准

评分标准见表3-25。

表 3-25　评分标准

图样名称		题 1	图号	2010CKJS-01		总分	
序号	名称		检测内容	表面粗糙度 $Ra/\mu m$	检测结果	配分	得分	评分人
1	本体	两侧端面	$\phi70mm$、11mm	1.6		1		
2			$\phi42mm$、$25\pm0.05mm$	1.6		1		
3			椭圆曲面	1.6		3		
4			$45\pm0.1mm$	3.2		3		
5			$\phi75mm$、$R0.4mm$	3.2		1		
6			$\phi80mm$、$R0.4mm$	3.2		1		
7			$R20^{+0.05}_{0}mm$（2 处）	3.2		6		
8			$2.5\pm0.1mm$			3		
9			$30\pm0.08mm$			4		
10			$50\pm0.1mm$	3.2		2		
11		两侧立面	$101\pm0.1mm$	3.2		2		
12			4mm、6mm、30°	3.2		2		
13			M43	3.2		2.5		
14			$\phi40^{0}_{-0.05}mm$	1.6		2		
15			$\phi40mm$	3.2		1		
16			$C0.5$	3.2		0.5		
17			$\phi21^{+0.03}_{0}mm$	3.2		3		
18			15.5mm、60°	3.2		2		
19			$SR18^{+0.09}_{+0.04}mm$	1.6		3		
20			$C0.5$	3.2		0.5		
21			NPT3/4″	3.2		4		
22			$\phi28mm$、30°	3.2		0.5		
23			$\phi22.6mm$	3.2		1		
24		平行度误差	≤0.05mm			1		
25	曲面螺母	外径	$\phi53.5\pm0.05mm$、5°、$R1.5mm$	3.2		4		
26			$\phi50mm$	3.2		1		
27			$\phi50mm$、$R3mm$	3.2		1.5		
28			$\phi52.5mm$、$R3mm$	3.2		1.5		
29			15mm、14mm、6mm	3.2		1.5		
30		孔	M43	3.2		2.5		
31			$\phi40^{+0.05}_{0}mm$	1.6		2		
32			$C0.5$	3.2		0.5		
33			9.5mm、11.5mm、15mm、42.043mm	3.2		2		
34			$R19^{+0.06}_{+0.01}mm$、$R3mm$	1.6		3		

（续）

图样名称		题1		图号	2010CKJS-01		总分	
序号		名称	检测内容	表面粗糙度 $Ra/\mu m$	检测结果	配分	得分	评分人
35	曲面螺母	孔	$C1$、$C0.5$	3.2		1		
36			12mm、20°、$R2$mm	1.6		3		
37	导油管	外径	$SR18_{-0.06}^{-0.01}$mm、$R1$mm、$R2$mm	1.6		5		
38			$R8$mm、$R1.5$mm	3.2		2		
39			$\phi23_{-0.09}^{-0.04}$mm	1.6		2		
40			$\phi28\pm0.05$mm	3.2		2		
41			8.713mm			0.5		
42			9 ± 0.05mm	3.2		0.5		
43		孔	60 ± 0.1mm	3.2		1		
44			$\phi21_{0}^{+0.03}$mm	3.2		2.5		
45			60°	3.2		1		
46			6 ± 0.05mm	3.2		1		
47		径向圆跳动误差	≤0.03mm			1		
48	零件1与零件3装配	间隙	≤0.12mm			2		
49		球面接触面积	≥70%			1		
50	零件2与零件3装配	间隙	≤0.12mm			2		
51		球面接触面积	≥70%			1		
52	零件1与零件2装配	配合	M43×1.5转动灵活			1		
53	摇动零件3小头应能在±10°范围内转动灵活					1		
总体评价：								

3. 图样分析

1）图面分析。这套试题是由一个非回转体和两个回转体共三个零件组成的配合体。零件3导油管通过零件2曲面螺母和本体零件1连接在一起，这三个零件之间的球面配合借鉴了油路系统中常用的多向输油装置的要素。

零件1是一个凸字方形结构的非回转体零件，它的宽向尺寸的两个立侧面是不加工面，是在毛坯预加工时有0.05mm平行度的两个面。在厚度方向一侧是椭圆要素相连的孔结构，另一侧是类似齿轮泵体孔要素的一段眼镜孔，这两侧的孔都是单独考核的要素，与其他零件没有配合关系。在高度方向，其顶端有一段M43×1.5外螺纹和一个$SR18$mm内球面都是配合面，M43×1.5螺纹是根据曲面螺母上的内螺纹配作的。毛坯下端是一段NPT内螺纹，虽没有配合要求但提供了塞规用来加工检验。

曲面螺母（零件2）的外形面由锥面、曲面和小环形槽组成，没有配合要求；内部轮廓由螺纹、圆弧和锥面组成，它的内螺纹与本体（零件1）有配合关系，内圆弧与导油管（零件3）的外圆弧有配合关系。从装配图中可看出，内锥面控制零件3的摆动角度。

导油管（零件3）的大端外圆弧面在装配后同时与零件1和零件2的内圆弧面配合。从装配图中看，薄壁外径在控制其摆动角度时也有着重要的作用。

2）精度分析。

① 尺寸精度。这套零件的加工尺寸精度大多为 IT7 级，最高为 IT6 级，最低为 IT14 级的自由公差。

② 表面粗糙度。这套零件所有配合表面的表面质量要求较高，表面粗糙度值大多是 $Ra1.6\mu m$，非配合面也有部分要求达到 $Ra1.6\mu m$，其他的部分则要求为 $Ra3.2\mu m$。

③ 装配技术要求。装配图上有两个技术要求，一个是组装后导油管的轴向窜动精度要求，一个是导油管在配合后的摆动量要求，这个配合摆动要求在以前的比赛中没有出现过。根据图样技术要求，将导油管通过曲面螺母拧紧在本体零件的外螺纹后，固定本体，导油管的轴向窜动量≤0.12mm；摇动导油管小头应能在 ±10°范围内灵活转动。

④ 单件的技术要求主要是针对内外球面配合接触面积的。

4. 工艺分析与加工难点

1）加工顺序方案。工艺分析的主要目的是通过分析图样制订加工方案，快速准确地读懂图样是制订加工方案并最终完成加工的关键因素。

这次比赛夹具用的是四爪单动卡盘。四爪的特点是装夹非回转体零件时相对较省事，而对装夹回转体类零件则不如三爪自定心卡盘了。这套零件虽然配合处不多，但是工艺顺序安排不好也同样会增加找正时间和难度。所以，在工艺安排上应尽量避免工件的反复装夹找正。

根据赛场提供的 M43 ×1.5 螺纹塞规（没有螺纹环规），再综合装配关系可判断：在零件 1 和零件 2 之间应该先加工零件 2 曲面螺母上的 M43 ×1.5 内螺纹，之后使用它去配车本体的外螺纹。曲面螺母的椭圆曲面等外轮廓是通过 M43 ×1.5 内螺纹拧入本体后加工的。

根据分析，导油管是需要有运动配合要求的，且配合后没有固定位置，所以不能在配合后加工，单独进行加工就可以了。

零件 1 本体是凸字方形的毛坯，其 6 个面中有 4 个面需要加工。不管先加工哪个面，在装夹时都要注意对已加工面的保护，装夹面积小时还要通过垫垫铁等方法增大装夹面积。

根据以上分析，制订的零件加工顺序方案如图 3-50 所示。

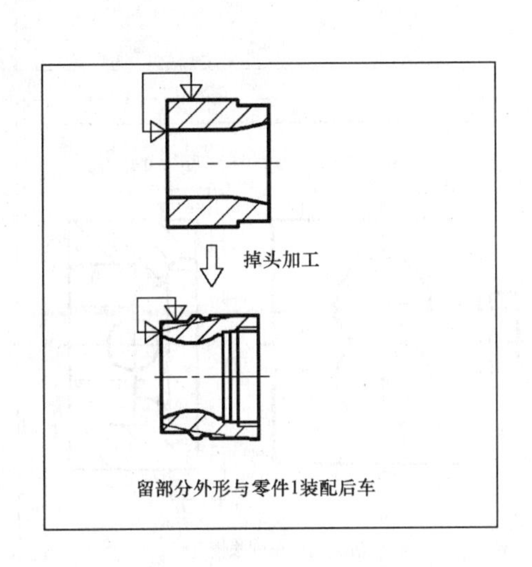

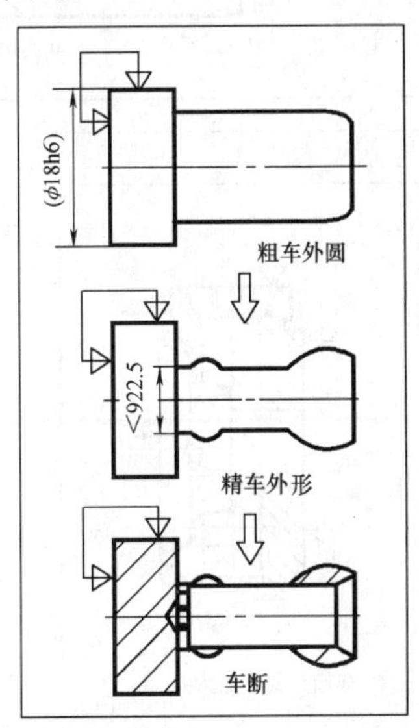

图 3-50　零件加工顺序方案

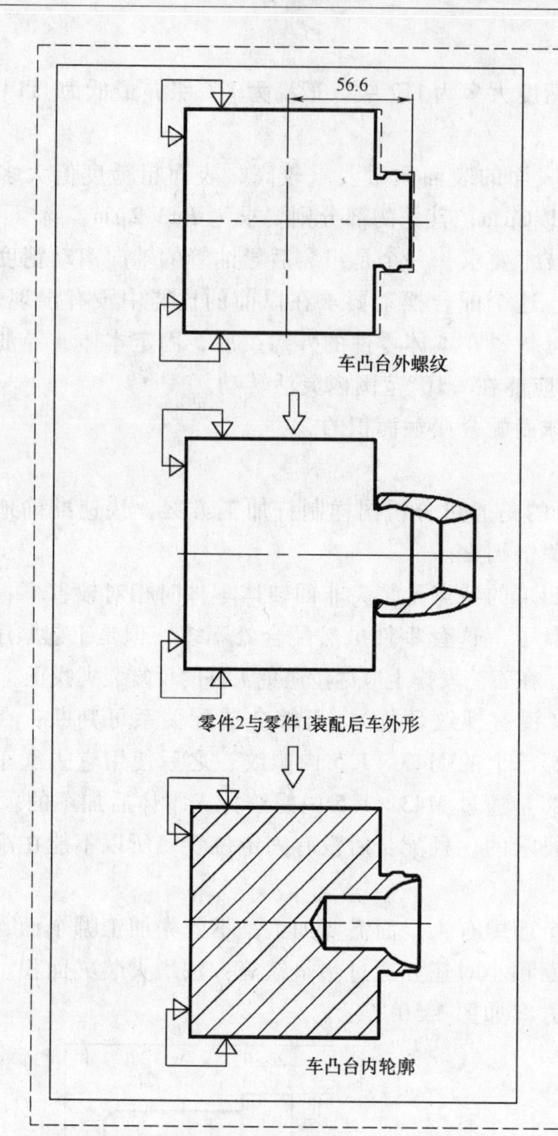
56.6
车凸台外螺纹
零件2与零件1装配后车外形
车凸台内轮廓

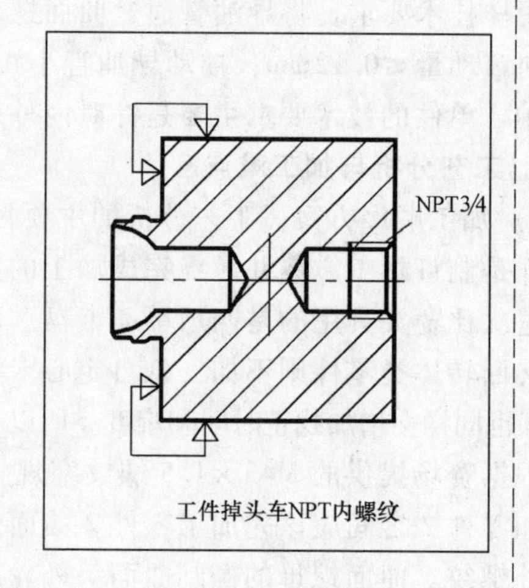
NPT3/4
工件掉头车NPT内螺纹

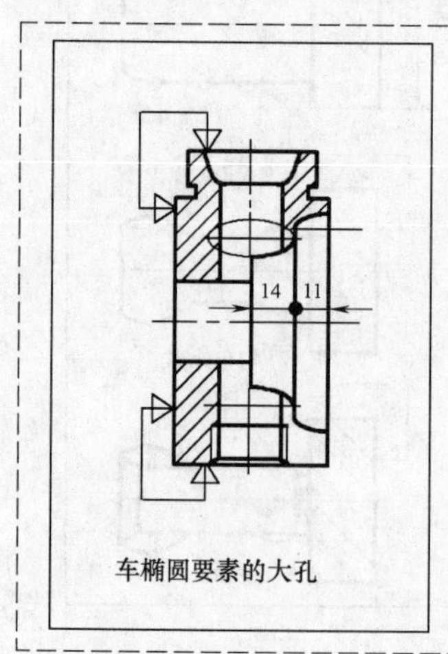
14
11
车椭圆要素的大孔

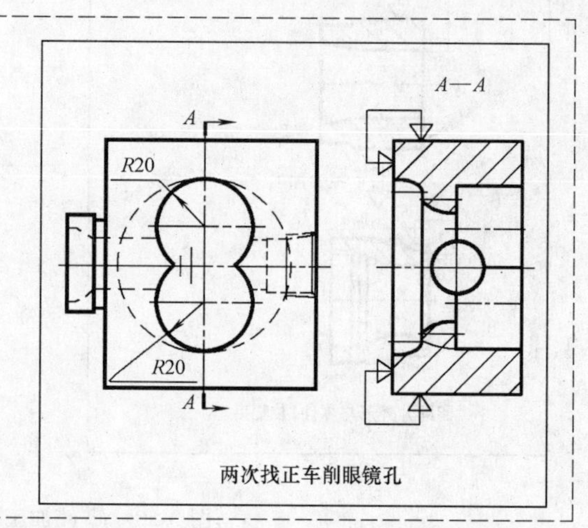
A—A
A
R20
R20
A
两次找正车削眼镜孔

图 3-50 （续）

2）加工难点。这套题的加工难点主要以下几点。

① 曲面螺母的外形没有可供装夹的直台阶，其最大轮廓处是一段 5°的锥体，其余部分的结构要素是曲面和沟槽。这种形式的零件由于没有可靠的装夹位置，必须在其他零件上配车或使用专用夹具来加工才行。如这个零件的外形带有锥度，在实际生产中常用的加工方法一般有两种：

第一种方法是夹住一侧外圆，先车出大端的内螺纹、内弧面和外轮廓的5°的锥体部分，再以它的内螺纹配车出一个工艺螺纹心轴，之后将工件旋紧在心轴上车削其余部分。使用这种方法要注意的是，螺纹心轴的螺纹部分一般只起到锁紧作用。如果零件内轮廓与外轮廓有形位公差要求时，只靠螺纹定位、锁紧很难满足零件精度，定位要准确需要有定位台才行。

第二种方法也是先车出大端的内螺纹、内弧面和外轮廓的锥体部分，之后按照工件外轮廓的锥体尺寸制作专用夹具或者直接将卡盘软爪车成相应的尺寸来装夹。这种方法适合没有定位台或不便使用心轴的场所。

在这套零件的曲面螺母加工时，由于内螺纹后端和本体外螺纹前端设计有 ϕ40mm 的台阶可做定位用，所以在加工曲面螺母时可按照上述的第一种方法加工，车出的零件 1 的螺纹可作为心轴使用，拧上曲面螺母半成品，配车其他的外形部分。

② 在加工零件 1 两侧孔时，如果先加工椭圆要素的大孔，经常是将孔钻穿后镗孔，这时若底孔尺寸没有考虑到另一面的眼镜孔，会为后面的眼镜孔加工带来诸多不便。

③ 在车削零件 1 时，在外形和内形中有很多加工是断续的，在选用刀具时应选用强度高、刚性足的副前角及刀尖角大的车刀，并控制好主轴转速、进给速度和背吃刀量，防止刀具损坏。

④ 对于试题中零件 3，如果按照常规的方法先车小头后车大头，由于大端内孔有一段内锥孔，则需要掉头再装夹一次才行。若想要一次装夹时，可以先加工大头，再加工小头，最后用车刀切下。需要注意的是，选用车刀的刀尖角不能在圆弧面和直线的交点部分发生干涉，这个点的干涉角计算虽然不难，但比赛中提供的计算机作图更为方便、准确，画图后测得大端圆弧和小段圆弧拐点处的干涉角分别为 39.7°和 41°，赛场的装 35°刀片的外圆车刀刚好能满足使用要求。在实际生产中遇到这种情况或干涉角稍小于刀尖角时，通常在不影响其他加工面的情况下将车刀特意装歪一些，这样既解决了干涉问题，还增大了车刀实际副偏角，可使切削轻快。

5. 加工工序卡片

1）曲面螺母。

① 曲面螺母工序 1 的主要加工内容见表 3-26，曲面螺母工序 1 简图如图 3-51 所示。

表 3-26　曲面螺母工序 1 的主要加工内容

序号	工步内容	使用刀具	刀（具）片型号	切削参数				
				主轴转速 /（r/min）	背吃刀量 /mm		进给量 /（mm/r）	
					粗车	精车	粗车	精车
1	平端面、车外圆	外圆车刀 MCLNR2525M12	CNMG120408-UM CPT25	800	2.5	1	0.3	0.15
2	车内孔、锥孔	内孔车刀 S16M-SCFCR09	CCGT09T308-UM CPT25	350	2	0.5	0.2	0.10

曲面螺母工序1加工过程实体图如图3-52所示。

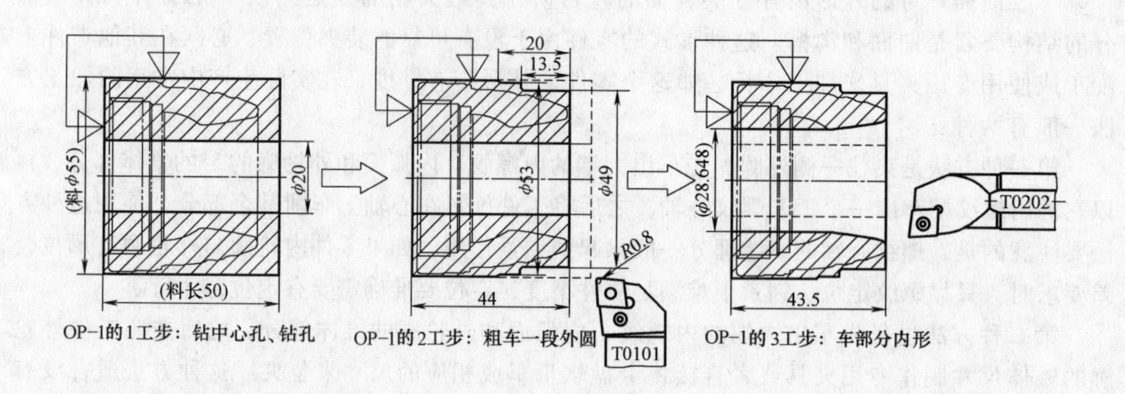

图3-51　零件2曲面螺母工序1简图

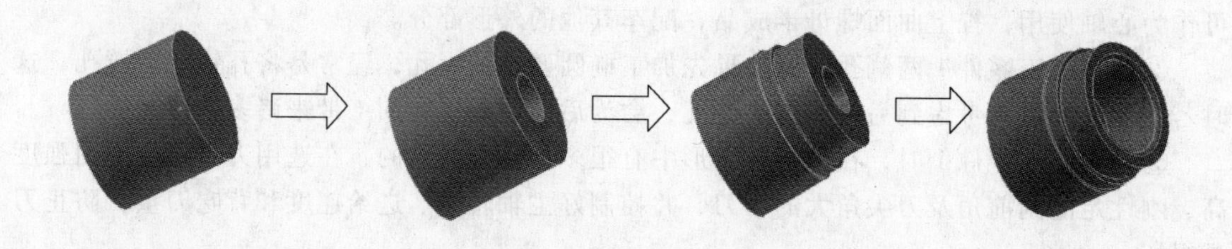

图3-52　曲面螺母工序1加工过程实体图

② 曲面螺母工序2的主要加工内容见表3-27，曲面螺母工序2简图如图3-53所示。

表3-27　曲面螺母工序2的主要加工内容

序号	工步内容	使用刀具	刀（具）片型号	切削参数				
				主轴转速/（r/min）	背吃刀量/mm		进给量/（mm/r）	
					粗车	精车	粗车	精车
1	平端面、车外圆	外圆车刀 MCLNR2525M12	CNMG120408-UM CPT25	800	2.5	1	0.3	0.15
2	车内孔	内孔车刀 S16M-SCFCR09	CCGT09T308-UM CPT25	350	2	0.5	0.2	0.1
3	车内螺纹	内螺纹车刀 SNR1316M11	16NRAG60	300	1	0.3	1.5	1.5

曲面螺母加工过程实体图如图 3-54 所示。

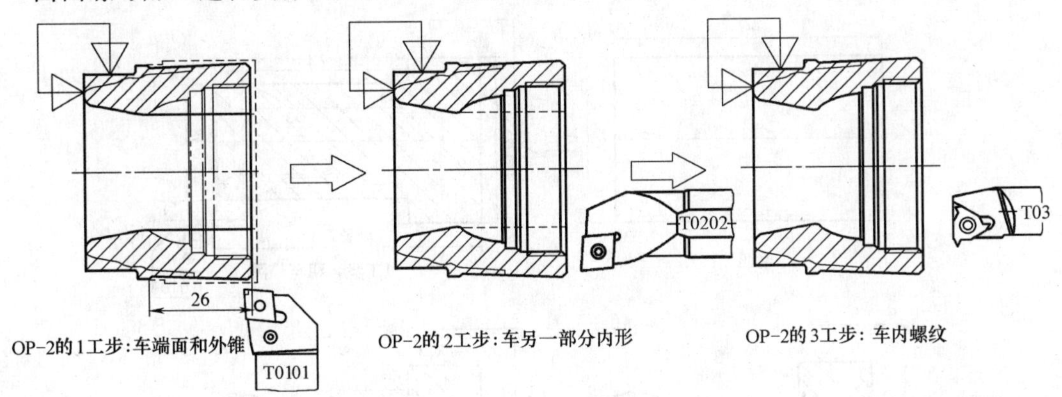

图 3-53　曲面螺母工序 2 简图

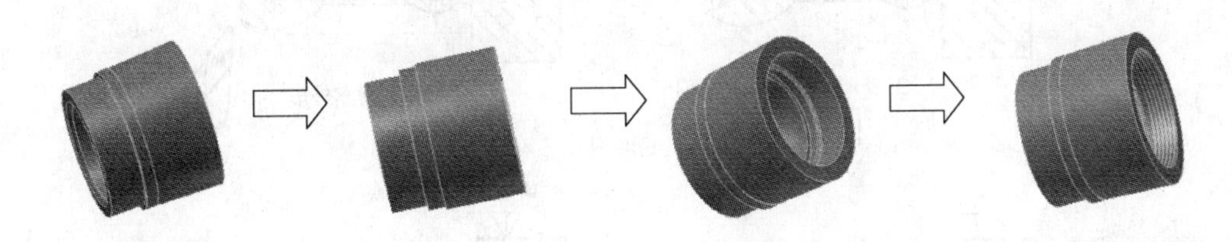

图 3-54　曲面螺母工序 2 加工过程实体图

2）导油管。导油管工序的主要加工内容见表 3-28，导油管工序简图如图 3-55 所示。

表 3-28　导油管工序的主要加工内容

序号	工步内容	使用刀具	刀（具）片型号	切削参数				
				主轴转速 /（r/min）	背吃刀量 /mm		进给量 /（mm/r）	
					粗车	精车	粗车	精车
1	平端面、车外圆	外圆车刀 MCLNR2525M12	CNMG120408-UM CPT25	800	2.5	1	0.3	
2	粗、精车外型	装 35°刀片外圆刀 MVJNR2525M16	VNMG160408-UM CPT25	600	2.5	1	0.3	0.10
3	车孔	内孔车刀 S16M-SCFCR09	CCGT09T308-UM CPT25	350	2	1	0.2	0.10
4	切断	车刀 GDAR2525M300-22	GE22D300N030-F	400	3	3		0.1

导油管加工过程实体图如图 3-56 所示。

3）本体。

①　本体零件工序 OP-1 的第一工步主要加工内容见表 3-29，其工步简图如图 3-57 所示。

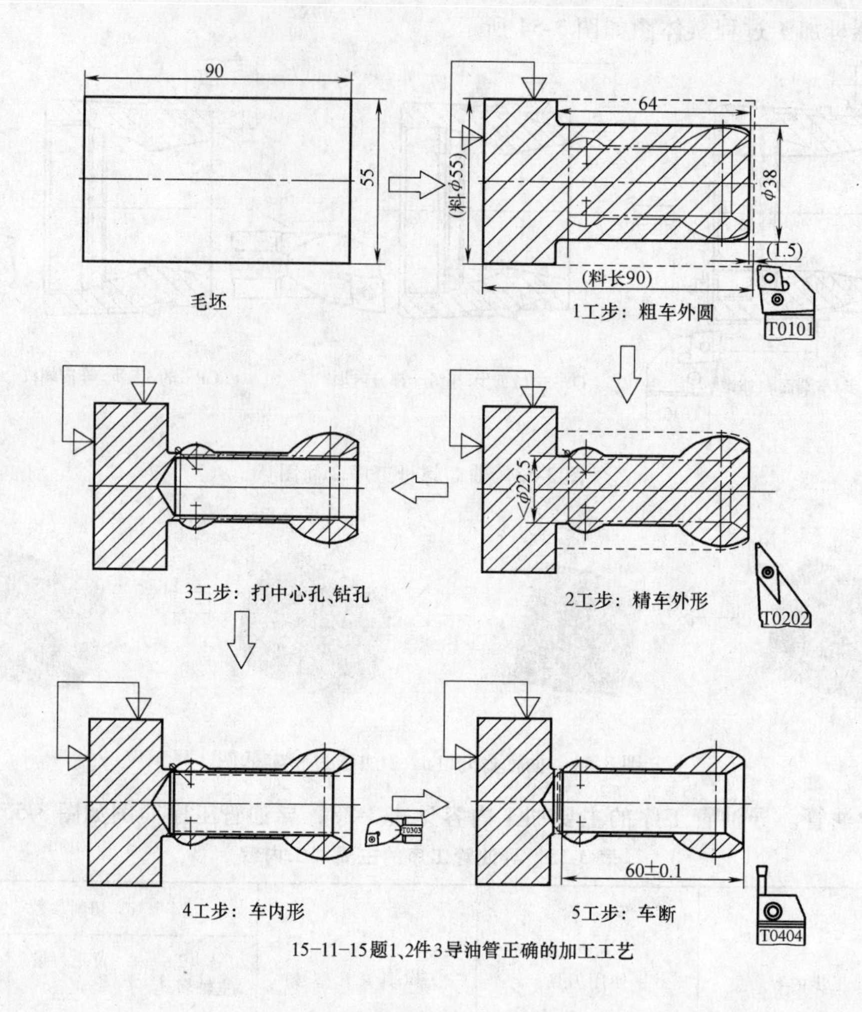

图 3-55　零件 3 导油管工序简图

表 3-29　本体零件工序 OP-1 的第一工步主要加工内容

序号	工步内容	使用刀具	刀（具）片型号	主轴转速／（r/min）	切削参数			
					背吃刀量／mm		进给量／（mm/r）	
					粗车	精车	粗车	精车
1	平端面、车外圆	外圆车刀 MCLNR2525M12	CNMG120408-UM CPT25	800	2.5	1	0.3	0.15
2	车槽	车槽刀 GDAR2525M300-22	GE22D300N030-F	400	3	3	0.1	0.1
3	车外螺纹	外螺纹车刀 SER2525M16	16ER1.50ISO CPS20	400	0.5	0.2	1.5	1.5

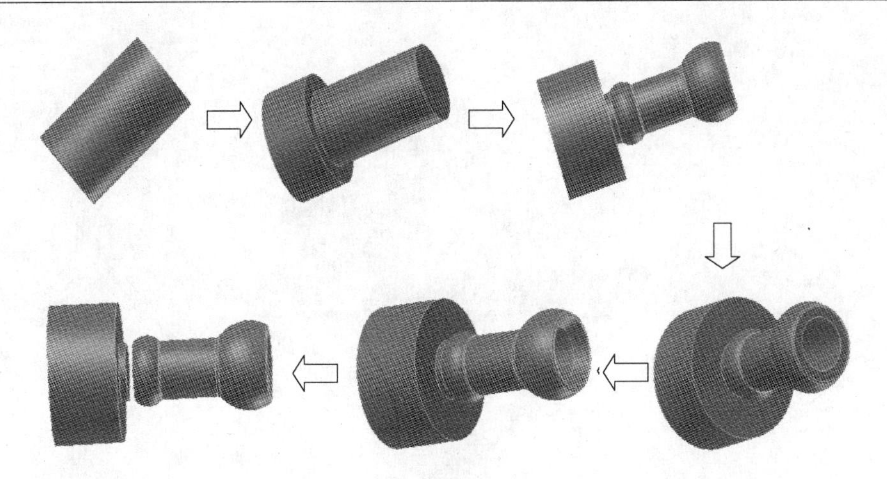

图 3-56 零件 3 导油管加工实体图

本体零件工序 OP-1 的 1 工步实体图如图 3-58 所示。

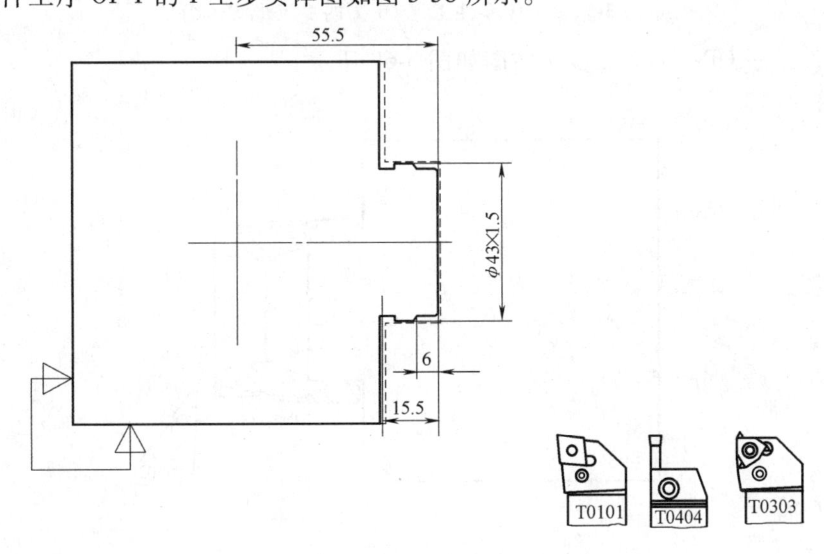

图 3-57 本体零件工序 OP-1 的 1 工步简图

② 本体零件工序 OP-1 的 2 工步主要加工内容见表 3-30，其工步简图如图 3-59 所示。

表 3-30 本体工序 OP-1 的 2 工步主要加工内容

序号	工步内容	使用刀具	刀（具）片型号	切削参数				
				主轴转速/（r/min）	背吃刀量/mm		进给量/（mm/r）	
					粗车	精车	粗车	精车
1	粗车外圆	外圆车刀 MCLNR2525M12	CNMG120408-UM CPT25	800	2.5	0.5	0.3	0.10
2	粗、精车曲线螺母外型	装 35°刀片外圆车刀 MVJNR2525M16	VNMG160408-UM CPT25	1000	1	0.5	0.2	0.1
3	曲面上沟槽	正前角外圆车刀 MVVNN2525M16	VNMG160408	1000		0.5		0.1

图 3-58　本体零件工序 OP-1 的 1 工步实体图

本体零件工序 OP-1 的 2 工步实体图如图 3-60 所示。

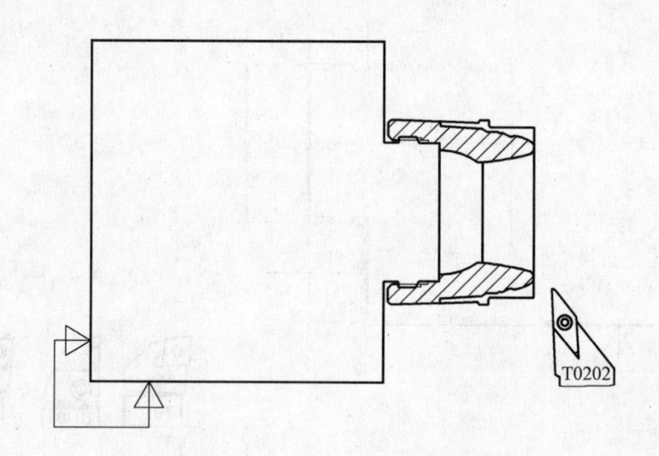

图 3-59　本体工序 OP-1 的 2 工步简图

③　本体零件工序 OP-1 的 3 工步主要加工内容见表 3-31，其工步简图如图 3-61 所示。

图 3-60　本体零件工序 OP-1 的 2 工步实体图

表 3-31　本体工序 OP-1 的 3 工步主要加工内容

序号	工步内容	使用刀具	刀（具）片型号	切削参数				
				主轴转速 /（r/min）	背吃刀量 /mm		进给量 /（mm/r）	
					粗车	精车	粗车	精车
1	钻中心孔	中心钻	ϕ3mm	800				手动
2	钻孔	麻花钻	ϕ20mm	300				手动
3	内球面部位	内孔车刀 S16M-SCFCR09	CCGT09T308-UM CPT25	600	2.0	0.5	0.2	0.1

本体零件工序 OP-1 的 3 工步实体图如图 3-62 所示。

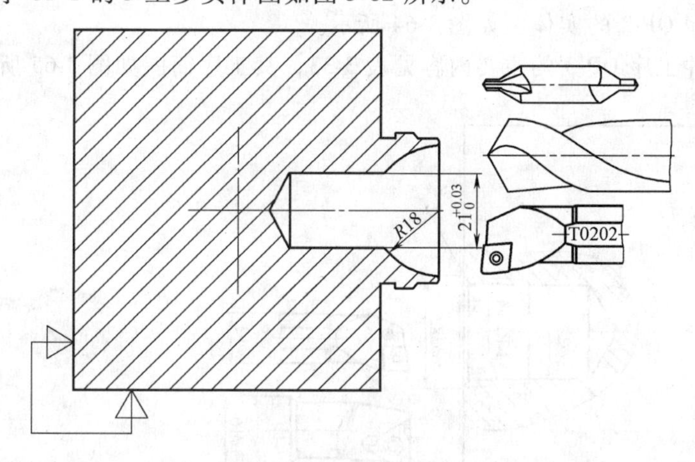

图 3-61　本体零件工序 OP-1 的 3 工步简图

④　本体零件工序 OP-2 的主要加工内容见表 3-32，其工序简图如图 3-63 所示。

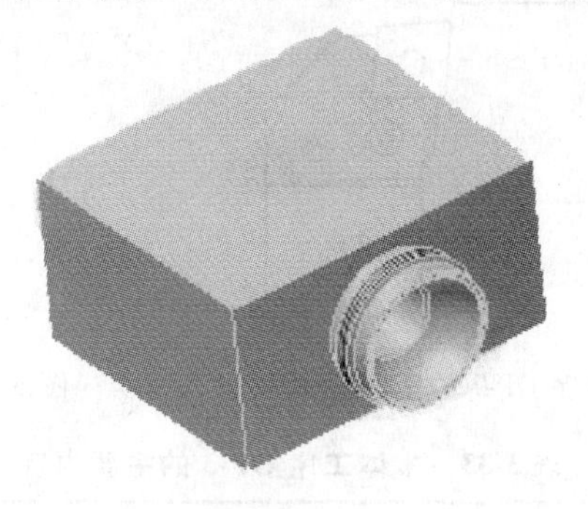

图 3-62　本体零件工序 OP-1 的 3 工步实体图

表 3-32　本体工序 OP-2 的主要加工内容

序号	工步内容	使用刀具	刀（具）片型号	切削参数				
				主轴转速 /（r/min）	背吃刀量 /mm		进给量 /（mm/r）	
					粗车	精车	粗车	精车
1	钻中心孔	中心钻	ϕ3mm	800				手动
2	钻孔	麻花钻	ϕ20mm	300				手动

（续）

序号	工步内容	使用刀具	刀（具）片型号	主轴转速/（r/min）	切削参数			
					背吃刀量/mm		进给量/（mm/r）	
					粗车	精车	粗车	精车
3	平端面、车外圆	外圆车刀 MCLNR2525M12	CNMG120408-UM CPT25	800	2.5	1	0.3	0.15
4	车内螺纹底孔	内孔车刀 S16M-SCFCR09	CCGT09T308-UM CPT25	600	2.0	0.5	0.2	0.1
5	车 NPT 内螺纹	内螺纹车刀 SNR1316M11	NPT3/4	300	1	0.3		

本体零件工序 OP-2 的实体图如图 3-64 所示。

⑤ 本体零件工序 OP-3 的主要内容见表 3-33，其工序简图如图 3-65 所示。

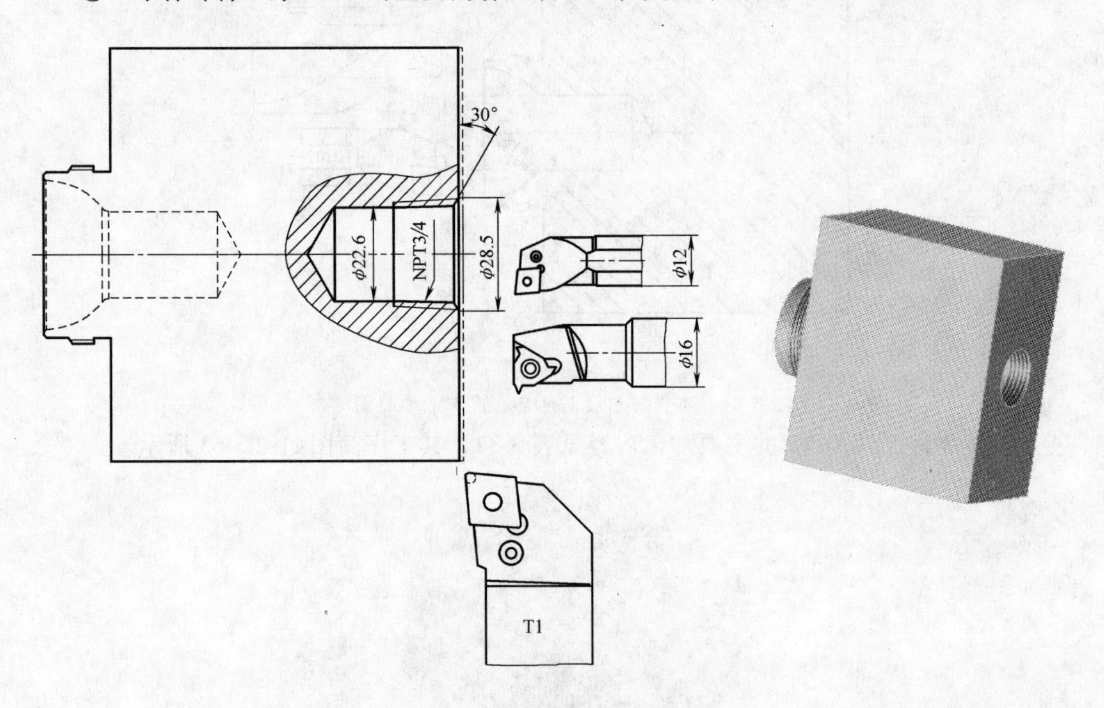

图 3-63 本体零件工序 OP-2 的工序简图　　图 3-64 本体零件工序 OP-2 的实体图

表 3-33 本体工序 OP-3 的主要内容

序号	工步内容	使用刀具	刀（具）片型号	主轴转速/（r/min）	切削参数			
					背吃刀量/mm		进给量/（mm/r）	
					粗车	精车	粗车	精车
1	钻中心孔	中心钻	ϕ3mm	800				手动
2	钻孔	麻花钻	ϕ20mm	300				手动
3	平端面	外圆车刀 MCLNR2525M12	CNMG120408-UM CPT25	800	2.5	1	0.3	0.15

（续）

序号	工步内容	使用刀具	刀（具）片型号	切削参数				
				主轴转速 /（r/min）	背吃刀量 /mm		进给量 /（mm/r）	
					粗车	精车	粗车	精车
4	车内孔	内孔车刀 S16M-SCFCR09	CCGT09T308-UM CPT25	600	2.0	0.5	0.2	0.1
5	车端面槽	装 35°刀片对称车刀 MVJNR2525M16	VNMG160408-UM CPT25	600	1.5	0.8	0.2	0.1

本体零件工序 OP-3 的 3 工实体加工实体图如图 3-66 所示。

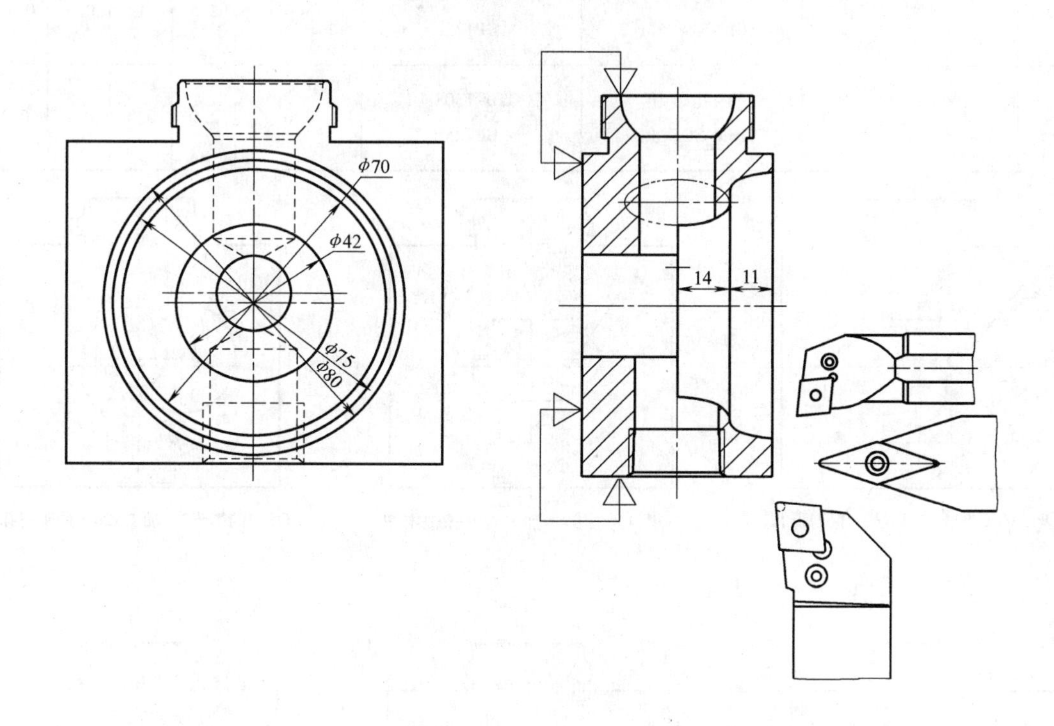

图 3-65　本体零件工序 OP-3 的工序简图

⑥　本体零件工序 OP-4 的主要加工内容见表 3-34，其工序简图如图 3-67 所示。

图 3-66　本体零件工序 OP-3 的实体图

表 3-34 本体零件工序 OP-4 主要加工内容

序号	工步内容	使用刀具	刀（具）片型号	主轴转速 /（r/min）	切削参数 背吃刀量 /mm 粗车	背吃刀量 /mm 精车	进给量 /（mm/r） 粗车	进给量 /（mm/r） 精车
1	调整偏心，钻中心孔	中心钻	ϕ3mm	600				手动
2	钻孔	麻花钻	ϕ10mm	400				手动
3	平端面	外圆车刀 MCLNR2525M12	CNMG120408-UM CPT25	800	2.5	1	0.3	0.15
4	车内孔	内孔车刀 S16M-SCFCR09	CCGT09T308-UM CPT25	300	2.0	0.5	0.2	0.1

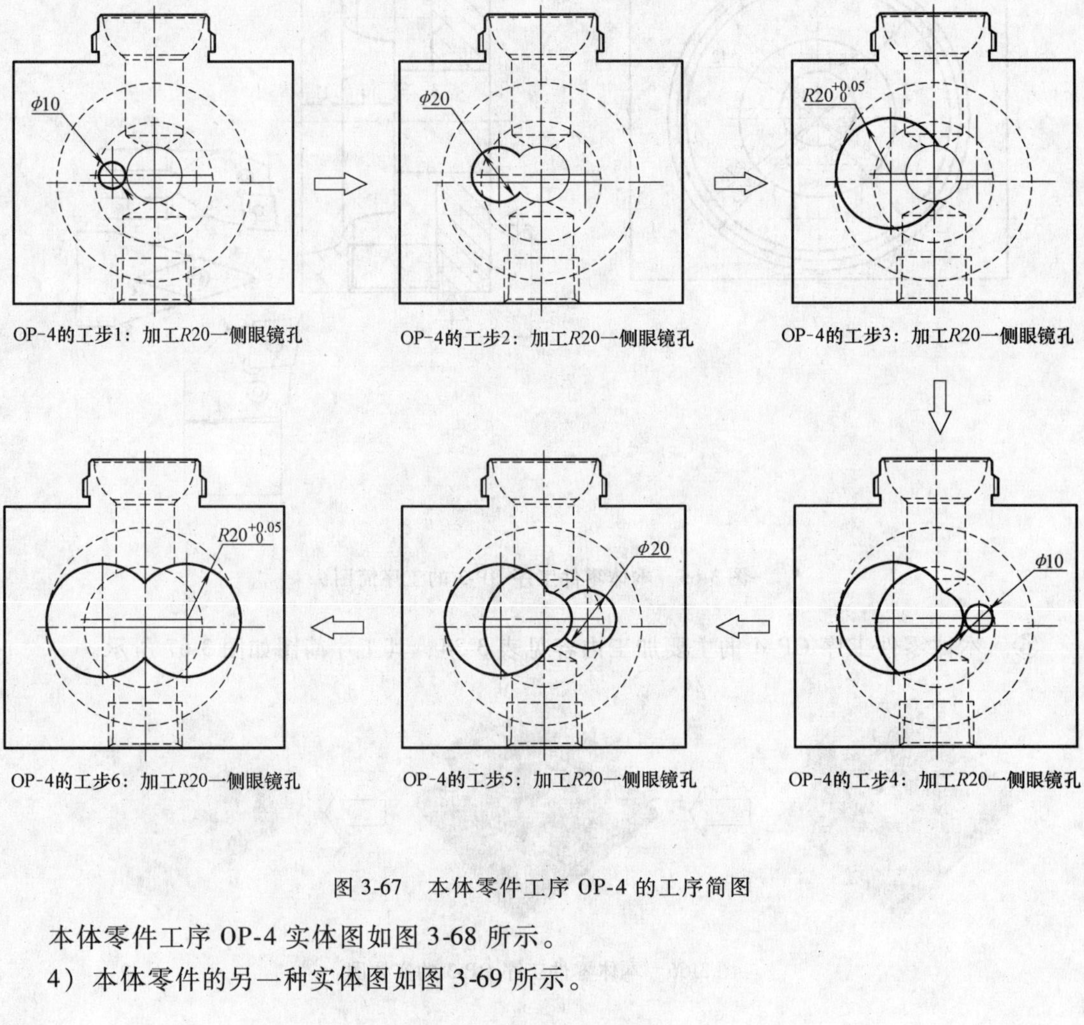

ϕ10

OP-4的工步1：加工R20一侧眼镜孔

ϕ20

OP-4的工步2：加工R20一侧眼镜孔

$R20^{+0.05}_{0}$

OP-4的工步3：加工R20一侧眼镜孔

ϕ10

OP-4的工步4：加工R20一侧眼镜孔

ϕ20

OP-4的工步5：加工R20一侧眼镜孔

$R20^{+0.05}_{0}$

OP-4的工步6：加工R20一侧眼镜孔

图 3-67 本体零件工序 OP-4 的工序简图

本体零件工序 OP-4 实体图如图 3-68 所示。

4）本体零件的另一种实体图如图 3-69 所示。

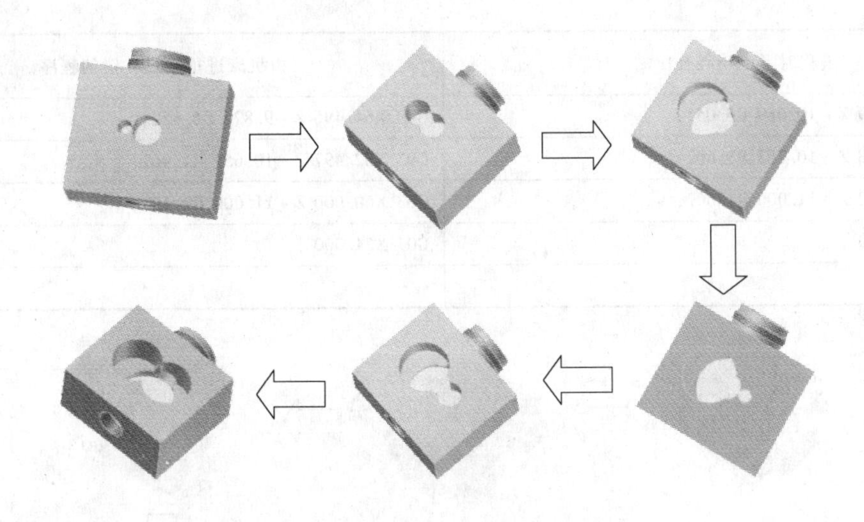

图 3-68　本体零件工序 OP-4 实体图

从图 3-69 可以看到，与之前不同的地方是先加工眼镜孔，后加工椭圆要素的大孔，请读者分析这样加工方法与之前的加工方法，哪一种更好？

6. 典型程序

这里介绍一下加工椭圆相连要素大孔的计算机编程，绘图准备如图 3-70 所示。

比赛中，在使用计算机编程时为了加快速度，一般只需要绘制需要加工的部位。如图 3-70 所示，按照零件 1（本体）大面椭圆相连要素大孔的尺寸，只绘制了底孔 ϕ20mm 线段和一侧的内轮廓线，且注意线段不要有出头和重复的地方。编程原点（这里是工件的端面大孔的中心点）要在绘图软件的坐标系上。

在粗加工的加工参数选项中有“编程时考虑半径补偿”和“由机床进行半径补偿”两个选项要注意。

“编程时考虑半径补偿”是在生成加工轨迹时，系统根据当前所用刀具的刀尖半径进行补偿计算（按假想刀尖点编程），所生成代码即为已考虑半径补偿的代码，无需机床再进行刀尖半径补偿。“由机床进行半径补偿”则是在生成加工轨迹时，假设刀尖半径为 0，按轮廓编程，不进行刀尖半径补偿计算。所生成代码在用于实际加工时应根据实际刀尖半径由机床指定补偿值，其对比见表 3-35。

表 3-35　部分程序对比表

编程时考虑半径补偿的程序	由机床进行半径补偿的程序
……	……
G99 G03 X69.565 Z-4.008 R23.747 F0.200；	G99 G03 X69.550 Z-3.316 R24.547 F0.200；
G03 X68.116 Z-7.097 R16.755；	G03 X68.032 Z-6.553 R17.555；
G03 X66.767 Z-8.724 R12.996；	G03 X66.600 Z-8.280 R13.796；

（续）

编程时考虑半径补偿的程序	由机床进行半径补偿的程序
G03 X64.909 Z－10.089 R6.052；	G03 X64.496 Z－9.825 R6.852；
G03 X63.268 Z－10.767 R3.662；	G03 X62.497 Z－10.651 R4.462；
G03 X61.600 Z－11.000 R1.609；	G03 X60.000 Z－11.000 R2.409；
G01 X55.600 ；	G01 X54.000 ；
……	……

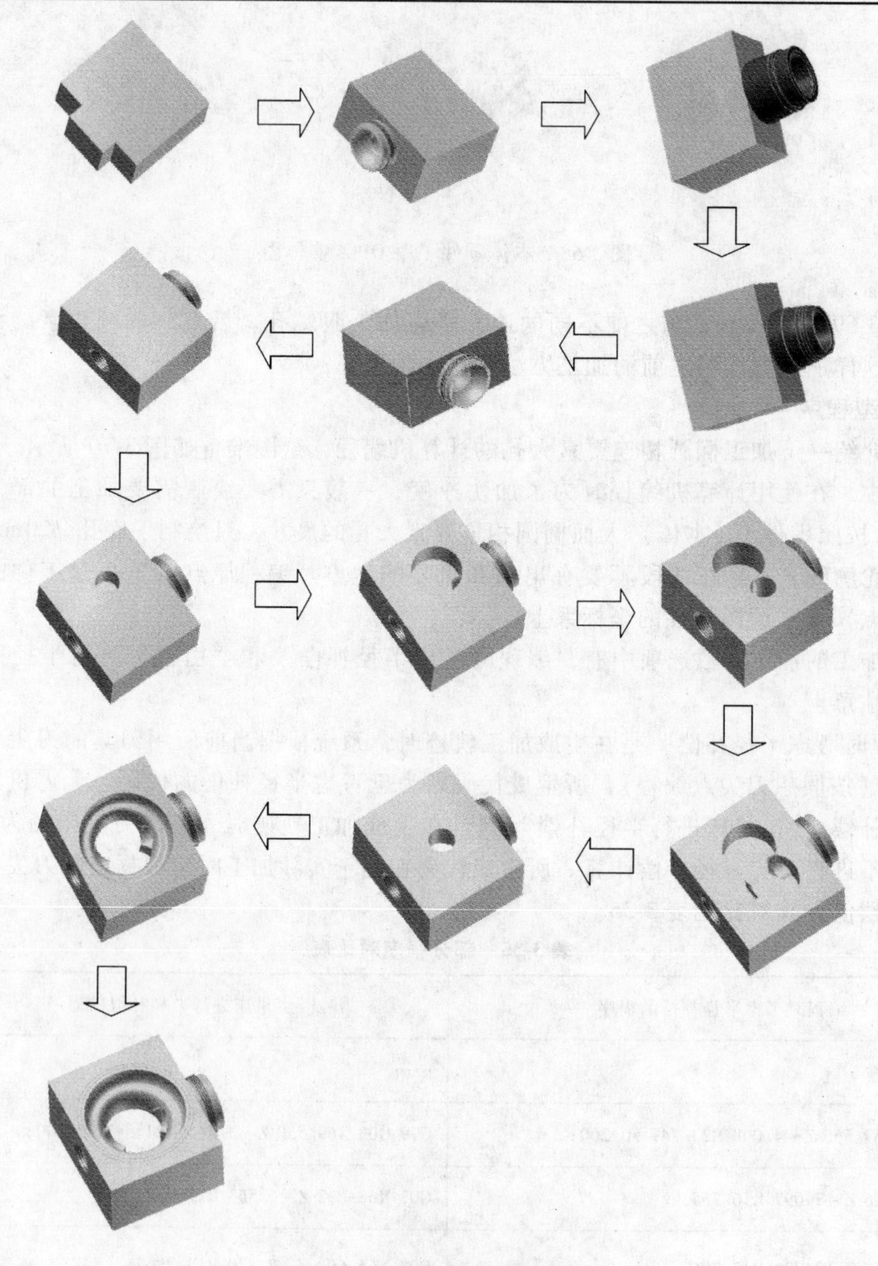

图 3-69　本体的另一种实体图

在表 3-35 中不难看出“由机床进行半径补偿”程序与“编程时考虑半径补偿”程序的走刀轨迹点坐标是不一样的。“编程时考虑半径补偿”程序这种方法适合粗精车使用同一把刀或同一种刀尖圆弧的车片，软件设定的刀具尖圆弧半径必须和加工用的车刀的刀尖圆弧半径一致。“由机床进行半径补偿”程序这种方法虽然需要人为在机床系统中输入刀尖半径值，但是在粗、精车刀片的刀尖圆弧半径不一样时不需重新生成程序，只需改变机床系统中输入的刀尖半径值，使用更为方便。

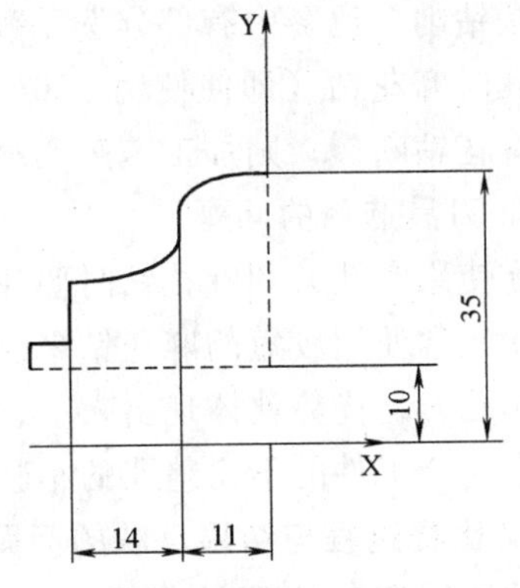

粗实线为工件内轮廓；虚线表示毛坯轮廓。

图 3-70　计算机编程绘图准备

3.3.3　试题点评

这届比赛试题有两个特点：一是试题的编程难度较小，特别是计算机辅助编程更贴近了现代制造业的发展；二是略增加工艺考点和找正难度，更多地融入了企业零部件的元素，如三件组合处的圆弧借鉴了油路系统中常用的多向输油装置，本体零件上借鉴了齿轮泵壳体孔的眼镜孔结构，组合功能借鉴了运动结构的摆动要素等。三个零件中有方有圆，体现了实际生产的产品多样性。

1. 关于操作的问题

在四爪单动卡盘上加工零件，首先，根据工件的夹持部位大小与对称状况，调整卡爪在卡盘中的径向位置，这样才能使工件在卡盘中的相对位置与所要求的位置相接近。如果工件在安装时的位置相差太大，就会增加校正的时间。有些选手在找正时位置相差较多，又想加快找正速度又不想卸下重新装夹，遂将卡爪松的量过大，容易造成工件从卡盘中掉下。

其次，在四爪单动卡盘上装夹方法要得当，应避免工件在装夹中产生过定位，也就是说不要使工件夹住的部位过长，一般以 15 ~ 20mm 为宜。如果夹住的部位过长，就造成限制的自由度多，而在找正时不易使工件轴线与机床主轴轴线平行或与端面垂直，给工件找正带来困难并增加找正的时间。工件反复找正却找不正的原因往往在于此。

再次，加工顺序的安排也不能忽视。如本体零件 1，虽然这个零件看似先加工哪个面都行，但细分析还是有细微差别。

1）加工凸台螺纹和内圆弧时，夹住的是平整的四个大面，夹紧力较大，车螺纹和配车曲面螺母较稳定。如果先将两侧大孔加工后再车凸台，则大孔部位的装夹面积小，不平稳。若加垫片也要大块的才行。若先加工好凸台和底面螺纹孔后加工侧面大孔，由于三面装夹较为牢靠，凸台部位装夹长度较少，问题也不大（可加一块小平垫）。

2）在加工件 1 两侧孔时，如果先加工椭圆要素的大孔，这时如底孔尺寸使用 ϕ20mm 麻花钻钻穿，编程加工大孔时不要车得过深，更不能车通。若不注意，将此孔镗大超过 ϕ26.5mm，将破坏背面眼镜孔的结构，即使不超过 ϕ26.5mm，只要大于 ϕ20mm，则或多或少会带来不便。因为背面眼镜孔孔距 30mm，单孔中心到本体零件中心线为 15mm，掉头后找好中心使用 ϕ10mm 麻花钻钻孔将使两孔相连。在实体中切削过程中，ϕ10mm 麻花钻绝大部分不易钻偏（跑偏度小）。若中间孔大了，则会使 ϕ10mm 麻花钻跑偏严重，钻削困难甚至无法钻削。比赛中有部分选手没意识到这个问题，先将中间孔车到 ϕ26mm，造成了钻削眼镜孔时麻花钻（即使使用 ϕ20mm 的麻花钻也存在这个问题）单边受力，严重跑偏。如果担心麻花钻断裂，则加工速度明显慢下来。

2. 刀具选用的问题

在使用车孔刀和麻花钻时要注意以下方面：麻花钻长度相对固定，使用时刚性较差，在生产中经常使用较短的麻花钻来改善刚性问题，在比赛中，不可能将麻花钻磨短；这时如果采用车孔刀，优势就体现出来了，车孔刀的刀杆能调整到加工范围的最短长度，刀具刚性最大。在这个工件的不完整孔的车削中尤为明显。

3. 比赛过程与结果反映的问题

从选手们的比赛结果看，有一部分选手（接近 1/3）的工艺能力和技能很好。部分选手加工的试件照片如图 3-71、图 3-72 所示，试件加工得很漂亮，精度也基本达到要求。

图 3-71　选手加工的试件照片（一）

图 3-72　选手加工的试件照片（二）

但是也有一部分选手的试件没有全部加工完（30 名后或多或少的都有缺项现象），他们大多是对四爪单动卡盘不适应，装夹、找正速度慢，造成比赛用时紧张。

有的选手是短时间制订工艺顺序的能力较差，拿到图样看半天不知如何下手。

有的选手是看图和审题不清就开始加工，比如上来就加工本体凸台螺纹，车削后发现没有量具检测时才看到提供的环规，为时已晚。有的选手计算机软件操作不熟练，能手工编制程序的也要计算机生成，结果花费了大量比赛时间。

比赛中的计算机一般有三个作用：①自动生成程序，减少编程和输入程序时间，熟练使用软件能有效提高加工速度与编程的准确性；②需要手工编程时通过绘图查询坐标点，减少数学计算时间；③通过绘制零件图对难加工或难编程部位使用误差逼近的方法进行相似加工。

3.4　2011 年数控车试题分析与点评

2011 年全国职业院校技能大赛中职组现代制造技术技能比赛数控车比赛的实操试题有两套，都是四件组合。这两套试题结构大体相同，细节上有较大的区别，比较而言，第二套题比第一套题的难度和工作量都略有增加。

3.4.1　工艺条件

1. 机床

采用型号为 CKA6150 的经济型数控卧式车床，其规格为：床身上最大加工回转直径为 ϕ500mm，在床鞍上的最大加工回转直径为 ϕ350mm，最大加工长度为 750mm；导轨水平布置，四方刀架，刀架前置配置，配有手动尾座。

2. 数控系统

数控系统有三种，分别为 FANUC 0i mate TC、FANUC 0i mate TB（已升级）和广州数控 980TDb 系统。升级后的 FANUC 0i mate TB 系统的功能与 FANUC 0i mate TC 相同，只是操作面板未作改动。

3. 毛坯

两套题的零件 1 的毛坯都来自某企业，是两个类似的铝合金材料实用零件毛坯。图 3-73、图 3-74分别是这两个铝铸件的简图。由于不方便提供原始详细图样，详细尺寸只能由选手拿到实物后测得。

两套题的零件 2、零件 3 和零件 4 的毛坯一样，如图 3-75 所示。

4. 夹具

采用 ϕ250mm 标准三爪自定心卡盘。

5. 刀具

两套试题共用 10 种车刀、14 种刀片、一只麻花钻、两个过渡套和一个夹持座，详见表 3-36。

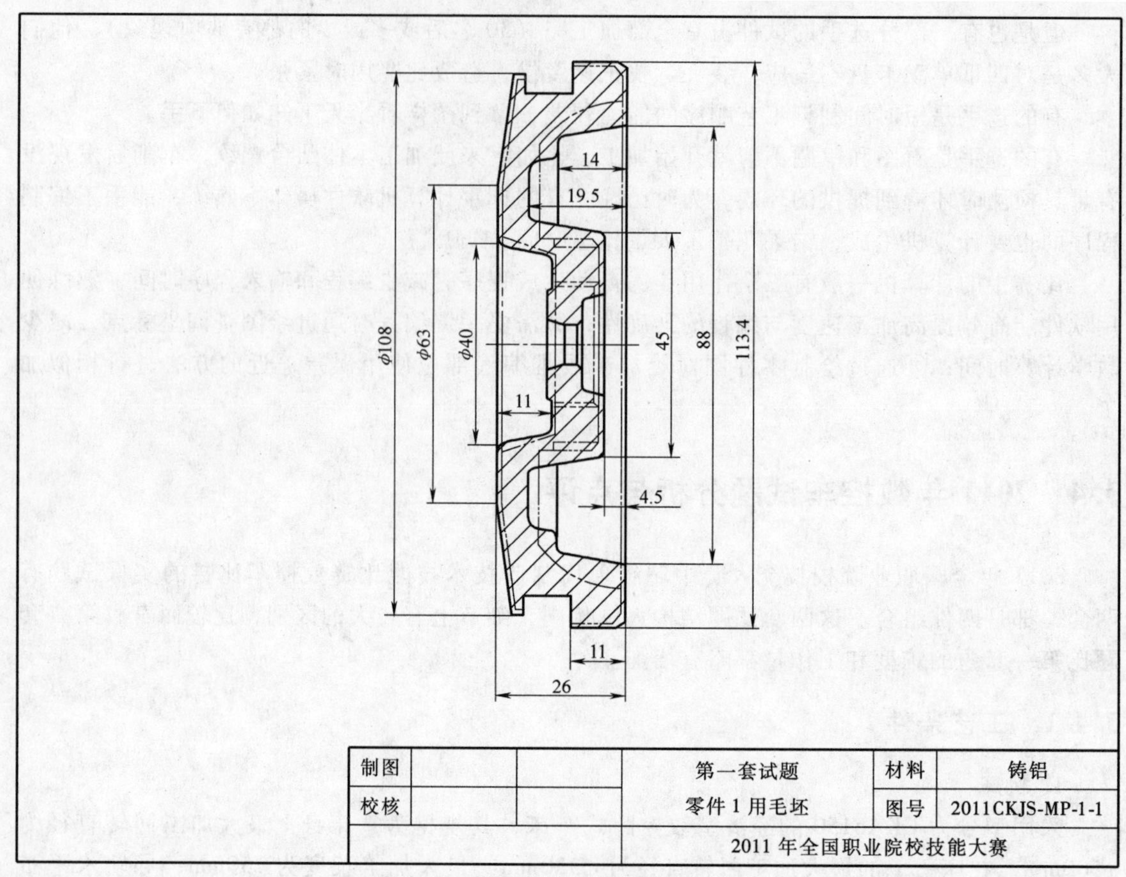

图 3-73　第一套试题零件1毛坯简图

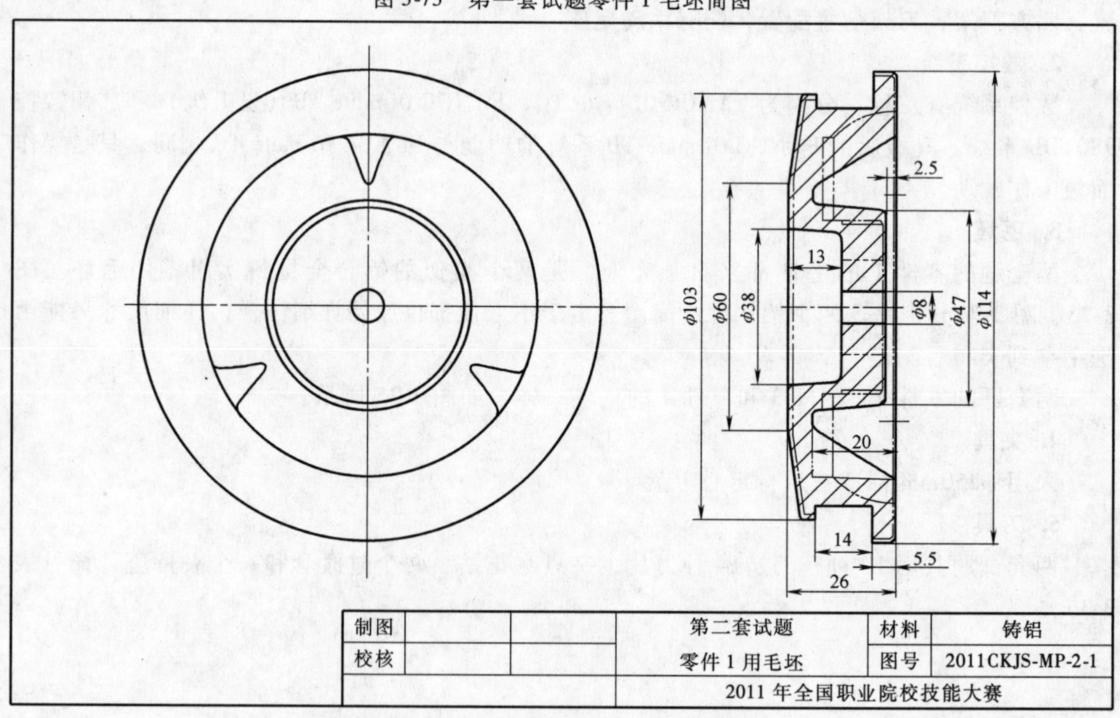

图 3-74　第二套试题零件1用毛坯简图

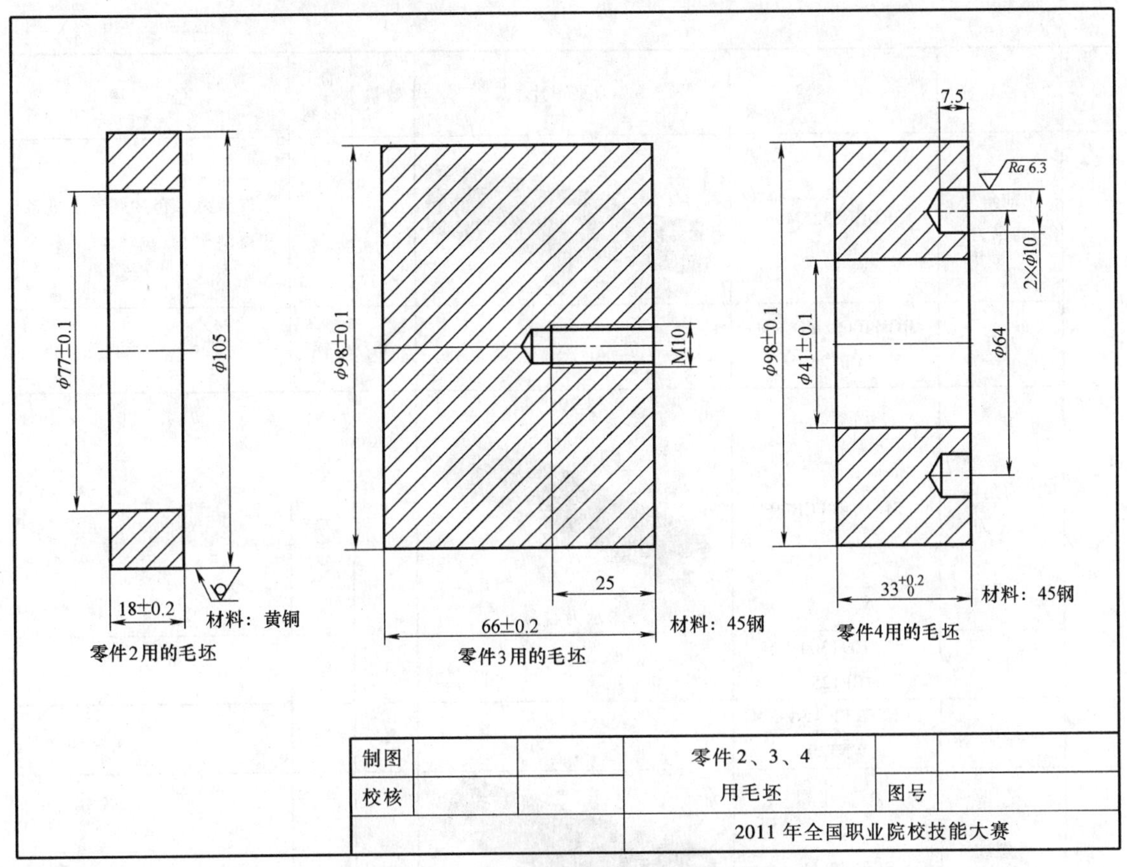

图 3-75　两套试题共用的三件毛坯图

表 3-36　刀具清单

序号	名　　称	规　　格	刀具图片	数量	加工材料	备　　注
1	负前角外圆车刀	MCLNR2525M12	$\kappa_r=95°$ 图示为右刀	1		
	刀片	CNMG120404		1	铜	
	刀片	CNMG120404-UM CPT25		1	钢	
	刀片	CNMG120408-UM CPT25		1	钢	
2	正前角外圆车刀	MVVNN2525M16		1		
	刀片	VNMG160408		1	钢	

（续）

序号	名　　称	规　　格	刀具图片	数量	加工材料	备　　注
3	正前角外圆车刀	SRDCN2525M06		1		仅给第二套试题比赛准备和提供
	刀片	RCMT0602MO-UM CPT25		1	钢	
4	正前角内孔车刀	S16M-SCFCR09	$\kappa_r=95°$ 图示为右刀	1		
	刀片	CCMT09T304-UM CPT25		1	钢	
	刀片	CCGT09T304FN-NM WNT20		1	铜	
5	外螺纹车刀	SER2525M16	图示为右刀	1		
	外螺纹刀片	16ER1.50ISO CPS20		1	钢	换螺距刀片0.5~3.0mm
6	内螺纹车刀	SNR1316M11	图示为右刀	1		最深加工32mm
	内螺纹刀片	11NR1.50ISO CPS20		1	钢	
7	车槽刀	GDAR2525M400-13	图示为右刀	1		
	刀片	GE25D400N040-F PPG35		1	钢	

（续）

序号	名　称	规　格	刀具图片	数量	加工材料	备　注
8	内螺纹车刀	SNL1316M11	图示为右刀	1		最深加工 32mm
	刀片	11NL1.50ISO CPS20		1		
9	车槽刀	GDAR2525M300-10	图示为右刀	1		仅给第一套试题比赛准备和提供
	刀片	GE22D300N150-M		1	钢	
10	正前角内孔车刀	S12K-SCFCR06	$\kappa_r = 95°$ 图示为右刀	1		
	刀片	CCGT060204FN-NM WNT20		1	铝	
11	锥柄麻花钻头	ϕ22mm		1		
12	夹套	TS25-16		1		
13	夹套	TS25-12		1		
14	车用夹持座	HS2525-25		1		

注：表中序号为 3 的正前角外圆车刀及相应的刀片仅为第二套试题提供，而序号为 9 的车槽刀及相应刀片仅为第一套试题提供。表中其他刀具为两套题共用。

6. 量具

比赛用量具、检具是由选手自带。两套试题都适用的量、检具推荐表见表 3-37。

表 3-37　自带量、检具推荐表

序号	工（量）具名称	规　格	数量	分度值	备　注
1	外径千分尺	50 ~ 75mm	1	0.01mm	
2	外径千分尺	75 ~ 100mm	1	0.01mm	
3	外径千分尺	100 ~ 125mm	1	0.01mm	
4	内径百分表	18 ~ 35mm	1	0.01mm	

（续）

序号	工（量）具名称	规　格	数量	分度值	备　注
5	内径百分表	35~50mm	1	0.01mm	
6	游标卡尺	0~150mm	1	0.02mm	
7	游标深度卡尺	0~200mm	1	0.02mm	
8	游标万能角度尺	0~320°	1	2′	
9	钟面式百分表	0~5mm	1	0.01mm	
10	杠杆百分表	0~0.8mm	1	0.01mm	
11	磁性表座	自定	自定		
12	半径规（R 规）	$R1 \sim R7$、$R15.5 \sim R25$mm	各 1		
13	金属直尺	200mm	1		
14	壁厚千分尺	0~25mm	1	0.01mm	

7. 工具、辅具、辅料

赛场提供的工具、辅具和辅料清单见表 3-38。

表 3-38　赛场提供的工具、辅具、辅料清单

序号	名　称	规　格	数量	备注
1	三爪自定心卡盘、刀架扳手、铁屑钩	机床配套	24	
2	回转顶尖：莫氏 5 号锥度	机床配套	24	
3	变径套：莫氏 2 号锥度、莫氏 3 号锥度、莫氏 4 号锥度、莫氏 5 号锥度	机床配套	24	
4	乳化液	机床配套	若干	
5	脚踏板	机床配套	24	
6	棉丝	自定	若干	
7	铜皮	0.2~0.5mm	若干	
8	钢棒	ϕ8mm×100mm	10	
9	螺纹塞规	M42×1.5—6h	10	
10	螺纹塞规	M45×1.5—6h	10	
11	压片	ϕ86mm×5mm	72	图 3-76
12	内六角螺钉	M10×30	24	
13	内六角扳手	拆卸 M10×30 内六角螺钉	10	
14	找正铜棒或木锤	自定	24	
15	锤子	自定	6	
16	刷子	自定	24	
17	锉刀	自定	10	

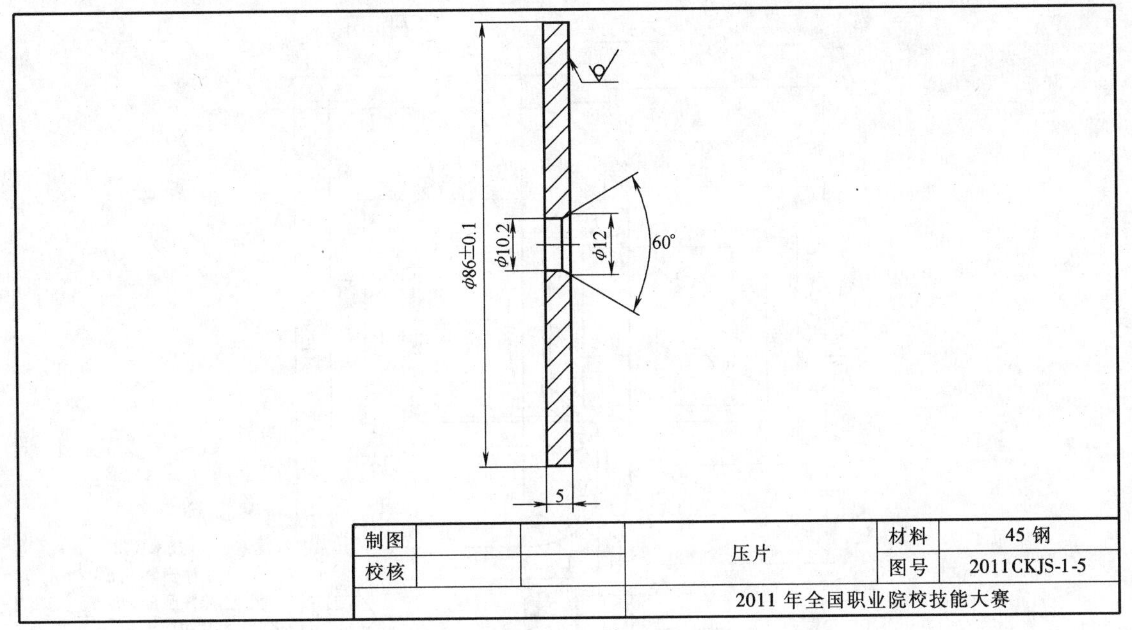

图 3-76　工艺压片图

3.4.2　图样、工艺与加工

由于两套试题的差别不大，加之篇幅有限，这里只介绍第一套试题的情况。

1. 图样及技术要求

1）装配图及技术要求如图 3-77 所示。

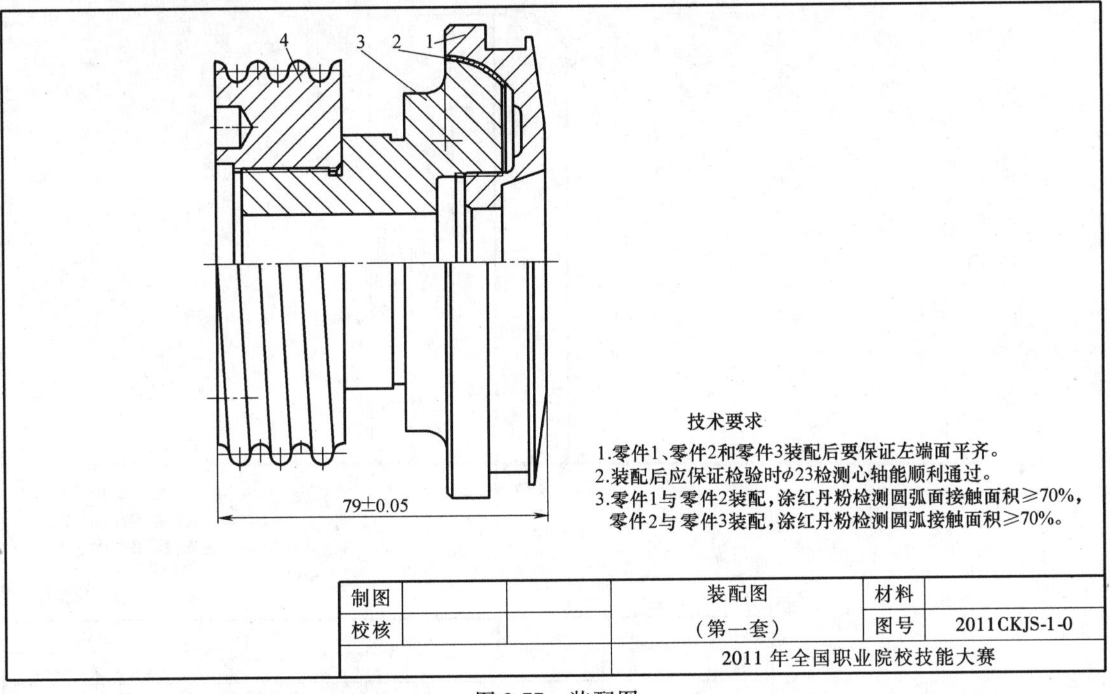

图 3-77　装配图

2）四个零件的零件图及技术要求如图 3-78 至图 3-81 所示。

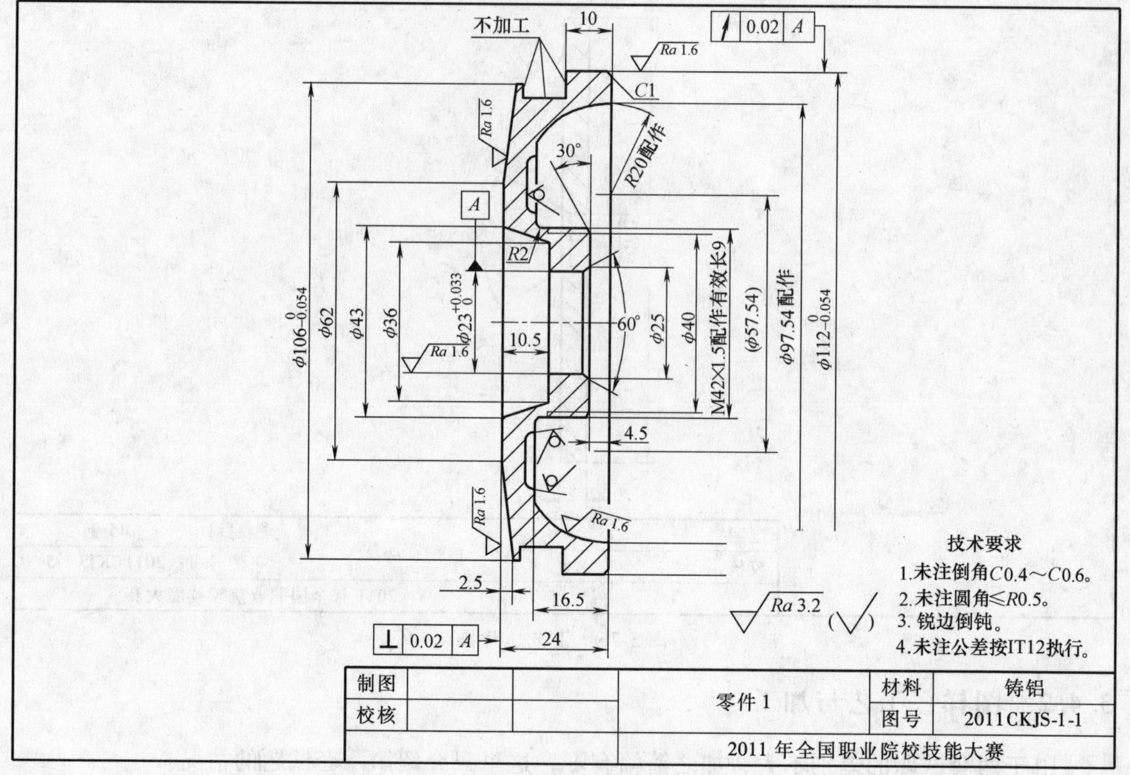

图 3-78　零件 1 零件图

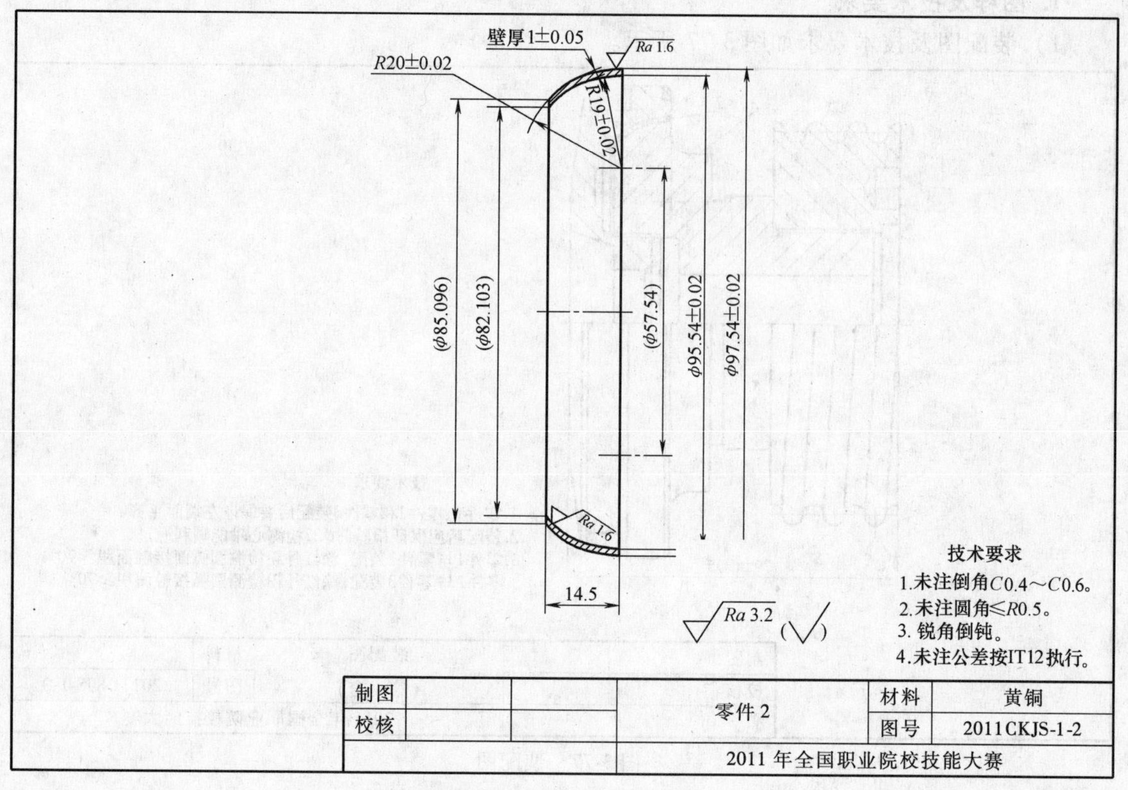

图 3-79　零件 2 零件图

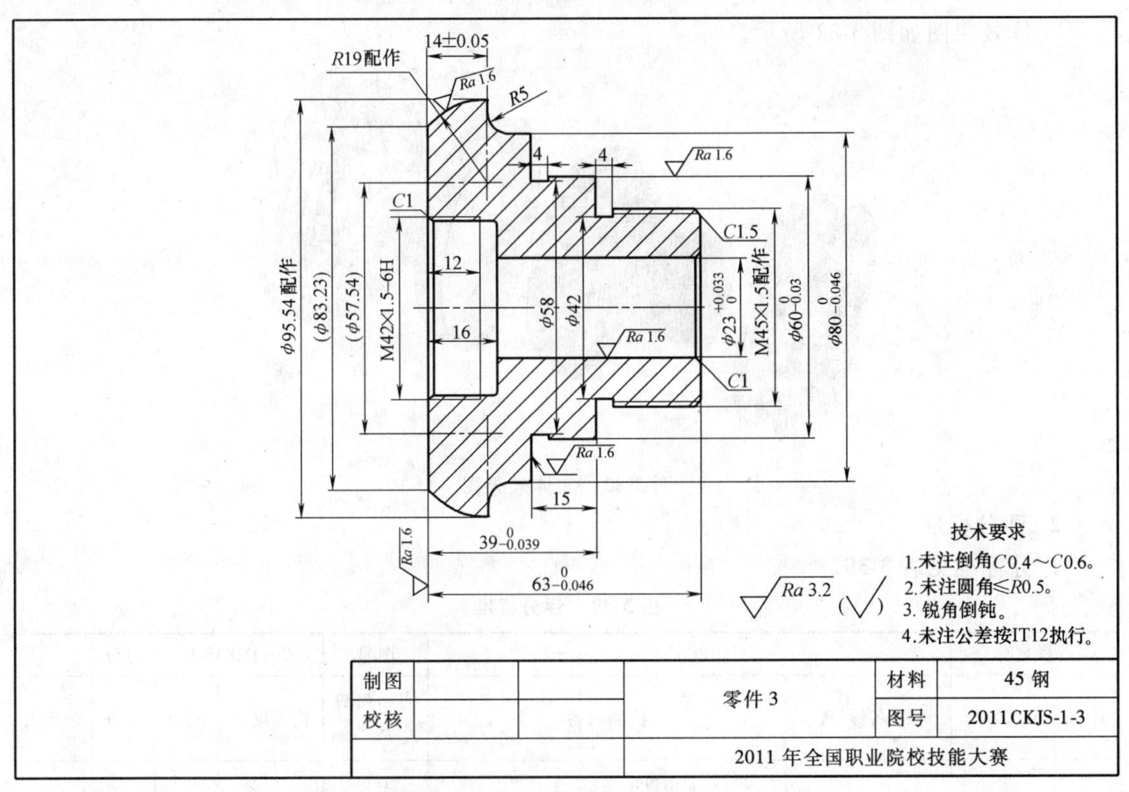

图 3-80　零件 3 零件图

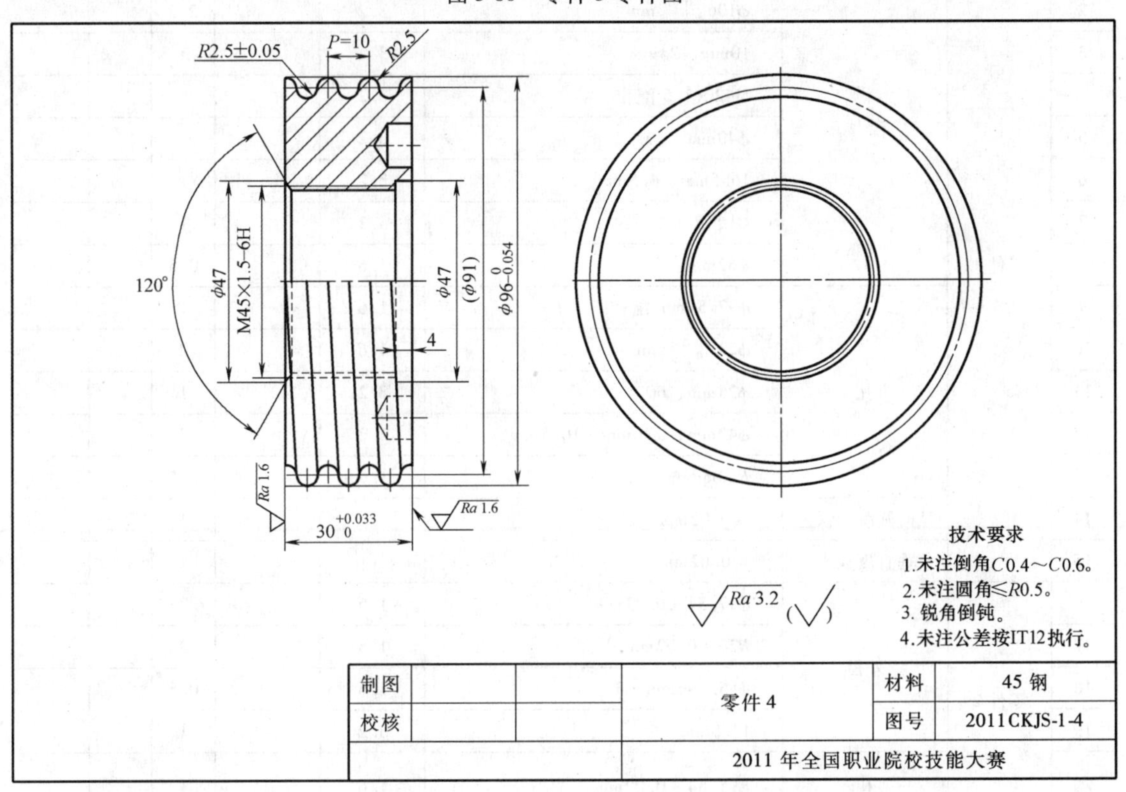

图 3-81　零件 4 零件图

实体效果图如图 3-82 所示。

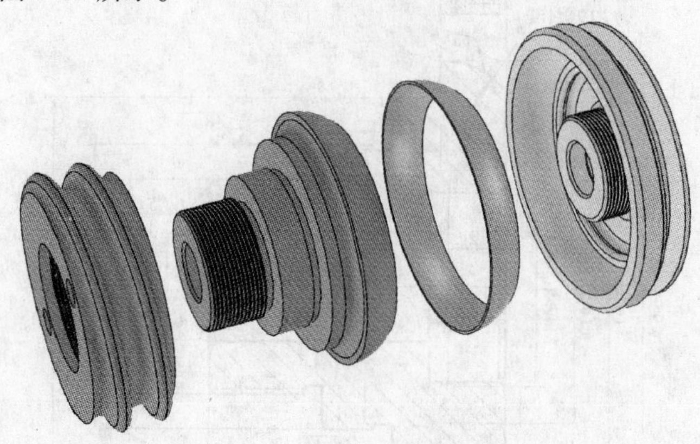

图 3-82　实体效果图

2. 评分标准

评分标准见表 3-39。

表 3-39　评分标准

图样名称		题 1		图号	2011CKJS-1		总分	
序号		名称	检测内容	表面粗糙度 $Ra/\mu m$	检测结果	配分	得分	评分人
1	零件 1	外径	$\phi112_{-0.054}^{0}$ mm	1.6		2.5		
2			$\phi106_{-0.054}^{0}$ mm	3.2		2.5		
3			10mm、24mm	3.2		1		
4			M42×1.5 配作	3.2		5		
5			ϕ40mm、30°	3.2		0.5		
6			16.5mm、4.5mm	3.2		1		
7			C1、R2mm	3.2		1		
8			ϕ62mm	1.6		0.5		
9		孔	ϕ97.54mm 配作	1.6		1		
10			$\phi23_{0}^{+0.033}$ mm	1.6		2		
11			ϕ25mm、60°	3.2		1		
12			ϕ43mm、ϕ36mm、10.5mm	3.2		2		
13			R20mm 配作	1.6		2.5		
14		径向圆跳动误差	≤0.02mm			1		
15		垂直度误差	≤0.02mm			1		
16	零件 2	外径	ϕ97.54±0.02mm	1.6		2		
17			R20±0.02mm	1.6		3		
18			ϕ85.096mm	1.6		0.5		
19			14.5mm	3.2		1		
20		孔	ϕ95.54±0.02mm	1.6		1		

（续）

图样名称		题 1		图号	2011CKJS-1		总分	
序号		名称	检测内容	表面粗糙度 $Ra/\mu m$	检测结果	配分	得分	评分人
21	零件 2	孔	ϕ82.103mm	1.6		0.5		
22			R19 ±0.02mm	1.6		3		
23			壁厚 1 ±0.05mm	1.6		2.5		
24	零件 3	外径	ϕ95.54mm 配作	1.6		1		
25			ϕ83.23mm	1.6		0.5		
26			R19mm 配作	1.6		2		
27			$\phi 80_{-0.046}^{0}$ mm	3.2		2.5		
28			$\phi 60_{-0.03}^{0}$ mm	1.6		2.5		
29			ϕ42mm ×4mm	3.2		1		
30			ϕ58mm ×4mm	3.2		1		
31			C1.5	3.2		0.5		
32			R5mm	3.2		0.5		
33			M45 ×1.5 配作	3.2		2.5		
34			$39_{-0.039}^{0}$ mm	1.6		2.5		
35			$63_{-0.046}^{0}$ mm	1.6		2.5		
36			14 ±0.05mm	1.6		1		
37			15mm	3.2		0.5		
38		孔	$\phi 23_{0}^{+0.033}$ mm	1.6		2		
39			M42 ×1.5-6H	3.2		3		
40			C1（2 处）	3.2		1		
41			16mm、12mm	3.2		1		
42	零件 4	外径	$\phi 96_{-0.054}^{0}$ mm	3.2		2.5		
43			ϕ91mm	3.2		0.5		
44			P = 10mm			1		
45			R2.5 ±0.05mm	3.2		4		
46			R2.5mm	3.2		3		
47			$30_{0}^{+0.033}$ mm	1.6		2.5		
48		孔	ϕ47mm、120°	3.2		1.5		
49			M45 ×1.5-6H	3.2		4		
50			ϕ47mm ×4mm	3.2		1.5		
51	零件 1 与零件 2 装配	圆弧面接触面积	≥70%			3		
52	零件 2 与零件 3 装配	圆弧面接触面积	≥70%			3		

（续）

图样名称		题1		图号	2011CKJS-1	总分		
序号	名称		检测内容	表面粗糙度 $Ra/\mu m$	检测结果	配分	得分	评分人
53	零件1与零件3装配	螺纹连接	M42×1.5转动灵活			2		
54	零件3与零件4装配	螺纹连接	M45×1.5转动灵活			2		
55	零件整体装配后	$\phi23^{-0.005}_{-0.020}$mm 检测心轴	顺利通过			2		
56	零件加工完整性		一项未完成扣2分			2		

总体评价：

3. 图样分析

1）图面分析。这套试题是由四个零件组成的配合体。零件3是基体，两侧有零件1、零件4与之连接。零件1与基体之间还有一个薄壁隔套件2。

零件1是盘类铝质零件，其内圆弧面是配合面，台阶上的外螺纹是配合要素。

零件2是铜质薄壁隔套，其内、外圆弧面都是配合面。

基体零件3上有台阶外形和台阶内孔，其上的外圆弧面是配合面，内、外形上还有普通圆柱螺纹，内、外螺纹也是配合要素。

零件4是钢质短圆筒类零件，内孔上有圆柱螺纹，外径上有剖面为圆弧形的螺旋槽。其中，内螺纹是配合要素。

2）精度分析。

① 尺寸精度。加工尺寸精度多为IT7，最高IT6，最低为IT14。

② 单件位置精度。只有零件1有两个位置精度要求：大端面对内孔的垂直度公差为0.02mm；大外径对内孔的圆跳动公差为0.02mm。

③ 表面粗糙度。配合面都要求 $Ra1.6\mu m$，非配合面多数要求 $Ra3.2\mu m$，少数要求 $Ra1.6\mu m$。

注意：零件1上有几个面不用加工，即保留原有的毛坯面。

④ 装配精度。装配图上有三个技术要求，都属于配合精度要求。其中第三项精度要求为：零件1、零件2及零件2、零件3配合时有良好的接触，也就是要求要有较大的接触面积。

4. 工艺分析与操作要点

工艺分析的最终目的是保证工件加工质量以及在此前提下提高效率。在实际生产中是追求效益最好，在竞赛中是追求得分最高。工艺分析虽属于“务虚”的范畴，但却是工件或赛件加工中不可缺少的一环。

在技能比赛中，工艺分析首先是熟知图样，尤其是相关的技术要求；其二是要看清评分标准。

1）确定加工方案。加工方案可以有多种，但根据图样上的要求，有些顺序可以先确定下来。根据装配图上的第二项技术要求，零件 1 和零件 3 的内孔应在将零件 1、零件 2、零件 3 装配在一起后一刀车出。

由于基体零件 3 上的外螺纹是“配作”，所以此要素和此零件右侧外形应后于零件 4 上内螺纹的加工。

由于基体零件 3 上的外圆弧面是“配作”，所以它应后于零件 2 上内圆弧面的加工。

由于零件 1 上的外螺纹是“配作”，所以它应后于基体零件 3 上内螺纹的加工。

由于零件 1 上的内圆弧面是“配作”，所以它应后于零件 2 上外圆弧面的加工。

由于零件 4 上的外螺旋槽占满了外形，且坯料上不允许留工艺头，所以此要素应在将零件 4、零件 3 连接在一起后加工。

以此为前提，经过综合考虑，制订了如图 3-83 所示的加工方案，图中具体流程按顺序分 6 大块。图 3-84 是用实体效果图形象地显示此加工流程。

工艺流程顺序 1 中分两步骤进行。步骤一是将零件 2 的毛坯一侧车一个装夹基准，再掉头把内圆弧面加工完成；步骤二是夹住零件 4 毛坯的一端，车平端面后把内螺纹加工完成。这两件事可不分先后。

顺序 2 是夹住零件 3 毛坯的一端，在另一端车一个装夹基准。

顺序 3 分三步。第一步夹住零件 3 半成品的装夹基准面，把除大外圆外的所有内容（包括外螺纹和端面）加工完成；不卸下零件进行第二步加工，把零件 4 的半成品拧上去，加工完零件 4 的端面、内台阶孔和外螺旋槽；不松卡爪（零件 3 不卸下）进行第三步加工：把零件 4 拧下来，在零件 3 上钻一段 ϕ22mm 的内孔，内孔倒角。

顺序 4 分两步。第一步夹住零件 3 的中间直径部分，车端面和外圆弧面到尺寸要求；不卸下工件进行第二步加工：利用赛场提供的压片和螺钉把零件 2 的半成品压配到零件 3 上，粗、精车零件 2 的外圆弧面到尺寸要求。

顺序 5 是夹住零件 1 的毛坯，先用 ϕ22mm 的麻花钻将内孔钻通，倒内角；再车平大端面，倒外角；然后粗、精车内圆弧面；粗、精车内凸台；最后车内凸台上的外螺纹到尺寸要求。

顺序 6 分两步。第一步是夹住零件 3 的中间直径部分，用 ϕ22mm 的麻花钻将内孔钻通，再加工台阶孔和内螺纹到尺寸要求。不卸下工件进行第二步加工：配上铜质隔套，拧上零件 1，车零件 1 的大、小外径，右端型面和内台阶面到尺寸要求，再在零件 1、零件 3 上统一精车内孔到尺寸要求。

2）加工难点与解决方案。这套题的加工难点有 3 个，分别叙述如下：

①　薄壁铜隔套零件 2 的加工。零件 2 是薄壁件，再细分属于碗形薄壁零件。这类零件一般先把内形车成，再套在精密的车胎上粗、精车外形。此处可用零件 3 已加工好的大端作为车零件 2 外圆弧面的胎具。

壁厚误差是碗形薄壁件重要的精度指标之一。此处有 ±0.05mm 的壁厚误差要求。如果内外圆弧能在一次装夹中车出，那么此要求可轻易达到，但此处内、外圆弧只能分在两次装夹中车削。碗形薄壁零件必须掉头车削时，壁厚误差主要由三个因素形成：径向不均匀，

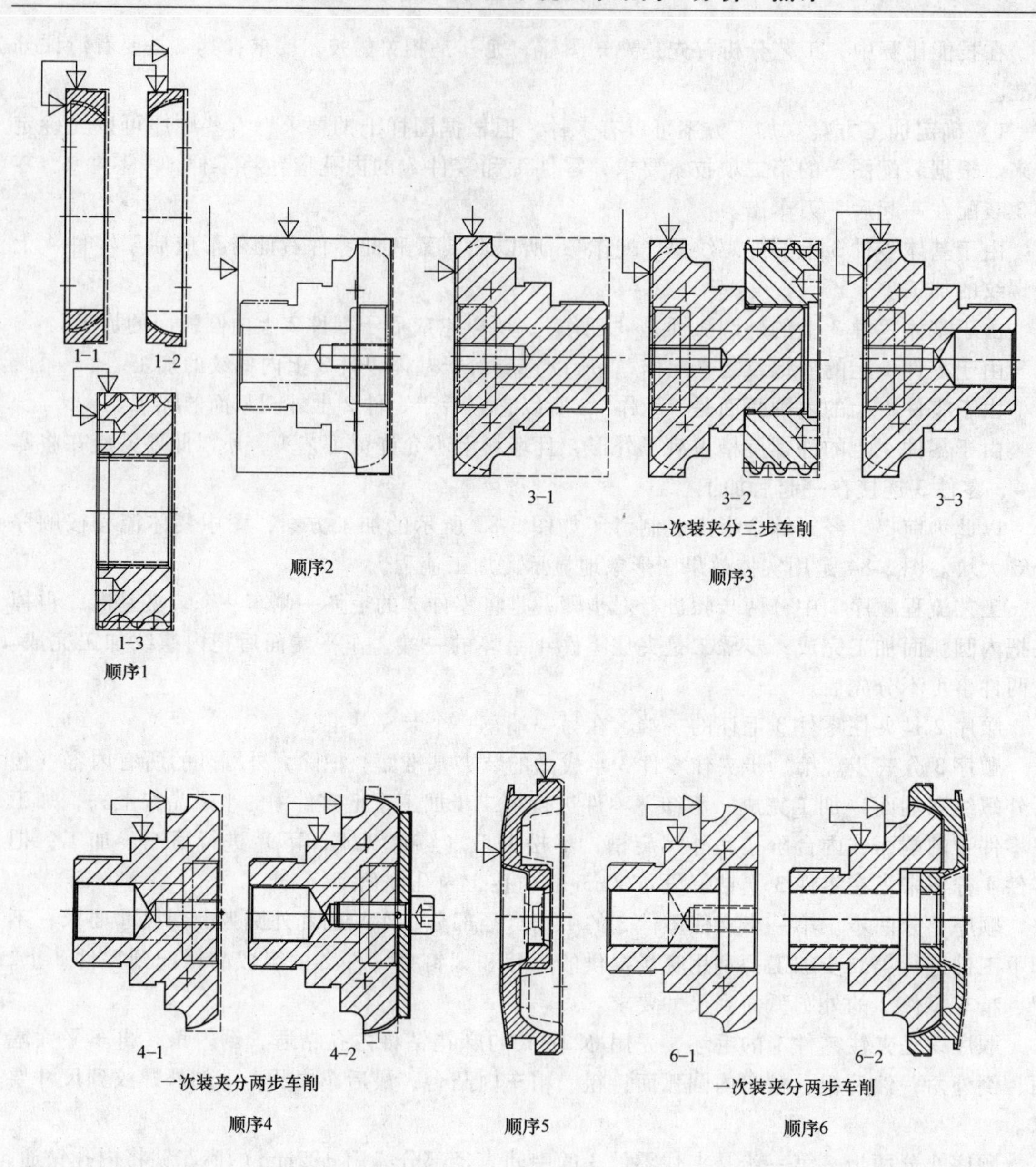

图 3-83　加工方案

内、外形的径向尺寸值和内、外形的纵向位置误差。径向不均匀程度取决于掉头后的找正。此处直接用配合件做车胎，可基本避免径向不均匀误差。此处内形的最大径向尺寸可用实测得的零件 3 加工后的最大（处）外径值替代，外形的最大径尺寸可在加工过程中边测边修车。此环节的误差应控制在 0.03～0.04mm。内、外形的纵向位置误差会造成工件一头厚、一头薄。造成内、外形纵向误差的原因是两头对刀基准存在误差。如果仅靠薄壁件本身（厚度）来对刀，这个误差很难消除。此处充当车胎的零件 3 的外圆弧面与配合后铜套的外圆弧面可在一次装夹中用同一把刀车成，所以只要不移动 Z 向对刀基准面就可基本消除零件 2 的内外圆弧面的 Z 向位置误差。注意：条件是不移动 Z 向对刀基准，即车零件 2 外圆弧时，不能选用压片右侧面重新对刀。

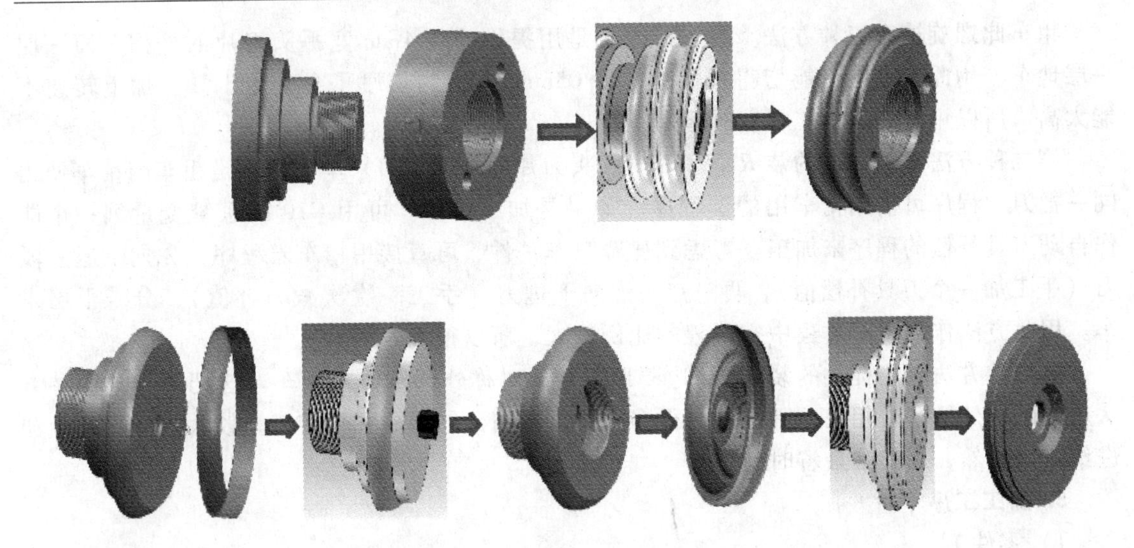

图 3-84　工艺流程实体效果图

车削碗形薄壁件外形的编程和操作也是一个难点。由于车到最后零件的厚度已很薄，无法用 G71 或 G73 粗车循环来车，执行 G71 的中途或执行 G73 的最后一刀有时会将工件掰坏。正确的方法是分两个区域来车削：先把工件人为向外加厚若干毫米（此处可将壁厚加到 2mm），把加厚之外的余量用 G71 粗车循环来车削，这是第一个区域；把人为加厚的部分作为第二区域；第二区域用人工改刀补值的方法来车。具体方法为：第一步，编一个精车程序；第二步，在计算机上作图并测一下大端 X 向的加大值 a 和工艺小端 Z 向的加大值 b（此件加厚到 2mm 时这两个值分别为 1mm 和 0.75mm）；第三步，对好刀后将 X 向刀补值加两倍 a 值，将 Z 向刀补值加 b 值；第四步是按背吃刀量 4、3、2、1 的比例（X 和 Z 向共同）分四刀车成。每刀切削前用手工改一次刀补值。如此处 X 向四次修改刀补值分别为 -0.4mm、-0.3mm、-0.2mm 和 -0.1mm，Z 向四次修改刀补值分别为 -0.3mm、-0.225mm、-0.15mm 和 -0.075mm。当然，最后一刀的改动值还应该根据当时实测的数据作调整。根据多次实践，此方法普遍有效。

② 零件 1 内凸台及其上的外螺纹的加工。该内凸台的外径、倒角按常规应使用一把 ϕ12mm 内圆反刀加工，而赛场未提供这把刀。解决办法有三种：一种方法是把正常装夹的 ϕ12mm 内圆正刀经过中心去车削，此时主轴打反转；第二种方法是把 ϕ12mm 内圆正刀转 180°安装（即刀片朝下），切削时主轴打反转，配置四方刀架的车床使用此方法的条件是配有装内圆刀的刀座（夹）；第三种方法是借用内螺纹反刀来车削。此法在此处可用，因为此处是铝材质，且凸台不高，不会造成螺纹刀片的较大磨损。

该内凸台上的外螺纹无法用外螺纹车刀加工。这里可用提供的内螺纹反刀来加工，主轴还用正转。最好使用反螺距刀片（如用可车螺距 0.5～2mm 螺纹的刀片）来车削，这样牙底才能清根。如用 1.5mm 的定螺距刀片，螺纹清根就不会彻底。好在这里的螺纹只用于连接，且不考虑牙型，所以也可使用。

③ 零件 4 上的外螺旋槽的加工。此螺旋槽的剖面呈圆弧形。精车应选用提供的装 $R1.5$mm 半圆头刀片的切槽刀加工。精车显然应使用宏程序来加工。精车用宏程序及其编制方法后面还会详细介绍。这里要讨论此螺旋槽的粗加工。

粗车此螺旋槽有三种方法。第一种方法是用提供的装4mm宽平头刀片的外槽车刀一层一层地车。用此刀每层只能切得很薄（如0.05mm），因为切厚了会发生干涉。加上转速不能太高，所以用此方法加工很费时间。

第二种方法是用提供的装R1.5mm半圆头刀片的外槽车刀来车，也就是粗车与精车使用同一把刀。程序可借用精车用的宏程序。如果是加工多件。可用G10或系统变量编一个能作自动刀具补偿的程序来加工。考虑到比赛只车一件，可直接用精车宏程序。先向上退一段刀（手工加一个刀具补偿值），再一点一点向下进刀（手工一次次减刀补值），分若干层来车。用此方法作，粗车过程中空行程的比例较大，所以很费时间。

第三种方法是用提供的装35°等边菱形刀片的对称外圆车刀来粗车。这把刀与上两种方法用的两种外槽车刀相比，刚性要好得多。所以可用比较高的主轴转速、较大的背吃刀量和进给量。显然，用此法最省时间。

5. 加工工序卡片

1）零件1。

① 零件1的工序1加工工序卡见表3-40，工序简图如图3-85所示。

表3-40 零件1的工序1加工工序卡上的主要内容

序号	工步内容	使用刀具	刀（具）片型号	切削参数				
				主轴转速/（r/min）	背吃刀量/mm		进给量/（mm/r）	
					粗车	精车	粗车	精车
1	平端面、倒外角	MCLNR2525M12	CNMG120404	300		1		0.15
2	钻内通孔	麻花钻	φ22mm	300				
3	平台阶的端面	φ12mm内孔车刀 S12K-SCFCR06	CCGT060204FN-NM WNT20	350	1.5	0.5	0.4	0.1
4	内圆弧面	φ12mm内孔车刀 S12K-SCFCR06	CCGT060204FN-NM WNT20		1.5	0.5	0.4	0.1
5	外螺纹外径	SNL1316M11	11NL1.50ISO CPS20	400		1		0.1
6	外螺纹外径	SNL1316M11	11NL1.50ISO CPS20	400				螺距1.5

② 零件1的工序2加工工序卡见表3-41，工序简图如图3-86所示。

表3-41 零件1的工序2加工工序卡

序号	工步内容	使用刀具	刀（具）片型号	切削参数				
				主轴转速/（r/min）	背吃刀量/mm		进给量/（mm/r）	
					粗车	精车	粗车	精车
1	端面、外径	MCLNR2525M12	CNMG120404	300		1		0.15
2	内通孔和内型	S16M-SCFCR09	CCGT09T304FN-NM WNT20	500		0.5~1		0.08~0.12

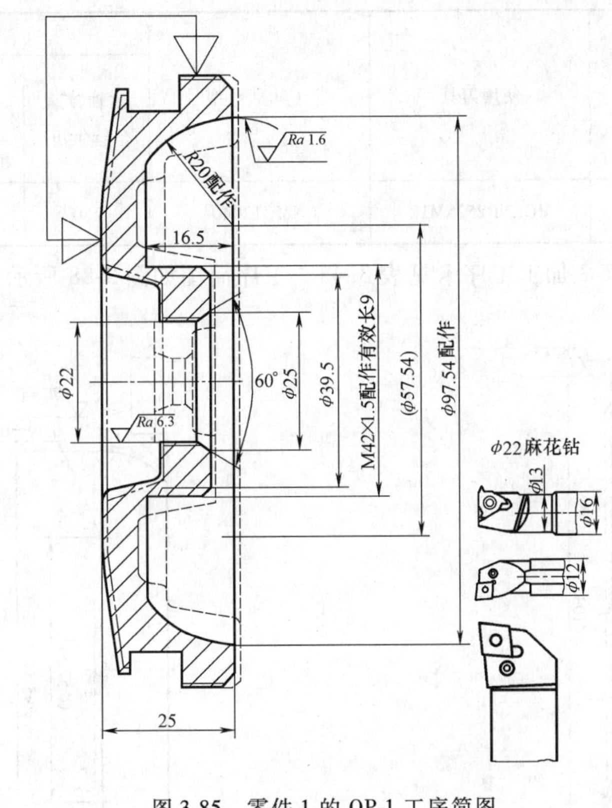

图 3-85　零件 1 的 OP-1 工序简图

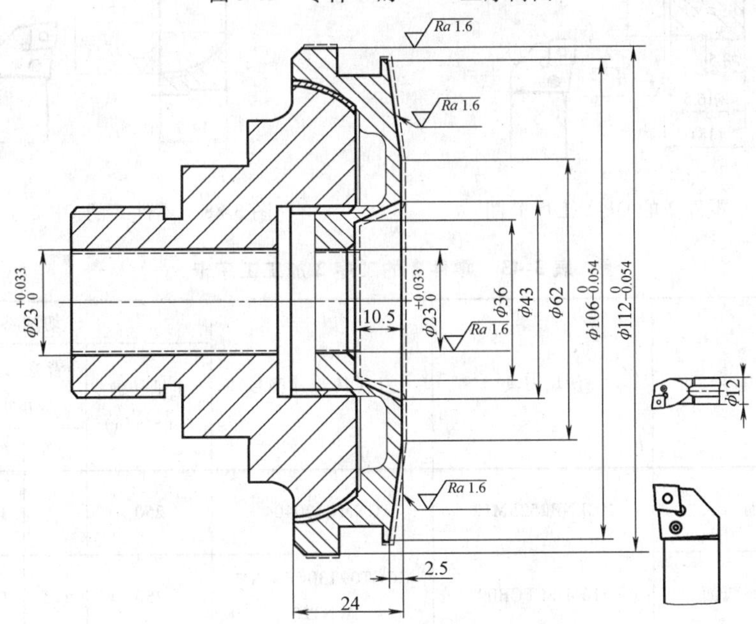

图 3-86　零件 1 的 OP-2 工序简图

2）零件 2。

①　零件 2 的工序 1 加工工序卡见表 3-42，工序简图如图 3-87 所示。

表 3-42　零件 2 的工序 1 加工工序卡

序号	工步内容	使用刀具	刀（具）片型号	切削参数				
				主轴转速/（r/min）	背吃刀量/mm		进给量/（mm/r）	
					粗车	精车	粗车	精车
1	端面和外圆	MCLNR2525M12	CNMG120404	250		1.5		0.25

② 零件 2 的工序 2 加工工序卡见表 3-43，工序简图如图 3-88 所示。

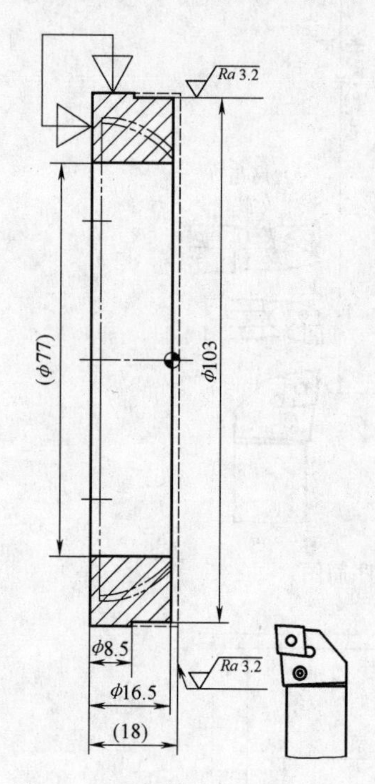

图 3-87　零件 2 的 OP-1 工序简图

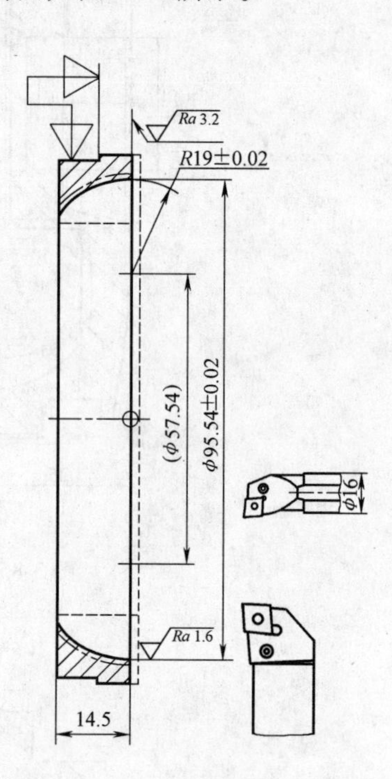

图 3-88　零件 2 的 OP-2 工序简图

表 3-43　零件 2 的工序 2 加工工序卡

序号	工步内容	使用刀具	刀（具）片型号	切削参数				
				主轴转速/（r/min）	背吃刀量/mm		进给量/（mm/r）	
					粗车	精车	粗车	精车
1	端面	MCLNR2525M12	CNMG120404	250		1.5		0.25
2	粗车内圆弧面	S16M-SCFCR09	CCGT09T304FN-NM WNT20	250	1.5		0.3	
3	精车内圆弧面	S16M-SCFCR09	CCGT09T304FN-NM WNT20	300		0.5		0.08

③ 零件 2 工序 3 加工工序卡见表 3-44，工序简图如图 3-89 所示。

表 3-44　零件 2 的工序 3 加工工序卡片

序号	工步内容	使用刀具	刀（具）片型号	切削参数				
				主轴转速 /（r/min）	背吃刀量 /mm		进给量 /（mm/r）	
					粗车	精车	粗车	精车
1	粗车外圆弧面	MCLNR2525M12	CNMG120404	250	1		0.2	
2	精车外圆弧面	MCLNR2525M12	CNMG120404	300		0.5		0.08

3）零件 3。

① 零件 3 的工序 1 加工工序卡见表 3-45，工序简图如图 3-90 所示。

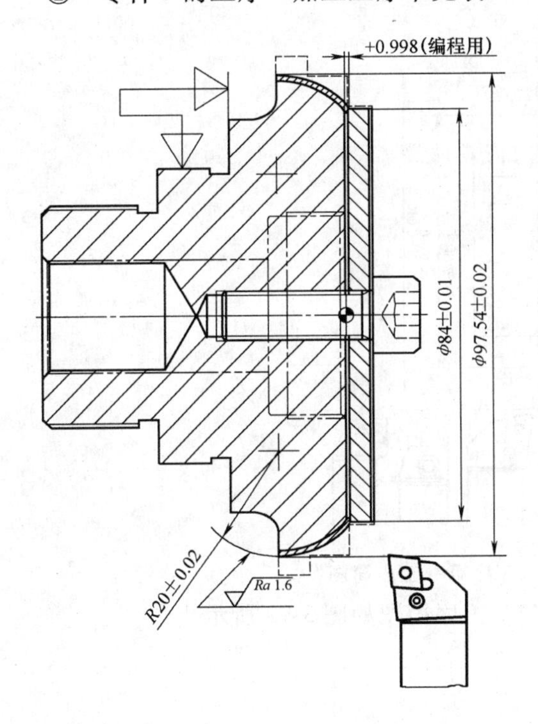

图 3-89　零件 2 的 OP-3 工序简图

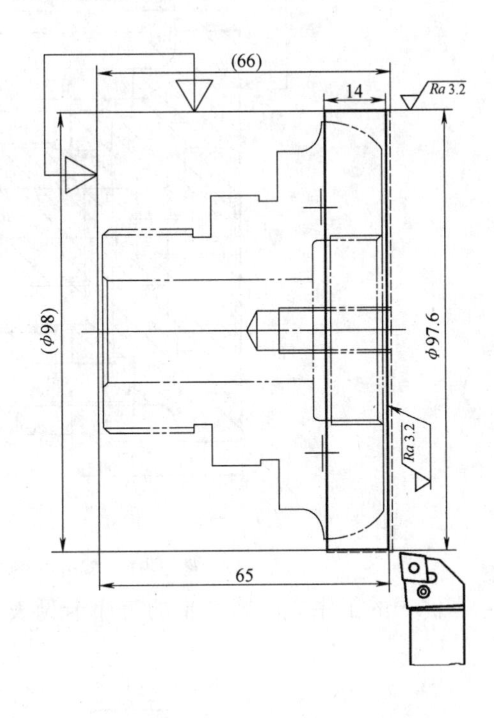

图 3-90　零件 3 的 OP-1 工序简图

表 3-45　零件 3 的工序 1 加工工序卡片

序号	工步内容	使用刀具	刀（具）片型号	切削参数				
				主轴转速 /（r/min）	背吃刀量 /mm		进给量 /（mm/r）	
					粗车	精车	粗车	精车
1	端面	MCLNR2525M12	CNMG120408-UM CPT25	250		1		0.2
2	外圆	MCLNR2525M12	CNMG120408-UM CPT25	250		1		0.2

② 零件 3 的工序 2。零件 3 的工序 2 分两个工步，为清楚起见，分开表述。零件 3 的工序 2 的第一步的工序卡见表 3-46，工步简图如图 3-91 所示。

表 3-46 零件 3 的工序 2 的第一步的工序卡片

序号	工步内容	使用刀具	刀（具）片型号	切削参数				
				主轴转速 /（r/min）	背吃刀量 /mm		进给量 /（mm/r）	
					粗车	精车	粗车	精车
1	端面及外圆	MCLNR2525M12	CNMG120408-UM CPT25	250~300	2	0.5	0.4	0.08
2	外沟槽	GDAR2525M400-13	GE25D400N040-F PPG35	150				0.02~0.07
3	外螺纹	SER2525M16	16ER1.50ISO CPS20	300				1.5（螺距）

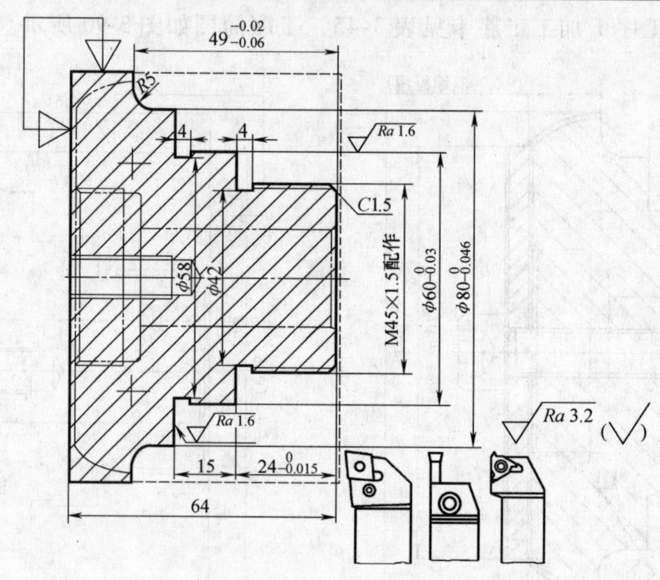

图 3-91 零件 3 的 OP-2 工序第一工步简图

零件 3 的工序 2 的第二步的工序卡见表 3-47，工序简图如图 3-92 所示。

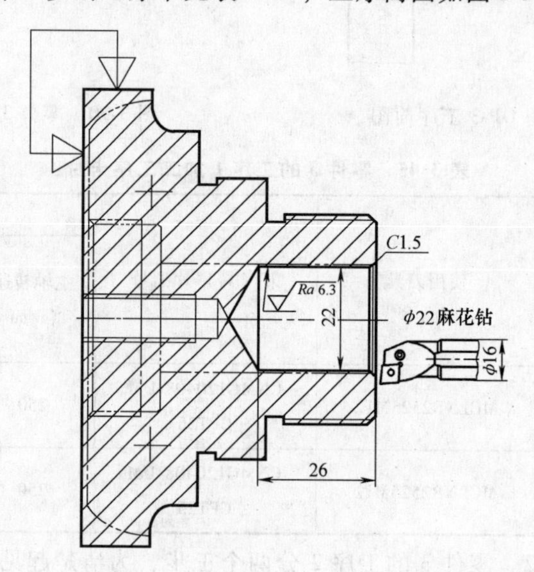

图 3-92 零件 3 的 OP-2 工序第二工步简图

表 3-47　零件 3 的工序 2 的第二步的工序卡

序号	工步内容	使用刀具	刀（具）片型号	切削参数				
				主轴转速 /（r/min）	背吃刀量 /mm		进给量 /（mm/r）	
					粗车	精车	粗车	精车
1	钻一段 φ22mm 孔	麻花钻	φ22mm	800				
2	外、内角	S16M-SCFCR09	CCMT09T304-UM CPT25	800				0.15

③　零件 3 的工序 3。零件 3 的工序 3 分两个工步，下面分开表述。

零件 3 的工序 3 的第一步的工序卡见表 3-48，工步简图如图 3-93 所示。

表 3-48　零件 3 的工序 3 的第一步的工序卡

序号	工步内容	使用刀具	刀（具）片型号	切削参数				
				主轴转速 /（r/min）	背吃刀量 /mm		进给量 /（mm/r）	
					粗车	精车	粗车	精车
1	平端面	MCLNR2525M12	CNMG120404 - UM CPT25	300				0.15
2	外圆弧面	MCLNR2525M12	CNMG120404 - UM CPT25	300		1	0.3	0.15

零件 3 的工序 3 的第二步的工序卡见表 3-49，工步简图如图 3-94 所示。

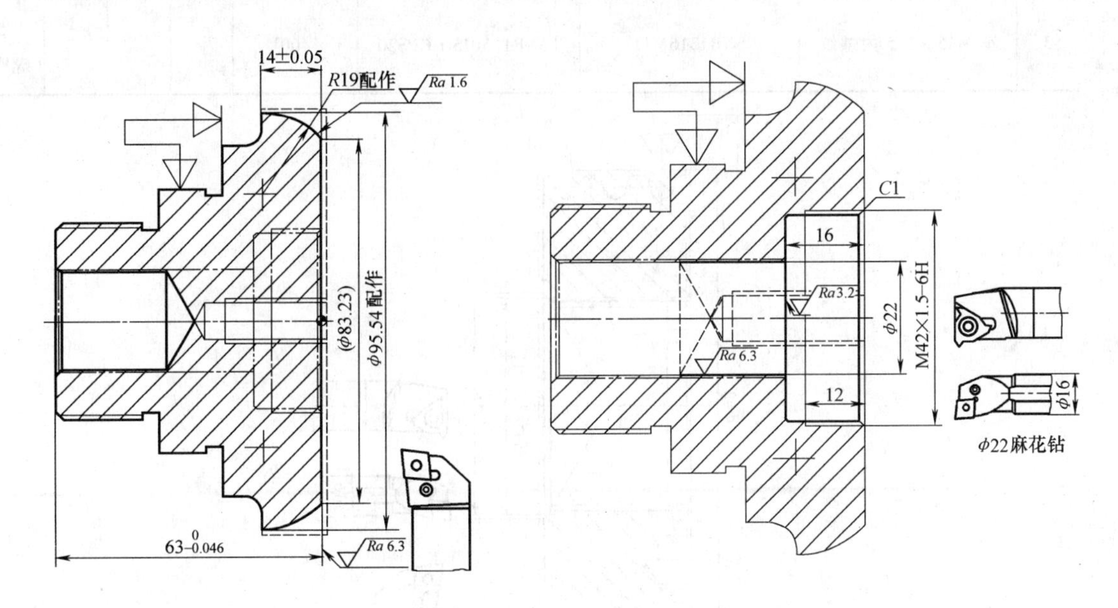

图 3-93　零件 3 的 OP-3 工序第一工步简图　　　图 3-94　零件 3 的 OP-3 工序第二工步简图

4）零件 4。

①　零件 4 的工序 1 加工工序卡见表 3-50，工序简图如图 3-95 所示。

表 3-49　零件 3 的工序 2 的第二步的工序卡

序号	工步内容	使用刀具	刀（具）片型号	切削参数				
				主轴转速 /（r/min）	背吃刀量 /mm		进给量 /（mm/r）	
					粗车	精车	粗车	精车
1	钻一段 ϕ22mm 孔	麻花钻	ϕ22mm	800				0.15
2	车台阶孔、倒角	S16M-SCFCR09	CCMT09T304-UM CPT25	500	1.5	0.5	0.3	0.15
3	车内螺纹	SNR1316M16	16NR1.50ISO CPS20	350				1.5（螺距）

表 3-50　零件 4 的工序 1 加工工序卡

序号	工步内容	使用刀具	刀（具）片型号	切削参数				
				主轴转速 /（r/min）	背吃刀量 /mm		进给量 /（mm/r）	
					粗车	精车	粗车	精车
1	平端面、倒外角	MCLNR2525M12	CNMG120404-UM CPT25	250		1.5		0.15
2	内螺纹底径、倒内角	S16M-SCFCR09	CCMT09T304-UM CPT25	500		1		0.2
3	车 M45×1.5 内螺纹	SNR1316M11	16NR1.50ISO CPS20	400				1.5（螺距）

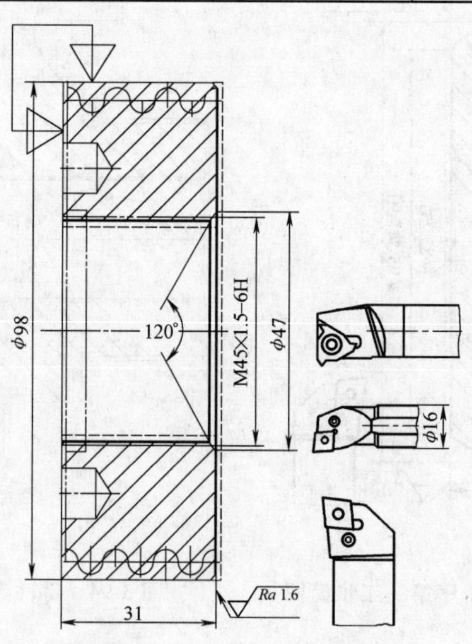

图 3-95　零件 4 的 OP-1 工序简图

② 零件 4 的工序 2 加工工序卡片见表 3-51，工序简图如图 3-96 所示。

表 3-51 零件 4 的工序 2 加工工序卡片

序号	工步内容	使用刀具	刀（具）片型号	切削参数				
				主轴转速 /（r/min）	背吃刀量 /mm		进给量 /（mm/r）	
					粗车	精车	粗车	精车
1	平端面	MCLNR2525M12	CNMG120404-UM CPT25	250		1		0.15
2	车内台阶孔	S16M－SCFCR09	CCMT09T304-UM CPT25	400		1		0.2
3	车外径圆弧螺旋槽纹	GDAR2525M300－10	GE22D300N150－M	200		小于 1.5		10（螺距）

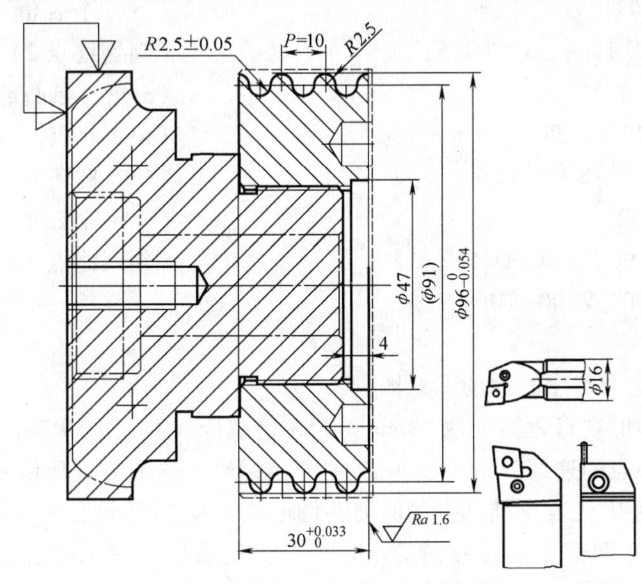

图 3-96 零件 4 的 OP-2 工序简图

6. 典型程序

这里介绍零件 4 上圆弧螺旋槽精车加工宏程序的编制。螺旋凹槽的半径是 2.5mm，所以采用刀头半径 1.5mm 的那把车槽刀来精车。精车此螺旋槽用宏程序比较方便。

这个宏程序只需用三个变量：用#1 代表刀头圆心在 G92 循环起点的 α 角度；用#2 代表车图圆弧面时下一刀起点比上一刀起点 α 角的增量值；用#3 代表车凹圆弧面时下一刀起点比上一刀起点 α 角的增量值。为得到凹、凸圆弧面同样的表面粗糙度，#2 值应比#3 值取得小些。这也是#2 与#3 不宜合用一个变量的原因。下面是此圆弧螺旋槽精车用的宏程序 O1111。

圆弧螺旋槽精车宏程序如下：

O1111;　　　　（使用 G92 指令编程，#2、#3 必须能被 90 除尽）

```
N1  G54  G40  G00  S200  M03;
N2  T0101 M08;
N3  #1 =90;                                    (α角，赋凸部左侧初始值
N4  #2 =3;                                      增量角△α)
N5  G00  X120  Z[30 +4 * COS[#1]];             (G92 起点)
N6  G92  X[91 +8 * SIN[#1]]  Z -38 F10;        (G92 循环)
N7  #1 =#1 +#2;                                (下一个α值)
N8  IF[#1 LE 180]  GOTO5;                      (判别终点 1)
N13  #1 =360;                                  (α角，赋凹部初始值)
N14  #3 =3.6;                                  (增量角△α)
N15  G00  X120  Z[25 +1 * COS[#1]];            (G92 起点)
N16  G92  X[91 +2 * SIN[#1]]  Z -38;           (G92 循环)
N17  #1 =#1 -#3;                               (下一个α值)
N18  IF[##1 GE 180]  GOTO15;                   (判别终点 2)
N23  #1 =0;                                    (α角，赋凸部右侧初始值)
N25  G00  X120  Z[20 +4 * COS[#1]];            (G92 起点)
N26  G92  X[91 +8 * SIN[#1]]  Z -38;           (G92 循环)
N27  #1 =#1 +#2;                               (下一个α值)
N28  IF[#1 LE 90]  GOTO25;                     (判别终点 3)
N29  G00  X200  Z300  M09;
N30  M30;
```

图 3-97 是编制这个程序时用的示意图。

这里螺旋槽头部的空行程基准取 30mm（即 3 倍螺距长）。图 3-97 中右上角是线圆弧是各刀起刀处刀头圆心点的连线。由于图 3-97 中 Z 坐标轴指向下方，所以 α 角取顺时针走向。

N3 到 N8 段中的#1 代表车凸部左侧时刀头圆心在 G92 循环起点的 α 角度。

N4 中的#2 代表车凸部左侧时 α 角的增量值，也代表后面车凸部右侧时 α 角的增量值，即#2 在两处共用。#2 取值时必须能把 90°除尽。

N5 段的内容是快速到达本 G92 循环的起点。

N6 段的内容是执行本 G92 循环。

N7 段的内容是为下一个 G92 循环准备（计算）α 角角度值。

N8 段的内容是判断是否已到达终点 1。未超过就回上去继续（车下个循环）。

N3 到 N8 段是用来加工凸圆弧右侧面。

N13 段到 N18 段中的#1 代表车凹部时刀头圆心在 G92 循环起点的 α 角度。

N14 中的#3 代表车凹部时 α 角的增量值。#3 取值时必须能把 180°除尽。

N18 段的内容是判别是否已到达终点 2。未超过就会上去继续（车下个循环）。

N13 到 N18 段是用来加工凹圆弧面用的。

N23 到 N28 段中的#1 代表车凸部右侧时刀头圆心在 G92 循环起点的 α 角度。

N28 段的内容是判别是否到达终点 3。未超过就会上去继续（车下个循环）。超过了就执行下一段退刀。

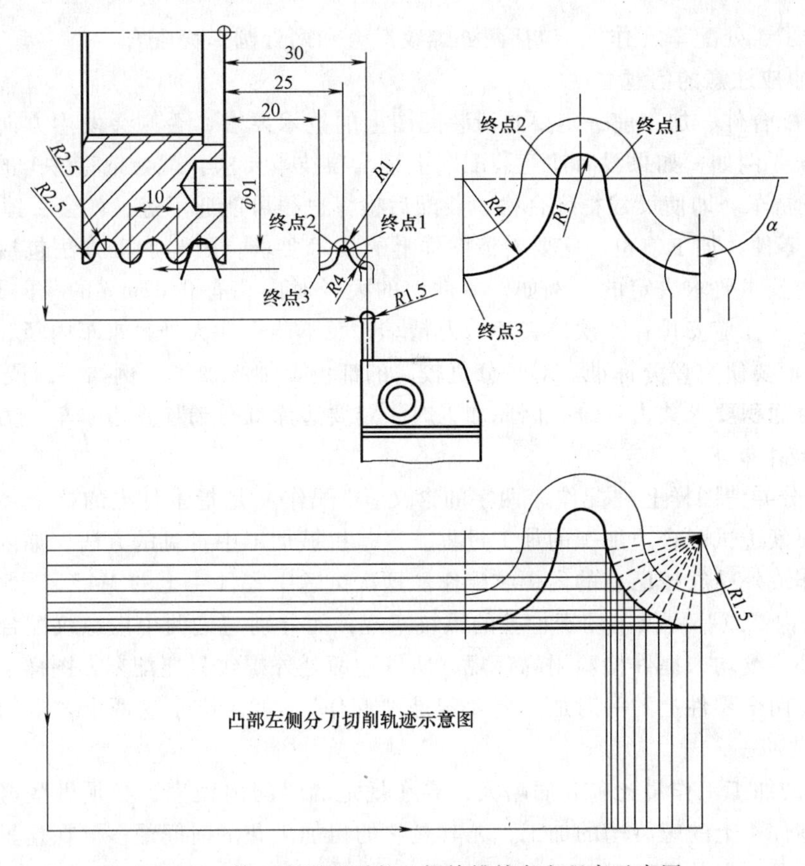

图 3-97　第一套试题零件 4 螺旋槽精车宏程序示意图

执行这个程序时在终点 1 和终点 2 处会各重复车一刀。如果把 N8 段中的“LE”改成“LT”，把 N18 段中的“GE”改成“GT”就不会重复走刀。

3.4.3　试题点评

1. 命题思路和试题特点

命题的思路是一要贴近生产实际；二要贴近中职教育的实际；三要有一定的前瞻性；四要有一定的可视性。目的是通过试题的加工来考核选手掌握基础知识和基本技能的水平，突出能力的考核。既要考核加工工艺能力，又要考核树立质量意识和注重加工精度的能力，还要考核选手在加工过程中使用工具、量具和刀具的能力。

本届命题有如下特点：

1）材质多样化。过去赛件多用 45 钢，这次既用了 45 钢，还用了铝合金和黄铜，虽然增加了成本，但对选手加工技能的考核更加全面。

2）选用了企业的实际零件。零件 1 的压铸毛坯是从某企业直接拿来的。这在前三届比赛中是没有的。

3）安排了一个碗形薄壁件的加工，以考核选手加工薄壁零件的能力。

4）安排了压铸毛坯上的一个大端面槽的加工。

5）安排了只能用内螺纹车刀车外螺纹的加工。

6）安排了圆弧剖面螺旋槽的加工，可用它考核选用刀具的能力和宏程序的编制能力。

7）安排了4处配车（作），包括两处螺纹配合和两处圆弧面配合。

2. 加工中应注意的问题

1）对于配合件，加工前一定要看清装配图上的技术要求，否则会发生方向性错误，即加工顺序错误。例如，如果没有注意装配图上第二项技术要求，就会把零件1的内孔和零件3的内孔分开精车。即使尺寸精度合格，装配后检棒也很可能通不过，就会丢掉2分。

2）对于零件，加工前也一定要看清图样上的技术要求。因为加工方法包括工序分配很大程度上是由技术要求决定的。例如，零件1的大径对内孔有0.02mm的径向圆跳动公差，所以大外径与内孔应安排在一次装夹中一刀精车，而不能夹住大外径来车内径和大端面。

3）加工前要研究评分标准。对于分值较高的部位要细心加工。例如，铜隔套与零件1、零件3的接触面积要求共占6分，因此加工时一定要边涂红丹粉检查边修车，力争接触面积达到70%的技术要求。

4）要充分弄清图样上“配作”两字的含义。“配作”是指本件上的这个要素与另一零件上对应的要素边试配合边加工的加工过程。这是机械加工中常见的方法，如内螺纹按已有的外螺纹配作或外螺纹按已有的内螺纹配作。这次试题中零件4上的M45×1.5和零件3上的M42×1.5内螺纹都提供了用于检验的螺纹塞规，而分别与这两个内螺纹配合的零件3和零件1上的外螺纹均未提供检验用的环规，所以这两处外螺纹只能配车，图样上也是这样标注的。可见，两个零件上的一对加工要素若是“配作”，就决定了这两个要素的加工先后顺序。

5）试题的加工工作量比前几届略大，要在规定的时间内做完，必须做些努力。在切削总时间中，零件4上的螺旋槽的加工，尤其是它的粗加工花的时间最多。在这里，走刀路线的选择固然重要，但关键还是选对刀具。

3. 比赛情况和反映出选手存在的不足之处

比赛结果反映选手在工艺能力、操作水平和应变能力等方面普遍有较大提高。72位选手中有1/3选手把4件都加工完成了，另有1/3选手也基本做完。获得金、银奖的选手得分都在及格线之上，金奖第一名得到93.5分。图3-98a是7个得金奖选手完成的赛件照片，图3-98b是得金奖第一名完成的赛件照片。

a)　　b)

图3-98　获得金奖选手完成的赛件

比赛也反映了选手还存在某些问题，主要有：

1）普遍不看或不重视图样的技术要求。加工顺序不对或不完全对的情况较多。若看清了图样的技术要求，其中有不少错误的加工顺序是不会出现的。

2）不少选手不懂图样上“配作”两字的含义。一些选手加工顺序不对或不完全对与此有很大关系。这可能与平时实操训练中很少进行配作加工有关。

3）许多选手看不懂图样上的不加工符号“○√”。第一套试题零件 1 外径上的凹槽的三个面标注了文字“不加工”，全都看懂了。第二天考的第二套试题零件 1 外径上的凹槽的三个面上标注了不加工符号“○√”。有不少选手没看懂，其中有 5 位选手对此凹槽还作了加工。有两位选手在此处浪费了时间，造成别处没有加工完。由于工件此局部位置较薄，有位选手误加工此槽底时切漏了，即把零件 1 车成两半了。这位选手在此之前已提前完成了所有 4 个零件的加工，即问题出在最后一道工序的最后一步。为此错失了好成绩，很可惜。图 3-99 中左上角是该选手车漏后零件 1 的照片，其余三张是工艺不对的照片。

图 3-99　按错误工艺加工的照片

4）部分选手选刀的能力不够。例如，针对零件 4 上的螺旋槽，多数选手是借用了那把 $R1.5$mm 的圆头车槽刀。因空行程比例大，费了不少时间。少数选手选用了平头车槽刀，会使用的一薄层一薄层地车，也费了不少时间；不会使用的，用厚层切削，结果把车槽刀片打坏了。只有个别选手正确地选用了那把装 35°等边菱形刀片的对称车刀来加工。赛场提供的刀具在加工中一般都要用到。而这把车刀在别处没有用。这实际上已间接提示此处应使用此刀。

5）个别选手操作不熟练。如使用机床时，没有打开“机床锁住”开关；有少量选手 4 个赛件只加工了一、两件。

第4章 全国职业院校技能大赛中职组数控铣赛试题分析与点评（2008—2011年

4.1 2008年数控铣试题分析与点评

本届比赛数控铣赛项共有两套试题，均为两件套配合结构，本书针对第一套试题（X01）进行点评。

4.1.1 命题思路

本届数控铣比赛的主要命题思路是：参照相关行业职业标准，结合中职学校教学特点，重点考核基本技能；检验并考核学生的工艺能力与水平；考核学生的精度保证能力；试题具有企业化零件的典型特征。力图通过比赛，开拓选手思路，促进选手在精度保证、工艺能力、综合加工技能等方面的提高，与企业实际需要相结合。比赛方式为手工编程与加工操作。

4.1.2 图样分析

本套试题（X01）共有6张图样，包括一张毛坯图、一张实体图、一张装配图、两张零件图和一张基点坐标图。两种零件名称分别为球冠和底座。

1. 毛坯图

X01试题毛坯如图4-1所示，共两件毛坯，材料均为45钢，从图样上分析，两件毛坯均进行了预加工。球冠零件毛坯整体外形为六边形与球冠的相贯体，并有部分圆柱面。毛坯上预制ϕ20H7中心孔。底座毛坯为圆板类结构，上下平面磨制而成，之间有平行度要求，在毛坯上制有ϕ20H7中心孔。两件毛坯的预加工减少了选手的加工余量，适合于有限时间内的综合考核。

读图要点：

1）重点分析球冠毛坯的结构，分析球形、六边形、圆柱形三种要素的分布，结合零件图，确认加工后保留的外形部位，进行工艺方案的初步构思。

2）分析两件毛坯标注几何公差并且表面粗糙度要求较高的基准面与基准孔，这些位置也是加工中的找正与装夹基准。

3）结合毛坯图进行毛坯尺寸的实际测量，尤其是不再加工的关键尺寸，记录数值，方便后续加工与装配计算需要。

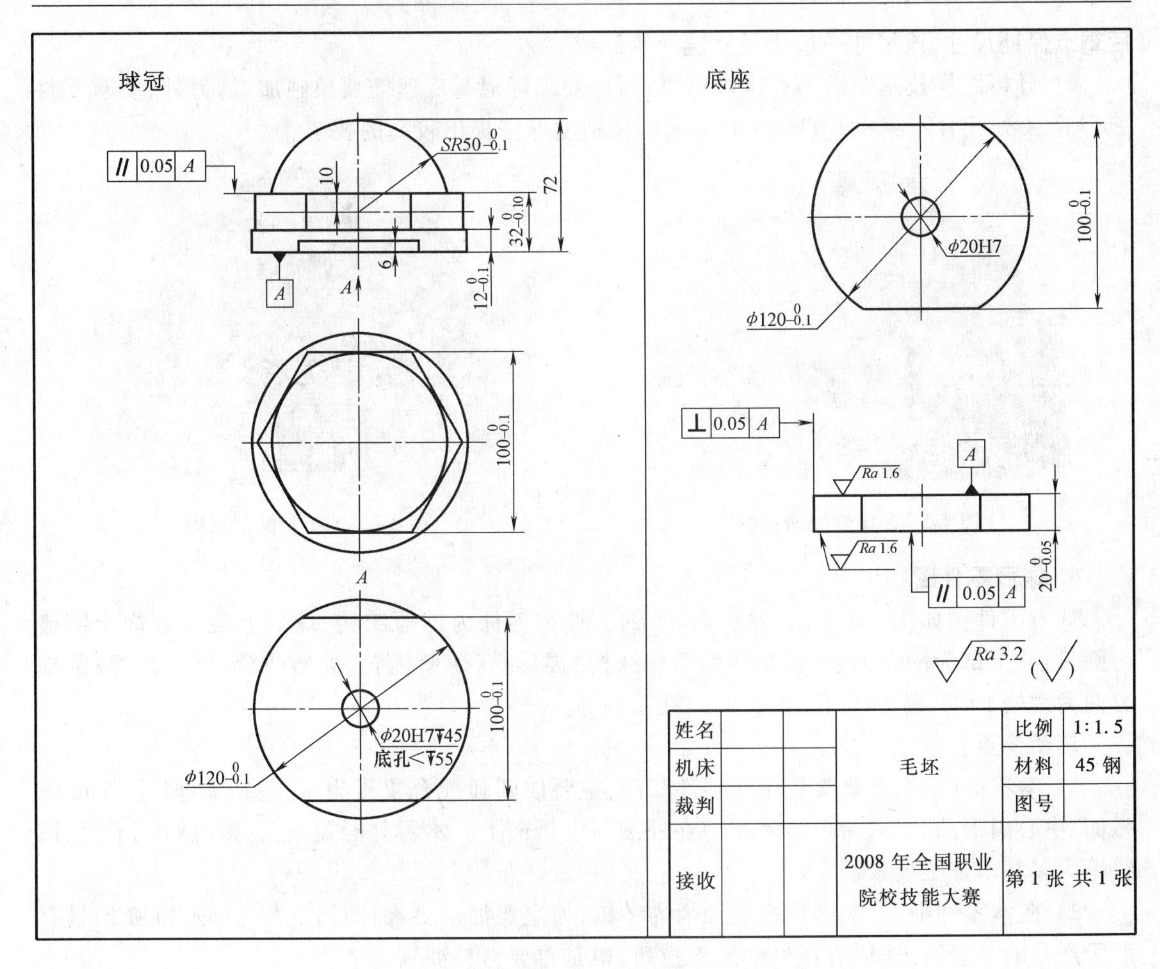

图 4-1　X01 毛坯图

2. 实体图

图 4-2 为该套试题的装配透视图,图 4-3 为装配剖视图。从图中可以看出球冠与底座整体的配合效果及内部结构。本套试题主要以平面配合为主。试题三维实体图如图 4-4 所示,实体图展示了两种零件的主要结构及装配外形。

读图要点:

1）零件的实体图可以辅助二维图样的读图,帮助理解各结构要素的图样尺寸描述。通过装配实体图理解装配关系,有助于工艺方案的快速制订。

2）通过实体图,结合零件图,明确主要加工要素,分析命题要点。在本套零件中,平面及圆弧要素较多,螺纹铣削、向心槽、圆周加工要素等是特色加工要素,球冠上面十字槽等是装饰要素。

3. 装配图

X01 装配图如图 4-5 所示,装配图给定了零件实现装配的技术要求。本套试题为平面配合,配合总体难度不大,但配合要素较多,需要综合控制的配合尺寸较多。

读图要点:

1）分析图样所标注的装配尺寸要求。在本装配图中,装配后 $74^{+0.20}_{0}$ mm 高度尺寸是装配后重点保证尺寸，该尺寸一般为尺寸链换算而成。

2）分析图样技术要求。在本试题中，明确要求球冠与底座需要单独加工，另外，要求零件配合后，A 处配合间隙≤0.03mm，对装配部位精度保证提出较高的要求。

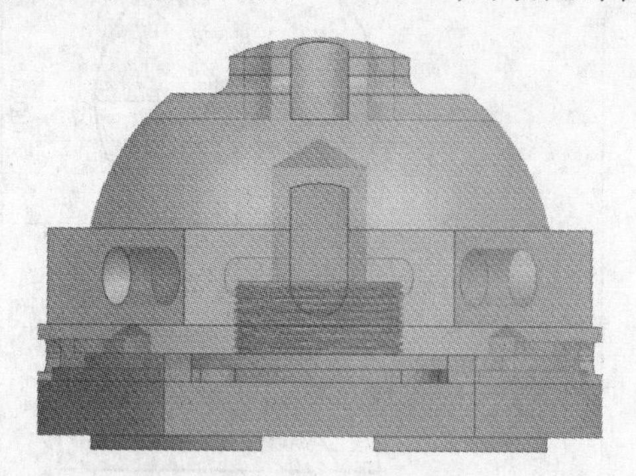

图 4-2　X01 装配透视图

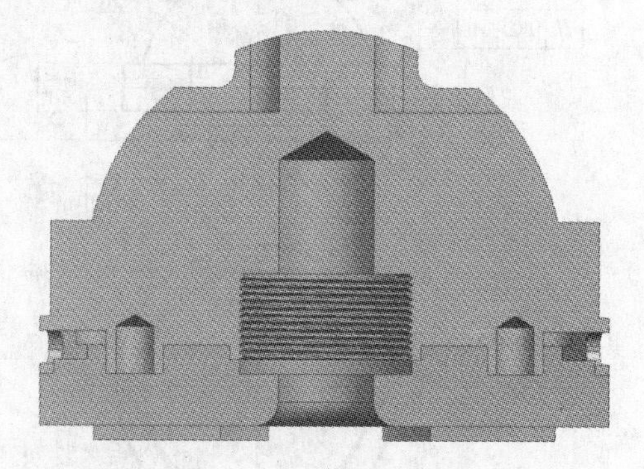

图 4-3　X01 装配剖视图

4. 球冠零件图

球冠零件图如图 4-6 所示，材料为 45 钢。整个零件为球冠结构，球冠上端为装饰十字槽与圆弧台；下部为配合内腔，包括圆弧薄壁结构、腰形槽、薄壁销孔、扇形凸台、螺纹孔等；圆周方向为键槽、十字槽、向心孔、薄壁向心圆弧槽等。

读图要点：

1）本零件中，配合要素集中在零件底部，主要以圆弧配合要素为主，包括 $\phi114^{+0.10}_{0}$mm 圆弧面、中心扇形凸台等，特色要素集中在外圆与上弧面上。本零件涵盖了孔、槽、圆弧、平面、螺纹等大多基本加工要素。

2）在本零件中，首次进行螺纹铣削的考核，为主要加工要素；圆周上薄壁向心圆弧槽具有航天产品的显著特点，应有很好的加工技巧，也是重要考核要素。

3）本零件中，主要定位基准集中在下平面，其中心孔为中心定位基准，下平面为轴向定位及配合基准，配合型腔深度应严格控制。

5. 底座零件图

底座零件如图 4-7 所示，材料为 45 钢，为简单的圆板形结构。零件主要加工要素集中在上平面，含有部分配合要素与其他结构要素，为 3 层平面式结构，要素较为集中，识图难度大。零件下平面要素较少，为装饰要素。

读图要点：

1）分清上面各层次的位置关系，从中提取配合要素。该零件中，主要配合要素为 $\phi114^{-0.10}_{-0.20}$mm 外圆弧、中心扇形型腔、圆孔等，其扇形型腔配合难度大。

2）需要明确加工基准，其底面中心孔为定位基准，上平面为配合基准，加工时须保证各配合尺寸及几何公差要求。

6. 基点坐标图

基点坐标如图 4-8 所示。由于比赛中采用手工编程，对于复杂的圆弧曲线，其基点坐标手工计算量较大，为节省选手的时间，将编程需要的基点提供给选手。对于对称结构的曲线，只给出典型部位基点坐标，选手在加工时需要自行换算或使用数控系统的镜像、旋转等功能实现加工。

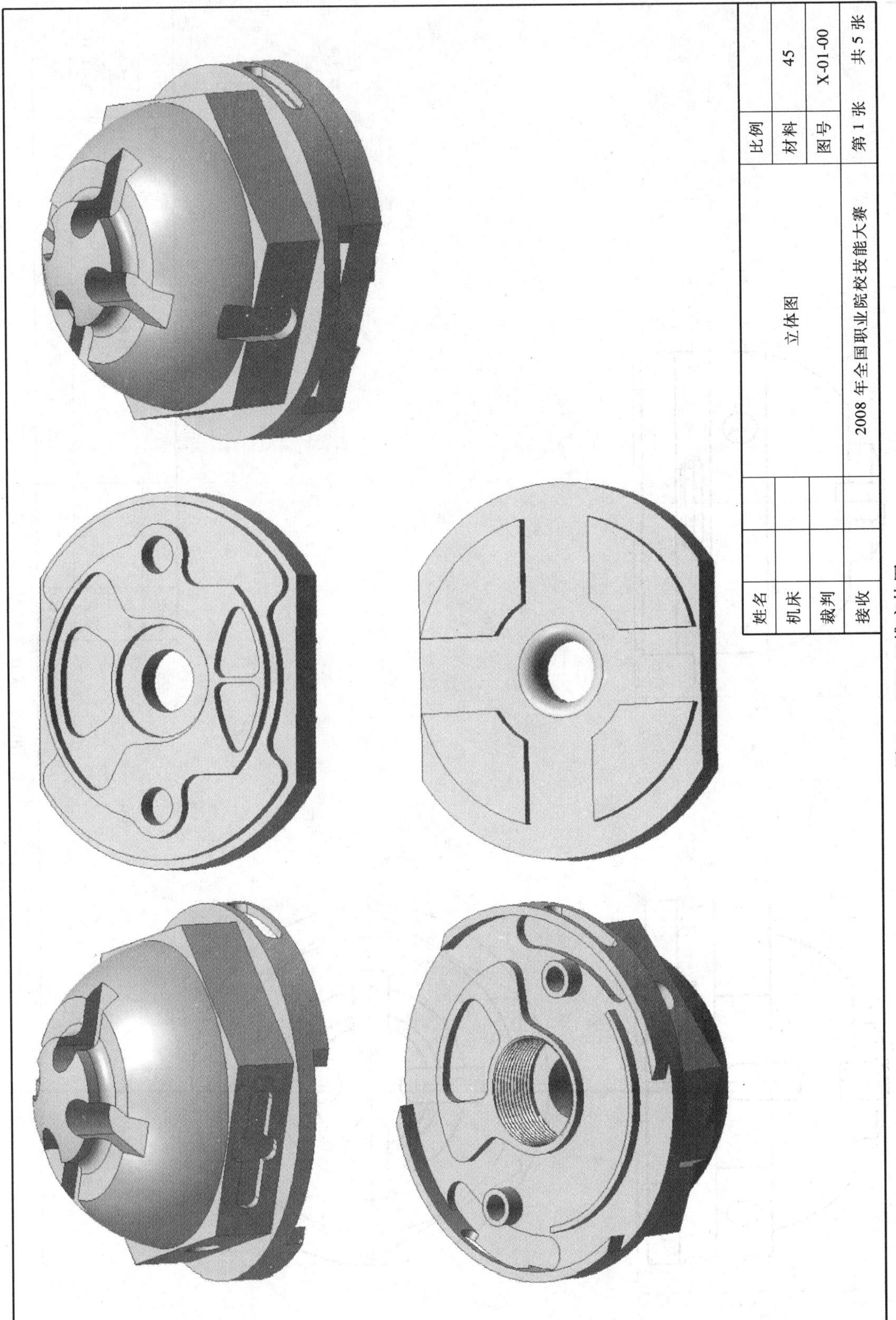

图 4-4　X01 三维实体图

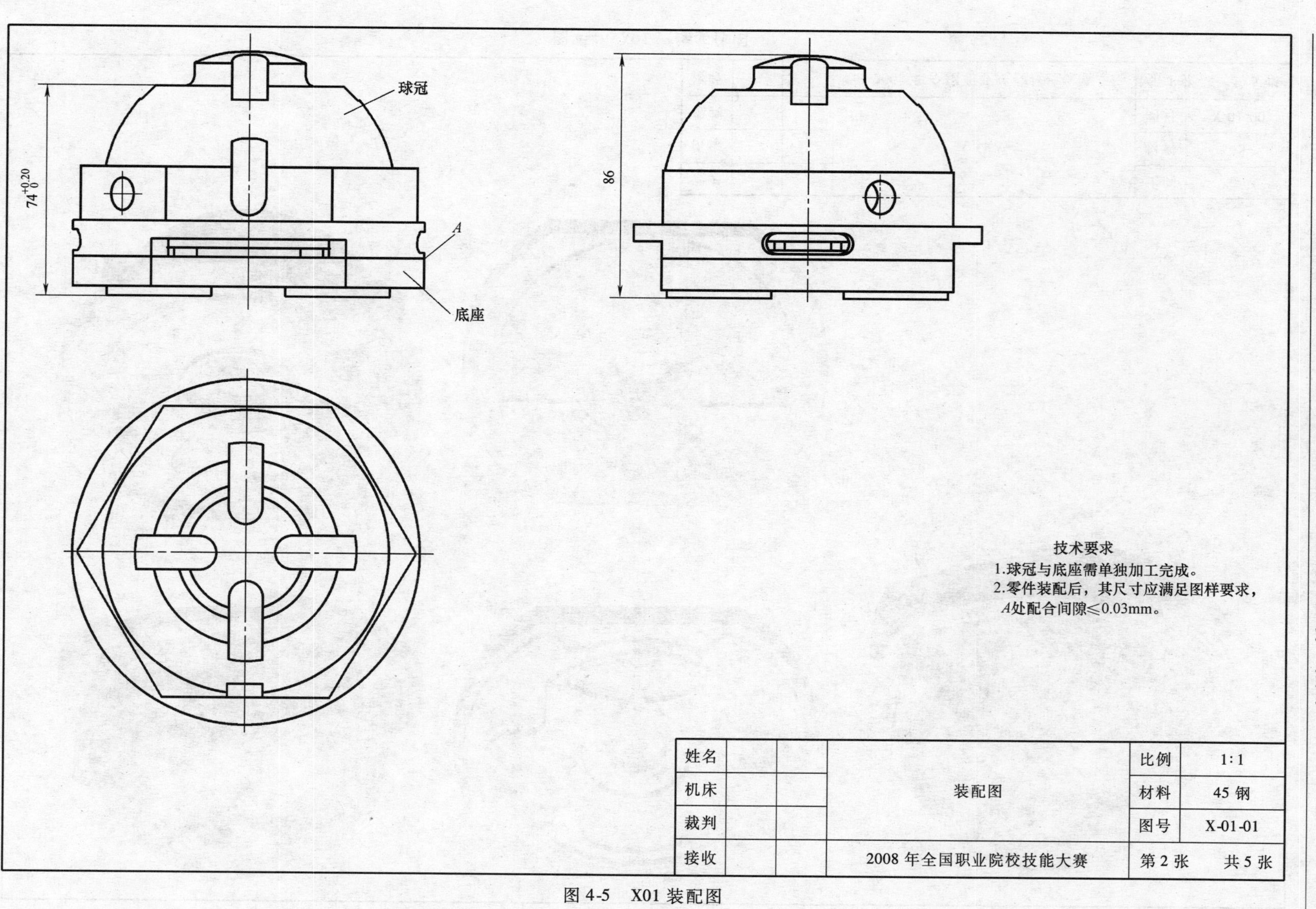
球冠
A
底座
$74^{+0.20}_{0}$
86
技术要求
1.球冠与底座需单独加工完成。
2.零件装配后，其尺寸应满足图样要求，
A处配合间隙≤0.03mm。
姓名
机床
裁判
接收
装配图
2008 年全国职业院校技能大赛
比例
1:1
材料
45 钢
图号
X-01-01
第 2 张
共 5 张

图 4-5 X01 装配图

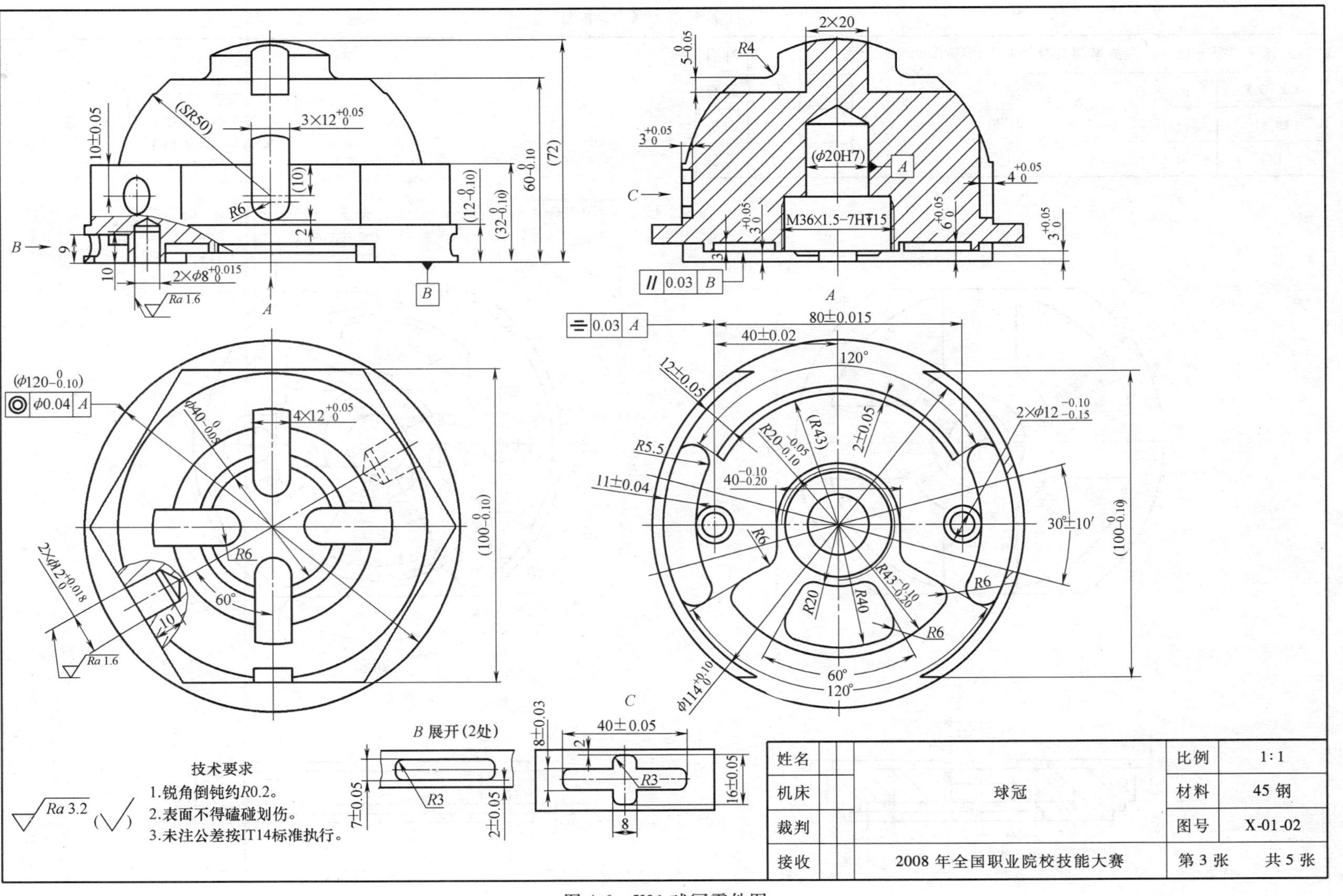

图 4-6 X01 球冠零件图

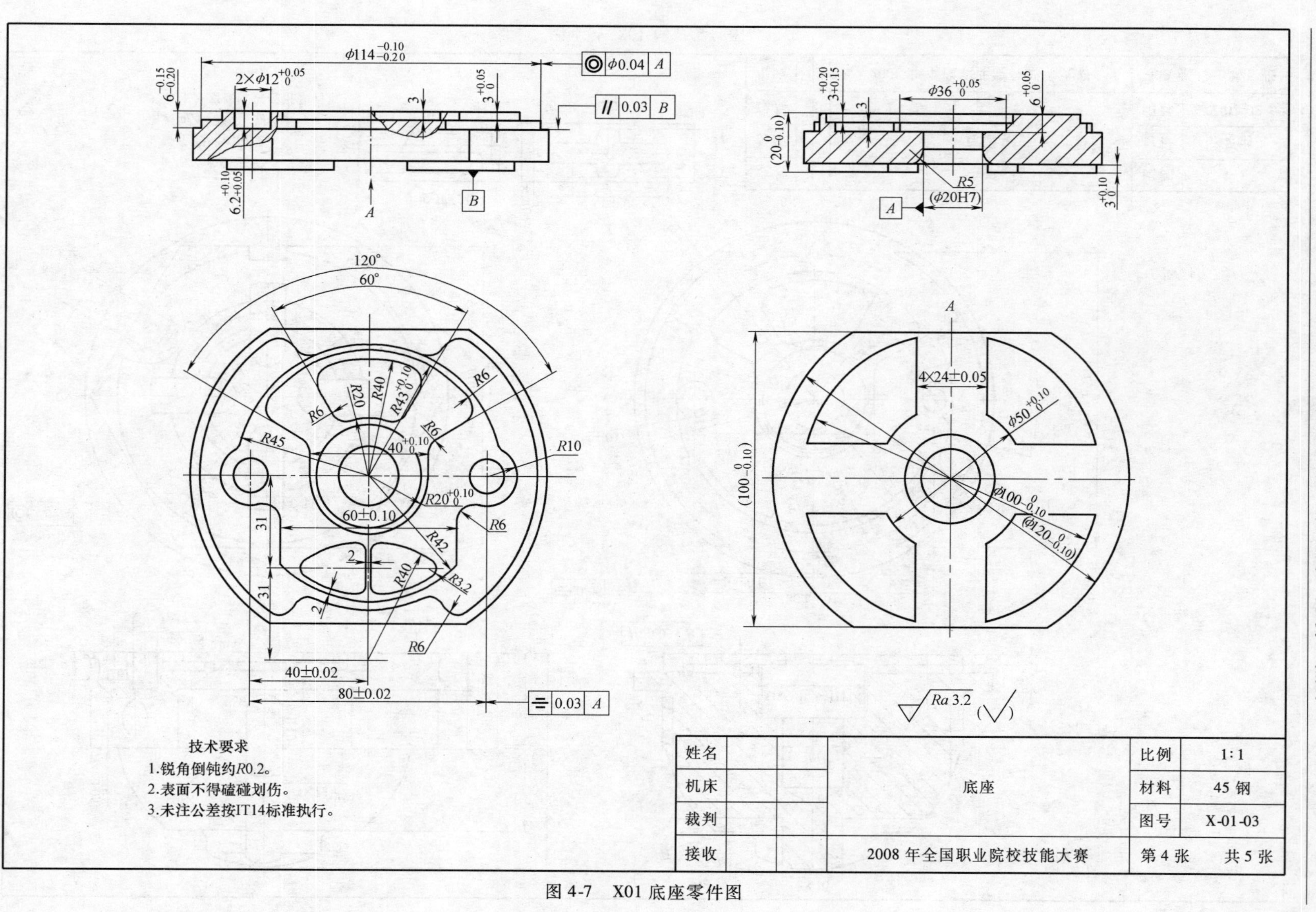

图 4-7 X01 底座零件图

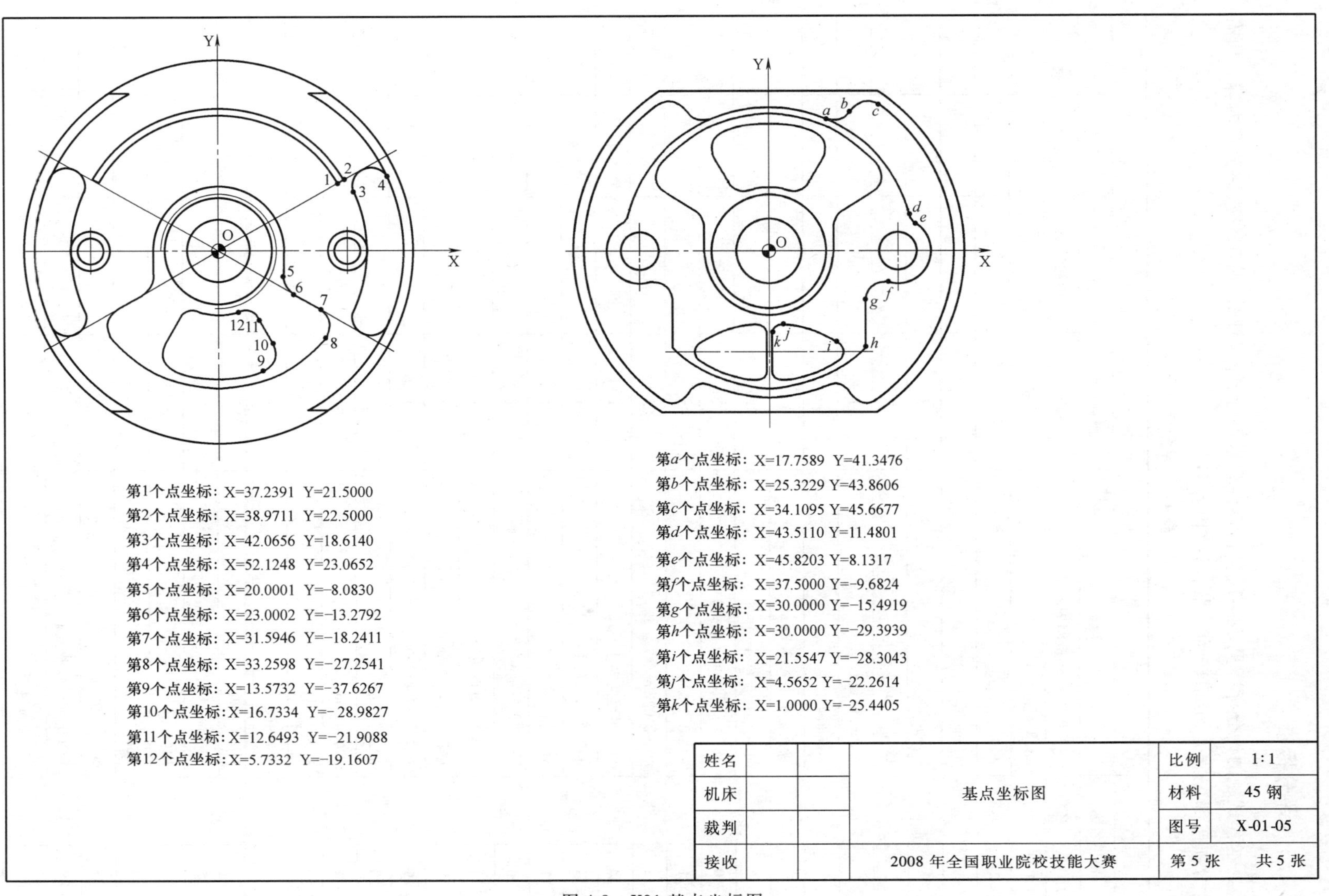

图 4-8　X01 基点坐标图

4.1.3 评分标准

本套试题的评分标准见表4-1,包括零件要素评分、外观评分、装配要素评分等内容。所有计分项按部位分类,分值较为分散,考核内容多。

表 4-1 评分标准

姓名			考号		单位	
图样名称		球冠	图样编号	X-01-02	总分	
序号	名称	检测内容	配分	检测结果	得分	评分人
1	上面	$60_{-0.10}^{0}$ mm	1.5			
2		$\phi 40_{-0.05}^{0}$ mm	1.5			
3		$R4$mm	1			
4		$5_{-0.05}^{0}$ mm	2			
5		$12_{0}^{+0.05}$ mm(4处)	2			
6		20mm(两处)	1			
7		$R6$mm(4处)	0.5			
8		表面粗糙度 $Ra3.2\mu m$	0.5			
9	下面	M36×1.5-7H↧15mm	2.5			
10		$\phi 8_{0}^{+0.015}$↧10mm(两处)	1			
11		80±0.015mm	0.5			
12		40±0.02mm	0.5			
13		表面粗糙度 $Ra1.6\mu m$	1			
14		$\phi 12_{-0.15}^{-0.10}$ mm(两处)	1			
15		$6_{0}^{+0.05}$ mm	1			
16		$\phi 114_{0}^{+0.10}$ mm	1			
17		12±0.05mm($R43$mm)	1			
18		壁厚 2±0.05mm	1			
19		$3_{0}^{+0.05}$ mm(两处)	2			
20		$R43_{-0.20}^{-0.10}$ mm	1			
21		$R20_{-0.10}^{-0.05}$ mm	0.5			
22		$40_{-0.20}^{-0.10}$ mm	0.5			
23		$R6$mm(8处)	1			
24		120°(两处)	1			
25		$R20$mm	0.5			
26		$R40$mm	0.5			
27		3mm	0.5			
28		60°	0.5			
29		11±0.04mm(两处)	1			
30		$R5.5$mm(4处)	0.5			

（续）

姓名		考号		单位	

图样名称		球冠	图样编号	X-01-02	总分	
序号	名称	检测内容	配分	检测结果	得分	评分人
31	下面	同轴度公差 ϕ0.04mm	1			
32		对称度公差 0.03mm	1			
33		平行度公差 0.03mm	1			
34		表面粗糙度 Ra3.2μm	1			
35	圆周	$12^{+0.05}_{0}$mm	1			
36		R6mm(两处)、2mm	1			
37		$4^{+0.05}_{0}$mm	1			
38		十字槽 8±0.03mm	1			
39		16±0.05mm、2mm	1			
40		40±0.05mm	1			
41		R3mm(8处)、8mm	1			
42		$3^{+0.05}_{0}$mm	1			
43		向心槽 7±0.05mm	2			
44		2±0.05mm、9mm	2			
45		R3mm(4处)	1			
46		30°±10′(两处)	2			
47		销孔 $\phi12^{+0.018}_{0}$↧10mm(两处)	1			
48		60°	1			
49		10±0.05mm	1			
50		表面粗糙度 Ra1.6μm、Ra3.2μm	2			
51	外观	无毛刺,锐边倒圆	1			
52		无磕碰伤和严重划痕	1			
53		完整性	3			
	总分		59			

图样名称		底座	图样编号	X-01-03	总分	
序号	名称	检测内容	配分	检测结果	得分	评分人
1	上面	$\phi114^{-0.10}_{-0.20}$mm	1			
2		$6^{-0.15}_{-0.20}$mm	1			
3		R45mm	0.5			
4		R6mm(8处)	1			
5		60±0.10mm	0.5			
6		R6mm(12处)	1.5			
7		R10mm(两处)	0.5			
8		$3^{+0.05}_{0}$mm	0.5			

（续）

姓名			考号		单位		
图样名称		底座	图样编号	X-01-03		总分	
序号	名称	检测内容	配分	检测结果	得分	评分人	
9	上面	$\phi 12^{+0.05}_{0}$ mm（两处）	1				
10		$6.2^{+0.10}_{+0.05}$ mm	0.5				
11		40 ±0.02mm	0.5				
12		80 ±0.02mm	0.5				
13		心形槽 $R3.2$mm（6处）	1				
14		2mm（两处）、31mm	1				
15		$R40$mm（3处）	1				
16		3mm（两处）	1				
17		$R43^{+0.10}_{0}$ mm	1				
18		$40^{+0.10}_{0}$ mm	1				
19		$R20^{+0.10}_{0}$ mm	0.5				
20		120°	0.5				
21		$3^{+0.20}_{+0.15}$ mm	1				
22		$R20$mm	0.5				
23		60°	0.5				
24		$\phi 36^{+0.05}_{0}$ mm	1				
25		$6^{+0.05}_{0}$ mm	1				
26		同轴度公差 $\phi 0.04$mm	1				
27		对称度公差 0.03mm	1				
28		平行度公差 0.03mm	1				
29		表面粗糙度 $Ra3.2\mu m$	1				
30	下面	$\phi 100^{0}_{-0.10}$ mm	1				
31		$\phi 50^{+0.10}_{0}$ mm	1				
32		24 ±0.05mm（4处）	1				
33		$3^{+0.10}_{0}$ mm	1				
34		$R5$mm	2.5				
35		表面粗糙度 $Ra3.2\mu m$	0.5				
36	外观	无毛刺，锐边倒圆	1				
37		无磕碰伤和严重划痕	1				
38		完整性	2				
39	总分		35				

（续）

姓名			考号		单位	
图样名称		装配图	图样编号	X-01-01	总分	
序号	名称	检测内容	配分	检测结果	得分	评分人
1	配合	A 处间隙≤0.03mm	3			
2		$74^{+0.20}_{0}$mm	3			
	总分		6			
综合评价				总分		

评分标准阅读要点：

1）读图时应结合评分标准同时阅读，此外，还可以借助对辅助图样的阅读理解各加工要素。

2）本套试题中，评分标准分值比较分散，向心薄壁槽、螺纹铣削等特定要素分值较高，需要选手综合把握，完成零件加工。

4.1.4　加工技术条件

1. 比赛时间

数控铣比赛时间为 360min，含准备时间 30min。

2. 机床及数控系统

大连机床 XD-40A，配置华中世纪星 HNC-22M 数控系统。

3. 赛场夹具

本届比赛使用兰新特柔性组合夹具，如图 4-9 所示。该组合夹具为回转定位夹具，最小分度单位 15°，夹具上端有回转定位装置，夹具后端有锁紧装置，该夹具主要实现圆周部位定向加工。

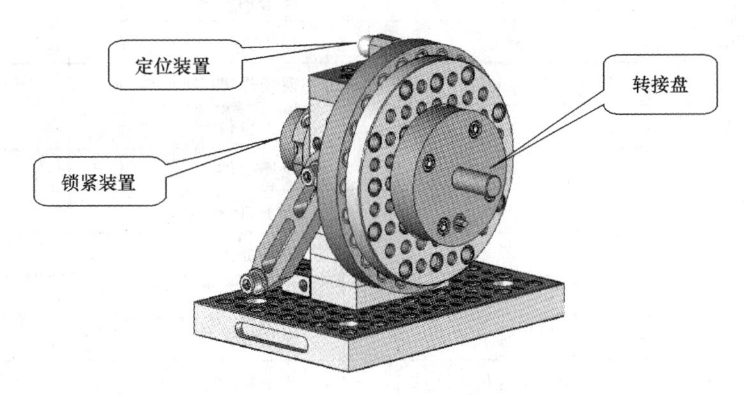

图 4-9　组合夹具

为防止加工时刀柄与夹具干涉，夹具前端加装转接盘，转接盘上装有定位心轴与定位销，实现零件安装的精确定位。工件的装夹与夹紧采用压板组件装夹，由比赛现场提供。

为了方便选手选择装夹方式和有效装夹工件，现场同时还提供了机床用标准机用平口钳，用于工件装夹,如图 4-10 所示。

图 4-10　机用平口钳

4. 刀柄刀具

本届比赛主要刀柄由大赛组委会提供,刀具由选手自带,刀柄刀具清单见表 4-2。

表 4-2　刀柄刀具清单

序号	名　称	说　明	数量	备注
1	ϕ32mm 面铣刀	选手自带	1	
	刀柄	现场提供	1	
	刀片	选手自带	1 套	
2	ϕ16mm 立铣刀 <或机夹立铣刀>	选手自带	1	
	刀柄	现场提供	1	
3	ϕ10mm 整体合金立铣刀	选手自带	1	
	刀柄	现场提供	1	
4	ϕ6mm 整体合金立铣刀	选手自带	1	
	刀柄	现场提供	1	
5	ϕ7.5mm 钻头	选手自带	1	
	刀柄	现场提供	1	
6	ϕ11mm 钻头	选手自带	1	
	刀柄	现场提供	1	
7	ϕ8mm 铰刀	选手自带	1	
	刀柄	现场提供	1	
8	ϕ12mm 铰刀	选手自带	1	
	刀柄	现场提供	1	
9	ϕ8mm(R4mm)球头铣刀	选手自带	1	
	刀柄	现场提供	1	
10	单刃螺纹镗刀(可镗 ϕ32 ~ ϕ36mm 内孔螺纹)	选手自带	1	
	刀柄	现场提供	1	
	刀片	选手自带	1	

5. 量具清单

本届比赛量具由选手自带,螺纹塞规现场提供,清单见表 4-3。

表 4-3　数控铣比赛量具清单

月　日　上午/下午		工种：	决赛编号：			姓名：	
序号	名称	规格/mm	分度值/mm	数量	领√	还√	备注
1	游标卡尺	0～150	0.02	1			
2	游标深度尺	0～200	0.02	1			
3	杠杆百分表			1 套			
4	磁性表座			1 套			
5	内径百分表	$\phi18 \sim \phi35$	0.01	1			
6	内径百分表	$\phi35 \sim \phi50$	0.01	1			
7	内径百分表	$\phi50 \sim \phi100$	0.01	1			
8	外径千分尺	0～25	0.01	1			
9	外径千分尺	25～50	0.01	1			
10	外径千分尺	50～75	0.01	1			
11	外径千分尺	75～100	0.01	1			
12	塞规	$\phi8H7$	H7	1			
13	塞规	$\phi12H7$	H7	1			
14	螺纹塞规	M36×1.5－7H	7H	公用			

6. 辅件清单

本届比赛辅件清单见表 4-4。

表 4-4　数控铣比赛辅件清单

月　日　上午/下午	工种：	决赛编号：			姓名：
序号	名称	数量（个人）	领√	还√	备注
（一）文件清单					
1	参赛选手物品发放一览表	1 份			
2	图纸	1 份			
3	配分表	1 份			
4	草稿纸	1			
（二）毛坯、夹具及辅件清单					
1	毛坯	2			
2	铜棒	1			
3	油石	1			
4	活扳手	1			
5	锉刀	1			
6	眼镜	1			
7	铜皮（1mm）	2			
8	布	1			
9	刷子	1			
10	镜子	1			
11	组合夹具	1 套			

4.1.5 加工工艺分析

1. 球冠零件加工工艺分析

1)球冠零件加工工艺过程。球冠零件三维造型如图4-11所示,该零件由于需要加工上部装饰要素、底面配合要素及圆周各典型要素,因此装夹及装夹调整次数较多,本试题的主要难点也体现在此。表4-5为球冠零件加工过程图解,详细描述了零件的加工工艺过程。

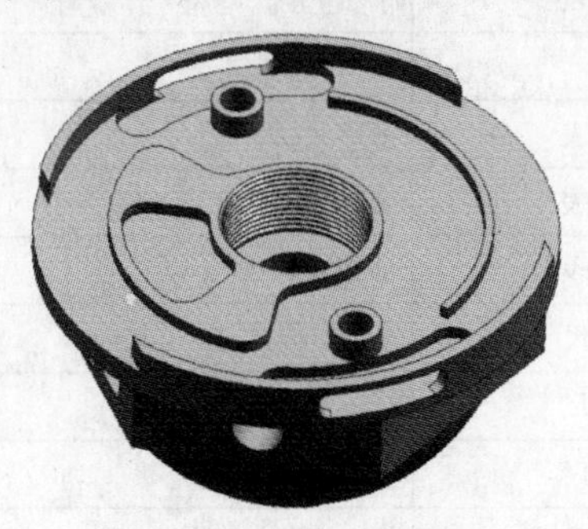

图4-11 球冠零件的三维造型

表4-5 球冠零件加工过程图解

序号	工序加工位置	装夹方式与加工内容
1	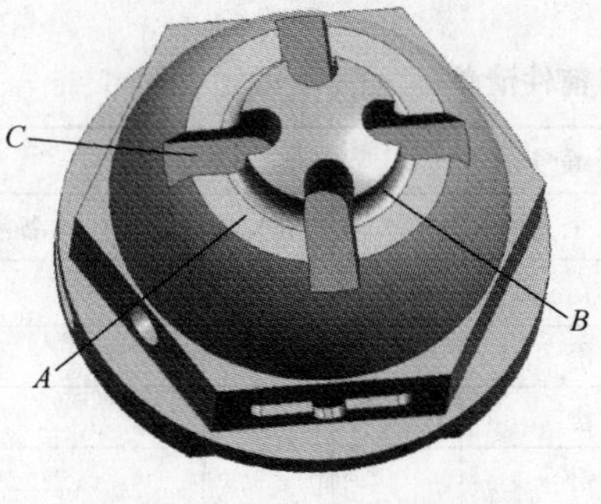 C、A、B	采用机用平口钳装夹,利用零件毛坯下部100mm两侧边进行装夹,以外形进行找正夹紧 加工A处圆弧台$\phi 40_{-0.05}^{0}$mm,保证总高$60_{-0.10}^{0}$mm。该尺寸与总体配合尺寸要求相关,重点保证 使用$\phi 8$mm球头铣刀加工B处圆角$R4$mm 加工C处十字槽,键槽宽$12_{0}^{+0.05}$mm,深$5_{-0.05}^{0}$mm
2	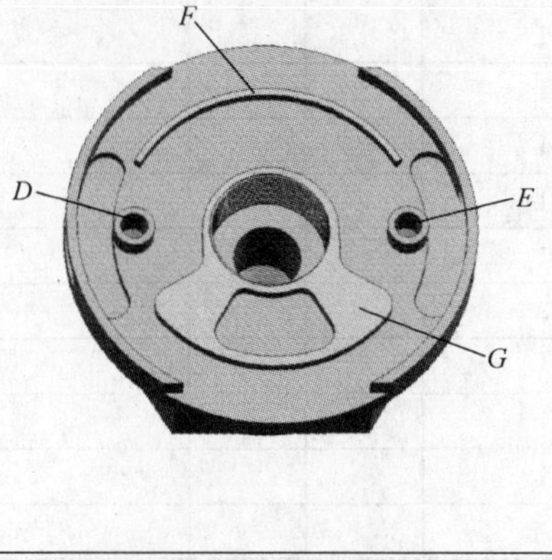 F、D、E、G	卸下零件,将零件翻转180°,采用机用平口钳装夹六边形两直边,找正中心孔,大平面为零点 加工D、E两处$\phi 8$H7销孔,位置80±0.015mm、40±0.02mm,对称度公差0.03mm,深10mm。该销孔为夹具安装定位孔 加工F、G处上平面余量,深$3_{0}^{+0.05}$mm,注意避开销孔凸台及外侧圆弧位置,防止过切

（续）

序号	工序加工位置	装夹方式与加工内容
3	 H	加工 H 处底部大平面。此部位加工量较大，深 $6^{+0.05}_{0}$mm 加工外形薄壁圆弧 $\phi114^{+0.10}_{0}$mm。此圆弧为配合圆弧，重点保证公差 加工内部圆弧薄壁，保证宽 2 ±0.05mm，宽 12 ±0.05mm 加工销孔凸台外圆弧两个 $\phi12^{-0.10}_{-0.15}$mm。此外圆参与配合，重点保证 加工中心扇形凸台外形。凸台外形均为减公差，为配合面，重点控制公差方向，防止装配干涉，注意清根
4	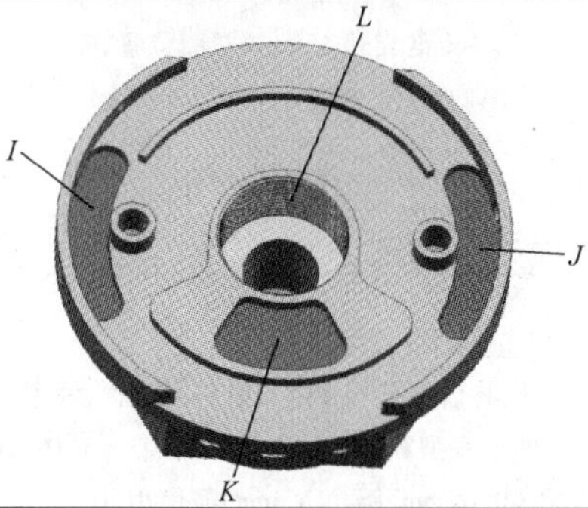 L I J K	加工 I、J 两处两侧腰形槽，槽宽 11 ±0.04mm，深 9mm。为保证外圆向心槽贯通，此处在公差范围内加工略深 加工 K 处凹槽，深 3mm 加工 L 处螺纹底孔，深约 18mm。铣削螺纹 M36 ×1.5 - 7H，深 15mm，用螺纹塞规检测
5	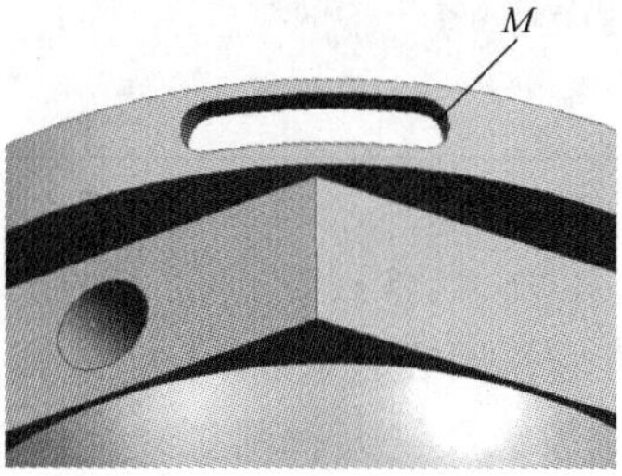 M	将工件通过定位心轴与菱形定位销安装在组合夹具上，将图样水平方向向心槽位置朝上，通过压板装夹 加工 M 处向心槽，槽宽 7 ±0.05mm，角度尺寸 30° ±10′，圆角 R3mm，距边距尺寸 2 ±0.05mm 加工前需标注位置，防止装夹角向错误 压板装夹时考虑避开下部向心槽加工部位，简化装夹
6	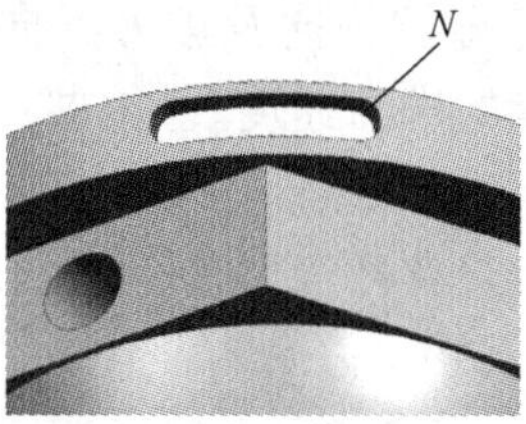 N	松开夹具锁紧装置，拔出定位装置，将组合夹具旋转 180°，推进定位装置，锁紧锁紧装置 加工 N 处向心槽，因尺寸与 M 处完全一致，加工方法同上
7	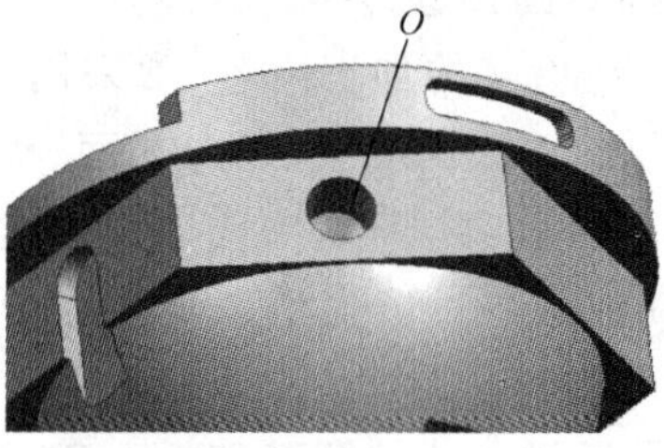 O	松开夹具，将转盘旋转 45°，如左图位置，锁紧夹具 加工 O 处向心孔 $\phi12^{+0.018}_{0}$mm，深 10mm。因刀具清单中只有 ϕ11mm 钻头，故此孔加工中应使用 ϕ11mm 钻头钻底孔，ϕ10mm 铣刀扩孔，最后使用 ϕ12mm 铰刀铰孔，使用 ϕ12H7 塞规进行测量

（续）

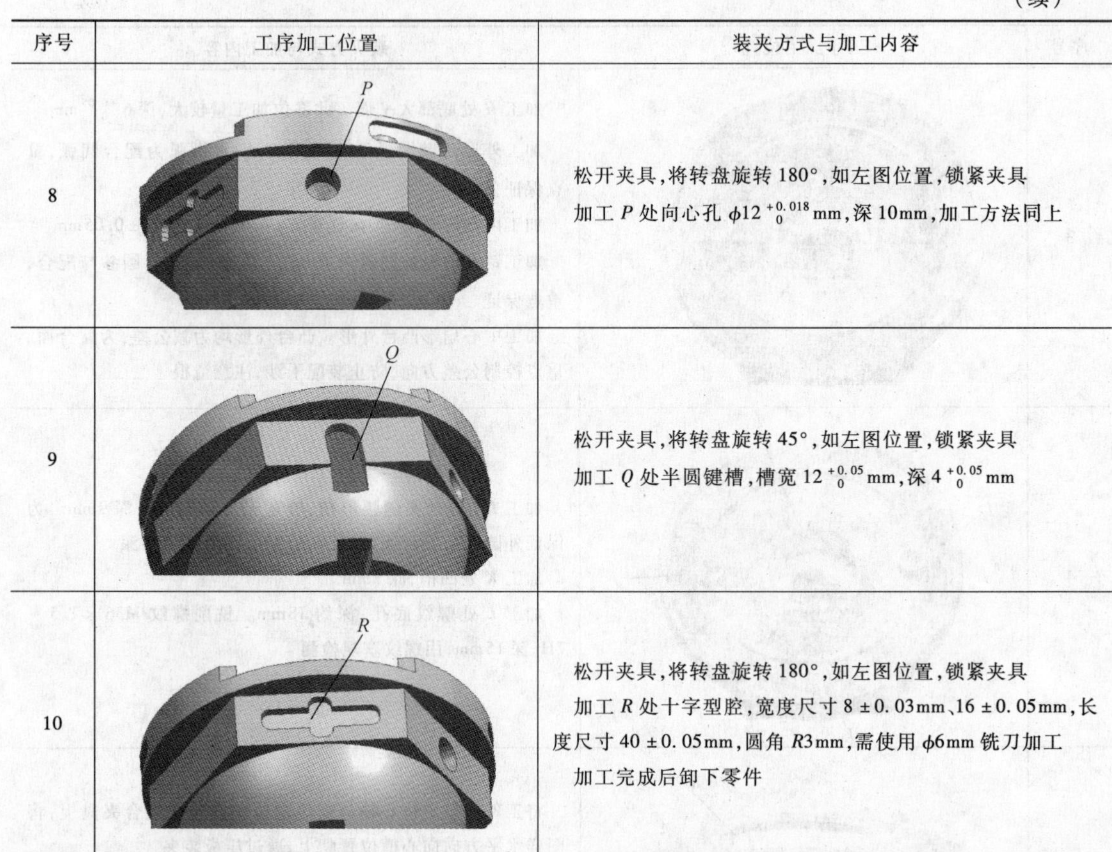

序号	工序加工位置	装夹方式与加工内容
8	P	松开夹具，将转盘旋转 180°，如左图位置，锁紧夹具 加工 P 处向心孔 $\phi12^{+0.018}_{0}$mm，深 10mm，加工方法同上
9	Q	松开夹具，将转盘旋转 45°，如左图位置，锁紧夹具 加工 Q 处半圆键槽，槽宽 $12^{+0.05}_{0}$mm，深 $4^{+0.05}_{0}$mm
10	R	松开夹具，将转盘旋转 180°，如左图位置，锁紧夹具 加工 R 处十字型腔，宽度尺寸 8±0.03mm、16±0.05mm，长度尺寸 40±0.05mm，圆角 R3mm，需使用 ϕ6mm 铣刀加工 加工完成后卸下零件

2）球冠零件加工要点分析。

① 螺纹的铣削。螺纹铣削在数控加工中已经使用较多，螺纹铣削加工的原理是机床进行螺旋线插补的同时进行铣削，即机床在 XOY 轴平面内作圆弧插补的同时，Z 轴作相应的直线插补，形成与被加工螺纹螺距一致的螺旋线。使用梳齿螺纹铣刀铣削螺纹孔加工效率高，加工精度高，表面质量好，尤其适合断续螺纹的加工。本届比赛中螺纹铣削要素的考核，如图 4-12所示为螺纹铣削加工示意图，其加工刀具的顺逆铣与螺纹旋向及进刀方向有关。与螺纹车削不同，在螺纹铣削中，机床的运行轨迹是螺旋线，机床的进给速度、主轴转速与螺纹的螺距无关。所以在切削过程中可以实时调整机床的进给量和主轴转速。在螺纹孔的铣削中，一般可分 2～3 刀加工完成，第 1 刀去除大部分余量，第 2 刀为刀具补偿调整，第 3 刀最终修正。在批量生产中，也经常一次切削加工完成。

图 4-13 为 90°入刀（1/4 圆弧切入切出）螺纹铣削加工示意图，图解说明了螺纹铣削常用的 6 个步骤：逼近孔中心→进刀→圆弧进刀→螺旋切削→圆弧退刀→刀具离开。

② 组合夹具的应用。在三轴数控铣机床上为实现更多的加工内容，常采用分度头等机床辅具，以实现机床第四轴（卧式回转轴）的一些要素加工，如向心孔、径向平面、槽型等加工。本次比赛使用的回转组合夹具具有分度头的加工特征，可以实现圆周方向的定角度要素加工，在企业生产加工中具有很大的实用性，需要通过比赛让选手了解类似夹具特点，开拓选手思路。

如图 4-14 所示，该夹具的使用原理比较简单，就是通过立装的圆基础板上 24 个均布基准

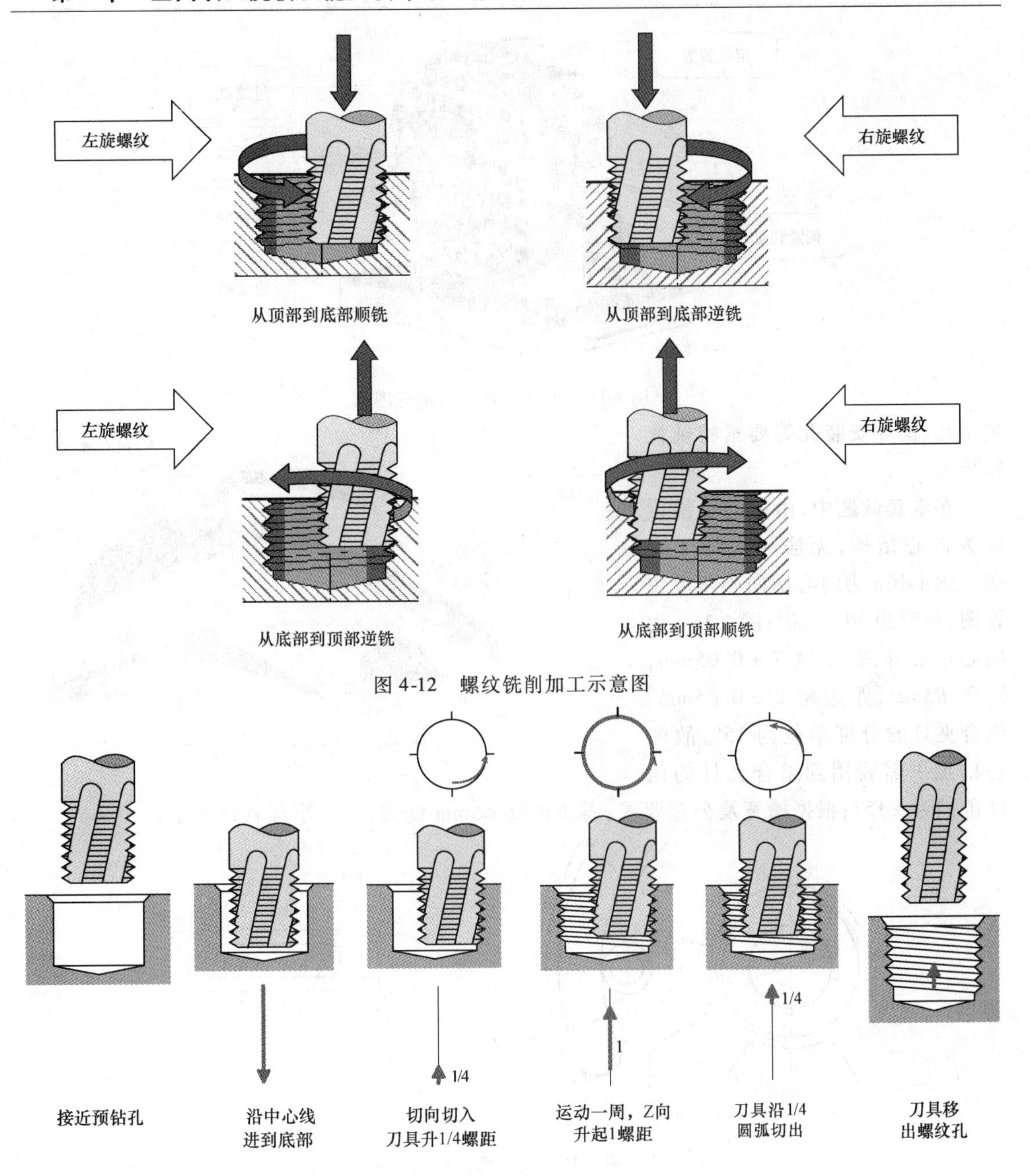

图 4-12　螺纹铣削加工示意图

图 4-13　90°入刀（1/4 圆弧切入切出）螺纹铣削

孔的定位，实现 15°分度单位的定角度精确分度。在使用中实现分度后，通过定位装置精确定位，锁紧装置锁紧。夹具在分度圆基础板上加装过渡盘与转接盘，过渡盘上均布安装螺纹孔，可以通过压板装夹固定零件；转接盘用于零件的安装定位与避让加工干涉区。在过渡盘上装有 ϕ20mm 定位心轴与 ϕ8mm 菱形定位销，用于零件的精确定位，所以在球冠零件的加工中，应先完成 ϕ8H7 销孔的加工，才可以进行圆周部位的装夹加工。

③　向心槽的加工。本套试题的圆周加工要素包括向心孔、键槽、十字槽、向心槽等，代表了圆周加工的典型要素，均需要通过回转组合夹具装夹加工完成。其中，向心槽的加工是本套试题的又一个亮点，如图 4-15 所示。该结构是通过两个方向的加工后形成，与航天结构件的

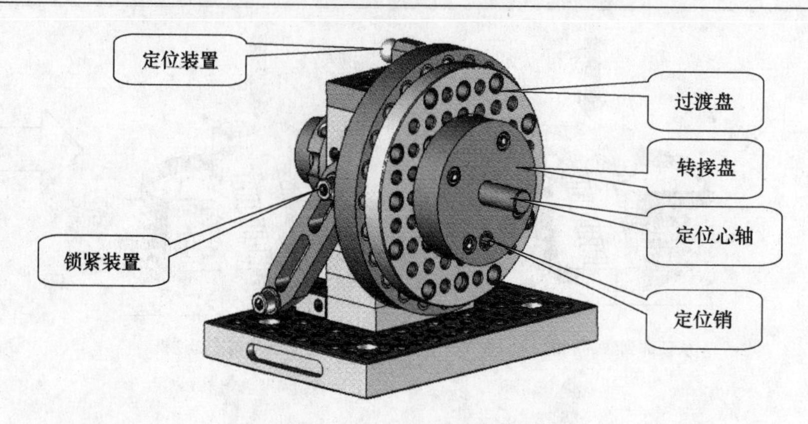

图 4-14　组合夹具结构示意图

窥望孔、楔环安装孔等要素特征比较接近。

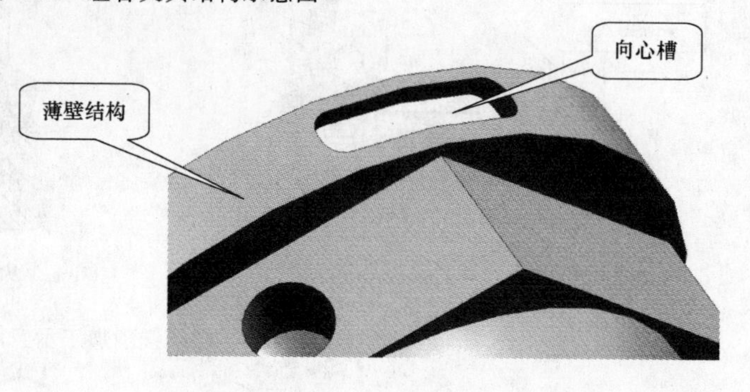

图 4-15　向心槽结构

在本套试题中，由于向心槽设计为向心结构，无法一次加工完成。图 4-16a 为向心槽向心角度位置图，角度为 30°±10′；图 4-16b 为向心槽展开图，槽宽 7±0.05mm，圆角 R3mm，距边距 2±0.05mm。组合夹具的分度单位为 15°，故向心槽加工需要用到组合夹具的角度范围为 ±15°；根据槽宽及公差要求，需要选择 ϕ6mm 铣刀，进行半径补偿加工。

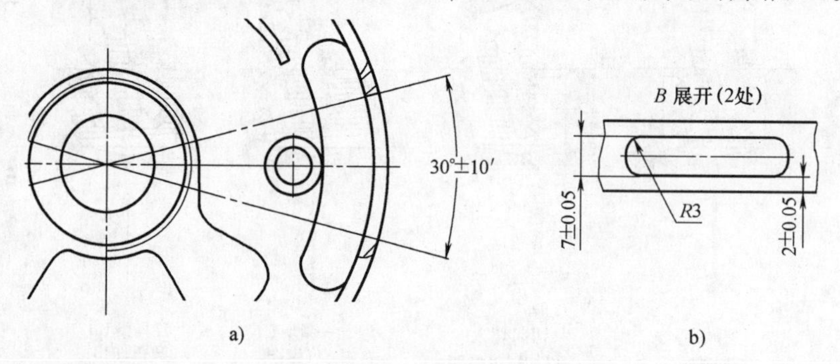

图 4-16　向心槽的标注

图 4-17 解析了向心槽的加工过程，分为三个步骤。

步骤 1：如图 4-17a 所示，工件利用组合夹具装夹后，调整到 0°位置（向心槽中心朝上），锁紧夹具，使用 ϕ6mm 铣刀加工竖直通槽，加工通槽长度不大于 29.5mm，以防止过切，程序中进行刀具半径补偿，保证槽宽 7±0.05mm。

步骤 2：如图 4-17b 所示，退出刀具，松开锁紧装置，将夹具正向旋转 15°，锁紧。使用 ϕ6mm 铣刀侧向进刀，按图示方向带刀具补偿铣削，保证槽宽 7±0.05mm，圆角 R3mm。此工步主要为保证向心角度要求，与上道工步接刀。

步骤 3：如图 4-17c 所示，退出刀具，松开锁紧装置，将夹具负向旋转 15°，锁紧。使用

ϕ6mm 铣刀侧向进刀，按图示方向带刀具补偿铣削，保证槽宽(7 ± 0.05)mm，圆角 R3mm。

上述步骤为定角度加工向心槽的标准步骤，在该试题实际比赛中，可以省略步骤 1，但要保证其余两步骤对向心槽侧面加工的全覆盖，防止过切。

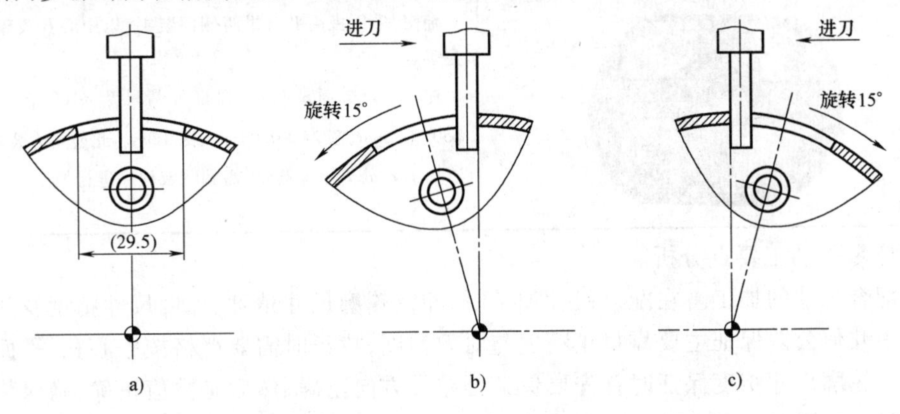

图 4-17　向心槽的加工过程

2. 底座零件加工工艺分析

1)底座零件加工工艺过程。

底座零件为圆板类结构，加工要素主要集中在上平面，主要是与球冠零件配合的圆弧面、槽、孔以及其他结构要素等，平面层次较多，配合尺寸应严格控制。表 4-6 为底座零件加工过程图解，描述了零件加工工艺过程。

表 4-6　底座零件加工过程图解

序号	工序加工位置	装夹方式与加工内容
1	A B	采用机用平口钳两侧面装夹，以中心孔找正，上表面为零点加工 A 平面及对应外轮廓区域，深 $3^{+0.05}_{0}$ mm，此部位不参与配合 加工 B 平面外圆弧及轮廓，深 $6^{-0.15}_{-0.20}$ mm，重点保证外弧面 $\phi114^{-0.10}_{-0.20}$ mm，此尺寸为配合要素
2	C D　E	加工 C 处扇形型腔，深 $3^{+0.20}_{+0.15}$ mm，半径 $R43^{+0.10}_{0}$ mm、$R20^{+0.10}_{0}$ mm，宽 $40^{+0.10}_{0}$ mm，此型腔参与配合，注意严格保证公差 加工 D、E 处型腔，深 3mm，此处为装饰要素
3	F　G I　H	加工 F 处型腔，深 3mm，此处也为装饰要素 加工 G 处圆弧 $\phi36^{+0.05}_{0}$ mm，深 $6^{+0.05}_{0}$ mm 加工 H、I 处沉孔 $\phi12^{+0.05}_{0}$ mm，深 $6.2^{+0.10}_{+0.05}$ mm。此要素为配合面，重点保证，深度方向设计留有配合间隙

（续）

序号	工序加工位置	装夹方式与加工内容
4	J K	翻面，采用机用平口钳两侧面装夹，以中心孔找正，上表面为零点 加工 J 处平面及凸台，保证外圆尺寸 $\phi100_{-0.10}^{\ 0}$mm、内圆 $\phi50_{\ 0}^{+0.10}$mm、宽 24 ± 0.05mm、深 3mm。此要素为装饰要素 加工 K 处 $R5$mm 圆角，需编制宏程序进行加工

2）底座零件加工要点分析。

① 配合尺寸的加工。在配合尺寸加工时，涉及轮廓尺寸精度、深度尺寸精度及几何公差保证。其中几何公差保证主要靠找正精度与对刀精度，找正时需要严格按中心孔、平面等进行测量核准。轮廓尺寸精度保证时首先要保证公差带方向正确，然后是数值正确，确保装配无干涉。深度尺寸精度保证时也是要控制公差带方向正确，然后控制深度，对于主配合深度尺寸，需要严格控制公差，该尺寸往往是配合后的主要尺寸要求的组成部分。

② 手工编制程序。由于比赛中为手工编程，所以选手的编程速度及录入速度对比赛影响很大；同时，程序的纠错与修改时间对比赛影响也较大。有的选手因为程序运行不通，而进行反复修改，有时越急越容易出错，影响到后续比赛。

在比赛中编程水平决定了加工效率，编程应以小模块化程序为主。粗精加工可以用宏指令划分，循环中背吃刀量、重复次数、精加工余量，都可以用宏指令来实现，这样编程效率高。比赛现场不要编制过长程序，既费时间又不便于检查。程序编制时，当被加工形状对称时，可利用坐标系旋转或镜像功能，熟练使用坐标系平移或局部坐标系，从而达到简化程序的目的。

3）加工流程汇总。图 4-18 为该套试题总体加工与装配流程，共涉及 10 次装夹或装夹调整。

4.1.6 比赛中选手典型问题分析

从比赛结果来看，选手们表现出很高的技能水准，有相当一部分选手完成大部分加工内容，部分选手完成全部加工内容。图 4-19 为本届比赛部分优秀选手的赛件照片。

通过比赛分析，也暴露出一些问题，典型问题主要包括以下几点。

1. 基本功不够扎实

通过比赛，明显发现部分选手基本功不够扎实，包括基本要素加工能力、识图能力、工艺基础能力、程序编制能力、加工参数合理选择等。这说明选手在学习及训练的系统性上需要加强。数控铣削作为数控加工最基本的加工方式，选手在学习中一定要加强基本功的综合训练，练就扎实的功底。

2. 对圆周加工不熟悉

本届比赛通过组合夹具进行了圆周加工部位的考核，但大多选手对此不熟悉，尤其对装夹方式与加工技巧不熟悉。这与平时练习中缺乏这方面的加工与工艺训练有关。在比赛中，选手错误装夹、重复装夹、定位不合理等问题较多，这也是导致部分选手加工效率较低的主要原因。

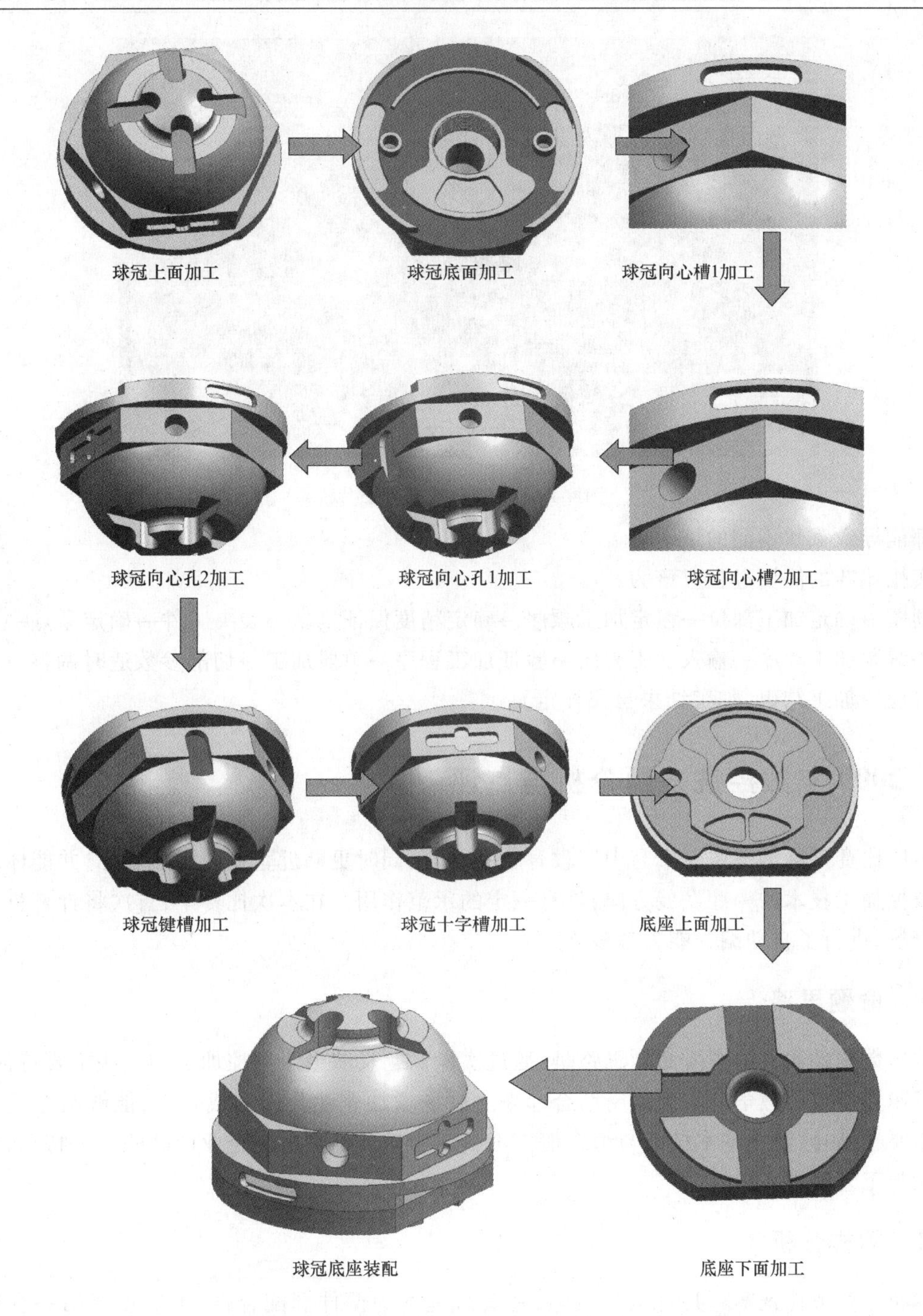

图 4-18　X01 试题加工装配流程

3. 应对实操比赛经验不足

实操比赛追求的是最合理的工艺方案、最佳的刀具路径、最有效的精度保证、最短的加工时间，要求选手具备较好的综合技能与应试技巧，而部分选手明显经验不足，应变能力不强。例如，纠结于局部问题无法继续加工，刀具损坏后不能快速制订替代方案，遇到机床操作不熟悉等问题时状态全无，对图样技术要求理解不清，等等。面对激烈的比赛，任何一个问题处理

图 4-19 优秀选手赛件照片

不好都能导致截然不同的结果。

实操比赛的简要过程应该为：

读图→确定加工部位→粗定加工顺序→确定精度保证措施→装夹工件→确定零点→选择刀具→编制加工程序→输入加工程序→验证加工程序→单段加工→切削参数适时调整→加工精度自检→加工结束(加工结果自我评定)。

4.2 2009 年数控铣试题分析与点评

本届比赛试题的主要要素与中职教育水平结合,同时更贴近企业的生产实际,并能体现出现代数控加工技术的一些发展方向,具有一定的示范作用。在本次比赛中,首次将计算机搬入比赛赛场,进行了自动编程能力考核。

4.2.1 命题思路

本届数控铣比赛的主要命题思路是:通过实操试题反映当今数控加工的一些主要特征,并与中等职业学校的教学与实训紧密结合起来。试题增加企业化元素或要求,能够与企业生产实际需要相结合,注重基本技能与综合能力考核。为培养学生适应企业产品的加工特点,注重工艺性与工艺能力考核。

4.2.2 图样分析

本届比赛数控铣赛项共有两套试题,每套试题均为两件套配合件,本节点评第一套试题(X01)。本套试题共有 5 张图样,包括一张毛坯图、一张实体图、一张装配图和两张零件图,零件名称分别为本体和镶座,材料为 45 钢。另配有标准件内六角螺钉一件,现场提供装配使用。

1. 毛坯图

毛坯如图 4-20 所示,该套试题毛坯为两件,材料均为 45 钢,两件毛坯均进行了预先加工。本体零件的毛坯外形为圆柱形,直径 ϕ120mm,总长 60mm,中间预加工 10mm 宽环槽,环槽一端保留圆形,另一端加工为 100mm × 100mm 四方形,毛坯中间预加工 ϕ20H7 中心孔。镶座毛

坯主体也为 ϕ120mm 圆柱形，总长 45mm，一端预加工为 100mm × 100mm 四方形，另一端为 60mm 宽扁台形状，中间预加工 ϕ20H7 中心孔。两件毛坯两端平面均磨削而成。各平面、中心孔之间标注有平面度、同轴度、对称度等要求。

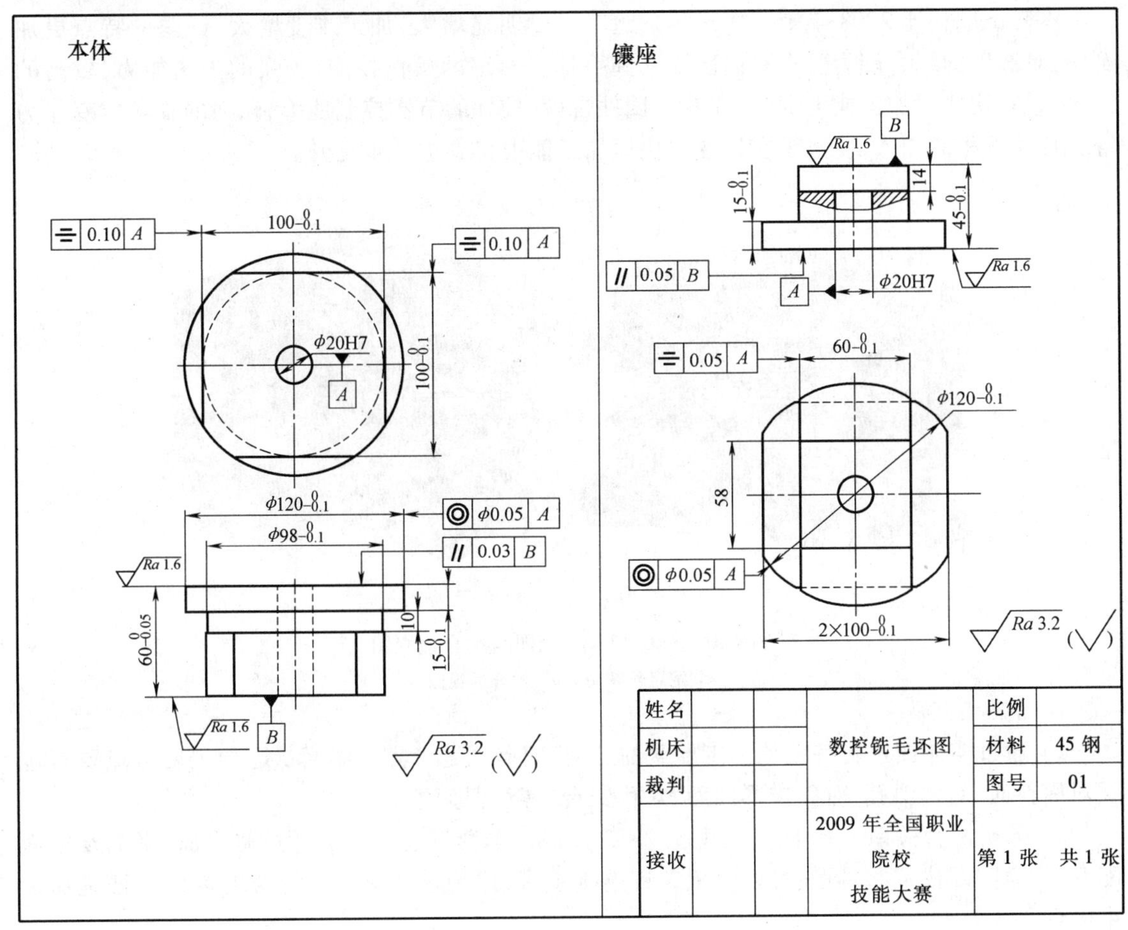

图 4-20　毛坯图

读图要点：

1）测量预加工毛坯的形状及尺寸，对于磨削面及形位公差要求较高的要素，已经加工到位，比赛中不再需要加工，而这些平面与孔往往是零件加工时的基准面与基准孔。

2）毛坯中已经加工的四方形、扁台型结构兼顾试题整体结构而设计，但往往是为零件加工中的装夹需要而设定的，需要对照零件图样与现场装夹条件分析，迅速构思装夹思路。

3）需要结合图样分析毛坯，确定哪些要素不需要加工，哪些位置是有效装夹面，哪些要素是重要基准面，初步制订加工方案。在本套试题的加工中，圆柱面、外形平面、环槽、中心孔等均保留或局部保留。

2. 实体图

X01 试题的配合剖视图与配合透视图如图 4-21 所示，三维实体图如图 4-22 所示，为结合平面要素与型面要素的立体化配合，具有航天等行业的异型化结构特色。本次比赛首次增加自动编程，也是紧密围绕教学需要与企业实际需要。但考虑是首次引入，本次数控铣比赛试题特型面加工也可以采用宏程序等手工编程的方法完成，但明显不如自动编程快捷。另外，本次比赛的基点坐标不再给定，这也对选手的计算机绘图能力提出要求。从实体图可以看出，零件两侧的锥形弧面是本套试题中自动编程考点。

本套试题相比 2008 年第一届比赛试题工作量明显增大，加工难度增大，试题的特点更加鲜明，对选手的综合能力要求更高。要求选手具有熟练的操作技能，较强的识图能力，较高的工艺水平，快捷的加工能力，准确有效的试件自检、较好的节奏控制能力，较强的临场应变能力等。自动编程的加入，使选手在比赛中快捷加工能力得到进一步提升。

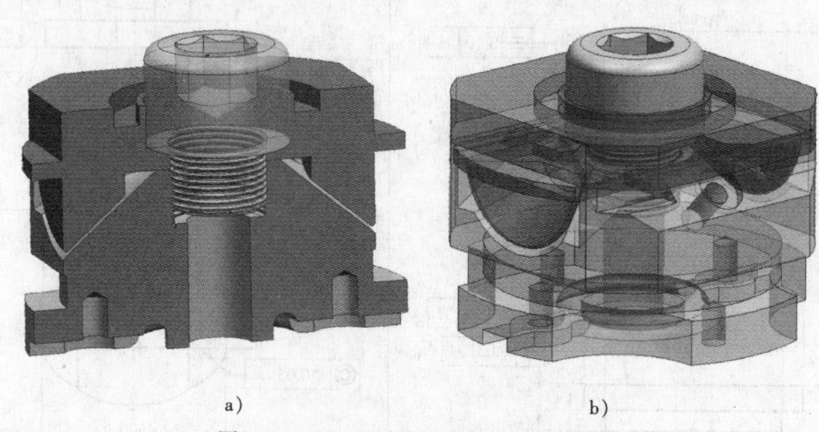

a) b)

图 4-21　X01 配合剖视图与配合透视图

a）配合剖视图　b）配合透视图

读图要点：

1）通过实体图进行各结构加工要素的分类，明确试题考点。本套试题的主要考点要素包括对称斜面、对称斜孔、对称锥形凹面、对称锥台、螺纹要素等。

2）分析配合关系。装配示意图如图 4-23 所示，本套试题两件套通过侧平面、平面及锥面配合，为插配结构，配合后通过内六角螺钉连接锁紧，成为一体。上述配合要素的保证是加工中的重点。

3. 装配图

X01 装配图如图 4-24 所示，本套试题装配图给定的技术要求较多，总体装配要求较高。内六角螺钉在本套试题中起连接与装饰作用，使整套试题可视性较好，更加贴近实用性零件特点。

读图要点：

1）需要重点分析图样所标注的装配尺寸要求及技术要求。在本装配图中，配合后高度尺寸 $75^{\ 0}_{-0.15}$mm，圆锥面间隙值 1 ±0.25mm，B 处间隙值≤0.04mm 均为加工中重点控制尺寸。

2）分析配合关系，通过圆锥面间隙值 1 ±0.25mm 可以得出如下结论：圆锥面只要加工合格就可完成配合，不会成为装配的障碍，这主要是针对圆锥面加工精度控制难度较大而设定的。

4. 本体零件图

本体零件如图 4-25 所示，材料为 45 钢，整个零件为异型与方形组合结构，零件上部 30°对称斜面、45°对称斜面以及斜孔使零件结构特点明显，对称凹锥面结构是本套试题的加工亮点。下部的十字形结构起到托举效果，圆弧槽起到装饰作用。

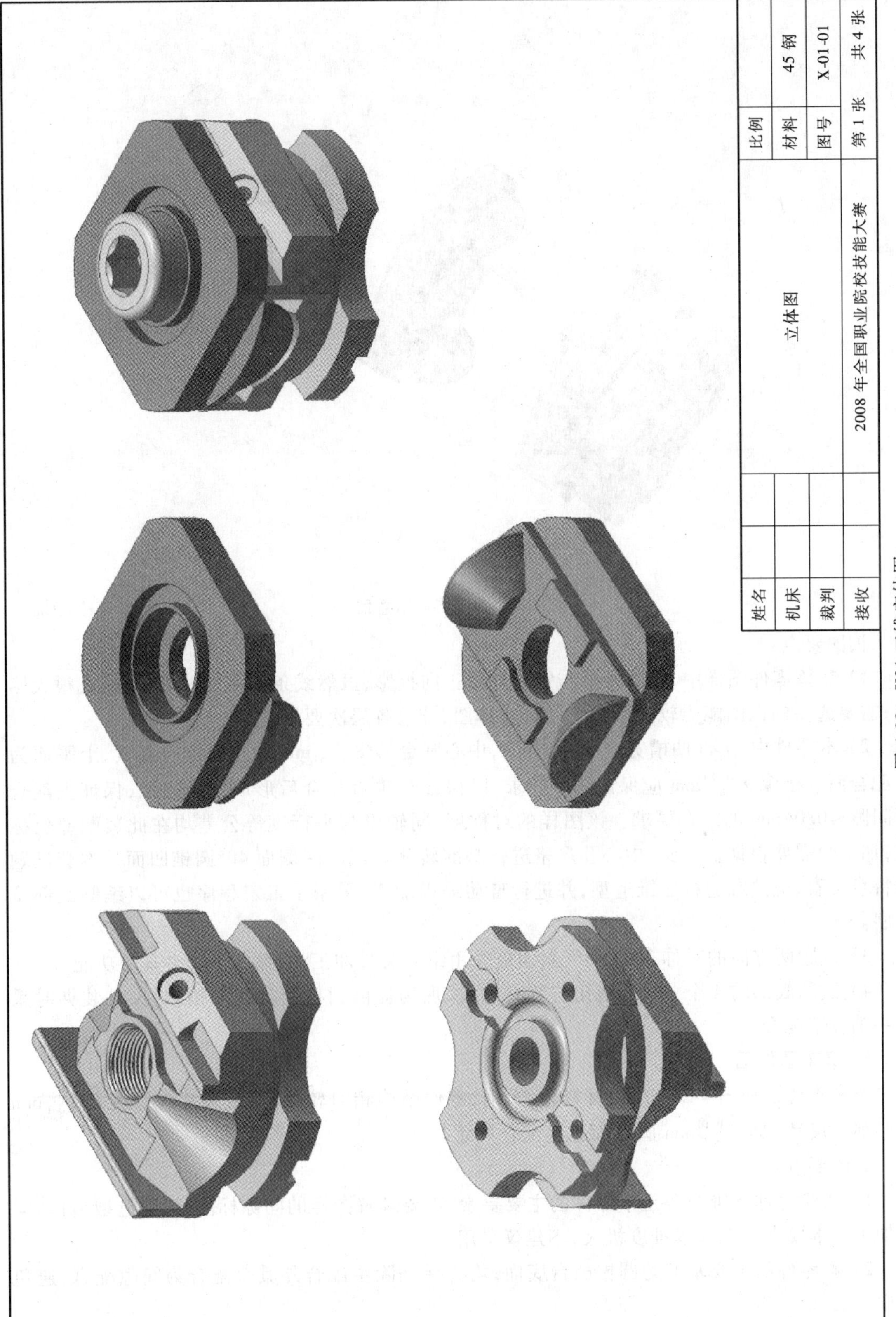

图 4-22　X01 三维实体图

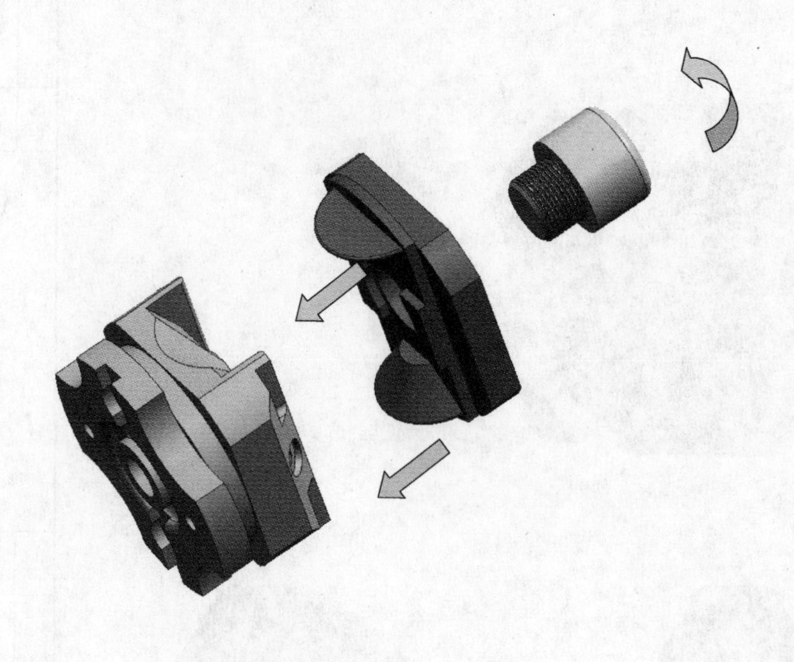

图 4-23　X01 装配示意图

读图要点：

1）在该零件图样中，圆弧外形与矩形外形正向投影，虽然线条不多，但给识图造成很大困难，需要选手的识图能力较强。需要结合实体图，分清各层次要素。

2）本零件中，上部凹槽宽度 $60^{+0.20}_{+0.10}$mm，中心圆台 $\phi38^{\ 0}_{-0.03}$mm 为主要配合要素，上平面为主配合面。槽深 $9^{+0.20}_{+0.10}$mm 应保证公差要求，以保证与镶盖配合后形成配合间隙，保证主配合面间隙≤0.04mm 的配合要求。该图样的对称度、同轴度与平行度等公差均在此装配部位标注，加工中需要根据上平面、中心孔严格进行基准转移。试题两侧面 40°圆锥凹面是本套试题的特色要素，应熟练进行三维造型，并进行自动编程加工，采用手工宏程序也可以编制此部位程序。

3）试题两方向的对称 30°与 40°斜面应采用组合夹具加工，应熟练了解夹具的功能。

4）试题底部的 4 个 ϕ8H7 销孔与装夹有关，现场提供圆柱销与棱形销，与夹具装夹时采用一轴一销配合。

5. 镶座零件图

镶座零件图如图 4-26 所示，材料为 45 钢，零件结构相对较小，配合尺寸为宽度 $60^{\ 0}_{-0.1}$mm 的已加工尺寸，$\phi38^{+0.10}_{+0.05}$mm 圆弧面也是配合尺寸。

读图要点：

1）两侧对称圆锥凸台是本零件的主要要素，需要理解图样的间隙标注，正确造型，自动编程加工。本要素手工编程难度极大，不建议采用。

2）本零件的主要基准为圆锥凸台底面，均为保证除主配合外其余配合为间隙配合，避免过定位。

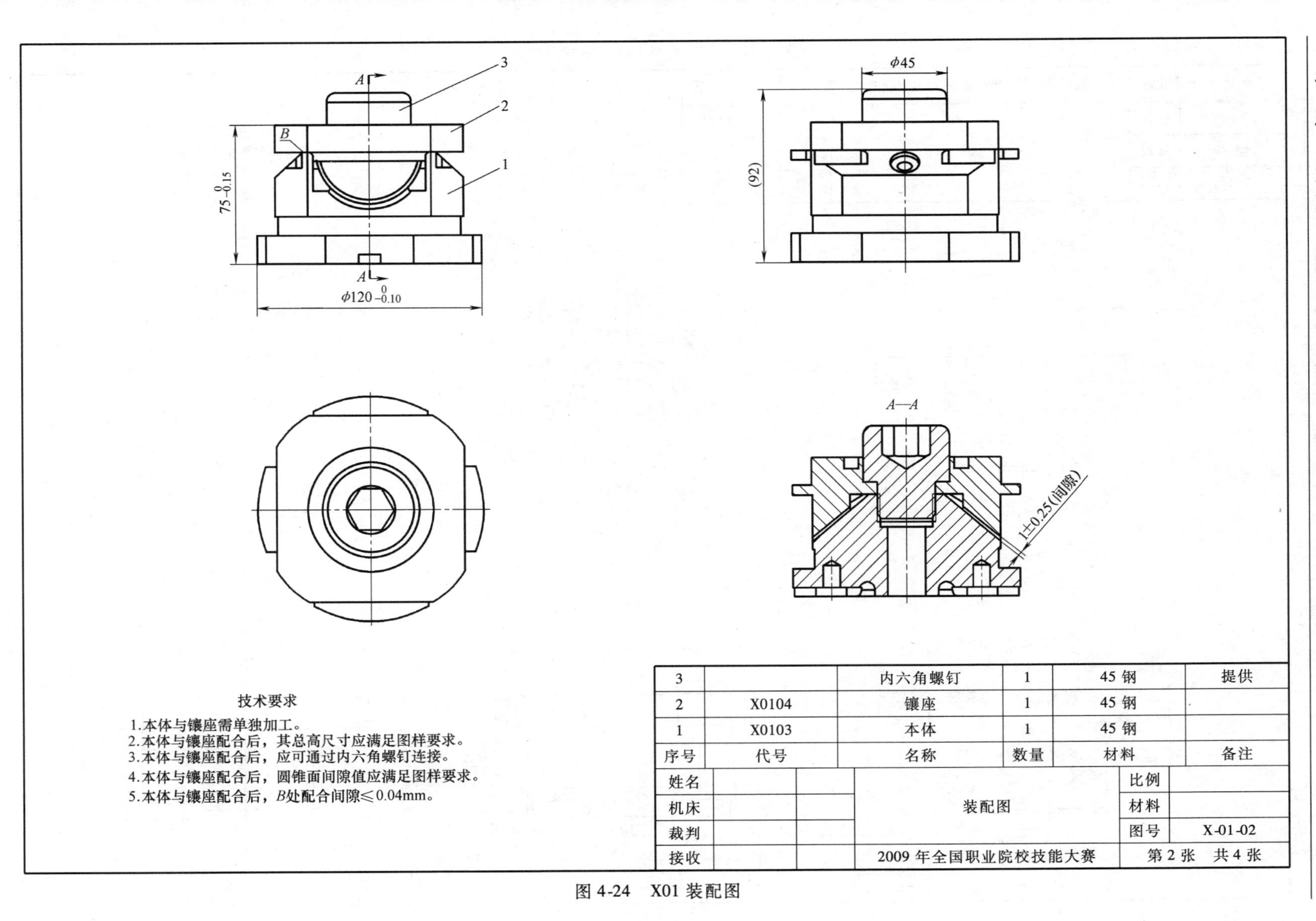

A
3
2
B
1
$75_{-0.15}^{\ 0}$
A
$\phi120_{-0.10}^{\ 0}$
φ45
(92)
A—A
1±0.25(间隙)
技术要求
1.本体与镶座需单独加工。
2.本体与镶座配合后，其总高尺寸应满足图样要求。
3.本体与镶座配合后，应可通过内六角螺钉连接。
4.本体与镶座配合后，圆锥面间隙值应满足图样要求。
5.本体与镶座配合后，B处配合间隙≤0.04mm。
3 内六角螺钉 1 45 钢 提供
2 X0104 镶座 1 45 钢
1 X0103 本体 1 45 钢
序号 代号 名称 数量 材料 备注
姓名
机床
裁判
接收
装配图
比例
材料
图号 X-01-02
2009 年全国职业院校技能大赛
第 2 张 共 4 张

图 4-24　X01 装配图

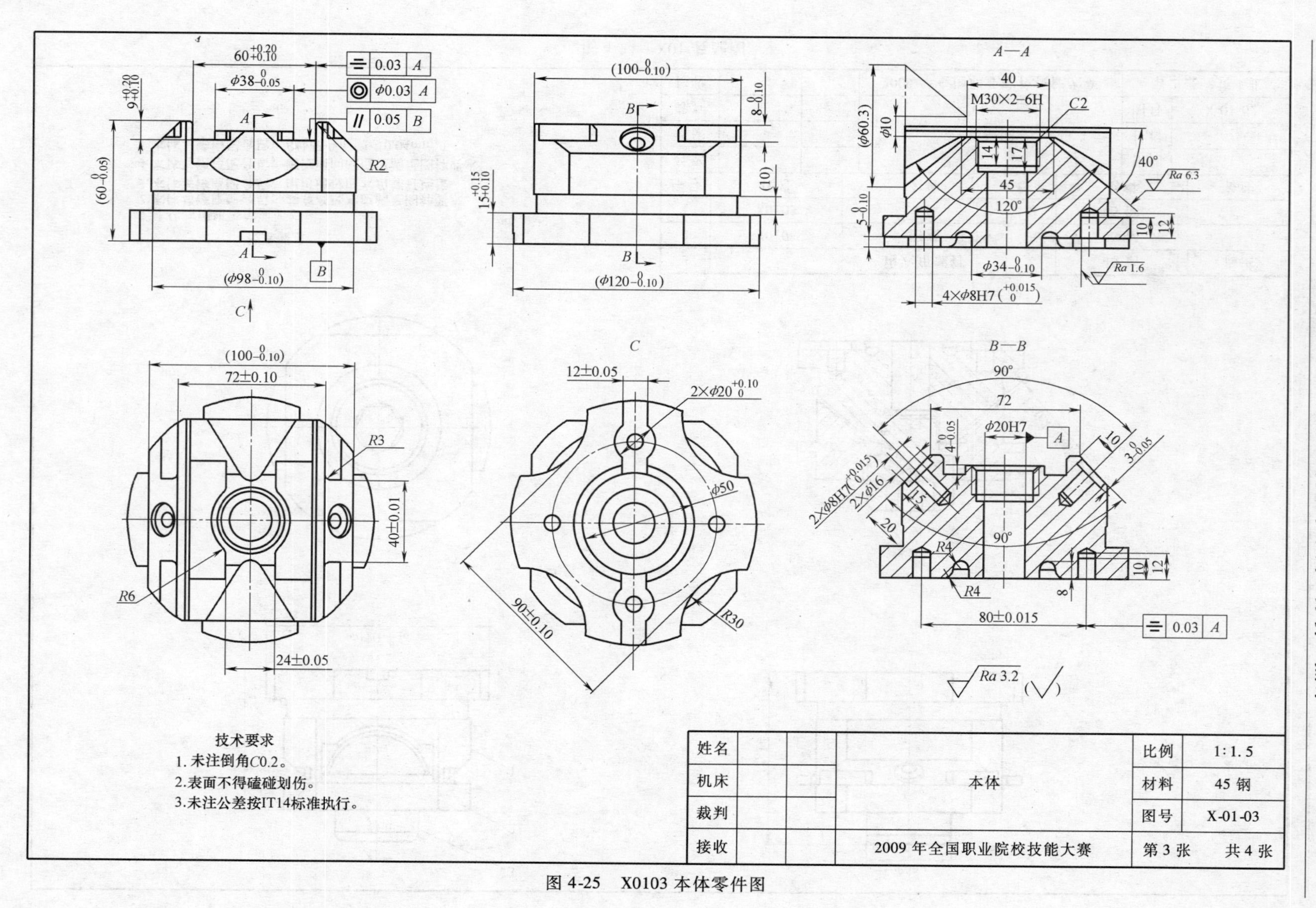

图 4-25　X0103 本体零件图

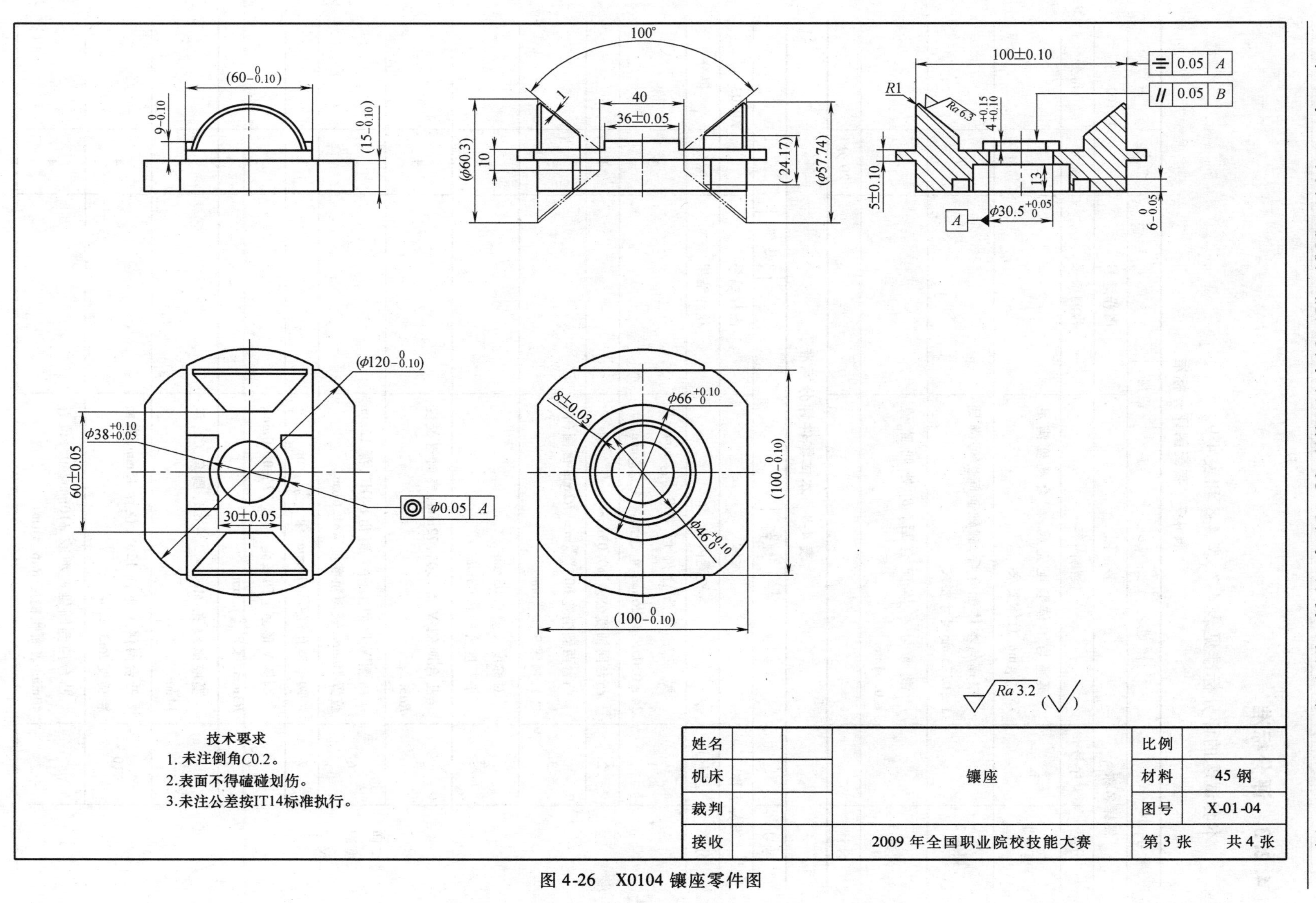

图 4-26　X0104 镶座零件图

4.2.3 评分标准

本套试题的评分标准见表4-7、表4-8和表4-9。

表4-7 装配图评分标准

考号		姓名	裁判	总分	
图样名称		装配图	图样编号	X0102	
分类	序号	检测内容	检测结果	配分	得分
要素1		镶座与本体装配完成，配合高度满足 $75_{-0.15}^{0}$mm 总体要求		6	
要素2		镶座与本体配合后，圆锥面间隙值满足 1±0.25mm尺寸要求		7	
要素3		镶座与本体配合后，*B* 处间隙值 ≤0.04mm		7	
合计				20分	

表4-8 本体零件评分标准

考号		姓名		裁判	
图样名称		本体	图样编号	X0103	
分类	序号	检测内容	检测结果	配分	得分
上面型腔尺寸	1	型腔中心凸台外形 $\phi38_{-0.05}^{0}$mm，宽 24±0.05mm，*R*6mm(4处)，高 $4_{-0.05}^{0}$mm		3	
	2	凸台同轴度公差 ϕ0.03mm		1	
	3	凸台两侧槽宽 $60_{+0.10}^{+0.20}$mm、*R*2mm 倒圆（两处），槽深 $9_{+0.10}^{+0.20}$mm		3	
	4	对称度公差 0.03mm 平行度公差 0.03mm		2	
	5	凸台两侧 V 面，90°，72mm，表面粗糙度 *Ra*3.2μm		4	
	6	两侧 V 形面上两个销孔 ϕ8H7，深 15mm 位置 10mm，表面粗糙度 *Ra*1.6μm		2	
	7	两个销孔沉孔 ϕ16mm，深 $3_{-0.05}^{0}$mm		1	
	8	两侧 V 形面上凹平面，位置 72±0.10mm，*R*3mm，深 $8_{-0.10}^{0}$mm		2	
	9	型腔螺纹孔 M30×2－6H，倒角 *C*2，深 14mm		3	
	10	凸台两侧 V 形面 120°，位置 45mm，表面粗糙度 *Ra*3.2μm		4	
	11	凸台两侧圆锥凹型腔 ϕ10mm，40°，位置 40mm，表面粗糙度 *Ra*6.3μm		4	

（续）

考号		姓名		裁判	
图样名称		本体	图样编号	X0103	
分类	序号	检测内容	检测结果	配分	得分
底面所有尺寸	1	4个$R30$mm,90±0.10mm,深$15^{+0.15}_{+0.10}$mm		2	
	2	槽宽12±0.05mm,$\phi20^{+0.10}_{0}$mm,深$5^{0}_{-0.10}$mm		2	
	3	中心圆柱凸台$\phi34^{0}_{-0.10}$,环槽底部$R4$mm,外侧倒圆$R4$mm,深8mm		2	
	4	销孔$\phi8H7$,底孔深12mm,有效深10mm,80±0.015mm		3	
	5	销孔$\phi8H7$,对称度公差0.03mm		2	
零件整体	1	锐边倒角、无毛刺、无损伤		3	
	2	加工完成的表面,表面粗糙度每超一处,扣0.5分,扣完为止		3	
	3	零件整体完整性		4	
合计				50分	

表4-9　镶座零件评分标准

考号		姓名		裁判	
图样名称		镶座	图样编号	X0104	
分类	序号	检测内容	检测结果	配分	得分
上面型面尺寸	1	中间台阶高$9^{0}_{-0.10}$mm		1	
	2	孔两侧凸台30±0.05mm,36±0.05mm,$\phi38^{+0.10}_{+0.05}$mm,高$4^{+0.15}_{+0.10}$mm		2	
	3	凸台同轴度公差$\phi0.05$mm		2	
	4	圆锥外形,100°,$R1$mm倒圆,表面粗糙度$Ra6.3\mu m$		8	
	5	圆锥两面100±0.10mm,60±0.05mm,5±0.10mm		3	
	6	圆锥侧面对称度公差0.05mm		2	
底面所有尺寸	1	中心型腔$\phi30.5^{+0.05}_{0}$mm,$\phi46^{+0.10}_{0}$mm,深13mm		2	
	2	环形槽$\phi66^{+0.10}_{0}$mm,宽8±0.03mm,深$6^{0}_{-0.05}$mm		2	
零件整体	1	锐边倒角、无毛刺、无损伤		2	
	2	加工完成的表面,表面粗糙度每超一处,扣0.5分,扣完为止		2	
	3	零件整体完整性		4	
合计				30分	

评分标准阅读要点：

1）读图时应结合评分标准同时阅读，此外，还可以借助对辅助图样的阅读理解各加工要素。

2）根据评分标准的分值分配，辅助理解零件中的关键考核要素，作为重点分析，制订保证措施与有效的工艺方案。

4.2.4 加工技术条件

1. 比赛时间

数控铣比赛时间为360min，含准备时间30min。

2. 机床及数控系统

大连机床XD-40A，配置华中世纪星HNC-22M数控系统。

3. CAM/DNC软件及硬件

软件由大赛组委会统一提供，包括“CAXA制造工程师V2008”和“CAXA网络DNCV2008”。选手也可自带Pro/E正版软件，大赛提供技术支持。每台数控机床配备一台台式计算机，用于选手浏览图样与三维造型、进行造型与数控编程、程序传输等。

4. 赛场夹具

本届比赛采用兰新特柔性组合夹具，如图4-27所示。本届比赛使用柔性角度夹具，可以进行多种定角度的加工，俯仰角度包括0°、30°、45°、90°等。零件与组合夹具可以通过压板装夹，现场提供压板辅件，夹具上配有ϕ20mm心轴及定位销、棱形销等，可以进行工件定位与装夹。

现场提供了机床用标准机用平口钳，用于工件装夹加工，如图4-28所示。

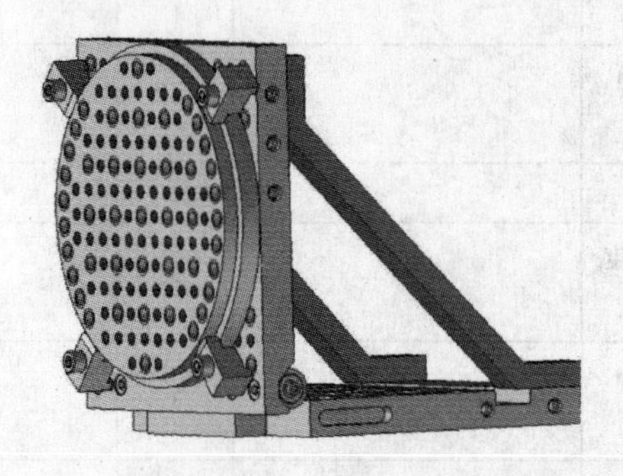

图4-27　组合夹具

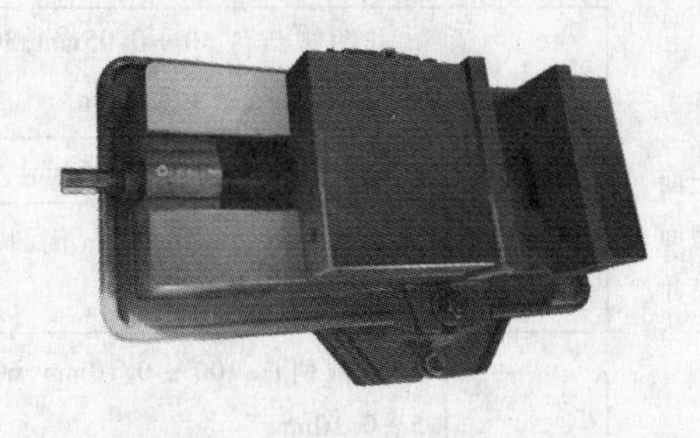

图4-28　机用平口钳

5. 刀柄刀具清单

本届比赛主要刀柄、刀具由大赛组委会统一提供，见表4-10。

表4-10　刀柄刀具清单

序号	名　称	型　号	数量	备　注
1	可转位R面铣刀	SA00-50R4RP12-P22	1	
	刀柄	BT40-XMA22-40	1	
	刀片	RPMT1204MOSN-UL CPM25	1套	

（续）

序号	名　　称	型　　号	数量	备　注
2	可转位 R 立铣刀	SB00-16R1RD08-B16	1	
	刀柄	BT40-XP16-63	1	
	刀片	RDGW0803MO PPM40	1 套	
3	可转位立铣刀	SB90-12R1AP10-B16	1	
	刀柄	BT40-XP16-63	1	
	刀片	APKT1003PDER-UM CPM25		
4	可转位立铣刀	SB90-20R2AP10-B20	1	
	刀柄	BT40-XP20-63	1	
	刀片	APKT1003PDER-UM CPM25	1 套	
5	合金立铣刀	ϕ10mm	1	
	刀柄	BT40-TE10-90	1	
6	合金立铣刀	ϕ6mm	1	
	刀柄	BT40-TE06-90	1	
7	合金球头立铣刀	ϕ8mm	1	
	刀柄	BT40-TE08-90	1	
8	麻花钻	ϕ7. 8mm	1	
	刀柄	BT40-KPU13-95	1	
9	铰刀	ϕ8H7 铰刀	1	
	刀柄	BT40-ER25-70	1	
	卡簧	ER25-8	1	
10	中心钻	A2. 5 中心钻	1	
	刀柄	BT40-KPU13-95	1	
11	可转位 45°立铣刀	SB45-12R1SD09-B20	1	
	刀柄	BT40-XP20-63	1	
	刀片	SDLT09T308EN-UM CPM25	1 套	
12	螺纹铣刀	ST90-18R1T21-B20	1	
	刀柄	BT40-XP20-63	1	

6. 量具清单

本届比赛量具由选手自带。组委会在竞赛前 3 周公布量具清单,清单见表 4-11。

表 4-11　数控铣比赛量具清单

序号	名称	规格/mm	分度值/mm	数量	备注
1	游标卡尺	0 ~ 150	0. 02	1	
2	游标深度尺	0 ~ 200	0. 02	1	
3	杠杆百分表	0 ~ 1	0. 01	1 套	
4	磁性表座			1 套	
5	内径百分表	ϕ18 ~ ϕ35	0. 01	1	

（续）

序号	名称	规格/mm	分度值/mm	数量	备注
6	内径百分表	$\phi35\sim\phi50$	0.01	1	
7	内径百分表	$\phi50\sim\phi100$	0.01	1	
8	外径千分尺	0~25	0.01	1	
9	外径千分尺	25~50	0.01	1	
10	外径千分尺	50~75	0.01	1	
11	外径千分尺	75~100	0.01	1	
12	塞规	ϕ8H7	H7	公用	
13	螺纹塞规	M30×2-6H	6H	公用	

7. 辅件清单

本届比赛辅件清单见表4-12。

表4-12　数控铣比赛辅件清单

月　日　上午/下午	工种：		决赛编号：		姓名：
序号	名称	数量(个人)	领√	还√	备注
(一)文件清单					
1	参赛选手物品发放一览表	1份			
2	图纸	1份			
3	配分表	1份			
4	草稿纸	1			
(二)毛坯、夹具及辅件清单					
1	毛坯	2			
2	铜棒	1			
3	油石	1			
4	活扳手	1			
5	锉刀	1			
6	眼镜	1			
7	铜皮(1mm)	2			
8	布	1			
9	刷子	1			
10	镜子	1			
11	组合夹具	1套			

4.2.5　加工工艺分析

1. 镶座零件加工工艺分析

1）镶座零件加工工艺过程。镶座零件三维造型如图4-29所示，主要加工内容为上部圆锥凸台、中间凸台及圆弧、下部圆弧槽等。零件加工只需要两次装夹，主要难点为圆锥凸台加工。在本体与镶盖的加工次序上，建议先加工镶盖零件，有利于配合配装。表4-13为镶座零件加工过程图解，说明了零件加工工艺过程。

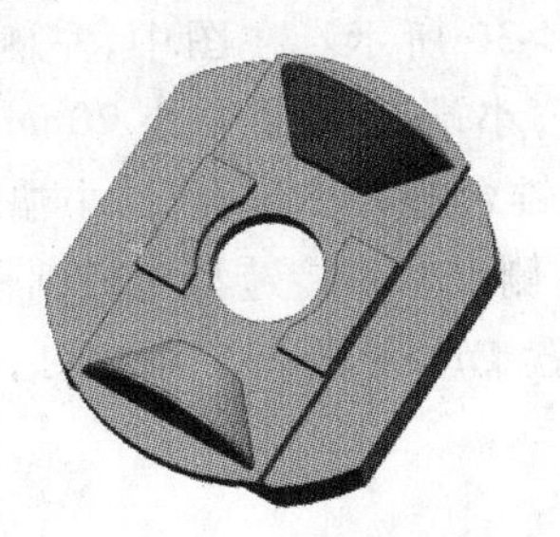
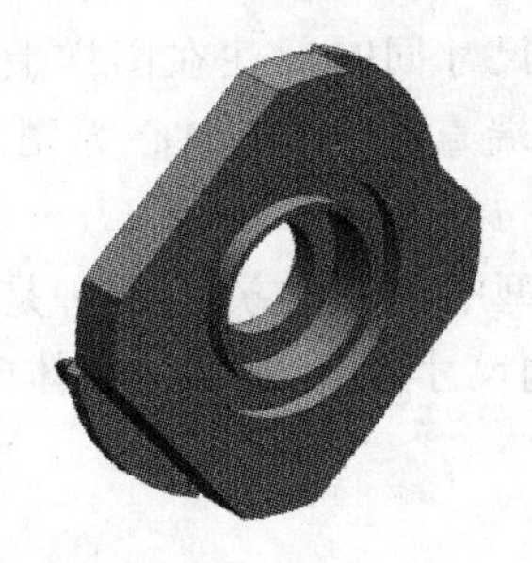

图 4-29　镶座零件三维造型

表 4-13　腔座零件加工过程图解

序号	工序加工位置	装夹方式与加工内容
1	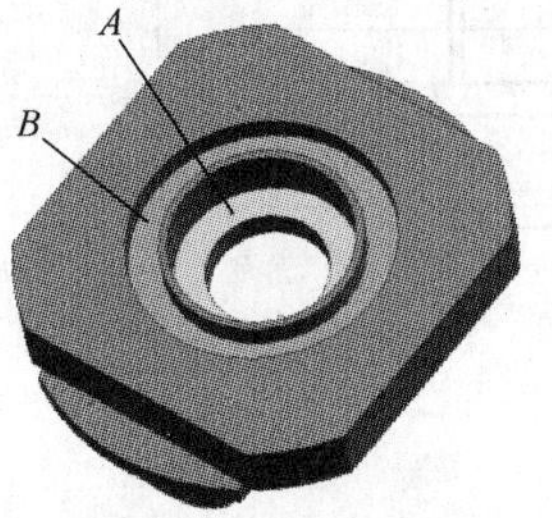 A B	零件底面朝上，利用侧边装夹于机用平口钳上，以中心孔与侧边找正，大平面为零点 加工 *A* 处 $\phi46^{+0.10}_{0}$mm 沉台，深 13mm 加工 *B* 处圆弧凹槽，保证槽宽 8 ±0.03mm，深 $6^{0}_{-0.05}$mm
2	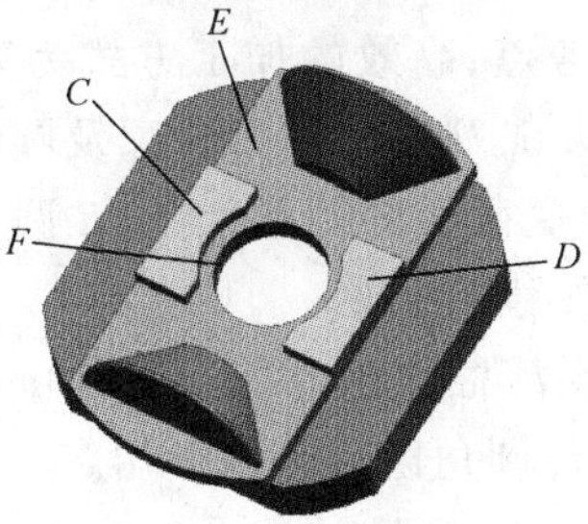 E C F D	零件翻转 180°，采用机用平口钳装夹，以中心孔为基准，以两侧上平面为零点，以侧边找正 加工 *C*、*D* 处两平面，保证深度距基准面 $9^{0}_{-0.10}$mm 加工 *E* 处平面，深 $4^{+0.15}_{+0.10}$mm，圆锥台部位留有余量 加工 *F* 处圆孔扩孔，孔径 $\phi30.5^{+0.05}_{0}$mm，该孔为内六角螺钉的安装过孔
3	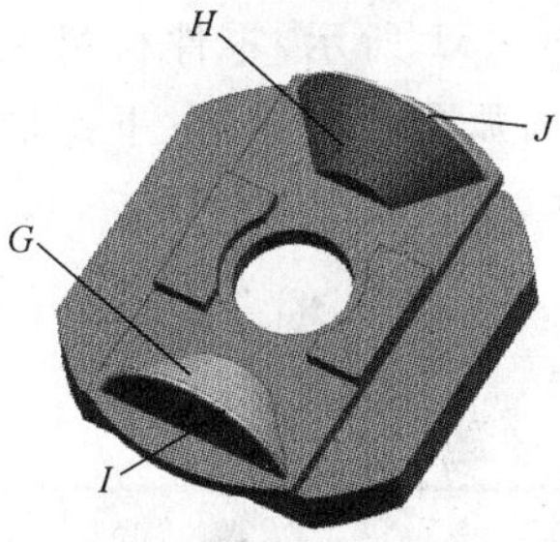 H J G I	进行 *G*、*H* 圆锥凸台的粗加工，在本试题中，粗加工应选用 ϕ16mm 牛鼻铣刀（也叫环形铣刀），加工效率高，材料去除量大，有利于保护主要刀具 进行 *G*、*H* 圆锥凸台的精加工，精加工选用 ϕ8mm 整硬球头铣刀 加工 *I*、*J* 两处圆角，可与锥面加工同时进行（自动编程时同时编程） 使用立铣刀对两侧圆柱凸台进行清根加工，以保证装配无干涉

2）镶座零件加工要点分析。

① 加工顺序与找正基准。本零件应先加工上表工序 1 中的 *A*、*B* 内容，然后翻面加工，否则不利于机用平口钳装夹。中心孔 $\phi30.5^{+0.05}_{0}$ mm 必须在翻面后再进行加工，因为该处 ϕ20H7 孔是两面装夹找正的基准，应在利用该孔找正完成后再进行扩孔加工。

② 圆锥凸台的读图与造型。因镶座零件的圆锥凸台与本体零件的圆锥面进行配合，虽然配合间隙为 1 ±0.25mm，间隙值及公差值较大，但如果加工不到位，依然无法完成配合，因

此需要正确造型。为了在比赛中提示选手注意此间隙，在镶座零件的尺寸标注中，将实际尺寸与按间隙值的理论尺寸同时标注在图样上，如图 4-30 所示。在图中，左侧 ϕ60.3mm、ϕ10mm 为理论锥台的大小端直径，回转中心为图示位置，小端距零件中心 20mm，与实际圆锥间隙 1mm。图 4-30 右侧 ϕ57.74mm、ϕ24.17mm 为实际锥台的大小端直径，小端距零件中心 30mm。

在圆锥凸台造型中有两种方法，一种是按照右侧尺寸直接造型生成圆锥台，与实体合并剪切；另一种是按左侧尺寸造型，将锥面整体向内偏置 1mm。两种方法均可，核心是确定锥面正确位置。

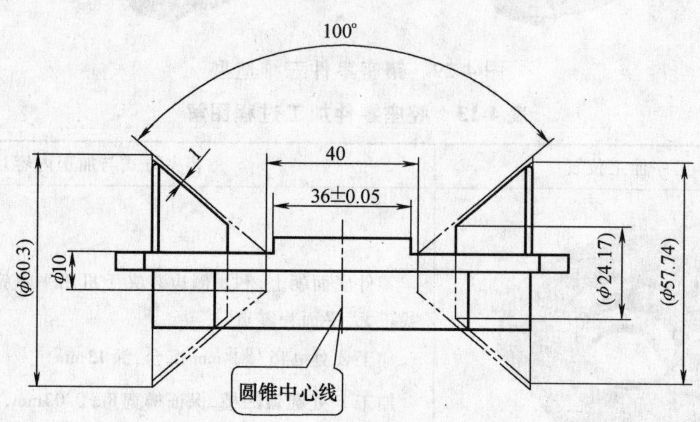

图 4-30　圆锥凸台尺寸标注

③　圆锥凸台的加工与清根。由于本届比赛首次采用计算机编程，考虑选手的实际水平，设置的自动编程要素不多，该圆锥凸台为主要自动编程考点，高效的加工方式为采用 ϕ16mm 牛鼻子铣刀进行整个上型面的粗铣，再采用立铣刀与球头铣刀进行平面轮廓及圆锥面的精加工。实际上，圆锥要素也可采用手工宏程序进行加工，为变截面的圆弧加工，*R* 圆角也可宏程序加工。但考虑加工中的刀轨方向与加工效率，不建议采用此方法。

为保证镶座与本体的圆锥面正常配合，圆锥凸台需要清根加工，可采用 ϕ10mm 立铣刀进行轮廓清根，为保证清根效果，需要在球头铣刀形成的底部圆角区域等深层切。

2. 本体零件加工工艺分析

1）本体零件加工工艺过程。本体零件三维造型如图 4-31 所示，零件材料为 45 钢，该零件的主要加工要素为上面两种角度斜面、斜孔、圆锥面和圆弧配合要素等，下部加工要素为成组销孔、圆弧槽等，共涉及 6 次装夹，装夹转换较多。

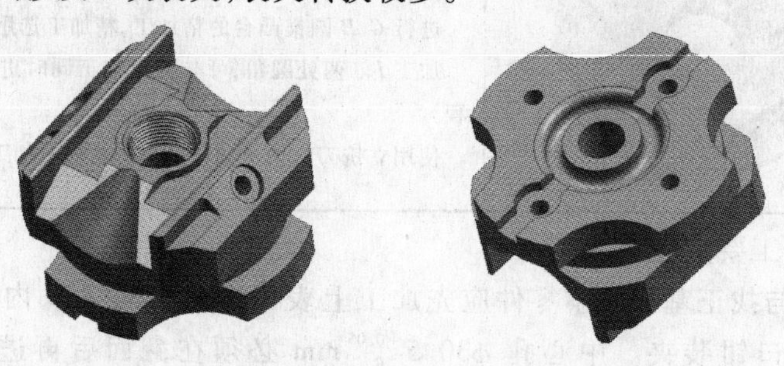

图 4-31　本体零件三维造型

柔性组合夹具的角度转换功能主要在本零件加工时使用，需要进行 0°、30°、45°共三种角度的转换装夹。该零件除底面要素外，其余部位均应该在夹具上装夹加工完成，需要利用心轴与定位销定位，压板组件进行装夹。

本零件中，多角度组合斜面是试题的亮点，斜面与锥面的自然相贯形成较好的视觉效果，零件特征较为突出，工艺性较强，需要选手综合保证。

表 4-14 为本体零件加工过程图解，详细描述了零件的加工工艺过程。

表 4-14　本体零件加工过程图解

序号	工序加工位置	装夹方式与加工内容
1		此面朝上，机用平口钳装夹，找正中心孔，大平面为零点 加工外形 4 个 $R30$mm 圆弧面，保证 90 ±0.10mm，深 $15^{+0.15}_{+0.10}$mm 加工 $R4$mm 圆弧槽，倒 $R4$mm 圆角 加工两侧 12 ±0.05mm 槽，加工圆弧 $\phi20^{+0.10}_{0}$mm、深 $5^{0}_{-0.10}$mm 加工 4 个 ϕ8H7 销孔，保证孔间距 80 ±0.015mm，对称度公差 0.03mm
2	A B C D E	将组合夹具调整为 0°，将零件平放在夹具上，夹具上安装定位心轴与棱形销，利用 ϕ20H7 中心孔与销孔进行一轴一销定位，通过零件下部的圆弧槽使用压板装夹 加工 B 面两侧槽，宽 $60^{+0.20}_{+0.10}$mm、24 ±0.05mm，槽深 $9^{+0.20}_{+0.10}$mm，中心圆台 $\phi38^{0}_{-0.05}$mm。斜面部分加工取直 加工 A 面，保证高度 $4^{0}_{-0.05}$mm 加工 C 处螺纹底孔深 17mm，倒角 $C2$ 铣削 D 处螺纹 M30 ×2-6H，有效深度 14mm，用螺纹塞规检测 加工 E 处两侧边倒 $R2$mm 圆角
3	F G I H	加工 F、G、H、I 处凹陷平面，保证宽度 72 ±0.10mm，圆角 $R3$mm，深 $8^{0}_{-0.10}$mm 加工凹陷平面时，尽量采用 ϕ10mm 立铣刀进行加工，采用 ϕ6mm 立铣刀进行 $R3$mm 清根
4	J K	松开夹具锁紧螺栓，将夹具扬起 30°，将夹具锁紧 加工 J 处 30°斜面，宽度 $60^{+0.20}_{+0.10}$mm，侧面正确接刀 加工 K 处圆锥面，保证锥面角度 40°，保证型面与位置正确

（续）

序号	工序加工位置	装夹方式与加工内容
5	M L	夹具保持不动，松开零件，将零件旋转180°，利用心轴与定位销重新定位，装夹压紧后检查基准正确性 加工 L 处30°斜面，宽度 $60^{+0.20}_{+0.10}$mm，侧面正确接刀 加工 M 处圆锥面，保证锥面角度40°，保证型面与位置正确
6	N O P	松开夹具，可将夹具先平放，松开零件，将零件旋转90°，利用心轴与定位销重新定位 将夹具扬起45°，锁紧，测量零件加工基准 加工 N 处45°斜面，保证斜面距离尺寸72mm 加工 P 处 ϕ8H7 销孔，深15mm 加工 O 处沉台 ϕ16mm，深 $3^{\ 0}_{-0.05}$mm
7	Q R S	松开零件，将零件旋转90°，利用心轴与定位销重新定位，夹紧 加工 Q 处45°斜面，保证斜面距离尺寸72mm 加工 S 处 ϕ8H7 销孔，深15mm 加工 R 处沉台 ϕ16mm，深 $3^{\ 0}_{-0.05}$mm

2）本体零件加工要点分析。

① 加工顺序。在本体零件加工中，应先加工底面，主要目的是底面 ϕ8H7 定位销孔的加工，加工完成后用于翻面装夹的安装定位使用，实现一轴一销的有效配合，其余部位均在组合夹具上完成。比赛中有的选手先加工上面，只采用了中心心轴定位，此种定位方法不正确，容易造成零件加工中的窜动。

② 斜面加工。本套试题斜面要素较多，对夹具功能使用的比较全面，斜面加工的最大难题是找正问题，没有平面可以用来找正。为此，在比赛现场提供了夹具上平面中心定位孔与夹具回转轴心的精确距离，选手可以依据此数据进行函数计算，得出回转不同角度后的中心几何位置，方便选手对刀加工。实际比赛中，部分选手按正确的方法进行了计算加工。

③ 圆锥凹弧面的加工。圆锥面的图样标注如图4-32所示，其造型方式与镶座零件类似，在此不再赘述。关于圆锥面加工，可以选择在加工两侧斜面时分别加工，优点是两个锥面只需要一个程序，但前提是斜面加工对刀正确；也可以选择在加工完两侧斜面后，增加一次水

平位置装夹，同时完成两侧圆锥面的加工，容易保证锥面位置尺寸的正确性，但需要分别编制程序。后一种方法比较适合手工编程，采用宏程序完成一侧锥面加工，通过程序的镜像或旋转功能完成另一侧加工，两种方法均可。

④　加工中的试配。在加工完成本体零件锥面及斜面后，应及时使用镶座零件进行试配合检查，主要验证圆锥面及斜面位置的正确性，有利于及时发现问题。

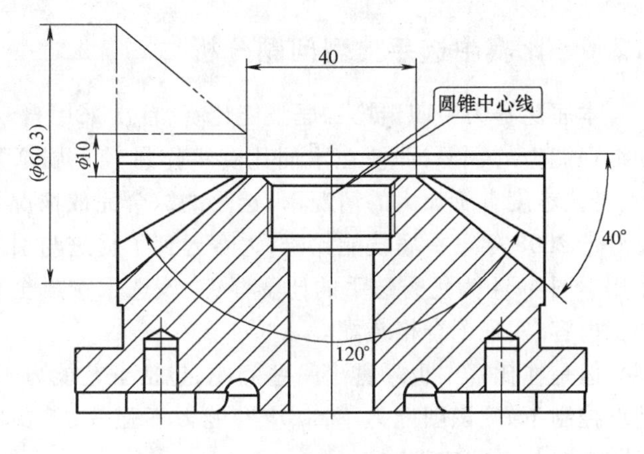

图 4-32　本体圆锥面的图样标注

3. 总体加工与装配流程

图 4-33 所示为 X01 试题镶座零件与本体零件的加工与装配流程。

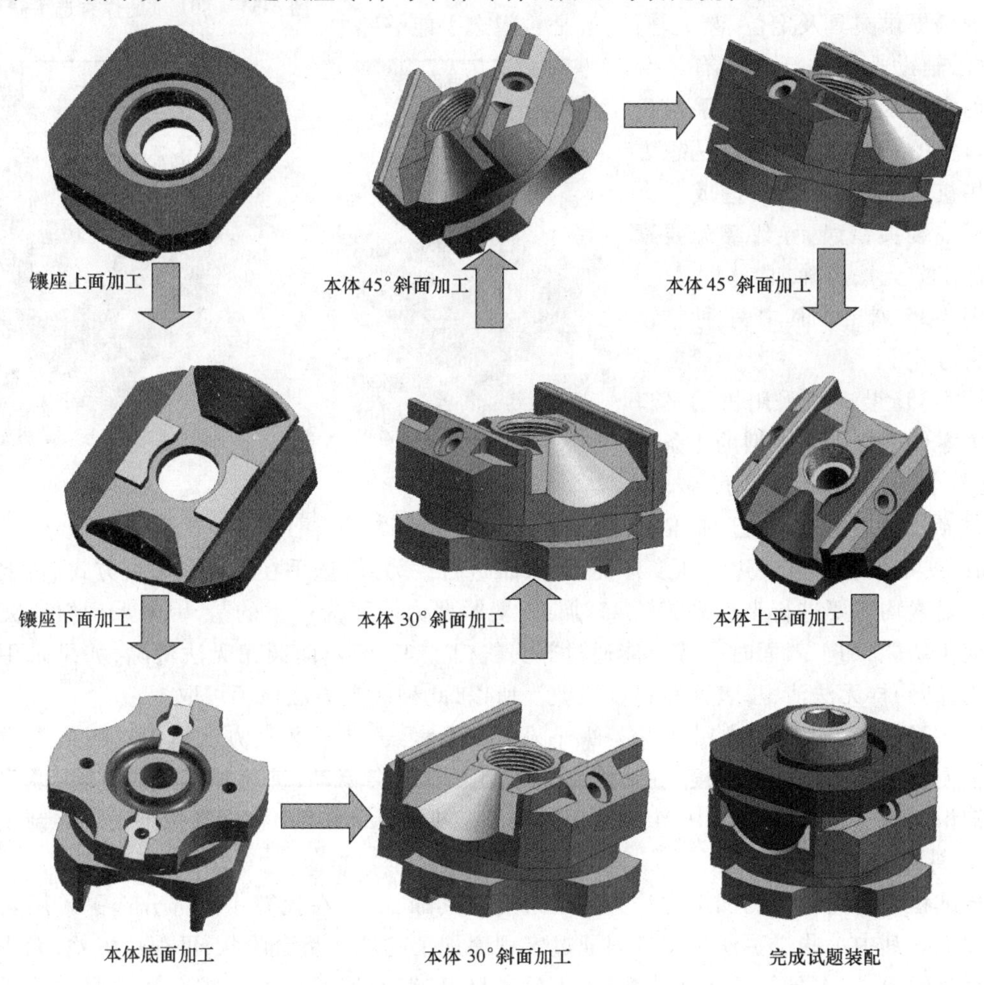

图 4-33　X01 试题加工装配流程图

4.2.6 比赛中选手典型问题分析

本届比赛为中职组第二届技能比赛,首次采用自动编程。随着选手技能水平的提高与自动编程能力的掌握,即使在本届比赛工作量较上届增加很大,工艺难度有所加大的情况下,选手的综合完成情况要明显好于2008年第一届技能比赛,大赛起到了促进与引导的作用。图4-34为优秀选手的比赛赛件,该选手完成全部的加工内容,实现了合格装配。

图4-34 X01试题优秀选手赛件

但是在比赛中也暴露出一些问题,包括工艺能力不强、精度控制不好、识图能力不高、应变能力不强等,需要增加工艺学习与工艺实训。

综合分析,典型问题有以下几点:

1. 装夹方式不合理

现场提供夹具及定位、装夹辅件,就是希望选手能够熟练掌握,辅助选手进行快捷有效装夹。而实际加工中,部分选手对机用平口钳的依赖性极大,总是想方设法用机用平口钳装夹,造成装夹不合理或装夹错误,导致部分要素无法加工或无法正确加工。

图4-35列出了其中两种错误的装夹方式。

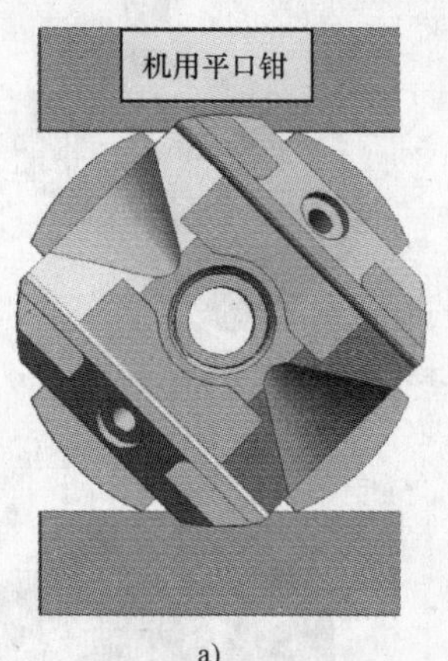

a)

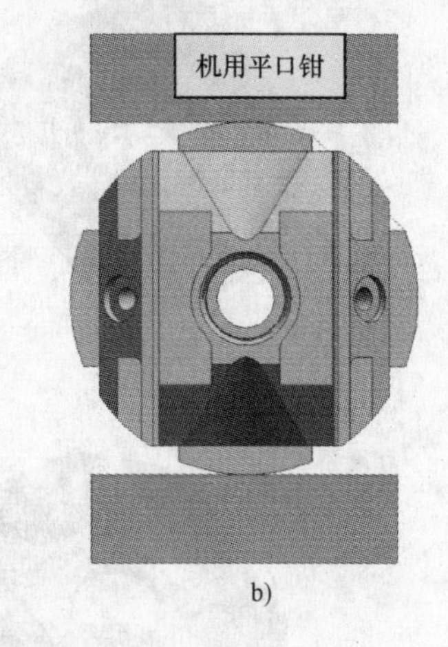

b)

图4-35 错误的装夹方式

图4-35a装夹为采用机用平口钳装夹零件下部十字外型的4条棱边,此种装夹方式定位不可靠,定位不准确,四条棱边为已加工部分,如此线定位会造成棱边受压变形,找正很难进行。另外,选手在选定此装夹方式后,上面所有加工要素均需要进行坐标系旋转45°加工,费时费力。更为严重的是,因未采用组合夹具的角度变化功能,加工斜面时一般只能通过球头铣刀加工,两侧面圆角无法清除,如果采用立铣刀加工,则同样无法清根,表面粗糙度极差。所以,此种装夹方法极不可取。

图4-35b装夹为采用虎钳装夹零件外圆弧两侧素线,此种装夹方法错误。两条素线的装夹根本无法限制零件的自由度,在切削力的作用下零件会窜动,甚至掉落造成危险,说明选手装夹知识欠缺。在实际比赛中,个别选手采用此装夹方法,加工中被现场裁判发现并制止。

2. 斜面加工错误

该试题中斜面的正确加工方法为使用角度夹具加工,但在比赛中有部分选手采用宏程序进行加工。其中一些选手使用立铣刀通过宏程序加工的斜面呈台阶状,可视性极差,无法满足表面粗糙度要求,部分斜面无法清根,加工效率极低,甚至影响配合要求。这说明选手对夹具的正确使用理解不够。

3. 圆锥凸台或圆锥凹面加工错误

前面已经分析了圆锥面的标注方法及要求，镶座零件的圆锥凸台与本体零件的圆锥面为同心锥面，间距 1mm，如图 4-36 所示。在实际比赛过程中，该部位加工出现的问题最多。有的选手能够完成装配，但锥面间隙远大于 1mm；有的选手加工完成，但锥面干涉无法装配；有的选手加工角度错误；有的选手圆弧未清根造成装配干涉。这些情况均比较可惜，说明选手在试题考点把握及理解上尚显不足。

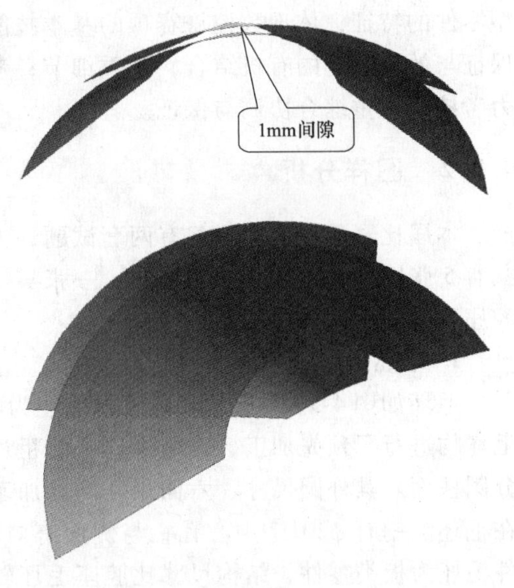

图 4-36　两组圆锥面示意图

4. 对试题不适应

通过本届比赛情况分析及上届比赛分析，选手在试题变化较大时明显感觉不适应，进入比赛状态较慢，这与平时训练与学习方法有关。作为数控加工最根本的赛项，数控铣比赛实操试题是几何要素、加工要素、功能要素的集合，复杂的零件结构都可以分解成若干个简单的图形要素，单一图形要素是日常加工中反复重复的内容。用简单的图形要素组成相对复杂的零件结构，所有要素组合在一起，就形成了对工艺性和互换性要求较高的复杂零件结构。基本加工技能是数控铣工的根本，需要熟练掌握，而只有基本功扎实了，工艺能力与临场应变能力才会逐渐加强，适应比赛的能力才会增强。

5. 对赛场技术条件理解不够

在比赛赛场，会提供毛坯、毛坯图、零件图、装配图、评分表、刀具及刀具清单、辅料及辅料清单、夹具及夹具使用说明、夹具附件等技术条件，选手进入赛场后要尽快熟悉，利用有效的资源迅速熟悉图样与加工条件，制订有效的加工方案。而实际比赛中，许多选手对现场技术条件理解不够，尤其对图样要求、夹具使用等理解不够。经了解，有的选手比赛中根本不使用组合夹具，有的选手没有阅读评分标准，甚至有的选手不了解装配技术要求等。没有这些基本的了解，试题中设定的关键考点更无法进行了解。在实际企业产品加工中，如果不能把握产品的关键尺寸与基本使用要求，是很难加工出高质量的产品。

4.3　2010 年数控铣试题分析与点评

本届比赛数控铣实操试题结构新颖，较往届有较大变化与创新，试题配合从平面配合向立体化配合转变，其双向自锁镶嵌式配合结构具有某些航天结构件和模具结构的典型特征，是对选手的综合精度保证能力的全面考核。托举式镂空环状结构、薄壁槽形结构反映了当今典型零件的结构变化趋势，可视化较强，组合夹具的功能扩展使试题结构元素愈发丰富，会对选手带来较好的引导作用。作为中职教育的基础，本次数控铣比赛重视对精度保证、工艺能力、快捷加工等技能的考核和全面的检验。

4.3.1　命题思路

本届数控铣比赛的主要命题思路是：将专家命题与岗位技能结合起来，体现现代加工典型零件的特征；体现数控铣赛项的基本技能特点，展现中职学生的综合技能实力；强调精度保证与效率优先的有机结合，注重细节；考点为结构服务，强调加工的整体性；注重工艺能力考核，注重综合协调与保证。

4.3.2 图样分析

本届比赛数控铣赛项共有两套试题，为两件套组合件，本节点评第一套试题。本套试题共有5张图样，包括一张毛坯图、一张实体图、一张装配图和两张零件图，零件名称分别为腔座和耳片。

1. 毛坯图

毛坯如图4-37所示，该套试题毛坯为两件，材料均为45钢，从毛坯图可以看出，两件毛坯均进行了预先加工，以减少选手的粗加工量。腔座零件毛坯整体外形为六面体，含有部分圆柱面。其外圆尺寸、六面尺寸均已加工到位，上下平面磨削而成，之间有平行度要求。在毛坯上制有ϕ20H7中心孔，与侧面有对称度要求，上表面进行了部分余量去除。耳片零件毛坯为板类零件，结构尺寸比腔座毛坯较小，底面磨制而成，比赛中不需要加工，底面与两侧面有垂直度要求。

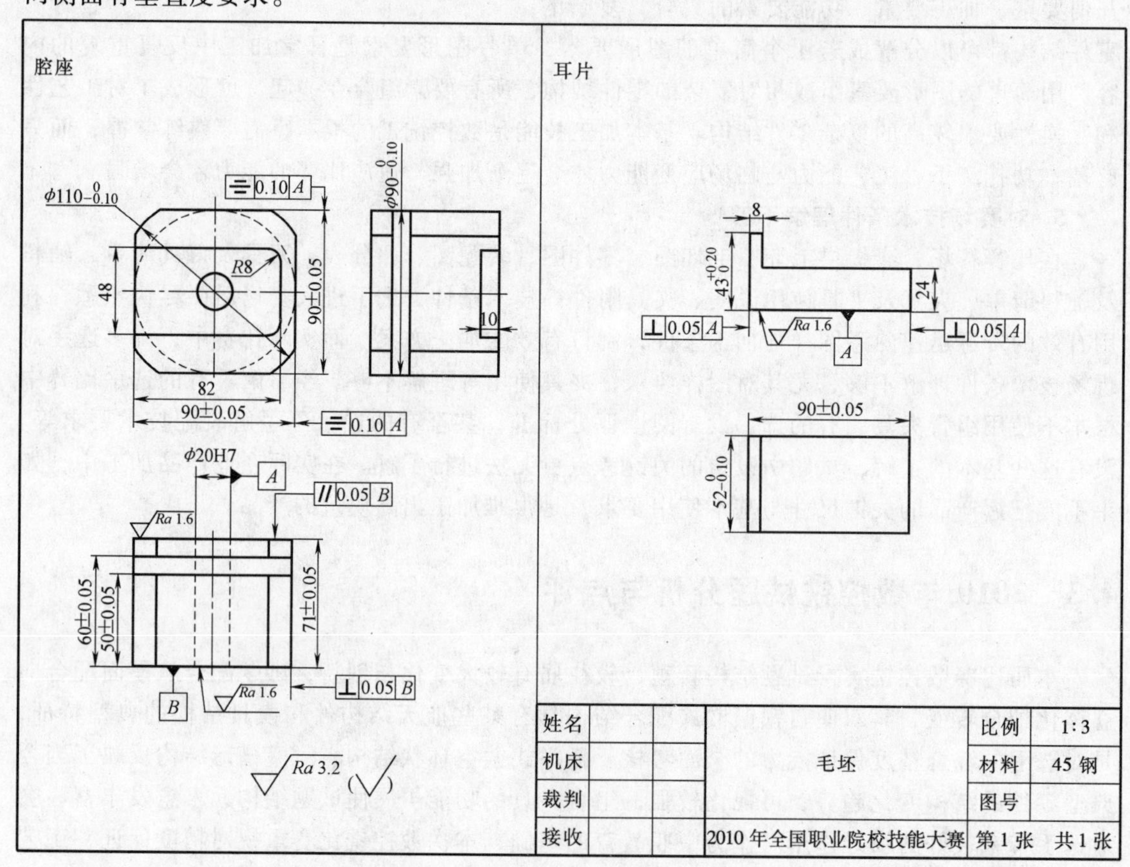

图4-37　X01毛坯图

读图要点：

1）在数控比赛中，为减少选手的粗加工量，重点考核选手的精度控制能力与综合技能，毛坯常采用预加工的方式，外形成形或去除余量。在本套试题中，毛坯外形已经加工到位。

2）在本试题毛坯中，制作了基准孔与基准面，相互之间有较高的位置要求，读图时应对此重点关注，这些基准孔、基准面也是零件加工的基准，加工时应按此选定加工基准或依次转换基准，保持基准的统一，控制整体零件精度。

3）结合实体图分析本套图样。毛坯结构为一主一辅两件结构，呈现为主件与镶件相配合结构，需对配合尺寸进行实际测量，以合理进行公差分配。

2. 实体图

图 4-38 为 X01 试题配合图解，三维实体图如图 4-39 所示，该套试题改变过去单纯追求试

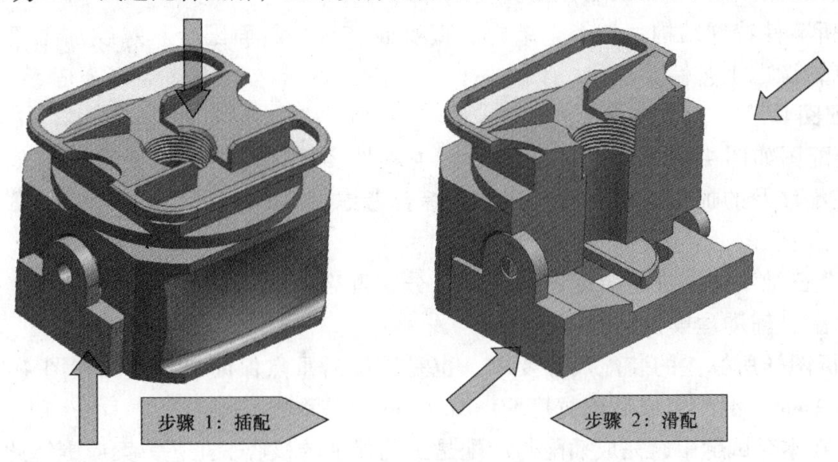

图 4-38　X01 试题配合图解

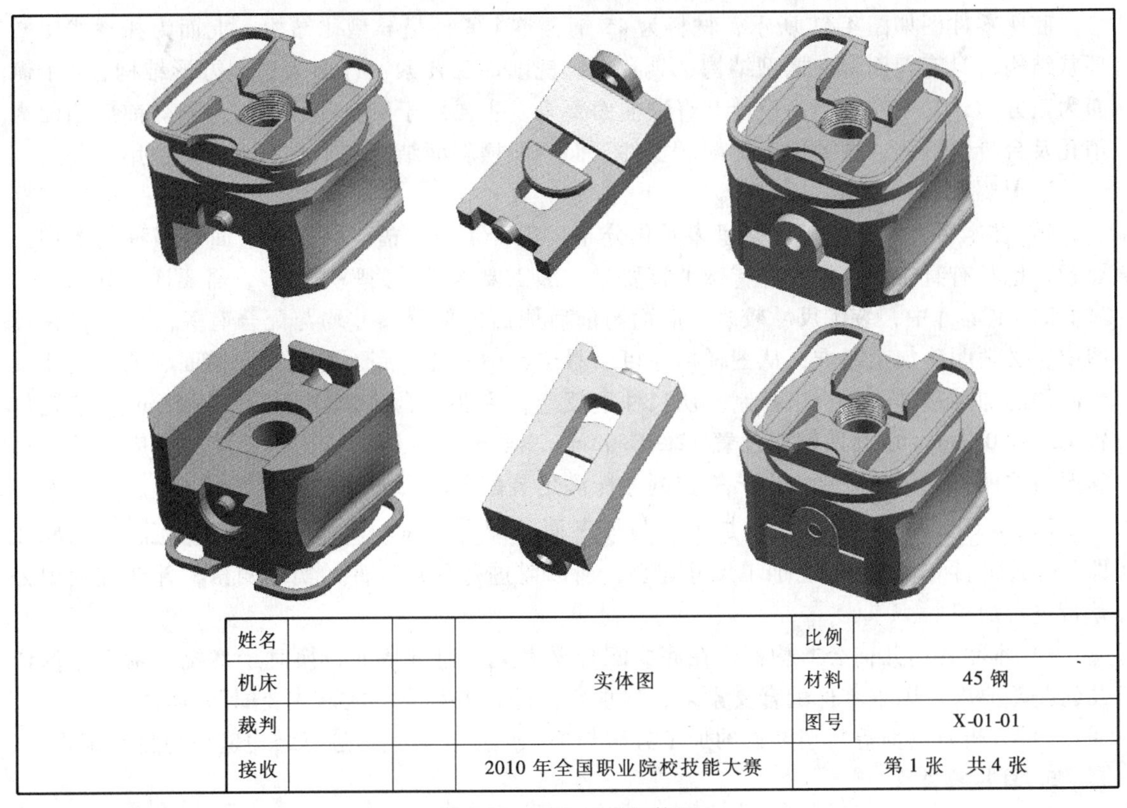

姓名			实体图	比例	
机床				材料	45 钢
裁判				图号	X-01-01
接收			2010 年全国职业院校技能大赛	第 1 张　共 4 张	

图 4-39　X01 三维实体图

件外形和功能，转变到工艺技术的研讨。两件套斜插部位的配合更具模具结构特色，不对称结构的外形更具零件特征，型面凸起结构实显当代整体零件加工特色。两侧直纹曲面加工部位是为考察选手自动编程水平来设定的考点。

读图要点：

1）通过实体图可以清晰分析零件的立体结构，辅助图样读图，初步制订加工路线。

2）明确所有配合要素，明确重点保证部位。该套试题为双方向立体配合，首先是上下插配，完成插配后前后滑配，配合后实现零件的自锁。

3）分析零件特殊结构，如镂空结构、直纹面结构、斜面配合、螺纹加工等，分析本套试题的考点，考虑工艺性要求。

3. 装配图

X01 装配图如图 4-40 所示，装配图给定了零件实现装配的技术要求。本套试题装配难度较大，装配涉及的加工结构要素较多，需综合考虑。

读图要点：

1）结合三维实体图进行装配图的阅读，分析配合方式；结合评分表阅读，关注配合项目的分值分配，辅助理解设计意图。

2）分析图样所标注的装配尺寸要求，也是装配后重点保证的要求。在图 4-40 中，高度尺寸 71 ±0. 1mm，滑配完成后的宽度 90 ±0. 1mm 均是重要尺寸。

注意，在本套试题中，完成插配与滑配是工艺保证的核心，工艺方案应围绕此原则制定。

4. 腔座零件图

腔座零件图如图 4-41 所示，材料为 45 钢，整个零件呈异型化结构。上面为托举式镂空环状结构，具有斜面薄壁槽型结构、具有螺纹铣削加工要素。外形为近似方形结构，4 个侧面为正方形，其中左右侧面设计有直纹曲面要素，主要用于对自动编程的考核。前后侧面为销孔及台阶销结构，主要用于滑配。零件下面为凹槽斜面结构，主要用于插配使用。

读图要点：

1）在本零件中，加工要素呈多元化分布，集合了孔、槽、圆弧、平面等多种基本加工要素，也具有直纹面、螺纹等特殊考核要素，加工要素多，关联尺寸多，需要详细分析。

2）本零件中，装配尺寸较多，底面与前后侧面大部分尺寸均与配合有关。所以，在读图中，必须明确加工基准，从图样标注可以看出，中心孔与底面是底面凹槽面、前后销孔及台阶销的加工基准，须严格控制。从尺寸上反应，主要是台阶销位置 30 ±0. 03mm、销孔位置 12 ±0. 03mm、底面凹槽面位置 12 ±0. 03mm。至于台阶销、销孔的长度及深度尺寸，必须严格按图样标定的公差方向严格控制才能满足装配要求，如尺寸 $6^{+0.15}_{+0.10}$mm、$6^{\ 0}_{-0.05}$mm 等。

3）本套试题中，体现出已加工面与加工面的配合，在底面凹槽中，宽 $52^{+0.15}_{+0.10}$mm 尺寸即与耳片零件 $52^{\ 0}_{-0.10}$mm 已加工尺寸配合，所以需进行耳片零件的实际测量，并合理利用公差带进行加工。

4）本零件的几何公差均标注在底面配合要素上，通过基准转换时严格统一基准，保证几何公差要求。因本零件配合要素多，出现任何的偏差都有可能造成装配困难。

5）分析直纹面等特型要素的加工方法与加工顺序，要熟练进行结构造型与自动编程。

5. 耳片零件图

耳片零件图如图 4-42 所示，材料为 45 钢，零件结构小，相对简单，但其 4 个方向均有加

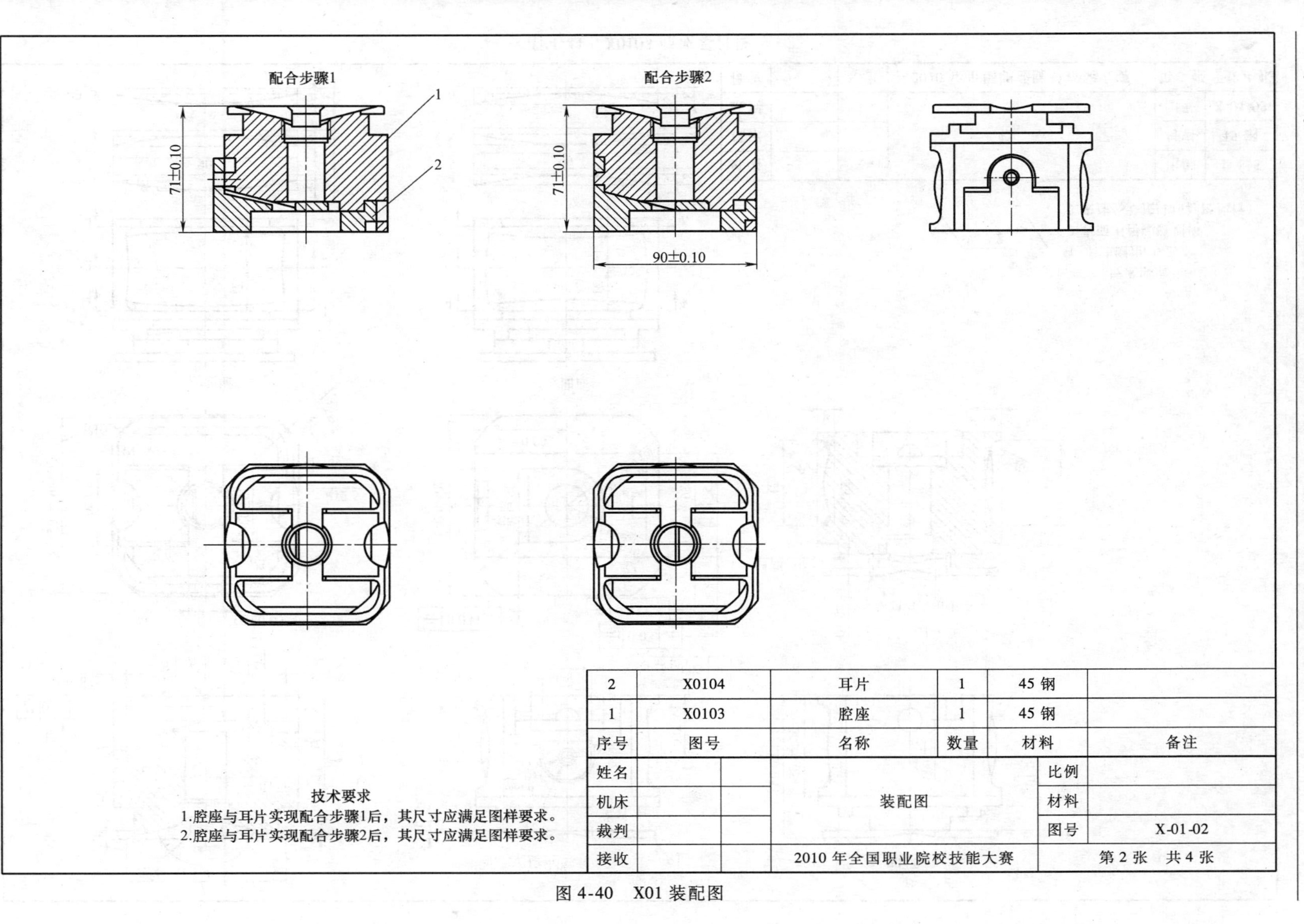
配合步骤1
配合步骤2
1
2
71±0.10
71±0.10
90±0.10
技术要求
1.腔座与耳片实现配合步骤1后，其尺寸应满足图样要求。
2.腔座与耳片实现配合步骤2后，其尺寸应满足图样要求。
2　X0104　耳片　1　45 钢
1　X0103　腔座　1　45 钢
序号　图号　名称　数量　材料　备注
姓名
机床
裁判
接收
装配图
比例
材料
图号　X-01-02
2010 年全国职业院校技能大赛
第 2 张　共 4 张

图 4-40　X01 装配图

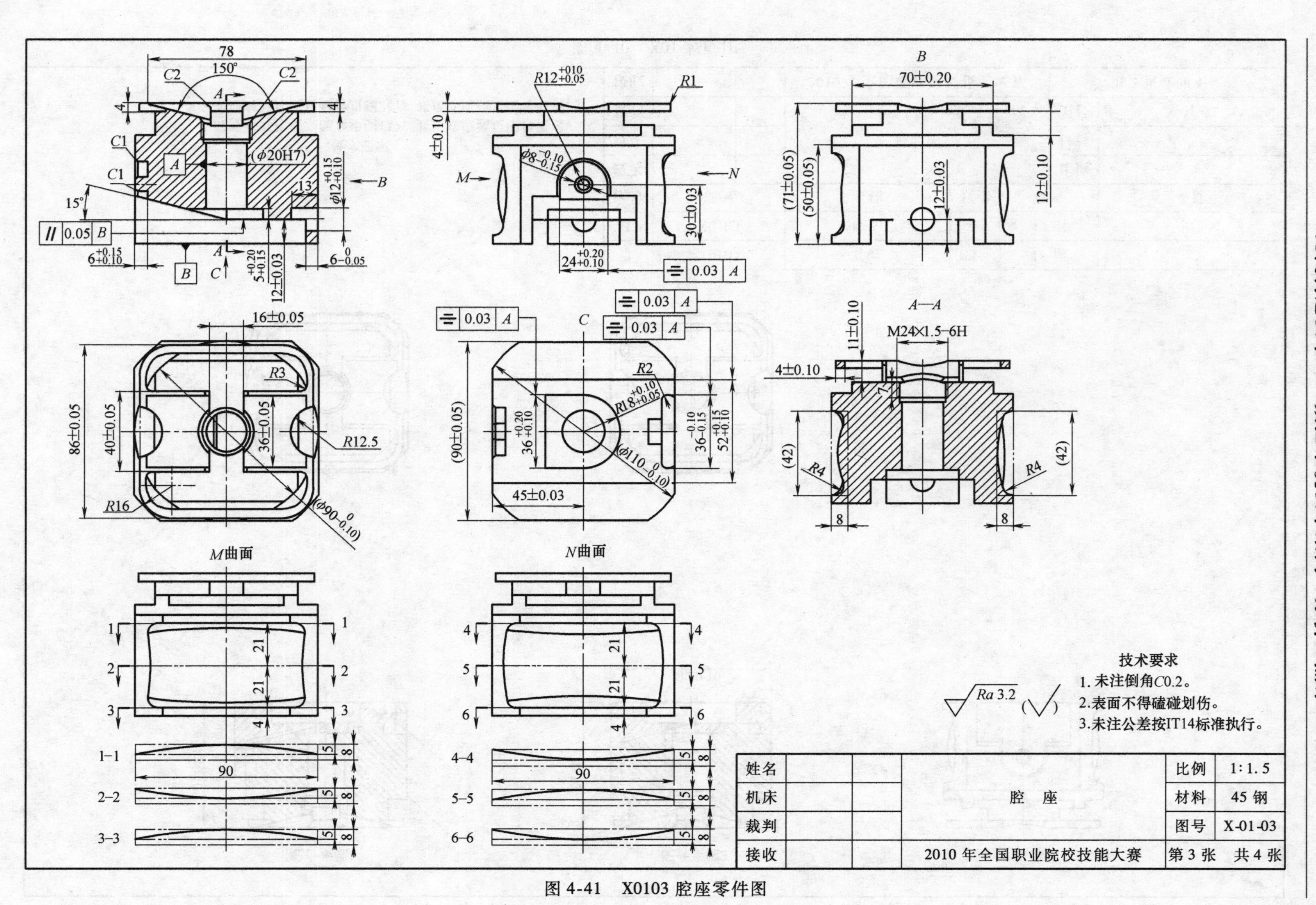

图 4-41　X0103 腔座零件图

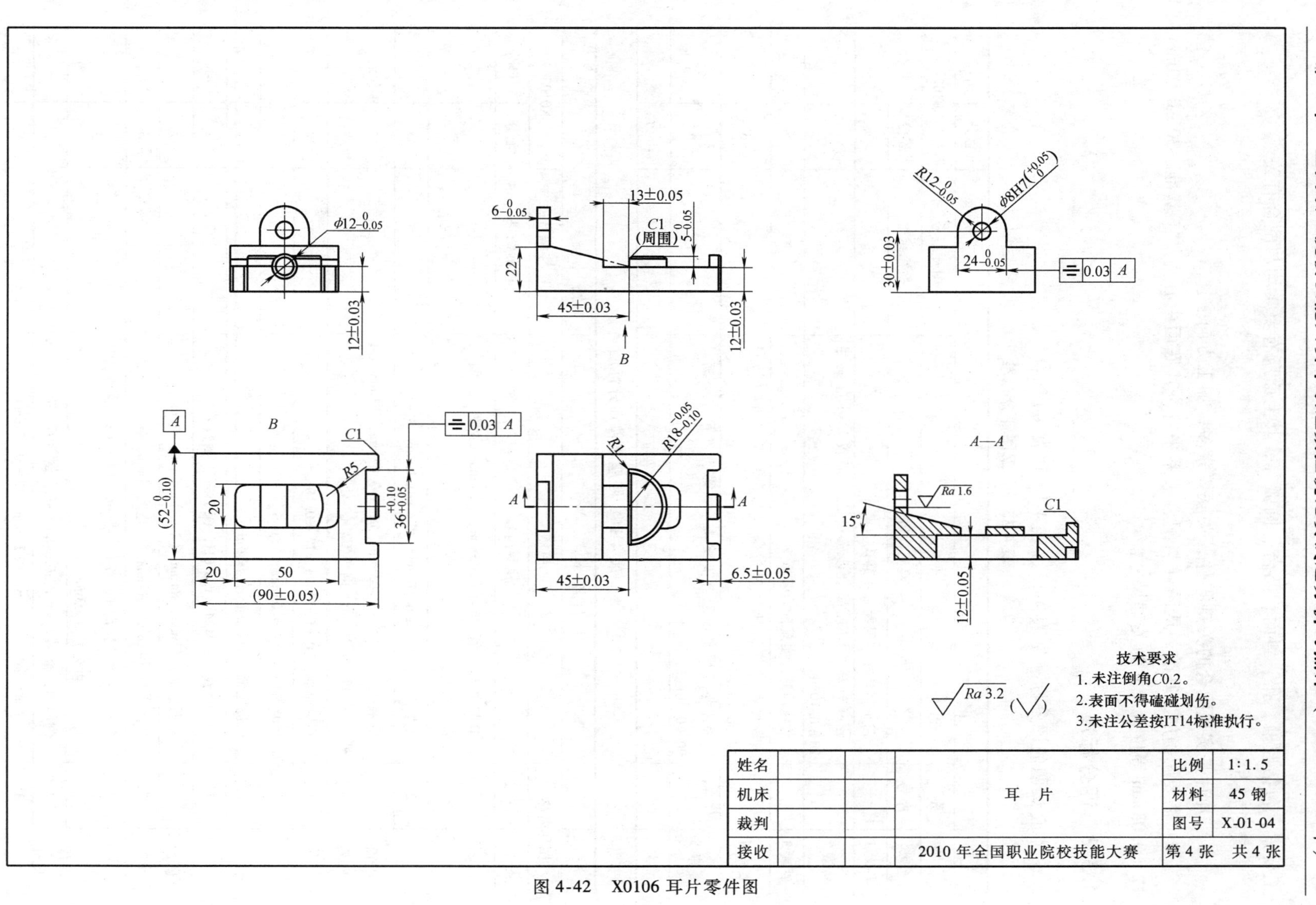

图 4-42　X0106 耳片零件图

工要素，包括腔槽、孔、斜面、凸台、圆弧等，其上面所有要素均与配合有关。

读图要点：

1）耳片是实现配合的关键零件，关联要素多，加工方向多。

2）需要明确加工基准，从图样与配合关系来看，其底面中心为加工基准，30 ±0. 03mm、12 ±0. 03mm 等位置尺寸为关键尺寸。

4.3.3 评分标准

本套试题的评分标准见表 4-15、表 4-16 和表 4-17。

表 4-15 装配图评分标准

考号		姓名	裁判	总分	
图样名称		装配图	图样编号	X0102	
分类	序号	检测内容	检测结果	配分	得分
要素 1		腔座与耳片实现配合步骤 1		5	
要素 2		腔座与耳片实现配合步骤 1 后，高度尺寸应满足 70 ±0. 10mm		3	
要素 3		腔座与耳片实现配合步骤 2		6	
要素 4		腔座与耳片实现配合步骤 1 后，高度尺寸应满足 70 ±0. 10mm		3	
要素 5		腔座与耳片实现配合步骤 1 后，总宽度尺寸应满足 90 ±0. 10mm		3	
合计				20 分	

表 4-16 腔座零件评分标准

考号		姓名	裁判		
图样名称		腔座	图样编号	X0103	
分类	序号	检测内容	检测结果	配分	得分
上面型腔尺寸	1	型腔外形：宽 86 ± 0.05mm，*R*16mm（4 处），倒圆 *R*1mm（两处）		3	
	2	型肋尺寸：厚 4 ±0. 10mm，宽 4 ±0. 10mm		5	
	3	型腔尺寸：40 ± 0.05mm，16 ± 0.05mm，*R*3mm（4 处），深 11 ±0. 10mm，倒角 *C*2（4 处）		3	
	4	型腔侧面：70 ±0. 20mm，12 ±0. 10mm		2	
	5	150°斜面：36 ±0. 05mm，78mm		4	
	6	两侧圆弧：*R*12. 5mm，深 4mm		2	
	7	中心螺纹孔：M24 ×1. 5-6H，深 7mm，倒角 *C*2		2	
侧面曲面	1	*M* 向曲面：42mm，*R*4mm（2 处），8mm，4mm		5	
	2	*N* 向曲面：42mm，*R*4mm（2 处），8mm，4mm		5	
侧面装配尺寸	1	左侧面：$R12^{+0.10}_{+0.05}$mm，$24^{+0.20}_{+0.10}$mm，倒角 *C*1，深 $6^{+0.15}_{+0.10}$mm，对称度公差 0. 03mm		3	
	2	侧面销：$\phi8^{-0.10}_{-0.15}$mm，30 ±0. 03mm，倒角 *C*1		2	
	3	右侧面：$\phi12^{+0.15}_{+0.10}$mm，深 13mm，12 ±0. 03mm		2	

（续）

考号		姓名		裁判		
图样名称		腔座		图样编号	X0103	
分类	序号	检测内容		检测结果	配分	得分
底面装配尺寸	1	型腔：$52^{+0.15}_{+0.10}$ mm，深 12 ± 0.03mm，平行度公差 0.05mm，对称度公差 0.03mm			3	
	2	右侧凸台：$36^{-0.10}_{-0.15}$ mm，$6^{\ 0}_{-0.05}$ mm，$R2$mm（4 处），对称度公差 0.03mm			2	
	3	15°斜面：45 ± 0.03mm（配合保证）			2	
	4	圆弧凹台：$R18^{+0.10}_{+0.05}$ mm，$36^{+0.20}_{+0.10}$ mm，深 $5^{+0.20}_{+0.15}$ mm，对称度公差 0.03mm			2	
零件整体	1	锐边倒角、无毛刺、无损伤			3	
	2	加工完成的表面，表面粗糙度每超一处，扣 0.5 分，扣完为止			3	
	3	零件整体完整性			3	
合计					56 分	

表 4-17　耳片零件评分标准

考号		姓名		裁判		
图样名称		耳片		图样编号	X0104	
分类	序号	检测内容		检测结果	配分	得分
上面配合尺寸	1	15°斜面：22mm，45 ± 0.03mm（配合保证）			3	
	2	槽：13 ± 0.03mm，45 ± 0.03mm，12 ± 0.03mm			2	
	3	半圆凸台：$R18^{-0.05}_{-0.10}$ mm，$R1$mm（两处），倒角 $C1$（周圈），高 $5^{\ 0}_{-0.05}$ mm			2	
	4	侧板厚度：$6^{\ 0}_{-0.05}$ mm			1	
侧面装配尺寸	1	左侧圆台：$R12^{\ 0}_{-0.05}$ mm，$24^{\ 0}_{-0.05}$ mm，对称度公差 0.03mm			2	
	2	左侧销孔：ϕ8H7（$^{+0.015}_{\ 0}$），30 ± 0.03mm			1	
	3	右侧缺口：$36^{+0.10}_{+0.05}$ mm，深 6.5 ± 0.05mm，$C1$（4 处），对称度公差 0.03mm			2	
	4	右侧销：$\phi12^{\ 0}_{-0.05}$ mm，12 ± 0.03mm，倒角 $C1$			2	
底面尺寸	1	底面槽：50mm，20mm，20mm，槽深 12 ± 0.05mm，$R5$mm			2	
零件整体	1	锐边倒角、无毛刺、无损伤			2	
	2	加工完成的表面，表面粗糙度每超一处，扣 0.5 分，扣完为止			2	
	3	零件整体完整性			3	
合计					24 分	

评分标准阅读要点：

1）明确要求。在加工零件之前应仔细检查图样，填写考号、姓名等信息。

2）读图时应结合评分标准同时阅读，此外，还可以借助对辅助图样的阅读理解各加工要素。

3）本套试题中，由于配合难度较大，配合的分值比重较大，重在考核零件加工精度控制，考核装配的精确性，零件精度控制不好，影响分值较大。

4.3.4 加工技术条件

1. 比赛时间

数控铣比赛时间为360min，含准备时间30min。

2. 机床及数控系统

大连机床XD-40A，配置华中世纪星HNC-22M数控系统。

3. CAM/DNC软件及硬件

软件由大赛组委会统一提供，包括“CAXA制造工程师V2008”和“CAXA网络DNCV2008”。选手也可自带Pro/E正版软件，大赛提供技术支持。每台数控机床配备一台台式计算机，用于选手浏览图样与三维造型，进行造型与数控编程，程序传输等。

4. 赛场夹具

本届比赛使用兰新特柔性组合夹具，如图4-43所示。在上届比赛夹具的基础上，本届比赛增加了夹具的柔性，增加了回转功能，即在实现俯仰角度变化的基础上增加了圆周回转功能。回转与角度变化的结合，能实现空间角度孔及斜面等要素的加工，让选手进一步了解和掌握企业中日益增多的柔性夹具的合理使用，掌握快捷装夹技巧，实现斜面、斜孔、分度部位的加工。俯仰角度变化包括0°、30°、45°、90°等定角度。圆周回转功能的最小分度单位为5°。

为了减少选手装夹工作量，在组合夹具上配备了平口钳，使装夹方便快捷。同时，现场还提供了机床用标准机用平口钳，用于工件装夹，如图4-44所示。

图4-43 组合夹具

图4-44 机用平口钳

5. 刀柄刀具清单

本届比赛主要刀柄、刀具由大赛组委会统一提供，见表4-18。

表4-18 刀柄刀具清单

序号	名称	规格	数量	备注
1	拉钉	P40T-I	1	
	刀柄	BT40-ER32-70/100	1	

（续）

序号	名称	规格	数量	备注
1	卡簧	ER32-10	1	
	整体硬质合金立铣刀 ϕ10mm	ZLD-1002504075A10M	1	
2	拉钉	P40T-I	1	
	刀柄	BT40-ER32-70/100	1	
	卡簧	ER32-6	1	
	整体硬质合金立铣刀 ϕ6mm	ZLD-0601602050A6M	1	
3	拉钉	P40T-I	1	
	刀柄	BT40-XP16-63（100）	1	
	ϕ12mm 可转位铣刀	SB90-12R1AP10-B16	1	
	刀片	AP＊＊1003＊＊	1	
4	拉钉	P40T-I	1	
	刀柄	BT40-XP20-63（100）	1	
	ϕ20mm 可转位铣刀	SB90-20R2AP10-B20	1	
	刀片	AP＊＊1003＊＊	2	
5	拉钉	P40T-I	1	
	刀柄	BT40-XP16-63（100）	1	
	牛鼻子铣刀 ϕ16mm	SB00-16R2RD08-B16	1	
	刀片	RD＊＊0803	2	
6	拉钉	P40T-I	1	
	刀柄	BT40-XP20-63（100）	1	
	可转位 45°立铣刀	SB45-12R1SD09-B20	1	
	刀片	SD＊＊09T3＊＊	1	
7	拉钉	P40T-I	1	
	刀柄	BT40-ER32-70/100	1	
	卡簧	ER32-8	1	
	高速钢直柄机用铰刀	ϕ8H7	1	
8	拉钉	P40T-I	1	
	刀柄	BT40-KPU13-95	1	
	中心钻	ϕ3mm	1	
9	拉钉	P40T-I	1	
	刀柄	BT40-ER32-70/100	1	
	卡簧	ER32-8	1	
	整体硬质合金球头铣刀（ϕ8mm）	ZQR4.00-0801602060A8M	1	
10	拉钉	P40T-I	1	
	刀柄	BT40-KPU13-95	1	
	高速钢直柄麻花钻头	ϕ7.8mm	1	

（续）

序号	名称	规格	数量	备注
11	高速钢直柄麻花钻头	ϕ6mm	1	
12	拉钉	P40T-I	1	
	刀柄	BT40-XP20-63（100）	1	
	可转位螺纹铣刀	SF90-21R1T21-B20	1	
	刀片	21I1.5ISO	1	

6. 量具清单

本届比赛量具由大赛组委会统一提供，清单见表4-19。

表4-19 数控铣比赛量具清单

序号	名称	规格	分度值	数量	领√	还√	备注
1	游标卡尺	0～150mm	0.02mm	1			
2	游标深度尺	0～200mm	0.02mm	1			
3	杠杆百分表			1套			
4	磁性表座			1套			
5	内径百分表	ϕ18～ϕ35mm	0.01mm	1			
6	内径百分表	ϕ35～ϕ50mm	0.01mm	1			
7	内径百分表	ϕ50～ϕ100mm	0.01mm	1			
8	外径千分尺	0～25mm	0.01mm	1			
9	外径千分尺	25～50mm	0.01mm	1			
10	外径千分尺	50～75mm	0.01mm	1			
11	外径千分尺	75～100mm	0.01mm	1			
12	塞规	ϕ8H7	H7	公用			
13	螺纹塞规	M24X1.5－6H	6H	公用			

7. 辅件清单

本届比赛辅件清单见表4-20。

表4-20 数控铣比赛辅件清单

月 日 上午/下午		工种：	决赛编号：			姓名：
序号	名称		数量（个人）	领√	还√	备注
（一）文件清单						
1	参赛选手物品发放一览表		1份			
2	图样		1份			
3	配分表		1份			
4	草稿纸		1			
（二）毛坯、夹具及辅件清单						
1	毛坯		2			
2	铜棒		1			
3	油石		1			

（续）

月 日 上午/下午	工种：	决赛编号：			姓名：	
序号	名称	数量（个人）	领√	还√	备注	
（二）毛坯、夹具及辅件清单						
4	活扳手	1				
5	组锉	1套				
6	眼镜	1				
7	铜皮（1mm）	2				
8	布	1				
9	毛刷	1				
10	镜子	1				
11	组合夹具	1套				

4.3.5 加工工艺分析

1. 腔座零件加工工艺分析

1）腔座零件加工工艺过程。腔座零件三维造型如图 4-45 所示，透视图与剖视图如图 4-46 所示，该零件主要加工内容为上部托起镂空结构、螺纹孔，两侧面直纹面，前后侧面装配结构，底部配合结构等。共需要 9 次装夹或换位加工，工艺性较强，需要合理运用组合夹具与机用平口钳。直纹面、镂空结构、侧面配合要素加工等是本套试题的主要结构要素和工艺性亮点。表 4-21 为腔座零件加工过程图解，详细描述了零件合理的加工工艺过程。

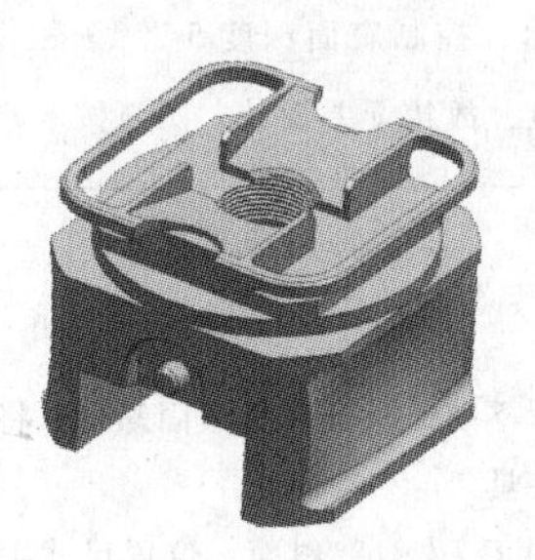
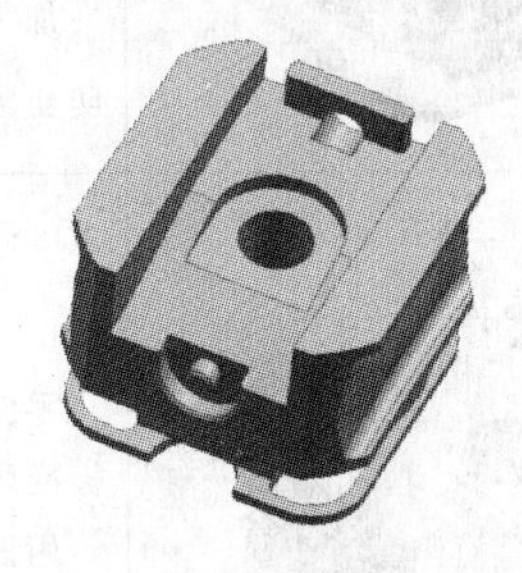

图 4-45 腔座零件三维造型

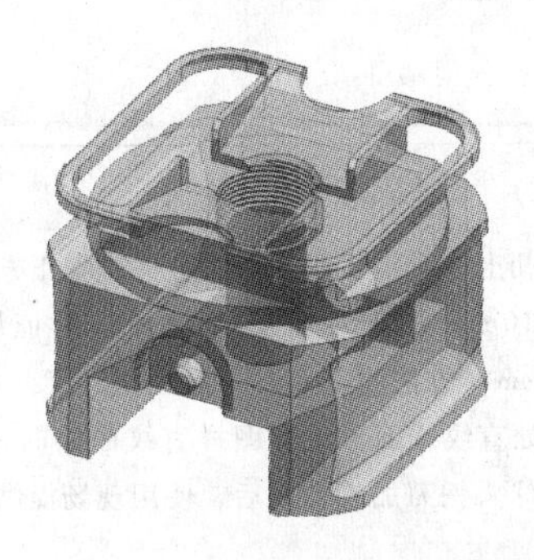
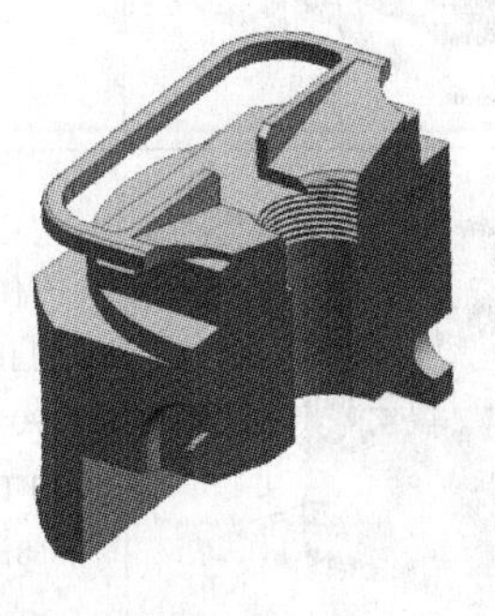

图 4-46 腔座零件透视图与剖视图

表 4-21 腔座零件加工过程图解

序号	工序加工位置	装夹方式与加工内容
1	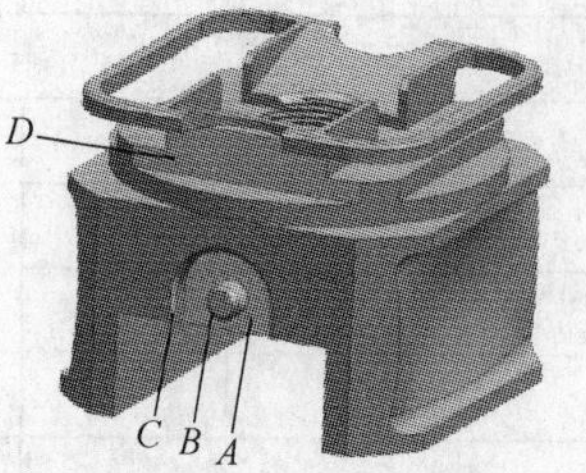 D C B A	将零件前侧面朝上，采用机用平口钳装夹找正，注意中心对称基准 加工 A 面圆弧槽，保证位置尺寸 30 ± 0.03mm，加工圆柱销 $\phi8^{-0.10}_{-0.15}$mm，圆弧槽宽 $24^{+0.20}_{+0.10}$mm，保证对称度 0.03mm 要求，注意控制公差 利用倒角刀加工 B 处倒角 利用倒角刀加工 C 处倒角 利用 ϕ10mm 立铣刀加工 D 处槽，保证厚度 4 ± 0.10mm，槽宽 11 ± 0.10mm
2	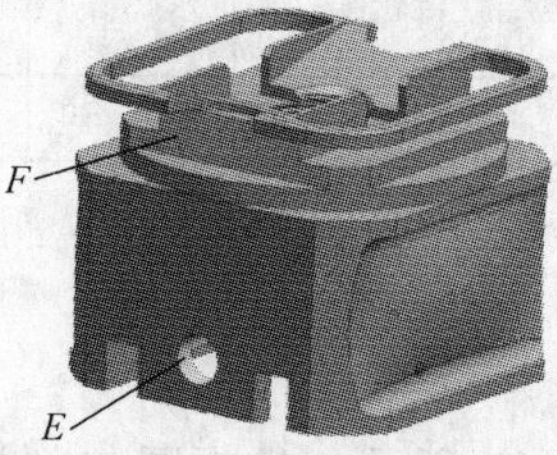 F E	零件翻转 180°，采用机用平口钳装夹，找正基准需与上道工序一致，确保基准重合，以保证对称度 加工 E 处配合孔 $\phi12^{+0.15}_{+0.10}$mm，位置尺寸 12 ± 0.03mm，深 13mm，可采用钻、铣的方式加工 利用 ϕ10mm 立铣刀加工 F 处槽，保证厚度 4 ± 0.10mm，槽宽 11 ± 0.10mm
3	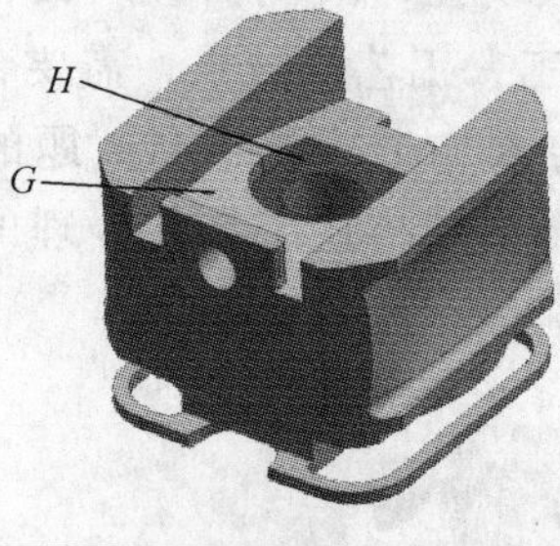 H G	按左图方向，将零件装夹到组合夹具的平口钳上，以方便后续角度加工的需要。以中心 ϕ20H7 中心孔严格找正 加工 G 处凹陷平面，斜面处按平面加工，重点保证深度 12 ± 0.03mm、槽宽 $52^{+0.15}_{+0.10}$mm。凹陷底面为配合的转换基准，非常重要 加工侧边通槽及凸台，保证凸台宽度 $36^{-0.10}_{-0.15}$mm，凸台圆角 R2mm 加工 H 处沉台，控制底面深度 $5^{+0.20}_{+0.15}$mm，此面装配时宜形成间隙，防止配合过定位，故按上差设计。圆弧按上差加工，$R18^{+0.10}_{+0.05}$mm
4	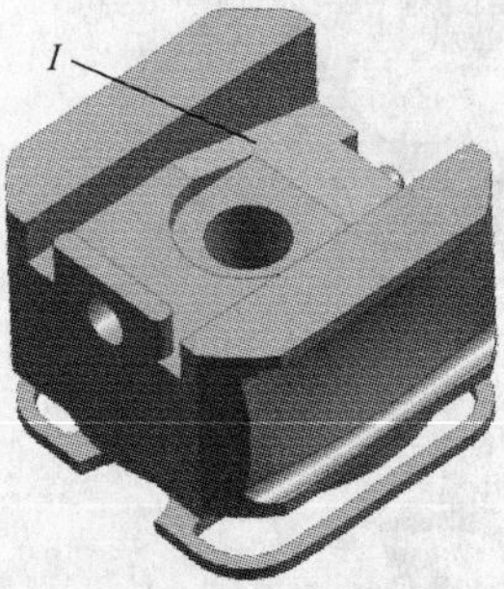 I	零件装夹保持不动，松开夹具紧固螺钉，将可调夹具扬起 15°，垫上标准块，锁紧夹具 用铣刀底刃加工 I 处 15°斜面，位置尺寸 45 ± 0.03mm，此尺寸可与耳片零件配合检验加工，注意侧面接刀
5	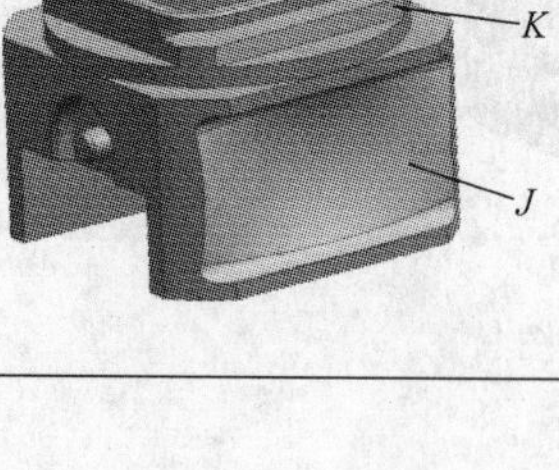 K J	右侧面朝上，采用机用平口钳装夹，找正方向与其余侧面加工一致 利用 ϕ10mm 立铣刀加工 K 处槽，保证厚度 4 ± 0.10mm，槽宽 11 ± 0.10mm（方法同上） 加工 J 处直纹铣面，注意图样直纹曲面的标注方法，快速造型，使用 ϕ8mm 球头铣刀加工完成后，使用现场提供的样板检测

（续）

序号	工序加工位置	装夹方式与加工内容
6	M L	换位，左侧面朝上，采用机用平口钳装夹，找正方向与其余侧面加工一致 利用 ϕ10mm 立铣刀加工 *M* 处槽（方法同上，尺寸一致） 加工 *L* 处直纹铣面，注意图样直纹曲面的标注方法，快速造型加工，样板检测，注意左右直纹面为非对称结构，一凸一凹，加工方法一致
7	Q R O P N	上面朝上，将零件装夹到组合夹具的平口钳上，夹具平放，以中心 ϕ20H7 中心孔严格找正 加工外形尺寸 86 ±0.05mm，*R*16mm，倒圆 *R*1mm 加工 *O*、*N* 两处平面，控制深度与 4 ± 0.10mm 肋宽，宽度 40 ±0.05mm，16 ±0.05mm。此处去除量较大，刚性弱，需要清根加工 加工 *P*、*Q* 处半圆槽 *R*12.5mm，深 4mm 铣削 *R* 处螺纹孔 M24 ×1.5 -6H，深 7mm
8	S	松开夹具紧固螺钉，将夹具扬起 15°，垫上标准块，锁紧夹具 用立铣刀底刃加工 *S* 处斜面，控制宽度 36 ±0.05mm
9	T	松开夹具紧固螺钉，勿拆卸工件，将夹具转盘旋转 180°，紧固夹具 用立铣刀底刃加工 *T* 处斜面，控制宽度尺寸 36 ±0.05mm 在卸下零件之前，将夹具平放紧固，使用倒角刀加工螺纹倒角 *R*2mm

2）腔座零件加工要点分析。

① 托举镂空结构的加工工艺思路。本零件中，上部的托举镂空结构刚性较弱，镂空后形成的框架为 4mm ×4mm 的正方形截面结构，易变形，所以需要制订合理的加工顺序，如图 4-47 所示。工艺顺序编排时也要兼顾其他要素的加工，此部位加工有多种加工方案，制订方案时尽量做到装夹次数最少化。

在本工艺安排中，共需要 8 次装夹或调整，①、②、③、④共 4 面加工为 4 次装夹，均为侧面朝上用机用平口钳直接装夹。此时，实体刚性好，容易去除余量，以尽量减少上面加工的去除量，两组平面互相之间的距离设计为 70 ±0.20mm，公差带较大，适合于二次装夹加工保证。

第⑤次装夹上面朝上，装夹于组合夹具上的平口钳中。此次装夹加工量大，在采用层切方式加工镂空底平面时，做好粗精铣的分配。应使用 ϕ10mm 铣刀加工，最后使用 ϕ6mm 铣刀清根加工。

第⑥、⑦、⑧次装夹严格来讲应是夹具的俯仰或回转，工件锁紧后并未拆卸。⑥、⑦两次装夹均需调整组合夹具，⑥为实现 15°斜面加工，⑦为夹具旋转 180°后的对称斜面加工。第⑧次装夹算是收尾加工，斜面加工完成之后加工螺纹倒角比较方便。

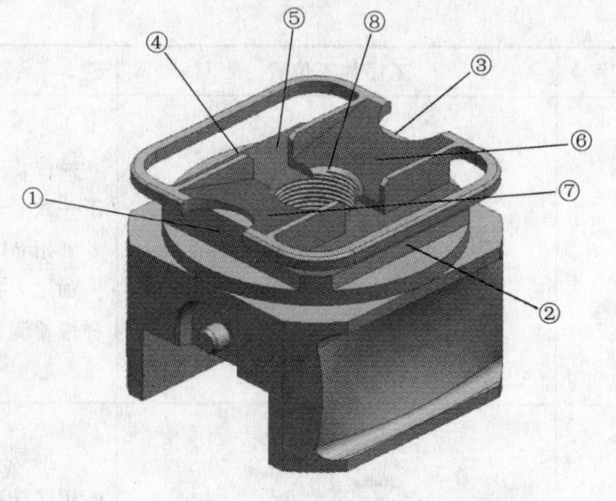

图 4-47　托举镂空结构加工工艺顺序

② 直纹面的造型与加工。本零件两侧面的凹凸直纹面是本次考试的特定考点，在中职组技能比赛中，本届比赛是第二次考核自动编程能力，复杂直纹面加工通过手工编程很难实现，所以设定此要素。

根据图样标注方法分析，直纹面的造型过程为：选取试图方位→绘制三条截面线串，如图 4-48所示→通过三条截面线串扫掠成片体，如图 4-49 所示→将片体反向加厚→与零件实体进行修剪→倒两侧 R4mm 圆角。过程比较简洁。实际比赛加工中，可以进一步简化，通过扫掠的直纹面直接进行编程加工，圆角由 ϕ8mm 球头铣刀自然形成，能够简化造型工作量，节省时间。两侧面直纹面属平移关系，只需要进行一种直纹面扫掠，然后平移即可，如图 4-50 所示。

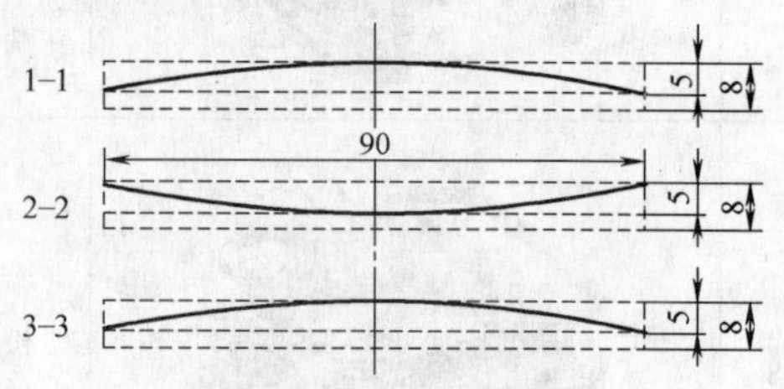

图 4-48　直纹面扫掠线串

图 4-49　扫掠直纹面

图 4-50　直纹面

③ 关于加工精度控制。在本零件加工中，对精度控制的要求较高，主要是底面及底面两侧配合要素，要求尺寸公差一般为 0.05mm，对称度要求一般为 0.03mm，所以在这些部位加工时要综合保证尺寸精度与几何公差要求：

第一，在装夹时就需要严格找正，统一找正基准，如中心孔、统一的已加工侧面、底面已加工面，只有找正基准一致性才能确保加工要素的整体性，尤其对于立体装配而言，找正基准的一致性尤为重要。

第二，严格按照图样要求的公差带加工，尤其是公差带方向，否则就会影响配合。

第三，在加工这些装配要素时，需粗精加工分开，必须进行精加工修正，保证尺寸要求，保证清根加工等，确保装配顺畅无干涉。

图4-51为腔座零件总体加工流程图。按不同装夹或装夹转换区分。

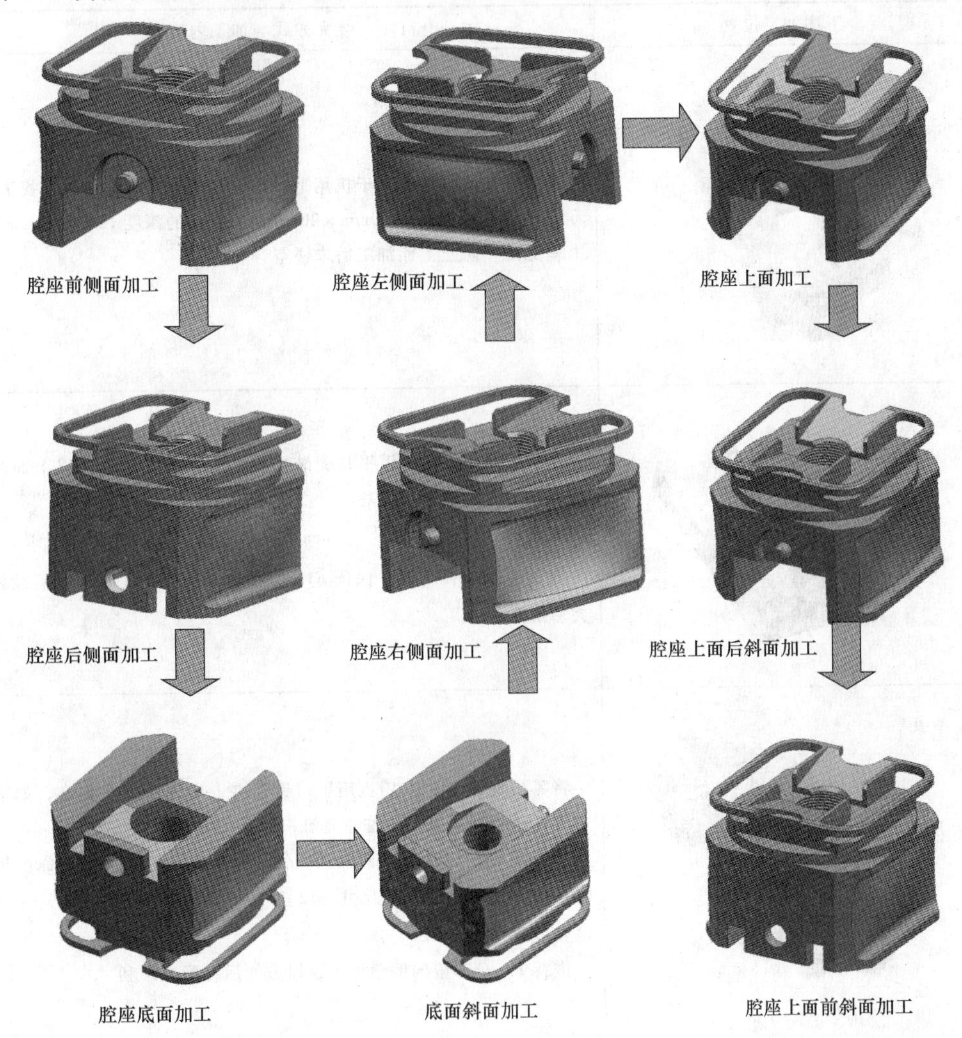

图4-51 腔座零件加工流程图

2. 耳片零件加工工艺分析

1）耳片零件加工工艺过程。耳片零件三维造型如图4-52所示，该零件主要加工内容为上面配合圆弧、配合平面、斜面，侧面配合凸台、孔、槽，底面镂空槽等。耳片零件加工要素鲜明，各要素相对独立而又成为有机的一体，实用要素居多，装饰元素很少。其前端的圆柱凸起结构与

图4-52 耳片零件三维造型

凹槽元素结合，形成了异型化特色，也让整体的立体化配合成为可能。零件新颖的结构与工艺性的有机结合是耳片零件的亮点，该零件需要5次装夹或调整加工，工艺性较好。

表4-22为耳片零件加工过程图解，详细描述了零件的加工工艺过程。

表4-22　耳片零件加工过程图解

序号	工序加工位置	装夹方式与加工内容
1		将零件按此位置装夹于机用平口钳上，大平面处加垫铁，找正装夹 铣 A 处沉槽，尺寸50mm×20mm，控制槽的深度12±0.05mm，可按上差加工，防止上面加工后未镂空
2	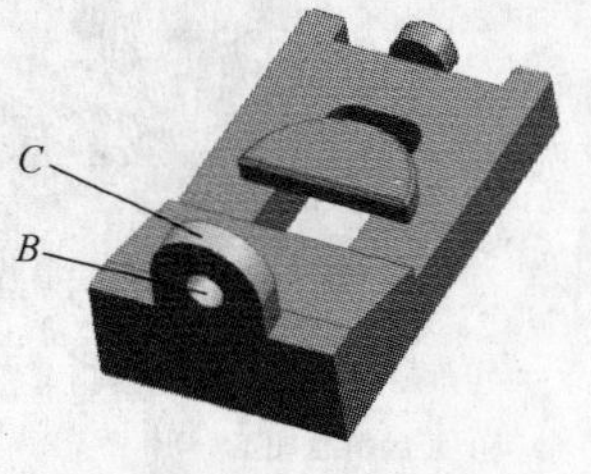	前侧面朝上，用机用平口钳装夹，以底面为主基准，以上面为Z向基准，以两侧面中心为基准，找正并设置零点 加工 B 处 $\phi 8H7$ （$^{+0.015}_{0}$）mm销孔，确保位置尺寸30±0.03mm 加工 C 处圆弧支耳，保证 $R12\ ^{0}_{-0.05}$ mm，无法加工部位需后续换位装夹后加工
3	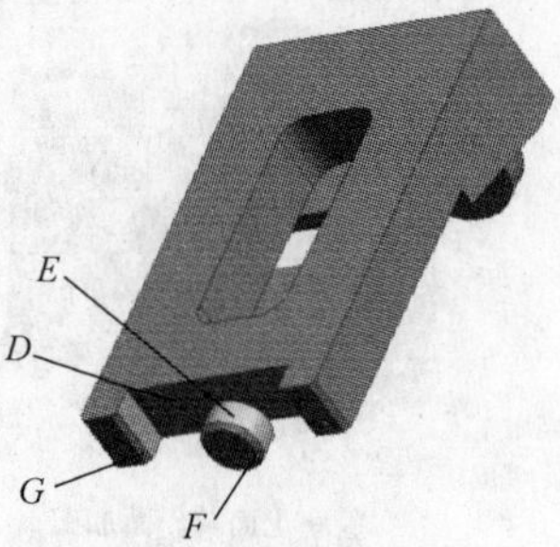	将零件调转180°，用机用平口钳装夹，以底面为主基准，如上道工序同样进行找正装夹，注意基准一致 加工 D 处凹槽及 E 处圆柱面，保证深度6.5±0.05mm，深度按上极限偏差加工，保证圆柱尺寸 $\phi 12\ ^{0}_{-0.05}$ mm，槽宽 $36\ ^{+0.10}_{+0.05}$ mm，保证对称度公差0.03mm 进行 F、G 部位的倒角加工，以方便后续配合顺利
4		翻面，如图正面朝上，平置组合夹具，将零件装夹于组合夹具用平口钳上，底面为加工主基准，侧面基准与上面工序一致 加工 H 处平面及圆弧支耳侧面，宽 $24\ ^{0}_{-0.05}$ mm，保证对称度要求 加工 J 处平面及半圆弧面，严格保证尺寸12±0.03mm、$R18\ ^{-0.05}_{-0.10}$ mm 加工 I 处平面，控制高度 $5\ ^{0}_{-0.05}$ mm 加工 K 处倒角，有利于配合

（续）

序号	工序加工位置	装夹方式与加工内容
5		工件装夹不动，将夹具角度锁紧部件松开，扬起 15°后紧固 用铣刀底刃加工 L 处 15°斜面，参考尺寸 45 ± 0.03mm，斜面需与腔座斜面实配

2）耳片零件加工要点分析。

① 圆弧支耳加工。该零件具有航天、模具等行业的镶嵌类零件特点，侧面支耳结构的加工有一定的技巧性，如图 4-53 所示，由于侧面同时有销孔需要加工，且支耳圆弧及销孔同时参与配合，所以该支耳结构需要两次装夹完成。在侧面加工时，确保找正基准，确保支耳圆弧与销孔的同轴。侧面加工不到位的直面及清根部位正面装夹加工。

图 4-53　耳片支耳结构示意图

在上面做两侧面清根加工时，其基准必须与侧面加工基准一致，以保证相互位置关系，$24_{-0.05}^{\ 0}$ mm 的支耳宽度尺寸必须按下极限偏差加工。

② 斜面加工与加工顺序。斜面加工为利用夹具的翻转功能加工，可以实现定角度加工。斜面加工的主要难点在于斜面位置的控制，一般需要尺寸计算。在本试题中，由于斜面配合不是主要素，理论上允许存在小间隙，故在加工时可以采用腔座零件斜面配合验证的方式控制斜面位置，防止斜面装配干涉。

对于腔座与耳片零件的加工可以不分先后，关键看选手的习惯，斜面均可以互配。不少选手选取先加工耳片零件，再加工腔座零件，采取先易后难的比赛方式，有利于逐渐进入比赛状态。

图 4-54 为耳片零件的加工及装配流程图。

4.3.6　比赛中选手典型问题分析

由于前面已经进行了两届中职组数控技能比赛，选手的综合实力在比赛中提高明显，本届比赛有不少选手有很好的发挥。图 4-55 为优秀选手的比赛赛件，完成情况比较好。

但是，因为本届比赛试题的工艺性与实践性较强，综合精度控制与装配要求较高，而工艺性又往往是学生组选手的弱项，所以本届比赛选手在工艺能力等方面反映的问题比较多。纵观比赛，按要求完整完成赛件加工的选手不多，而能完成完美配合的选手更少，部分选手实现的配合也是以牺牲尺寸精度为代价的。除工艺型外，在加工方案的选择、装夹方式等方面也有不少问题存在，综合分析，主要剖析以下几点：

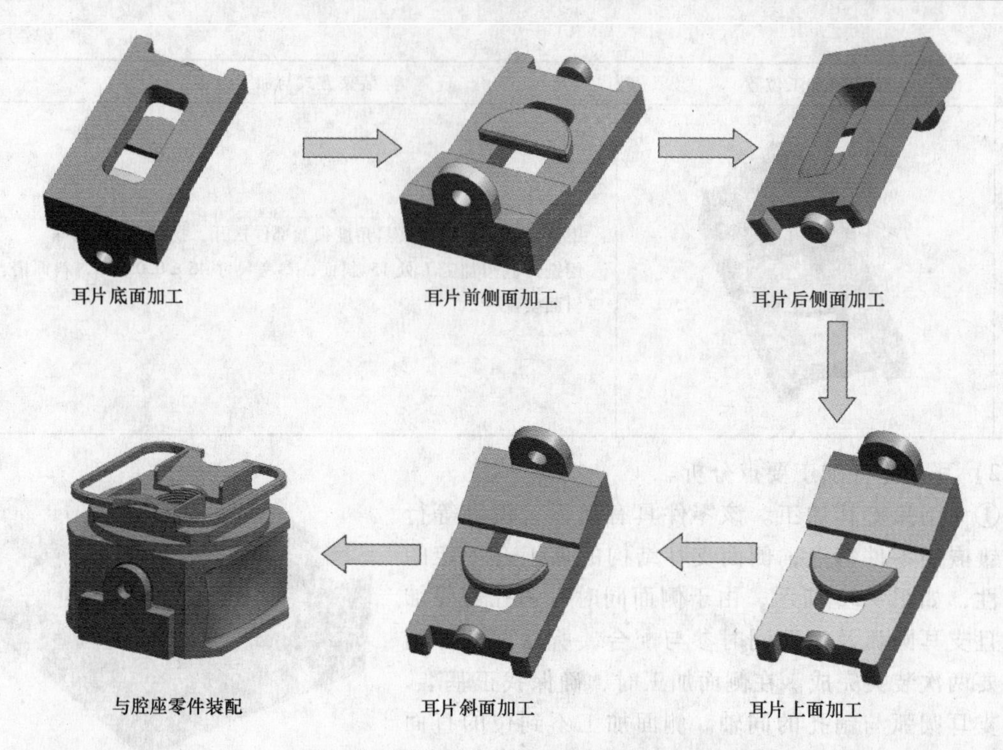

图 4-54　耳片零件的加工及装配流程图

1. 错误的加工方式

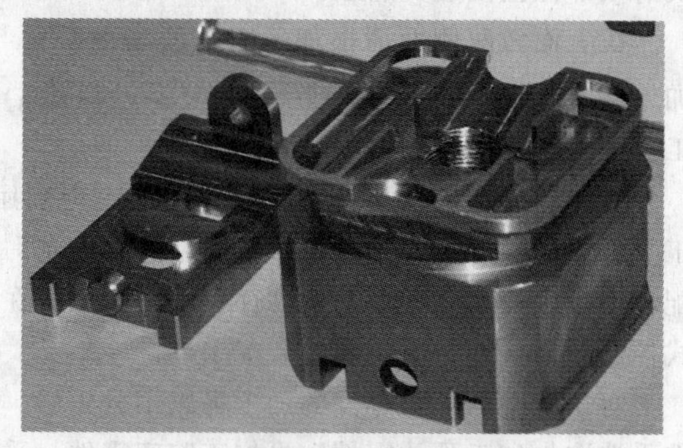

图 4-55　优秀选手的比赛赛件

在腔座底面及耳片零件的斜面加工中，有些选手不能理解组合夹具的使用功能及技巧，采用机用平口钳装夹，保持工件水平，采用立铣刀底刃通过宏程序或自动编程加工，此错误为低级错误。如此加工，加工表面的表面粗糙度较差，满足不了要求，但最根本的是无法进行两侧清根加工，相当于直接放弃了配合要求。这种想法在实际产品加工中极不可取。这说明选手对试题理解不够，对组合夹具使用方法掌握不够，工艺能力有所欠缺。

2. 基准的选择与公差分配不合理

前面进行过分析，该套试题的综合工艺性较强，各加工要素虽然加工难度不大，但要素的复合性与立体化较强，配合要素多，综合协调控制难度大。在一般的配合零件中，不论配合要素多少，其配合中均有主配合要素，定位基准也有主要基准，要抓住主线要素。

如图 4-56 所示，为腔座零件的基准分析，可以看出底面内腔平面为配合的主基准，结合图样尺寸为 12 ±0.03mm，该尺寸必须保证，而该尺寸的主定位基准就是底面。同样，在该零件装夹找正中，图 4-56 所示侧面及中心孔均为重要定位基准。

如图 4-57 所示为耳片零件的基准分析，该零件的主配合面为上平面，也是腔座零件的配合面，图样尺寸同样为 12 ±0.03mm，是必须要保证的，该尺寸的主定位基准也是下底面。前侧面与销孔为重要定位面，因销孔为加工要素，加工销孔时需对耳片宽度实际测量，

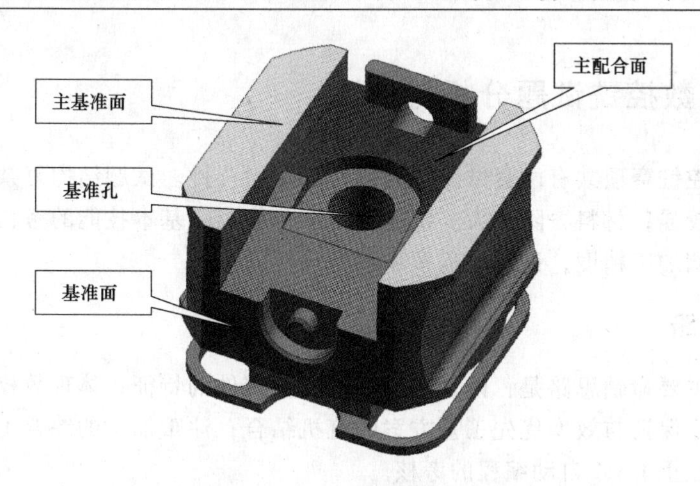

图 4-56　腔座零件的基准分析

以一个固定侧面作为转换基准面，形成基准的一致性。

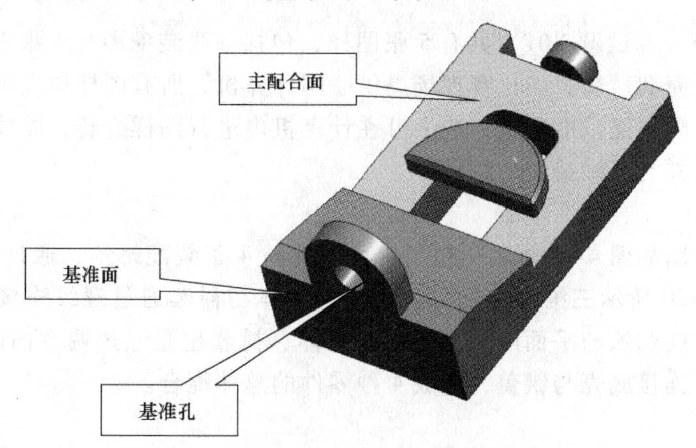

图 4-57　耳片零件的基准分析

在配合中，抓住主配合，其余配合理论均为间隙配合，设计时会防止过定位现象。只要保证公差带要求，配合难度就迎刃而解。装配图中的配合后尺寸一般是通过尺寸链换算而成，为配合的最大公差，零件的配合要素加工保证了，则装配尺寸就会得到保证。注意图样尺寸公差方向，即正向公差还是负向公差，注意同向保证，否则会人为造成配合过定位，无法实现配合。

3. 细节决定成败

这里说的细节，其实也是综合能力的体现，追求细节也是零件加工的一部分。企业的实际生产加工中，比较注重细节的保证。例如，耳片零件的端面 $C1$ 倒角加工，许多选手选择舍弃，其实影响了配合。又如配合要素的加工，许多选手一把刀加工到底，没有合理进行刀具搭配，没有进行粗精加工，导致刀具磨损严重，配合面出现锥度或不清根，配合无法完成，修配量较大却效果不好。

综上所述，加工时方案得当，参数合理，追求细节有可能事半功倍。在该套零件加工完成后，有的选手顺利进行滑配后能听到清脆的金属碰击声音，这体现的是一种综合实力。

4.4 2011年数控铣试题分析与点评

本届比赛数控铣赛项共有两套试题，为四件异型组合件。试题结构复杂，企业实用化特征明显，可视性较强，材料去除量大。试题突出工艺能力、基本技能的考核、突出配合要求与配合加工、强调加工精度，试题涵盖多项新考点。

4.4.1 命题思路

本届比赛的主要命题思路是：体现现代加工典型零件的特征；体现数控铣赛项的基本技能特点；强调精度保证与效率优先工艺方案的有机结合；注重加工的综合工艺保证；注重工艺能力的考核；注重CAM自动编程的考核。

4.4.2 图样分析

本套试题（第一套试题X01）共有5张图样，包括一张装配图与4张零件图。零件分别是本体、镶盖、底壳和衬套。因比赛现场提供联网计算机，所有图样均提供电子板，辅助选手阅读。三维造型图只提供电子板，选手可在计算机内进行图样旋转、缩放等操作，辅助阅图，但不可进行图样与三维造型的编辑。

1. 三维造型图

三维实体分解图如图4-58所示，包括4种零件与4条装配螺栓，通过结合图4-59所示三维造型图和图4-60所示三维透视图分析可知，本体与衬套通过螺纹连接配合，底壳与本体、衬套通过两方向圆弧与平面配合，镶盖与本体、衬套也是通过两方向圆弧与平面配合。通过4根连接螺钉连接底壳与镶盖，完成4种零件的总体配合。

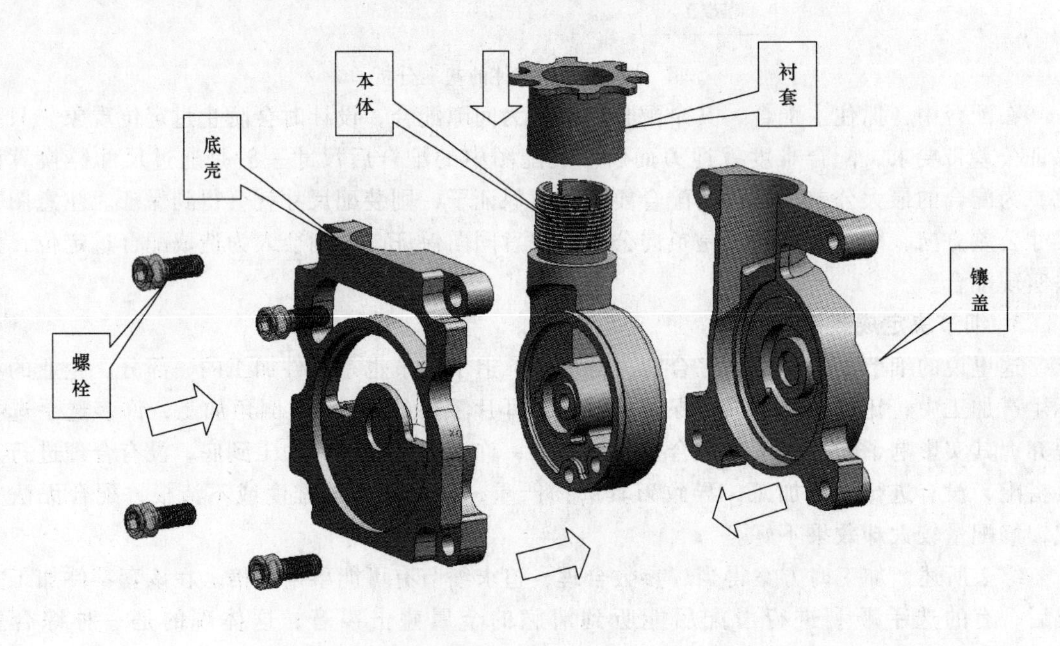

图4-58　X01三维实体分解图

读图要点：

1）通过电子版三维图样明确装配件整体结构，装配形式。

2）明确所有配合要素，即加工中重点保证部位。从中可以看出，本体螺纹、镶盖与底壳内腔圆弧是重点装配部位。

3）分析装配顺序、连接形式。从图 4-58 中可以看出，本套试题的装配顺序为：本体与衬套的旋合→本体与衬套组合件与镶盖的配合→底壳与上述三种零件的装配→通过连接螺钉连接。

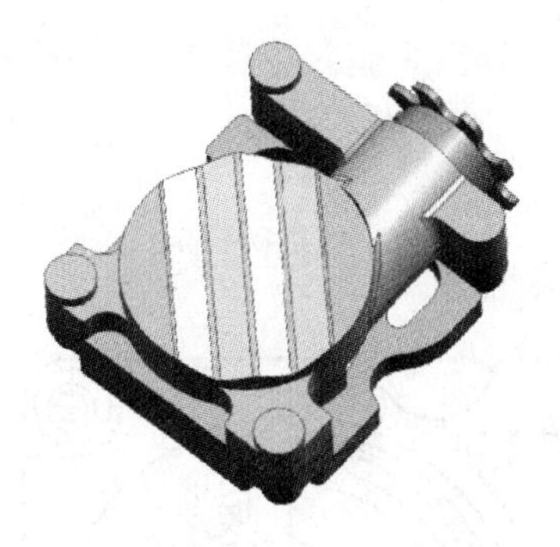

图 4-59　X01 三维造型图

图 4-60　X01 三维透视图

2. 装配图

X01 装配图如图 4-61 所示，从装配图中可以看出，零件涉及三种材料，以 2A12 铝合金材料加工为主，45 钢材料加工为辅，本体零件为铸造铝合金材料，整体形状呈异型化特色。

读图要点：

1）结合三维实体图进行装配图的阅读，分析装配关系与装配顺序。

2）根据剖视图分析装配部位，明确重点装配部位即主配合。

3）分析图样所示装配尺寸，即装配后保证的尺寸。图 4-61 中，厚度尺寸 51 ±0. 3mm、高度尺寸 156. 3mm 为重点保证尺寸，零件加工中要进行合理的公差分配。

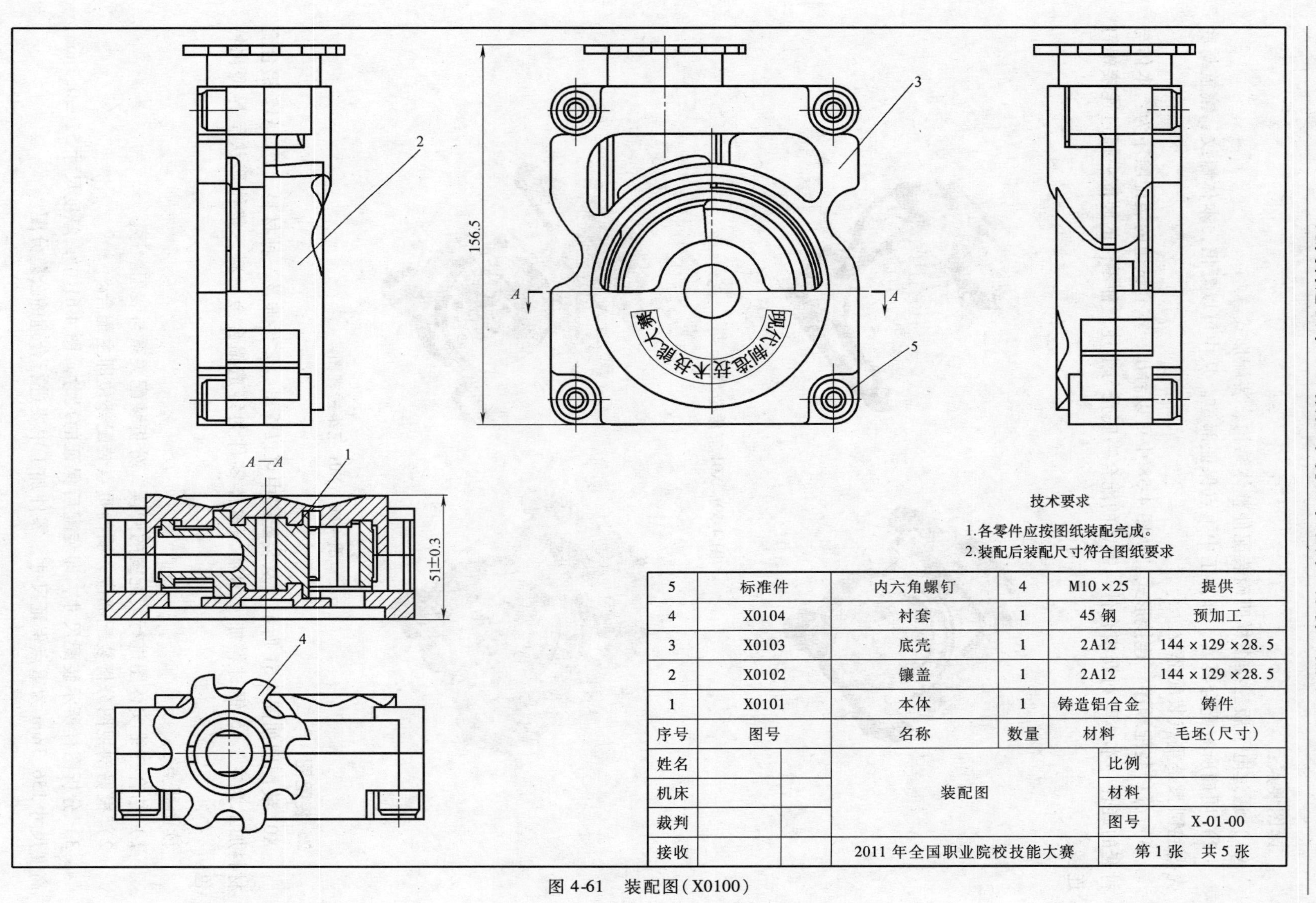

图 4-61 装配图(X0100)

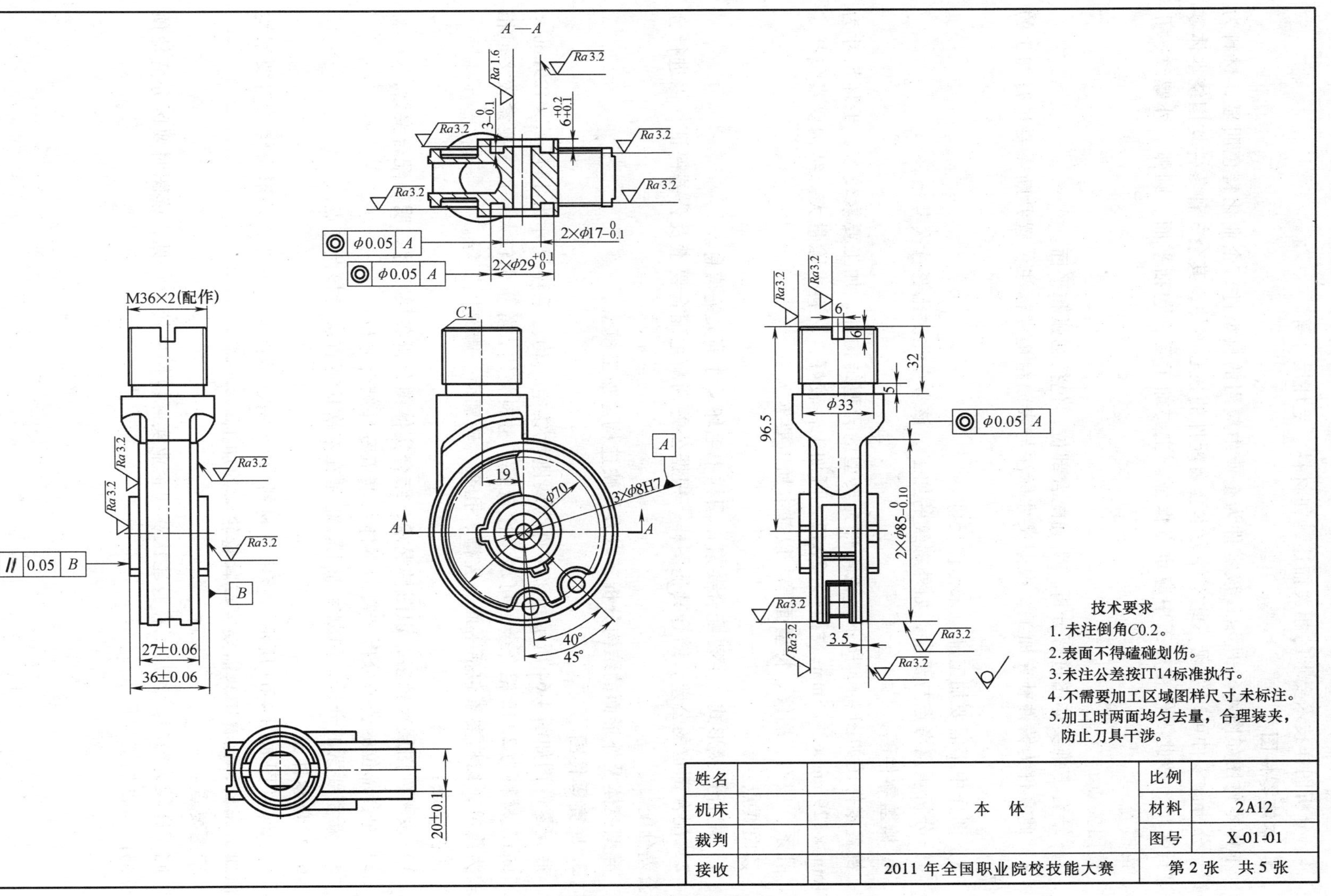
A—A
Ra1.6
Ra3.2
3-0.1
6+0.2 +0.1
2×φ17-0.1
2×φ29+0.1
φ0.05 A
M36×2(配作)
C1
19
φ70
3×φ8H7
A
40°
45°
27±0.06
36±0.06
0.05 B
B
20±0.1
6
32
5
φ33
96.5
2×φ85-0.10
3.5
技术要求
1.未注倒角C0.2。
2.表面不得磕碰划伤。
3.未注公差按IT14标准执行。
4.不需要加工区域图样尺寸未标注。
5.加工时两面均匀去量，合理装夹，防止刀具干涉。
姓名
机床
裁判
接收
本 体
2011 年全国职业院校技能大赛
比例
材料 2A12
图号 X-01-01
第 2 张　共 5 张

图 4-62　本体零件图

4）分析图样技术要求的相关描述，如材料、毛坯尺寸等。

3. 本体零件图

本体零件图如图 4-62 所示，该零件为企业中应用的典型件，企业化特色明显，材料为铸铝。分析此零件可以发现，此零件为本套装配件的核心零件，其余 3 种零件均围绕本体零件进行装配，故此零件在加工中应重点保证。主要加工要素包括平面、圆弧、外螺纹、孔系、沟槽等。

读图要点：

1）结合三维实体图进行分析，明确配合部位，包括圆弧和平面。

2）此零件为铸件补充加工，根据尺寸标注与表面粗糙度标注位置判断需要进行加工的部位。

3）图样中不需要加工部位未标注尺寸。

4）分析重点考点与要素，如外螺纹的加工，该考点此次比赛首次考核。

4. 镶盖零件图

镶盖零件图如图 4-63 所示，该零件为典型的异型结构件，加工要素较多，毛坯尺寸为 144mm×129mm×28.5mm，材料为 2A12，可加工性较好，材料去除量大。结构要素包括腔槽、孔系、型面、螺纹、特型面等，以基本加工要素为主。

读图要点：

1）配合连接形式，主要配合要素，图样中毛坯尺寸等关键信息。

2）配合部位的公差，结合其他图样，根据公差判断主配合要素及公差保证，以进行合理公差分配。

异型腔体及外形面的结构分析，以方便快速构建加工模型。

5. 底壳零件图

底壳零件图如图 4-64 所示，该零件为弱刚性镂空结构。毛坯尺寸为 144mm×129mm×28.5mm，材料为 2A12 铝合金，可加工性较好，材料整体去除量也较大，加工要素较多但相对较为简单，结构要素包括平面、腔槽、孔系、轮廓面、雕刻加工等。

读图要点：

1）该零件图层次较多，识图易混淆，结合实体图分析各层尺寸，明确配合要素。

2）配合部位的公差分析，需与本体与镶盖零件结合分析。

3）新型要素的分析，如刻字加工，也是在本次比赛首次考核此考点。

6. 衬套零件图

衬套零件图如图 4-65 所示，该零件材料为 45 钢，是预加工零件，外形及螺纹等要素均已预加工完成，比赛中只需要完成棘轮轮廓的加工。

读图要点：

此零件较为简单，预加工在技能比赛和企业实际应用中较为常见，读图时要区分清楚预加工部位与要加工部位。

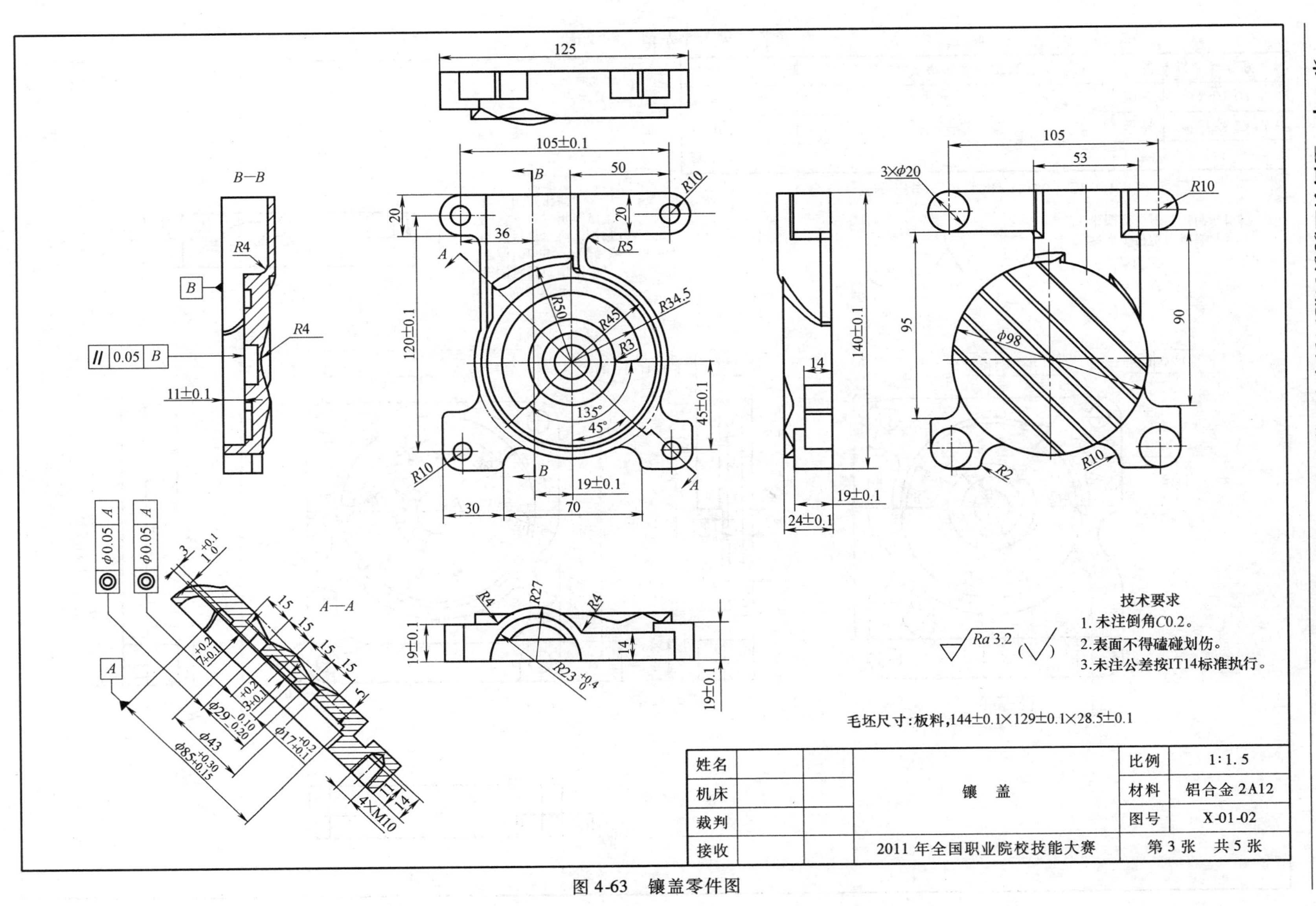
B—B
A—A
4×M10
技术要求
1. 未注倒角C0.2。
2.表面不得磕碰划伤。
3.未注公差按IT14标准执行。
毛坯尺寸:板料,144±0.1×129±0.1×28.5±0.1
姓名
机床
裁判
接收
镶　盖
2011年全国职业院校技能大赛
比例
1:1.5
材料
铝合金2A12
图号
X-01-02
第3张　共5张

图4-63　镶盖零件图

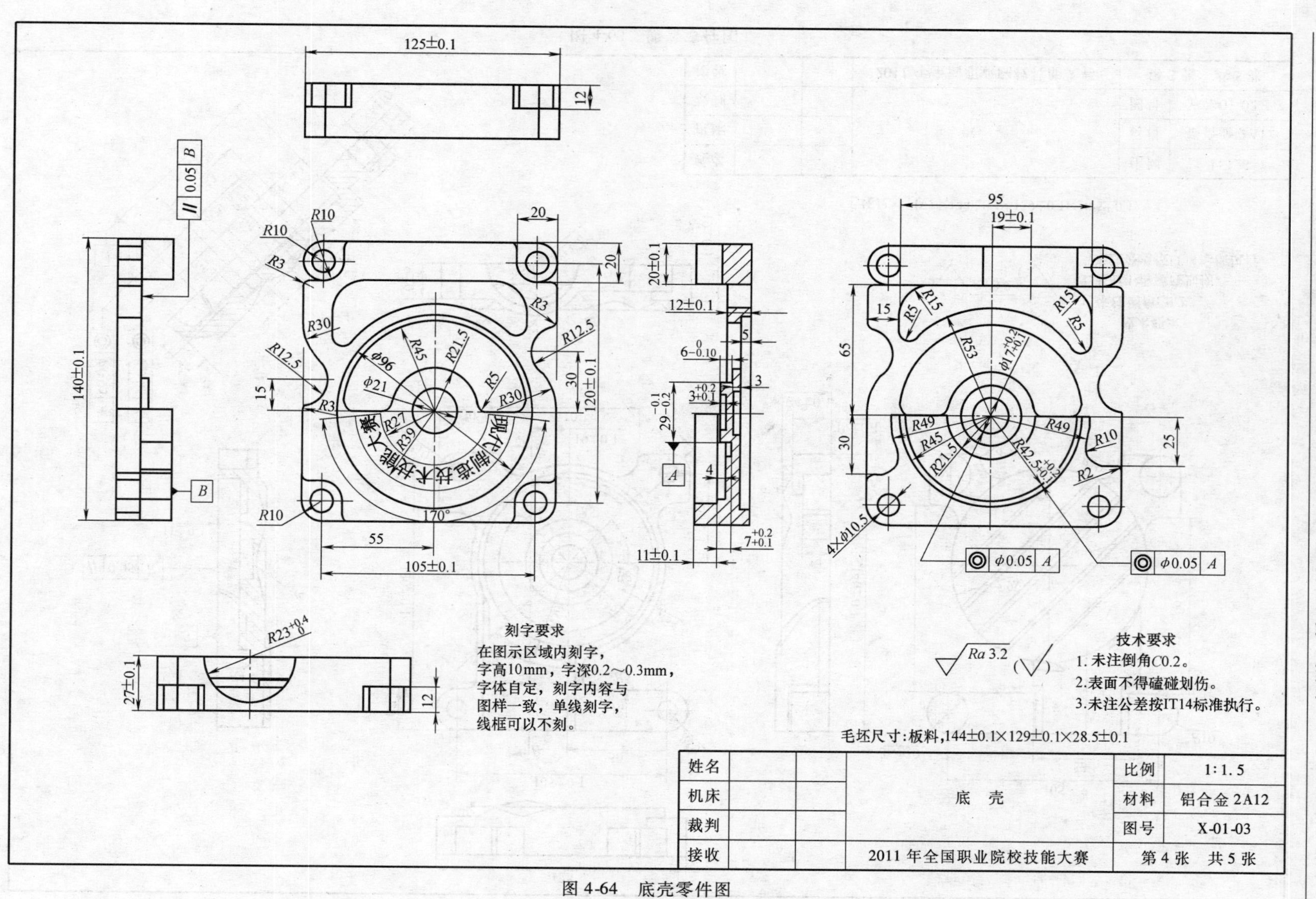
刻字要求
在图示区域内刻字，
字高10mm，字深0.2～0.3mm，
字体自定，刻字内容与
图样一致，单线刻字，
线框可以不刻。
技术要求
1.未注倒角C0.2。
2.表面不得磕碰划伤。
3.未注公差按IT14标准执行。
Ra 3.2
毛坯尺寸:板料,144±0.1×129±0.1×28.5±0.1
姓名
机床
裁判
接收
底壳
2011年全国职业院校技能大赛
比例 1:1.5
材料 铝合金 2A12
图号 X-01-03
第4张 共5张

图 4-64 底壳零件图

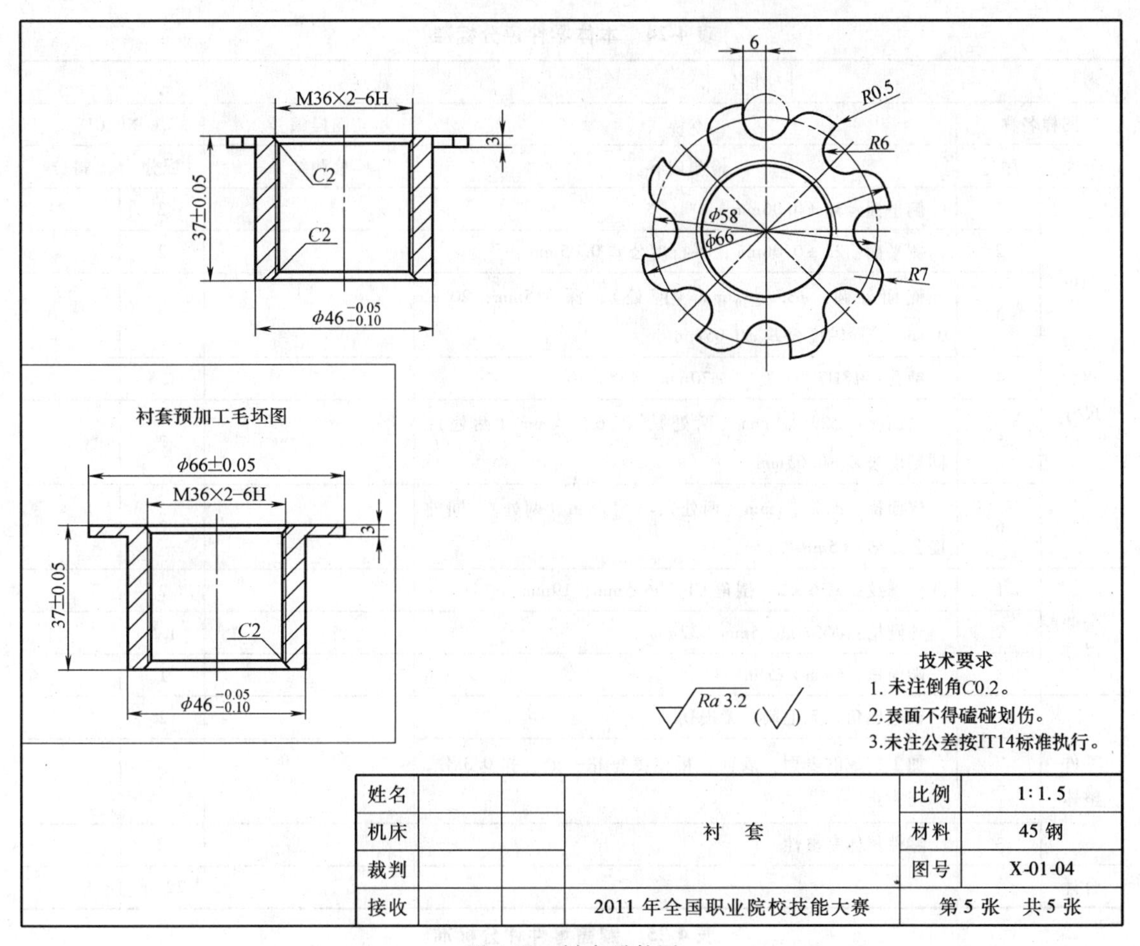

图 4-65　衬套零件图

4.4.3　评分标准

本套试题的评分标准见表 4-23、表 4-24、表 4-25、表 4-26 和表 4-27。

表 4-23　装配评分标准

考号		姓名		裁判		
图样名称		装配图		图样编号	X0100	
分类	序号	检测内容		检测结果	配分	得分
要素 1		衬套与本体装配完成			3	
要素 2		本体、衬套与镶盖装配完成			3	
要素 3		本体、衬套、镶盖与底壳装配完成			3	
要素 4		装配完成后通过螺钉连接完成			3	
要素 5		装配完成后满足 51 ±0.3mm			3	
要素 6		装配完成后满足总长 156.5mm			3	
合计					18 分	

表 4-24　本体零件评分标准

考号		姓名		裁判	
图样名称		本体	图样编号		X0101
分类	序号	检测内容	检测结果	配分	得分
两侧侧面尺寸	1	侧平面：36 ±0.06mm		2	
	2	侧平面：27 ±0.06mm，平行度公差 0.05mm		2	
	3	侧面外圆：$\phi 85_{-0.10}^{\ 0}$ mm（两处），深 3.5mm，20 ±0.1mm，同轴度公差 ϕ0.05mm		2	
	4	销孔：ϕ8H7（3 处），ϕ70mm，45°，40°		1.5	
	5	侧面槽：$\phi 29_{\ 0}^{+0.1}$ mm（两处），深 $6_{+0.10}^{+0.20}$ mm（两处），同轴度公差 ϕ0.05mm		2	
	6	侧面槽：$\phi 17_{-0.1}^{\ 0}$ mm（两处），$3_{-0.1}^{\ 0}$ mm（两处），同轴度公差 ϕ0.05mm		2	
上面尺寸	1	外螺纹：M36×2，倒角 $C1$，96.5mm，19mm		2	
	2	外圆槽：ϕ33mm，5mm，32mm		1.5	
	3	端面槽：6mm×6mm		1	
零件整体	1	锐边倒角、无毛刺、无损伤		2	
	2	加工完成的表面，表面、粗糙度每超一处，扣 0.3 分，扣完为止		2	
	3	零件整体完整性		2	
合计				22 分	

表 4-25　镶盖零件评分标准

考号		姓名		裁判	
图样名称		镶盖	图样编号		X0102
分类	序号	检测内容	检测结果	配分	得分
型腔尺寸	1	螺纹孔：M10（4 处），底孔深 14mm，有效深度 11mm，105 ±0.1mm（两处），120 ±0.1mm（两处），36mm		2	
	2	上部圆弧槽：$R23_{\ 0}^{+0.4}$ mm，R50mm，R4mm，19 ±0.1mm		2	
	3	内平面：11 ±0.1mm，平行度公差 0.05mm，R45mm		2	
	4	内槽：$\phi 85_{+0.15}^{+0.30}$ mm，深 3mm，位置 50mm，45 ±0.1mm		1	
	5	内形：R34.5mm，135°，R3mm（4 处）		1.5	
	6	圆槽：ϕ43mm，$\phi 29_{-0.20}^{-0.10}$ mm，深 $7_{+0.10}^{+0.20}$ mm，同轴度公差 ϕ0.05mm		1.5	
	7	内圆台：$\phi 17_{+0.10}^{+0.20}$ mm，深 $3_{+0.10}^{+0.20}$ mm，同轴度公差 ϕ0.05mm，深 $1_{\ 0}^{+0.1}$ mm		1.5	

（续）

考号		姓名	裁判		
图样名称		镶盖	图样编号	X0102	
分类	序号	检测内容	检测结果	配分	得分
外形尺寸	1	轮廓外形：30mm，70mm，20mm，20mm，R5mm（4 处），R2mm（4 处），R10mm（4 处），R10mm（3 处），53mm，90mm，95mm，ϕ98mm，140 ±0.1mm，125mm		5	
	2	凸台：ϕ20mm（3 处），105mm，19 ±0.1mm		1.5	
	3	外型面：R27mm，R4mm（两处），14mm，19 ±0.1mm，24 ±0.1mm		5	
	4	曲面外形：15mm（4 处），5mm，R4mm（5 处）		3	
零件整体	1	锐边倒角、无毛刺、无损伤		2	
	2	加工完成的表面，表面粗糙度每超一处，扣 0.3 分，扣完为止		2	
	3	零件整体完整性		2	
合计				32 分	

表 4-26　底壳零件评分标准

考号		姓名	裁判		
图样名称		底壳	图样编号	X0103	
分类	序号	检测内容	检测结果	配分	得分
内腔尺寸	1	内腔平面：12 ± 0.1mm，65mm，25mm，30mm，R2mm，R10mm，R49mm，R20mm		2	
	2	内腔：R45mm，深 11 ±0.1mm，平行度公差 0.05mm		1	
	3	内圆：$R24.5^{+0.20}_{+0.10}$mm，深 4mm，同轴度公差 ϕ0.05mm		1	
	4	圆槽：R21.5mm，$\phi29^{-0.10}_{-0.20}$mm，深 $7^{+0.20}_{+0.10}$mm		1	
	5	内圆台：$\phi17^{+0.20}_{+0.10}$ mm，深 $3^{+0.20}_{+0.10}$ mm，同轴度公差 ϕ0.05mm，高 $6^{0}_{-0.1}$mm		1	
	6	上部凸台：20 ±0.1mm，R10mm（两处），$R23^{+0.4}_{0}$mm，19 ±0.1		2	
外形尺寸	1	外形：140 ±0.1mm，125 ±0.1mm，27 ±0.1mm		1.5	
	2	两侧槽：R12.5mm（两处），R30mm（两处），R3mm（两处），30mm，15mm		0.5	
	3	ϕ10.5mm 孔（4 处），105 ± 0.1mm（2 处），120 ± 0.1mm（2 处），55mm		1	
	4	沉台：20mm（8 处），R10mm（4 处），R3mm（8 处），R10mm（两处），深 12mm（两处），12mm（两处）		2	
	5	沉台：$\phi96^{+0.1}_{0}$，深 5mm，ϕ21mm，深 3mm		1	
	6	圆弧通槽：R45mm，R21.5mm，R5mm（4 处）		1	

（续）

考号		姓名		裁判		
图样名称		底壳		图样编号	X0103	
分类	序号	检测内容		检测结果	配分	得分
外形尺寸	7	上部通槽 $R53$mm，$R5$mm（两处），$R15$mm（两处），15mm，95mm			1	
	8	刻字：170°，$R27$mm，$R39$mm，字深 0.2～0.3mm，字高 10mm			2	
零件整体	1	锐边倒角、无毛刺、无损伤			2	
	2	加工完成的表面，表面粗糙度每超一处，扣 0.3 分，扣完为止			2	
	3	零件整体完整性			2	
合计					24 分	

表 4-27　衬套零件评分标准

考号		姓名		裁判		
图样名称		衬套		图样编号	X0104	
分类	序号	检测内容		检测结果	配分	得分
棘轮形状尺寸	1	$R6$mm（8 处），$R0.5$mm（8 处），$R7$mm（8 处），6mm，$\phi58$mm，$\phi66$mm			2.5	
零件整体	1	锐边倒角、无毛刺、无损伤			0.5	
	2	加工完成的表面，表面粗糙度每超一处，扣 0.5 分，扣完为止			0.5	
	3	零件整体完整性			0.5	
合计					4 分	

评分标准阅读要点：

1）评分标准是快速阅读图样的辅助手段。评分标准通常以零件结构位置为顺序编排，通过评分标准可以快速区分出各次装夹所加工的内容。

2）从评分标准中可以看出各加工要素的分值，对重点部位及要素，分值明显偏高，需要选手加工中重点保证。

3）配合尺寸及与配合相关的各个零件加工尺寸占有的配分比例较高，比例比较大，需重点保证。

4.4.4　加工技术条件

1. 比赛时间

数控铣比赛时间为 390min，含 30min 准备时间。

2. 机床及数控系统

1）大连机床 XD-40A，配置华中世纪星 HNC-22M 数控系数。

2）大连机床 XD-40，配置广数 GSK983M 数控系数。

3. CAM/DNC 软件及硬件

软件由大赛组委会统一提供，包括“CAXA 制造工程师 2011 大赛专用版”和“CAXA 网络 DNCV2008”。选手也可自带 Pro/E 正版软件，大赛提供技术支持。每台数控机床配备一台台式计算机，用于选手浏览图样与三维造型、进行零件建模与数控编程、程序传输等。

4. 夹具

现场提供组合夹具，含组合夹具主体、压板，组合夹具用可调平口钳、附件等。比赛现场用组合夹具如图 4-66 所示，夹具主体上面安装可调平口钳。

该组合夹具可实现装夹角度的变换，可实现平面位置、垂直位置、角度位置、空间角度结构要素的加工，可实现 0°、45°、90°三种位置的装夹加工，如图 4-67 所示，还可实现 0～360°的圆周分度。

为了避免本体使用夹具装夹时加工干涉，同时使本体旋转加工角度时精确定位，夹具设计了过渡盘与定位心轴，以夹具圆基础板中心孔为基准，过渡到本体中心孔上。

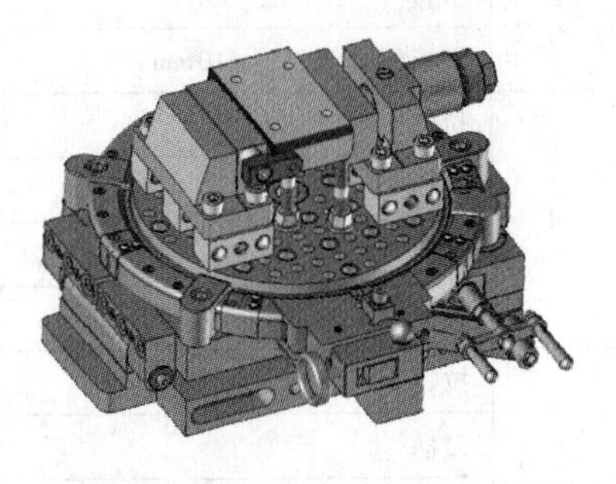

图 4-66　数控铣比赛用组合夹具

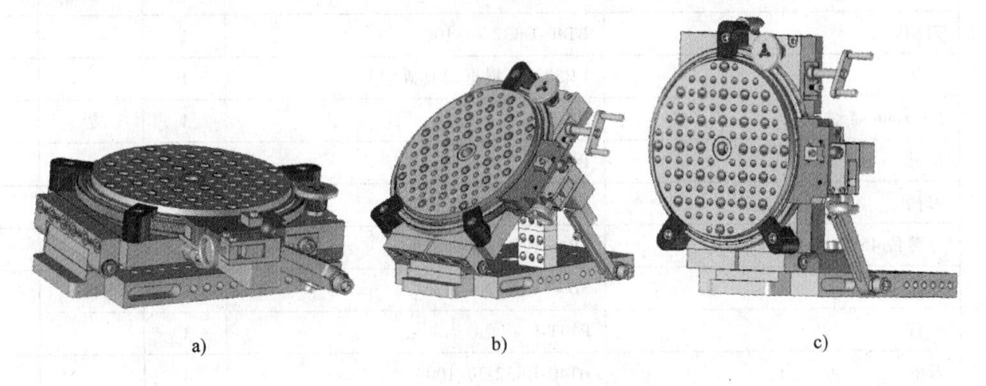

a)　　b)　　c)

图 4-67　组合夹具三种可调角度

a）0°位置　b）45°位置　c）90°位置

5. 刀柄刀具清单

本届比赛主要刀柄、刀具由大赛组委会统一提供，见表 4-28。

表 4-28　刀柄刀具清单

序号	名称	规格	数量	加工材料	备注
1	拉钉	P40T-I	1		
	刀柄	BT40-ER32-70/100	1		
	卡簧	ER32-20	1		
	可转位立铣刀	SB90-20R2AP10-A20L170	1		
	刀片	AP＊＊1003＊＊	2	铝	
2	拉钉	P40T-I	1		
	刀柄	BT40-ER32-70/100	1		
	卡簧	ER32-10	1		
	整体硬质合金立铣刀（ϕ10mm）	ZLD-1002504075A10M	1	钢	

（续）

序号	名称	规格	数量	加工材料	备注
3	拉钉	P40T-I	1		
	刀柄	BT40-ER32-70/100	1		
	卡簧	ER32-10	1		
	高速钢立铣刀（ϕ10mm）	ϕ10mm	1	铝	
4	拉钉	P40T-I	1		
	刀柄	BT40-ER32-70/100	1		
	卡簧	ER32-6	1		
	整体硬质合金键槽刀	ϕ6mm	1	铝	
5	拉钉	P40T-I	1		
	刀柄	BT40-ER32-70/100	1		
	卡簧	ER32-8	1		
	整体硬质合金球头铣刀（ϕ8mm）	ZQR4.00-0801602060A8M	1	铝	
6	拉钉	P40T-I	1		
	刀柄	BT40-ER32-70/100	1		
	卡簧	ER32-4（根据刀具确定）	1		
	R0.3mm 雕刻刀	R0.3	1	铝	
7	拉钉	P40T-I	1		
	刀柄	BT40-XP20-63（100）	1		
	可转位45°立铣刀	SB45-12R1SD09-B20	1		
	刀片	SD * * 09T3 * *	1	铝	
8	拉钉	P40T-I	1		
	刀柄	BT40-ER32-70/100	1		
	卡簧	ER32-8（根据刀具确定）	1		
	机绞刀	ϕ8H7	1	铝	
9~12	拉钉	P40T-I	1		
	刀柄	BT40-KPU13-95	1		
	中心钻	ϕ3mm	1	铝	
	钻头	ϕ10.5mm	1	铝	
	钻头	ϕ8.5mm	1	铝	
	钻头	ϕ7.8mm	1	铝	
13	拉钉	P40T-I	1		
	刀柄	BT40-ER32-70/100	1		
	卡簧	ER32-8（最好是7~8的卡簧）	1		
	机用丝锥	M10	1	铝	
14	拉钉	P40T-I	1		
	刀柄	BT40-XP20-63（100）	1		

（续）

序号	名称	规格	数量	加工材料	备注
14	可转位螺纹铣刀	SF90-21R1T21-B20	1		
	刀片	21I2.0ISO	1	铝	
15	拉钉	P40T-I	1		
	刀柄	BT40-XMA22-100	1		
	可转位槽铣刀	SF90-54R5GV16-P22	1		
	槽铣刀	GV16T185L（GV16T215T）	1	铝	
16	拉钉	P40T-I	25		
	刀柄	BT40-XMA22-40/100	25		
	可转位面铣刀	SA90-50R4AP16-P22	25		
	刀片	AP＊＊1604＊＊	60	铝	

6. 量具清单

本届比赛量具由选手自带。组委会在竞赛前 3 周公布量具清单。清单见表 4-29。

表 4-29　数控铣比赛量具清单

月　日　上午/下午		工种：	决赛编号：			姓名：	
序号	名称	规格	分度值	数量	领√	还√	备注
1	游标卡尺	0～150mm	0.02mm	1			
2	游标深度尺	0～200mm	0.02mm	1			
3	杠杆百分表			1 套			
4	磁性表座			1 套			
5	内径百分表	ϕ18～ϕ35mm	0.01mm	1			
6	内径百分表	ϕ35～ϕ50mm	0.01mm	1			
7	内径百分表	ϕ50～ϕ100mm	0.01mm	1			
8	外径千分尺	0～25mm	0.01mm	1			
9	外径千分尺	25～50mm	0.01mm	1			
10	外径千分尺	50～75mm	0.01mm	1			
11	外径千分尺	75～100mm	0.01mm	1			
12	塞规	ϕ8H7	H7	1			
13	金属尺	200mm		1			

7. 辅件清单

本届比赛辅件清单见表 4-30。

表 4-30　数控铣比赛辅件清单

月　日　上午/下午	工种：	决赛编号：			姓名：
序号	名称	数量（个人）	领√	还√	备注
（一）文件清单					
1	参赛选手物品发放一览表	1 份			
2	图样	1 份			
3	草稿纸	1			

（续）

月　日　上午/下午	工种：	决赛编号：			姓名：
序号	名称	数量（个人）	领√	还√	备注
（二）毛坯、夹具及辅件清单					
1	毛坯	4			
2	铜棒	1			
3	油石	1			
4	活扳手	1			
5	组锉	1套			
6	眼镜	1			
7	铜皮（1mm）	2			
8	布	1			
9	毛刷	1			
10	镜子	1			
11	黑色记号笔	1			
12	组合夹具	1套			

4.4.5　加工工艺分析

1. 本体零件加工工艺分析

1）本体零件加工工艺过程。本体零件三维造型如图4-68所示，该零件加工内容为两侧平面、两侧配合圆弧面、两侧配合圆孔、定位销孔、螺纹等。零件为两侧对称结构，配合加工要素较多。在本零件加工中，首次采用可转位螺纹铣刀加工外螺纹，首次采用可转位槽铣刀加工螺纹退刀槽，这是本试题的亮点。表4-31为本体零件加工过程图解，详细描述了零件合理的加工工艺过程。

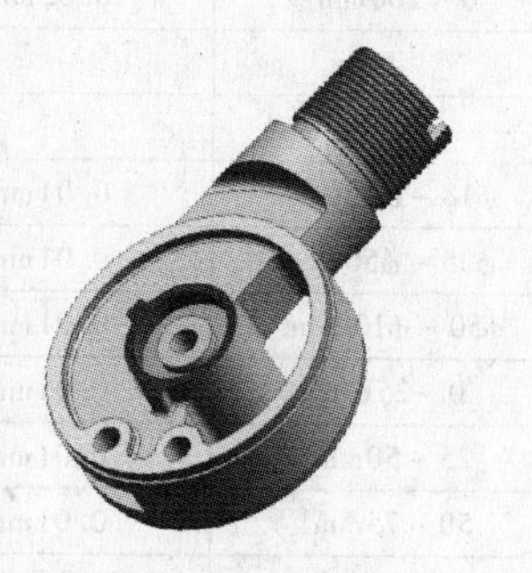
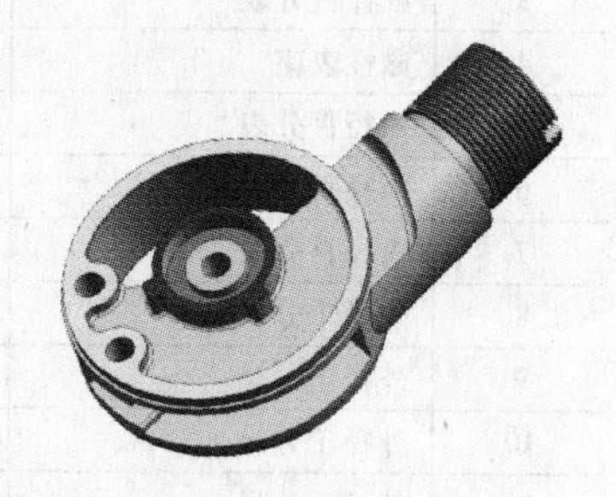

图4-68　本体零件三维造型

表4-31　本体零件加工过程图解

序号	工序加工位置	装夹方式与加工内容
1		将零件平放在夹具上，以压板装夹找正，注意避让加工区域 加工A面均匀去除余量（约0.5mm），加工B面 $\phi85^{-0.10}_{0}$ mm外圆配合面（重点保证） 加工C、D凸台上平面，保证位置，注意阶差控制 加工E处圆弧槽，保证直径与深度，直径 $\phi29^{+0.10}_{0}$ mm、$\phi17^{0}_{-0.1}$ mm为配合面，深度 $6^{+0.20}_{+0.10}$ mm加工为上偏差 加工F、G、H3处 ϕ8H7销孔。因铸件底孔已经铸出，为防止孔位偏差，建议先用铣刀引孔，钻头扩孔，最后进行铰孔

（续）

序号	工序加工位置	装夹方式与加工内容
2		零件翻面，夹具位置不变，将现场提供的过度盘通过定位心轴与组合夹具圆基础板中心孔定位连接，通过双销定位将本体零件与过渡盘连接。采用 ϕ8H7 孔通过一个圆柱销与一个菱形销定位。定位完成后以压板压紧找正。保证工件与夹具中心一致 因本体零件左右对称，参照上道工序加工方法，依次加工各加工要素，加工内容与上道工序一致。重点保证配合要素。销孔在上道工序应一次加工通透
3		保持零件装夹状态不动，松开夹具固定螺栓，将夹具翻转成 90°，后端通过支承架装夹锁紧 松开圆周分度锁紧装置，转动转盘，位移 5°，保证本体零件竖直向上 加工上平面，保证长度，加工 *I* 处宽 6mm 槽，2 处加工外螺纹外径，保证深度要求，注意避免刀柄干涉利用可转位槽铣刀加工 *J* 处螺纹退刀槽，切削量不宜太大 利用可转位螺纹铣刀加工 *K* 处外螺纹，多刀切削，避免切削力太大。用衬套零件进行检验试装，确保配作合格

2）本体零件加工要点分析。

① 本体零件毛坯为精铸件，加工余量比较均匀，两端面余量约为 0.5mm。加工前应进行毛坯测量，加工时两面均匀去除余量，以避免装配干涉。

② 本体零件为整套试题配合的关键零件，涉及配合要素较多，在保证零件精度的基础上，合理利用公差带，保证配合尺寸的一致性与合理性。

③ 本体零件加工需要利用组合夹具进行三次装夹，并使用了夹具的翻转与分度功能，工艺性较强，需要对图样有充分的了解，对夹具进行合理的使用。选用其他方法也能进行加工，但很难满足装配要求。

④ 对于外螺纹铣削这一新考点，其加工方法与内螺纹铣削基本一致，只是要注意螺纹旋向问题。对于本体零件，由于竖直装夹时零件壁厚较薄，刚性较弱，切削量不宜过大，避免零件加工变形，影响零件表面质量，影响配合。加工完螺纹后必须与衬套零件进行试配，否则无法完成配合。

2. 底壳零件加工工艺分析

1）底壳零件加工工艺过程。底壳零件三维造型如图 4-69 所示，该零件加工内容为外形轮廓、镂空腔槽、沉台、连接孔、

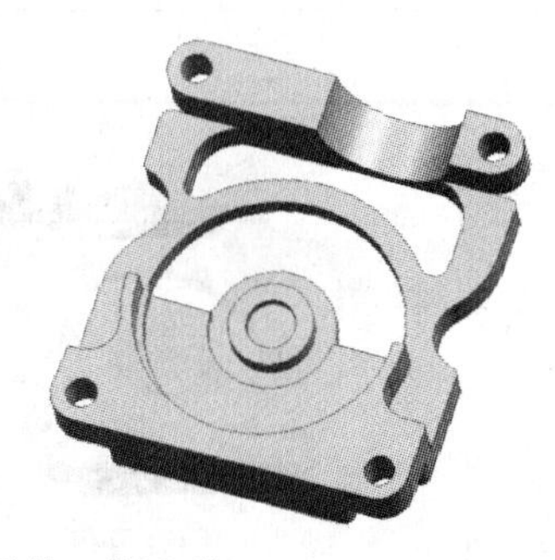

图 4-69　底壳零件三维造型

配合圆弧面、配合半圆柱面、刻字加工等。零件为弱刚性镂空结构，零件毛坯为2A12板料。在本零件加工中，首次采用R0.3mm雕刻刀进行刻字加工，合理利用编程软件的功能，可以快捷地进行刻字编程及加工。表4-32为底壳零件加工过程图解，详细描述了零件的加工工艺过程。

表4-32 底壳零件加工过程图解

序号	工序加工位置	装夹方式与加工内容
1	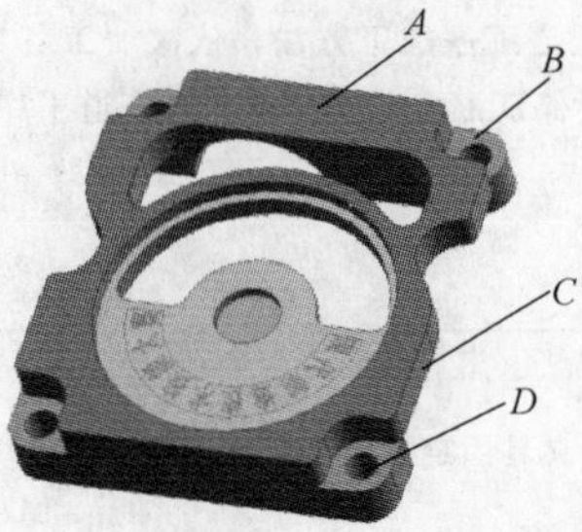 A B C D	将零件平放在夹具上，以夹具用平口钳装夹外形，找正 加工A面见光，保证两大平面均匀去除余量 加工B面沉台及C面轮廓，轮廓余量尽量均匀 加工D处4个通孔，此孔也可在翻面装夹时加工
2	 E F G H	加工E处内型面，深度大于12mm即可，后续翻面加工后达到镂空效果 加工F处沉圆，满足公差要求，此面为刻字加工用，无配合 加工G处半圆镂空通槽，深度略大于12mm，后续翻面加工后镂空 加工H处沉圆，保证ϕ21mm
3	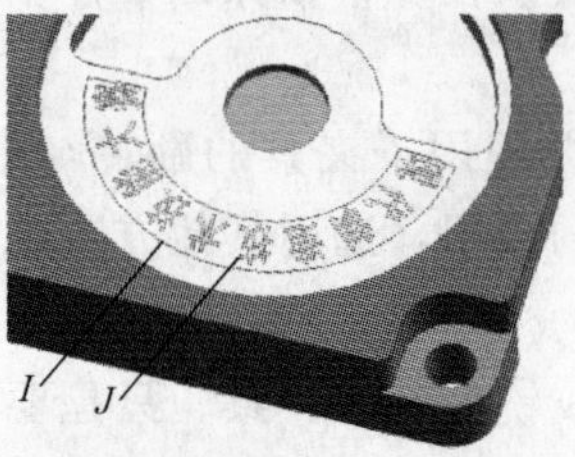 I J	如放大图所示，进行I区域内的刻字加工，采用R0.3mm雕刻刀，根据技术要求刻字，字高10mm，字深0.2~0.3mm，字体自定，刻字内容J与图样一致，单线刻字，线框可以不加工
4	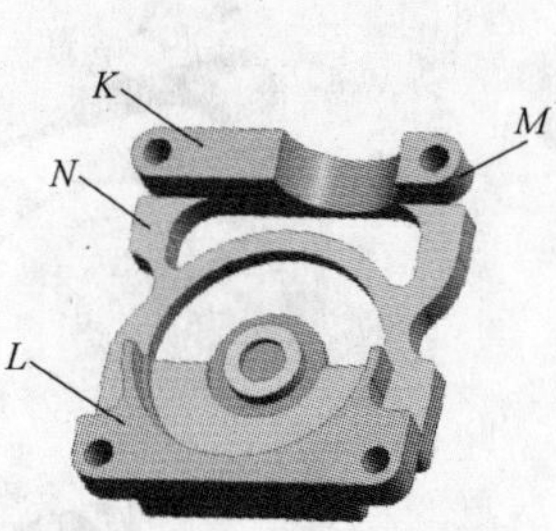 K M N L	翻面，以平口钳装夹C面两侧面，以已加工面找正，进行K面、L面大平面的补充加工，保证厚度尺寸27±0.1mm 加工M面区域，保证厚度12±0.1mm，此区域去除余量较大，采用层切方式，尽量减小变形 加工N处圆周轮廓，侧面接刀

（续）

序号	工序加工位置	装夹方式与加工内容
5		加工 O 处半环槽，深 11±0.1mm 加工 P 处平面及配合半圆面，保证 $R24.5^{+0.20}_{+0.10}$mm，深 4mm，尽量加工为上差，有利于配合 加工 Q 处圆台，注意图纸高度平面，与圆止口不在一个平面上 加工 R 处与 S 处内外圆台，注意配合尺寸的重点保证
6		加工 T 处半圆圆柱槽，保证 $R23^{+0.4}_{0}$mm 注意，此面为与衬套外圆面的配合面，在使用球头铣刀加工该型面时，尽量按上差加工，保证配合间隙，避免装配干涉

2）底壳零件加工要点分析。

① 底壳零件毛坯为 2A12 板料，毛坯尺寸为 144mm×129mm×28.5mm，四周余量为 2mm，上下面余量总计为 1.5mm，故在加工时需要均匀分配余量，控制变形，保证外形尺寸的加工需要。

② 在加工该零件时，合理利用组合夹具上的平口钳，调整平口钳的安装位置，保证装夹加工需要。加工中也可采用压板压紧的装夹方式，但加工效率会大大降低。

③ 在分析零件图样及造型时，要注意图样尺寸的标注。此零件的外形位置与中间圆台的实际位置为非对称结构，而 T 处圆柱面又与中间圆台位置偏移 19mm。所以，如果误将中心圆台画成居中位置，则加工要素和配合要求均无法保证。

④ 在整体加工工艺顺序的编排上，底壳零件应在镶盖零件之前加工，以满足工艺需要。

3. 镶盖零件加工工艺分析

1）镶盖零件加工工艺过程。镶盖零件三维造型如图 4-70 所示，该零件加工内容为异型外形轮廓、异型腔槽、沉台、螺纹孔、配合圆弧面、配合半圆柱面、特型面加工等。零件为典型的非对称异型结构，零件毛坯为 2A12 板料。在本零件加工中，重点考核工艺能力，需要利用已加工的底壳零件作为该零件加工的工装，采用螺栓连接后进行加工，通过装夹转换与基准装换，解决异型零件的装夹定位问题，进行快速加工。

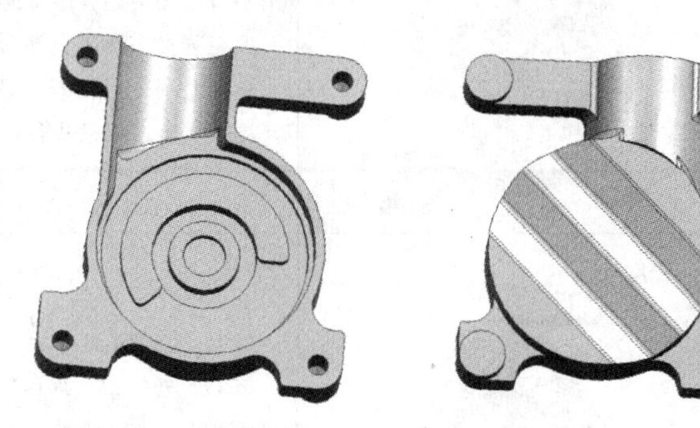

图 4-70　镶盖零件三维造型

这是本套试题的最主要的考点，也是企业加工工艺性应用的典型方法体现。表 4-33 为镶盖零件加工过程图解，详细描述了零件的加工工艺过程。

表 4-33　镶盖零件加工过程图解

序号	工序加工位置	装夹方式与加工内容
1	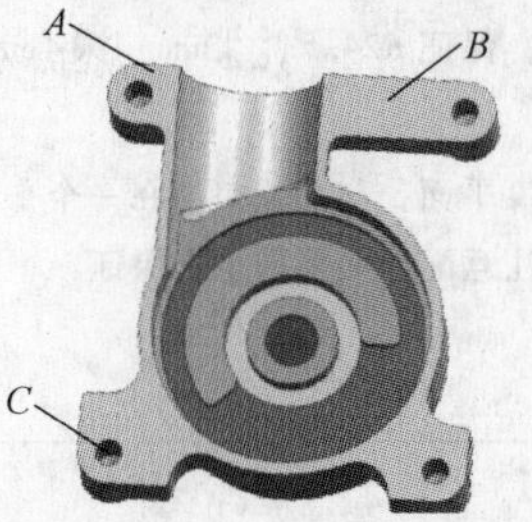	将零件平放在夹具上，以夹具用平口钳装夹，找正 加工 *A*、*B* 大平面见光，保证两大平面均匀去除余量 加工 *C* 处 4 个 M10 螺纹底孔 ϕ8.5mm，孔深 14mm 加工 4 个 M10 螺纹，可采用刚性攻螺纹或手工攻螺纹的方式加工，螺纹有效深度 11mm，保证旋合需要
2	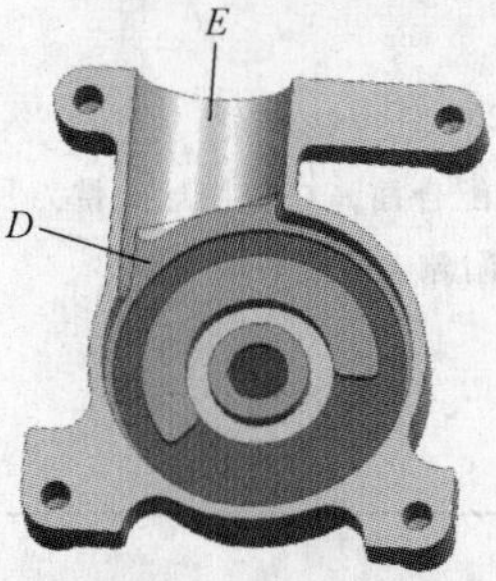	进行内腔的余量粗加工，可采用型腔铣或层切的方式 加工 *D* 处平面，深度 11 ±0. 1mm，保证几何公差要求 加工 *E* 处圆柱面，保证 $R23^{+0.4}_{0}$ mm。注意，此面与衬套外圆面配合，在使用球头铣刀加工该型面时，尽量按上差加工，加工 *E* 面与 *D* 面的过渡棱边，保证清根，以避免装配干涉
3	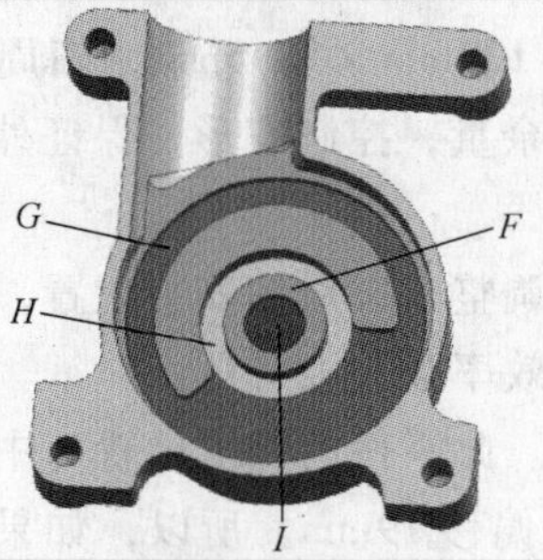	加工 *F* 平面，与 *D* 面阶差为 $1^{+0.1}_{0}$ mm，注意此平面的位置 加工 *G* 面槽，保证深度 3mm 加工 *H* 处环槽，深 $7^{+0.20}_{+0.10}$ mm，保证几何公差要求，为满足配合需要，尽量按上差加工 加工 *I* 处沉台，保证深度 $3^{+0.2}_{+0.1}$ mm
4	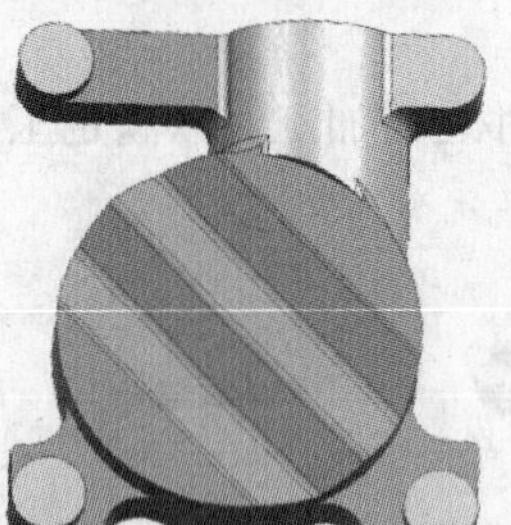	卸下零件，通过螺钉将镶盖零件与底壳零件连接，如图示位置放置，使用平口钳装夹底壳零件两侧面，进行镶盖零件的外形加工 找正装夹，加工上平面，去除余量 加工左图外形轮廓，保证深度方向加工到位，避免与底壳零件加工干涉 注：本工序必须进行组合加工，让底壳零件成为本次加工的装夹工装
5	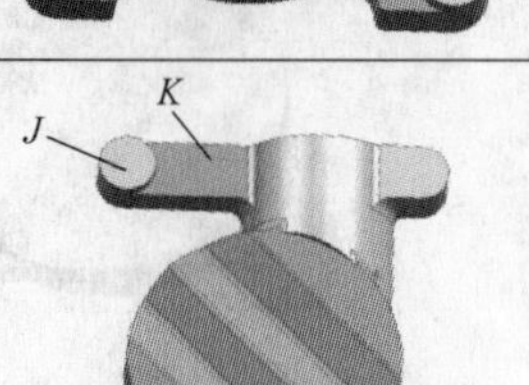	加工 *J* 位置 4 处平面，保证厚度尺寸 19 ±0. 1 mm 加工 *K* 处平面，保证厚度 14mm 加工 *L*、*M* 处平面，保证厚度 14mm，圆台尺寸 ϕ20mm

（续）

序号	工序加工位置	装夹方式与加工内容
6	M P O	粗加工 N 处圆弧面余量，精加工圆弧面，保证尺寸 $R27$mm，保证过渡圆角的加工 加工 O 处大平面余量，保证厚度尺寸 24 ±0.1mm 加工 P 处特型面，采用球头铣刀进行加工，各圆角光顺，突出可视性 加工完成后卸下底壳零件，进行后续零件加工及装配

2）镶盖零件加工要点分析。

① 该零件加工的主要考点就是加工的工艺性，利用其中一件零件作为本零件加工的转换装夹工装，实现合理的装夹加工。其实，在试题图样装配结构上已经有所提示，选手如具备一定的工艺基础可以想到此种方法，该零件的结构及加工工艺性企业化特征明显。除此之外，也可以通过倒压板的方式进行加工，但加工难度会增大很多，精度也不容易保证。

② 镶盖零件毛坯为 2A12 板料，毛坯尺寸为 144mm × 129mm × 28.5mm，四周余量为 2mm，上下面余量总计为 1.5mm。因该零件外形为异型结构，下平面去除余量不宜过大，保证外形圆柱面有约 0.5mm 的余量，保证整体加工效果。

③ 在分析零件图样及造型时，也要注意图样尺寸的标注，注意公差方向，保证加工的正确性，协调进行配合要素的加工保证。

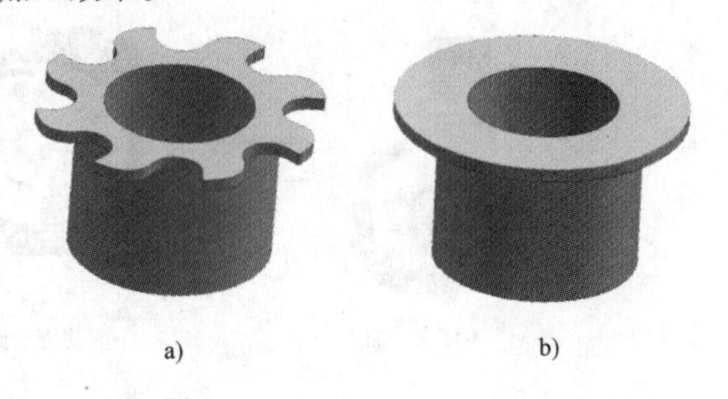

图 4-71 衬套零件三维造型与预制毛坯图

4. 衬套零件加工工艺分析

1）衬套零件加工工艺过程。衬套零件如图 4-71a 所示，衬套零件材料为 45 钢，也是本套试题的唯一钢质零件，同时也是预加工零件，外形及螺纹等要素均已预加工完成，比赛中进行局部要素补充加工，右图为衬套零件预加工毛坯。表 4-34 为衬套零件加工过程图解。

表 4-34 衬套零件加工过程图解

序号	工序加工位置	装夹方式与加工内容
1		通过夹具提供的 V 形块外圆定位，利用机用平口钳装夹，找正零件 选取加工钢类材料所用整体硬质合金立铣刀（ϕ10mm）加工棘轮外形，保证外形光顺

2）衬套零件加工要点分析。衬套零件加工量较小，结构简单，其加工要点就是利用夹

具的正确装夹定位，合理利用夹具附件。另外就是选取合理的加工刀具。

5. 本套试题总体加工流程

综上加工分析，本套试题总体加工流程如图 4-72 所示。

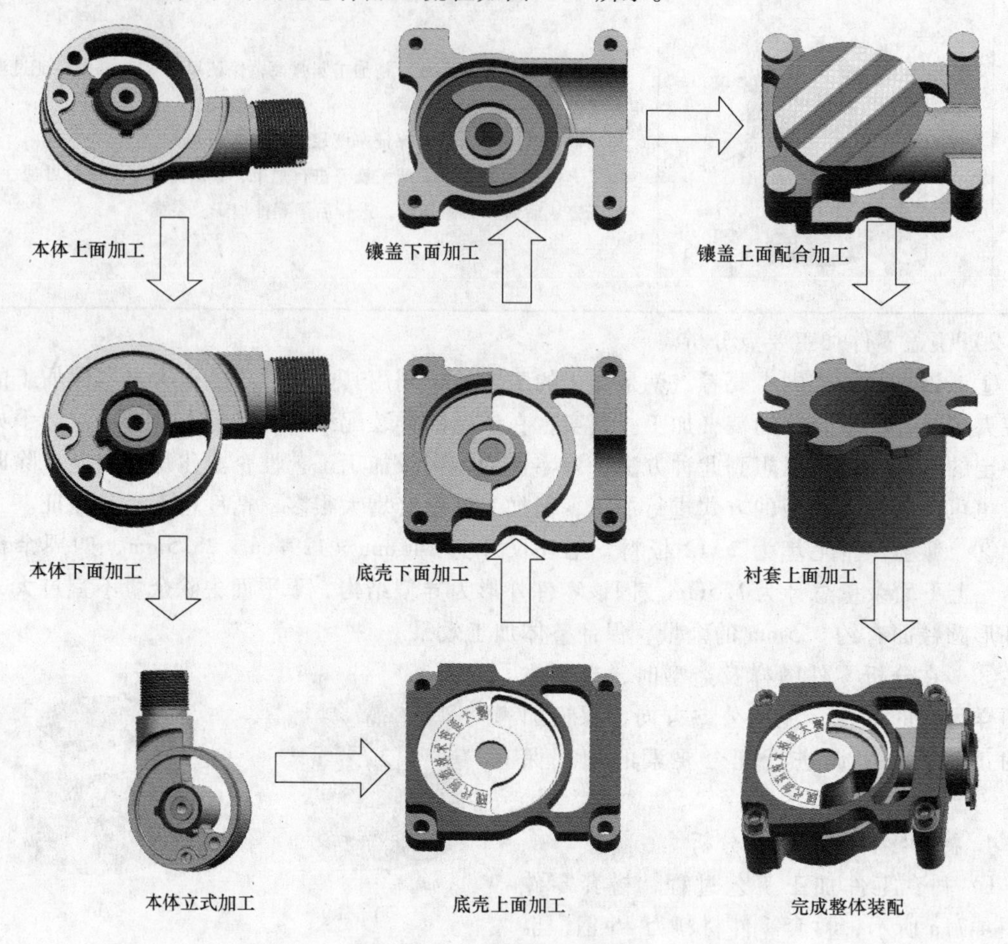

图 4-72 总体加工流程图

4.4.6 比赛中选手典型问题分析

分析本届比赛选手的赛场表现，较往届比赛有较大进步。选手的综合能力较强，在加工基本技能、自动编程能力、工艺分析能力、赛场应变能力、比赛节奏控能力等方面进步明显。但在比赛中也暴露出一些问题，对成绩带来较大影响，典型问题主要包括以下几点。

1. 工艺分析能力尚显不足

本套试题的工艺难度较往届有明显提高，需要选手综合分析，制订合理的加工工艺方案。例如，本体零件利用回转夹具的三次装夹加工，镶盖零件与底壳零件的组合加工等，均需要有较好的工艺技巧。实际加工中，相当一部分选手选用了错误的加工方式或加工顺序，导致试题无法正常加工或加工速度较慢、加工精度较差，相对评定成绩不高。在今后的训练中，选手应重点加强工艺能力的训练，紧密结合企业生产实际，提高工艺水平。

2. 错误的装夹方式

在比赛中，部分选手对试题理解不到位，对现场夹具、附件等工艺条件的理解不够，实际加工工艺能力不足，导致不少选手采用了错误的装夹方式，影响了整体加工效果。

在本套试题中，本体零件外螺纹需要与衬套零件旋合连接，连接后与镶盖、底壳完成配合，所以螺纹加工应确保与本体其他要素的位置精度。正确的加工方法应是采用组合夹具利用双销定位并夹紧，加工侧面要素后，利用夹具功能精确直立、旋转，保证螺纹加工部位与工作台垂直，从而保证加工后螺纹位置精度。而有的选手采用平口钳直接装夹本体，导致找正精度不高，螺纹加工歪斜。由于铸件刚性较弱，也极易造成铸件损坏。

在衬套零件的加工中，因其材料为 45 钢，正确的装夹方法是使用机用平口钳通过 V 形块定位装夹，装夹加工简单快捷。有的选手为图省事，加工本体螺纹后直接将衬套零件旋合后加工，因本体零件为弱刚性零件，装夹时悬伸较长，导致装夹刚性极弱，切削速度慢，结果事倍功半。同时，此种方法又极易造成本体零件的损坏，得不偿失。

3. 实际加工经验不足

因本届比赛首次采用铝合金零件与铸件，有些选手明显实际加工经验不足，欠缺对铝合金等非铁金属材料性能及加工特性的了解，欠缺对弱刚性铸件加工的特性了解，参数选择不合理。

4. 造型与编程不合理

数控大赛追求规定时间的加工效果，比赛中力求快速、便捷、准确，所以在零件造型及程序编制时力求快速准确，不拘形式，程序追求简洁可靠。不少选手在比赛中花费大量时间进行了零件整体造型，而不是根据加工要素进行简洁造型、快速编程，造成效率较低。

第5章 数控技能大赛辅助管理软件应用

数控技能大赛辅助管理软件采用了数字化考试系统作为平台，将选手、裁判、试题、考场等进行统一管理。该考试系统使用“CAXA 的教学管理系统 2011R11”，该系统能支持数控类的文档管理、数控加工所需的 CAD/CAM 软件管理。

5.1 系统应用部署

5.1.1 概述

考试系统主要包括考试中心、考点管理、考生考试三大部分，如图 5-1 所示。

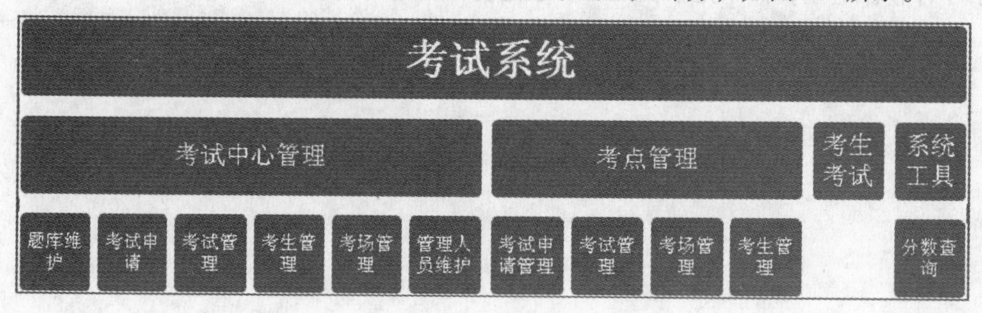

图 5-1 系统功能

1. 考试中心管理

(1) 题库维护　主要是题库管理，题库数据的导入。

(2) 考试申请　考生考试前需要进行申请，填写申请的科目，由考试中心确认，生成考试。

(3) 考试管理　主要是生成试卷，自动评分，产生成绩报表。

(4) 考生管理　主要是考生信息的维护。

(5) 考场管理　主要是考场信息的维护。

(6) 管理人员维护　系统的管理人员包括以下三种角色：

1) 系统维护人员：默认用户 admin，进入系统后可以新增考试，设置考试管理人员。

2) 考试维护人员：由系统维护人员在考试上设定，可以完成考试维护的功能。

3) 题库维护人员：由系统维护人员新增角色为“题库维护”的人员，可以完成题库维护的功能。

2. 考点管理

(1) 考试申请管理　考生考试前需要进行申请，填写申请的科目，由考试中心确认，生成考试。

(2) 考试管理　包括考点考试包下载、考点答题包上传等。

3. 考生考试

考生考试包括考生考试包下载、理论考试、实操考试、考生考试包提交等。

考试系统应用特点如下：

1）两级服务器模式：中心服务器、考点服务器，可有效支持负载均衡，支持大用户量访问。

2）支持单选、多选、填空、问答、绘图、实操等多种理论试题。

3）实操试题答题时与三维软件（CAXA 实体设计）紧密集成。

4）支持理论试题和实操试题的自动判分。

5）支持试题批量导入，便于系统维护。

6）可根据考生的报考类型根据规则自动匹配生成试卷，匹配规则可进行维护和定义。

7）考试系统默认集成浏览的文件类型：

①　mxe、igs、x_t 由制造工程师浏览组件。

②　Exb、lxe：CaxaView 浏览组件。

③　ics：实体设计浏览组件。

④　doc、xls：需要系统安装 office 软件。

⑤　txt、cut、mpf、nc、h、dat 等程序代码属于文本文件。

8）考试系统支持修改编辑的文件：

①　mxe、igs、x_t：由 CAXA 制造工程编辑。

②　lxe：由 CAXA 数控车编辑。

③　txt、cut、mpf、nc、h、dat：由编程助手编辑。

④　ics：由实体设计编辑。

5.1.2　考试系统应用部局

为了支持负载均衡，支持大用户量访问，采用中心服务器和考点服务器。两级服务器模式，如图 5-2 所示。中心服务器负责试题和考试的维护。考点服务器作为考生考试的试卷上传和下载的二级服务器，在每个考点维护管理。

中心服务器、考点服务器也可以合并为一个服务器，可以保证考试的更快速实施。

5.1.3　考试系统应用流程举例

系统应用流程如图 5-3 所示，具体步骤为：

1）考点-新建申请。

2）考点-新建考生、提交申请。

3）试题管理-科目管理。

4）用户管理-试题、用户管理。

5）试题管理-知识点管理。

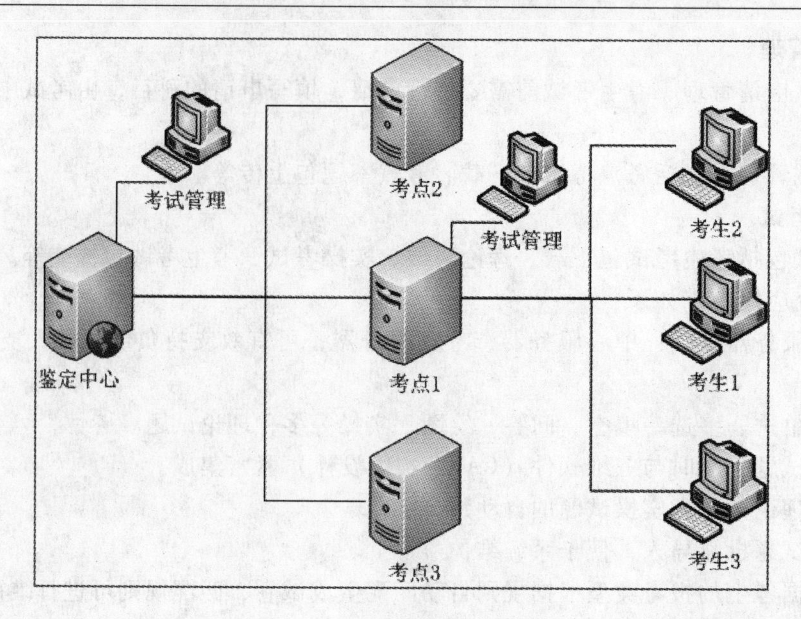

图 5-2　考试系统应用部局

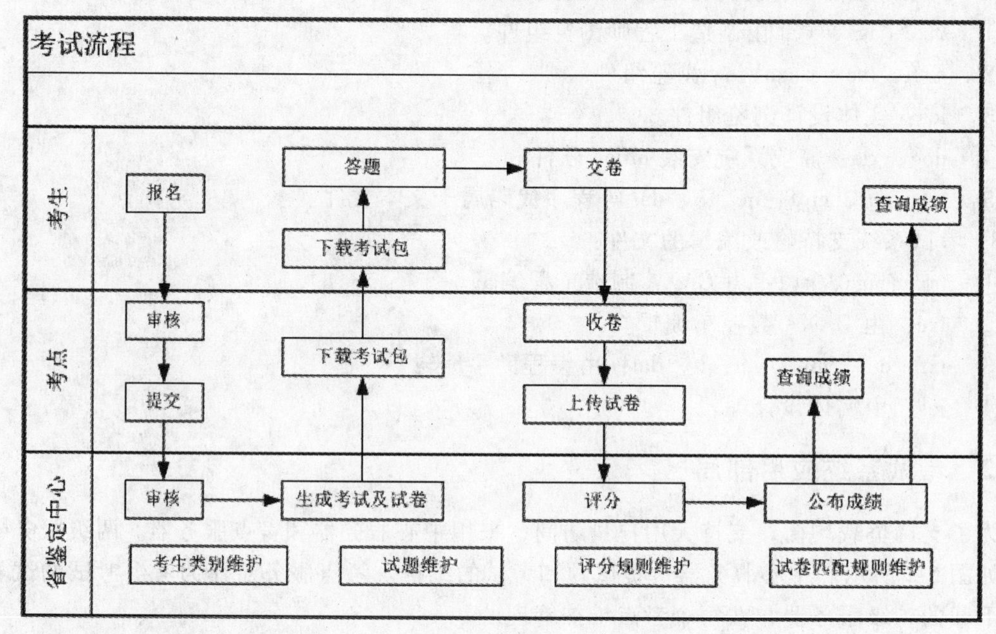

图 5-3　考试系统流程图

6）试题管理-考题管理。

7）试题管理-考题编辑题型。

8）试题管理-考题编辑难度。

9）考试管理-出题规则列表。

10）考试管理-出题规则明细。

11）考试管理-申请列表。

12）考试管理-申请确认，生成试卷，完成。

13）考点-下载试卷。

14）考生-考试。

15）考生-答题，单选题、判断题。

16）考生-答题，多选题。

17）考生-答题，填空题。

18）考生-答制图题，启动实体设计。

19）考生-答制图题，实体设计提交。

20）考生-答题，交卷。

21）考点管理-收卷。

22）考试管理-自动判分。

23）考试管理-分数查询。

5.1.4　系统配置

本系统运行在局域网络环境下，需要数据库的支持。系统客户机配置要求如下：

硬件要求在 PⅣ/512MB/1.8GB 以上，硬盘剩余空间在 1GB 以上。

软件要求已经安装 WINDOWS XP 中文版以及 Internet Explorer 4.01 SP1 以上版本浏览器。

服务端推荐采用 PC 服务器，1GB 或以上内存，硬盘剩余空间在 20GB 以上，服务端磁盘格式最好使用 NTFS 格式。

服务器要求安装数据库，数据库使用 SQL Server，建议使用 SQL Server2000(SP4)以上版本。

5.2　考生考试

5.2.1　考生考试功能概述

考生考试系统有 4 项功能，如图 5-4 所示。

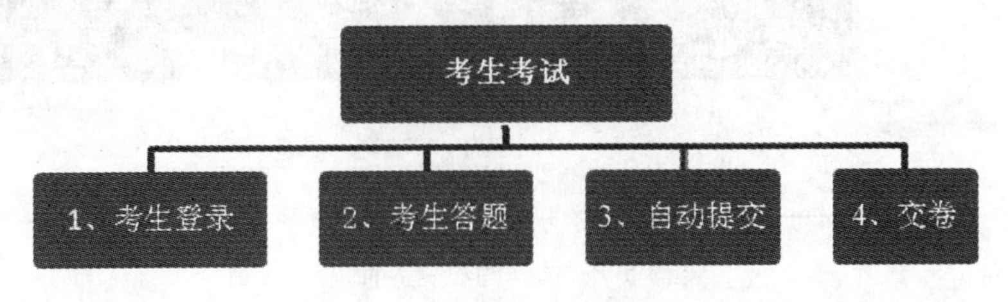

图 5-4　考生考试系统功能

5.2.2　考试系统的应用

1. 考生登录

审核通过的考生首先要在考生登录界面内输入考号和密码，才能进入系统进行考试，如图 5-5 所示。

2. 考生答题

考生答题序列如图 5-6 所示。

(1) 单选题/多选题　屏幕左上侧有试题列表供考生选择，如图 5-7 所示。列名有序号、

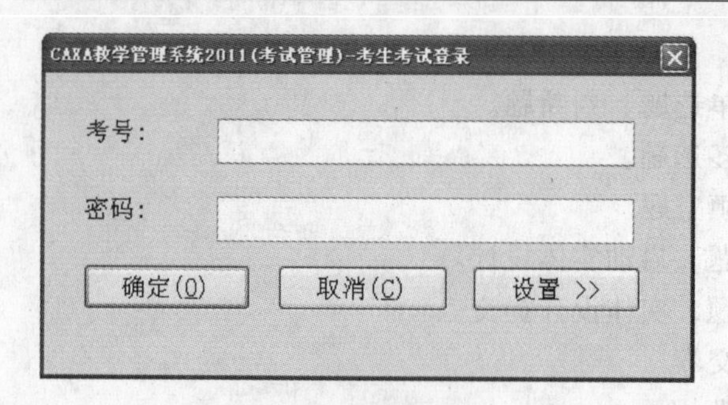

图 5-5　考生登录界面

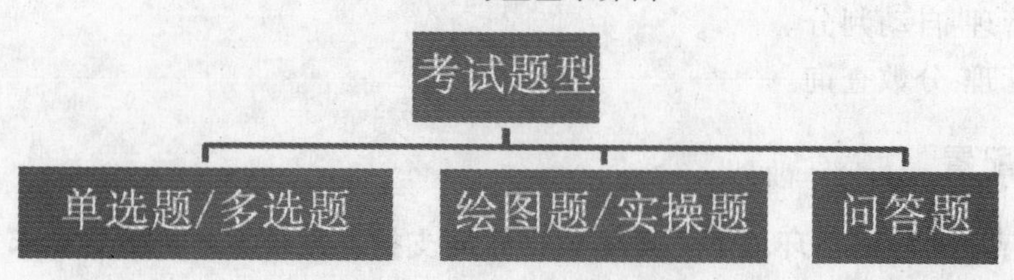

图 5-6　考生答题序列

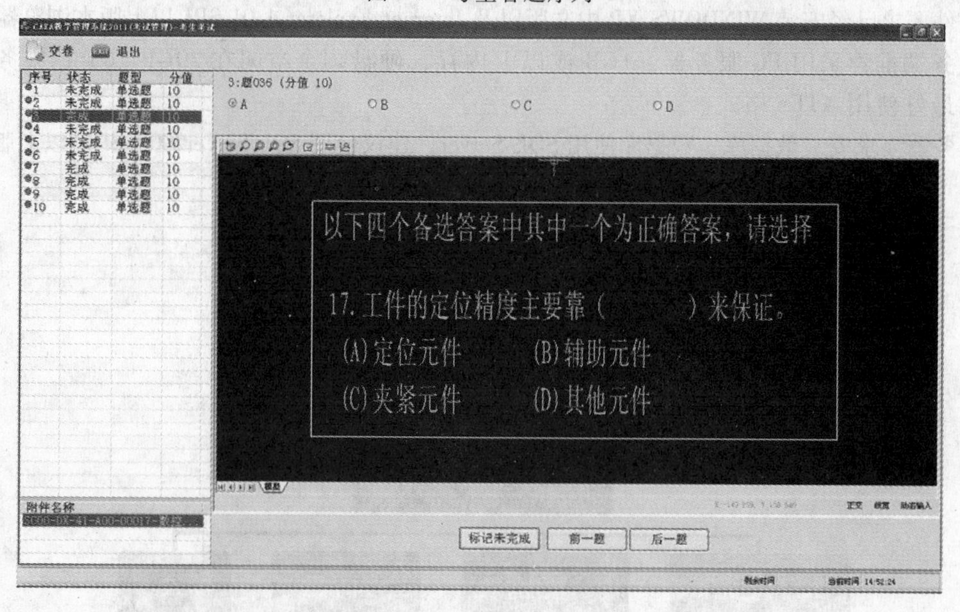

图 5-7　选择题答题界面

状态、题型、分值，并用红色和绿色图标分别显示已答题和未答题，屏幕右侧窗口显示试题详细信息。开始进入此界面，显示第一题，浏览第一个附件。

考生在“选择正确答案”栏中选择并点取答案，交卷后数据提交到数据库。

直接点击“前一题”与“后一题”更换试题。

（2）绘图题/实操题　实操类型题有“试题文档”和“答案文档”两种文件列表，如图5-8所示。在答题文档中，提交考生在该试题的编号对应的物理文件夹中的文件。单击“试题附件”和“答题附件”中的文件可对其进行浏览。双击“试题附件”和“答题附件”中的文件则调用相关工具打开文件。答题文件中有新建、保存、复制、粘贴、删除按钮，用来处理文件。

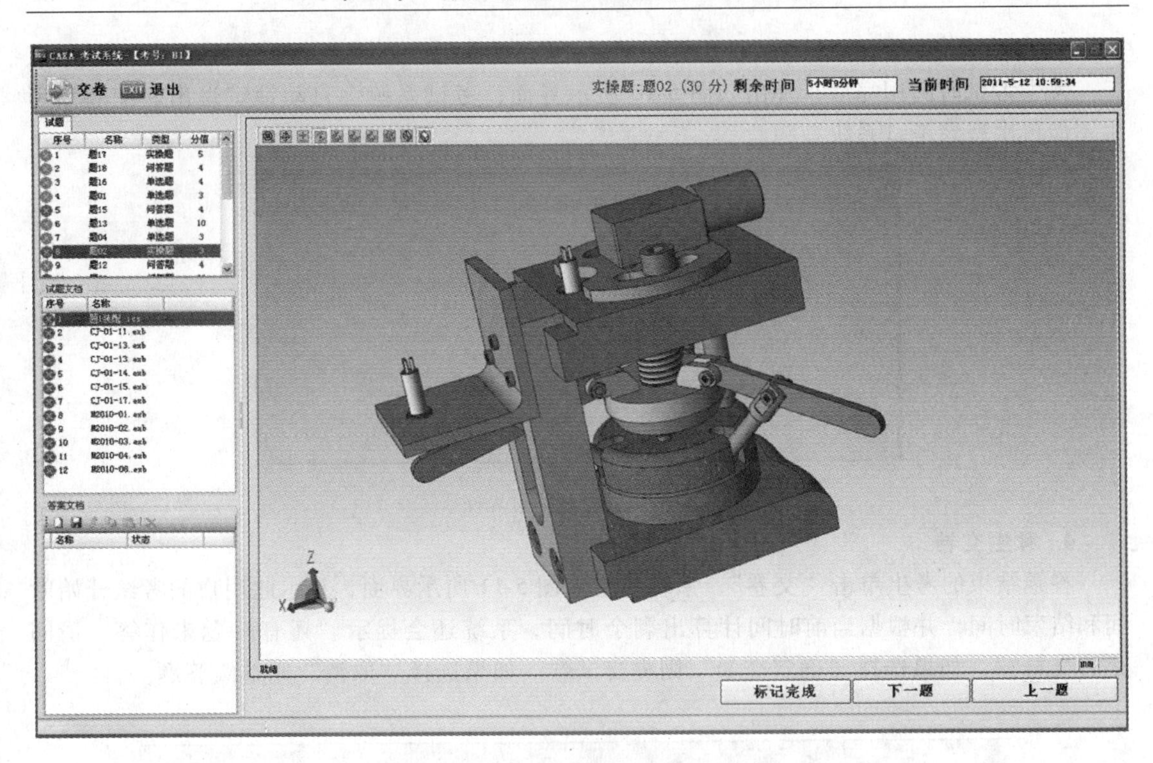

图 5-8　实操题考试模块图例

（3）问答题　如果当前试题类型为问答题时，在屏幕右下侧输入答案，如图 5-9 所示。如果鼠标单击其他位置，答案自动保存。

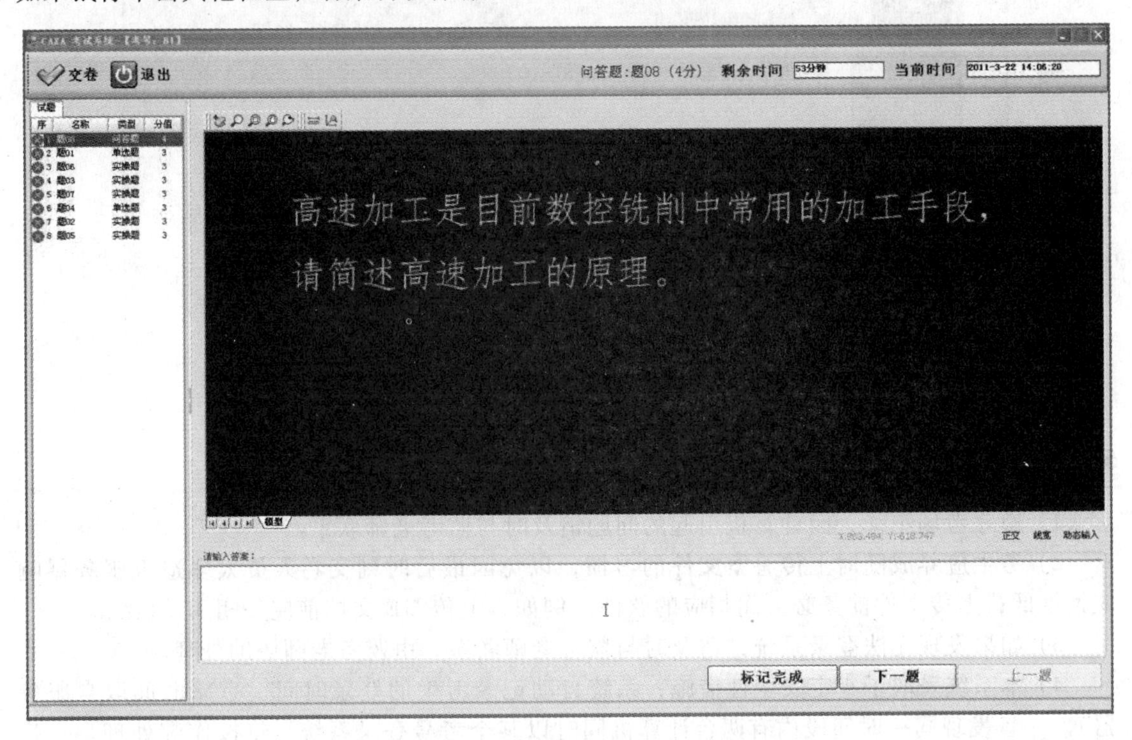

图 5-9　问答题界面

3. 自动提交

考生考试时间用完后，弹出如图 5-10 所示界面，考试系统会自动锁定退出。交卷后考生不能再次登录考试系统答题。

图 5-10 考试结束界面

4. 考生交卷

答题结束的考生单击“交卷”，系统弹出如图 5-11 所示界面，显示此用户的考试开始时间和结束时间，并根据当前时间计算出剩余时间，系统还会提示“还有##题未作答，请问是否交卷?”。如果选择“确定交卷”则提交试卷。如果选择“取消”则继续答题。

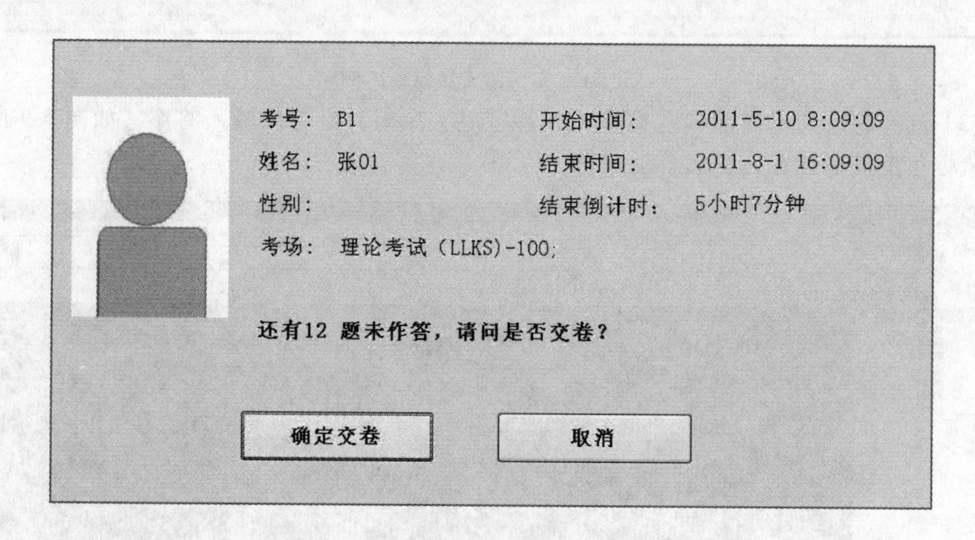

图 5-11 交卷界面

5.2.3 考试过程注意事项

1）遵守考场纪律，因计算机引起的问题请及时与监考老师联系。

2）考生应养成随时上传答案文件的习惯，以免因最后时刻交卷人员太多造成服务器响应速度低；上传文件前务必关闭相应的软件。例如，上传 ME 文档前应关闭 ME 系统。

3）如果发现无法登录系统，请及时与监考老师联系，由监考老师协助处理。

4）本系统采取了一定安全性措施，系统自动记录考生的登录时间（登录时间取自服务器)。一旦发现同一时间段内有两台计算机同时以某个考号登录系统，将按作弊处理。一旦发现某台计算机在考试期间用两个准考证号登录过考试系统，也按照作弊处理。

5）注意保护自己的登录密码，不要被其他考生知道。

5.3　考点管理

考点管理主要包括如图 5-12 所示的功能，考生考试前需要进行申请，填写申请的科目，由考试中心确认，生成考试。考试管理负责考点考试包的下载、考点答题包的上传等。

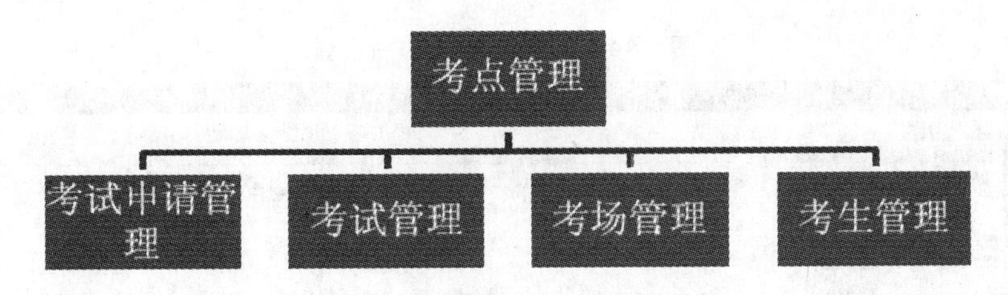

图 5-12　考点管理系统功能

5.4　考生/裁判的机位抽签管理应用

考生/裁判的机位管理采用抽签方式，抽签软件采用"CAXA 电子选号器"，如图 5-13 所示。该选号器是专为大赛开发的，与通用选号器有一定差异。它不仅可以设置"参选人数"、"机位数量"、"起始机位号"，如图 5-14 所示，也能在现有机位号中设置不参选的号码（如避开出现故障机位），如图 5-15 所示。

机位可用数量必须大于或等于选手数量，图 5-16 为选号结果示例。

CAXA电子选号器 - F:\2011r2\Examination\Examination\Release\选号.xls

新建 导入 导出 报表 按选号导出 设置 清除 退出

CAXA 软件服务工业 电子选号器

序号:_______

姓名:_______

000

完成

排队序号	选手编号	选手姓名	选中机位序号	选中机位编号	状态
已选号					
1	1	1号选手	14	14	已选号
2	2	2号选手	19	19	已选号
3	3	3号选手	18	18	已选号
4	4	4号选手	13	13	已选号
5	5	5号选手	15	15	已选号
6	6	6号选手	10	10	已选号
7	7	7号选手	16	16	已选号
8	8	8号选手	11	11	已选号

图 5-13　选号器主界面

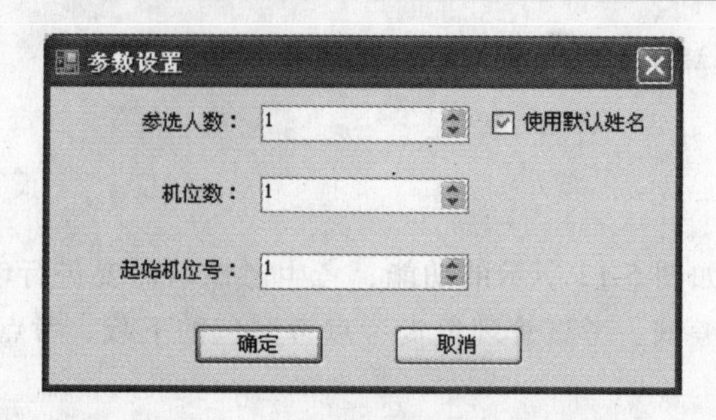

图 5-14　新建选号的初始设置

设置

退出　查找：

排队序号	选手号码	选手姓名	选中号码	状态	签到
1	XJ-0214	张岱方	0	未选号	已签到
2	XJ-0712	马京展	0	未选号	已签到
3	XJ-0153	刘多光	0	未选号	已签到
4	XJ-0210	白云芳	0	未选号	已签到
5	XJ-0102	赵晓缦	0	未选号	已签到
6	XJ-0082	钱鑫荣	0	未选号	已签到
7	XJ-0012	陈小东	0	未选号	已签到
8	XJ-0025	孙汉军	0	未选号	已签到
9	XJ-0183	周海涛	0	未选号	已签到
10	XJ-0321	郑礼君	0	未选号	已签到

序号	机位序号	机位编号	可用
1	01	CJ-01	☑
2	02	CJ-02	☑
3	03	CJ-03	☑
4	04	CJ-04	☒
5	05	CJ-05	☑
6	06	CJ-06	☑
7	07	CJ-07	☑
8	08	CJ-08	☑
9	09	CJ-09	☑
10	10	CJ-10	☑
11	11	CJ-11	☑
12	12	CJ-12	☑

图 5-15　选号详细设置

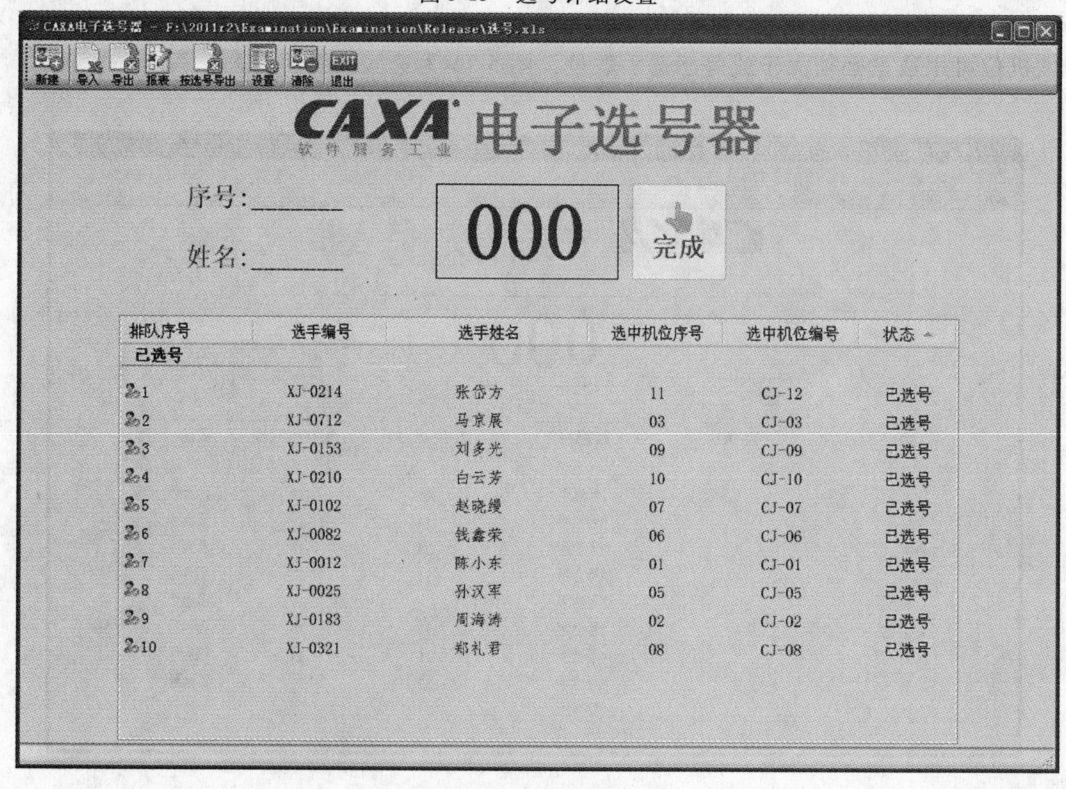

图 5-16　选号结果示例

5.5　考试中心管理

5.5.1　概述

考试中心管理主要包括如图5-17所示功能。

题库维护可从CAXA教学管理系统2011（考试管理）启动菜单“题库维护”或桌面“题库维护”图标登录。

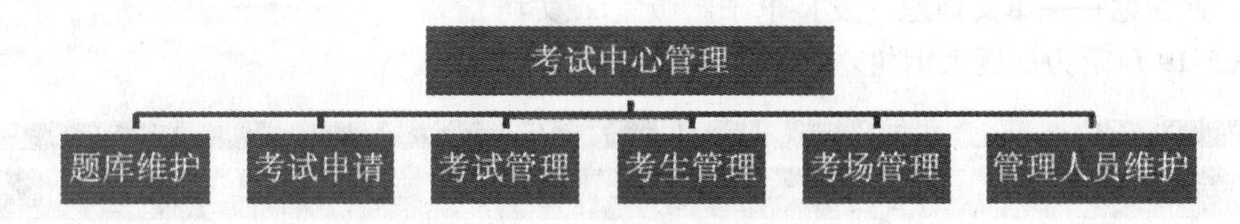

图5-17　考试中心管理系统功能

5.5.2　题库维护

如图5-18所示，题库按照分类、科目、章节、知识点、试题层次组织，建立出题规则。

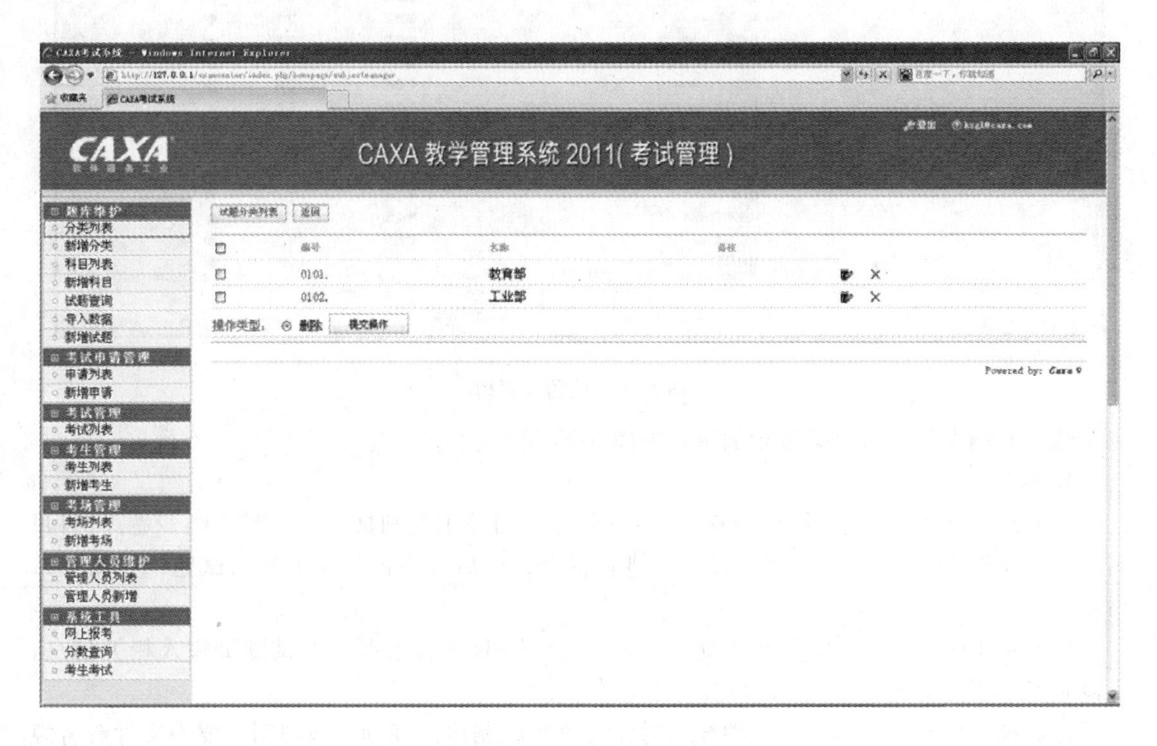

图5-18　试题维护界面

1. 分类可以建立多级嵌套

1）大类——×××部委等。

2）类——数控车试题/数控铣试题/理论试题/实操试题/CAM 试题等。

3）题库——2011 年题库/×××学校题库等。

2. 试题类型可以任意选择

1）实操试题——多文档题（支持电子图版、实体设计、制造工程师、数控车、txt、Word、Excel、gif、bmp、jpg、dat 等文档）。

2）绘图题试题——多文挡题（支持电子图版、实体设计、制造工程师、数控车、txt、Word、Excel、gif、bmp、jpg、dat 等文档）。

3）选择题——单文档题（支持电子图版、txt 文档）。

4）判断题——单文档题（支持电子图版、txt 文档）。

图 5-19 所示为试题大纲树。

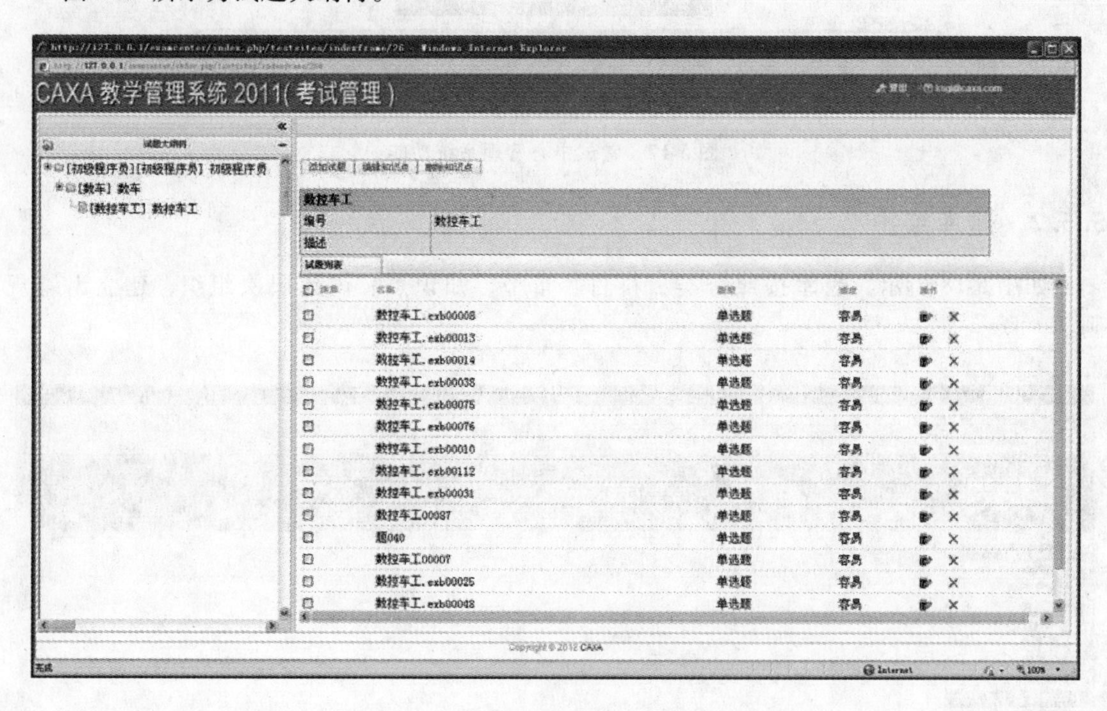

图 5-19　试题大纲树

选择好题库后，可对其进行编辑，如图 5-20 所示。

3. 题库导入

（1）提供导入规则　用户必须在“C：/题库”目录下复制试题。按照“C：/题库/科目名/章节名/知识点名/包含的试题文件”进行保存，然后可在该目录下导入试题，如图 5-21 所示。

（2）从 Excel 导入规则　按照如图 5-22 提供的 xls 文件模版，在试题页输入相关信息，复制到 C：/题库/科目名/章节名/知识点名/目录中。

（3）按文件导入规则　按文件导入时需遵循系统制定的规则。该规则主要为文件命名规则，即系统在导入文件时，根据文件名的命名规则判断题型甚至是答案。

（4）实操题等多附件命名规则　多附件试题命名目录，导入时按目录名识别。目录名结构为××××（分类）-××（题型）-××（00）-×××（000）-×××××（流水号）-

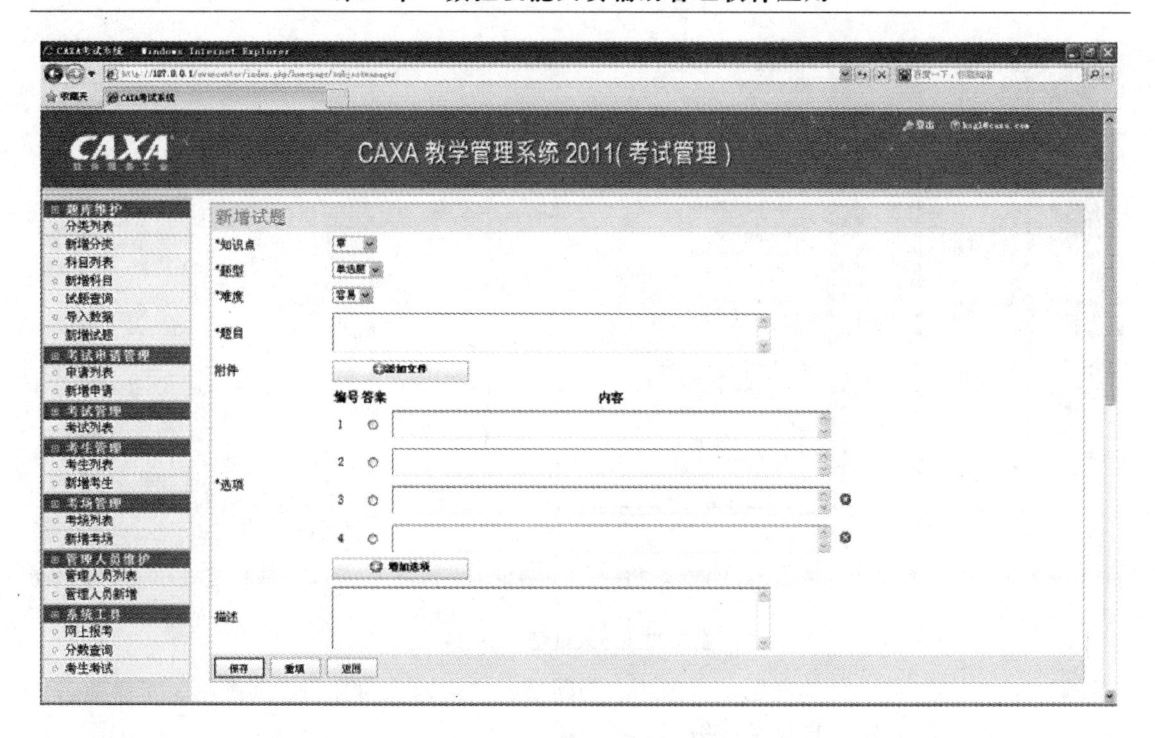

图 5-20　单选题维护

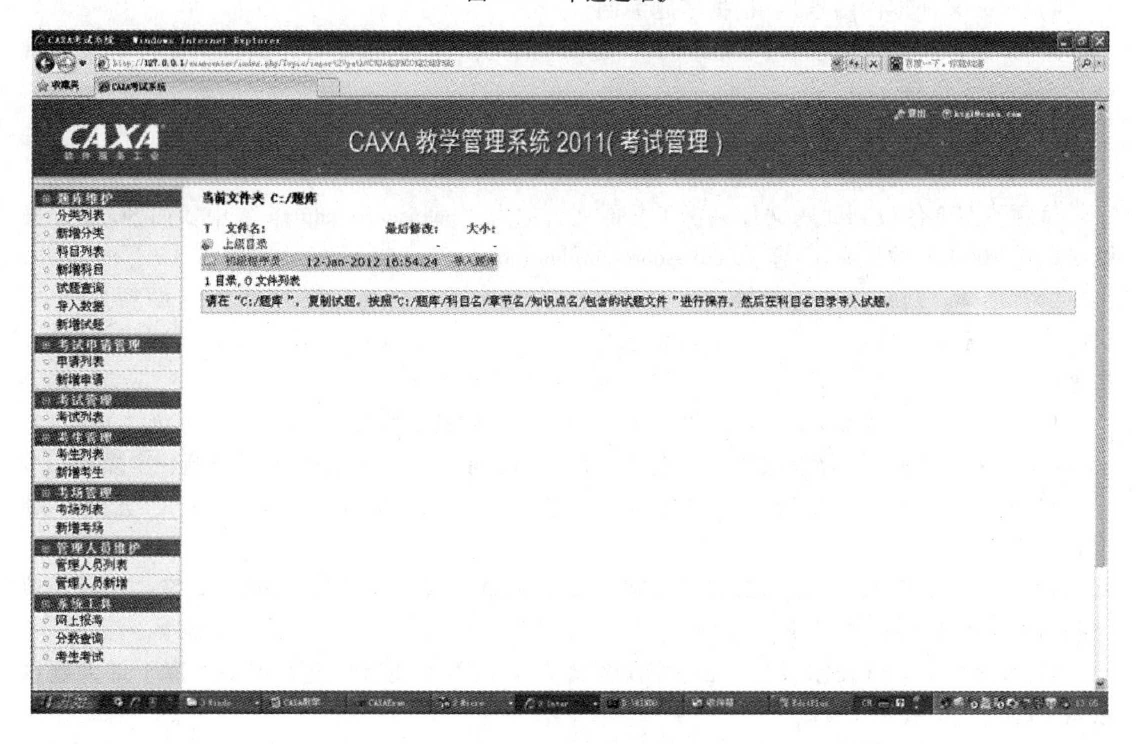

图 5-21　导入数据界面

××××（描述）-××××（试题难度）。如 SC00 实操题-41-A00-00088-数控车工-容易。

1）××××（分类）：表示工种，自由命名，如数铣、数车等。

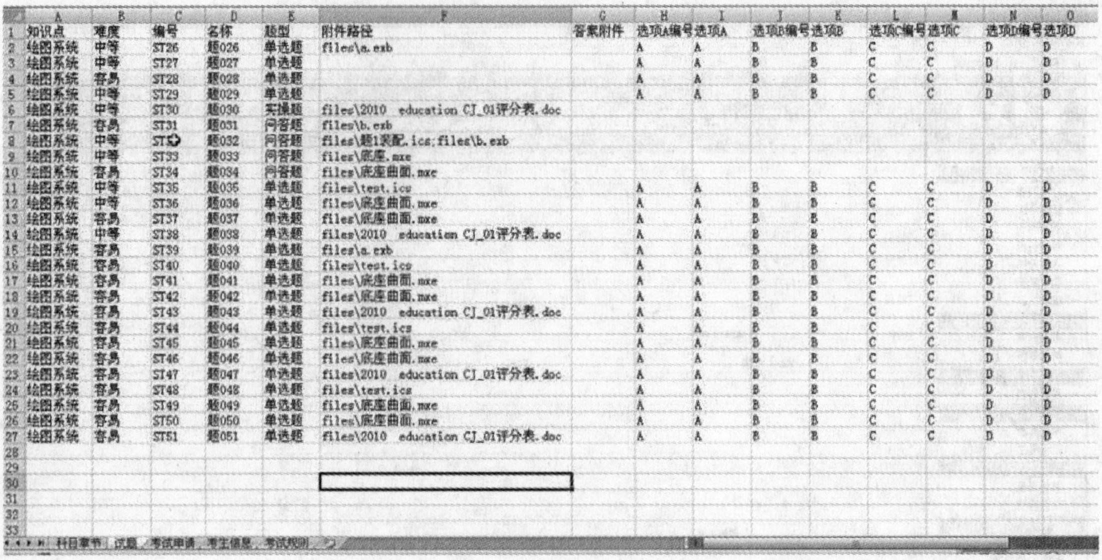

	A	B	C	D	E	F	G	H	I	J	K	L	M	N	O
1	知识点	难度	编号	名称	题型	附件路径	答案附件	选项A编号	选项A	选项B编号	选项B	选项C编号	选项C	选项D编号	选项D
2	绘图系统	中等	ST26	题026	单选题	files\a.exb		A	A	B	B	C	C	D	D
3	绘图系统	中等	ST27	题027	单选题			A	A	B	B	C	C	D	D
4	绘图系统	容易	ST28	题028	单选题			A	A	B	B	C	C	D	D
5	绘图系统	中等	ST29	题029	单选题			A	A	B	B	C	C	D	D
6	绘图系统	中等	ST30	题030	实操题	files\2010 education CJ_01评分表.doc									
7	绘图系统	容易	ST31	题031	问答题	files\b.exb									
8	绘图系统	中等	ST	题032	问答题	files\题1装配.ics;files\b.exb									
9	绘图系统	中等	ST33	题033	问答题	files\底座.mxe									
10	绘图系统	容易	ST34	题034	问答题	files\底座曲面.mxe									
11	绘图系统	中等	ST35	题035	单选题	files\test.ics		A	A	B	B	C	C	D	D
12	绘图系统	中等	ST36	题036	单选题	files\底座曲面.mxe		A	A	B	B	C	C	D	D
13	绘图系统	容易	ST37	题037	单选题	files\底座曲面.mxe		A	A	B	B	C	C	D	D
14	绘图系统	中等	ST38	题038	单选题	files\2010 education CJ_01评分表.doc		A	A	B	B	C	C	D	D
15	绘图系统	容易	ST39	题039	单选题	files\a.exb		A	A	B	B	C	C	D	D
16	绘图系统	容易	ST40	题040	单选题	files\test.ics		A	A	B	B	C	C	D	D
17	绘图系统	容易	ST41	题041	单选题	files\底座曲面.mxe		A	A	B	B	C	C	D	D
18	绘图系统	容易	ST42	题042	单选题	files\底座曲面.mxe		A	A	B	B	C	C	D	D
19	绘图系统	容易	ST43	题043	单选题	files\2010 education CJ_01评分表.doc		A	A	B	B	C	C	D	D
20	绘图系统	容易	ST44	题044	单选题	files\test.ics		A	A	B	B	C	C	D	D
21	绘图系统	容易	ST45	题045	单选题	files\底座曲面.mxe		A	A	B	B	C	C	D	D
22	绘图系统	容易	ST46	题046	单选题	files\底座曲面.mxe		A	A	B	B	C	C	D	D
23	绘图系统	容易	ST47	题047	单选题	files\2010 education CJ_01评分表.doc		A	A	B	B	C	C	D	D
24	绘图系统	容易	ST48	题048	单选题	files\test.ics		A	A	B	B	C	C	D	D
25	绘图系统	容易	ST49	题049	单选题	files\底座曲面.mxe		A	A	B	B	C	C	D	D
26	绘图系统	容易	ST50	题050	单选题	files\底座曲面.mxe		A	A	B	B	C	C	D	D
27	绘图系统	容易	ST51	题051	单选题	files\2010 education CJ_01评分表.doc		A	A	B	B	C	C	D	D

科目章节　试题　考试申请　考生信息　考试规则

图 5-22　导入试题 xls 模版

2）××（题型）：分单选题、多选题、判断题、填空题、问答题、制图题、实操题。

3）××（总图号）：根据考题编制。

4）×××（零件图号）：根据考题编制。

5）×××××（流水号）：在一个“题库”节点下不能有重名，即一个库下最大题目数量不超过 5 位数。

6）××××（试题难度）：分容易、较易、中等、较难、很难。

7）××××（描述）：10 个字内的描述。

试题答案文件放到此题文件夹下子文件夹名称为“caxascoretemplate”中。如 SC00-实操题-41-A00-00088-数控车工-容易/caxascoretemplate/answer. xml

（5）选择、判断文件命名规则　文件名结构为××××（分类）-××（题型）-××（说明）-××（答案）-×××××（流水号）-××××（描述）-××××（试题难度）. 扩展名

1）××××（分类）：表示工种，自由命名，如数铣、数车等。

2）××（题型）：分单选题、多选题、判断题、填空题、问答题、制图题、实操题。

3）××（说明）：二选一题“21”、三选一题“31”、四选一题“41”、五选一题“51”、四选二题“42”。

4）××（答案）：例如，二选一答案“B”、四选一答案“D”、四选二答案“AC”。填空题为多空的以半角“;”隔开

5）×××××（流水号）：在一个“题库”节点下不能有重名，即一个库下最大题目数量不超过 5 位数。

6）××××（描述）：10 个字内的描述。

7）××××（试题难度）：分容易、较易、中等、较难、很难。

3. 系统中“分类”、“科目”、“章节”的维护

系统中的分类可以灵活定制。

1）大类——×××部委等。

2）类——数控车试题/数控铣试题/理论试题/实操试题/CAM 试题等。

3）题库——2011 年题库/×××学校题库等。

第二级“类”可嵌套，如“×××CAM 试题”下可增加“×××理论试题”，或“数控车试题”下可增加“CAM”试题等。

4. 出题规则维护

出题规则的类型分为初级、中级和高级，其维护界面如图 5-23 所示。

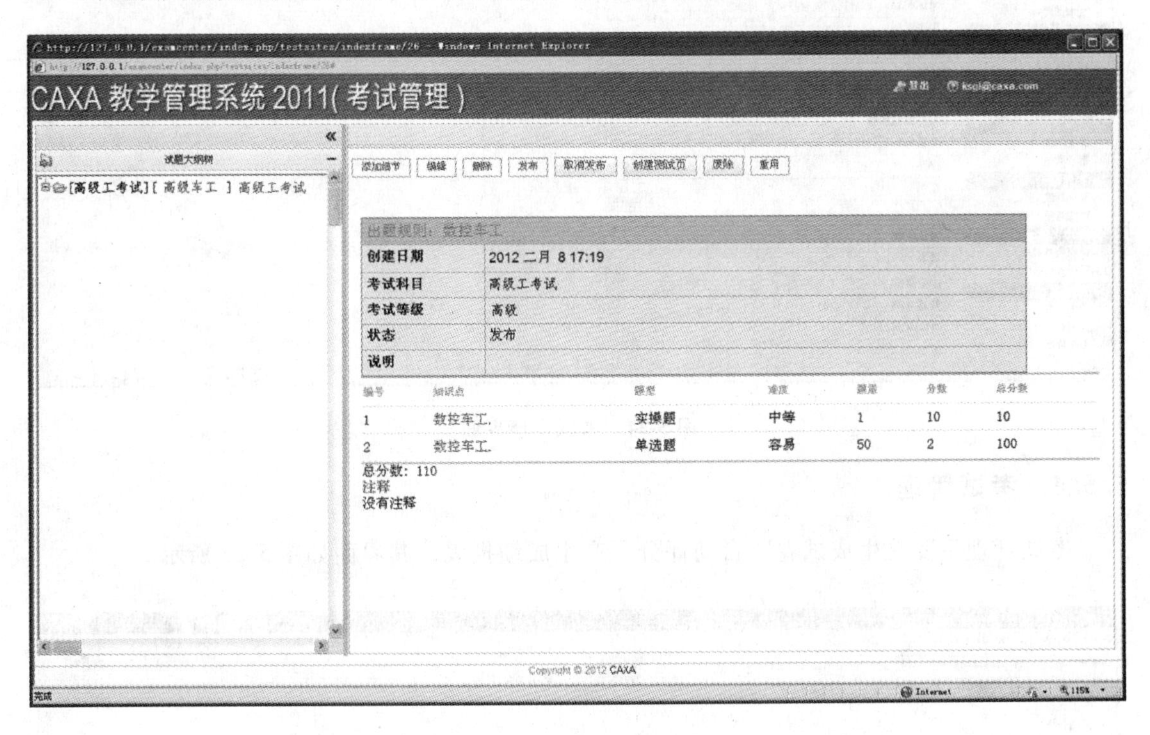

图 5-23　出题规则维护界面

出题规则有以下两种出卷方式：

（1）随机出卷　选择知识点、题型、数量、难度，系统会随机抽取符合条件的试题组成试卷。

（2）手工出卷　可指定试题来出卷，也可调整试题的顺序，设定分值等。

一种出题规则可组织多场考试，可选择不同的时间和不同的考生，只有指定的考生在规定的时间内能进入考试。

5.5.3　考试申请

考试前需要进行申请，填写申请的科目，由考试中心确认，生成考试。考试申请界面如图 5-24 所示。根据考试申请所处的状态，主页面上面的菜单会处于可以或不可用状态。

考试申请的主要操作有新增考试申请、考试申请列表、修改申请、删除申请、导入考生、添加考生、提交申请、撤销申请、接受申请、拒绝申请、重新打开、生成考试、注释。

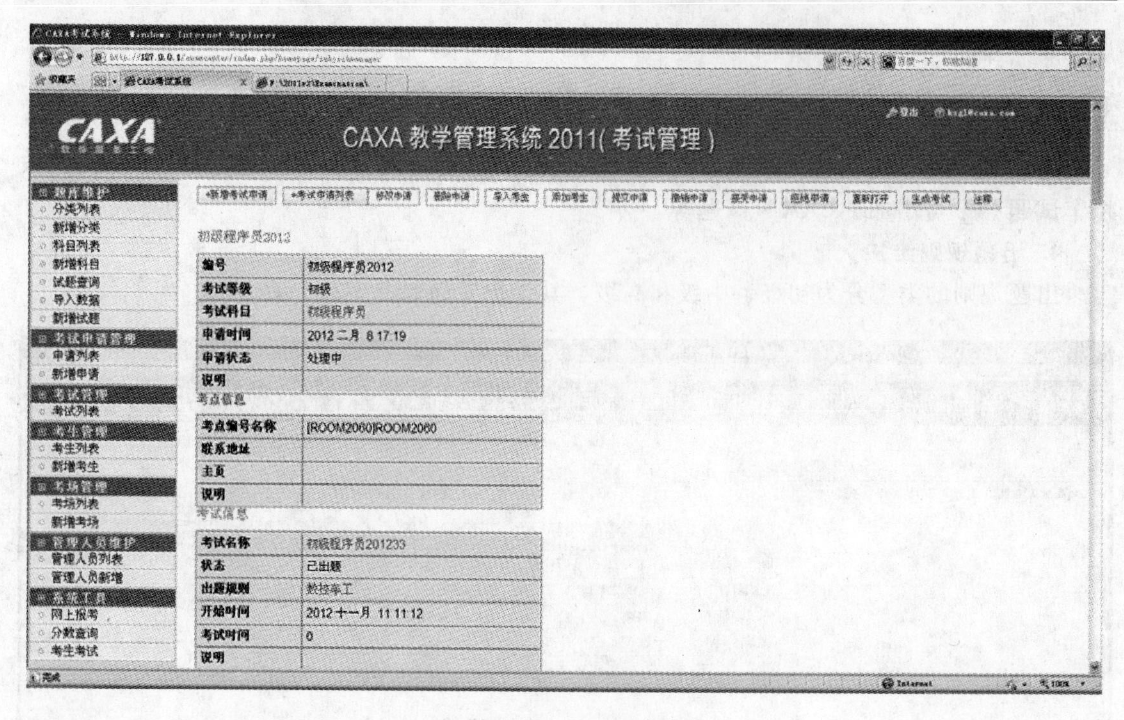

图 5-24　考试申请界面

5.5.4　考试管理

考试管理主要是生成试卷，自动评分，产生成绩报表，其界面如图 5-25 所示。

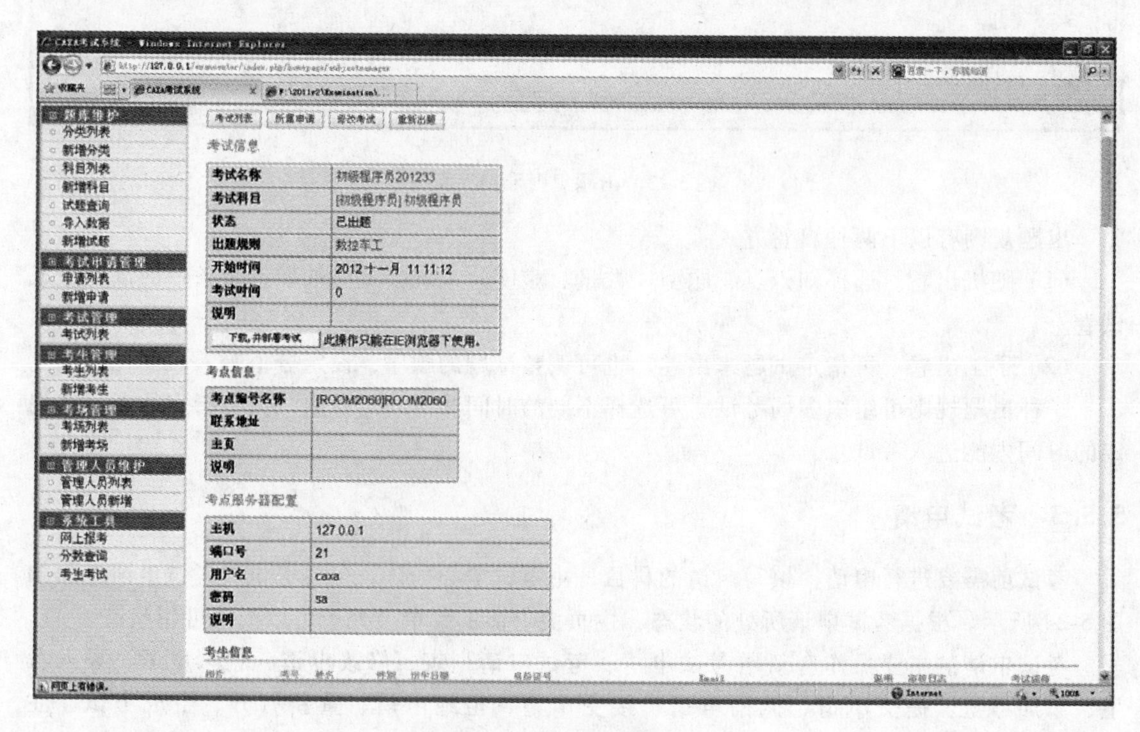

图 5-25　考试管理界面

考试管理的主要操作有考试列表、所属申请、修改考试、重新出题、下载、收卷。

5.5.5　考生管理

考生管理主要是考生信息的维护，其界面如图 5-26 所示。

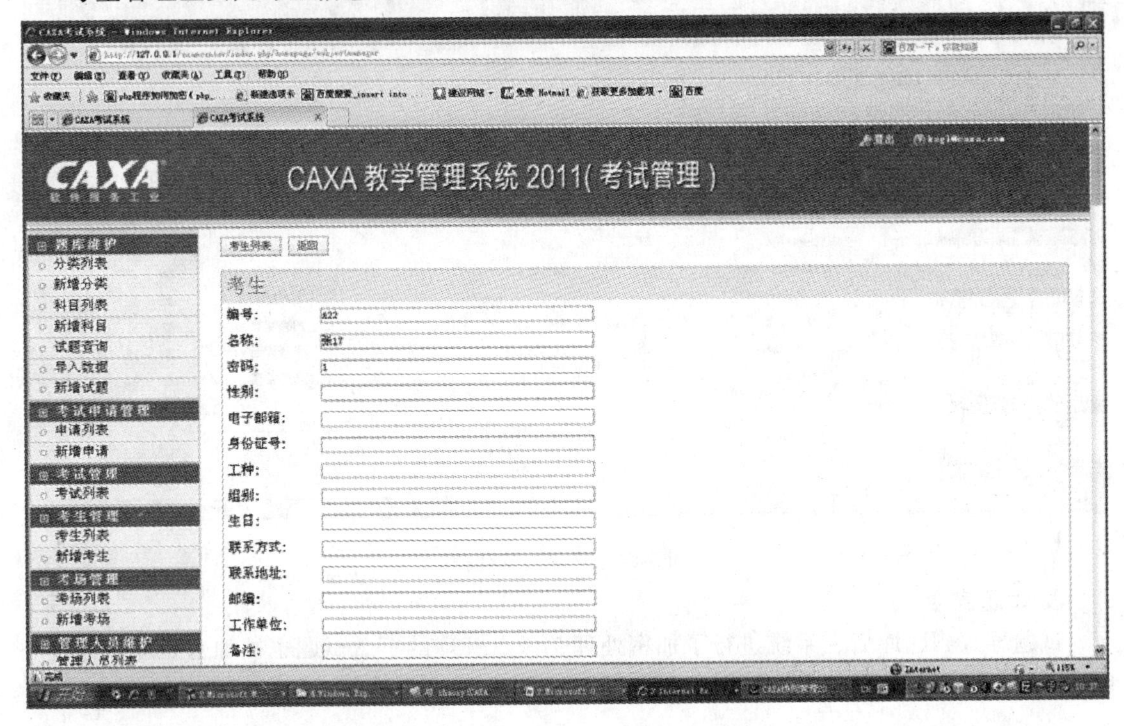

图 5-26　考生管理界面

5.5.6　考场管理

考场管理主要是考场信息的维护。

5.6　管理人员维护

管理人员维护界面如图 5-27 所示。系统的管理人员包括以下四种角色：

（1）系统维护人员　默认用户 admin，进入系统后可以新增考试，设置考试管理人员。

（2）考试维护人员　由系统维护人员在考试上设定，可以完成考试维护的功能。

（3）题库维护人员　由系统维护人员新增角色为“题库维护”的人员，可以完成题库维护的功能。

（4）考点管理人员　考点管理。

1. 考点管理权限

考点管理人员只能维护自己相关的申请、考试。

2. 考生（选手）**权限**

考生只能进入自己的考试界面进行考试和查询考试成绩。

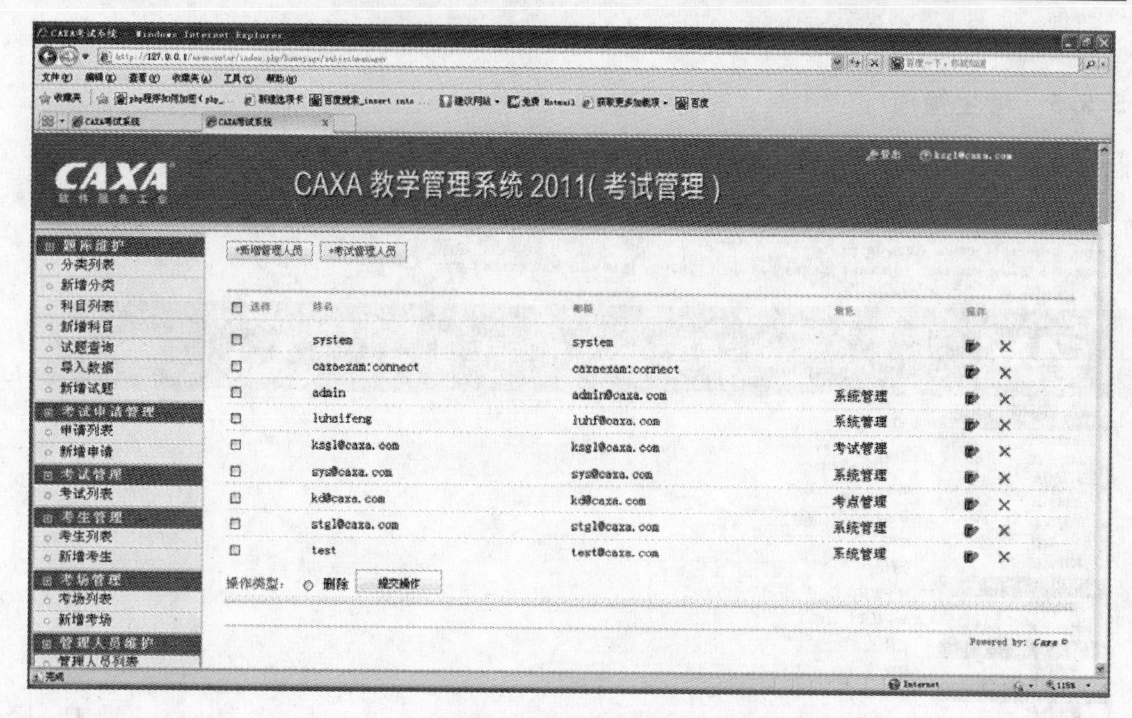

图 5-27　管理人员维护

3. 试题安全

试题导入到题库后，系统进行了加密处理，考点管理的下载试题也被加密处理。考生登录后才能进入系统答题。考官可以浏览考生登录的 IP 地址和答题开始、结束时间。

5.7　成绩的统计分析

考试信息统计

- 考试成绩分析
- 考试成绩分析

考试分类　考试名称　机构名称　参考次数　参考人数　实际参考人数　未参考人数　不及格　及格　及格率　最高分　最低分　平均分　排名

- 成绩分布分析

考试分类　考试名称　试卷名称　参考次数　0 - 及格线下 20%　人数　百分比　及格线下 20% - 10% 人数　百分比　及格线上 10% 人数　百分比　及格线上 10% - 20% 人数　百分比　及格线上 20% - 30% 人数　百分比　及格线上 30% - 满分人数　百分比

试卷整体分析

- 试题信息分析

以下列信息作为条件分析

试卷分类：试题数量：难度系数对应的题目数量：搜索项目

试题标签：单选　多选　填空　试题难度范围：参加考试次数：1 2 3 4 5 6 7

按正确率排序查询。

按错误率排序查询。

显示列表：试题类型　题目标签　试题内容　正确率　部分正确率　错误率，可以以此确定试题的难易程度。

每个科目的每次每级别的考试都可以产生成绩表排序。

×××数控大赛成绩表								
工种：	数控车		组别：	职工		年月：	2011 年 3 月 21 日	
序号	名次	姓名	编号	单位	理论分数	CAM 分数	实操分数	综合总分
1	1	张三	C-082		18	17	57	92
2	2	李四	C-014		16	14	59	89
3	3	王五	C-081		13	12.6	57.6	83.2
4	4	赵六	C-015		7.6	10.8	59	77.4
5	5	韩七	C-042		8.1	8.3	60	76.4
6	6	周八	C-036		7.9	7.8	57	72.7
7	7	马九	C-011		6.5	15	45.2	66.7

5.8　考场的监控及管理应用

考官可从 CAXA 教学管理系统 2011（考试管理）启动菜单“考官监考”或桌面“考官监考”图标登录，其界面如图 5-28 所示。

登录用户的角色是“考官”，考官能够看到考场考试情况。左上侧树可以看到自己负责

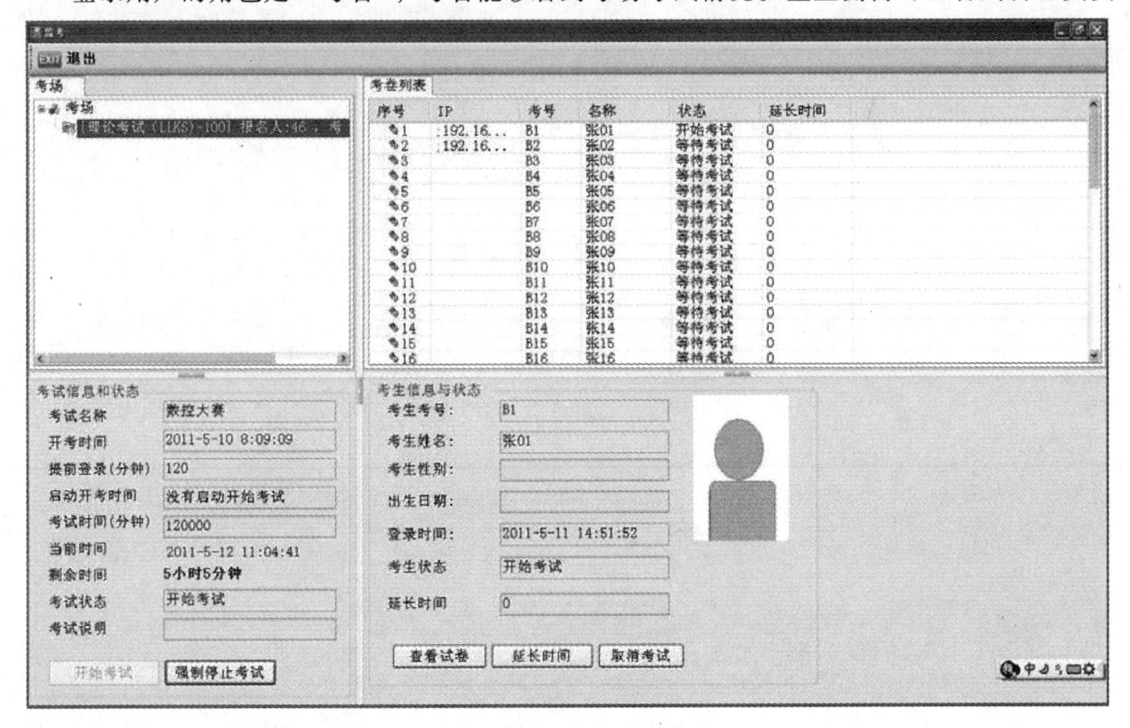

图 5-28　考场考试系统-监考

的一场或多场不同考试，并可以显示报名人数和实际人数。左下侧属性卡显示当前选中考试的详细信息。

考官可通过左下侧属性卡中的按钮选择开始考试，如出现异常情况，也可选择强制停止考试，此时考生的考试会自动停止。

考卷列表中会显示与计算机绑定的考生信息，会显示考生的状态信息。右下侧属性卡会详细显示考试考生的信息与状态。考官可以随时查看试卷，延长时间或取消考试。

附　　录

附录 A　2008 年数控车第二套试题

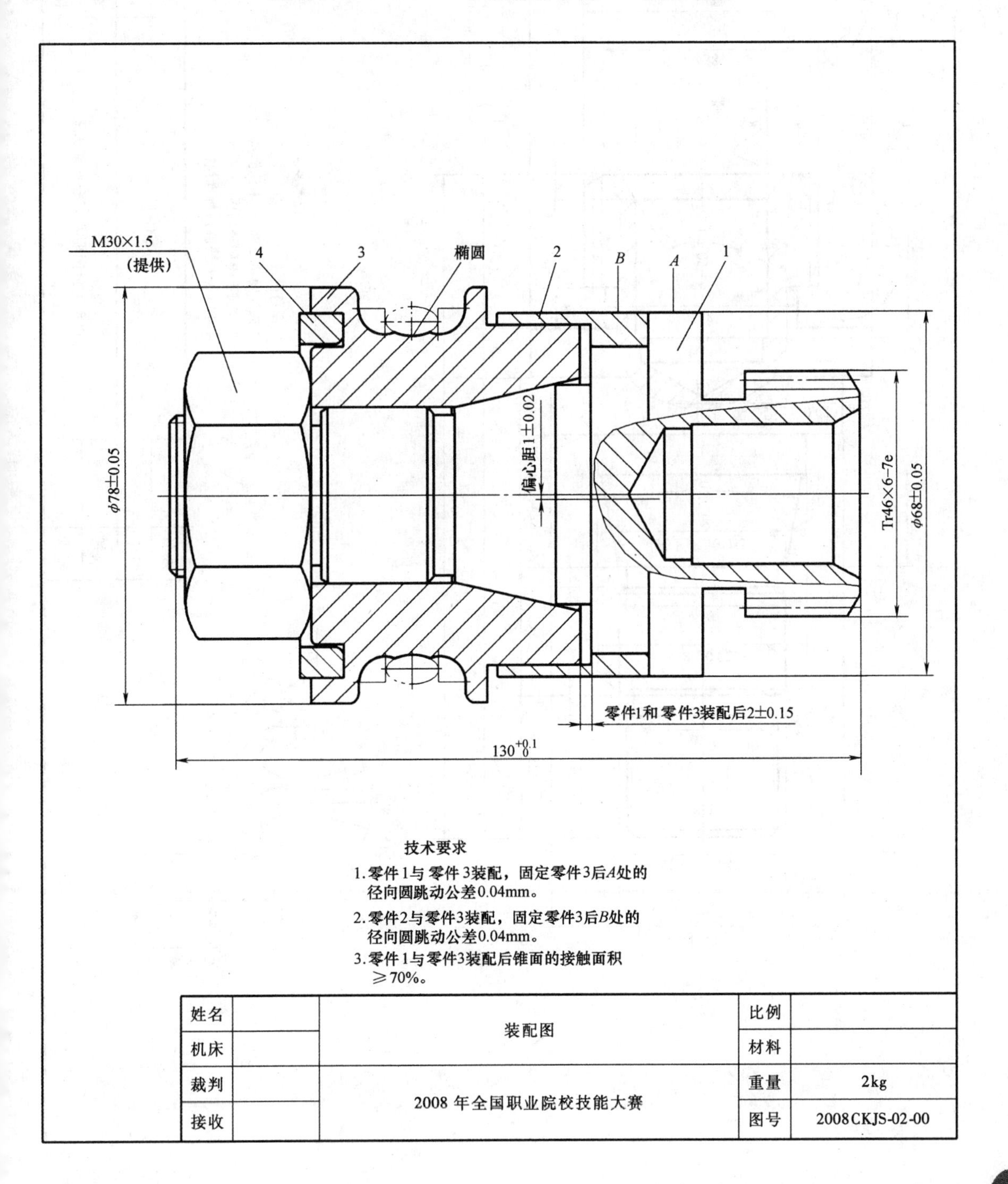

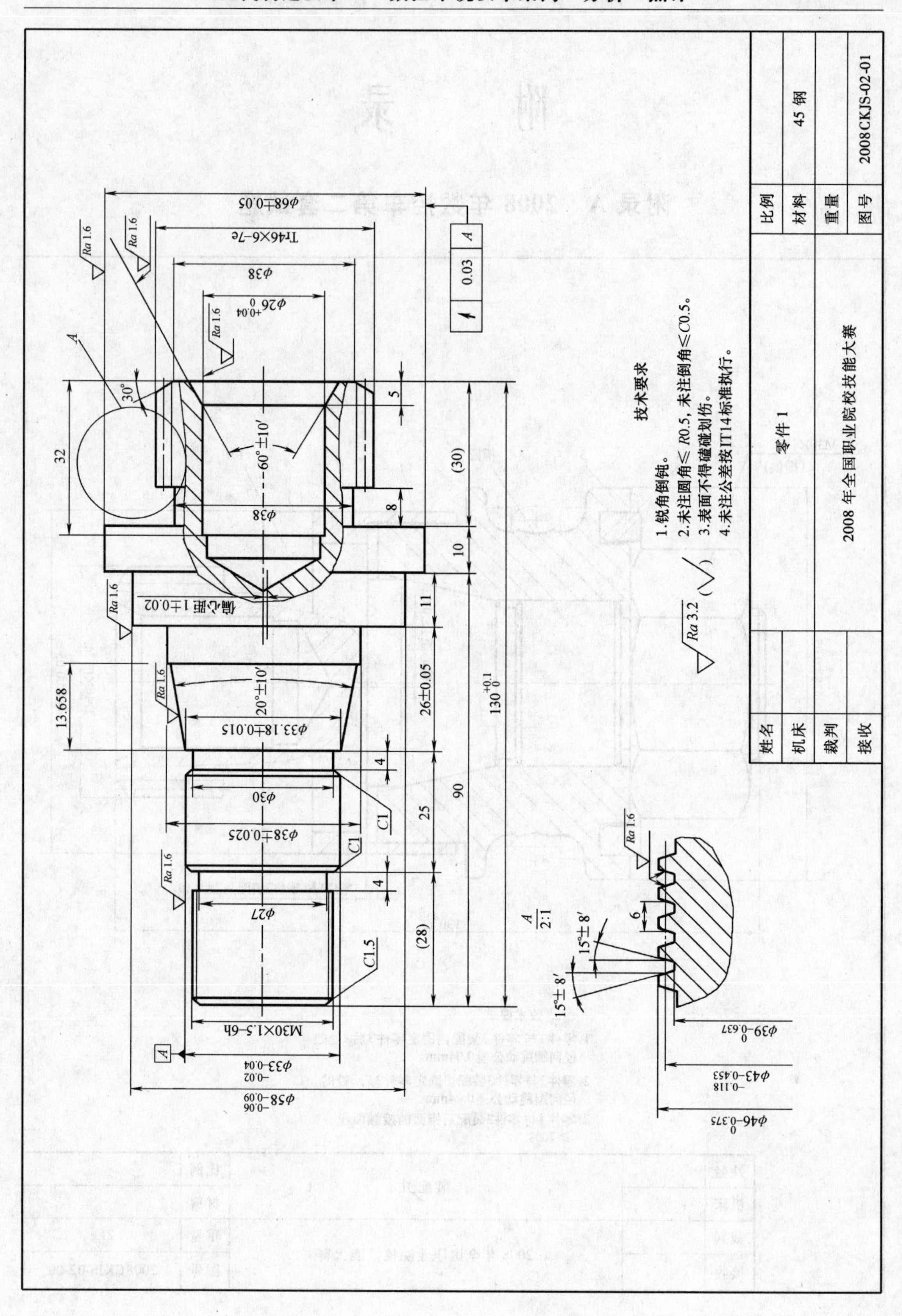
技术要求
1.锐角倒钝。
2.未注圆角≤R0.5，未注倒角≤C0.5。
3.表面不得磕碰划伤。
4.未注公差按IT14标准执行。
Ra 3.2
零件 1
2008 年全国职业院校技能大赛
比例
材料
45 钢
重量
图号
2008CKJS-02-01
姓名
机床
裁判
接收
φ68±0.05
Tr46×6-7e
φ38
0.03
A
60°±10′
偏心距 1±0.02
20°±10′
φ33.18±0.015
φ30
φ38±0.025
φ27
M30×1.5-6h
13.658
32
30°
26±0.05
25
90
(30)
(28)
C1
C1.5
A
2:1
15°±8′
Ra 1.6

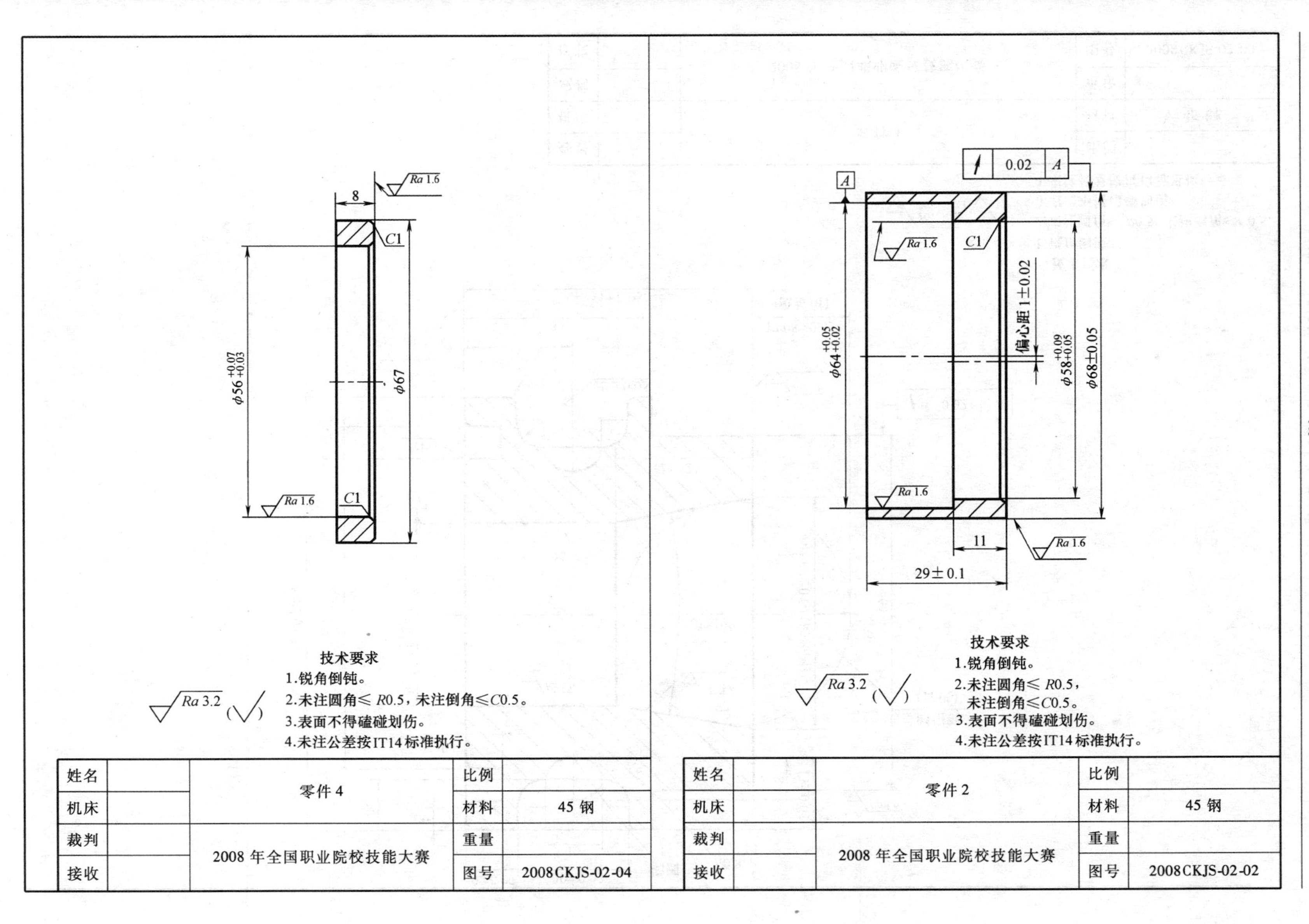
Ra 1.6
8
C1
φ56+0.07 +0.03
φ67
Ra 1.6
C1
技术要求
1.锐角倒钝。
2.未注圆角≤R0.5，未注倒角≤C0.5。
3.表面不得磕碰划伤。
4.未注公差按IT14标准执行。
Ra 3.2 (√)
姓名
机床
裁判
接收
零件 4
2008 年全国职业院校技能大赛
比例
材料
45 钢
重量
图号
2008CKJS-02-04
0.02
A
Ra 1.6
C1
偏心距 1±0.02
φ64+0.05 +0.02
φ58+0.09 +0.05
φ68±0.05
Ra 1.6
11
29±0.1
Ra 1.6
技术要求
1.锐角倒钝。
2.未注圆角≤R0.5，
未注倒角≤C0.5。
3.表面不得磕碰划伤。
4.未注公差按IT14标准执行。
Ra 3.2 (√)
姓名
机床
裁判
接收
零件 2
2008 年全国职业院校技能大赛
比例
材料
45 钢
重量
图号
2008CKJS-02-02

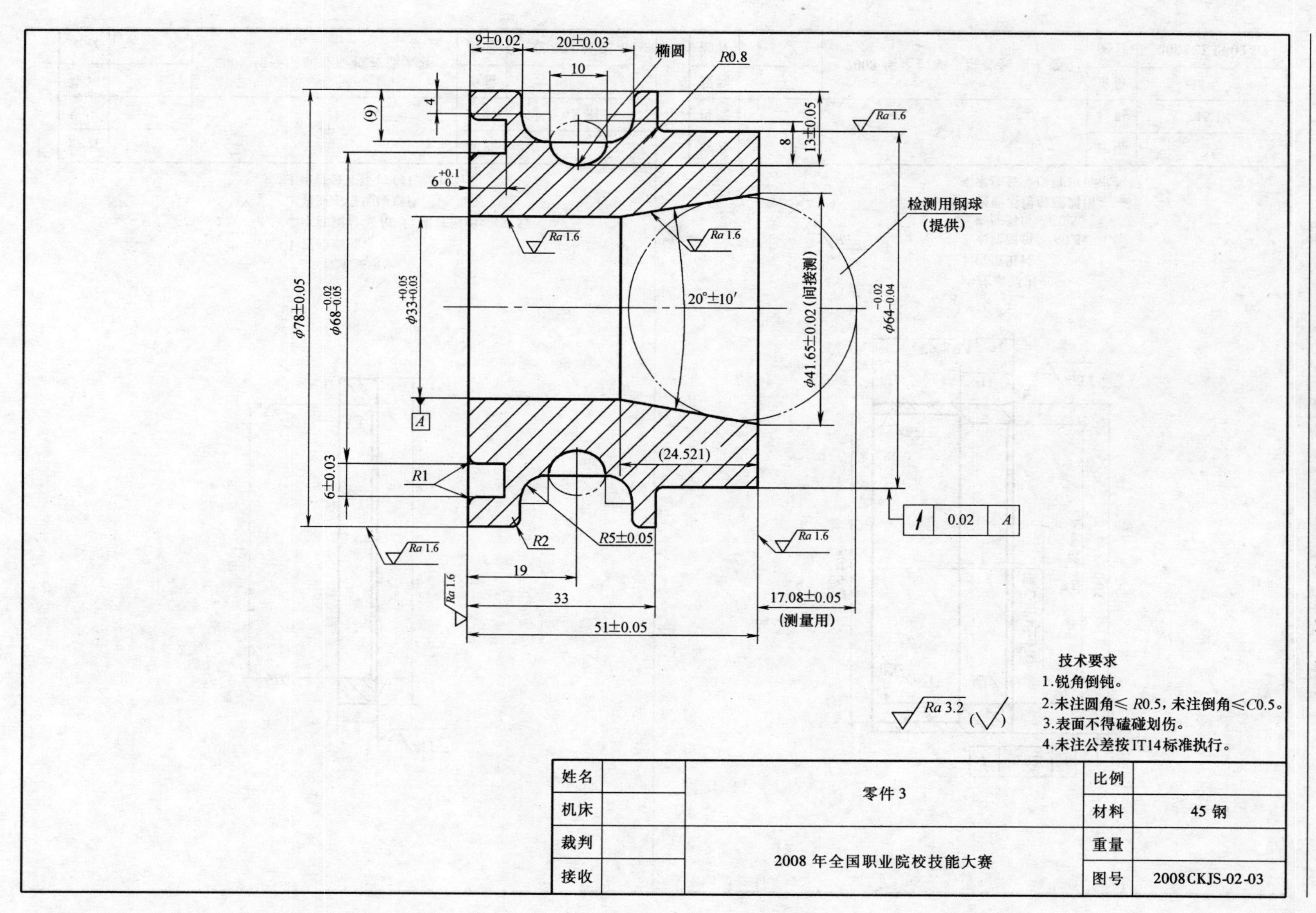
技术要求
1.锐角倒钝。
2.未注圆角≤R0.5，未注倒角≤C0.5。
3.表面不得磕碰划伤。
4.未注公差按IT14标准执行。
Ra 3.2 (√)
检测用钢球
(提供)
0.02 A
φ64
φ41.65±0.02 (间接测)
13±0.05
8
R0.8
椭圆
20°±10′
(24.521)
17.08±0.05
(测量用)
R5±0.05
51±0.05
33
19
R2
R1
20±0.03
10
9±0.02
4
(9)
φ33
A
φ68
φ78±0.05
6±0.03
Ra 1.6
零件3
2008年全国职业院校技能大赛
姓名
机床
裁判
接收
比例
材料
45钢
重量
图号
2008CKJS-02-03

附录B 2009年数控车第二套试题

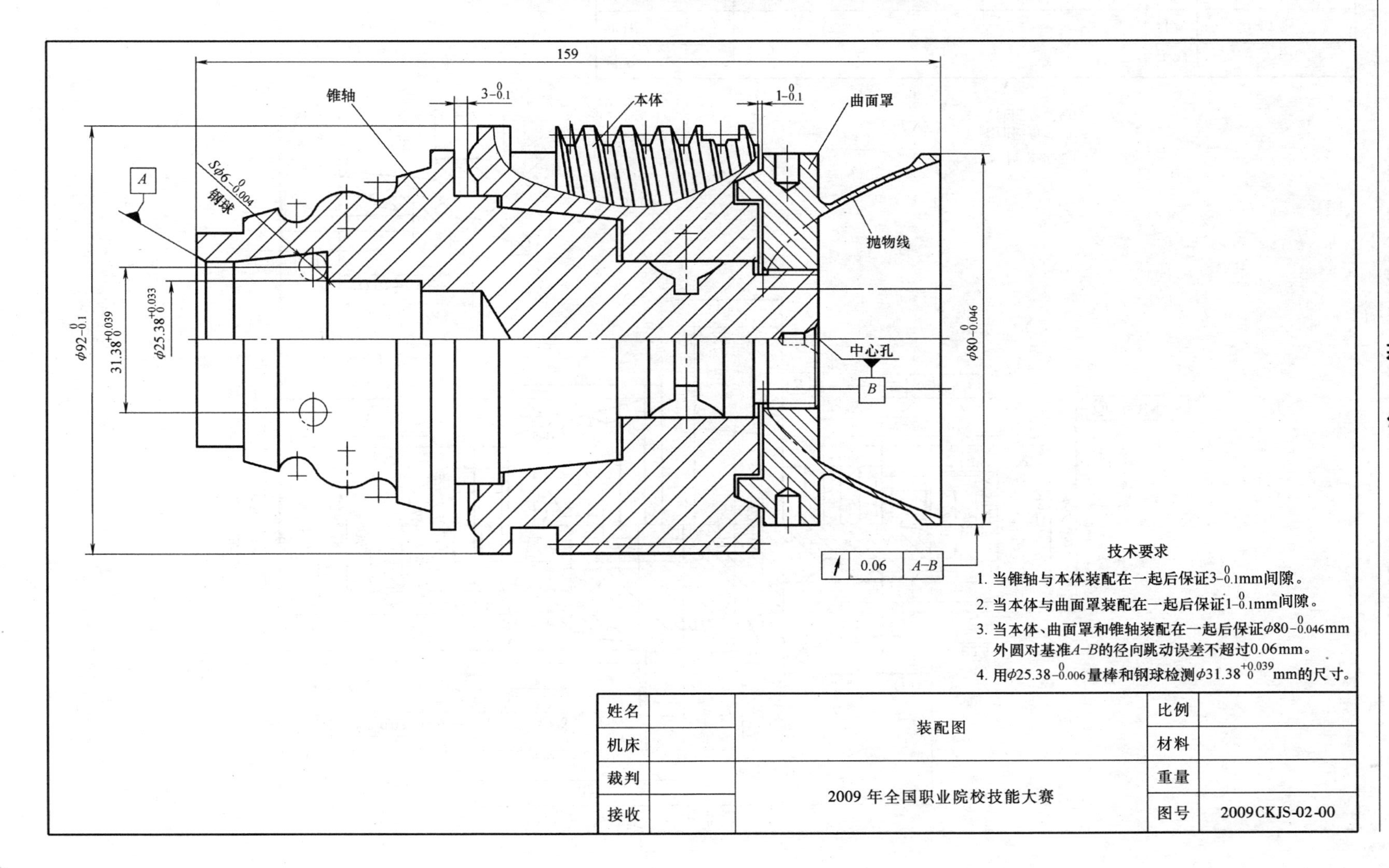

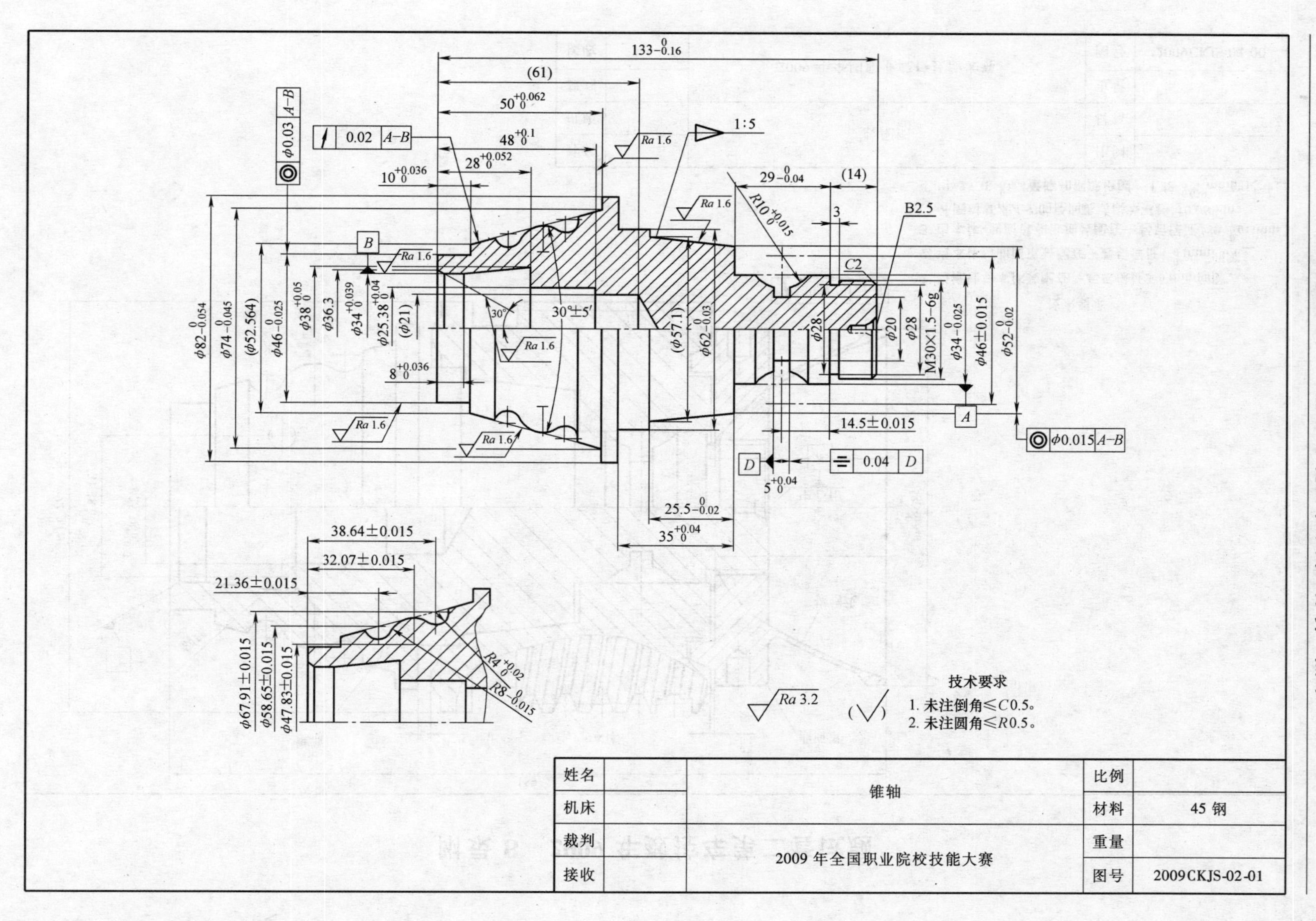
技术要求
1. 未注倒角≤C0.5。
2. 未注圆角≤R0.5。
姓名
机床
裁判
接收
锥轴
2009年全国职业院校技能大赛
比例
材料
45钢
重量
图号
2009CKJS-02-01

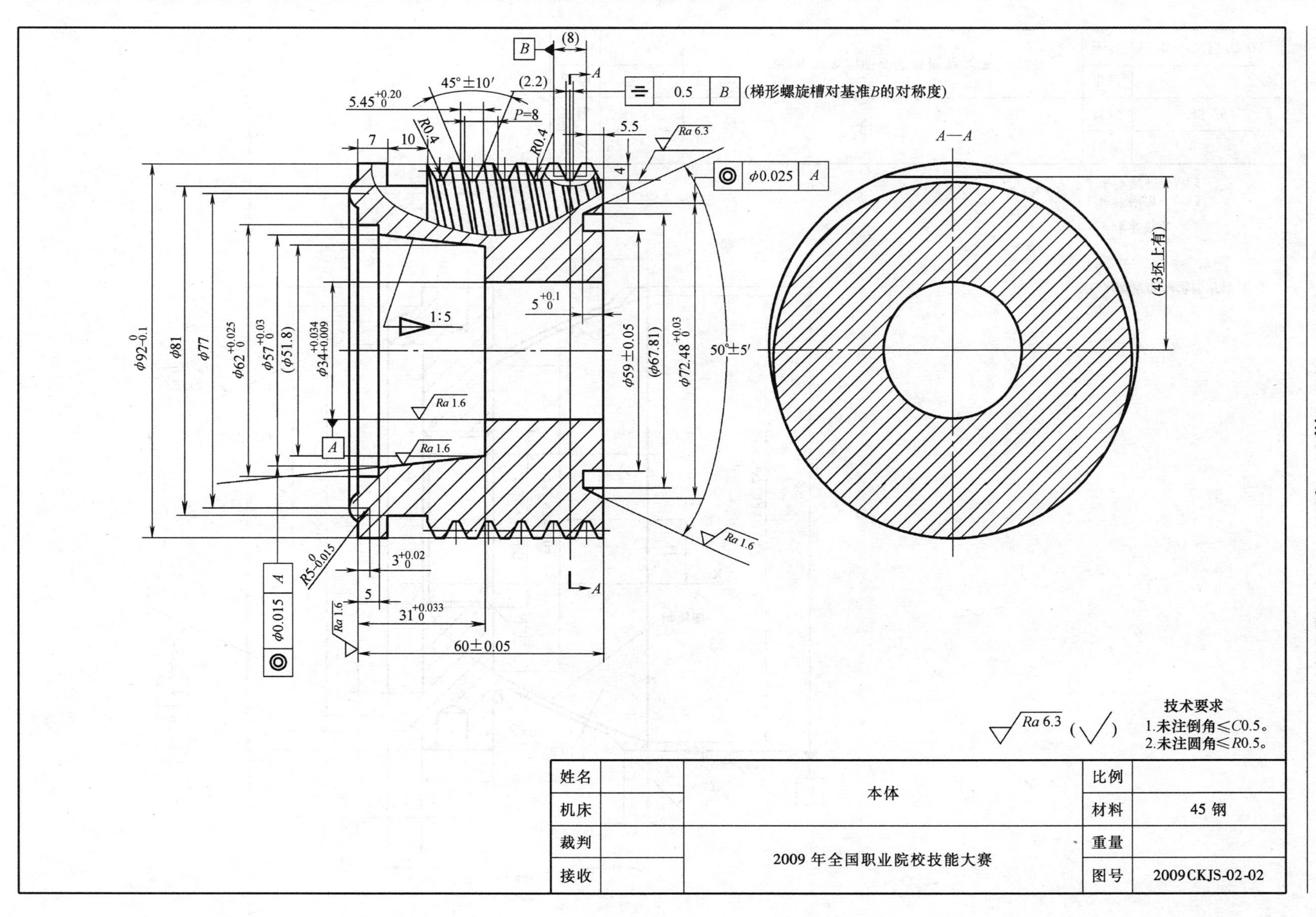
(梯形螺旋槽对基准B的对称度)
A—A
(43坯上有)
5.45
45°±10′
(2.2)
(8)
P=8
R0.4
5.5
50°±5′
φ59±0.05
(φ67.81)
φ72.48
φ81
φ77
(φ51.8)
1:5
Ra 1.6
Ra 6.3
φ0.025
φ0.015
60±0.05
技术要求
1.未注倒角≤C0.5。
2.未注圆角≤R0.5。
姓名
机床
裁判
接收
本体
2009 年全国职业院校技能大赛
比例
材料
45 钢
重量
图号
2009CKJS-02-02

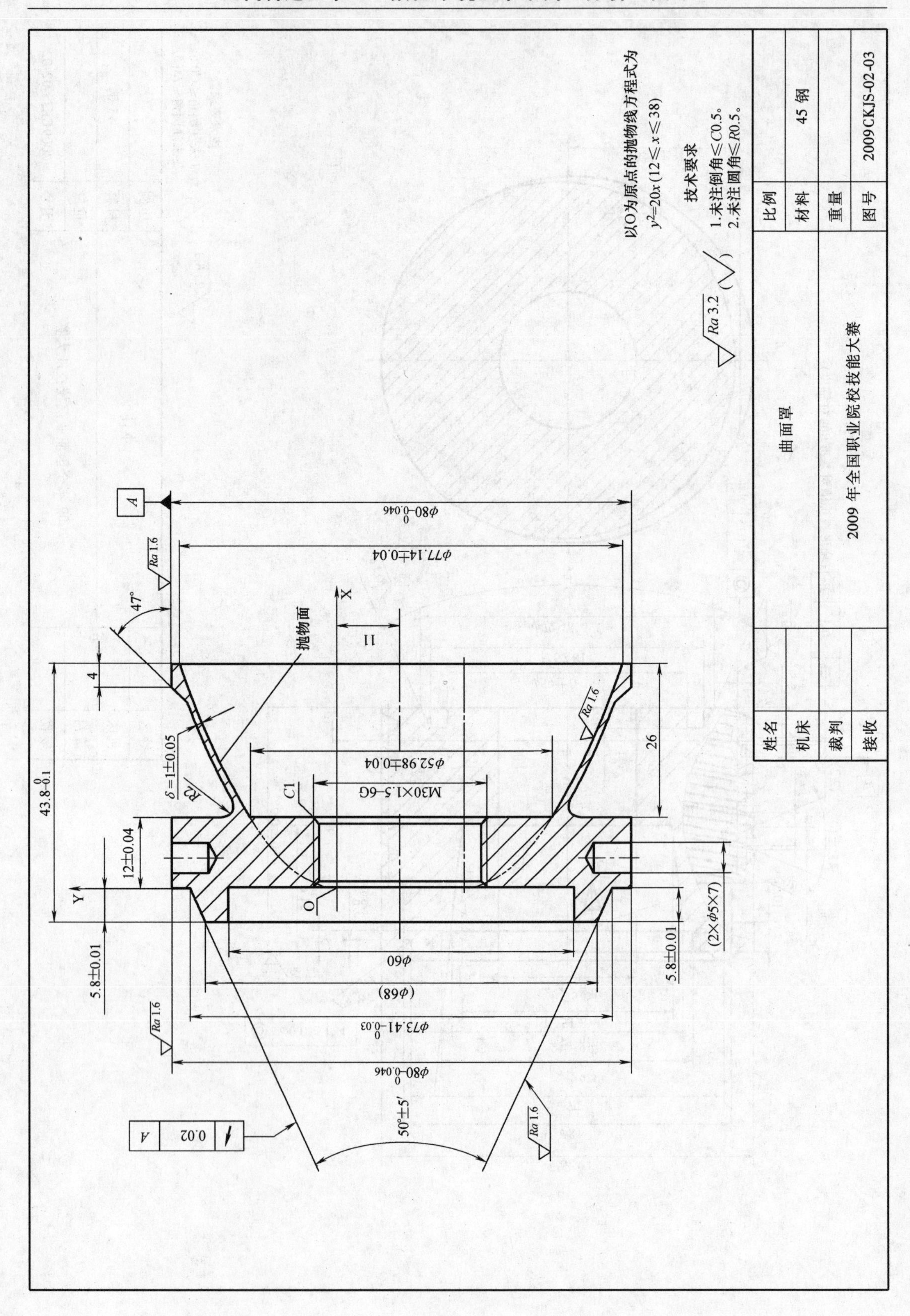
以O为原点的抛物线方程式为
$y^2=20x$ ($12 \leqslant x \leqslant 38$)
技术要求
1.未注倒角≤C0.5。
2.未注圆角≤R0.5。
Ra 3.2 (√)
比例
材料 45 钢
重量
图号 2009CKJS-02-03
曲面罩
2009 年全国职业院校技能大赛
姓名
机床
裁判
接收
A
Ra 1.6
47°
X
Y
O
11
抛物面
4
$\phi80^{\ 0}_{-0.046}$
$\phi77.14\pm0.04$
$\phi52.98\pm0.04$
M30×1.5-6G
C1
R2
$\delta=1\pm0.05$
$43.8^{\ 0}_{-0.1}$
12 ± 0.04
5.8 ± 0.01
26
(2×ϕ5×7)
$\phi60$
($\phi68$)
$\phi73.41^{\ 0}_{-0.03}$
50°±5'
0.02

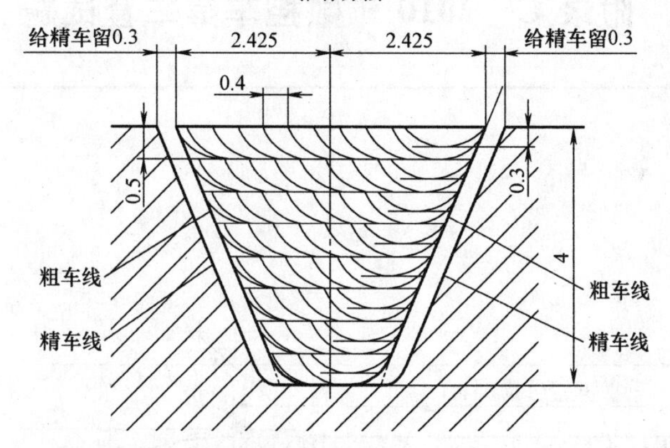

1. 主轴转速不宜过高，推荐用250r/min。
2. 推荐粗车用刀尖*R*0.8mm刀片，精车用刀尖*R*0.4mm刀片。
3. 建议粗车时两侧各给精车留0.3mm，底面粗车到尺寸(不再精车)。
4. 推荐粗车分8层车，即每层单向背吃刀量0.5mm。
5. 推荐粗车用两刀来达到层深：每层开始时先用0.3mm深车一刀，第二刀再车到0.5mm。
6. 推荐粗车横向每刀背吃刀量0.4mm。

附录C 2010年数控车第二套试题

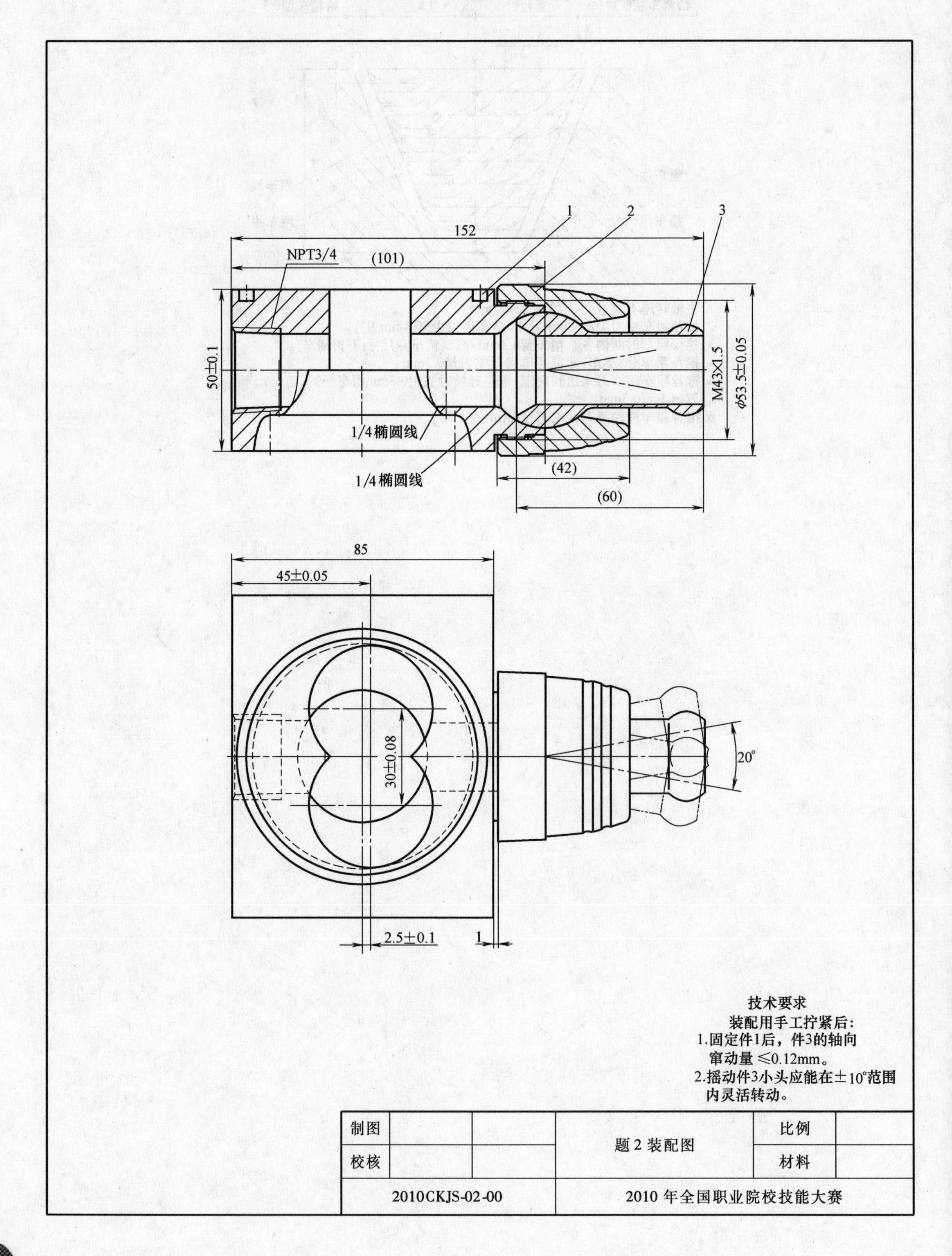

制图			题2装配图	比例	
校核				材料	
2010CKJS-02-00			2010年全国职业院校技能大赛		

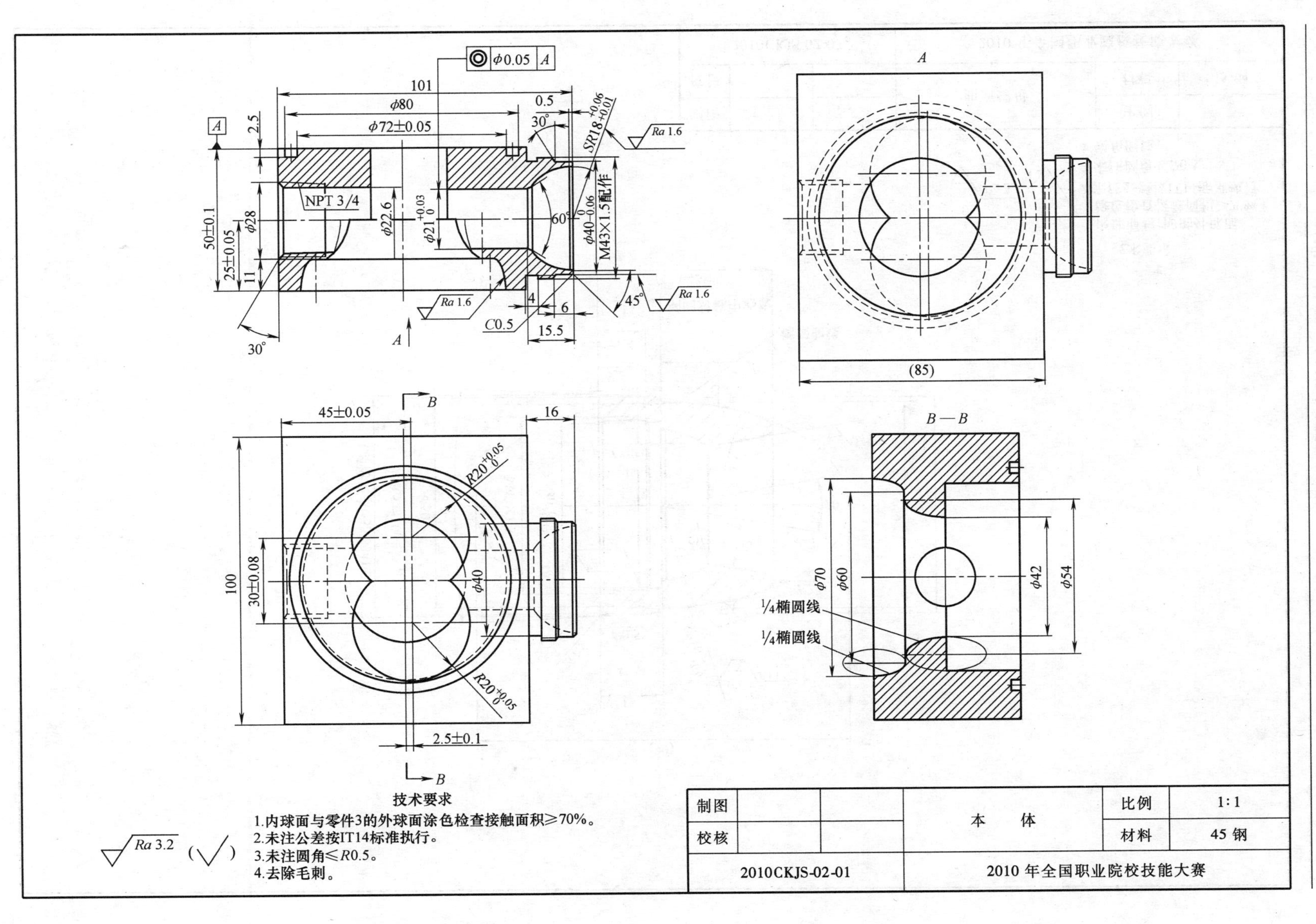

φ0.05 A
101
φ80
0.5
φ72±0.05
A
2.5
30°
SR18$^{+0.06}_{+0.01}$
Ra 1.6
NPT 3/4
φ28
50±0.1
25±0.05
11
φ22.6
φ21$^{+0.03}_{0}$
60°
φ40$^{0}_{-0.06}$
M43×1.5配作
Ra 1.6
4
6
45°
Ra 1.6
C0.5
15.5
30°
A
A
(85)
B
45±0.05
16
R20$^{+0.05}_{0}$
100
30±0.08
φ40
R20$^{+0.05}_{0}$
2.5±0.1
B
B—B
φ70
φ60
φ42
φ54
1/4椭圆线
1/4椭圆线
技术要求
1.内球面与零件3的外球面涂色检查接触面积≥70%。
2.未注公差按IT14标准执行。
3.未注圆角≤R0.5。
4.去除毛刺。
Ra 3.2 (√)
制图
校核
本 体
比例 1:1
材料 45钢
2010CKJS-02-01
2010年全国职业院校技能大赛

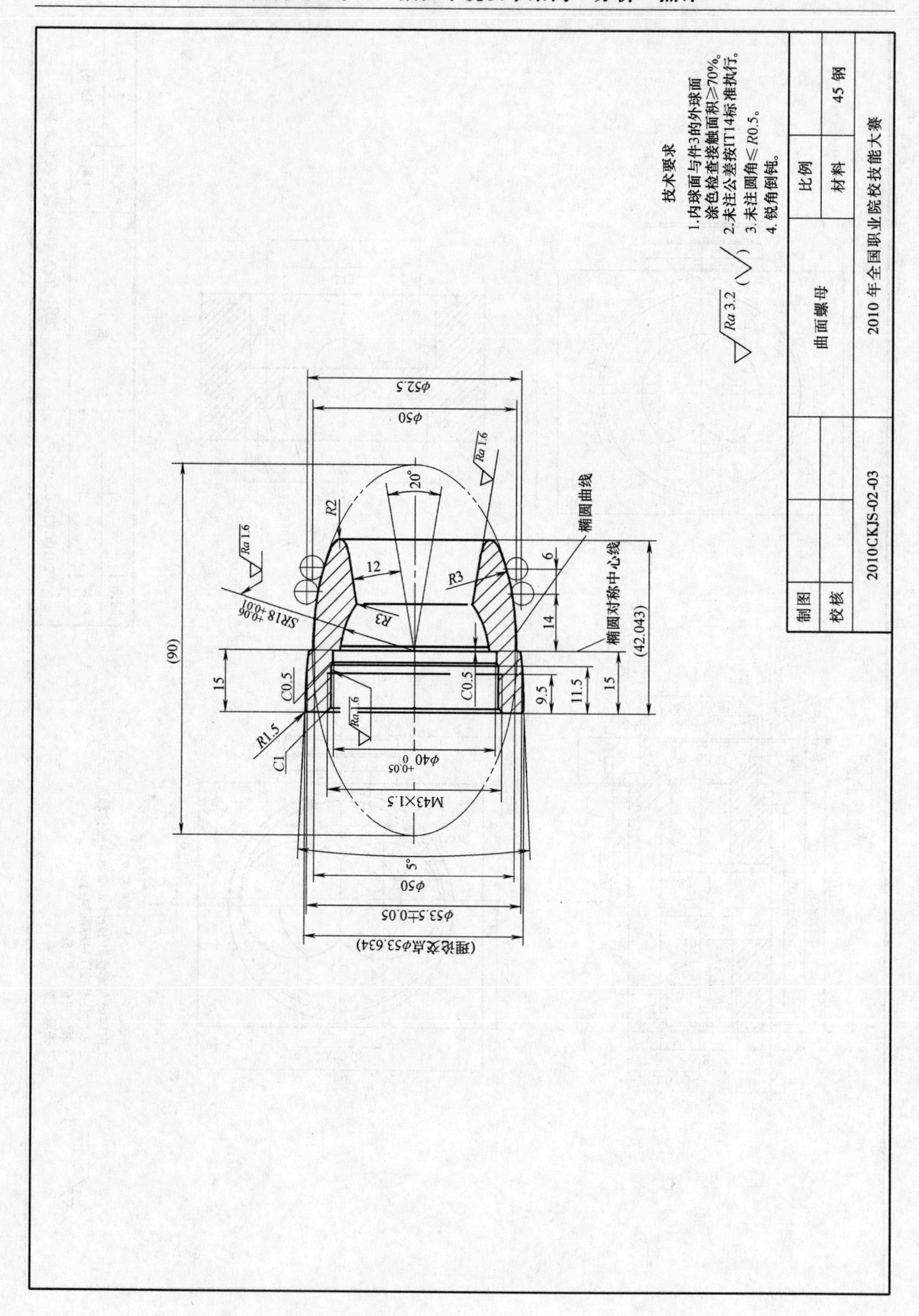
技术要求
1.内球面与件3的外球面涂色检查接触面积≥70%。
2.未注公差按IT14标准执行。
3.未注圆角≤R0.5。
4.锐角倒钝。
Ra 3.2 (√)
曲面螺母
比例
材料
45钢
制图
校核
2010CKJS-02-03
2010年全国职业院校技能大赛
φ52.5
φ50
Ra 1.6
20°
椭圆曲线
椭圆对称中心线
R2
R3
12
6
14
SR18 +0.06 +0.01
(90)
15
C0.5
9.5
11.5
(42.043)
R1.5
C1
φ40 +0.05 0
M43×1.5
5°
φ53.5±0.05
(理论交点φ53.634)

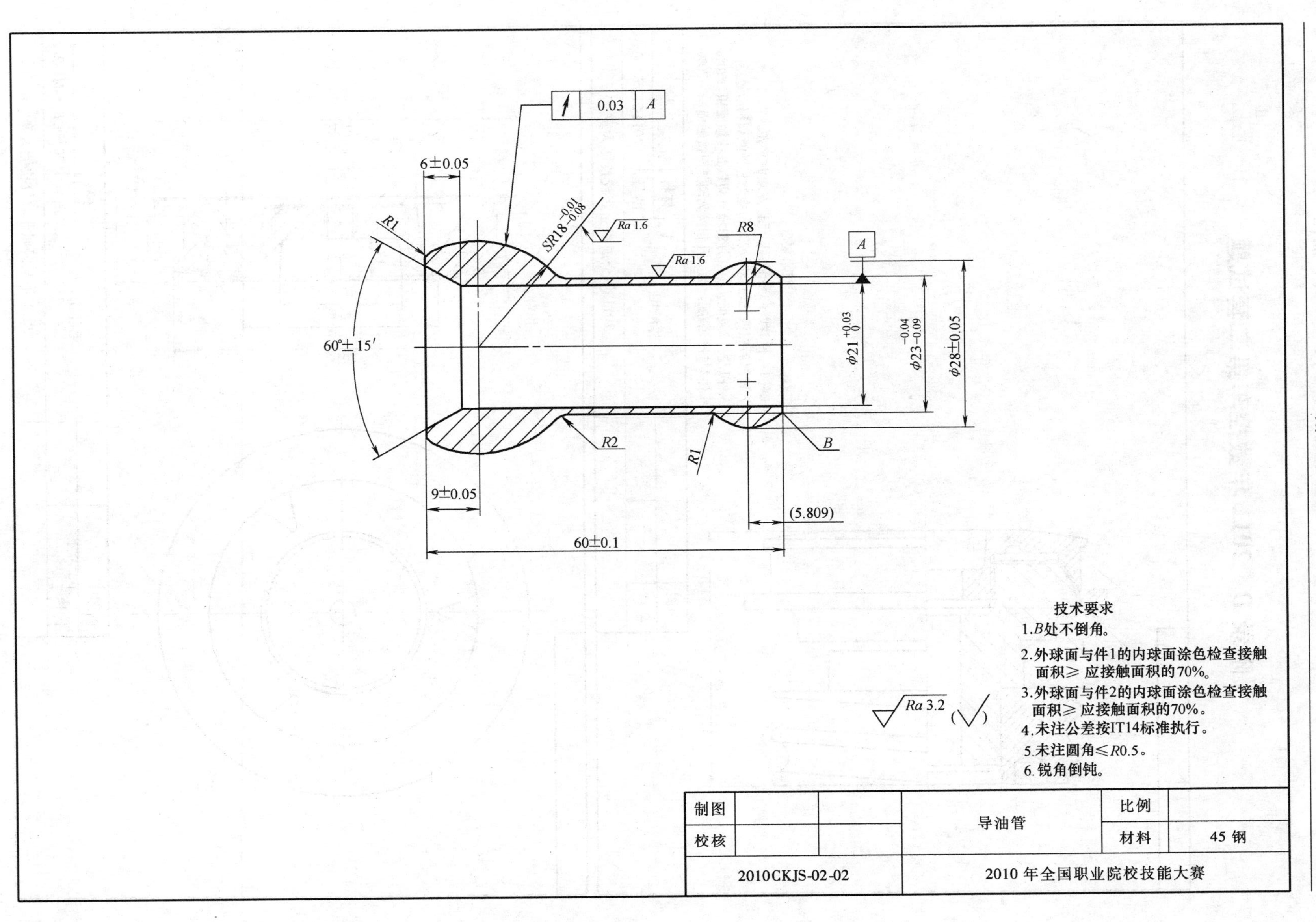
0.03
A
6±0.05
R1
SR18 −0.01 −0.08
Ra 1.6
Ra 1.6
R8
A
60°±15′
φ21 +0.03 0
φ23 −0.04 −0.09
φ28±0.05
R2
R1
B
9±0.05
(5.809)
60±0.1
技术要求
1.B处不倒角。
2.外球面与件1的内球面涂色检查接触面积≥应接触面积的70%。
3.外球面与件2的内球面涂色检查接触面积≥应接触面积的70%。
4.未注公差按IT14标准执行。
5.未注圆角≤R0.5。
6.锐角倒钝。
Ra 3.2
制图
校核
导油管
比例
材料
45 钢
2010CKJS-02-02
2010 年全国职业院校技能大赛

附录D 2011年数控车第二套试题

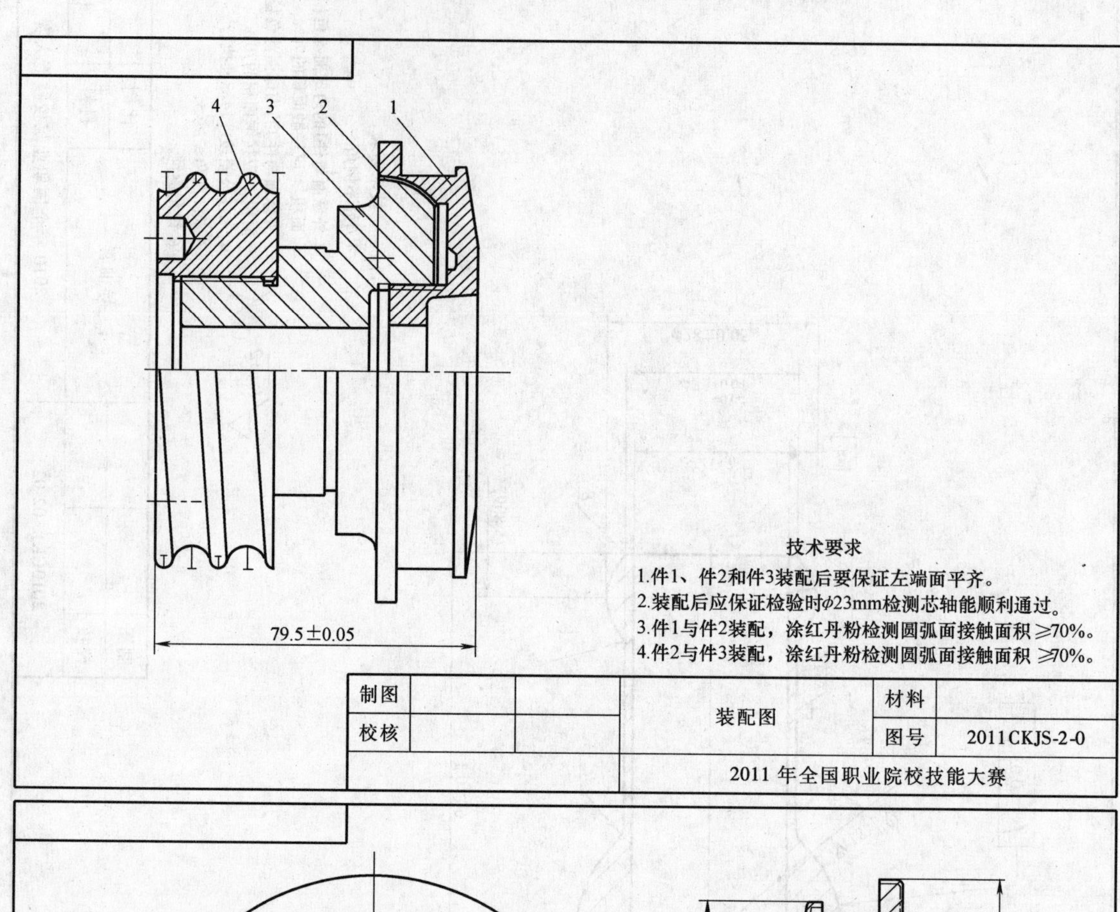

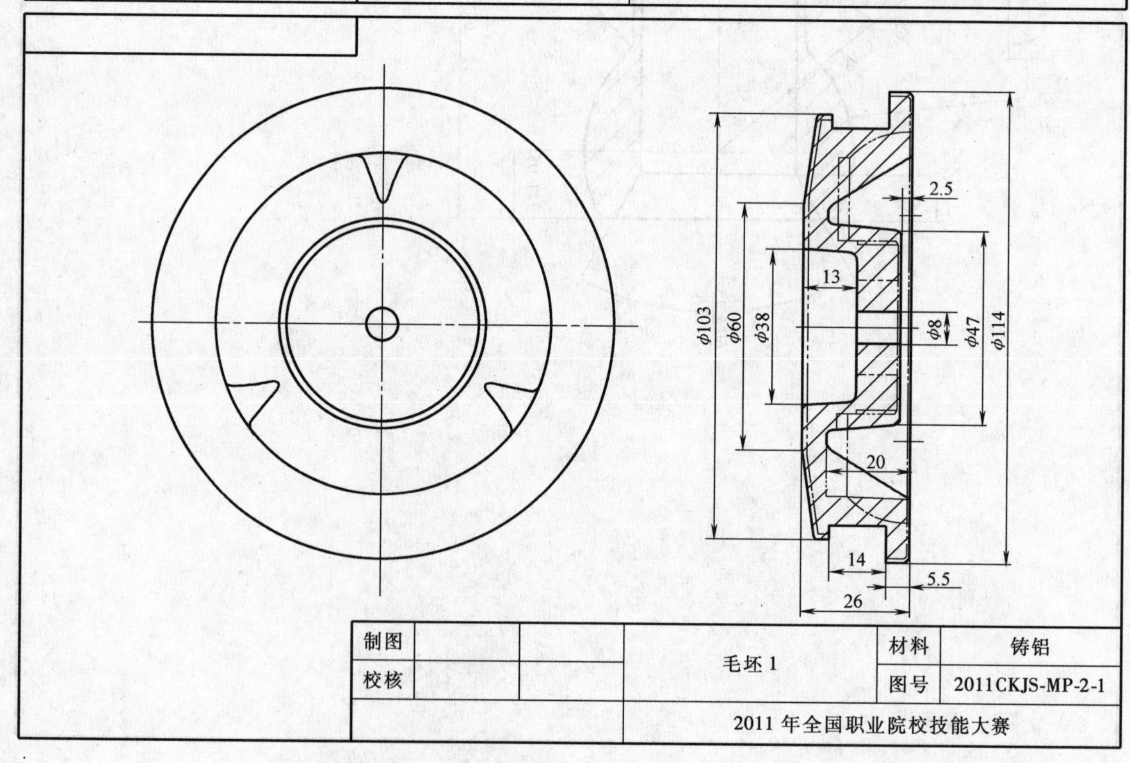

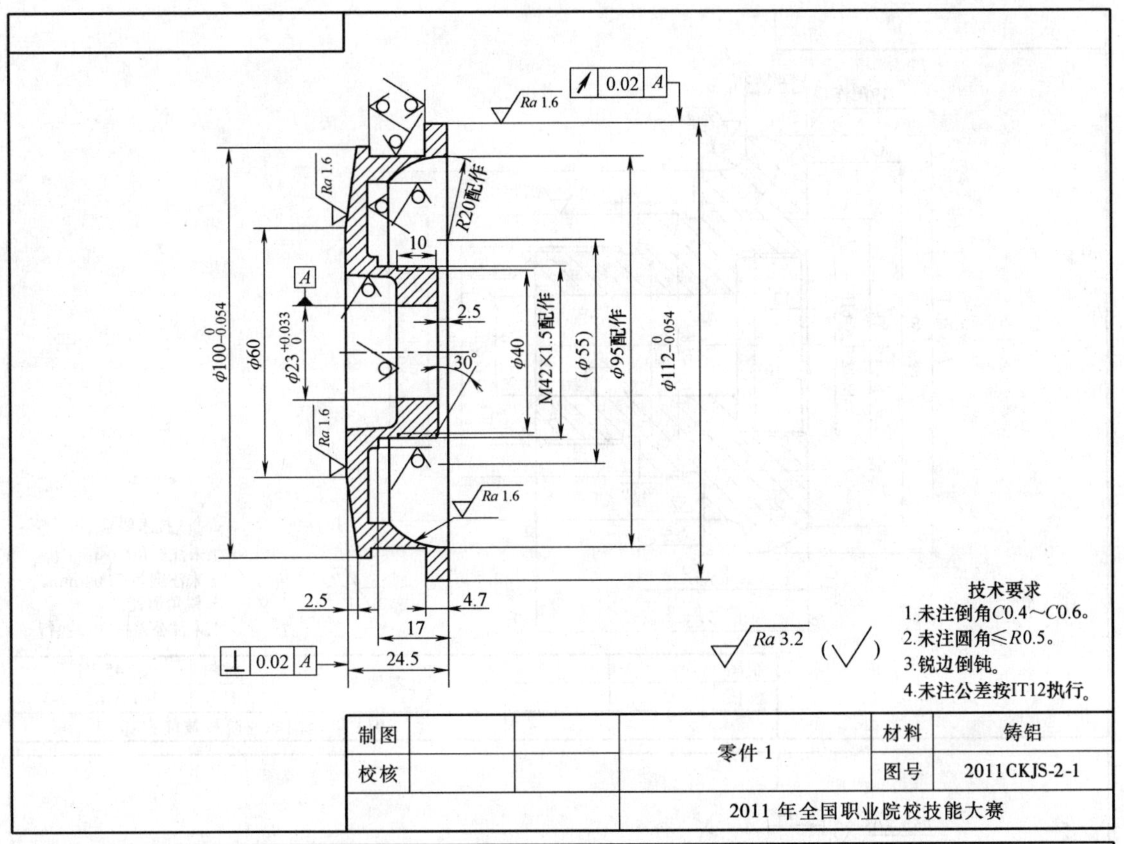
0.02
A
Ra 1.6
R20配作
10
A
2.5
30°
ϕ100$^{0}_{-0.054}$
ϕ60
ϕ23$^{+0.033}_{0}$
ϕ40
M42×1.5配作
(ϕ55)
ϕ95配作
ϕ112$^{0}_{-0.054}$
2.5
4.7
17
24.5
0.02
Ra 3.2
技术要求
1.未注倒角C0.4～C0.6。
2.未注圆角≤R0.5。
3.锐边倒钝。
4.未注公差按IT12执行。
制图
校核
零件 1
材料
铸铝
图号
2011CKJS-2-1
2011 年全国职业院校技能大赛

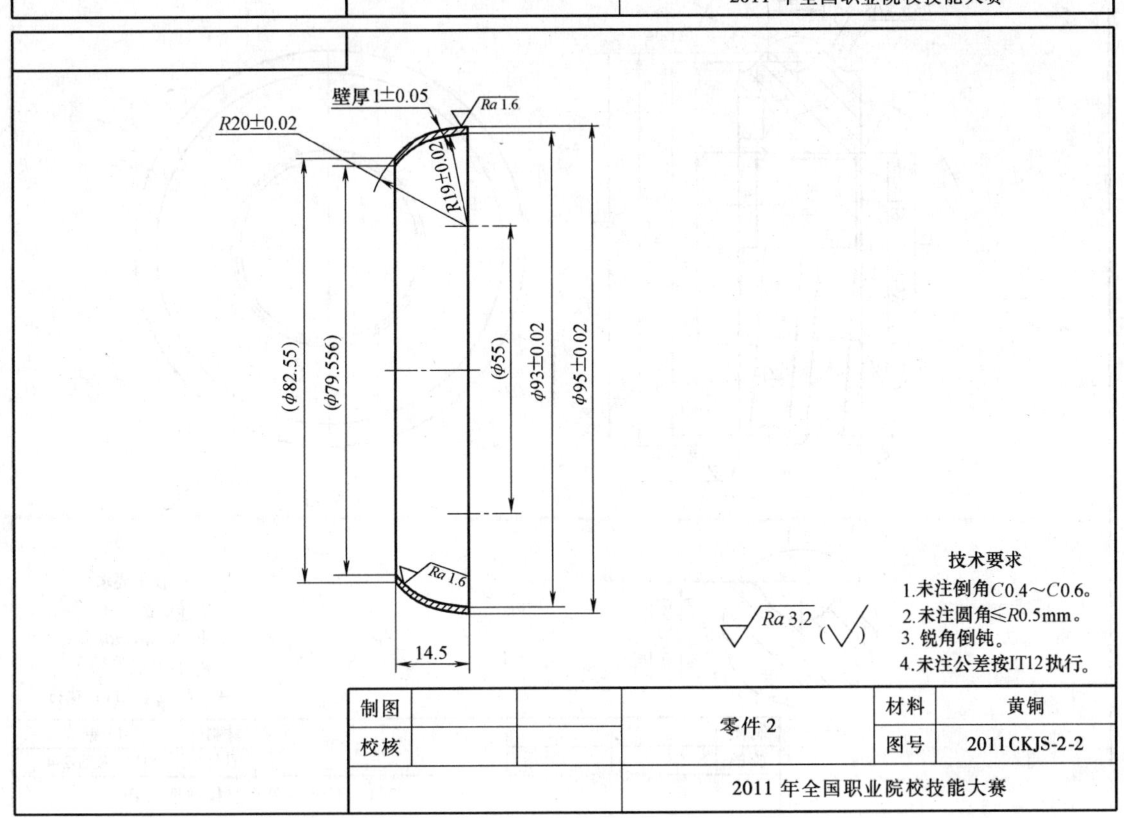
壁厚1±0.05
R20±0.02
Ra 1.6
R19±0.02
(ϕ82.55)
(ϕ79.556)
(ϕ55)
ϕ93±0.02
ϕ95±0.02
14.5
Ra 3.2
技术要求
1.未注倒角C0.4～C0.6。
2.未注圆角≤R0.5mm。
3. 锐角倒钝。
4.未注公差按IT12执行。
制图
校核
零件 2
材料
黄铜
图号
2011CKJS-2-2
2011 年全国职业院校技能大赛

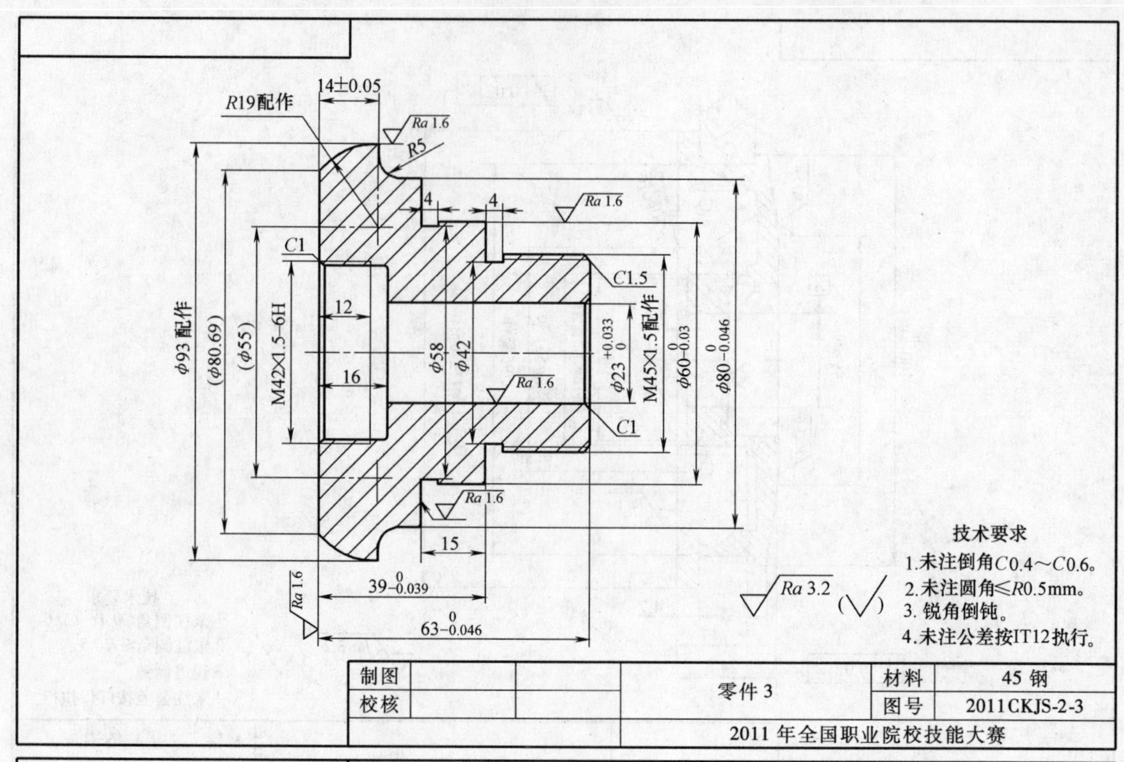
14±0.05
R19配作
Ra 1.6
R5
4
4
Ra 1.6
C1
C1.5
12
16
φ93配作
(φ80.69)
(φ55)
M42×1.5-6H
φ58
φ42
φ23 +0.033 0
M45×1.5配作
φ60 0 -0.03
φ80 0 -0.046
C1
Ra 1.6
15
Ra 1.6
39 0 -0.039
63 0 -0.046
Ra 3.2
(√)
技术要求
1.未注倒角C0.4～C0.6。
2.未注圆角≤R0.5mm。
3. 锐角倒钝。
4.未注公差按IT12执行。
制图
校核
零件 3
材料
45 钢
图号
2011CKJS-2-3
2011 年全国职业院校技能大赛

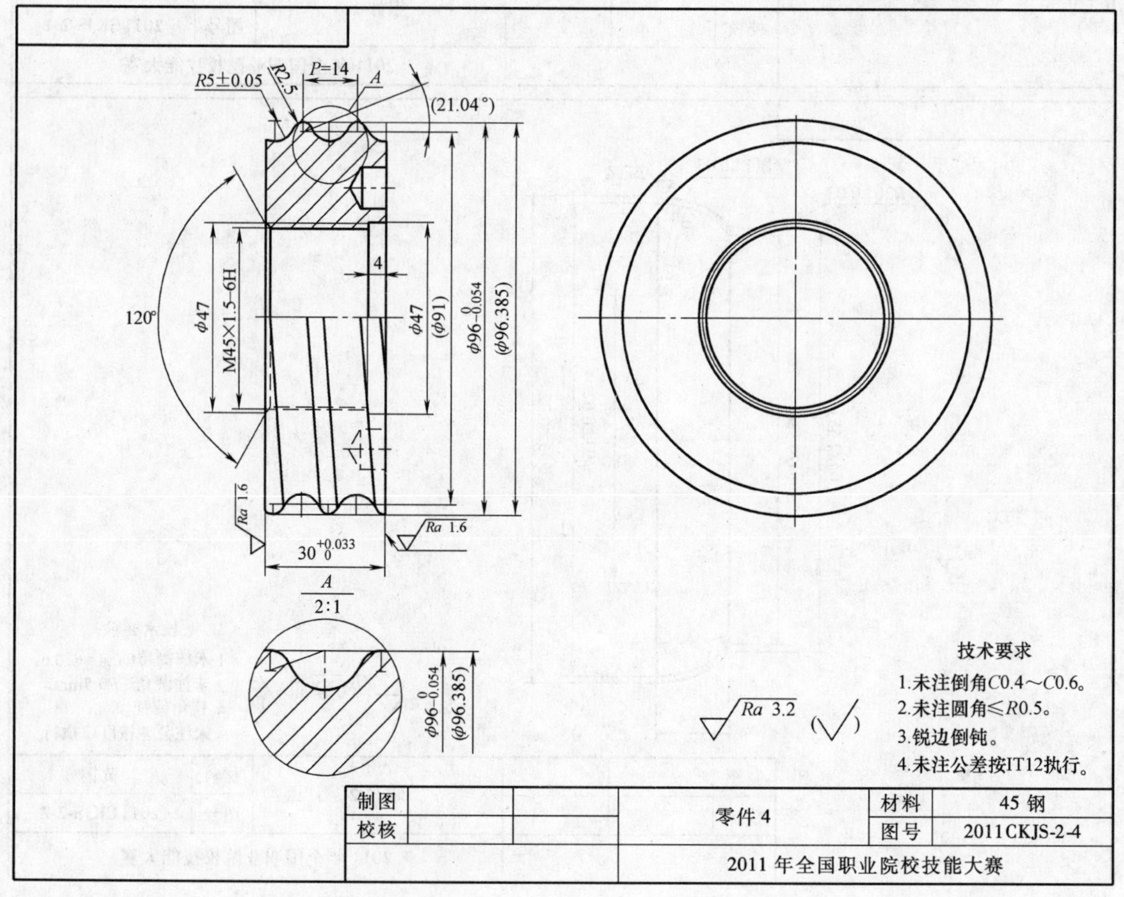
R5±0.05
R2.5
P=14
A
(21.04°)
120°
φ47
M45×1.5-6H
4
φ47
(φ91)
φ96 0 -0.054
(φ96.385)
Ra 1.6
Ra 1.6
30 +0.033 0
A
2:1
φ96 0 -0.054
(φ96.385)
Ra 3.2
(√)
技术要求
1.未注倒角C0.4～C0.6。
2.未注圆角≤R0.5。
3.锐边倒钝。
4.未注公差按IT12执行。
制图
校核
零件 4
材料
45 钢
图号
2011CKJS-2-4
2011 年全国职业院校技能大赛

附录 E　2008 年数控铣第二套试题

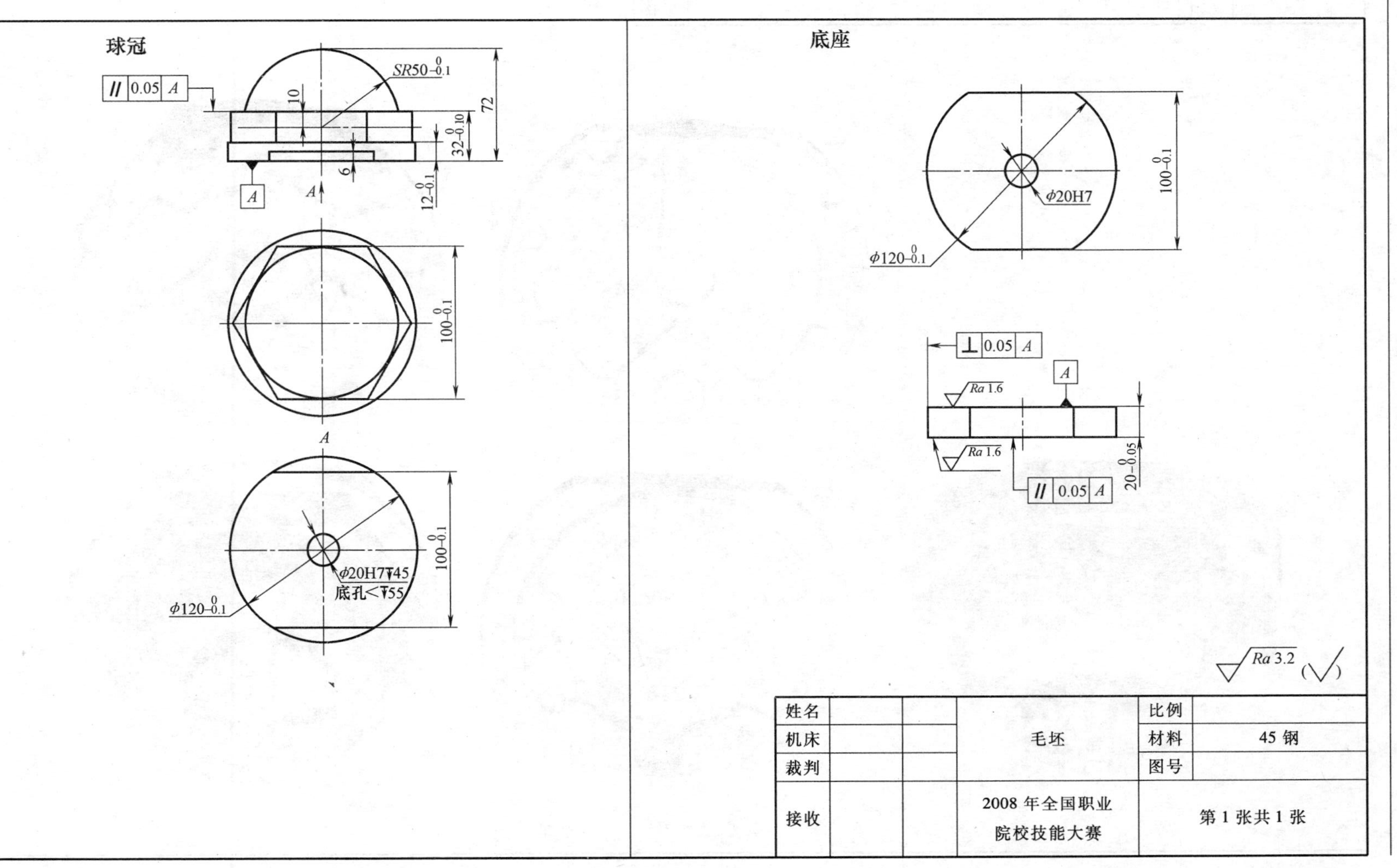

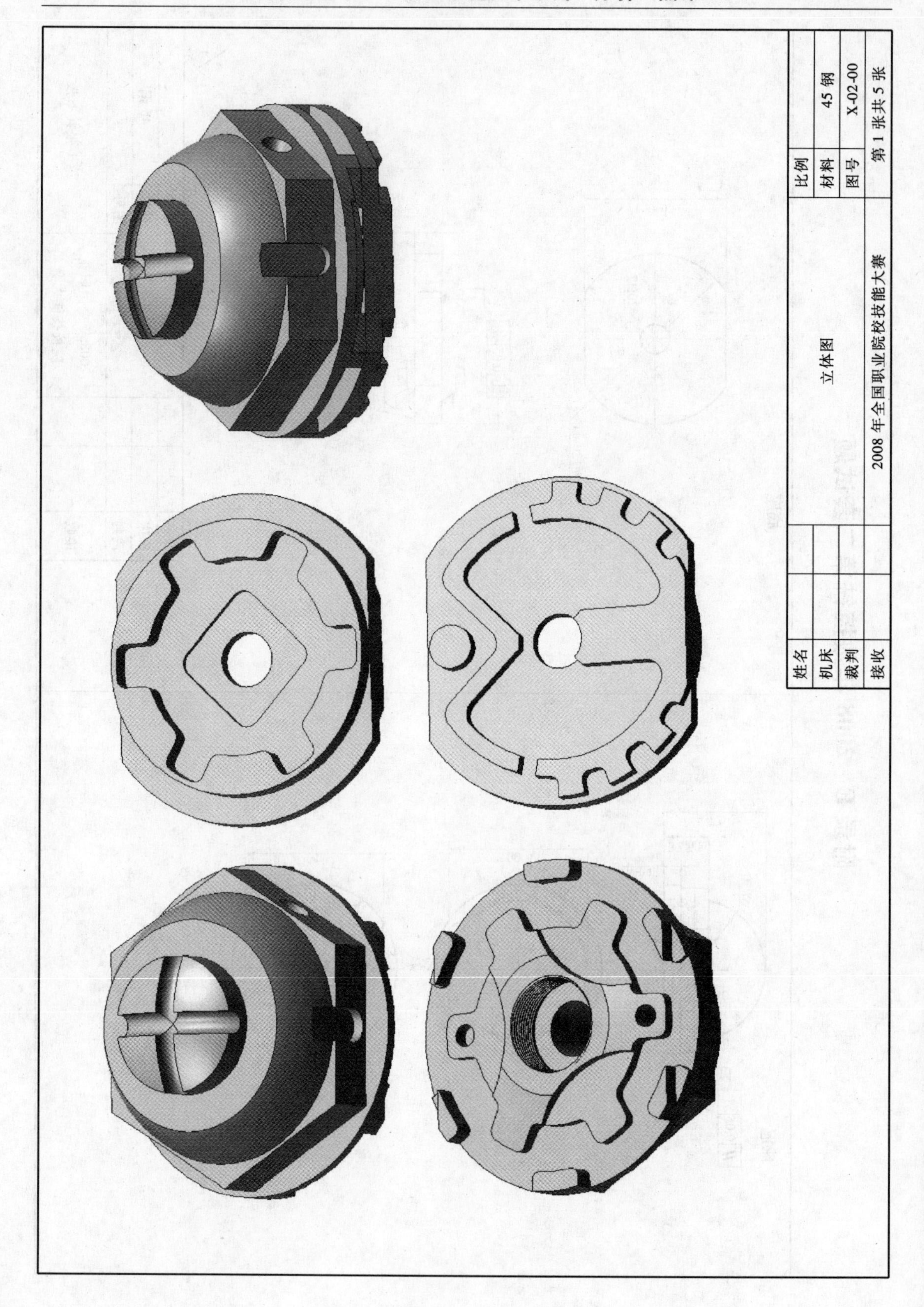
比例
材料
45钢
图号
X-02-00
第1张共5张
立体图
2008年全国职业院校技能大赛
姓名
机床
裁判
接收

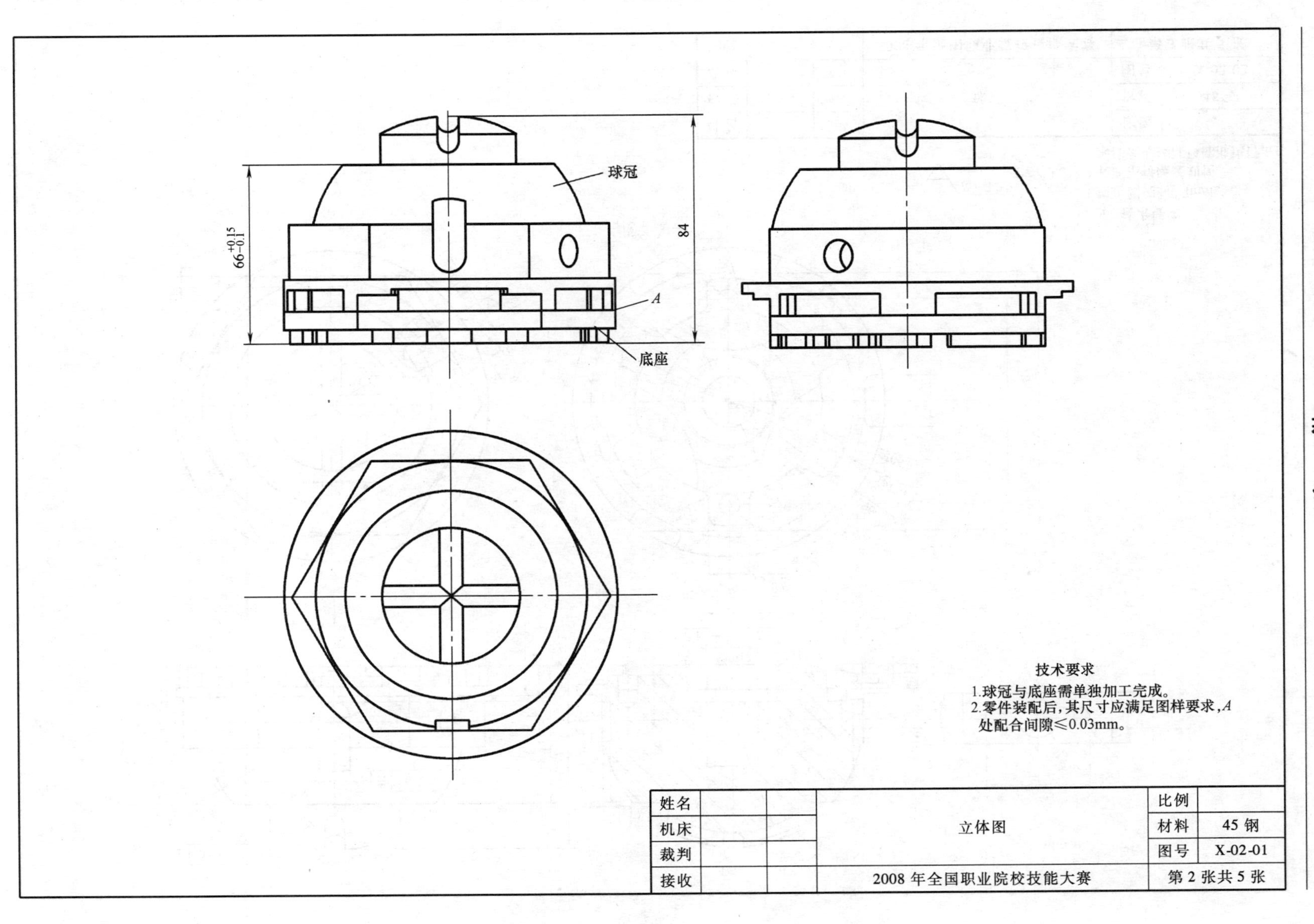

球冠
A
底座
84
$66^{+0.15}_{-0.1}$
技术要求
1.球冠与底座需单独加工完成。
2.零件装配后，其尺寸应满足图样要求，A处配合间隙≤0.03mm。
姓名
机床
裁判
接收
立体图
比例
材料
45 钢
图号
X-02-01
第 2 张共 5 张
2008 年全国职业院校技能大赛

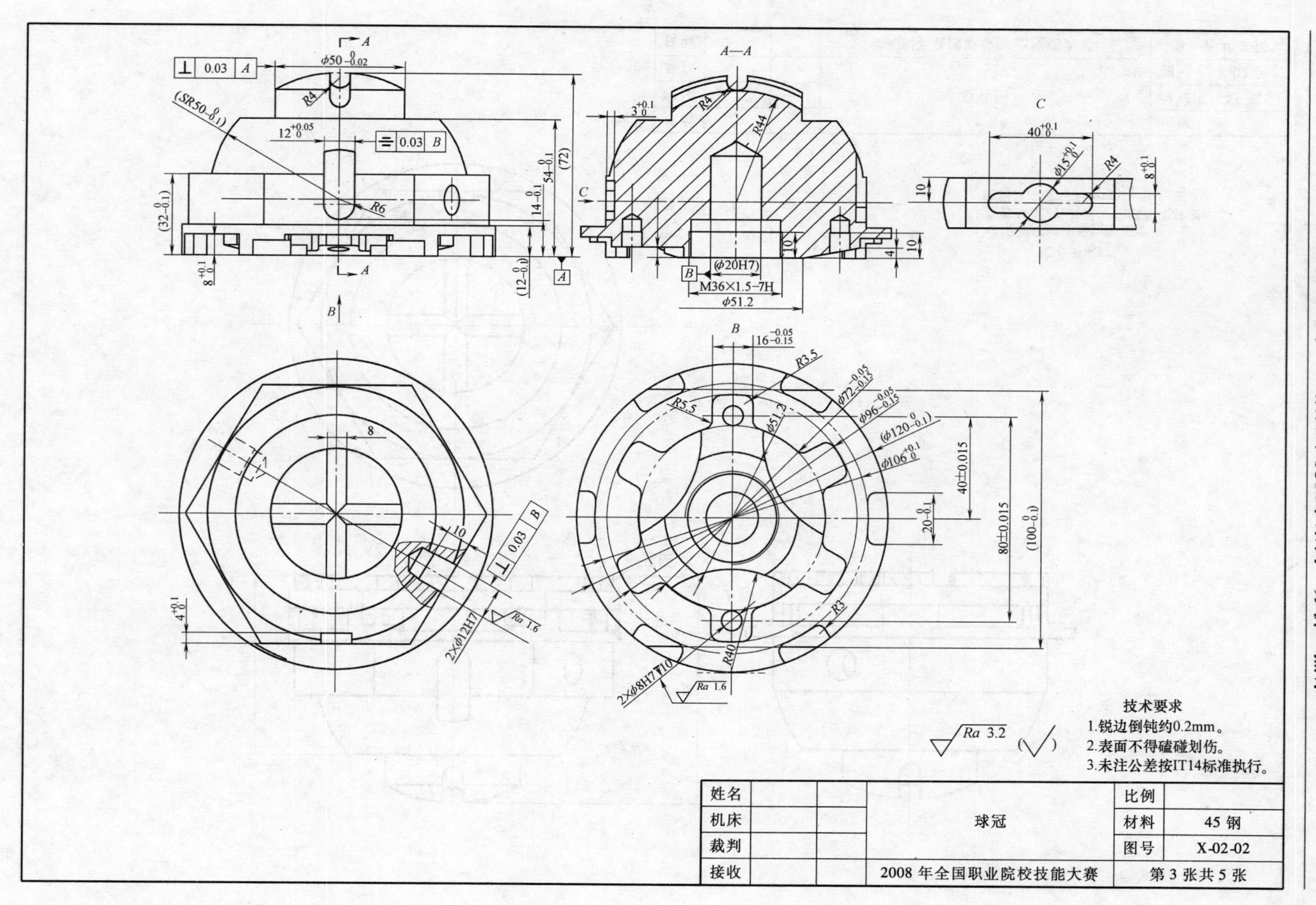
A—A
C
技术要求
1.锐边倒钝约0.2mm。
2.表面不得磕碰划伤。
3.未注公差按IT14标准执行。
姓名
机床
裁判
接收
球冠
2008 年全国职业院校技能大赛
比例
材料
45 钢
图号
X-02-02
第 3 张共 5 张

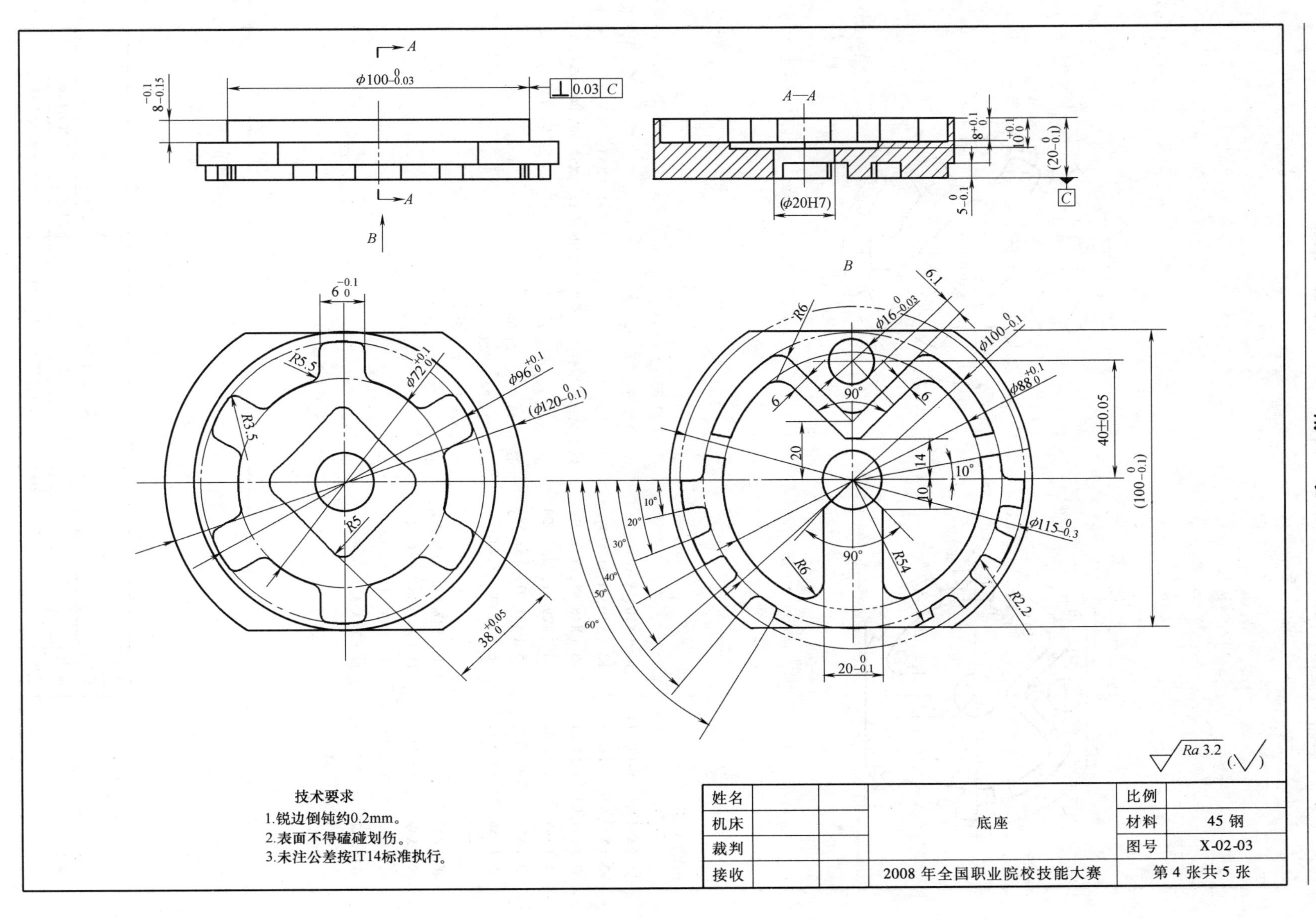

A—A
(φ20H7)
B
R5.5
R3.5
R5
R6
R54
R2.2
Ra 3.2
技术要求
1.锐边倒钝约0.2mm。
2.表面不得磕碰划伤。
3.未注公差按IT14标准执行。
姓名
机床
裁判
接收
底座
比例
材料
45 钢
图号
X-02-03
2008 年全国职业院校技能大赛
第 4 张共 5 张

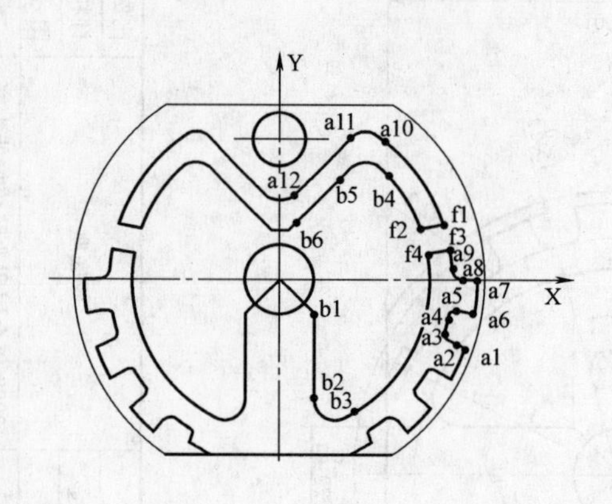

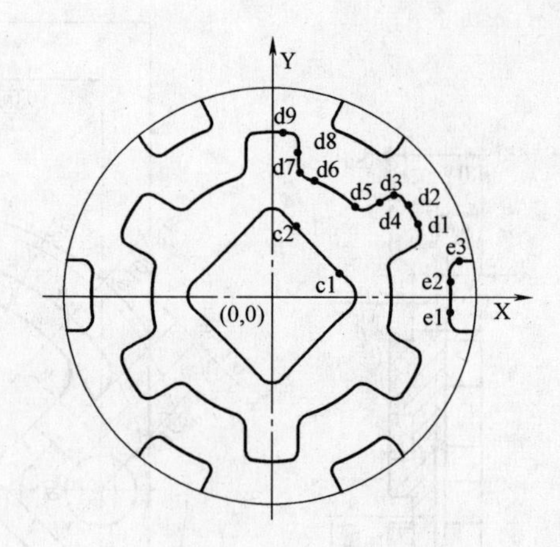

a1（X54.03，Y-19.67）
a2（X49.91，Y-18.16）
a3（X47.93，Y-14.24）
a4（X48.63，Y-11.63）
a5（X53.2，Y-9.22）
a6（X56.63，Y-9.98）
a7（X57.5，Y0）
a8（X53.1，Y0）
a9（X49.91，Y3.01）
a10（X28.2，Y41.29）
a11（X20.58，Y40.58）
a12（X4.24，Y24.24）

b1（X10，Y-10）
b2（X10，Y-34.47）
b3（X18.53，Y-39.91）
b4（X29.31，Y32.82）
b5（X21.07，Y32.58）
b6（X2.49，Y14）

f1（X47.54，Y15.49）
f2（X41.56，Y14.44）
f3（X49.24，Y8.68）
f4（X43.33，Y7.68）

c1（X23.33，Y3.54）
c2（X3.54，Y23.33）

以下坐标点零件 1 和零件 2 共用

d1（X43.78，Y19.67）
d2（X38.93，Y28.08）
d3（X34.34，Y29.06）
d4（X29.99，Y26.55）
d5（X23.63，Y27.16）
d6（X11.71，Y34.04）
d7（X8，Y39.24）
d8（X8，Y44.27）
d9（X4.85，Y47.75）

e1（X53，Y0）
e2（X52.58，Y6.62）
e3（X55.56，Y10）

<table>
<tr><td>姓名</td><td></td><td></td><td rowspan="3">基点坐标图</td><td>比例</td><td></td></tr>
<tr><td>机床</td><td></td><td></td><td>材料</td><td></td></tr>
<tr><td>裁判</td><td></td><td></td><td>图号</td><td>X-02-04</td></tr>
<tr><td>接收</td><td></td><td></td><td>2008 年全国职业院校技能大赛</td><td colspan="2">第 5 张共 5 张</td></tr>
</table>

附录 F 2009 年数控铣第二套试题

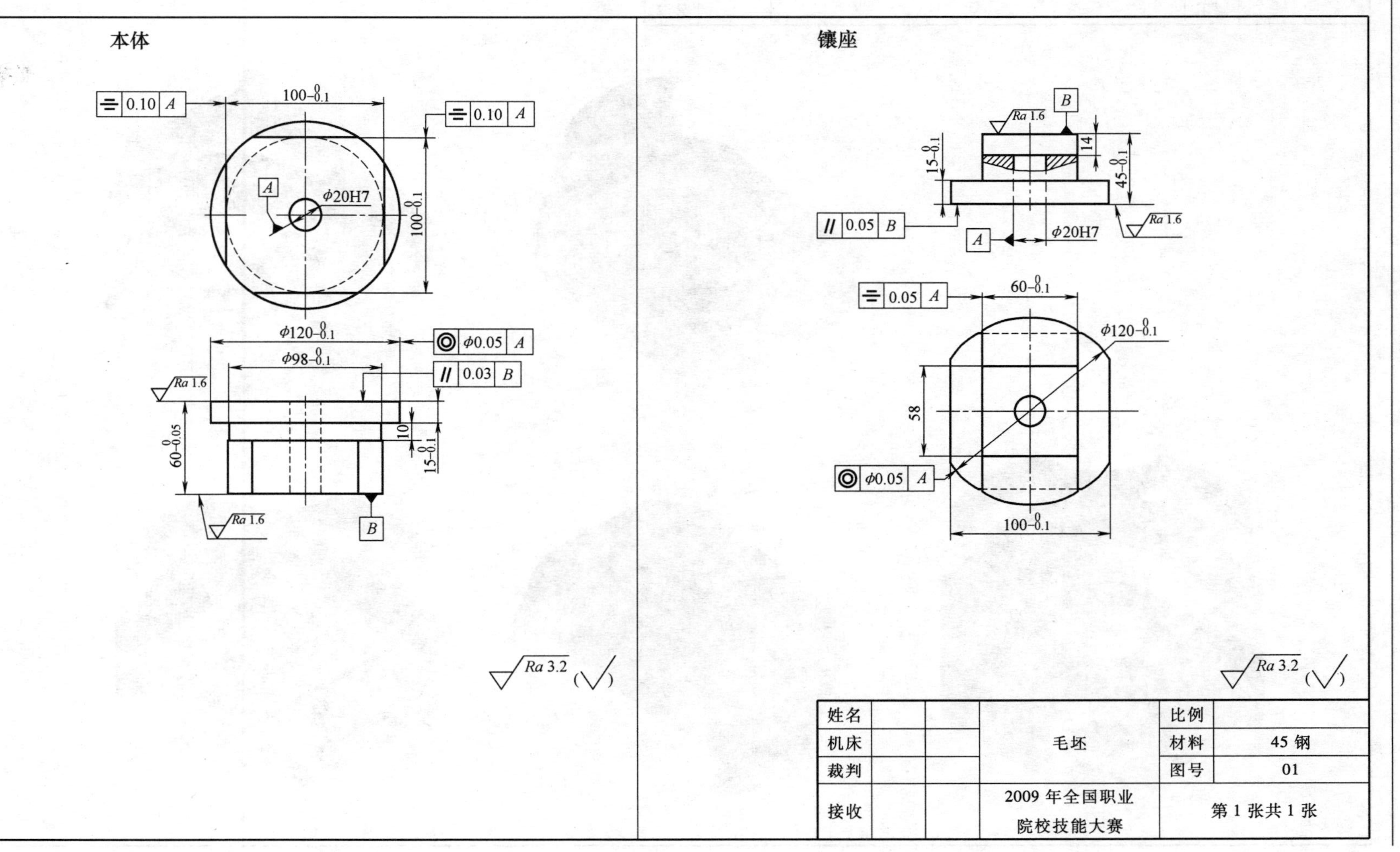

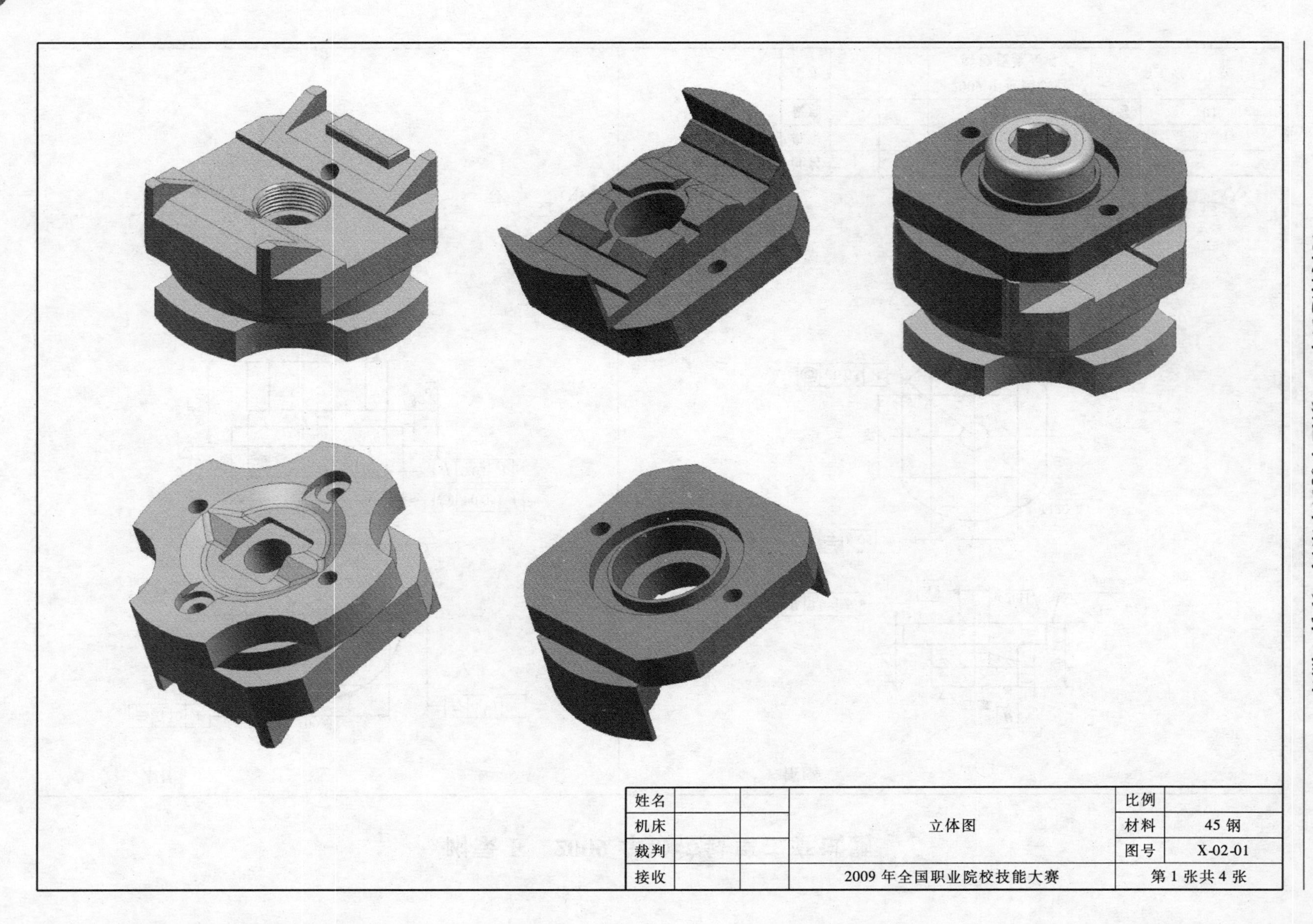
姓名
机床
裁判
接收
立体图
2009 年全国职业院校技能大赛
比例
材料
45 钢
图号
X-02-01
第 1 张共 4 张

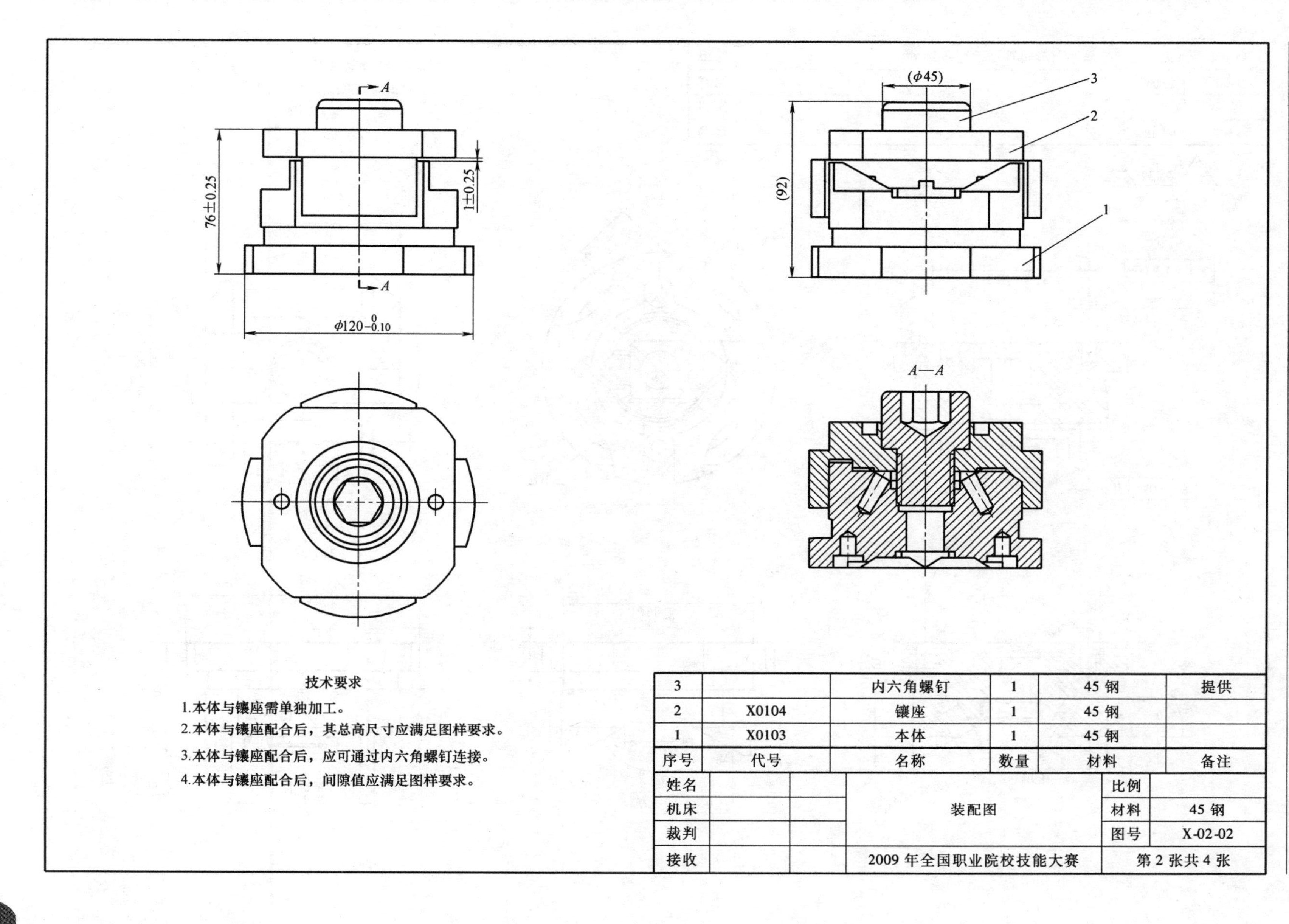

A
A
76±0.25
1±0.25
$\phi120_{-0.10}^{0}$
(φ45)
(92)
3
2
1
A—A
技术要求
1.本体与镶座需单独加工。
2.本体与镶座配合后，其总高尺寸应满足图样要求。
3.本体与镶座配合后，应可通过内六角螺钉连接。
4.本体与镶座配合后，间隙值应满足图样要求。
3 内六角螺钉 1 45 钢 提供
2 X0104 镶座 1 45 钢
1 X0103 本体 1 45 钢
序号 代号 名称 数量 材料 备注
姓名
机床
裁判
接收
装配图
比例
材料 45 钢
图号 X-02-02
2009 年全国职业院校技能大赛
第 2 张共 4 张

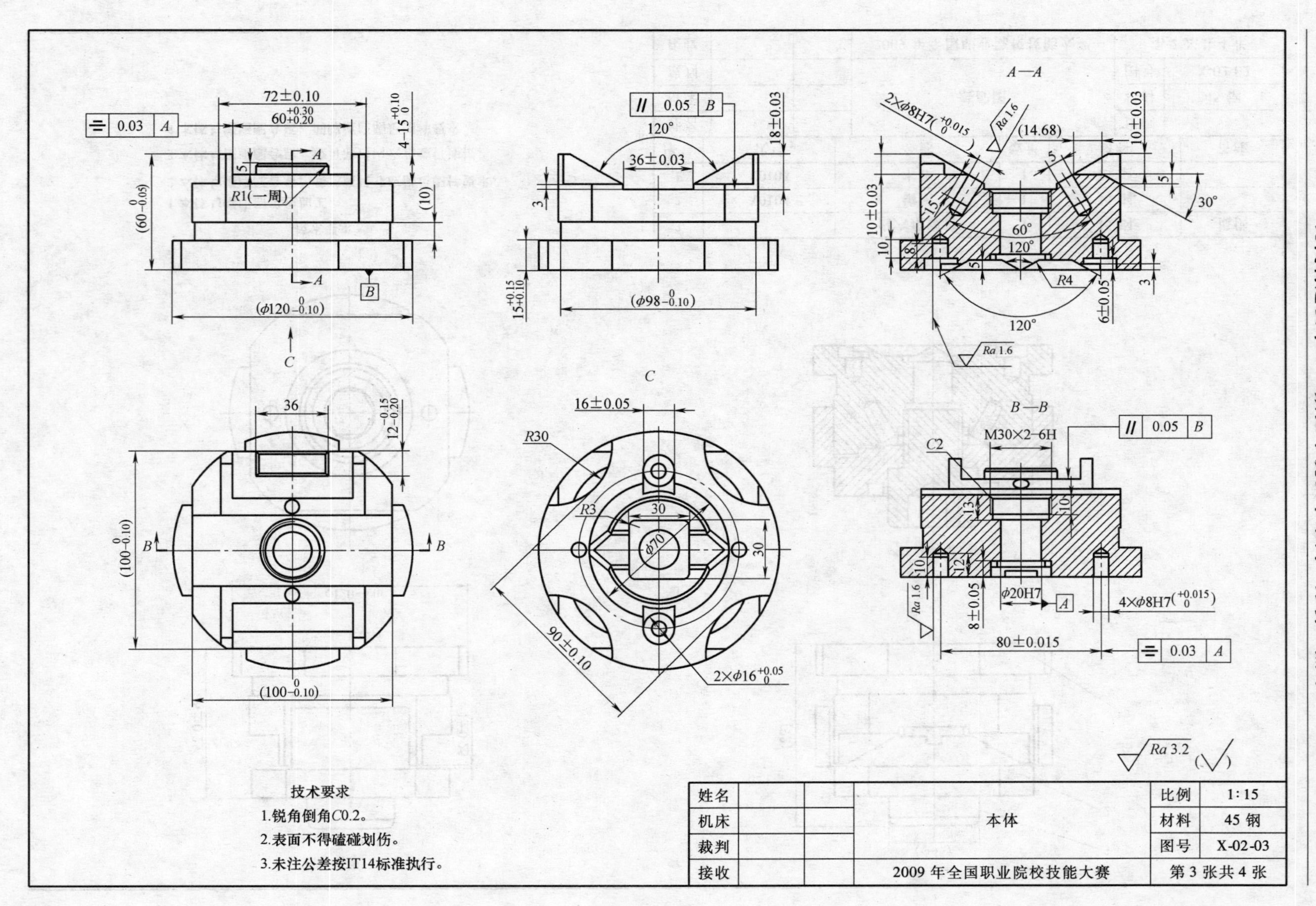

A—A
B—B
C
M30×2-6H
技术要求
1.锐角倒角C0.2。
2.表面不得磕碰划伤。
3.未注公差按IT14标准执行。
姓名
机床
裁判
接收
本体
2009年全国职业院校技能大赛
比例 1:15
材料 45钢
图号 X-02-03
第3张共4张

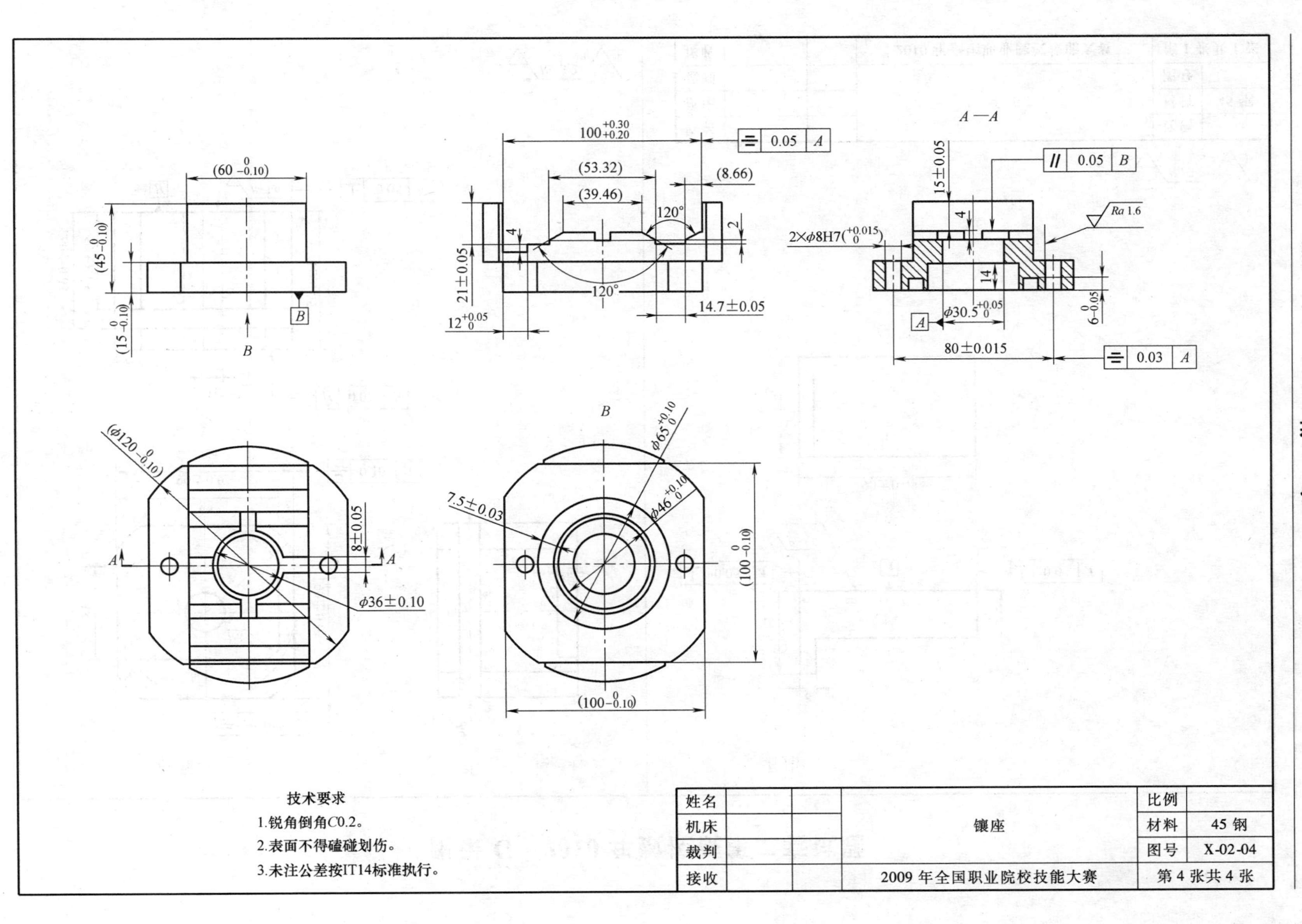

A—A
(60 $_{-0.10}^{0}$)
(45$_{-0.10}^{0}$)
(15$_{-0.10}^{0}$)
B
$100_{+0.20}^{+0.30}$
(53.32)
(39.46)
(8.66)
120°
21±0.05
$12_{0}^{+0.05}$
14.7±0.05
0.05 A
15±0.05
0.05 B
Ra 1.6
2×ϕ8H7($_{0}^{+0.015}$)
14
ϕ30.5$_{0}^{+0.05}$
6$_{-0.05}^{0}$
80±0.015
0.03 A
(ϕ120$_{-0.10}^{0}$)
8±0.05
ϕ36±0.10
ϕ65$_{0}^{+0.10}$
ϕ46$_{0}^{+0.10}$
7.5±0.03
(100$_{-0.10}^{0}$)
技术要求
1.锐角倒角C0.2。
2.表面不得磕碰划伤。
3.未注公差按IT14标准执行。
姓名
机床
裁判
接收
镶座
2009 年全国职业院校技能大赛
比例
材料
45 钢
图号
X-02-04
第 4 张共 4 张

附录G 2010年数控铣第二套试题

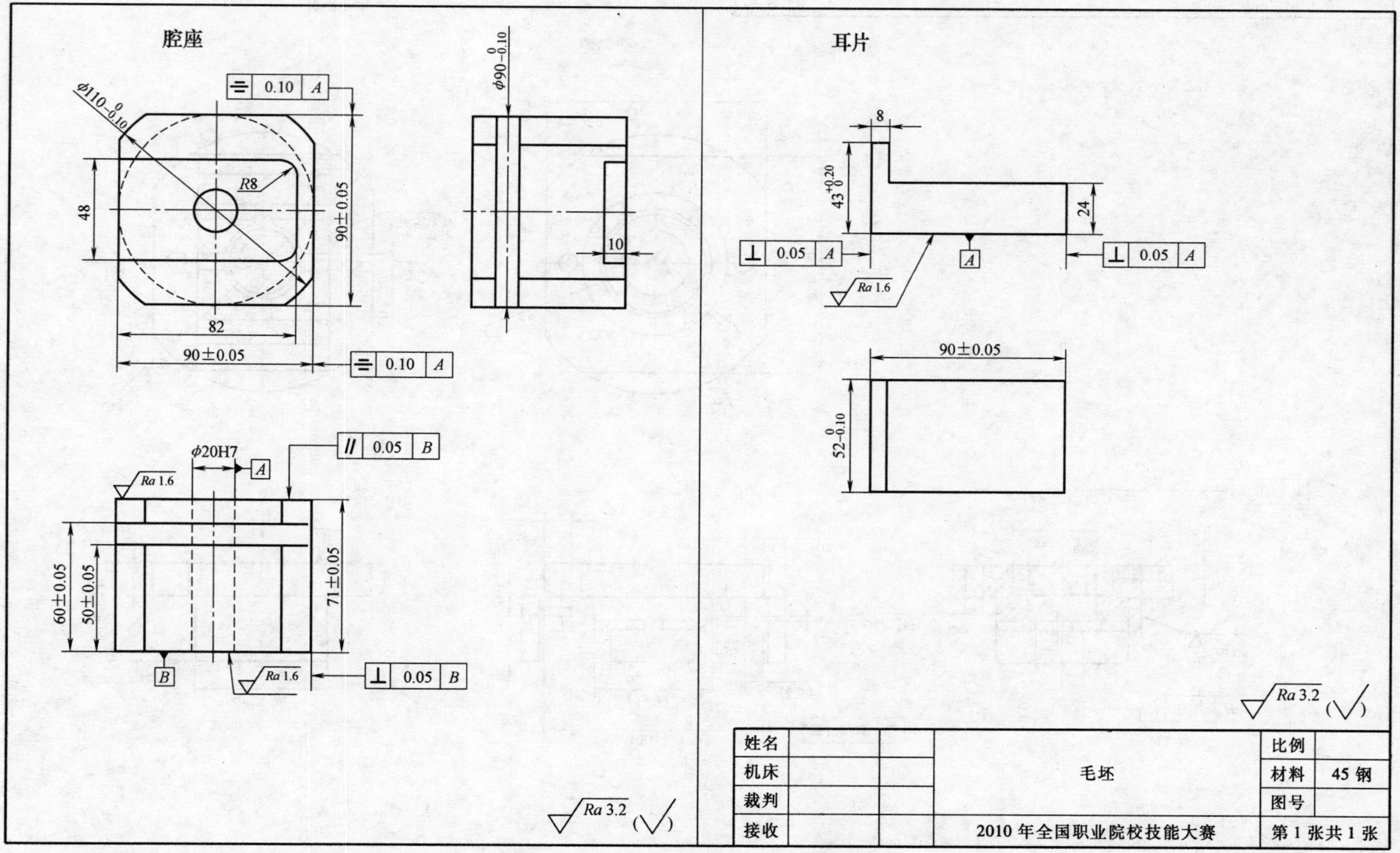

腔座

$\phi 110_{-0.10}^{0}$ R8 48 82 90 ± 0.05 90 ± 0.05 0.10 A 0.10 A $\phi 90_{-0.10}^{0}$ 10

ϕ20H7 A // 0.05 B Ra 1.6 60 ± 0.05 50 ± 0.05 71 ± 0.05 B Ra 1.6 ⊥ 0.05 B

Ra 3.2 (√)

耳片

8 $43_{0}^{+0.20}$ 24 ⊥ 0.05 A A ⊥ 0.05 A Ra 1.6

90 ± 0.05 $52_{-0.10}^{0}$

Ra 3.2 (√)

姓名			毛坯	比例	
机床				材料	45钢
裁判				图号	
接收			2010年全国职业院校技能大赛	第1张共1张	

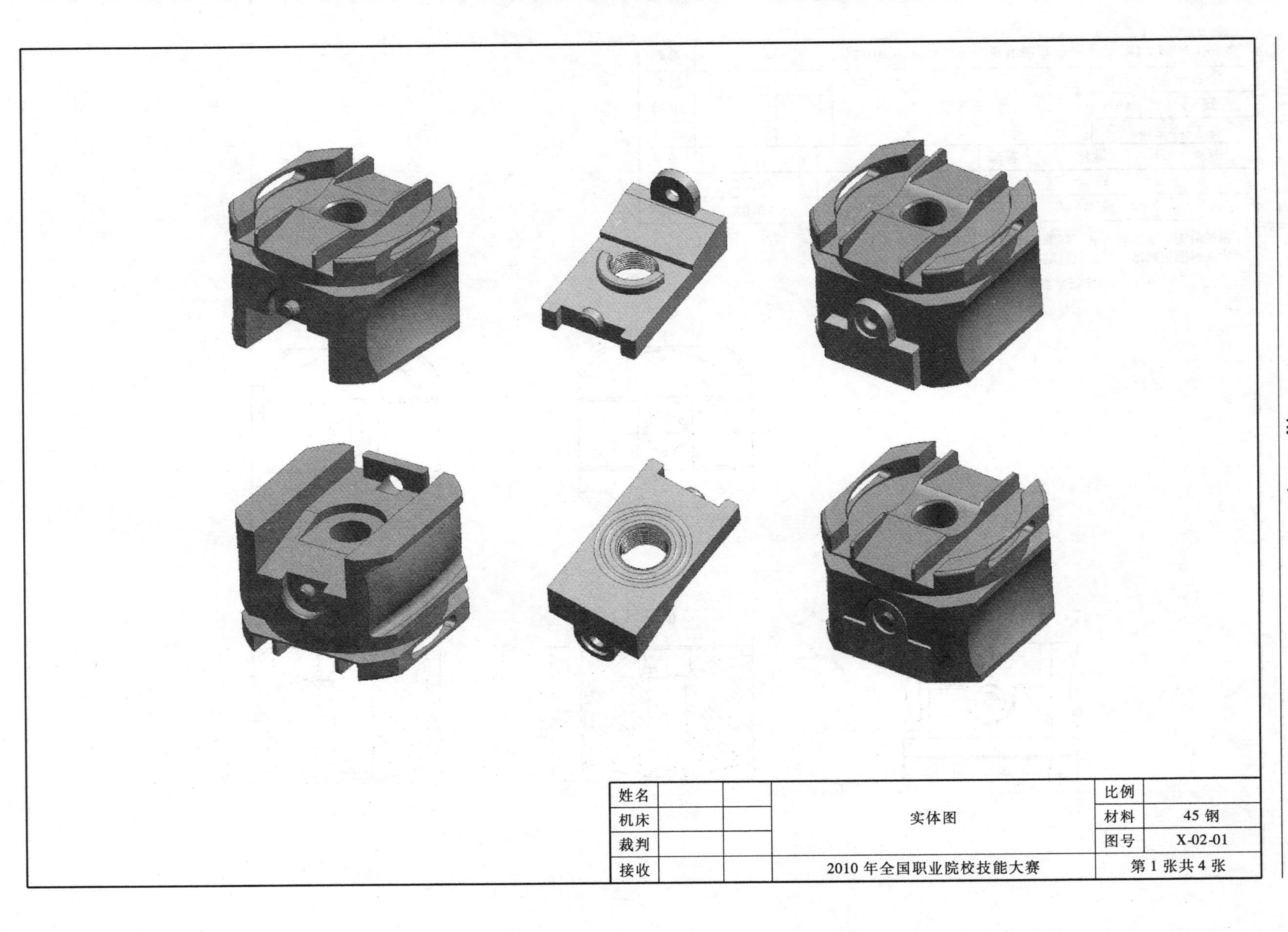

姓名
机床
裁判
接收
实体图
2010 年全国职业院校技能大赛
比例
材料
45 钢
图号
X-02-01
第 1 张共 4 张

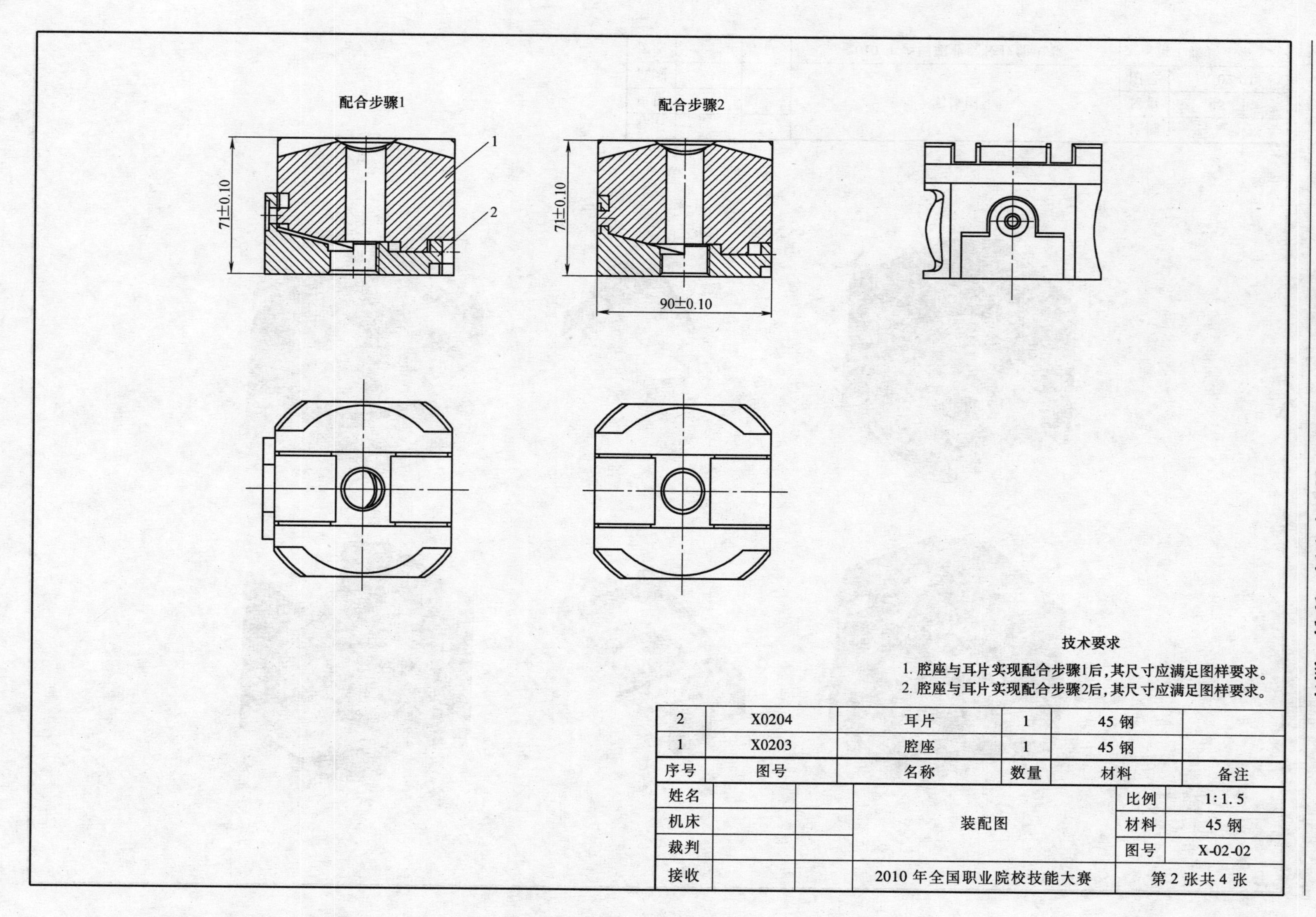
配合步骤1
配合步骤2
71±0.10
71±0.10
90±0.10
1
2
技术要求
1. 腔座与耳片实现配合步骤1后，其尺寸应满足图样要求。
2. 腔座与耳片实现配合步骤2后，其尺寸应满足图样要求。
2 X0204 耳片 1 45 钢
1 X0203 腔座 1 45 钢
序号 图号 名称 数量 材料 备注
姓名
机床
裁判
接收
装配图
比例 1:1.5
材料 45 钢
图号 X-02-02
2010 年全国职业院校技能大赛
第 2 张共 4 张

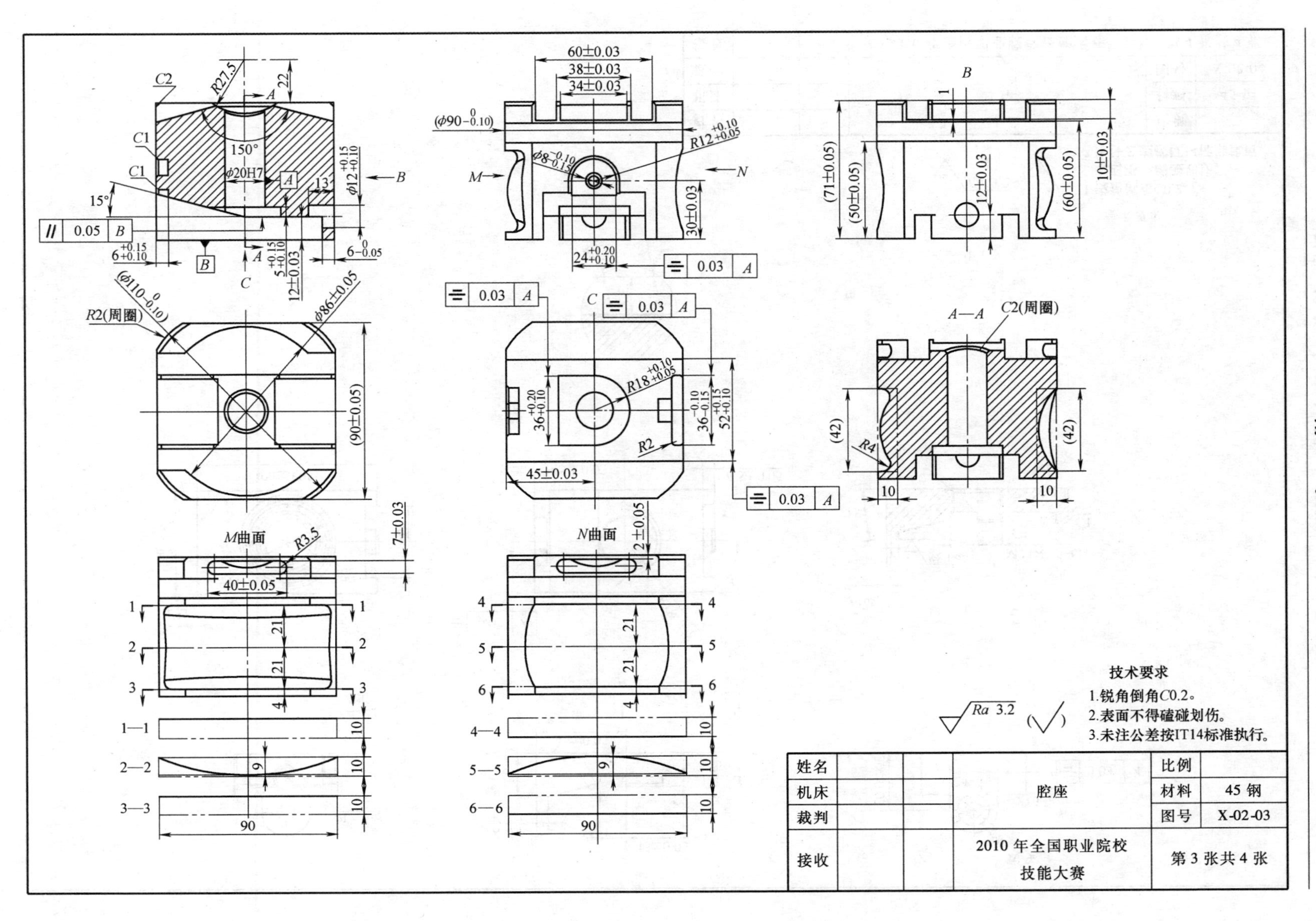
技术要求
1.锐角倒角C0.2。
2.表面不得磕碰划伤。
3.未注公差按IT14标准执行。
Ra 3.2
姓名
机床
裁判
接收
腔座
比例
材料
45 钢
图号
X-02-03
2010 年全国职业院校技能大赛
第 3 张共 4 张
A—A
C2(周圈)
R2(周圈)
M曲面
N曲面

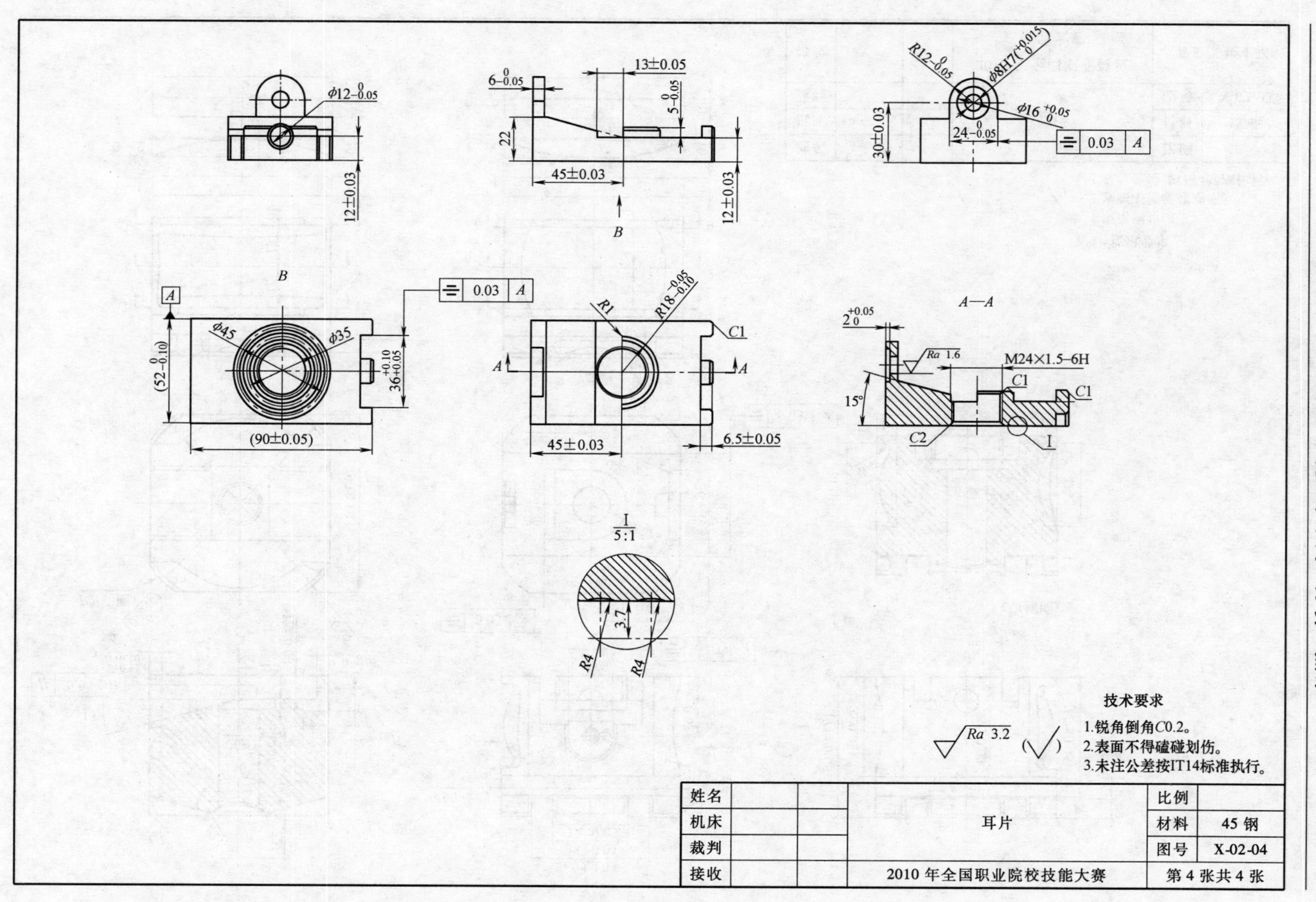

B
A
0.03 A
A—A
M24×1.5–6H
C1
C2
15°
I
I
5:1
3.7
R4
R4
(90±0.05)
45±0.03
6.5±0.05
12±0.03
13±0.05
22
30±0.03
φ45
φ35
R1
技术要求
1.锐角倒角C0.2。
2.表面不得磕碰划伤。
3.未注公差按IT14标准执行。
姓名
机床
裁判
接收
耳片
2010年全国职业院校技能大赛
比例
材料
45钢
图号
X-02-04
第4张共4张

附录 H　2011 年数控铣第二套试题

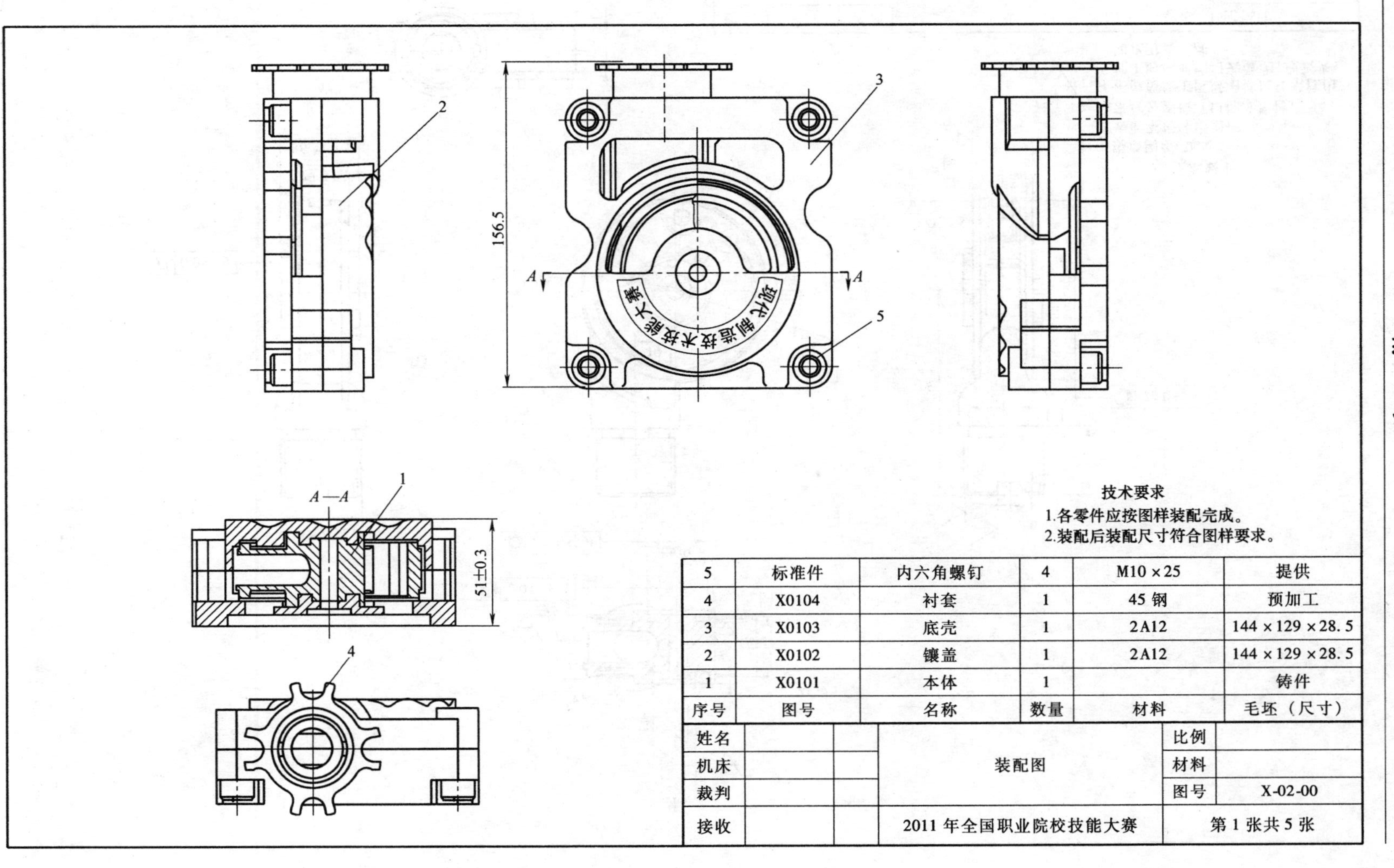

技术要求

1.各零件应按图样装配完成。

2.装配后装配尺寸符合图样要求。

5	标准件	内六角螺钉	4	M10×25	提供
4	X0104	衬套	1	45 钢	预加工
3	X0103	底壳	1	2A12	144×129×28.5
2	X0102	镶盖	1	2A12	144×129×28.5
1	X0101	本体	1		铸件
序号	图号	名称	数量	材料	毛坯（尺寸）

姓名			装配图	比例	
机床				材料	
裁判				图号	X-02-00
接收			2011 年全国职业院校技能大赛	第 1 张共 5 张	

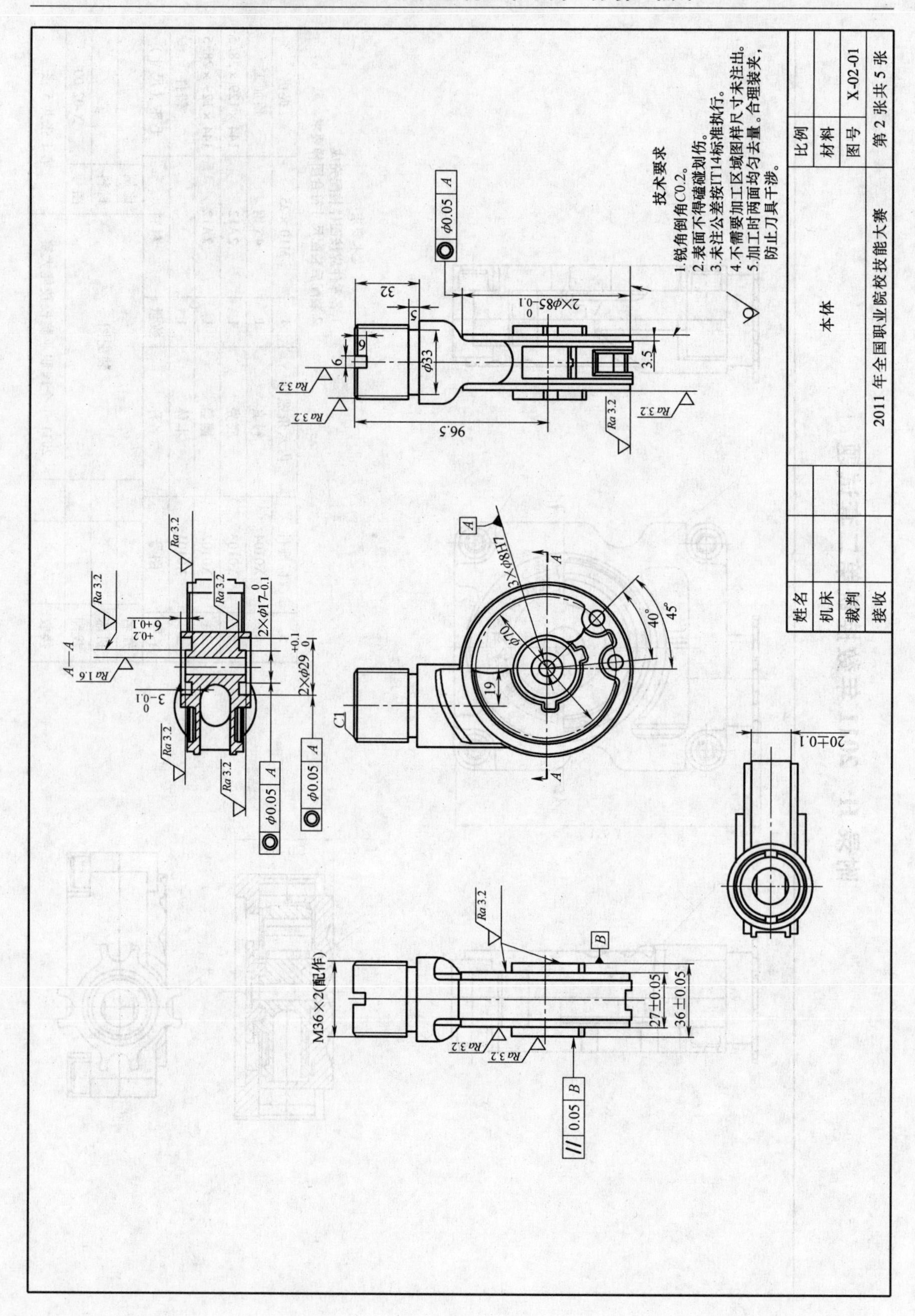

技术要求
1.锐角倒角C0.2。
2.表面不得磕碰划伤。
3.未注公差按IT14标准执行。
4.不需要加工区域图样尺寸未注出。
5.加工时两面均匀去量。合理装夹，防止刀具干涉。
姓名
机床
裁判
接收
本体
比例
材料
图号
X-02-01
2011 年全国职业院校技能大赛
第 2 张共 5 张
A—A
M36×2(配作)
27±0.05
36±0.05
20±0.1
96.5
3×Φ8H7
Φ70
45°
40°
C1

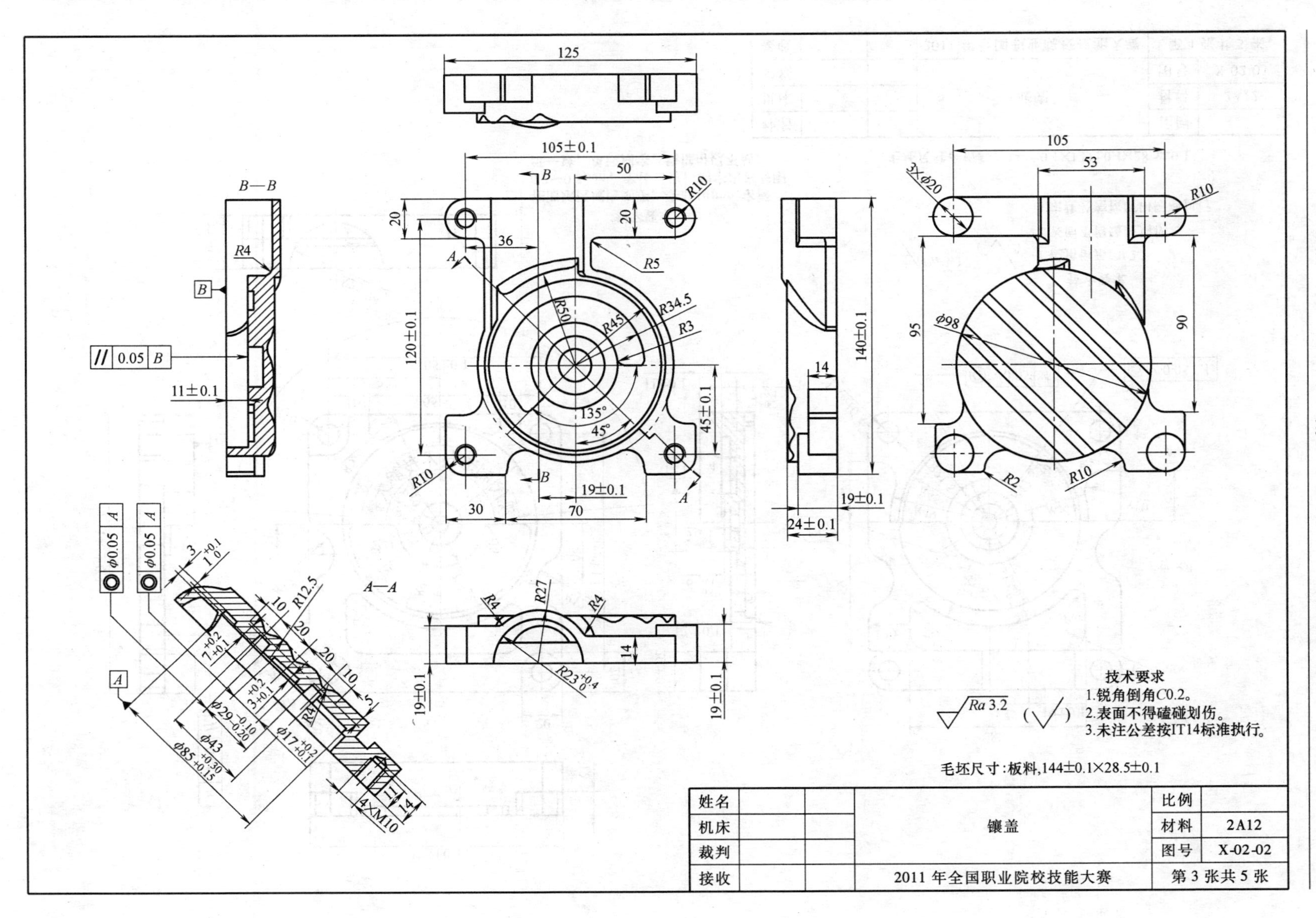
B—B
A—A
技术要求
1.锐角倒角C0.2。
2.表面不得磕碰划伤。
3.未注公差按IT14标准执行。
Ra 3.2
毛坯尺寸:板料,144±0.1×28.5±0.1
姓名
机床
裁判
接收
镶盖
2011 年全国职业院校技能大赛
比例
材料
2A12
图号
X-02-02
第 3 张共 5 张

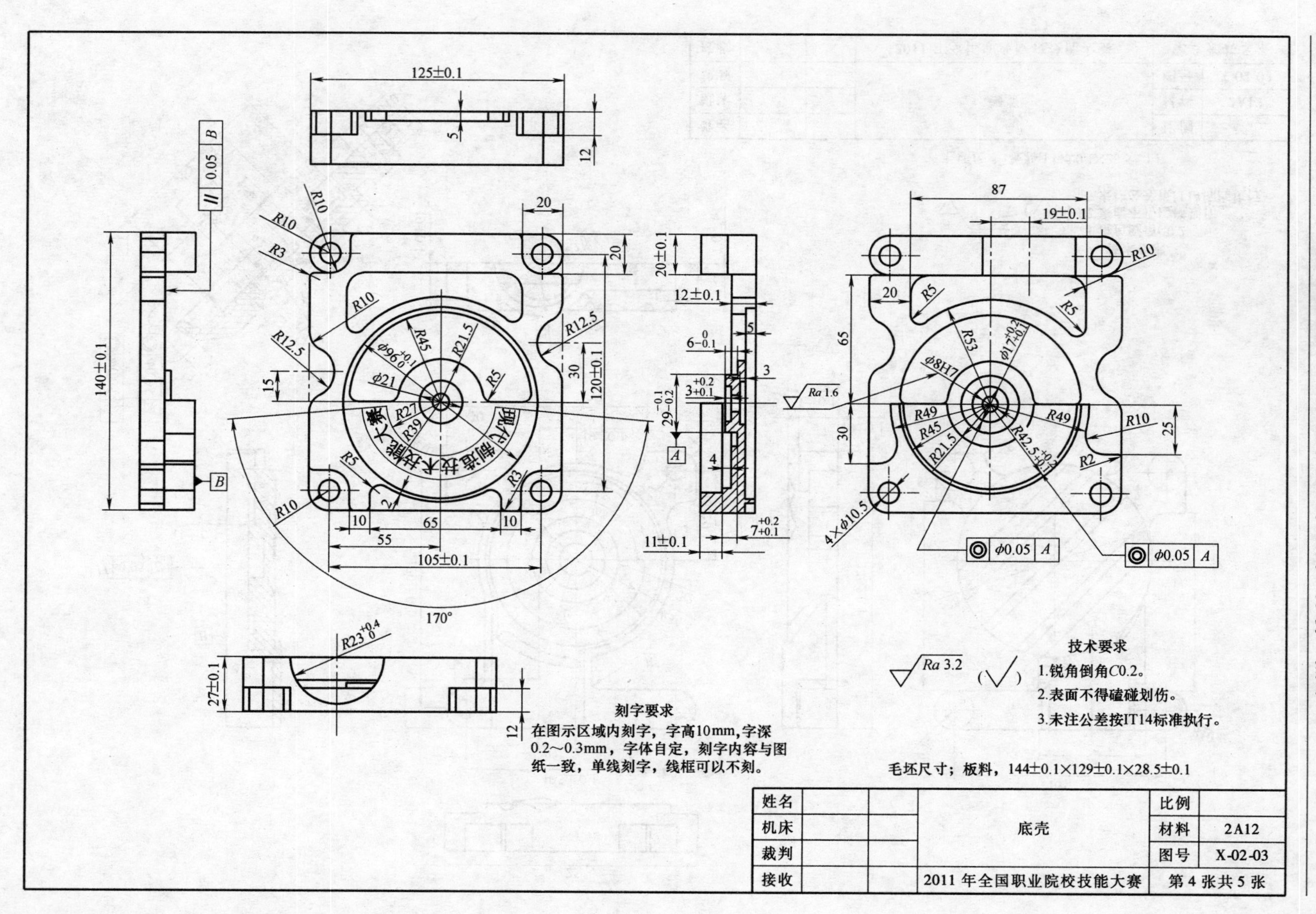
刻字要求
在图示区域内刻字，字高10mm，字深0.2～0.3mm，字体自定，刻字内容与图纸一致，单线刻字，线框可以不刻。
技术要求
1.锐角倒角C0.2。
2.表面不得磕碰划伤。
3.未注公差按IT14标准执行。
毛坯尺寸；板料，144±0.1×129±0.1×28.5±0.1
姓名
机床
裁判
接收
底壳
2011年全国职业院校技能大赛
比例
材料
2A12
图号
X-02-03
第4张共5张

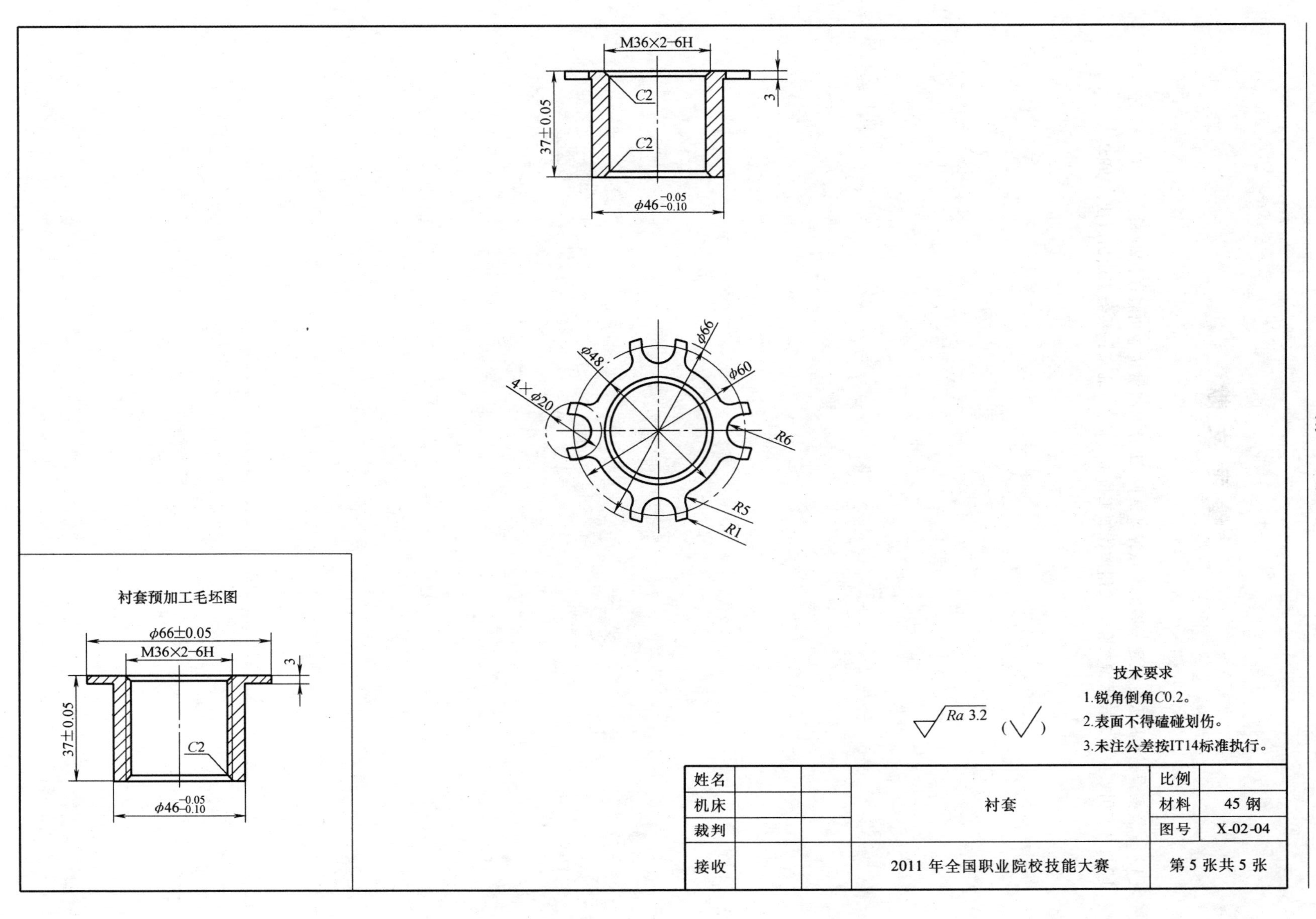
M36×2-6H
C2
C2
3
37±0.05
ϕ46$^{-0.05}_{-0.10}$
ϕ66
ϕ48
ϕ60
4×ϕ20
R6
R5
R1
衬套预加工毛坯图
ϕ66±0.05
M36×2-6H
3
37±0.05
C2
ϕ46$^{-0.05}_{-0.10}$
Ra 3.2
技术要求
1.锐角倒角C0.2。
2.表面不得磕碰划伤。
3.未注公差按IT14标准执行。
姓名
机床
裁判
接收
衬套
2011 年全国职业院校技能大赛
比例
材料
45 钢
图号
X-02-04
第 5 张共 5 张

参考文献

[1] 金福吉．数控大赛试题·答案·点评［M］．北京：机械工业出版社，2006.
[2] 实用数控加工技术编委会．实用数控加工技术［M］．北京：兵器工业出版社，1995.